O PODER DA IDENTIDADE

A ERA DA INFORMAÇÃO:
ECONOMIA, SOCIEDADE E CULTURA
VOLUME 2

MANUEL CASTELLS

Tradução
Klauss Brandini Gerhardt

Prefácio
Ruth Cardoso

11ª edição

PAZ & TERRA

Rio de Janeiro

2025

Copyright © 2010 Manuel Castells
Copyright da tradução © Paz & terra

Título original em inglês: The power of identity: The Information Age: Economy, Society and Culture, volume II, 2nd Edition with a New Preface by Manuel Castells.

Todos os Direitos Reservados. Tradução autorizada da edição em inglês publicada por John Wiley & Sons Limited. A responsabilidade pela precisão desta tradução pertence exclusivamente à Editora Paz & terra Ltda. e não é responsabilidade de John Wiley & Sons Limited. Nenhuma parte deste livro pode ser reproduzida de nenhuma forma sem a permissão por escrito do detentor original do copyright, John Wiley & Sons Limited.

Direitos de edição da obra em língua portuguesa no Brasil adquiridos pela EDITORA PAZ & TERRA. Todos os direitos reservados. Nenhuma parte desta obra pode ser apropriada e estocada em sistema de bancos de dados ou processo similar, em qualquer forma ou meio, seja eletrônico, de fotocópia, gravação etc., sem a permissão do detentor do copyright.

Tradução da Introdução e de demais trechos incluídos nesta edição revista: Thiago Ponce de Moraes.

Editora Paz & Terra.
Rua Argentina, 171, 3º andar – São Cristovão
Rio de Janeiro, RJ – 20921-380
http://www.record.com.br

Seja um leitor preferencial Record.
Cadastre-se e receba informações sobre nossos lançamentos e nossas promoções.

Atendimento e venda direta ao leitor:
sac@record.com.br

Texto revisado segundo o novo Acordo Ortográfico da Língua Portuguesa de 1990.

CIP-BRASIL. CATALOGAÇÃO NA PUBLICAÇÃO
SINDICATO NACIONAL DOS EDITORES DE LIVROS, RJ

C344p
11ª ed.
v. 2

Castells, Manuel
O poder da identidade: a era da informação, volume 2/Manuel Castells; tradução Klauss Brandini Gerhardt. – 11ª ed. rev. ampl. – Rio de Janeiro: Paz & Terra, 2025.

602 p. il.; 23 cm.

Tradução de: The power of identity
Apêndice
Inclui bibliografia e índice
ISBN 978-85-7753-335-0

1. Sociologia – Brasil. 2. Identidade social – Brasil. 3. Cultura política – Brasil. I. Gerhardt, Klauss Brandini. II. Título.

17-46396

CDD: 301.0981
CDU: 316(81)

Impresso no Brasil
2025

Para Irene Castells Oliván,
historiadora de utopias.

Sumário

PREFÁCIO À EDIÇÃO DE *O PODER DA IDENTIDADE* DE 2010   11
PREFÁCIO *POR* RUTH CARDOSO   31
PREFÁCIO E AGRADECIMENTOS 2003   35
AGRADECIMENTOS   41
FIGURAS   43
TABELAS   45
QUADROS   47

INTRODUÇÃO: NOSSO MUNDO, NOSSA VIDA   49

1. PARAÍSOS COMUNAIS: IDENTIDADE E SIGNIFICADO NA SOCIEDADE EM REDE   53

A construção da identidade   54
Os paraísos do Senhor: fundamentalismo religioso e identidade cultural   60
Nações e nacionalismos na era da globalização: comunidades imaginadas ou imagens comunais?   76
A desagregação étnica: raça, classe e identidade na sociedade em rede   102
Identidades territoriais: a comunidade local   109
Conclusão: as comunas culturais da era da informação   114

2. A OUTRA FACE DA TERRA: MOVIMENTOS SOCIAIS CONTRA A NOVA ORDEM GLOBAL   123

Globalização, informacionalização e movimentos sociais   123
Os zapatistas do México: o primeiro movimento de guerrilha informacional   127

Às armas contra a nova ordem mundial:
a milícia norte-americana e o movimento patriótico — 138
Os Lamas do Apocalipse: a Verdade Suprema do Japão — 152
Al-Qaeda, 11 de Setembro e depois: terror global em nome de Deus — 159
"Não à globalização sem representação!":
o movimento antiglobalização — 194
O significado das insurreições contra a Nova Ordem Global — 209
Conclusão: o desafio à globalização — 215

3. O "VERDEJAR" DO SER: O MOVIMENTO AMBIENTALISTA — 223

A dissonância criativa do ambientalismo: uma tipologia — 224
O significado do "verdejar": questões societais e o desafio
dos ecologistas — 234
O ambientalismo em ação: fazendo cabeças, domando o capital,
cortejando o Estado, dançando conforme a mídia — 241
Justiça ambiental: a nova fronteira dos ecologistas — 245

4. O FIM DO PATRIARCALISMO: MOVIMENTOS SOCIAIS, FAMÍLIA E SEXUALIDADE NA ERA DA INFORMAÇÃO — 249

A crise da família patriarcal — 253
As mulheres no mercado de trabalho — 273
O poder da congregação feminina: o movimento feminista — 297
O poder do amor: movimentos de liberação lésbico e gay — 323
Família, sexualidade e personalidade na crise do patriarcalismo — 342
Será o fim do patriarcalismo? — 360

5. GLOBALIZAÇÃO, IDENTIFICAÇÃO E O ESTADO: UM ESTADO EM REDE OU UM ESTADO DESTITUÍDO DE PODER? — 369

A globalização e o Estado — 370
O Estado-Nação na era do multilateralismo — 389
A governança global e as redes dos Estados-Nação — 393
Identidades, governos locais e a desconstrução do Estado-Nação — 397
A identificação do Estado — 402
O retorno ao Estado — 404
A crise do Estado-Nação, o Estado em rede e a teoria do Estado — 420
Conclusão: o Rei do Universo, Sun Tzu, e a crise da democracia — 428

6. A POLÍTICA INFORMACIONAL E A CRISE DA DEMOCRACIA 435

Introdução: a política da sociedade 435
A mídia como espaço para a política na era da informação 439
A política informacional em ação: a política do escândalo 460
A crise da democracia 471
Conclusão: a reconstrução da democracia? 483

CONCLUSÃO: A TRANSFORMAÇÃO SOCIAL NA SOCIEDADE EM REDE 491

APÊNDICE METODOLÓGICO 501
RESUMO DOS SUMÁRIOS DOS VOLUMES I E III 535
BIBLIOGRAFIA 537
ÍNDICE REMISSIVO 575

Prefácio à edição de
O poder da identidade de 2010

Este volume explora a constituição das identidades coletivas na medida em que se relacionam a movimentos sociais e a disputas de poder na sociedade em rede. Ele também lida com a transformação do Estado, das políticas e da democracia sob as condições de globalização e de novas tecnologias de comunicação. O entendimento desses processos visa fornecer novas perspectivas para o estudo das mudanças sociais na era da informação. Neste prefácio, uso a perspectiva da nova publicação deste livro em 2010 para avaliar os desenvolvimentos sociais e políticos no começo do século XXI utilizando a estrutura analítica proposta em 1997 e atualizado em 2004 na primeira e na segunda edições de *O poder da identidade.**

Os conflitos sociais mais dramáticos que testemunhamos desde a publicação da primeira edição deste volume foram induzidos pelo confronto entre identidades opostas. Tendo detectado que a constituição e a afirmação da identidade são uma alavanca fundamental para a mudança social, independentemente do conteúdo de tal mudança, a interpretação teórica que propus em minha trilogia sobre A Era da Informação foi ancorada na contradição dinâmica entre a Rede e o Ser como um princípio organizador da nova paisagem histórica. A ascensão da sociedade em rede e o poder crescente da identidade são os processos sociais interligados que conjuntamente definem a globalização, a geopolítica e a transformação social no início do século XXI. De fato, a análise de identidade que fiz em 1997 foi atualizada na edição de 2004 deste livro para documentar a explosão do fundamentalismo e seu impacto nas questões mundiais sem modificar o argumento original, uma vez que a observação da Al Qaeda e de outras expressões do fundamentalismo religioso vieram para confirmar (infelizmente) a hipótese principal que eu havia formulado anteriormente ao me abster de fazer qualquer previsão, como é costumeiro na minha abordagem. Além disso, a revolta das nações oprimidas ao redor do mundo, a conquista de governos por parte de movimentos indígenas na América Latina, a importância

---

* Castells faz menção às edições de *O poder da identidade* no Reino Unido. (*N. da E.*)

crescente de movimentos religiosos como fontes de desafio social e de mudança social, o enraizamento da democracia na identidade territorial, a afirmação da especificidade dos valores das mulheres, a crítica ao patriarcalismo pelo movimento gay e lésbico e a constituição de novas formas de identidade individual e coletiva, geralmente pelo uso de redes de comunicação eletrônica, mostraram a prevalência dos valores culturais sobre os interesses econômicos estruturalmente determinados na constituição do sentido da ação humana. Após o implacável esforço racionalista dos últimos dois séculos para proclamar a morte de Deus e o desencantamento do mundo, estamos novamente em um — se é que alguma vez saímos — mundo encantado, onde o modo como sentimos determina em que acreditamos e na maneira pela qual agimos, em coerência com as recentes descobertas na neurociência e na psicologia comportamental.

Uma síntese das tendências sociais na última década que se referem à constituição e à expressão da identidade pode fornecer a medida da precisão ou da inadequação da análise apresentada neste volume, uma vez que o único critério para julgar o interesse em qualquer teoria social é a sua capacidade de dar sentido à experiência humana observada. Eu não vou reapresentar minha teoria da identidade e do poder neste Prefácio, em vez disso vou convidar o leitor interessado a fazer o esforço de virar algumas páginas a fim de encontrar as passagens que forem relevantes às questões discutidas aqui.

O PLANETA DE DEUS

As notícias sobre a morte de Deus foram altamente exageradas. Ela está viva e bem, uma vez que ela mora em nosso coração e, dessa forma, manipula a nossa mente. Ela não está em todo lugar e não é para qualquer um, mas está presente para a maior parte dos seres humanos, em números crescentes e com maior intensidade a cada dia. Somente algo em torno de 15% das pessoas no planeta são não religiosas ou ateístas, enquanto que entre 1990 e 2000 o número de cristãos aumentou no mundo todo em uma taxa anual média de 1,36%, respondendo em 2000 por aproximadamente 33% da população total do mundo. Muçulmanos aumentaram em uma taxa anual de 2,13% e alcançaram o percentual de 19,6 da população total. Os números para os hindus são: taxa de crescimento anual de 1,69% e 13,4% da população; e, para budistas, 1,09% de crescimento anual e 5,9% da população (Barret *et al.*, 2001). Essa simples observação geralmente surpreende intelectuais de uma região do mundo muito pequena, mas ainda altamente influente: a Europa Ocidental. Com exceção da Irlanda, na maior parte dos países a prática religiosa diminuiu e as crenças religiosas são mornas, na melhor das hipóteses, para a maioria da população convencionalmente cristianizada, apesar da contínua influência da Igreja como instituição política. Mesmo em países como Itália, Espanha e Portugal, os pilares do catolicismo através dos tempos, somente uma fração da população vai à missa aos domingos e a maioria dos jovens se sente, em geral, insatisfeita em relação à religião. Seria interessante explorar as causas de uma reversão histórica dessa magnitude, mas isso nos desviaria do enfoque principal do meu argumento. Além disso, mesmo nessas regiões de indiferença religiosa há um ressurgimento de crenças e práticas entre um segmento de jovens pequeno, porém muito sonoro, embora não o suficiente para reocupar os conventos e seminários majoritariamente abandonados ou os cofres vazios daquela que chegou a ser a instituição mais rica do mundo. É importante notar que a presença ativa de Deus na Europa Ocidental se dá em grande parte por causa do crescimento da comunidade muçulmana (4,3% dos europeus em 2000), cuja submissão a Deus na vida cotidiana confronta o caráter secular das instituições públicas, inclusive da escola.

A Europa Oriental está se tornando altamente religiosa à medida que as cinzas remanescentes do ímpeto histórico comunista para subjugar ídolos alternativos vão sendo reacendidas, enquanto, é claro, a Polônia mantém sua identidade como um farol do catolicismo irreconciliado. A Turquia, um dos países europeus mais populosos, acentua sua identidade muçulmana, colocando sua democracia em rota de colisão com o secularismo intransigente incorporado pelas forças armadas idealizadas por Atatürk.

Para além das costas europeias, a Ásia Oriental nunca se devotou a Deus, uma vez que o budismo e seus derivados oscilavam entre uma coleção de práticas espirituais (principalmente os budismos maaiana e theravada) e diretrizes filosóficas (confucionismo, taoísmo) e uma série de rituais que legitimam o poder do Estado (explicitamente no caso do xintoísmo). O ato mais importante de adoração para as famílias chinesas, japonesas e coreanas diz respeito ao culto aos ancestrais, na forma de deuses caseiros para consumo doméstico (as assim chamadas religião étnica e religião popular). Ademais, essa forma não devota de religiosidade não impede a aparição do fundamentalismo religioso na Ásia Oriental, conforme exemplificado por via do Aum Shinrikyo, o culto japonês baseado no budismo que analisei neste volume. Isso é um indicativo de que o fundamentalismo não é necessariamente uma exacerbação da religiosidade, mas uma expressão da identidade de resistência radicalizada que se aninha em qualquer forma cultural que se adéque ao seu desenvolvimento.

Em outros lugares da Ásia, como Índia, Paquistão e Bangladesh, há uma forte influência religiosa, abrangendo muçulmanos, hindus e siques igualmente, com crescentes tendências fundamentalistas em todas as religiões. O cristianismo domina as Filipinas (apesar da forte minoria muçulmana em Mindanau) e está crescendo na Coreia do Sul e no Vietnã. É claro, a Indonésia e a Malásia são países muçulmanos altamente devotos, embora a Malásia tenha

O PODER DA IDENTIDADE | 13

reduzido consideravelmente o impacto do fundamentalismo islâmico, outra lição interessante a ser seguida. As repúblicas da Ásia Central têm populações muçulmanas muito grandes, mesmo o Estado mantendo a religião a serviço de seus interesses políticos.

Naturalmente, as intermináveis crises no Oriente Médio são constituídas com base em identidades religiosas conflitantes. O fundamentalismo islâmico em todas as suas versões é a tendência cultural e política dominante, uma vez que o projeto de um Estado nacionalista árabe secular (Nasser, Sadat, Saddam Hussein, Assad [Hafez al-Assad], Khadafi) desmoronou em todos os países, e seus sucessores (por exemplo: Mubarak, Khadafi em sua nova encarnação e Bashar al-Assad) tiveram que reprimir Deus em nome de Deus a fim de sobreviverem. Quanto a Israel, a identidade religiosa, a identidade étnica (o povo judeu) e a identidade territorial como suporte da identidade histórica se combinam para tornar qualquer negociação baseada em um princípio não identitário praticamente impossível de obter sucesso. O povo judeu foi perseguido ao longo de sua história por ser quem era e, então, sua sobrevivência, do seu ponto de vista, depende da existência de um Estado de base territorial, constituído em torno de sua identidade. É por isso que existe uma forte corrente do fundamentalismo judaico (lembre-se do assassinato de Yitzhak Rabin) que é simetricamente oposta ao fundamentalismo islâmico do componente mais popular do movimento palestino (Hamas). E é por esse motivo que a coexistência pacífica entre judeus e palestinos terá que lidar não apenas com a coexistência de Estados, mas também com a de identidades, conforme exemplificado pelo problema espinhoso da divisão de Jerusalém.

A África também é um continente religioso, baseado na justaposição de cristianismo, islamismo e animismo. Além disso, políticas identitárias na África Subsaariana são principalmente constituídas pela etnicidade e pela territorialidade em vez de pela religião, como vou analisar adiante. É importante lembrar que esse continente amplamente esquecido pelo mundo exterior não se esqueceu de Deus, que é geralmente mais bem-vindo entre as pessoas aflitas que buscam refúgio para o seu desespero.

A América Latina continua a ser o território de Deus, com a particularidade de que onde a poderosa Igreja Católica se tornou muito claramente desinteressada em relação aos problemas do povo mais oprimido, privilegiando os ricos e poderosos, novos cultos surgiram, geralmente sob a forma de um pentecostalismo com frequência importado dos Estados Unidos — talvez a mais bem-sucedida influência americana em um subcontinente obviamente cansado do imperialismo ianque. De fato, o pentecostalismo é a religião que cresce mais rápido no mundo, tendo expandido de 155 milhões para 588,5 milhões de adeptos globais entre 2000 e 2005.

Os Estados Unidos, prenúncio da democracia representativa e maior potência científica do mundo, são um dos países mais religiosos do planeta, com mais de 85% do povo se declarando religioso (76% dos americanos são cristãos), 50% das pessoas acreditando que a Bíblia é a fonte da verdade e 70% acreditando em um deus pessoal. Em 2008, 34% dos americanos se consideravam "renascidos ou cristãos evangélicos" (ARIS, 2008). Dessa forma, apesar do crescimento recente de ateístas e agnósticos (de 8,2% em 1990 para 15% em 2008), as igrejas, em sua diversidade, continuam a ser a principal forma de organização social das minorias étnicas; os evangélicos têm papel decisivo na política americana; e o fundamentalismo cristão, como documentado neste livro, é a maior força na formação valores e práticas sociais na sociedade americana. A força da religião na América mostra que o desenvolvimento científico e tecnológico, supostamente fruto do racionalismo, pode se expandir em um contexto altamente religioso. Há muitos modos de descoberta científica baseados na utilização da razão, mas com bastante frequência eles compartilham sua trajetória com as vias de Deus, apesar das contradições óbvias, como exemplificado pela oposição religiosa à pesquisa com células-tronco. Por que e como os Estados Unidos são, simultaneamente, a terra da ciência e o reino de Deus é um dos temas tratados neste volume.

Entretanto, a análise apresentada aqui não se refere à constante presença da religião como uma característica básica das sociedades ao redor do mundo no século XXI, mas ao seu papel decisivo no encorajamento à constituição de identidades de resistência contra a predominância dos valores de mercado e da famosa cultura ocidental no processo de globalização. Grandes parcelas da população que são econômica, cultural e politicamente marginalizadas mundo afora não se reconhecem nos valores triunfais dos conquistadores cosmopolitas (nem mesmo nas tristes terras da velha América rural e industrial) e, dessa maneira, elas se voltam para a religião como uma fonte de sentido e de sentimento comunal em oposição à nova ordem. Uma nova ordem que não só fracassa em beneficiar os mais pobres do planeta, mas também os priva de seus próprios valores, uma vez que eles são convidados a cantar a glória de nossa condição tecnológica e globalizada sem a possibilidade de se identificarem com as novas letras. O que se segue é não só a marginalização, mas algo ainda mais profundo: a humilhação. Neste volume, mostro que os líderes terroristas da *jihad* muçulmana geralmente são intelectuais, alguns deles membros de famílias ricas, cuja revolta não surge contra a opressão econômica, mas contra o desrespeito à sua cultura e às suas tradições, como simbolizado no Alcorão.

E, dessa maneira, desde os meus primeiros escritos sobre o fundamentalismo religioso na metade dos anos 1990, testemunhamos uma ascensão global, encabeçada pela *al-Qaeda*, cujas ações, junto às nossas reações frequentemente insensatas, transformaram a paisagem política e geopolítica, assim também como o nosso cotidiano, marcado pelo medo e pelos rituais de medidas de segurança. A *al-Qaeda* é uma ampla rede global de redes de ativistas que seguem seus próprios impulsos e estratégias enquanto aludem ao comando mítico de Osama bin Laden. Esse é um exemplo extraordinário da eficiência da rede como forma de organização, mas é também uma expressão da revolta implacável entre os jovens muçulmanos do mundo, com influência crescente entre as minorias muçulmanas da Europa Ocidental, que são frequentemente submetidas a descriminação e abuso. É importante considerar que o fundamentalismo quase nunca se encontra nas comunidades relativamente abastadas de árabes americanos nos Estados Unidos. Os casos raros de militantes muçulmanos suspeitos de ter inclinações terroristas na América são de afro-americanos ou imigrantes muçulmanos pobres.

No entanto, a influência crescente do fundamentalismo muçulmano, cujas raízes e características são estudadas neste volume, vai além da *al-Qaeda* e das redes terroristas. Também está por trás do processo de desestabilização no Paquistão, uma potência nuclear, uma vez que um grupo influente de suas forças armadas e serviços de inteligência dão suporte ao Talibã e a grupos similares no Afeganistão, na Caxemira e no próprio Paquistão, onde a revolta armada de fundamentalistas tem crescido ao longo da última década. Indonésia, Tailândia e Filipinas são submetidas a pressões de grupos radicais islâmicos com presença crescentes nas mesquitas, nas universidades e em meio à burocracia pública empobrecida. A conexão entre o islã radical e os comandantes militares está alimentando as guerras e o banditismo na África.

Ainda mais significativo é o surgimento do Irã fundamentalista como uma potência dominante no Oriente Médio, dando a cartada nuclear como moeda de troca para obter garantia internacional de sua segurança. Além disso, por causa do erro extraordinário da administração Bush-Cheney, que também é analisada neste volume, os Estados Unidos estabeleceram um regime comandado por xiitas no Iraque, abrindo caminho para uma aliança estratégica futura entre os dois pilares das minorias xiitas no mundo: Irã e Iraque. Uma aliança dessas é favorável ao confronto não apenas com Israel, mas também ao fundamentalismo sunita conflitante representado pela Casa de Saud. Os interesses econômicos e políticos dos diferentes atores no Oriente Médio estão em jogo na cadeia de conflitos potenciais. Entretanto, o fundamentalismo religioso é mais do que um pretexto; é o sistema de valor que unifica diferentes grupos sociais e atores políticos: os aiatolás iranianos, os líderes xiitas sectários no Iraque, o Hezbollah no Líbano, o Hamas na Palestina e, do lado oposto, a rede de grupos fundamentalistas sunitas por todo o Oriente Médio, indo da Irmandade Muçulmana no Egito à oposição religiosa radical na península arábica, na Síria e assim por diante.

A militância religiosa, em suas diferentes formas, tem um papel cada vez maior na dinâmica política e cultural de uma variedade de países. Um terço dos eleitores americanos é de cristãos fundamentalistas, prontos a se mobilizarem em nome de sua causa, sem nenhuma lealdade particular a qualquer líder ou partido senão a seu Deus. O Falun Gong (mais um culto espiritualista que uma religião) foi a fonte de oposição política mais temida na China na última década, incitando o partido comunista a liberar todo o seu poder repressivo para evitar uma espécie de rebelião Taiping moderna contra o processo de globalização naquele país. Resumidamente, a crise de legitimidade política analisada neste volume criou um vácuo nos mecanismos de representação política e de mobilização social que tem sido preenchido por movimentos de base identitária, sendo os movimentos religiosos os mais importantes. Aqueles elementos que surgiram como embriões de uma dinâmica social emergente há uma década estão agora na dianteira das disputas sociais e dos dramas políticos do nosso mundo. A análise contida neste volume explica o porquê e de que maneira.

Meu povo, minha casa, minha nação

Os dados mostram repetidamente que quanto mais o mundo se torna global, mais as pessoas se sentem locais. A proporção de "cosmopolitas", pessoas que se sentem como "cidadãs do mundo", permanece em apenas 13% dos indivíduos pesquisados no mundo, conforme este volume documenta. Pesquisas mais recentes mostram que essa tendência continua. As pessoas se identificam primeiramente com sua localidade. A identidade territorial é uma âncora fundamental de pertencimento que não é perdida nem mesmo no rápido processo de urbanização generalizada que estamos vivenciando. Uma aldeia não é deixada para trás; ela é transportada com seus laços comunais. Então, novas aldeias são construídas, reduzindo o tamanho da experiência humana para uma dimensão que pode ser gerida e defendida pelas pessoas que se sentem perdidas no turbilhão de um mundo desconstruído. Quando as pessoas precisam expandir suas comunidades, elas se referem a suas nações, suas ilhas no oceano global de fluxos de capital, tecnologia e comunicação.

Às vezes essas nações coincidem com o Estado-Nação constituído historicamente, mas nem sempre; e, então, nós incentivamos o processo de afirmação de nações sem estados, bem como de oposição entre nação e estado.

No primeiro caso, as nações como comunidades culturais se tornaram trincheiras de mobilização e resistência contra a repressão secular de seus direitos e identidades. Um Estado-Nação tão histórico quanto a Espanha continua a ser sacudido pelo conflito não resolvido de integração da Catalunha, do País Basco e da Galícia no estado democrático espanhol, apesar dos esforços consideráveis de descentralização administrativa conduzidos por Madri nos últimos trinta anos. A Bélgica está à beira da desintegração neste exato momento em que escrevo, já que a Valônia e a Região de Flandres, duas comunidades nacionais, não conseguem resolver as diferenças resultantes do seu casamento de conveniência histórico. Os quietos escoceses, os inflamados irlandeses e os nostálgicos galeses estão no gradual, mas incessante, processo de mostrar à Inglaterra que eles não são a mesma nação; não apenas por razões históricas ou queixas econômicas, mas porque muitos deles se sentem dessa maneira, uma vez que a comunidade nacional é constituída primeiramente nas cabeças de seus membros. Em contextos menos institucionalizados, as disputas nacionalistas têm sido componente fundamental da dinâmica social e do confronto político na década desde que chamei atenção para a preeminência do nacionalismo moderno na primeira edição deste volume. Os nacionalismos sérvio, croata, esloveno, bósnio e albanês fizeram os Bálcãs explodirem em um processo que está longe de se resolver. A Chechênia, a Abecásia e a Ossétia continuam a ser as principais fontes de conflito para a Rússia, e a breve guerra provocada pela Geórgia quase levou a uma nova guerra fria, que foi, em última análise, desarticulada pela atitude pacifista do presidente Obama. Além disso, a reconstituição do poder estatal na Rússia sob a administração Putin operou na base da recuperação do orgulho nacional russo, inclusive no fortalecimento das forças militares como o supremo atributo do Estado.

Na América Latina, após o colapso do discurso neoliberal, o nacionalismo recuperou seu papel dominante como bandeira de mobilização ideológica para os países ao redor do continente, com Hugo Chávez se engajando num socialismo de última hora em nome da nação venezuelana, apesar de reivindicações por uma revolução bolivariana pancontinental. Na Ásia, o nacionalismo substituiu o comunismo como a ideologia mais eficiente do regime chinês, visto que tem o suporte da maior parte da população, que torce pela ascensão do poder chinês no contexto de humilhação histórica a que foram submetidos pelo ocidente. Tanto o Japão quanto a Coreia do Sul acentuaram sua posição nacionalista, geralmente numa oposição mútua, de modo que o Japão permanece sendo o objeto de ira nacionalista tanto para a China quanto para a Coreia do Sul, enquanto que as elites japonesas se declaram contra o mundo apesar da americanização massiva de sua juventude impotente.

Este é um mundo de nações cada vez mais em desacordo com os Estados-Nações que se envolveram em redes de governança global para gerir a dimensão global de tudo, às custas de representar os interesses da nação. Esse é o processo que identifiquei na primeira edição deste volume e que está agora em pleno vapor mundo afora, com os movimentos sociais e os atores políticos desafiando o Estado globalizante em nome de interesses nacionais traídos pelo Estado-Nação. Esse tem sido o caso na maior parte dos países latino americanos, com exceção do Chile e da Colômbia, levando a uma reversão do processo de globalização na América Latina, ao passo que o Consenso de Washington se torna uma lembrança desagradável e um risco político. No entanto, esse é também o caso nos Estados Unidos, conforme evidenciado pela intensidade da oposição ao tratado NAFTA em amplos segmentos da classe de trabalhadores, chegando ao ponto em que candidatos políticos têm de ter cuidado em relação ao seu apoio ao livre comércio, uma vez que os ventos do protecionismo são impulsionados pela crise da economia global.

A etnicidade sempre foi um atributo básico de autoidentificação. Não só por causa da prática histórica compartilhada, mas também porque "os outros" lembram às pessoas todos os dias que elas também são "outras". Essa "alteridade" generalizada, seja ela definida por cor de pele, língua ou qualquer outro atributo externo, caracteriza a realidade do nosso mundo multicultural. É precisamente por pessoas de diferentes culturas viverem lado a lado que elas se diferenciam umas das outras em termos de etnicidade; assim, buscam encontrar solidariedade no grupo interno como refúgio e defesa contra as forças incontroláveis do mercado e o preconceito dos grupos étnicos dominantes em cada contexto. Quando opressão e repressão levam a rebeliões, a etnicidade frequentemente fornece a base material que constitui a comuna da resistência. Dessa maneira, a crise na América Latina resultante do processo fracassado de integração das sociedades local e nacional na economia global intensificou a força e o alcance dos movimentos sociais indígenas, encabeçados algum tempo atrás pelos zapatistas mexicanos, um grupo que analiso neste volume. Na Bolívia, em um dos mais fascinantes, ainda que dramáticos, laboratórios de transformação social do mundo, o povo indígena, liderado por Evo Morales, teve não só acesso garantido ao parlamento e ao governo, mas também recompôs o país sob uma nova constituição que consagra o princípio da pluralidade de nações étnicas como um componente fundamental do Estado-Nação. Pela região andina, com exceção do Chile, os movimentos indígenas se tornaram um ator social definitivo, tanto no governo quanto na oposição, de modo que as vozes dos habitantes originais não podem mais ser ignoradas. Em outra parte do mundo, a etnicidade se tornou a maior fonte de auto-organização, de confronto e, frequentemente, de ódio e violência. A etnicidade segue sendo o fator dominante na política da África Subsaariana, uma vez que os Estados-Nação constituídos nas fronteiras do colonialismo nunca coincidiram com as raízes culturais de seu povo. Além disso, a etnicidade foi usada pela maior parte das elites políticas africanas como mecanismo-chave para construir suas redes de apadrinhamento, bem como para se certificar de que seus constituintes odeiem uns aos outros, enfraquecendo, dessa forma, sua autonomia como sujeitos políticos.

E, enquanto os Estados Unidos aprenderam ao longo de sua história como nação imigrante a lidar com a etnicidade (a ponto de a política étnica ser plenamente reconhecida nas práticas políticas), a Europa vem penosamente descobrindo que o princípio abstrato da cidadania individual é diretamente confrontado pelo multiculturalismo de um continente cada vez mais multiétnico. Quanto mais a Europa integra novas nações e quanto mais ela globaliza sua força de trabalho, mais a etnicidade se torna um componente fundamental nas dinâmicas sociais e nas disputas de poder. Paradoxalmente, para a maior parte das pessoas nesta era da informação global, quem elas são importa mais do que o que elas fazem.

IDENTIDADES DE PROJETO

Um componente conceitual chave da análise apresentada neste volume é a distinção entre as três principais formas de identidades coletivas: identidade legitimadora, identidade de resistência e identidade de projeto. Encaminho o leitor à elaboração desses conceitos conforme apresentados no capítulo 1 deste volume. Comentei acima sobre como as identidades de resistência, geralmente constituídas pelo uso de materiais herdados da história (deus, nação, etnicidade, localidade), intensificaram sua importância nos conflitos sociais e na organização social do nosso mundo na última década. Numa tendência paralela, também testemunhamos um grande desenvolvimento das identidades de projeto que visavam modificar a sociedade ao introduzir novos conjuntos de valores. No meu ponto de vista, uma identidade de projeto surge quando os atores sociais, baseados em quaisquer materiais culturais que estiverem disponíveis a eles, constroem uma nova identidade que redefine sua posição na sociedade e, ao fazer isso, buscam a transformação da estrutura social como um todo. Esse foi o caso dos grandes movimentos sociais proativos ao longo da história. E foi esse o caso do que considero ser dois dos mais significativos movimentos sociais desse tipo em nosso contexto: o feminismo e o ambientalismo. Em ambos os casos, a última década foi o tempo em que os valores que os dois movimentos projetaram na sociedade se tornaram dominantes ou, pelo menos, muito influentes na maioria dos países do mundo, abrindo caminho para sua institucionalização no Estado e sua transmissão na mídia.

Assim foi para o ambientalismo. Na primeira década do século XXI, a conscientização sobre o aquecimento global e suas consequências potencialmente catastróficas se tornou universal. Ainda que houvesse conhecimento científico sobre o processo há muito tempo, pelo menos desde a década de 1950, foi necessário que a progressiva influência de um movimento ambientalista multifacetado na mídia e na sociedade como um todo chamasse a atenção da maioria da população para o problema, e não somente nos países desenvolvidos. Hoje, a maior parte das pessoas considera o aquecimento global uma ameaça à humanidade que deveria ser combatida com medidas políticas firmes. De fato, a Conferência das Nações Unidas sobre Mudanças Climáticas, sediada em Paris em fevereiro de 2007, representou um divisor de águas quanto a informação, conscientização e comprometimento público de governos e instituições internacionais no sentido de agir nesse tema. Embora as leis, como de costume, frequentemente demorem a cumprir as promessas oficiais, nesse caso houve, de fato, um acompanhamento significativo em termos de políticas públicas, parcialmente graças à eleição de Barack Obama para a presidência do país mais poluente do mundo. O processo pelo qual a questão que foi amplamente ignorada desde a década de 1980 — tanto pela opinião pública quanto pelas políticas públicas —, veio para a dianteira da elaboração política, foi longo e complexo. Foi o resultado da costura entre as práticas de cientistas e ativistas ambientalistas com as práticas da mídia e, mais tarde, com as das redes globais da internet, de modo que se fizessem ouvidos por um pequeno grupo de políticos ousados (como Al Gore ou Margot Wallström) que se tornou propagador dos alertas do movimento nos corredores do poder. Isso foi amplificado pela mobilização de celebridades do mundo da música e do cinema, que aproveitaram a oportunidade para usar sua fama em favor de uma causa nobre, ao passo que aumentavam sua própria notoriedade. Finalmente, esse processo mobilizou cidadãos a fazerem pressão em seus representantes políticos de modo que, exceto por um grupo cada vez mais desprestigiado de políticos reacionários, tal como a panelinha de Bush-Cheney e seus amigos ao redor do mundo, a maior parte das campanhas políticas trazia uma "plataforma verde" em seus programas, com ênfase em políticas de combate ao processo de mudança climática. O que se seguiu a isso foi uma enxurrada de reuniões, convenções, acordos e tratados que lenta, mas definitivamente, gerou um efeito cascata nas legislações nacionais. A fim de fornecer uma medida aproximada à extensão da mobilização alcançada pelo movimento ambientalista global, deixe-me recordar ao leitor que o Dia da Terra, celebração anual simbólica iniciada nos Estados Unidos, foi celebrado por 20 milhões de pessoas em seu primeiro ano (1970), um sucesso espetacular à época. Esse dia foi celebrado por 1 bilhão de pessoas mundo afora em 2008. Se os netos de nossos netos ainda puderem viver neste planeta um dia, assim será por causa do que o movimento ambientalista realizou nas últimas quatro décadas. O movimento atuou em nome da nossa identidade coletiva enquanto espécie humana que busca uma coexistência harmoniosa com o planeta azul, após milênios de submissão às forças da natureza e à nossa catastrófica tentativa, nos últimos dois séculos, de nos servirmos do meio ambiente visando seus recursos consumíveis em vez de preservá-lo como nosso lar insubstituível.

A crise do patriarcalismo, fortemente induzida pelo feminismo e pelo movimento gay e lésbico, se intensificou na primeira década deste século, embora em formas específicas de acordo com os contextos cultural e social em cada região do mundo. A revolução mais importante já aconteceu: a transformação da maneira pela qual as mulheres pensam sobre si mesmas e a maneira pela qual gays e lésbicas pensam sobre si mesmos. Já que a dominação é primeiramente baseada na constituição da realidade na mente humana, no sentido do que sugere Michel Foucault e como demonstrado pela neurociência contemporânea, se o patriarcalismo não for internalizado pelos sujeitos que estão sob seu domínio, sua morte é apenas questão de tempo, luta e sofrimento, com muito sofrimento ainda por vir. Reações pontuais periodicamente invocam as forças do fundamentalismo religioso para recolocar a santidade da família patriarcal, ainda que em meio à sua desintegração como forma de vida em muitos países. Além disso, em um número crescente de países, as mulheres conquistaram paridade legal no mercado de trabalho, apesar da persistente, conquanto regressiva, descriminação; o sistema político está gradualmente se abrindo para lideranças femininas; e a maior parte dos graduandos é de mulheres, mesmo em países fundamentalistas, a exemplo do Irã.

Gays e lésbicas continuam a ser aprisionados e executados ao redor do mundo, ainda que em um considerável número de países, inclusive nos historicamente homofóbicos Estados Unidos, eles tenham vencido batalhas dia após dia (embora também tenham perdido algumas), nas ruas, nos tribunais, na mídia e no sistema político, de forma que eles, sem dúvidas, arrancaram as portas dos armários para viver à vontade, assim transformando o modo como a sociedade pensa sobre sexualidade e, consequentemente, sobre personalidade como um todo.

Conforme sugerido no capítulo 4 deste volume, escrito em 1997, o campo da batalha-chave foi a transformação da família. Independentemente do que dizem as leis ou do que o Estado tenta impor, se as pessoas formam diferentes tipos de famílias, o alicerce do patriarcalismo é colocado em questão. A família heterossexual, nuclear, patriarcal, construída em torno de um casamento duradouro, é, hoje, mais uma exceção que uma regra nos Estados Unidos e na maior parte da Europa. É interessante notar que o movimento gay e lésbico concentrou seus esforços ao longo dos últimos anos na obtenção de reconhecimento legal do seu direito de casar, formar famílias e ter filhos. Esse é um exemplo fundamental do que um projeto de identidade é. Ao assegurar direitos iguais como indivíduos, eles transformam a instituição mais básica da organização humana ao longo da história.

Quanto mais as mulheres conquistam sua autonomia, e quanto mais as novas gerações de mulheres não conseguem se identificar com as condições sob as quais suas mães e avós costumavam viver, mais o feminismo diversifica e transforma as relações de gênero por meio do deslocamento de emancipação para libertação, dissolvendo, em última instância, a noção de gênero como categoria cultural e instituição material que utiliza diferenças biológicas para constituir a divisão sexual do trabalho. As antigas batalhas entre o feminismo de igualdade e o feminismo de diferença (ver capítulo 4) foram amplamente ultrapassadas pela nova fronteira do feminismo: o desfazimento da dimensão de gênero na sociedade, o que pressupõe a transformação dos homens.

As "novas masculinidades", conforme análise de Marina Subirats, são baseadas na implementação de um novo projeto de identidade, dessa vez promovido por homens em aliança estratégica com as feministas mais inovadoras: encontrar novas perspectivas de existência significativa ao se libertarem do fardo legado pelas responsabilidades patriarcais (Castells e Subirats, 2007). Compartilhar a vida sem papéis definidores poderia ser uma situação vantajosa para mulheres e homens pós-patriarcais. Certo é que apenas uma ínfima minoria de homens e mulheres se reconhecem nesse discurso. Mas só o fato de isso existir nas práticas observáveis, em grupos reais de homens, para além das reflexões feministas, é um indicativo do quão longe o movimento feminista chegou. Ao mobilizar mulheres contra as instituições do patriarcalismo, o feminismo alcançou um estágio de transformação no qual o novo projeto é o de cancelar a distinção entre homens e mulheres como uma categoria cultural. Nem homens nem mulheres, mas indivíduos com atributos biológicos específicos, que buscam compartilhar a vida sob uma variedade de formas organizacionais, é o horizonte histórico que surgiu no século XXI baseado nas disputas libertárias do último meio século.

O Estado em rede

A análise da globalização foi dominada, por um bom tempo, pelo debate sobre o destino do Estado-Nação em um mundo em que os processos fundamentais na origem da riqueza, da tecnologia, da informação e do poder tinham sido globalizados.

Alguns observadores previram e até mesmo afirmaram o declínio do Estado-Nação, bem como sua substituição por novas instituições de governança global. A maior parte dos cientistas, entretanto, enfatizou o dado óbvio da permanência dos Estados-Nação que eram, e ainda são, os sujeitos primários no exercício de poder e de governo. Neste volume, no entanto, formulei uma hipótese diferente, baseada na observação de novas tendências nos sistemas políticos do mundo todo. Pude observar, simultaneamente, a persistência dos Estados-Nação e a sua transformação como componentes de um tipo diferente de Estado capaz de operar no novo contexto histórico, lidando com os desafios colocados ao Estado-Nação tradicional por intermédio dos processos opostos de globalização e de identificação: globalização da riqueza e do poder, identificação da cultura e da representação.

Minha teorização, como sempre acontece no meu trabalho, foi inspirada pela observação de um processo concreto: a criação e implantação da União Europeia. Os Estados-Nação europeus se tornaram cada vez mais conscientes da dificuldade de gerir a transformação econômica e tecnológica causada pela globalização dentro das fronteiras de seus territórios soberanos. Dessa forma, eles trocaram algum grau de soberania por uma capacidade maior de interferir conjuntamente no desenvolvimento da economia mundial. Essa decisão resultou na crescente integração das instituições econômicas, que abriu caminho para ação conjunta em algumas questões centrais que requeriam governança global, tais como as que envolviam política ambiental e segurança nacional e internacional. Ao mesmo tempo, eles respondiam a sucessivas pressões advindas das reivindicações de identidade em relação à sua cidadania; reivindicações que se apresentavam em termos de sua especificidade territorial e cultural por meio do engajamento em um processo de devolução de poder que descentralizou a maior parte dos Estados europeus e até mesmo permitiu, em certos casos, a participação de organizações não governamentais em deliberações políticas. Dessa maneira, com o passar do tempo, uma nova forma de Estado surgiu na prática: um Estado feito pelo uso de redes *ad hoc* na atividade de governo entre Estados-Nação, instituições europeias, instituições de governança global, governos regionais e locais e organizações da sociedade civil. Enquanto o cerne do poder político continuava nos Estados-Nação, seu processo real de tomada de decisão ficou caracterizado por uma geometria variável de cossoberania, envolvendo uma pluralidade de atores e instituições dependendo da questão e do contexto de cada decisão a ser tomada.

Enquanto no resto do mundo o nível de integração política conacional e transnacional era consideravelmente menos institucionalizado, o processo de governança ficou cada vez mais caracterizado pelas redes de cooperação (não isentas de competição) entre Estados-Nação e instituições internacionais. O surgimento de uma ordem objetivamente multilateral levou à ascensão gradual de um sistema institucional multilateral de cogovernança. Nesse sentido, houve inclusive uma substituição do Estado-Nação clássico da Era Moderna através do reestabelecimento de Estados-Nação existentes em uma forma diferente de Estado. De modo a sobreviverem no novo contexto de governança global, os Estados-Nação se metamorfosearam. Não em um governo global, como alguns haviam profetizado, mas em uma rede de atores políticos nacionais e internacionais exercendo conjuntamente a governança global (Castells, 2007).

Então, o 11 de Setembro aconteceu e o mundo mudou. Ou assim pareceu. Conforme analisado neste volume, os Estados Unidos, à época governados por Bush-Cheney (uma entidade bicéfala), se sentiram diretamente ameaçados pela violência fanática e se mobilizaram em autodefesa usando seu poderio militar, única dimensão em que os EUA eram, e ainda permanecem sendo, uma superpotência autônoma. No primeiro estágio da contraofensiva, a América recebeu a solidariedade e, em menor medida, o apoio da comunidade internacional. Mas o grupo neoconservador que tinha capturado um presidente inexperiente decidiu aproveitar a oportunidade de utilizar a força militar para ir além do Afeganistão e, então, remodelar a ordem geopolítica de acordo com os interesses dos Estados Unidos, alinhados, do seu ponto de vista, com os interesses do mundo civilizado em geral (Kagan, 2004). E, então, houve a invasão do Iraque, e a tentativa de restaurar o unilateralismo na condução dos assuntos internacionais; não apenas na arena geopolítica, mas na gestão de todas as questões globais, do ambientalismo aos direitos humanos, à segurança internacional e à regulação financeira (ou a falta disso). A invasão do Iraque significou o retorno do Estado em sua forma mais tradicional de exercício do monopólio da violência, e isso resultou numa grande crise de instituições de governança internacional, começando pelas Nações Unidas, organização marginalizada pelos Estados Unidos, e o aparente triunfo do unilateralismo a despeito de um mundo objetivamente multilateral. A dinâmica da agência (nesse caso, o Estado americano fazendo valer seu status de superpotência) pareceu prevalecer sobre a lógica da estrutura. Foi uma ilusão que poucos anos depois teve de contar com a dura realidade dos limites do poderio militar em um mundo globalmente interdependente. Os Estados Unidos foram não apenas esgotados por guerras prolongadas e exaustivas no Iraque e no Afeganistão, como a *al-Qaeda* queria, mas também sua inaptidão para construir um sistema de governança global levou a uma crise multidimensional global da qual o colapso final em 2008 foi só a sua expressão mais prejudicial. A eleição de Barack Obama para a presidência dos Estados Unidos sinalizou um retorno à aceitação da realidade fundamental de interdependência do nosso mundo, bem como o envolvimento americano em uma prática mais determinada de expansão global do Estado em rede: o Consenso de Londres veio para substituir o então desprestigiado Consenso de Washington. Isso quer dizer que, no longo prazo, as tendências que caracterizavam a estrutura social por fim impuseram sua lógica, mas, no curto prato, a autonomia da agência política poderia opor essa lógica de acordo com os interesses e valores dos atores que ocupavam os seus altos comandos. Quando isso acontece, como foi o caso durante o período da administração Bush-Cheney, a discrepância entre estrutura e agência leva ao caos sistêmico e, em última análise, aos processos destrutivos que aumentam as dificuldades de gerir a adaptação do Estado-Nação às condições globais da sociedade em rede.

· POLÍTICA INFORMACIONAL E A CRISE DA DEMOCRACIA

As disputas de poder sempre foram decididas pelas batalhas no imaginário das pessoas; isso quer dizer: pelo controle dos processos de informação e de comunicação que moldam a mente humana. Uma vez que a era da informação é caracterizada precisamente pela revolução nas tecnologias de informação e de comunicação, uma nova forma de política surgiu nas últimas duas décadas, uma forma que conceituei na primeira edição deste volume como *política informacional*. De fato, toda política desde o início dos tempos era, em alguma medida, informacional. No entanto, a centralidade da mídia de massa em nossa sociedade e a transformação tecnológica do processamento de informação e de comunicação de massa colocou a política informacional no núcleo dos processos pelos quais o poder é alocado e exercido em nossa sociedade. Como propus anos atrás neste volume, a política na sociedade em rede é, em primeiro lugar, política de mídia.

O papel predominante da política de mídia tem duas consequências principais. Primeiro, ainda que as mídias não sejam as detentoras de poder por serem diversas e sujeitas a influências empresariais e políticas, elas constituem o espaço de poder. Além disso, a concepção de poder em nossa sociedade requer a compreensão da estrutura e da dinâmica das mídias de massa, uma estrutura caracterizada por sua organização em torno de um núcleo de redes multimídia empresariais globais (Arsenault e Castells, 2008). Segundo, as características da mensagem política no contexto de comunicação de massa induzem à personalização da política. Líderes políticos são a cara da política. A política de mídias é baseada em personalidades políticas em qualquer lugar do mundo. A consequência direta dessa observação é que a arma política mais potente é o descrédito da *persona* do oponente. O assassinato do caráter é o modo mais eficiente de conquistar o poder. Isso abre porta para que escândalos políticos sejam a estratégia capital de tomada de poder em nossa sociedade (Thompson, 2000). Embora os escândalos políticos sejam tão antigos quanto a história conhecida da humanidade, a tecnologia de sua fabricação e comunicação foi aperfeiçoada nos últimos tempos. E, uma vez que qualquer partido ou líder deve estar pronto a promover retaliações contra as táticas danosas do oponente, todos acumulam munição e, no fim das contas, todos atiram. Nos anos subsequentes à publicação original deste volume, escândalos políticos devastaram governos, partidos, líderes e sistemas políticos em quase toda parte do mundo. O vazamento de informação para a mídia, ou sua difusão pela internet, suplantou a reportagem investigativa e se tornou tanto uma estratégia política quanto um negócio independente, tendo a opinião pública como alvo da estratégia. Em maio de 2009, dezenas de membros do parlamento britânico tiveram suas reputações políticas destruídas (e, provavelmente, também suas carreiras) quando foi vazada informação sobre o uso que faziam do dinheiro dos contribuintes para atender as suas necessidades cotidianas, até mesmo para aquelas despesas mais modestas associadas ao conforto pessoal. Além da quantia de dinheiro envolvida, o que provocou revolta pública foi o fato do comportamento negligente de representantes eleitos ter acontecido em um contexto de sofrimento constante experimentado pela população em meio à crise econômica. Estudos sobre os efeitos políticos da prática generalizada de escândalos políticos mostram a variabilidade do seu impacto lesivo nos políticos. Por exemplo, a opinião pública sobre Bill Clinton não foi desvalorizada por suas mentiras em relação ao caso com Monica Lewinsky. A razão para isso é que a maior parte dos cidadãos consideram todos os políticos igualmente imorais, e, por isso, eles usam outros critérios que não o da moralidade para decidir suas preferências. Entretanto, as evidências disponíveis apontam também para o fato de que o que se deteriora como resultado de repetidos escândalos é a credibilidade dos partidos políticos, dos políticos e das instituições governamentais como um todo. Isso equivale a dizer que há um vínculo direto entre políticas de mídia, escândalos políticos e a crise da democracia, não como um ideal, mas no modo como é realmente praticada na maior parte do mundo. Os dados da crise de legitimidade política, conforme apresentados neste volume, foram seguidos por novos dados nos últimos anos, mostrando o agravamento dessa crise. A ampla maioria dos cidadãos ao redor do mundo repudia seus representantes e não confiam em suas instituições políticas (Castells, 2009).

A difusão generalizada da internet e das redes de comunicação sem fio aumentou a conscientização das pessoas sobre as infrações de seus líderes. Qualquer cidadão com um telefone celular está apto a flagrar essa irregularidade no ato e instantaneamente carregar imagens nocivas na internet, a fim de expor o político à vergonha absoluta. O único caminho para que os poderosos escapem da supervisão dos oprimidos é o de se manterem invisíveis em seus espaços isolados. A internet multiplicou as chances de distribuição de informação política nociva, contribuindo, dessa maneira, para a exposição da corrupção e da imoralidade, e, em última instância, para a crise de legitimidade política.

Entretanto, o acesso à internet, que ignora o mundo controlado das mídias de massa, democratizou a informação, tornando-a menos dependente do dinheiro e das burocracias políticas. Assim, enquanto há uma crise crescente da política habitual, há, simultaneamente, um processo de transformação da democracia por meio do oferecimento de vias políticas à manifestação popular e aos líderes que não temem confrontar escândalos, pois têm pouco a esconder. Por enquanto, isso é mais exceção que regra, mas oferece possibilidade de regeneração dos processos de representação democrática. Era isso que parecia estar em jogo na campanha eleitoral de Barack Obama para a presidência, que estudei em 2008 (Castells, 2009), na qual o uso da internet foi decisivo para a mobilização de milhões de cidadãos e que acabou, por fim, elegendo como presidente o candidato mais improvável. Desse modo, não há inevitabilidade histórica da morte da democracia sob as novas formas de políticas informacionais. Em vez disso, o que parece estar emergindo é o simples fato de que sem ação nos meios de comunicação e pelos meios de comunicação (incluindo a internet) não há possibilidade de estabelecer o poder ou, nesse sentido, o contrapoder. Logo, as instituições democráticas da era da informação são confrontadas com o dilema de como superar sua atual delimitação no sistema institucional de modo a democratizar os meios de comunicação de massa, inclusive as redes de comunicação de massa organizadas pela internet.

O MUNDO NÃO É PLANO

Por um breve momento da nossa história recente, a ascensão da sociedade global em rede foi interpretada por alguns ideólogos influentes como a vinda de uma terra plana; um mundo que seguiria regras institucionais comuns e adotaria vagarosamente um conjunto similar de valores moldados pela cultura ocidental (p. ex. a anglo-saxã). A globalização levaria, finalmente, a uma sociedade global altamente homogênea cuja lógica seria apenas combatida pelas forças obscuras dos tradicionalistas e fanáticos, que deveriam ser reprimidos com máxima energia, de modo que fosse possível alcançar o estado superior do capitalismo: a conquista da paz mundial pela consagração das regras idênticas dos livres mercados e da democracia liberal. A popularidade dessa visão de mundo não se originou de uma leitura parcial do diagnóstico que formulei há muito tempo sobre o surgimento da estrutura social global (a sociedade em rede), diversificada em sua prática pela diversidade de culturas e instituições. Ela resultou, assim como todas as outras tentativas ao longo da história de propor uma forma unificada de civilização (naturalmente definida pelos "civilizados" para os "incivilizados"), do último grito do império americano, quando ele se sentiu sozinho, afinal, em seu status de superpotência após a desintegração do império soviético. A visível dominância militar, tecnológica, econômica e cultural da América parecia dar uma oportunidade para o país reformular, com benevolência, o mundo à sua imagem e, consequentemente, os interesses dos Estados Unidos e de seus aliados. Uma vez que o mundo já estava se movendo espontaneamente em direção à homogeneidade cultural e institucional, conduzida pelos mercados financeiros globais, livre comércio global e redes globais de comunicação (encabeçadas pela internet), era lógico assumir que a cultura que fosse a matriz da globalização (a cultura americana) se tornaria a cultura global, mesmo que falada em uma variedade de sotaques esquisitos.

De fato, a diversidade da experiência humana e das trajetórias históricas não é redutível a mercados, tecnologia e democracia liberal como os leitores deste volume com sorte vão chegar a compreender. Quando uma globalização unidimensional foi imposta dos nós centrais a todo o sistema, reforçando a lógica dos mercados financeiros e das redes multinacionais de produção e de comércio, pessoas mundo afora resistiram e contra-atacaram, encontrando suas formas de resistência nos materiais de sua especificidade cultural, agarrando-se a seu deus, sua família, sua localidade, sua etnicidade e sua nação. Quando a dominação cultural ameaçou obliterar suas crenças, elas por vezes reagiram com absurda violência. Além disso, a própria economia global, enquanto baseada numa interdependência global dos mercados, foi interpretada de diferentes maneiras em diferentes lugares no mundo. Nesse sentido, China e Índia, em vez de se tornarem apenas fontes de produção de baixo custo e mercados futuros para os bens americanos ou europeus, embarcaram num processo ambicioso de industrialização e acumulação de capital que modificou substancialmente as relações de poder econômico no mundo, com o governo dos EUA apenas conseguindo sobreviver pela tomada de empréstimo do capital chinês. A desconsideração do custo humano da globalização reestabeleceu os Estados-Nação da América Latina e de outros países do mundo como um último recurso contra a pobreza e a marginalização. Além disso, a ideologia do *laissez-faire*, supostamente alavanca dos ricos nesse mundo novo e plano, levou à irresponsabilidade fiscal e à negligência política na gestão do capitalismo ocidental, em última análise conduzindo à crise estrutural de 2008. A interdependência global, então, não foi gerada por ação do capital e dos capitalistas, mas, sim, dos Estados-Nação se ajudando mutuamente para resistir à tempestade, na esperança de escapar da ira de seus cidadãos enganados.

Nem mesmo as redes globais de cultura e comunicação mostravam a planura que elas supostamente simbolizariam. A internet é uma rede global de comunicação, mas ela expressa a diversidade de culturas do mundo, com mais chineses que americanos nela, e com o inglês contando com apenas 29% da interação global (Castells, Tubella, Sancho, Roca, 2007). Há, de fato, uma globalização da produção e da distribuição dos produtos culturais, inclusive filmes, programas televisivos e música. No entanto, a maior parte da programação de televisão é local e nacional, não global, bem como produtos globais não são sinônimos de produção hollywoodiana, a exemplo das telenovelas latino-americanas, Bollywood (Índia), Nollywood (Nigéria) e outras múltiplas fontes de produção cultural global que aumentam sua fatia de mercado nas redes multimídia globais. Em outras palavras, as redes são globais, mas as narrativas, os valores e os interesses são diversos e globalmente produzidos e distribuídos, ainda que assimetricamente, ao redor do mundo.

O mundo não é plano, a não ser que uma superpotência (seja ela militar ou econômica) o aplane à força para moldá-lo à sua imagem. Na verdade, isso foi tentado nos primeiros anos do século XXI, mas falhou. Os Estados Unidos estão emergindo de uma crise multidimensional e devastadora para encarar sua realidade: um império destruído cujo poderio militar é cada vez mais uma ferramenta insustentável e sem propósito claro ou função em um mundo de redes e de interdependência multilateral. Esse não é um debate puramente acadêmico. Porque somente a percepção da diversidade e da complexidade do nosso mundo, das dinâmicas contraditórias entre os mercados globais e as identidades locais, bem como da tensão entre um paradigma tecnológico comum e os usos institucionais diversos da tecnologia, poderá nos fazer aceitar a necessidade de cooperação para conduzir conjuntamente um mundo cada vez mais perigoso.

Nós não estamos compartilhando uma cultura global. Em vez disso, estamos aprendendo a cultura do compartilhamento de nossa diversidade global.

Manuel Castells
Barcelona
Maio de 2009

Prefácio

Por Ruth Cardoso

Vejo este livro como uma grande aventura, e seu autor como um grande desbravador. Levando uma bagagem pesada, com muita sociologia, bastante antropologia e uma visão política clara, Manuel Castells partiu para visitar o mundo. Tal como os viajantes antigos, observou detalhes, interessou-se pelas diferenças e pelas peculiaridades, procurando um fio de meada que pudesse explicar o mundo pós-moderno ou pós-industrial ou qualquer outro nome que se queira dar para as novidades do mundo globalizado. O desafio era compreender a diversidade de manifestações que se repetiam em muitos países sem ser iguais e que nem se sabe se poderiam ser classificadas como da mesma espécie.

O desafio era grande, mas agora sabemos, lendo seus livros, que encontrou as pistas que procurava e com elas decifrou o mistério. Sua grande contribuição foi oferecer uma explicação abrangente, instigante, que renova a teoria da mudança social e apresenta uma visão totalizante que engloba as transformações tecnológicas, a cultura e a sociedade.

Para atingir esse objetivo inovou também no campo da metodologia: o estudo de caso, a observação participante e a preocupação com a comparação estavam sempre presentes (como na melhor tradição antropológica), mas sem esquecer que o objetivo era, e é, chegar a uma visão compressiva em que o geral não seja um empobrecimento do específico. A diversidade é desafiante, mas alguns (entre os quais Castells) ainda acreditam que é preciso refletir sobre os contextos novos em que se desenrola a vida social para compreender os mecanismos de mudanças e, partindo dessas situações, buscar um novo quadro teórico para explicá-los.

No volume I desta série, Castells mostrou o efeito das imensas transformações tecnológicas, especialmente na área da comunicação, trazidas pelas últimas décadas. Ainda mantendo seu gosto pelo materialismo, ele parte dessa nova base material para descrever o impacto da informatização sobre as culturas de todo o globo, e apresenta o conceito de *sociedade em rede* que resume as características do mundo contemporâneo globalizado. Sua definição está na introdução do presente volume, onde lemos:

A revolução da tecnologia da informação e a reestruturação do capitalismo introduziram uma nova forma de sociedade, a sociedade em rede. Essa sociedade é caracterizada pela globalização das atividades econômicas decisivas do ponto de vista estratégico; por sua forma de organização em redes; pela flexibilidade e instabilidade do emprego e a individualização da mão de obra. Por uma cultura de virtualidade real construída a partir de um sistema de mídia onipresente, interligado e altamente diversificado. E pela transformação das bases materiais da vida — o tempo e o espaço — mediante a criação de um espaço de fluxos e de um tempo intemporal como expressões das atividades e elites dominantes. (p. 17)

Encontramos uma visão nova na construção de conexões que ligam as modificações do capitalismo contemporâneo e seus reflexos nas formas de trabalho e nos eixos fundamentais que organizam as culturas. Por um lado, a globalização impõe padrões comuns, pois difunde uma mesma matriz produtiva, baseada na nova tecnologia que apaga distâncias, mas, por outro, propicia reações locais que nascem marcadas pela ampliação da comunicação e pelas novas práticas sociais. As transformações das *bases materiais da vida* deixam marcas locais não visíveis (porque virtuais), mas que mudam as formas de ação e as orientações básicas das culturas.

Está colocada a questão da identidade, ou das identidades, como um núcleo resistente à homogeneização e que pode ser semente de mudanças socioculturais. Mas, insiste o autor, existem tipos diferentes de manifestações identitárias. Todas estão marcadas pela história de cada grupo, assim como pelas instituições existentes, pelos aparatos de poder e pelas crenças religiosas. E nem todas desenvolvem uma prática renovadora. Algumas se traduzem em resistência à mudança e outras, em projetos de futuro. Exatamente porque a construção das identidades se desenvolve em contextos marcados por relações de poder, é preciso distinguir entre estas formas e as diferentes origens que estão na base do processo de sua criação. O autor distingue:

- Identidade legitimadora, cuja origem está ligada às instituições dominantes;
- Identidade de resistência, gerada por atores sociais que estão em posições desvalorizadas ou discriminadas. São trincheiras de resistência; e
- Identidade de projeto, produzida por atores sociais que partem dos materiais culturais a que têm acesso, para redefinir sua posição na sociedade.

Qual o grande interesse dessa tipologia? Ela expõe a diversidade de manifestações que poderíamos enquadrar na categoria de movimentos sociais. Chamaríamos alguns de novos movimentos e outros de tradicionalistas sem ganhar muito na compreensão desses fenômenos.

Agora dispomos de um instrumento que amplia nossa visão porque expõe os parentescos entre essas várias ações, sem perder sua especificidade e, principalmente, sem julgá-las valorativamente. É certo que a própria classificação indica o papel inovador de certos movimentos, enquanto outros são obstáculos à mudança. Mas o que aprendemos imediatamente é que a dinâmica de cada caso explicará seu desempenho e, portanto, que não existem "bons" ou "maus" movimentos, mas contextos dinâmicos a serem compreendidos.

Por esse caminho voltamos a perceber a necessidade de enfrentar os fenômenos novos munidos de instrumentos que permitam compreender a dinâmica sociocultural. Sem classificações valorativas ou preconcebidas, e livre de um determinismo estreito. Castells apostou no movimento constante da sociedade e da cultura e percebeu as possibilidades de transformação, trabalhando sem direcionismo e sem profecias.

Aprendemos como se formam novos atores sociais, como sua atuação é fragmentada, muitas vezes isolada, mas sempre em interação com os aparatos do Estado, redes globais e indivíduos centrados em si mesmos. Todos esses elementos não se articulam, pois suas lógicas são diferentes e sua coexistência não será pacífica; mas certamente será "produtiva" para a transformação da sociedade.

A globalização não apagou a presença de atores políticos. Criou para eles novos espaços pelos quais se inicia um processo histórico que não tem direção prevista. A criatividade, a negociação e a capacidade de mobilização serão os mais importantes instrumentos para conquistar um lugar na sociedade em rede.

A partir daqui recomendo a leitura deste livro, porque somente a riqueza de informações e a precisão das interpretações poderão conquistar os leitores para que olhem o mundo globalizado com olhos críticos, mas também esperançosos.

Prefácio e agradecimentos
2003

Este é o segundo volume da trilogia A Era da Informação: Economia, Sociedade e Cultura. O tema da análise apresentada na trilogia é a relação contraditória entre a nova estrutura social global — a sociedade em rede — e a resistência às formas de dominação implícitas nessa estrutura social. Em minha observação das tendências sociais da década de 1990, parecia que a identidade cultural, em suas diferentes manifestações, era uma das principais âncoras de oposição aos valores e interesses que tinham fomentado as redes globais de riqueza, informação e poder. Entre redes globais e identidades culturais, as instituições da sociedade, particularmente o Estado-Nação, tiveram seus pilares estremecidos e sua legitimidade questionada.

Tive muito cuidado para não fazer previsões, já que isso iria além da tarefa do pesquisador. Além disso, olhando da perspectiva de 2003, parece que a estrutura proposta para o entendimento do nosso mundo no alvorecer da era da informação pode ser útil para dar sentido a alguns dos nossos dramas atuais: a ascensão do fundamentalismo religioso e das redes globais de terror; o papel da identidade nacional na estabilização das sociedades em um mundo global; o surto de resistência contra o capitalismo desenfreado em escala mundial a partir de um movimento multidimensional por justiça global; a reestruturação dos Estados a fim de gerir a complexidade global, evoluindo em direção a uma nova forma institucional, o Estado em rede, na era do multilateralismo; os esforços realizados por alguns Estados para se reafirmarem como atores soberanos, apesar de viverem em um mundo interdependente.

O poder da identidade foi finalizado em novembro de 1996 e publicado em outubro de 1997. Esta nova edição, concluída em abril de 2003, atualiza e elabora a análise apresentada há alguns anos, enquanto mantém a essência do argumento. Entretanto, na época em que eu escrevia a primeira edição, a transformação tecnoeconômica da sociedade — que eu conceituei como a ascensão da sociedade em rede — foi mais aparente que os projetos de resistência a essa forma específica de sociedade global em rede. Uma vez que, em minha abordagem teórica, as sociedades são sempre entendidas em sua dinâmica contraditória e conflitante, identifiquei os embriões de movimentos sociais alternativos e o prenúncio da crise do Estado-Nação. Além do mais, no meu trabalho é igualmente relevante o princípio metodológico de resistência à especulação e à predição social; assim, a teoria é construída a partir da observação, dentro dos limites do meu conhecimento e da minha competência. Dessa maneira, embora tenha analisado o fundamentalismo religioso (em especial o fundamentalismo islâmico), o nacionalismo, as mobilizações étnicas e os movimentos antiglobalização (tais como os zapatistas mexicanos) na oposição que fazem à nova desordem mundial, era muito cedo para identificar completamente o perfil de alguns desses movimentos sociais e entender as consequências para a transformação de instituições do Estado no novo espaço público internacional.

Hoje, temos várias evidências que mostram o surgimento dos movimentos sociais e dos desafios políticos em oposição à lógica unidimensional que dominou a sociedade em rede no primeiro estágio de sua constituição. É aqui que reside a potencial utilidade desta nova edição: integrar mais plenamente a análise dos processos conflitantes de resistência e dos projetos alternativos de organização social, baseado na observação documentada desses processos, visto que eles se desenvolveram por volta da virada do milênio. Assim, não atualizei dados e referências ao longo deste volume. O propósito da trilogia, e deste volume, é analítico, não documental. Logo, não faz sentido correr atrás dos eventos pelo resto da minha vida, após ter passado quinze anos pesquisando e escrevendo esta trilogia. Já que, por enquanto, não tenho muito a adicionar à minha análise da crise do patriarcalismo, nem ao surgimento do movimento ambientalista, mantive os dois primeiros parágrafos intactos nesta edição. No entanto, fiz novas pesquisas e complementei minha análise nessas áreas que tanto confirmam, sem dúvidas, a análise anteriormente apresentada quanto demandam retificação de um ponto--chave do argumento. À primeira categoria pertence a análise dos movimentos sociais contra a globalização e o estudo da crise da democracia sob as condições das políticas informacionais. Assim, adicionei uma análise específica sobre a *al-Qaeda*, por ser um movimento social baseado na identidade religiosa, e sobre o movimento antiglobalização, por ser um ator social coletivo que reúne diferentes fontes de resistência e busca propor projetos alternativos de organização social; em suas próprias palavras: outro mundo é possível. De fato, a sociedade em rede não escapa da regra geral das sociedades ao longo da história: onde há dominação, há resistência à dominação, assim como opiniões controversas e projetos de como organizar a vida social. Também refinei minha discussão sobre a crise de legitimidade política, que se aprofundou nos últimos anos do século XX em todos os lugares do mundo, em geral seguindo as linhas identificadas na minha análise, relacionando essa crise às políticas de mídia, aos escândalos políticos e ao crescimento da contradição entre a globalidade das questões a serem administradas e o caráter de restrição nacional a instituições no comando de sua administração.

À segunda categoria — ou seja, a necessidade de repensar a estrutura analítica proposta — pertence o estudo do Estado na sociedade em rede. Na versão original da minha trilogia, propus o conceito de Estado em rede para designar as formas flexíveis que as instituições políticas estavam tomando para responder aos desafios da globalização. Já estava claro que os Estados-Nação não estavam prestes a desaparecer, e que o papel do Estado era tão central em nosso mundo quanto foi ao longo da história da humanidade. Além disso, não se trata do mesmo tipo de Estado que aquele constituído pelo Estado-Nação durante a era moderna, da mesma forma que esse Estado era também diferente de outras formas de Estado desenvolvidas em períodos históricos anteriores. Teorizei sobre a nova forma do Estado (entendido como um conjunto de instituições políticas) como Estado em rede, constituído por uma rede complexa de interações entre Estados-Nação, instituições conacionais e supranacionais, governos regionais e locais e até mesmo ONGs, uma vez que a sociedade civil local e global estava rapidamente se tornando tanto um oponente quanto um parceiro do Estado-Nação. Neste volume, vou mais longe na análise da interdependência global da administração, dominação e representação política, e tento propor uma construção teórica provisória para pensar as novas realidades históricas do Estado.

Como todos os produtos intelectuais, a segunda edição deste volume é marcada pelo contexto social no qual foi concebida e escrita. Esse é o contexto do conflito aberto entre desafios de base identitária, tais como o fundamentalismo islâmico e as redes globais de terror, e as instituições de globalização capitalista intransigentes, dependentes do poderio militar da única e última superpotência. Esse é também o contexto no qual, apesar do caráter multilateral objetivo das questões surgidas na sociedade em rede global, o único Estado-Nação relativamente autônomo, os Estados Unidos, decidiu fazer uma última tentativa em direção à dominação unilateral do mundo, embalado por diferentes argumentos ideológicos e temperado com o consentimento britânico, ainda que preso ao pânico e à insegurança absolutos quando confrontado com um mundo novo realmente perigoso e nunca previsto para os estrategistas e pensadores das elites dominantes do mundo.

Em vez de entender o novo mundo e buscar novas formas de lidar com suas questões, os EUA decidiram usar sua superioridade militar, baseando-se em sua excelência tecnológica, portanto em seu avanço na revolução tecnológica, para adaptar o mundo a si próprios, a seus interesses, a suas formas de pensar e ser, no lugar de fazer o contrário. Isso não estava presente em minha análise na primeira edição (diferentemente da ameaça violenta feita pelas redes de terror fundamentalistas, que estava em consonância com o argumento que apresentei em 1996, embora tenha me recusado a prever qualquer coisa). Em termos teóricos, estudei a implantação da nova estrutura social, mas prestei pouca atenção à autonomia da agência. Além disso, sabemos que em teoria social a

O PODER DA IDENTIDADE | 37

análise deve reunir a lógica da estrutura e a lógica da agência na formação das práticas sociais. Coloco esse princípio na dianteira da minha teoria, por isso tentei implementá-la a partir da referência à lógica contraditória entre a rede e o ser, entre o poder das redes capitalistas e o poder da identidade, entre a globalização corporativa e os movimentos globais alternativos. Além do mais, subestimei a capacidade do Estado, e, particularmente, do último Estado-Nação soberano, de ignorar os sinais da história e tornar a impor o monopólio da violência como sua *raison d'être*, sacrificando a legitimidade internacional em prol de uma legitimidade doméstica construída com a função de proteger seus cidadãos e clientes. A maneira pela qual uma lógica unilateral consegue avançar em um mundo multilateral é uma questão fundamental que somente a experiência, e a observação analítica da experiência, pode aclarar nos próximos anos. Mas, para auxiliar na condução de uma análise desse tipo, propus neste volume algumas reflexões teóricas inspiradas pela observação dos estágios iniciais dessa contradição fundamental entre a lógica da estrutura e a lógica da agência na constituição do nosso mundo.

Ao conduzir a revisão deste volume, continuei me aproveitando do suporte de alunos, colegas e instituições acadêmicas, cuja contribuição deve ser reconhecida como a forma que encontrei para agradecer a todos eles publicamente. Antes de mais nada, minha gratidão vai para os assistentes de pesquisa, que me ajudaram a reunir e analisar os dados novos, todos eles meus alunos de doutorado: Jeff Juris e Rana Tomaiara, na Universidade da Califórnia, Berkeley, e Esteve Ollé, na Universidade Aberta da Catalunha, Barcelona.

Diversos colegas me ajudaram com seus comentários, informações e sugestões sobre os tópicos abrangidos por este volume, em especial Alain Touraine, Anthony Giddes, Fernando Calderon, Ruth Cardoso, Vilmar Faria, Emilio de Ipola, Nico Cloete, Johan Muller, Martin Carnoy, You-tien Hsing, Fernando Henrique Cardoso, Ulrich Beck, Mary Kaldor, Imma Tubella, Peter Evans, Harley Shaiken, Nezar al-Sayaad, Ronald Ingleheart, Guy Benveniste, Wayne Baker, John Thompson, Pekka Himanen, Magaly Sanchez, Bish Sanyal, William Mitchell, Douglas Massey, Erkki Tuomioja, Ovsey Shkara-tan e Narcis Serra.

Também sou grato às seguintes universidades, instituições e fundações por terem me concedido, a seu convite, a oportunidade de discutir as ideias apresentadas neste volume no período de sua revisão: Centro de Transformação da Educação Superior, África do Sul; Programa das Nações Unidas para o Desenvolvimento, na Bolívia; Programa das Nações Unidas para o Desenvolvimento, no Chile; Universidade de Oxford; Instituto de Arte Contemporânea, Londres; Jornal Ord & Bill, Gotemburgo e Estocolmo; Centro Cultural De Balie, Amsterdã; Fundação Marcelino Botin, Madri; Escola Superior de Administração de Empresas (ESADE), Barcelona; Instituto Europeu do Mediterrâneo, Barcelona;

Universidade Humboldt, Berlin; Universidade de Munique; Instituto de Pesquisa Social, Universidade de Frankfurt; Universidade de Bocconi, Milão; Escola Superior de Economia, Moscou; Instituto de Tecnologia de Massachusetts; Queen's University, Ontario; Universidade de Michigan; Escola de Comunicação de Annenberg, Universidade do Sul da Califórnia, Los Angeles.

Gostaria também de enfatizar a contribuição do meu novo ambiente intelectual à pesquisa, a Universidade Aberta da Catalunha, em Barcelona. Minha chegada aqui em 2001, recuperando as raízes da minha própria identidade, constitui um estímulo pessoal e garante uma boa perspectiva para desenvolver minha análise das dimensões cultural e política da sociedade em rede. Agradeço, em especial, à vice-reitora Imma Tubella e ao reitor Gabriel Ferrate por proverem condições intelectuais, materiais e pessoais excelentes para esse novo estágio da minha pesquisa.

Quero reiterar meu débito pessoal com Emma Kiselyova-Castells, que suportou o trabalho interminável demandado pela trilogia ao longo da última década. A ela, prometo isto: não haverá mais trilogias!

Finalmente, meus médicos, Peter Carrol e James Davis, do Centro Médico de São Francisco (Universidade da Califórnia), merecem mais uma vez o reconhecimento por terem me livrado da grave doença contra a qual todos lutamos juntos.

Eu realmente espero que a análise apresentada neste volume substancialmente revisado vá contribuir para o entendimento de um mundo muito turbulento.

Barcelona, Espanha
Abril de 2003

O autor e a editora agradecem os listados a seguir por permitirem a reprodução de material com direitos autorais:

Figura 2.1 "Distribuição geográfica dos grupos de patriotas nos EUA por número de grupos e locais de treinamento paramilitar em cada estado, 1996", da Southern Poverty Law Center, Klanwatch/Militia Task Force, 1996. Reimpresso com permissão.

Figura 4.1 H-P. Blossfield, "Curvas de sobrevivência dos casamentos na Itália, Alemanha Ocidental e Suécia: mães nascidas entre 1934–1938 e 1949–1953", de H-P. Blossfield, *The New Role of Women: Family Formation in Modern Societies* (Westview Press, 1995).

Figura 4.2 I. Alberdi, "Evolução do primeiro casamento em países da União Europeia desde 1960", de I. Alberdi (ed.), *Informe sobre la Situación de la Familia en España* (Ministerio de Asuntos Sociales, Madri, 1995).

Figura 4.5 I. Alberdi, "Síntese dos indicadores de fertilidade em países europeus desde 1960", de I. Alberdi (ed.), *Informe sobre la Situación de la Familia en España* (Ministerio de Asuntos Sociales, Madri, 1995).

Figura 4.10 E. Laumann *et al.*, "Inter-relação de diferentes aspectos da sexualidade entre pessoas do mesmo sexo...", de E. Laumann *et al.*, *The Social Organization of Sexuality: Sexual Practices in the United States* (University of Chicago Press, 1994). Reimpresso com permissão.

Figura 4.14 E. Laumann *et al.*, "Ocorrência de sexo oral ao longo da vida, por grupos: homens e mulheres", de E. *The Social Organization of Sexuality: Sexual Practices in the United States* (University of Chigago Press, 1994).

Figura 5.1 "Passivos financeiros brutos da administração pública (% do PIB)", de *The Economist Newspaper Limited*, Londres, 20 de janeiro, 1996. Reimpresso com permissão.

Figura 5.2 "Custos da mão de obra no setor industrial, 1994 ($ por hora)", de *The Economist Newspaper Limited*, Londres, 27 de janeiro, 1996. Reimpresso com permissão.

Figura 6.2 T. Fackler e T-M. Lin, "Número médio de casos de corrupção por periódico nos EUA, 1890–1992", de T. Fackler e T-M. Lin, "Corrupção política e eleições presidenciais, 1929–1992", de *The Journal of Politics*, 57 (4): 971–93 (1995).

Todos os esforços foram feitos no sentido de identificar cada um dos detentores de direitos autorais, mas se algo citado tiver sido inadvertidamente esquecido, a editora terá o prazer de realizar os ajustes necessários tão logo seja possível.

Agradecimentos

As ideias e análises contidas neste volume foram desenvolvidas durante 25 anos de estudos sobre movimentos sociais e processos políticos ocorridos em várias regiões do mundo, tendo sido revistas e integradas em uma teoria mais abrangente que trata da era da informação, apresentada nos três volumes desta obra. Diversas instituições acadêmicas foram o ambiente fundamental para o desenvolvimento de meu trabalho nessa área específica de investigação. Entre estas se encontram principalmente o Centre d'Étude des Mouvements Sociaux, École des Hautes Études en Sciences Sociales, Paris, fundada e dirigida por Alain Touraine, e onde atuei como pesquisador entre 1965 e 1979. Outras instituições de pesquisa que prestaram grande auxílio a meu trabalho acerca de movimentos sociais e política foram as seguintes: Centro Interdisciplinario de Desarollo Urbano, Universidad Catolica de Chile; Instituto de Investigaciones Sociales, Universidad Nacional Autónoma de México; Centro de Estudos Urbanos, Universidade de Hong Kong; Instituto de Sociologia de Nuevas Tecnologias, Universidad Autónoma de Madri; Faculdade de Ciências Sociais, Universidade Hitotsubashi, Tóquio.

A preparação e redação final do material foram realizadas durante a década de 1990 na Universidade da Califórnia em Berkeley, local que tem sido minha residência intelectual desde 1979. Muitas das ideias aqui apresentadas foram discutidas e apuradas em meu curso de pós-graduação sobre "A Sociologia da Sociedade da Informação". Por isso, agradeço a meus alunos, fonte constante de inspiração e crítica de meu trabalho. Este volume contou com o excepcional trabalho de pesquisa de Sandra Moog, pós-graduanda em Sociologia em Berkeley e futura acadêmica de destaque. Cito ainda os importantes trabalhos de pesquisa realizados por Lan-chih Po, doutorando em planejamento regional e urbanístico, também por Berkeley. Da mesma forma que nos demais volumes desta obra, Emma Kiselyova prestou considerável auxílio à minha pesquisa facilitando o acesso a idiomas que desconheço, além de ter contribuído com avaliações e comentários sobre várias seções deste volume.

Muitos colegas fizeram a leitura das primeiras versões do volume todo, ou de capítulos específicos, tecendo extensos comentários e ajudando-me a corrigir alguns erros e amarrar as análises, embora obviamente eu assuma toda a responsabilidade pelas interpretações finais. Gostaria de consignar meus agradecimentos a: Ira Katznelson, Ida Susser, Alain Touraine, Anthony Giddens, Martin Carnoy, Stephen Cohen, Alejandra Moreno Toscano, Roberto Laserna, Fernando Calderon, Rula Sadik, You-tien Hsing, Shujiro Yazawa, Chu-joe Hsia, Nancy Whittier, Barbara Epstein, David Hooson, Irene Castells, Eva Serra, Tim Duane e Elsie Harper-Anderson. Gostaria também de agradecer especialmente a John Davey, o diretor editorial da Blackwell, que contribuiu com sua vasta experiência e sugestões bastante pertinentes sobre o conteúdo de muitas das principais seções do volume.

Tudo isso quer dizer que, a exemplo dos outros volumes desta obra, o processo de desenvolvimento e redação das ideias trata-se, em grande medida, de um esforço coletivo, embora seja, em última análise, engendrado na solidão do ato de escrever.

Novembro de 1996
Berkeley, Califórnia

FIGURAS

2.1 Distribuição geográfica dos grupos patriotas nos EUA por número de grupos e campos de treinamento paramilitar nos estados norte-americanos, 1996. 143

4.1 Curvas de sobrevivência dos casamentos na Itália, Alemanha Ocidental e Suécia: mães nascidas entre 1934–1938 e entre 1949–1953. 256

4.2 Evolução do número de primeiros casamentos em países da União Europeia a partir de 1960. 258

4.3 Índices brutos de casamentos em países selecionados. 259

4.4 Proporção (%) de mulheres (15 a 34 anos) cujo primeiro filho nasce antes do primeiro casamento, por raça e etnia, nos Estados Unidos, 1960–1989. 263

4.5 Síntese da taxa de fertilidade em países europeus a partir de 1960. 270

4.6 Índice total de fertilidade e número de nascimentos nos Estados Unidos, 1920–1990. 271

4.7 Aumento dos índices de emprego no setor de serviços e da participação feminina, 1980–1990. 281

4.8a Percentual de mulheres na força de trabalho por tipo de função. 282

4.8b Famílias nos Estados Unidos em que as esposas participam da força de trabalho, 1960–1990. 282

4.9 Mulheres com empregos de meio expediente, por tipo de família, em países membros da Comunidade Europeia, 1991. 296

4.10 Inter-relação dos diferentes aspectos da sexualidade voltada para pessoas do mesmo sexo. 327

4.11 Áreas residenciais gays de São Francisco. 335

4.12a Composição dos lares nos Estados Unidos, 1960–1990. 343

4.12b Composição dos lares nos Estados Unidos, 1970–1995. 344

4.13 Lares de crianças com menos de 18 anos, por presença dos pais, nos Estados Unidos, 1960–1990. 345

4.14 Ocorrência de sexo oral no decorrer da vida, por época de nascimento: homens e mulheres. 357

5.1	Passivo financeiro bruto do governo.	377
5.2	Custos com mão de obra na produção industrial, 1994.	379
6.1	Credibilidade das fontes de notícias nos EUA. 1959–1991.	440
6.2	Média de reportagens sobre casos de corrupção por periódico nos EUA, 1890–1992.	463
6.3	Porcentagem de cidadãos que expressam pouca ou nenhuma confiança no governo de seus países.	474
6.4	Porcentagem de cidadãos que expressam pouca ou nenhuma confiança nos partidos políticos de seus países.	475
6.5	Porcentagem de pessoas que expressam a opinião de que seu país é dirigido por grandes interesses privados.	476
6.6	Percepção do governo por cidadãos de 60 países (1999).	477
6.7	Porcentagem de cidadãos em 47 países que acreditam que seu país é governado pela vontade do povo (2002).	477
6.8	Confiança nas instituições para operar segundo o interesse da sociedade (2002).	478
6.9	Índice de apoio aos principais partidos durante as eleições nacionais, 1980–2002.	482

TABELAS

4.1 Índice de variação na taxa estimada de divórcios nos países selecionados, 1971–1990. 255

4.2 Tendências observadas nas taxas de divórcio para cada 100 casamentos em países desenvolvidos. 255

4.3 Percentual de primeiros casamentos dissolvidos por separação, divórcio ou morte, entre mulheres de 40 a 49 anos de idade em países menos desenvolvidos. 257

4.4 Tendências, em números percentuais, de mulheres entre 20 e 24 anos que nunca se casaram. 260

4.5 Nascimentos ocorridos fora do casamento em relação (%) ao número total de nascimentos por região (média do país). 262

4.6 Lares com apenas um dos pais em relação (%) a todos os lares com filhos dependentes e ao menos um progenitor residente em países desenvolvidos. 264

4.7 Tendências, em termos percentuais, de lares em que a mulher é a chefe de família *de jure*. 264

4.8 Indicadores de mudanças recentes na família e formação dos lares: países ocidentais selecionados, 1975–1990. 266

4.9 Número de lares habitados por apenas um dos progenitores em relação ao número total de lares em países selecionados, 1990–1993. 268

4.10 Índice total de fertilidade nas principais regiões do mundo. 271

4.11 Participação de homens e mulheres na força de trabalho (%). 274

4.12 Índice total de emprego — homens e mulheres (média de crescimento anual — %). 276

4.13 Índices de atividade econômica, 1970–1990. 278

4.14 Índice de crescimento da atividade econômica da mulher, 1970–1990. 280

4.15 Emprego de mão de obra feminina por atividade e grau de intensidade das informações com relação ao total de postos de trabalho (%), 1973–1993. 283

4.16 Taxa de crescimento em cada categoria de emprego de mão de obra feminina em relação ao emprego total de mão de obra feminina, 1973–1993. 285

O PODER DA IDENTIDADE | 45

4.17	Distribuição da mão de obra feminina por tipo de ocupação, 1980 e 1989 (%).	286
4.18	Tamanho e composição do mercado de trabalho de meio expediente, 1973–1994 (%).	292
4.19	Participação do trabalho autônomo no mercado de trabalho total, por sexo e atividade (%).	294
5.1	Internacionalização da economia e das finanças públicas: índices de variação, 1980–1993 (e índices de 1993, salvo outras indicações).	373
5.2	Papel do governo na economia e nas finanças públicas: índices de variação, 1980–1992 (e índices de 1992, salvo outras indicações).	374
6.1	Fontes de notícias nos EUA, 1993–2002 (%).	439
6.2	Fontes de informações políticas dos moradores da cidade de Cochabamba, Bolívia, 1996.	440
6.3	Opinião dos cidadãos bolivianos sobre quais instituições representam seus interesses.	459
6.4	Índice de comparecimento nas eleições nacionais: números recentes comparados às décadas de 1970 e 1980.	479

QUADROS

2.1	Estrutura de valores e crenças de movimentos contrários à globalização	212
3.1	Tipologia dos movimentos ambientalistas	226
4.1	Tipologia analítica dos movimentos feministas	316

INTRODUÇÃO
NOSSO MUNDO, NOSSA VIDA

Olhem para o céu, há um desejo premente
pela manhã que nasce diante de vocês.
A História, apesar de sua dor lancinante,
jamais pode deixar de ser vivida; se enfrentada
com coragem, dispensa ser revivida.

Olhem para o dia
que irrompe diante de vocês.
Façam com que o sonho
renasça.

MAYA ANGELOU, "ON THE PULSE OF MORNING"[1]

Nosso mundo e nossa vida vêm sendo moldados pelas tendências conflitantes da globalização e da identidade. A revolução da tecnologia da informação e a reestruturação do capitalismo introduziram uma nova forma de sociedade, a sociedade em rede. Essa sociedade é caracterizada pela globalização das atividades econômicas decisivas do ponto de vista estratégico; por sua forma de organização em redes; pela flexibilidade e instabilidade do emprego e a individualização da mão de obra; por uma cultura de virtualidade real construída a partir de um sistema de mídia onipresente, interligado e altamente diversificado. E pela transformação das bases materiais da vida — o tempo e o espaço — mediante a criação de um espaço de fluxos e de um tempo intemporal como expressões das atividades e elites dominantes. Essa nova forma de organização social, dentro de sua globalidade que penetra em todos os níveis da sociedade, está sendo difundida em todo o mundo, do mesmo modo que o capitalismo industrial e seu inimigo univitelino, o estatismo industrial, foram disseminados no século XX, abalando instituições, transformando culturas, criando riqueza e induzindo a pobreza, incitando a ganância, a inovação e a esperança, e ao mesmo tempo impondo o rigor e instilando o desespero. Admirável ou não, trata-se na verdade de um mundo novo.

O PODER DA IDENTIDADE | 49

Entretanto, isso não é tudo. Com a revolução tecnológica, a transformação do capitalismo e a derrocada do estatismo, vivenciamos, no último quarto do século, o avanço de expressões poderosas de identidade coletiva que desafiam a globalização e o cosmopolitismo em função da singularidade cultural e do controle das pessoas sobre suas próprias vidas e ambientes. Essas expressões encerram acepções múltiplas, são altamente diversificadas e seguem os contornos pertinentes a cada cultura, bem como as fontes históricas da formação de cada identidade. Incorporam movimentos de tendência ativa voltados à transformação das relações humanas em seu nível mais básico, como, por exemplo, o feminismo e o ambientalismo. Mas incluem também ampla gama de movimentos reativos que cavam suas trincheiras de resistência em defesa de Deus, da nação, da etnia, da família, da região, enfim, das categorias fundamentais da existência humana milenar ora ameaçada pelo ataque combinado e contraditório das forças tecnoeconômicas e dos movimentos sociais transformacionais. Apanhada pelo turbilhão dessas tendências opostas, a existência do Estado-Nação é questionada, arrastando para o epicentro da crise a própria noção de democracia política, postulado para a construção histórica de um Estado-Nação soberano e representativo. Com certa frequência, a nova e poderosa mídia tecnológica, tal como as redes mundiais de telecomunicação interativa, é utilizada pelos contendores, ampliando e acirrando o conflito em casos em que, por exemplo, a internet se torna um instrumento de ambientalistas internacionais, zapatistas mexicanos ou, ainda, milícias norte-americanas, respondendo na mesma moeda às investidas da globalização computadorizada dos mercados financeiros e de processamento de dados.

É esse o mundo explorado no presente volume, que se concentra fundamentalmente nos movimentos sociais e na política, como resultante da interação entre a globalização induzida pela tecnologia, o poder da identidade (em termos sexuais, religiosos, nacionais, étnicos, territoriais e sociobiológicos) e as instituições do Estado. Convidando o leitor a essa jornada intelectual pelas paisagens das lutas sociais e dos conflitos políticos contemporâneos, iniciarei com algumas observações que poderão ajudá-lo a apreciar a viagem.

Este não é um livro sobre outros livros. Portanto, não discutirei as teorias existentes a respeito de cada tópico nem citarei cada uma das possíveis fontes referentes às questões aqui apresentadas. De fato, seria pretensiosa a tentativa de abordar, ainda que superficialmente, todo o registro acadêmico do leque de temas abordados nesta obra. As fontes e autores utilizados em cada tópico representam materiais que julguei relevantes para a elaboração das hipóteses que proponho para cada tema, como também para o significado de tais hipóteses em uma teoria mais abrangente da transformação social na sociedade em rede. Aos leitores interessados em referências bibliográficas e nas análises críticas de tais referências, sugiro a consulta às várias obras pertinentes que tratam das questões analisadas.

O método que adotei busca transmitir a teoria por meio de análises da prática, por meio de sucessivas linhas de observação dos movimentos sociais em diversos contextos culturais e institucionais. Dessa forma, a análise empírica é adotada principalmente como recurso comunicativo e como meio de disciplinar meu discurso teórico, isto é, de dificultar, se não inviabilizar, a afirmação de algo que a ação coletiva submetida à observação rejeitaria na prática. Procurei, todavia, fornecer alguns elementos empíricos, dentro das limitações de espaço deste volume, no intuito de tornar minha interpretação plausível, permitindo ao leitor tecer seus próprios julgamentos.

Há nesta obra uma deliberada obsessão pelo multiculturalismo, pela "varredura" do planeta, considerando suas diversas manifestações sociais e políticas. Tal abordagem deriva de minha visão de que o processo de globalização tecnoeconômica que vem moldando nosso mundo está sendo contestado e será, em última análise, transformado, a partir de uma multiplicidade de fatores, de acordo com diferentes culturas, histórias e geografias. Assim, as incursões, do ponto de vista temático, por Estados Unidos, Europa Ocidental, Rússia, México, Bolívia, Islã, China ou Japão, como faço neste volume, têm por finalidade específica utilizar uma mesma estrutura de análise para compreender processos sociais bastante distintos que, não obstante, estão inter-relacionados quanto ao seu significado. Gostaria também, dentro dos limites de meus conhecimentos e experiência, de romper com a abordagem etnocêntrica ainda predominante em boa parte da produção intelectual na área de ciências sociais, justamente no momento em que nossas sociedades se interconectaram globalmente e tornaram-se culturalmente inter-relacionadas.

Cabem aqui algumas palavras sobre teoria. A teoria sociológica subjacente a esta obra se encontra diluída, para conveniência do leitor, na apresentação dos temas em cada capítulo. Está também mesclada, tanto quanto possível, à análise empírica. Somente em circunstâncias inevitáveis conduzirei o leitor a uma breve incursão na teoria, uma vez que, no meu entender, a teoria social consiste em uma ferramenta para a compreensão do mundo, e não num instrumento de autossatisfação intelectual. Na conclusão do presente volume, buscarei sintetizar a análise de maneira mais formal e sistemática, atando os vários fios tecidos ao longo de cada capítulo. Contudo, uma vez que a obra está voltada à análise de movimentos sociais e que há grande controvérsia quanto ao significado desse conceito, apresento desde já minha definição de movimentos sociais: são ações coletivas com um determinado propósito cujo resultado, tanto em caso de sucesso como de fracasso, transforma os valores e as instituições da sociedade. Considerando que não há percepção de história alheia à história que percebemos, *do ponto de vista analítico*, não existem movimentos sociais "bons" ou "maus", progressistas ou retrógrados. São eles reflexos do que somos, caminhos de nossa transformação, uma vez que a transformação pode levar a uma gama variada de paraísos, de infernos ou de infernos paradisíacos. Não se trata de observação meramente incidental, visto que os processos de transformação social em nosso mundo não raro tomam forma de fanatismo e violência que não costumamos associar à mudança social positiva. Não obstante a tudo isso, este é nosso mundo, isto somos nós, em nossa contraditória pluralidade, e é isto que temos de compreender, se for absolutamente necessário enfrentá-lo e superá-lo. Quanto ao significado de *isto* e de *nós*, convido-os a desvendá-lo pela leitura do que segue.

Nota

1. Poema declamado no dia da posse do presidente dos Estados Unidos, 22 de janeiro de 1993.

1

PARAÍSOS COMUNAIS: IDENTIDADE E SIGNIFICADO NA SOCIEDADE EM REDE

A capital está próxima à Montanha Zhong;
resplandecem os palácios e os portais;
florestas e jardins luxuriantes exalam delicioso perfume;
cássias e orquídeas completam-se em sua beleza.
O palácio proibido é magnífico;
edifícios e pavilhões da altura de cem andares;
salões e entradas, maravilhosos e brilhantes;
gongos e sinos ressoam melodiosamente.
As torres alcançam os céus;
nos altares, animais são ofertados em sacrifício.
Limpos e purificados,
jejuamos e nos banhamos.
Somos respeitosos e devotos na adoração,
glorificados e serenos na prece.
Em nossas fervorosas súplicas,
cada um busca alegria e felicidade.
Os povos incivilizados e fronteiriços rendem-nos tributos,
e os bárbaros estão subjugados.
Não importa a vastidão do território,
todos estarão submetidos ao nosso domínio.

HONG XIUQUAN

Foram essas as palavras do "Conto Imperial de Mil Palavras", de autoria de Hong Xiuquan, mentor e profeta da Rebelião Taiping, após estabelecer seu reino celestial em Nanjing em 1853.[1] O objetivo da revolta de Taiping Tao (Caminho da Grande Paz) era criar um reino comunal, fundamentalista neocristão na China. Por mais de uma década, o reino foi organizado segundo a revelação da Bíblia que Hong Xiuquan, como ele próprio afirmava, recebera de seu irmão mais velho, Jesus Cristo, após ter sido convertido ao cristianismo por missionários evangélicos. Entre 1845 e 1864, as preces, os ensinamentos e os exércitos de Hong abalaram toda a China, e o mundo, pois interferiam no crescente controle que vinha sendo exercido sobre o Império do Meio pelos estrangeiros. O Reino

Taiping pereceu da mesma maneira que subsistiu, em meio a sangue e fogo, ceifando a vida de 20 milhões de chineses. O reino alimentou a esperança de criar um paraíso terrestre combatendo os demônios que se haviam apossado da China, de modo que "todo o povo pudesse viver em felicidade eterna até que, finalmente, seriam levados ao céu para saudar o Pai".[2] Era uma época de crise para a máquina burocrática do Estado e as tradições morais, da globalização do comércio, do lucrativo tráfico de drogas, do rápido processo de industrialização que se alastrava pelo mundo, das missões religiosas, do empobrecimento dos camponeses, das convulsões nas estruturas familiares e de comunidades, de malfeitores locais e exércitos internacionais, da difusão da imprensa e do analfabetismo em massa, uma época de incerteza e desesperança, de crise de identidade, enfim, outros tempos. Ou será que não?

A construção da identidade

Entende-se por identidade a fonte de significado e experiência de um povo. Nas palavras de Calhoun:

> Não temos conhecimento de um povo que não tenha nomes, idiomas ou culturas em que alguma forma de distinção entre o eu e o outro, nós e eles, não seja estabelecida... O autoconhecimento — invariavelmente uma construção, não importa o quanto possa parecer uma descoberta — nunca está totalmente dissociado da necessidade de ser conhecido, de modos específicos, pelos outros.[3]

No que diz respeito a atores sociais, entendo por identidade o processo de construção de significado com base em um atributo cultural, ou ainda um conjunto de atributos culturais inter-relacionados, o(s) qual(ais) prevalece(m) sobre outras fontes de significado. Para um determinado indivíduo ou ainda um ator coletivo, pode haver identidades múltiplas. No entanto, essa pluralidade é fonte de tensão e contradição tanto na autorrepresentação quanto na ação social. Isso porque é necessário estabelecer a distinção entre a identidade e o que tradicionalmente os sociólogos têm chamado de papéis, e conjuntos de papéis. Papéis (por exemplo, ser trabalhador, mãe, vizinho, militante socialista, sindicalista, jogador de basquete, frequentador de uma determinada igreja e fumante, ao mesmo tempo) são definidos por normas estruturadas pelas instituições e organizações da sociedade. A importância relativa desses papéis no ato de influenciar o comportamento das pessoas depende de negociações e acordos entre os indivíduos e essas instituições e organizações. Identidades, por sua vez, constituem fontes de significado para os próprios atores, por eles originadas, e construídas por meio de um processo de individuação.[4]

Embora, conforme argumentarei adiante, as identidades também possam ser formadas a partir de instituições dominantes, somente assumem tal condição quando e se os atores sociais as internalizam, construindo seu significado com base nessa internalização. Na verdade, algumas autodefinições podem também coincidir com papéis sociais, por exemplo, no momento em que ser pai é a mais importante autodefinição do ponto de vista do ator. Contudo, identidades são fontes mais importantes de significado do que papéis, por causa do processo de autoconstrução e individuação que envolvem. Em termos mais genéricos, pode-se dizer que identidades organizam significados, enquanto papéis organizam funções. Defino *significado* como a identificação simbólica, por parte de um ator social, da finalidade da ação praticada por tal ator. Proponho também a ideia de que, para a maioria dos atores sociais *na sociedade em rede,* por motivos que esclarecerei mais adiante, o significado organiza-se em torno de uma identidade primária (uma identidade que estrutura as demais) autossustentável ao longo do tempo e do espaço. Embora tal abordagem se aproxime da formulação de identidade proposta por Erikson, estarei concentrado basicamente na identidade coletiva, e não individual. O individualismo (distinto da identidade individual), contudo, pode também ser considerado uma forma de "identidade coletiva", conforme observado na "cultura do narcisismo" de Lasch.[5]

Não é difícil concordar com o fato de que, do ponto de vista sociológico, toda e qualquer identidade é construída. A principal questão, na verdade, diz respeito a como, a partir de que, por quem, e para que isso acontece. A construção de identidades vale-se da matéria-prima fornecida pela história, geografia, biologia, por instituições produtivas e reprodutivas, pela memória coletiva e por fantasias pessoais, pelos aparatos de poder e revelações de cunho religioso. Porém, todos esses materiais são processados pelos indivíduos, grupos sociais e sociedades, que reorganizam seu significado em função de tendências sociais e projetos culturais enraizados em sua estrutura social, bem como em sua visão de tempo/espaço. Avento aqui a hipótese de que, em linhas gerais, quem constrói a identidade coletiva, e para que essa identidade é construída, são em grande medida os determinantes do conteúdo simbólico dessa identidade, bem como de seu significado para aqueles que com ela se identificam ou dela se excluem. Uma vez que a construção social da identidade sempre ocorre em um contexto marcado por relações de poder, proponho uma distinção entre três formas e origens de construção de identidades:

- *Identidade legitimadora:* introduzida pelas instituições dominantes da sociedade no intuito de expandir e racionalizar sua dominação em relação aos atores sociais, tema este que está no cerne da teoria de autoridade e dominação de Sennett,[6] e se aplica a diversas teorias do nacionalismo.[7]

- *Identidade de resistência:* criada por atores que se encontram em posições/condições desvalorizadas e/ou estigmatizadas pela lógica da dominação, construindo, assim, trincheiras de resistência e sobrevivência com base em princípios diferentes dos que permeiam as instituições da sociedade, ou mesmo opostos a estes últimos, conforme propõe Calhoun ao explicar o surgimento da política de identidade.[8]
- *Identidade de projeto:* quando os atores sociais, utilizando-se de qualquer tipo de material cultural ao seu alcance, constroem uma nova identidade capaz de redefinir sua posição na sociedade e, ao fazê-lo, de buscar a transformação de toda a estrutura social. Esse é o caso, por exemplo, do feminismo que abandona as trincheiras de resistência da identidade e dos direitos da mulher para fazer frente ao patriarcalismo, à família patriarcal e, assim, à toda a estrutura de produção, reprodução, sexualidade e personalidade sobre a qual as sociedades historicamente se estabeleceram.

Obviamente, identidades que começam como resistência podem acabar resultando em projetos, ou mesmo tornarem-se dominantes nas instituições da sociedade, transformando-se assim em identidades legitimadoras para racionalizar sua dominação. De fato, a dinâmica de identidades ao longo desta sequência evidencia que, do ponto de vista da teoria social, nenhuma identidade pode constituir uma essência, e nenhuma delas encerra, *per se,* valor progressista ou retrógrado se estiver fora de seu contexto histórico. Uma questão diversa e extremamente importante diz respeito aos benefícios gerados por parte de cada identidade para as pessoas que a incorporam.

Na minha visão, cada tipo de processo de construção de identidade leva a um resultado distinto no que tange à constituição da sociedade. *A identidade legitimadora dá origem a uma sociedade civil,* ou seja, um conjunto de organizações e instituições, bem como uma série de atores sociais estruturados e organizados, que, embora às vezes de modo conflitante, reproduzem a identidade que racionaliza as fontes de dominação estrutural. Tal afirmação pode parecer surpreendente para alguns leitores, pois o termo sociedade civil geralmente carrega consigo uma conotação positiva de mudança social democrática. Entretanto, esta é na verdade a concepção original de sociedade civil, conforme formulada por Gramsci, o mentor intelectual desse conceito ambíguo. Na concepção dele, a sociedade civil é constituída de uma série de "aparatos", tais como: a(s) Igreja(s), sindicatos, partidos, cooperativas, entidades cívicas etc., que, se por um lado prolongam a dinâmica do Estado, por outro estão profundamente arraigados entre as pessoas.[9] É precisamente esse duplo caráter da sociedade civil que a torna um terreno privilegiado de transformações políticas, possibilitando o arrebatamento do Estado sem lançar mão de um ataque direto e violento. A conquista do Estado pelas forças da mudança (digamos as forças do socialismo, no universo ideológico de Gramsci) presentes na sociedade civil é possibilitada justamente pela continuidade da relação entre as instituições da sociedade civil e os aparatos de poder do Estado, organizados em torno de uma identidade semelhante (cidadania, democracia, politização da transformação social, confinamento do poder ao Estado e às suas ramificações, e outras similares). Onde Gramsci e Tocqueville veem democracia e civilidade, Foucault e Sennett e, antes deles, Horkheimer e Marcuse veem dominação internalizada e legitimação de uma identidade imposta, padronizadora e não diferenciada.

O segundo tipo de construção de identidade, a *identidade destinada à resistência,* leva à formação de *comunas,* ou *comunidades,* segundo Etzioni.[10] É provável que seja esse o tipo mais importante de construção de identidade em nossa sociedade. Ele dá origem a formas de resistência coletiva diante de uma opressão que, do contrário, não seria suportável, em geral com base em identidades que, aparentemente, foram definidas com clareza pela história, geografia ou biologia, facilitando assim a "essencialização" dos limites da resistência. Por exemplo, o nacionalismo fundado na etnia, conforme sugere Scheff, geralmente "surge, por um lado, a partir de um sentimento de alienação e, por outro, de um ressentimento contrário à exclusão injusta, de natureza política, econômica ou social".[11] O fundamentalismo religioso, as comunidades territoriais, a autoafirmação nacionalista ou mesmo o orgulho de aviltar-se a si próprio, invertendo os termos do discurso opressivo (como na cultura *queer* de algumas das tendências do movimento gay), são todas manifestações do que denomino exclusão dos que excluem pelos excluídos, ou seja, a construção de uma identidade defensiva nos termos das instituições/ideologias dominantes, revertendo o julgamento de valores e, ao mesmo tempo, reforçando os limites da resistência. Nesse caso, surge uma questão quanto à comunicabilidade recíproca entre essas identidades excluídas/excludentes. A resposta a essa questão, que somente pode ser empírica e histórica, determina se as sociedades permanecem como tais ou fragmentam-se em uma constelação de tribos, por vezes renomeadas eufemisticamente de comunidades.

O terceiro processo de construção de identidade, a *identidade de projeto,* produz *sujeitos,* conforme definido por Alain Touraine:

> Chamo de sujeito o desejo de ser um indivíduo, de criar uma história pessoal, de atribuir significado a todo o conjunto de experiências da vida individual... A transformação de indivíduos em sujeitos resulta da combinação necessária de duas afirmações: a dos indivíduos contra as comunidades e a dos indivíduos contra o mercado.[12]

Sujeitos não são indivíduos, mesmo considerando que são constituídos a partir de indivíduos. São o ator social coletivo pelo qual indivíduos atingem o significado holístico em sua experiência.[13] Neste caso, a construção da identidade consiste em um projeto de uma vida diferente, talvez com base em uma identidade oprimida, porém expandindo-se no sentido da transformação da sociedade como prolongamento desse projeto de identidade, como no exemplo mencionado anteriormente de sociedade pós-patriarcal, resultando na liberação das mulheres, dos homens e das crianças por meio da realização da identidade das mulheres. Ou, ainda, de uma perspectiva bastante distinta, a reconciliação de todos os seres humanos como fiéis, irmãos e irmãs, de acordo com as leis de Deus, seja Alá ou Jesus, como consequência da conversão das sociedades infiéis, materialistas e contrárias aos valores da família, antes incapazes de satisfazer as necessidades humanas e os desígnios de Deus.

Como, e por quem, diferentes tipos de identidades são construídos, e com quais resultados, são questões que não podem ser abordadas em linhas gerais, abstratas: estão estritamente relacionadas a um contexto social. A política de identidade, escreve Zaretsky, "deve ser situada historicamente".[14] Assim, nossa discussão estará inserida em um contexto específico, qual seja, o surgimento da sociedade em rede. A dinâmica da identidade nesse contexto pode ser bem compreendida se comparada à caracterização de identidade elaborada por Giddens durante a "modernidade tardia", um período histórico que, creio eu, reflete uma era que chega ao seu fim — com que absolutamente não pretendo sugerir que estejamos de algum modo chegando ao "fim da história", conforme postulado em algumas extravagâncias pós-modernas. Em uma poderosa teorização cujas principais linhas encerram ideias com as quais concordo, Giddens afirma que "a autoidentidade não é um traço distintivo apresentado pelo indivíduo. Trata-se do próprio ser conforme apreendido reflexivamente pela pessoa em relação à sua biografia". De fato, "o que define um ser humano é saber... tanto o que se está fazendo como por que se está fazendo algo... No contexto da ordem pós-tradicional, o próprio ser torna-se um projeto reflexivo".[15]

De que forma a "modernidade tardia" causa impacto nesse projeto reflexivo? Nas palavras de Giddens,

> uma das características distintivas da modernidade é uma interconexão crescente entre os dois extremos da "extensionalidade" e da "intencionalidade": de um lado influências globalizantes e, do outro, disposições pessoais... Quanto mais a tradição perde terreno, e quanto mais reconstitui-se a vida cotidiana em termos da interação dialética entre o local e o global, mais os indivíduos veem-se forçados a negociar opções por estilos de vida em meio a uma série de possibilidades... O planejamento da vida organizada reflexivamente... torna-se característica fundamental da estruturação da autoidentidade".[16]

Embora concorde com a caracterização teórica de Giddens quanto à construção da identidade no período da "modernidade tardia", sustento, com base em análises apresentadas no volume I da presente obra, que o surgimento da sociedade em rede traz à tona os processos de construção de identidade durante aquele período, induzindo assim novas formas de transformação social. Isso ocorre porque a sociedade em rede está fundamentada na disjunção sistêmica entre o local e o global para a maioria dos indivíduos e grupos sociais. E também, acrescentaria, na separação, em diferentes estruturas de tempo/espaço, entre poder e experiência (volume I, capítulos 6 e 7). Portanto, exceto para a elite que ocupa o espaço atemporal de fluxos de redes globais e seus locais subsidiários, o planejamento reflexivo da vida torna-se impossível. Além disso, a construção de intimidade com base na confiança exige uma redefinição da identidade totalmente autônoma em relação à lógica de formação de rede das instituições e organizações dominantes.

Sob essas novas condições, as sociedades civis encolhem-se e são desarticuladas, pois não há mais continuidade entre a lógica da criação de poder na rede global e a lógica de associação e representação em sociedades e culturas específicas. Desse modo, a busca pelo significado ocorre no âmbito da reconstrução de identidades defensivas em torno de princípios comunais. A maior parte das ações sociais organiza-se ao redor da oposição entre fluxos não identificados e identidades segregadas. Quanto ao surgimento de identidades de projeto, tal fato ainda ocorre, ou pode ocorrer, dependendo das sociedades em questão. Apresento a hipótese de que a constituição de sujeitos, no cerne do processo de transformação social, toma um rumo diverso do conhecido durante a modernidade dos primeiros tempos e em seu período mais tardio; ou seja, *sujeitos, se e quando construídos, não são mais formados com base em sociedades civis que estão em processo de desintegração, mas, sim, como um prolongamento da resistência comunal.* Enquanto na modernidade a identidade de projeto fora constituída a partir da sociedade civil (como, por exemplo, no socialismo, com base no movimento trabalhista), na sociedade em rede, a identidade de projeto, se é que se pode desenvolver, origina-se a partir da resistência comunal. É esse o significado real da nova primazia da política de identidade na sociedade em rede. A análise dos processos, condições e resultados da transformação da resistência comunal em sujeitos transformacionais é o terreno ideal para o desenvolvimento de uma teoria de transformação social na era da informação.

Tendo chegado a uma formulação conjetural de minhas hipóteses, seria contrário aos princípios metodológicos desta obra deixá-la embrenhar-se ainda mais pelo caminho da teorização abstrata, que logo cairia no campo das referências bibliográficas. Procurarei sugerir as implicações exatas de minha análise atendo-me ao exame de uma série de processos fundamentais para a construção da identidade coletiva, selecionados por sua relevância no processo de transformação social na sociedade em rede. Iniciarei este trabalho com o *fundamentalismo religioso,* tanto em sua versão islâmica quanto cristã, o que não significa que outras religiões (por exemplo, hinduísmo, budismo, judaísmo) sejam menos importantes ou tenham menor inclinação ao fundamentalismo. Em seguida, prosseguirei a minha análise com o *nacionalismo,* considerando, após apresentar uma visão geral sobre o assunto, dois processos bastante distintos, porém bastante significativos: o papel do nacionalismo na desintegração da União Soviética e nas repúblicas pós-soviéticas; e a formação e ressurgimento do nacionalismo catalão. Posteriormente, voltarei a atenção à *identidade étnica,* discutindo a identidade afro-americana contemporânea. Por fim, encerrarei o estudo com breves considerações acerca da *identidade territorial,* com base em minhas observações de movimentos de cunho urbano e comunidades locais em todo o mundo. Concluindo, buscarei apresentar uma breve síntese das principais linhas de questionamento resultantes do exame de diversos processos contemporâneos de (re)construção de identidade com base na resistência comunal.

Os paraísos do Senhor: fundamentalismo religioso e identidade cultural

É um atributo da sociedade, e ousaria dizer, da natureza humana, se é que tal entidade existe, encontrar consolo e refúgio na religião. O medo da morte e a dor da vida precisam de Deus e da fé n'Ele, sejam quais forem suas manifestações, para que as pessoas sigam vivendo. De fato, fora de nós Deus se tornaria um desabrigado.

Já o fundamentalismo religioso é algo mais. E eu insisto em afirmar que esse "algo mais" representa uma das mais importantes fontes de construção de identidade na sociedade em rede por motivos que serão esclarecidos, assim espero, nas páginas a seguir. Quanto a seu conteúdo real, experiências, opiniões, história e teorias são tão diversas que desafiam qualquer tentativa de síntese. Felizmente, a *American Academy of Arts and Sciences* realizou, no final da década de 1980, um grande projeto comparativo com o objetivo de analisar formas de fundamentalismo em diversos contextos sociais e institucionais.[17] Desse modo, sabemos que "os fundamentalistas são invariavelmente reativos, reacionários"[18] e que:

os fundamentalistas são seletivos. Podem muito bem julgar estarem abraçando todo o passado em sua forma mais pura, porém suas energias estarão concentradas na aplicação das características mais adequadas à afirmação de sua identidade; à preservação da unidade de seu movimento, à construção de linhas defensivas para suas fronteiras e à manutenção dos outros a distância... Os fundamentalistas lutam amparados por Deus — no caso de uma religião teísta — ou pelos sinais de alguma forma de transcendência.[19]

Para ser mais exato, creio que seja adequado, para fins de coerência com a coletânea de ensaios reunidos no projeto "Fundamentalismo em Observação", definir *fundamentalismo*, em minha concepção, como *a construção da identidade coletiva segundo a identificação do comportamento individual e das instituições da sociedade com as normas oriundas da lei de Deus, interpretadas por uma autoridade definida que atua como intermediária entre Deus e a humanidade.* Portanto, como sustenta Marty, "É impossível aos fundamentalistas discutirem ou resolverem o que quer que seja com pessoas que não compartilhem de seu comprometimento com uma autoridade, seja ela uma irrepreensível Bíblia, um infalível papa, os códigos da *Sharia* do islamismo ou as implicações da *halaca* para o judaísmo".[20]

Obviamente, o fundamentalismo religioso esteve presente ao longo de toda a história da humanidade. Contudo, parece estar surpreendentemente forte e influente como fonte de identidade neste final de milênio. Por quê? Minhas análises do fundamentalismo islâmico, bem como do fundamentalismo cristão nesta seção do livro, terão por objetivo propor algumas indicações destinadas ao entendimento de uma das tendências mais marcantes na formação de nosso período histórico.[21]

Umma versus *Jahiliya*: *o fundamentalismo islâmico*

> *A única forma de acesso à modernidade passa pelo nosso próprio caminho, aquele que nos tem sido traçado por nossa religião, nossa história e nossa civilização.*
>
> RACHED GHANNOUCHI[22]

A década de 1970, época do nascimento da revolução tecnológica no Vale do Silício e ponto de partida da reestruturação capitalista global, adquiriu um significado diferente para o mundo muçulmano: marcou o início do décimo quarto século da Hégira, período de renascimento, purificação e fortalecimento do Islã, tal como ocorre no início de cada século. De fato, nas duas décadas seguintes uma verdadeira revolução cultural/religiosa se alastrou pelos países muçulmanos, ora vitoriosa, como no Irã, ora subjugada, como no Egito, ora desencadeando guerra civil, como na Argélia, ora formalmente reconhecida nas instituições do Estado, como no Sudão ou em Bangladesh, e na maioria das vezes instaurando uma incômoda coexistência com um Estado-Nação formalmente islâmico, totalmente integrado no capitalismo global, como na Arábia Saudita, Indonésia ou Marrocos. Sobretudo, lutava-se pela identidade cultural e pelo destino político de quase um bilhão de pessoas nas mesquitas e nos distritos das cidades muçulmanas, superpovoadas pela urbanização acelerada e desintegradas pelo fracasso da modernização. O fundamentalismo islâmico, como identidade reconstruída e como projeto político, está no cerne de um processo decisivo, ao qual está condicionado, em grande parte, o futuro do mundo.[23]

Contudo, o que é fundamentalismo islâmico? Islã, em árabe, significa submissão, e um muçulmano é alguém que se submeteu à vontade de Alá. Assim, de acordo com a definição de fundamentalismo apresentada anteriormente, tem-se a impressão de que todo o Islã é fundamentalista: as sociedades e suas instituições estatais devem ser organizadas em torno de princípios religiosos incontestáveis. Entretanto, vários estudiosos[24] de renome sustentam a ideia de que, embora a primazia dos princípios religiosos conforme preceituado pelo Corão seja comum a todo o Islã, as sociedades e instituições islâmicas são também fundamentadas em interpretações múltiplas. Na maioria das sociedades islâmicas tradicionais, a preeminência dos princípios religiosos sobre a autoridade política foi puramente formal. Na verdade, a *sharia* (lei divina, constituída pelo Corão e os *Hadiths)* está relacionada, no árabe clássico, ao verbo *shara'a,* isto é, caminhar em direção a uma fonte. Para a maioria dos muçulmanos, a *sharia* não representa uma ordem rígida e inflexível, mas, antes, uma referência para se caminhar em direção a Deus, com as devidas adaptações exigidas pelo contexto histórico e social.[25] Ao contrário de tal abertura permitida pelo Islã, o fundamentalismo islâmico implica a fusão de *sharia* e *fiqh,* ou a interpretação e aplicação dos princípios por juristas e autoridades sob o predomínio absoluto da *sharia.* Obviamente, o verdadeiro significado depende do processo de interpretação, e de quem interpreta. Assim, existe uma ampla gama de variáveis entre o fundamentalismo conservador, como aquele representado pela Casa de Saud, e o fundamentalismo radical, conforme abordado nos escritos de al--Mawdudi ou Sayyid Qtub nas décadas de 1950 e 1960.[26]

Há também diferenças consideráveis entre a tradição *xiita,* que inspira Khomeini, e a tradição *sunita,* que constitui a crença de cerca de 85% dos muçulmanos, inclusive de movimentos revolucionários como a *Front Islamique de Salvation* (FIS) da Argélia ou a *Takfir wal-Hijrah* do Egito. Contudo, na visão de escritores que sintetizam o pensamento islâmico deste século, tais como Hassan al-Banna e Sayyid Qtub do Egito, Ali al-Nadawi da Índia ou Sayyid Abul al-Mawdudi do Paquistão, a história do Islã é reconstruída para demonstrar a eterna submissão do Estado à religião.[27] Para um muçulmano, o vínculo fundamental não é *watan* (terra natal), mas sim *umma,* ou comunidade de fiéis, em que todos são iguais em sua submissão perante Alá. Tal confraternização universal transcende as instituições do Estado-Nação, encarado como fonte de cisão entre os fiéis.[28]

Nas palavras de Sayyid Qtub, provavelmente o escritor mais influente sobre o assunto do fundamentalismo islâmico entre radicais mulçumanos:

> Os laços de ideologia e fé são mais fortes que os laços de patriotismo fervoroso por uma região ou um território. Portanto, a falsa distinção entre mulçumanos baseada em territórios nada mais é que uma consequência das campanhas contra o Oriente, e do imperialismo zionista, que deve ser exterminada... a pátria não reside no território e sim no grupo de crentes da inteira *umma islâmica.*[29]

Para que a *umma* permaneça viva e possa crescer até que englobe toda a humanidade, tem de cumprir uma missão divina: engajar-se, sempre com o espírito renovado, na luta contra a *Jahiliya* (o estado de ignorância em relação a Deus ou a falta de obediência aos ensinamentos de Deus), em que as sociedades mergulharam novamente. Para que a humanidade possa se regenerar, a islamização deve ser levada primeiramente às sociedades muçulmanas que se secularizaram e desviaram da estrita obediência à lei de Deus, e depois seguir para o mundo inteiro. Esse processo deve ser iniciado com o renascimento espiritual baseado no *al-sirat al-mustaqin* (caminho correto), traçado de acordo com a comunidade organizada pelo profeta Maomé em Medina. Todavia, para superar as forças dos ímpios, pode ser necessário lançar mão da *jihad* (luta em nome do Islã) contra os infiéis, o que por sua vez pode significar, em casos extremos, recorrer à guerra santa. Na tradição *xiita,* o martírio, revivendo o sacrifício de Imam Ali no ano de 681, está na essência do estado de pureza religiosa. Porém, o Islã como um todo compartilha da glorificação dos sacrifícios exigidos pelo chamado de Deus *(al-da'wah).* Como afirma Hassan al-Banna, fundador e líder da Irmandade Muçulmana, assassinado em 1949: "O Corão é nossa constituição, o Profeta é nosso Guia; a morte em nome da glória de Alá é nossa maior ambição."[30] O principal objetivo de todas as ações humanas deve ser o estabelecimento da lei de Deus para toda a humanidade, colocando assim um ponto final na atual oposição entre *Dar al-Islam* (o mundo muçulmano) e *Dar al-Harb* (o mundo não muçulmano).

Nessa estrutura cultural/religiosa/política, a identidade islâmica é construída com base em uma dupla desconstrução, realizada pelos atores sociais e pelas instituições da sociedade. Os atores sociais devem se desconstruir como sujeitos, sejam eles indivíduos, membros de um grupo étnico ou cidadãos de uma nação.

O PODER DA IDENTIDADE | 63

Além disso, as mulheres devem se submeter aos seus homens guardiães, pois elas são incentivadas a se realizar no seio da estrutura familiar: "Os homens são os protetores e os mantenedores das mulheres, pois Deus deu a ele mais (força) que à mulher, e porque eles as sustentam com seus próprios meios."[31] Como aponta Bassam Tibi, "o princípio da subjetividade de Habermas é uma heresia para os fundamentalistas islâmicos".[32] Somente por meio da *umma* poderá o indivíduo ser plenamente ele próprio, como uma parte da comunidade dos fiéis, um mecanismo básico de equalização que oferece apoio mútuo, solidariedade e significados compartilhados. Por outro lado, cabe ao Estado-Nação negar sua própria identidade: *al-dawla islamiiyya* (o Estado islâmico), com base na *Sharia*, prevalece sobre o Estado-Nação (*al-dawla qawmiyya)*. Tal proposição é válida particularmente no Oriente Médio, região em que, segundo Tibi, "o Estado-Nação é um elemento estranho e praticamente imposto [...] A cultura política do nacionalismo secular não só é novidade no Oriente Médio, como também mantém-se meramente na superfície das sociedades envolvidas".[33]

De fato, como afirma Lawrence:

> O islã não é apenas uma religião. É mais que isso. Ele envolve tanto o espiritual quanto o político, o domínio privado e o coletivo... O nacionalismo se torna a mais ofensiva vanguarda do secularismo, pois ele exige que o Estado aja em um contexto de obediência... De acordo com Qtub, no verdadeiro islã "o nacionalismo é a crença, a pátria é o *Dar al-islam,* as regras são Deus, e a constituição é o Corão".[34]

Contudo, é mister dizer que o fundamentalismo islâmico não constitui um movimento tradicionalista. Em prol dos esforços exegéticos para incutir a identidade islâmica na história e nos textos sagrados, e em defesa da causa da resistência social e da insurreição política, os islâmicos procederam à reconstrução de uma identidade cultural que de fato é hipermoderna.[35] Nas palavras de Al-Azmeh: "A politização do sagrado, a sacralização da política e a transformação das instituições islâmicas pseudojurídicas em 'formas de devoção social' refletem meios de realização da política do ego autêntico, de uma política de identidade, e portanto o meio para a própria formação, ou melhor, a invenção, dessa identidade."[36]

Mas se o islamismo (embora calcado nos escritos dos reformistas e "restauradores" islâmicos do século XIX, como Al-Afghani) é essencialmente uma identidade contemporânea, por que justamente agora está tão vivo? Por que resolveu explodir nas últimas duas décadas, após haver sido repetidas vezes subjugado pelo nacionalismo do período pós-colonial, conforme pode ser observado, por exemplo, na repressão à Irmandade Muçulmana no Egito e na Síria (com a execução de Qtub em 1966), no surgimento de Sukarno na Indonésia ou da Frente de Libertação Nacional da Argélia?[37]

Tibi acredita que "o surgimento do fundamentalismo islâmico no Oriente Médio mantém estreita relação com a exposição dessa região do mundo islâmico (cuja percepção de si mesmo é de uma entidade coletiva) aos processos de globalização, ao nacionalismo e ao Estado-Nação como princípios globalizados de organização".[38] Na verdade, a explosão dos movimentos islâmicos parece estar relacionada tanto à ruptura das sociedades tradicionais (inclusive o enfraquecimento do poder do clero tradicional), quanto ao fracasso do Estado-Nação, criado pelos movimentos nacionalistas com o objetivo de concluir o processo de modernização, desenvolver a economia e/ou distribuir os benefícios do crescimento econômico entre a maioria da população. Desse modo, a identidade islâmica é (re)construída pelos fundamentalistas por oposição ao capitalismo, ao socialismo e ao nacionalismo, árabe ou de qualquer outra origem, que, em sua visão, são todas ideologias fracassadas provenientes da ordem pós-colonial.

Um caso notável desse processo é obviamente o Irã.[39] A Revolução Branca do Xá, iniciada em 1963, foi uma das mais ambiciosas tentativas de modernizar a economia e a sociedade do país, contando com o apoio dos Estados Unidos e tendo como projeto declarado ingressar no novo capitalismo global em formação. Assim, foram minadas as estruturas básicas da sociedade tradicional, desde a agricultura até o calendário. De fato, um dos mais graves conflitos entre o Xá e os ulemás dizia respeito ao controle do tempo, quando, em 24 de abril de 1976, o Xá mudou o calendário islâmico para o calendário pré-islâmico da dinastia de Aquemênides. Quando Khomeini aterrissou em Teerã em 1º de fevereiro de 1979 para liderar a revolução, retornou como o representante do imã Nacoste, o Senhor do Tempo (wali al-zaman), no intuito de reafirmar a preeminência dos princípios religiosos. A revolução islâmica opunha-se, simultaneamente, à instituição da monarquia (Khomeini: "o Islã é fundamentalmente contrário à noção de monarquia");[40] ao Estado-Nação (artigo 10 da nova Constituição iraniana: "Todos os muçulmanos constituem uma única nação"); e à modernização como expressão da ocidentalização (o artigo 43 da Constituição iraniana estabelece a "proibição de extravagâncias e desperdícios em todas as questões relacionadas à economia, inclusive consumo, investimento, produção, distribuição e serviços"). O poder dos ulemás, principais alvos das reformas institucionais promovidas pelo Xá, foi consagrado como o agente intermediário entre a sharia e a sociedade. A radicalização do regime islâmico, após o ataque do Iraque em 1980 e a guerra atroz que ocorreu em seguida, levou à purificação da sociedade e à designação de juízes religiosos com a função de reprimir atos ímpios, como o "adultério, a homossexualidade, as apostas em jogos de azar, a hipocrisia, a compaixão pelos ateus e a traição".[41] A isso se seguiram milhares de prisões, mutilações e execuções pelos mais diversos motivos. A onda de terror, particularmente dirigida a críticos de esquerda e guerrilhas marxistas, fechou o círculo da lógica fundamentalista no Irã.

Quais são as bases sociais do fundamentalismo? No Irã, onde outras forças revolucionárias participaram das longas e obstinadas mobilizações para a derrubada da ditadura sangrenta de Pahlevi, os líderes foram os clérigos, e as mesquitas foram o abrigo dos grupos revolucionários que organizaram a insurreição popular. Quanto aos atores sociais, a maior força do movimento concentrava-se em Teerã e outras grandes cidades, principalmente entre estudantes, intelectuais, comerciantes de bazares e artesãos. Quando o movimento foi às ruas, teve suas fileiras engrossadas pelas massas dos trabalhadores rurais recém-chegados, que passaram a habitar vilas improvisadas nos inchados subúrbios de Teerã na década de 1970, após a modernização da agricultura tê-los expulsado do campo.

Os islâmicos da Argélia e da Tunísia parecem ter um perfil social semelhante, de acordo com alguns dados esparsos: o apoio à FIS partiu de um grupo heterogêneo de intelectuais, professores universitários e funcionários públicos de baixo escalão, aos quais se juntaram pequenos comerciantes e artesãos. Não obstante, tais movimentos ocorridos nos anos 1980 também tiveram suas raízes sociais no êxodo rural. Uma pesquisa realizada na Tunísia apontou que 48% dos pais dos militantes eram analfabetos ao migrarem de áreas rurais empobrecidas para as cidades, na década de 1970. Os militantes eram jovens: na Tunísia, a média de idade de 72 militantes condenados em amplo julgamento em 1987 era de 32 anos.[42] No Egito, o islamismo predomina entre estudantes universitários (a maioria das uniões estudantis tem sido liderada por fundamentalistas islâmicos desde meados da década de 1980) e recebe o apoio de funcionários do governo, principalmente professores, tendo crescente influência na polícia e no exército.[43]

As raízes sociais do fundamentalismo radical parecem resultar da combinação entre a modernização bem-sucedida, conduzida pelo Estado nos anos 1950 e 1960, e o fracasso da modernização econômica na maioria dos países muçulmanos durante os anos 1970 e 1980, uma vez que suas economias não conseguiram se adaptar às novas condições impostas pela concorrência global e a revolução tecnológica no período. Assim, uma população jovem, urbana e com elevado nível de instrução, como resultado da primeira onda de modernização, teve suas expectativas frustradas, pois a economia não pôde se sustentar e novas formas de dependência cultural foram instituídas. O descontentamento estendeu-se também às massas empobrecidas expulsas das áreas rurais para as cidades por causa da disparidade do processo de modernização da agricultura.

Conforme Kepel escreve,

> desde o início, o movimento islâmico tinha duas frentes. Primeiro, o movimento abarcou a geração mais jovem das cidades, uma classe criada pela explosão demográfica do pós-guerra no Terceiro Mundo e pelo êxodo em massa da zona rural. Embora assolados pela pobreza, esses jovens citadinos

tiveram acesso à alfabetização e a alguma educação. Segundo, o movimento abrangeu a burguesia tradicional temente a Deus, os descendentes de famílias de comerciantes dos bazares e feiras livres que foram postas de lado ao longo do processo de descolonização. Além dessa classe média devota, havia também médicos, engenheiros e empresários que tinham ido trabalhar nas nações exportadoras de petróleo conservadoras e tinham rapidamente se tornado ricos, ao passo que eram mantidos fora dos círculos tradicionais de poder político.[44]

Essa mistura social tornou-se explosiva por causa da crise do Estado-Nação, cujos funcionários, inclusive militares, amargaram sucessivas quedas no padrão de vida, perdendo assim a confiança no projeto nacionalista. A crise de legitimidade do Estado-Nação foi resultado de sua corrupção generalizada, ineficiência, dependência de potências estrangeiras e, no Oriente Médio, de repetidas humilhações no âmbito militar diante de Israel, seguidas de um processo de acomodação com o inimigo sionista. A construção da identidade islâmica contemporânea realiza-se como uma reação contra a modernização inatingível (capitalista ou socialista), os efeitos negativos da globalização e o colapso do projeto nacionalista pós-colonial. Esse é o motivo pelo qual o desenvolvimento diferencial do fundamentalismo no mundo muçulmano parece estar relacionado a variações na capacidade do Estado-Nação de integrar em seu projeto tanto as massas urbanas, por meio de condições econômicas favoráveis, quanto os clérigos muçulmanos, pela ratificação oficial do poder religioso sob a égide do Estado, como ocorrera no califado de Ummayyad ou no Império Otomano.[45] Assim, embora a Arábia Saudita seja formalmente uma monarquia islâmica, os ulemás constam da folha de pagamento da Casa de Saud, que foi bem-sucedida em desempenhar, ao mesmo tempo, os papéis de guardiã dos sítios sagrados e também do petróleo do Ocidente.

A Indonésia e a Malásia pareciam, por algum tempo, estar aptas a integrarem as pressões islamitas dentro dos limites de seus Estados-Nação autoritários, garantindo rápido crescimento econômico e, assim, fornecendo algumas perspectivas promissoras para seus cidadãos. Entretanto, após a crise econômica de 1997, e a renúncia de Suharto, a Indonésia descobriu a importância dos partidos islâmicos na política e na sociedade. O crescimento de uma organização fundamentalista radical, *Jemaah Islamiyah*, liderada por Abu Bakar Bashir, com ligações suspeitas com a *al-Qaeda*, ressaltou a fragilidade do controle do Estado em sociedades muçulmanas quando os impactos da globalização reduziram a capacidade de integração social por meio do crescimento econômico. Assim, logo no início do século XXI, a Indonésia parecia estar se reunindo a outras sociedades muçulmanas, nas quais a modernização fracassada contribuiu para a crise do nacionalismo e a ascensão do islamismo.

Os projetos nacionalistas do Egito, Argélia e Tunísia, alguns dos países muçulmanos mais ocidentalizados, em geral desmoronaram nos anos 1980,

O PODER DA IDENTIDADE | 67

conduzindo, assim, a tensões sociais que foram predominantemente captadas por islamitas em versões moderadas (Irmandade Muçulmana), radical (*Jemaah Islamiyah*) ou radical-democrática (FIS, na Argélia).[46] O desafio do Hamas em relação ao Estado protopalestino constituído em torno da liderança de Yasser Arafat pode se configurar como uma das mais dramáticas dissidências entre o nacionalismo árabe (do qual o movimento palestino é o epítome) e o fundamentalismo islâmico radical. É irônico, evidentemente, que o Mossad israelense tenha ajudado na criação do Hamas, no seu início, como uma forma de enfraquecer a autoridade e a legitimidade da OLP (Organização para Libertação da Palestina).

Quando as vitórias eleitorais islamitas, tais como a da Argélia, em dezembro de 1991, foram anuladas pela repressão militar, o que se seguiu foi violência generalizada e guerra civil.[47] Mesmo na Turquia, país muçulmano mais ocidentalizado, a herança secular e nacionalista de Kemal Atatürk sofreu contestação histórica quando, nas eleições de 1995, os islamitas se tornaram a primeira força política do país, contando com o voto de intelectuais radicalizados e da população urbana mais pobre, e compuseram o governo em 1996, antes de serem banidos da competição política aberta sob pressão das forças armadas nacionalistas. Além disso, com um rótulo político renovado, e com um programa mais moderado, os islamitas turcos foram novamente o partido mais votado nas eleições de novembro de 2002. Numa virada histórica irônica, a pressão da União Europeia sobre a Turquia para que esta se tornasse uma democracia plena levou a que as Forças Armadas autorizassem a tomada de poder por um governo eleito dominado pelo partido islâmico. Resta saber se os islamitas na Turquia conseguem coexistir com o princípio do secularismo, um dos pilares dos Estados democráticos europeus.

O islamismo político e a identidade fundamentalista islâmica parecem estar se expandindo em uma série de contextos sociais e institucionais distintos, sempre relacionados à dinâmica de exclusão e/ou à crise do Estado-Nação. Assim, segregação social, discriminação e desemprego entre a juventude francesa originária da região do Magreb, entre os turcos nascidos na Alemanha e entre os paquistaneses na Grã-Bretanha, ou mesmo entre os afro-americanos, levam ao surgimento de uma nova identidade islâmica entre a juventude marginalizada, em um processo avassalador de transferência do islamismo radical diretamente para as áreas socialmente excluídas de sociedades capitalistas avançadas.[48] Por outro lado, o colapso do Estado soviético propiciou o surgimento de movimentos islâmicos no Cáucaso e na Ásia Central, e até mesmo a formação de um Partido da Restauração Islâmica na Rússia, um claro indício de que os temores de avanço das revoluções islâmicas ocorridas no Afeganistão e no Irã sobre as ex-Repúblicas Soviéticas podem se tornar realidade. A guerra na Chechênia, promovida tanto em nome do etnonacionalismo quanto do islã, com suporte da

Arábia Saudita, Paquistão e bin Laden, se tornou um recurso fundamental da política na Rússia pós-comunista.[49]

Em meio a uma grande variedade de processos políticos, dependendo da dinâmica de cada Estado-Nação, bem como da forma de articulação global de cada economia, um projeto fundamentalista islâmico surgiu em todas as sociedades islâmicas, e também entre as minorias muçulmanas em sociedades não muçulmanas. Uma nova identidade está sendo construída, não por um retorno à tradição, mas pela manipulação de materiais tradicionais para a formação de um novo mundo divino e comunal, em que massas excluídas e intelectuais marginalizados possam reconstruir significados em uma alternativa global à ordem mundial excludente.[50]

Entretanto, o islamismo político é confrontado por uma contradição fundamental, uma vez que, como escreve Lawrence, "os fundamentalistas islâmicos sunitas querem assumir o sistema [do Estado-Nação] em vez de derrubá-lo. Os fundamentalistas só vão ter sucesso se se adaptarem àquilo a que se opõem".[51] Isso foi o que Kepel observou empiricamente em sua influente e minuciosa análise do islamismo político nos anos 1990, com base na observação que fez de vários países. Após estudar vários processos que acabaram em repressão e cooptação, ou numa combinação dos dois, ele concluiu, contra o senso comum, que o islamismo na verdade havia fracassado como força política na maior parte dos países muçulmanos. E, ele afirma, é precisamente por causa desse fracasso que surgiram grupos radicais e terroristas como uma alternativa desesperada de impor sua utopia por meio da violenta vanguarda revolucionária global, como um eco histórico perverso dos primórdios do comunismo.[52]

Nas palavras de Khosrokhavar:

> Quando o projeto de formação de indivíduos que participem ativamente da modernidade revela-se absurdo na experiência real da vida cotidiana, a violência torna-se a única forma de autoafirmação do novo sujeito (...) Assim, a neocomunidade torna-se uma necrocomunidade. A exclusão da modernidade adquire um significado religioso: deste modo, a autoimolação passa ser a forma de luta contra a exclusão.[53]

Em última análise, ao avaliar o impacto do islamismo radical nas relações de poder, tudo depende do que caracterizamos como fracasso ou sucesso. Se, por sucesso, numa longa tradição da análise política centrada no Estado, nós queremos dizer usufruir do poder do Estado, então, na virada do milênio, o fundamentalismo islâmico ficou aquém de suas expectativas. Mesmo no Irã, a única revolução islâmica bem-sucedida, houve uma separação progressiva entre as instituições do Estado e o poder religioso dos aiatolás, ao passo que o Irã se envolvia em um contraditório, embora significativo, processo de democratização e modernização. Entretanto, se o resultado histórico de uma ideologia não for mensurado em votos ou em ministérios, ou mesmo em apoio popular organizado, mas em sua capacidade de mudar as ideias das pessoas, em desafiar os valores dominantes e em alterar as relações de poder globais, então ainda não haverá veredito sobre os reais efeitos do fundamentalismo islâmico como um movimento social, como oposição à sua expressão como força política.

Ao menos em algumas correntes influentes do fundamentalismo islâmico, a participação política nas instituições do Estado democrático contradiz os princípios do islã que deveriam reger as sociedades muçulmanas. Dessa forma, al-Zawahiri, líder supremo da *al-Qaeda*, em seu livro *The Bitter Harvest*, escreve que "aderir à democracia é aderir à ideia de outorgar o direito de legislar para alguém que não Deus. A pessoa que endossa essa ideia é um herege, dado que qualquer um que legisle pelas pessoas se designa como Deus e qualquer um que apoie esse legislador o tem por Deus".[54] O fundamentalismo islâmico, em sua essência, não reconhece a autoridade do Estado nem submete a vontade de Deus aos votos e à participação política. É por isso que a medida de seu sucesso ou fracasso se relaciona à batalha pelo imaginário das pessoas e não à luta pelas instituições do Estado. Vou parar por aqui o estudo do islamismo como identidade cultural/religiosa e retomar sua análise enquanto movimento social contra a ordem global dominante no próximo capítulo.

Independentemente do julgamento sobre o assunto, é preciso reconhecer que, por meio da negação da exclusão cultural, ainda que na forma extrema de autossacrifício, uma nova identidade islâmica surgiu em uma nova tentativa histórica de construir a *umma*, o céu comunal para os verdadeiros fiéis.

Deus me salve! O fundamentalismo cristão norte-americano

> *Chegamos à era das trevas eletrônicas, em que as novas hordas pagãs, com todo o poder da tecnologia nas mãos, estão prestes a obliterar os últimos bastiões da humanidade civilizada. A visão da morte paira diante de nós. À medida que deixamos para trás as águas do homem cristão ocidental, ergue-se diante de nossos olhos um oceano de desespero turbulento e sombrio que se estende ao infinito... a não ser que lutemos!*
>
> FRANCIS SCHAEFFER, *TIME FOR ANGER*[55]

O fundamentalismo cristão é uma constante na história dos Estados Unidos, desde as ideias dos federalistas pós-revolucionários, como Timothy Dwight e Jedidiah Mor--se, à escatologia pré-milenária de Pat Robertson, passando pelos evangelizadores de 1900, como Dwight L. Moody, e os reconstrucionistas dos anos 1970, inspirados por Rousas J. Rushdoony.[56] Uma sociedade que busca, de modo desenfreado, a transformação social e a mobilidade individual inclina-se ao questionamento, de tempos em tempos, dos benefícios trazidos pela modernidade e pela secularização, ansiando pela segurança proporcionada pelos valores tradicionais e pelas instituições fundadas na verdade eterna de Deus. De fato, o termo "fundamentalismo", amplamente utilizado em todo o mundo, teve origem nos Estados Unidos, como referência a uma coleção de dez volumes intitulada *The Fundamentals,* publicada entre 1910 e 1915 como empreendimento privado de dois irmãos comerciantes, cuja intenção era compilar textos sagrados editados por teólogos evangélicos conservadores da virada do século. Embora a influência fundamentalista tenha passado por mudanças em diferentes períodos históricos, jamais desapareceu por completo. Nas décadas de 1980 e 1990, certamente "explodiu". Não obstante o fato de que a desintegração da *Maioria Moral* de Falwell em 1989 tenha levado alguns observadores a anunciar o declínio do fundamentalismo (paralelamente ao desaparecimento do Satã comunista, cuja oposição constituía importante fonte de legitimidade e uma boa forma de angariar fundos em prol da causa fundamentalista), logo ficou clara a ideia de que se tratava muito mais de uma tensão organizacional e um estratagema político do que propriamente de uma crise de identidade fundamentalista.[57] Nos anos 1990, na esteira da vitória de Clinton nas eleições presidenciais de 1992, o fundamentalismo apareceu no primeiro plano do cenário político, dessa vez sob a forma da Coalizão Cristã liderada por Pat Robertson e Ralph Reed, contando com 1,5 milhão de filiados e demonstrando considerável influência política com o eleitorado republicano. Além disso, as ideias e a visão de mundo dos fundamentalistas parecem encontrar grande ressonância nos Estados Unidos do *fin de siècle.* Por exemplo, segundo pesquisa do instituto Gallup realizada em 1979 no país, um em cada três adultos declarou ter passado por uma experiência de conversão religiosa; quase a metade deles acreditava na Bíblia como um livro infalível; e mais de 80% declaravam que Jesus Cristo tinha origem divina.[58] Sem dúvida, os Estados Unidos sempre foram, e ainda são, uma sociedade muito religiosa, muito mais, por exemplo, que a Europa Ocidental ou o Japão. Porém, esse sentimento religioso parece estar assumindo um tom cada vez mais evangelizador, fluindo em direção a uma poderosa corrente fundamentalista. Segundo Simpson:

> (...) o fundamentalismo, em seu sentido primeiro, consiste em um conjunto de crenças e experiências cristãs que incluem (1) a fé na absoluta inspiração divina da Bíblia, bem como em sua infalibilidade; (2) a salvação individual mediante a aceitação de Cristo como o Salvador (tendo ressuscitado) por causa de sua redenção dos pecados dos homens em sua morte e ressurreição; (3) a expectativa do retorno de Cristo do Paraíso à Terra antes do fim do milênio; (4) o apoio às doutrinas cristãs dos protestantes ortodoxos, como o nascimento virginal e a santíssima trindade.[59]

Contudo, por ser uma tendência tão ampla e diversificada, o fundamentalismo cristão impõe um desafio à tentativa de propor uma definição capaz de incorporar as divergências entre os evangélicos pentecostais e carismáticos, seguidores das doutrinas pré-milenárias ou pós-milenárias, os pietistas e os ativistas. Felizmente, podemos nos fundamentar em uma excelente, erudita e bem documentada síntese das doutrinas e ensinamentos do fundamentalismo norte-americano elaborada por Michael Lienesch, a partir da qual, e com o auxílio de outras fontes que, em linhas gerais, dão sustentação a seus registros e argumentos, tentarei reconstruir as principais características da identidade fundamentalista cristã.[60]

Conforme sustenta Lienesch, "na essência do pensamento cristão conservador, modelando a noção do ser defendida pela doutrina, reside o conceito da conversão, o ato de fé e perdão pelo qual os pecadores são tirados do pecado para ganhar a vida eterna".[61] Por meio desse "renascer" pessoal, toda a personalidade passa por um processo de reconstrução, tornando-se "o ponto de partida para a construção de uma noção não só de autonomia e identidade, mas de ordem social e objetivo político".[62] O elo entre personalidade e sociedade passa pela reconstrução da família, a instituição central da sociedade que costumava ser o refúgio diante de um mundo caótico e hostil, e que atualmente está desmoronando em nossa sociedade. Essa "fortaleza de vida cristã" tem de ser reconstruída pela reafirmação do patriarcalismo, que consiste na santidade do matrimônio (excluindo-se o divórcio e o adultério) e, sobretudo, na autoridade do homem sobre a mulher (no sentido literal conforme apresentado na Bíblia: Gênesis 1; Efésios 5, 22–23) e na estrita obediência dos filhos, reforçada, se necessário, pela agressão física. Na realidade, os filhos nascem no pecado: "É altamente benéfico ao pai ou à mãe perceber em seus filhos uma tendência natural para o mal."[63] Dessa forma, é essencial à família educar filhos tementes a Deus e obedientes à autoridade dos pais, como também contar com total apoio da educação cristã ministrada na escola. Como consequência óbvia dessa visão, as escolas públicas tornaram-se o campo de batalha entre o bem e o mal, entre a família cristã e as instituições representantes da secularização.

Uma profusão de recompensas terrenas aguarda o cristão que se compromete a obedecer a esses princípios e preferir os desígnios de Deus ao seu próprio planejamento de vida, repleto de imperfeições. Para começar, uma excelente vida sexual no casamento. Os famosos e bem-sucedidos autores Tim e Beverly La Haye classificam seu manual sexual como "inteiramente bíblico e altamente prático",[64] demonstrando, com a ajuda de ilustrações, todos os prazeres da sexualidade que, uma vez santificados e voltados à procriação, estão de pleno acordo com os princípios do cristianismo. Sob essas condições, os homens podem tornar-se homens novamente: em vez das "cristianetes" atuais, os homens devem se portar e agir como tais, segundo uma outra tradição cristã: "Jesus não era efeminado."[65] Na verdade, a canalização da sexualidade agressiva masculina em um casamento bem-sucedido é essencial para a sociedade, tanto para o controle da violência quanto pelo fato de ser a fonte da "ética protestante do trabalho", e, consequentemente, da produtividade econômica. Nessa visão, a sublimação sexual constitui o fundamento da civilização. Quanto às mulheres, são biologicamente definidas para assumir a condição de mães e ser também o complemento emocional do homem, basicamente racional (segundo Phyllis Schlafly). A submissão da mulher irá ajudá-la a conquistar um sentimento de autoestima. É pelo sacrifício que as mulheres assumem sua identidade como pessoas independentes dos homens. Assim, de acordo com Beverly La Haye: "Não tenha medo de ceder, ceder e ceder."[66] O resultado será a salvação da família, "esta pequena comunidade, o alicerce sobre o qual se sustenta toda a sociedade".[67]

Tendo a salvação garantida, conquanto sejam rigorosamente observados os ensinamentos da Bíblia, e com uma família patriarcal estável como base sólida para a vida, os negócios também irão bem, desde que o governo não interfira na economia, deixe abandonados à própria sorte os pobres, indignos de melhores condições, e mantenha os impostos dentro de limites razoáveis (cerca de 10% da renda). Os fundamentalistas cristãos não parecem se importar com a contradição inerente ao fato de serem teocratas morais e libertários econômicos.[68] Deus ajudará o bom cristão nos negócios: afinal de contas, ele tem de prover o sustento de sua família. Prova viva disso é justamente o líder da Coalizão Cristã, Pat Robertson, famoso evangelista da televisão. Após sua conversão, imbuído de sua recém-conquistada autoconfiança, Robertson partiu para os negócios: "Deus me mandou até aqui para comprar sua estação de TV", afirmou, fazendo uma oferta com base no "valor informado por Deus": "Disse-me o Senhor: 'não ultrapasse dois milhões e meio'."[69] Enfim, a transação acabou se revelando um excelente negócio, pelo qual Pat Robertson semanalmente agradece a Deus em seu programa *700 Club*.

Todavia, o modo de vida cristão não pode ser realizado no plano individual, porque as instituições da sociedade, principalmente o governo, a mídia e a rede pública de ensino, são controladas por humanistas de várias origens, associados, segundo várias vertentes fundamentalistas, aos comunistas, banqueiros, hereges e judeus. Os inimigos mais insidiosos e ameaçadores são as feministas e os homossexuais, pois são eles que abalam a instituição familiar, fonte primeira da estabilidade social, da vida cristã e da realização pessoal. (Phyllis Schlafly refere-se à "doença chamada de movimento feminista".)[70] A luta contra o aborto simboliza todos os esforços voltados à preservação da família, da vida e do cristianismo, estabelecendo-o com outras crenças cristãs. É por essa razão que o movimento antiaborto é a expressão máxima de militância e influência do fundamentalismo cristão nos Estados Unidos.

A luta deve ser intensificada, bem como firmados os acordos necessários com a política institucional, porque o tempo urge. O "fim dos tempos" aproxima-se, o que faz que nos arrependamos e purifiquemos nossa sociedade, para que estejamos prontos para o retorno de Jesus Cristo, que dará início a uma nova era, um novo milênio de paz e prosperidade sem precedentes. Porém, esse é um período de transição perigoso, porque teremos de sobreviver à terrível Batalha de Armagedon, que terá origem no Oriente Médio e deverá se alastrar por todo o mundo. Israel e a Nova Israel (os Estados Unidos) finalmente sairão vitoriosos ante seus inimigos, contudo a um preço altíssimo, e contando somente com a capacidade de regeneração de nossa sociedade. Daí a transformação da sociedade (por uma política cristã inflexível para o povo) e a regeneração do ser (por uma vida devota e familiar) constituírem elementos necessários e complementares.

Quem são os fundamentalistas norte-americanos contemporâneos? Clyde Wilcox apresenta alguns dados interessantes sobre as características demográficas dos evangélicos em relação ao restante da população em 1988.[71] Considerando as características dos evangélicos doutrinários, parece que possuem um nível de escolaridade mais baixo, são mais pobres, têm maior influência entre as donas de casa, em geral residem no sul do país, são bem mais religiosos, e 100% deles consideram a Bíblia um livro infalível (comparados a 27%, índice obtido em relação ao total da população). Segundo outras fontes,[72] a recente expansão do fundamentalismo cristão é bastante acentuada nos arredores da região sul, do sul e sudeste da Califórnia, entre a classe média baixa e profissionais do setor de serviços recém-estabelecidos nas novas áreas metropolitanas em franca expansão. Isso permite a Lienesch aventar a hipótese de que eles representam "a primeira geração modernizada de pessoas tradicionais recém-emigradas a manter valores rurais em uma sociedade urbana secular".[73] Contudo, quando se trata de fomentar o fundamentalismo cristão, tem-se a impressão de que valores, crenças e posições políticas são mais importantes que características demográficas, profissionais ou habitacionais. Após revisar um *corpus* representativo de evidências sobre essa questão, Wilcox conclui que "os dados demonstram que os melhores pontos de apoio à 'Direita Cristã' são as identidades religiosas, doutrinas, comportamentos, filiações e convicções políticas".[74] O fundamentalismo não parece ser uma racionalização dos interesses de classe, tampouco um posicionamento com base no território. Em vez disso, ele atua nos processos políticos em defesa dos valores morais e cristãos.[75] Trata-se de um movimento reativo, voltado à construção da identidade social e pessoal, como na maior parte dos casos de fundamentalismo encontrados na História, com base em imagens do passado projetadas em um futuro utópico, visando à superação do insustentável tempo presente.

Reação a quê? O que é insustentável? As causas mais imediatas do fundamentalismo cristão parecem ser duas: a ameaça da globalização e a crise do patriarcalismo. Nas palavras de Misztal e Shupe, "a dinâmica da globalização promoveu a dinâmica do fundamentalismo de forma dialética".[76] Lechner aprofunda-se um pouco mais nas razões para a existência de tal dialética:

> No processo de globalização, as sociedades se institucionalizaram enquanto fatos globais. Enquanto organizações, funcionam em termos seculares; em suas relações, obedecem a regras seculares; praticamente nenhuma tradição religiosa atribui um caráter transcendental às sociedades tal como em sua forma atual... Pelos padrões da maioria das tradições religiosas, o societalismo institucionalizado equivale à idolatria. Mas isso significa que também a vida em sociedade tornou-se um desafio à religião tradicional... Precisamente porque a ordem global representa uma ordem normativa institucionalizada, é plausível que ali surja algum tipo de busca de um fundamento "maior", de alguma realidade transcendental além desse mundo, pela qual este poderia ser definido com mais clareza.[77]

Além disso, embora a ameaça comunista tenha-se prestado a justificar a identificação entre os interesses do governo norte-americano, o cristianismo e os Estados Unidos como a nação escolhida, o colapso da União Soviética e o surgimento de uma nova ordem global geram uma incerteza ameaçadora quanto ao controle sobre o destino do país. Um dos temas recorrentes do fundamentalismo cristão nos Estados Unidos durante os anos 1990 é a oposição ao controle do país exercido por um "governo mundial", com autoridade sobre o governo federal dos EUA (que, na visão do movimento, é conivente com esse processo), sancionado pelas Nações Unidas, pelo Fundo Monetário Internacional e pela Organização Mundial de Comércio, entre outros organismos internacionais. Em alguns escritos escatológicos, esse novo "governo mundial" é comparado ao Anticristo, e seus símbolos, que incluem o microprocessador, representam a Marca da Besta que anuncia o "fim dos tempos". A construção da identidade fundamentalista parece ser uma tentativa de reafirmação do controle sobre a vida e sobre o país, uma reação direta ao processo desenfreado de globalização que se faz cada vez mais presente na economia e na mídia.

Entretanto, provavelmente a causa mais importante do fundamentalismo cristão dos anos 1980 e 1990 é a reação contra o desafio ao patriarcalismo, fruto das revoltas da década de 1960, e expresso pelos movimentos feminista, das lésbicas e dos gays.[78] Além disso, a batalha não é somente ideológica. Na verdade, a família patriarcal norte-americana está em crise, o que é comprovado por todas as estatísticas sobre divórcio, separação, violência na família, filhos nascidos fora do casamento, casamentos tardios, redução nos índices de maternidade, estilos de vida solitários, casais de gays e lésbicas e a rejeição generalizada da autoridade patriarcal (ver capítulo 4). Há uma reação óbvia da parte dos homens em defesa de seus privilégios, convenientemente fundamentada na legitimidade divina, uma vez que seu papel cada vez menos significativo como único provedor da família abalou as bases materiais e ideológicas do patriarcalismo. Porém, existe ainda algo mais, compartilhado por homens, mulheres e crianças. Um temor profundamente arraigado pelo desconhecido, em especial assustador quando isso diz respeito ao cotidiano da vida pessoal. Incapazes de viver sob a égide do patriarcalismo secular, mas apavorados com a solidão e a incerteza presentes em uma sociedade tremendamente competitiva e individualista, em que a família, como mito e realidade, representava o único abrigo seguro, muitos homens, mulheres e crianças rogam a Deus que os traga de volta ao estado de inocência em que podiam viver satisfeitos com o patriarcalismo benevolente, de acordo com as leis de Deus. Ao rezarem juntas, essas pessoas se tornam capazes de conviver outra vez. Justamente por essa razão, o fundamentalismo cristão norte-americano está profundamente marcado pelas características culturais do país, seu individualismo amparado na família, seu pragmatismo e seu relacionamento personalizado com Deus, como também com os desígnios de Deus, como uma forma de solucionar os problemas pessoais em uma vida cada vez mais imprevisível e incontrolável. Como se o fundamentalista, rogando a Deus, fosse receber da misericórdia divina a restauração do *American Way of Life,* em troca do compromisso do pecador com o arrependimento e o testemunho cristão.

NAÇÕES E NACIONALISMOS NA ERA DA GLOBALIZAÇÃO: COMUNIDADES IMAGINADAS OU IMAGENS COMUNAIS?

> *Somente quando todos nós — todos nós — recobrarmos nossa memória, teremos condições, nós e eles, de deixar de ser nacionalistas.*
>
> RUBERT DE VENTOS, *NACIONALISMOS*[79]

A era da globalização é também a era do ressurgimento do nacionalismo, manifestado tanto pelo desafio que impõe a Estados-Nação estabelecidos, como pela ampla (re)construção da identidade com base na nacionalidade, invariavelmente definida por oposição ao estrangeiro. Essa tendência histórica tem surpreendido alguns observadores, após a morte do nacionalismo ter sido anunciada por uma causa tripla: a globalização da economia e a internacionalização das instituições políticas; o universalismo de uma cultura compartilhada, difundida pela mídia eletrônica, educação, alfabetização, urbanização e modernização; e os ataques desfechados por acadêmicos contra o conceito de nações, consideradas "comunidades imaginadas"[80] numa versão menos agressiva da teoria antinacionalista, ou "criações históricas arbitrárias", como na contundente formulação de Gellner,[81] advindas de movimentos nacionalistas controlados pelas elites em seu projeto de estabelecimento do Estado-Nação moderno. Na verdade, para Gellner, "nacionalismos não passam de tribalismos, ou quaisquer outros tipos de comunidades orientadas a esse fim, que por sorte, esforço ou circunstância, foram bem-sucedidas em transformar-se em uma força eficaz sob as condições da realidade moderna".[82]

Segundo Gellner, e também Hobsbawm,[83] o sucesso consiste na construção de um Estado-Nação moderno e soberano. Assim, sob essa perspectiva, os movimentos nacionalistas, como racionalizadores dos interesses de uma determinada elite, criam uma identidade nacional que, se bem-sucedida, é acolhida pelo Estado-Nação, sendo posteriormente disseminada entre seus sujeitos por meio da propaganda política, a tal ponto que os "nacionais" estarão prontos para morrer por sua nação. Hobsbawm aceita sem hesitação a evidência histórica do nacionalismo como um movimento que parte das bases para o topo (a partir de atributos linguísticos, territoriais, étnicos, religiosos e político-históricos compartilhados), porém rotula-o de "protonacionalismo", porquanto somente a partir da formação de um Estado-Nação é que as nações e o nacionalismo passam a existir, seja como expressão desse Estado-Nação, seja como forma de contestação desse Estado em função de um futuro Estado. A explosão dos movimentos nacionalistas no final do último milênio, fato intimamente relacionado ao enfraquecimento dos Estados-Nação atuais, não se enquadra muito bem nesse modelo teórico que compara nações e nacionalismo ao surgimento e à consolidação do Estado-Nação moderno pós-Revolução Francesa, que serviu de molde para boa parte dos Estados em todo o mundo. Não importa. Para Hobsbawm, esse aparente ressurgimento é na verdade o produto histórico de problemas nacionais não solucionados, gerados pela redefinição territorial da Europa entre 1918 e 1921.[84]

Não obstante, conforme aponta David Hooson em sua introdução à pesquisa global, editada por ele próprio, a *Geography and National Identity*:

> A segunda metade do século XX entrará para os anais da história como uma nova era de proliferação de movimentos nacionalistas turbulentos, de natureza mais duradoura, sem apresentar contudo a característica das terríveis tiranias, ora banidas, que também marcaram nosso século... Os anseios de expressar a própria identidade e de tê-la reconhecida de forma concreta pelos outros são cada vez mais contagiantes e têm de ser admitidos como força elementar, mesmo no mundo restrito e aparentemente homogeneizador da alta tecnologia do final do século XX.[85]

Além disso, a exemplo do que afirmam Eley e Suny, na introdução à sua obra mais elucidativa, *Becoming National:*

> Será que a ênfase na subjetividade e na consciência descarta qualquer fundamento "objetivo" para a existência da nacionalidade? É claro que essa visão radicalmente subjetiva seria absurda. A maioria dos movimentos nacionalistas bem-sucedidos pressupõe algum tipo de elemento comum em termos de território, idioma ou cultura, que forneçam a matéria-prima para o projeto intelectual de nacionalidade. Todavia, tais elementos comuns não devem ser "naturalizados", como se sempre houvessem existido em uma forma essencial ou tivessem simplesmente prenunciado uma história ainda por se fazer... Via de regra, uma cultura não é o que as pessoas compartilham, mas sim algo pelo qual resolvem lutar.[86]

Em minha opinião, a incongruência entre algumas teorias sociais e a experiência prática contemporânea resulta do fato de que o nacionalismo, bem como as nações, têm vida própria, independentemente da condição de Estado, embora estejam inseridos em ideários culturais e projetos políticos. Por mais atraente que a noção de "comunidades imaginadas" possa parecer, ela é óbvia ou empiricamente inadequada. Óbvia para um cientista social, quando se afirma que todos os sentimentos de posse, toda a adoração de ícones são fatores culturalmente construídos. As nações não constituíram exceção a isso. A oposição entre comunidades "reais" e "imaginadas" é de pouca utilidade analítica além dos louváveis esforços de desmistificação das ideologias de nacionalismo essencialista *à la* Michelet. Porém, se o sentido da afirmação é o de que, conforme explicitado na teoria de Gellner, as nações constituem artefatos puramente ideológicos, construídos por meio de manipulações arbitrárias de mitos históricos por parte de intelectuais trabalhando em prol dos interesses das elites socioeconômicas, então os registros históricos parecem refutar tal excesso de desconstrucionismo.[87] Sem dúvida, etnia, religião, idioma, território, *per se,* não são suficientes para erigir nações e induzir o nacionalismo. A experiência compartilhada sim: tanto os Estados Unidos quanto o Japão são países com forte identidade nacional, e muitos de seus "cidadãos" realmente sentem, e expressam, um profundo sentimento patriótico. No entanto, o Japão é uma das nações mais homogêneas do mundo do ponto de vista étnico, enquanto os Estados Unidos são exatamente o contrário. Em ambos os casos, o que existe é uma história e um projeto compartilhados, e as narrativas históricas dos dois países são criadas com base em uma experiência diversificada nos aspectos social, étnico, territorial e de gênero, porém comum aos povos de cada um desses países sob perspectivas diversas. Outras nações e movimentos nacionalistas não atingiram a condição de Estado-Nação moderno (por exemplo, Escócia, Catalunha, Quebec,

Curdistão, Palestina), e ainda assim demonstram, sendo que alguns o vêm fazendo por vários séculos, uma forte identidade cultural/territorial que se manifesta como uma forma de caráter nacional.

Assim, ao se discutir o nacionalismo contemporâneo no que tange às teorias sociais do nacionalismo, devem ser enfatizados quatro pontos fundamentais para análise. Primeiro, o nacionalismo contemporâneo pode ou não estar voltado à construção de um Estado-Nação soberano e, portanto, as nações são, tanto do ponto de vista histórico quanto analítico, entidades independentes do Estado.[88] Segundo, as nações, bem como os Estados-Nação, não estão historicamente limitadas ao Estado-Nação moderno tal como constituído na Europa nos 200 anos após a Revolução Francesa. A experiência política atual parece rejeitar a ideia de que o nacionalismo esteja exclusivamente vinculado ao período de formação do Estado-Nação moderno, tendo seu ápice no século XIX, e reproduzido no processo de descolonização de meados do século XX pela importação do modelo de Estado-Nação ocidental para o Terceiro Mundo.[89] Tal afirmação, atualmente em voga, não passa de uma manifestação de eurocentrismo, conforme argumenta Chatterjee.[90] Nos termos de Panarin:

> O grande mal-entendido do século foi a falta de discernimento entre a autodeterminação do povo e a autodeterminação da nação. A transferência puramente mecânica de certos princípios da Europa Ocidental para o terreno de culturas não europeias normalmente acaba gerando monstros. Um deles foi o conceito de soberania nacional transplantado para o solo não europeu [...] O sincretismo do conceito de nação no léxico político da Europa impede os europeus de estabelecerem distinções importantes relativas à "soberania do povo", "soberania nacional" e aos "direitos de uma determinada etnia".[91]

Na verdade, a análise de Panarin é corroborada pelo aparecimento de movimentos nacionalistas em diversas regiões do mundo no final do século XX, de acordo com uma enorme variedade de tendências culturais e projetos políticos.

Terceiro, o nacionalismo não é necessariamente um fenômeno das elites, não raro refletindo até mesmo uma reação contra as elites mundiais. De fato, a exemplo do que ocorre em todos os movimentos sociais, as lideranças tendem a ter um nível cultural mais elevado e serem mais versadas (ou dotadas de bons conhecimentos de informática, em nossa época) que as massas populares que se mobilizam em torno de objetivos nacionalistas. Contudo, isso não diminui o apelo e o significado do nacionalismo à manipulação das massas pelas elites, de acordo com os próprios interesses dessas elites. Conforme escreve Smith, em tom de lamento:

Com uma história e destino comuns, memórias podem ser mantidas vivas e a glória das ações, preservada. Porque somente na sequência de gerações daqueles que compartilham os laços históricos e quase familiais é que os indivíduos podem alimentar a esperança de conquista de uma noção de imortalidade, ainda que inseridos em eras de horizontes puramente terrenos. Nesse sentido, a formação das nações e o surgimento de nacionalismos étnicos se assemelham mais à institucionalização de uma "religião alternativa" do que propriamente a uma ideologia política, sendo portanto bem mais duradouros e poderosos do que nos permitimos admitir.[92]

Quarto, em virtude do fato de o nacionalismo contemporâneo ser mais reativo do que ativo, tende a ser mais cultural do que político, e, portanto, mais dirigido à defesa de uma cultura já institucionalizada do que à construção ou defesa de um Estado. Quando novas instituições políticas são criadas, ou recriadas, constituem trincheiras defensivas de identidade, e não plataformas de lançamento de soberania política. Por essa razão, creio que um ponto de partida teórico mais adequado à compreensão do nacionalismo contemporâneo é a análise de nacionalismo cultural de Kosaku Yoshino no Japão:

> O nacionalismo cultural procura regenerar a comunidade nacional por meio da criação, preservação ou fortalecimento da identidade cultural de um povo, quando se sente sua falta ou uma ameaça a essa identidade. Tal nacionalismo vê a nação como fruto de sua história e cultura únicas, bem como uma solidariedade coletiva dotada de atributos singulares. Em suma, o nacionalismo cultural preocupa-se com os elementos distintivos da comunidade cultural como essência de uma nação.[93]

Assim, constrói-se o nacionalismo a partir de ações e reações sociais, tanto por parte das elites quanto das massas, conforme sustenta Hobsbawm, contrariando a ideia de Gellner de que a "alta cultura" é a fonte de origem exclusiva do nacionalismo. Contudo, ao contrário das visões de Hobsbawm ou Anderson, o nacionalismo como fonte de identidade não pode ficar restrito a um determinado período histórico e aos processos e conquistas do Estado-Nação moderno. Restringir a ideia de nações e nacionalismos unicamente ao processo de construção do Estado-Nação inviabiliza qualquer justificativa para a ascensão do nacionalismo pós-moderno concomitante ao declínio do Estado moderno.

Rubert de Ventos, em uma versão revista e atualizada da perspectiva clássica de Deutsch,[94] propôs uma teoria mais complexa que vê o surgimento da identidade nacional mediante a interação histórica entre quatro conjuntos de fatores: *fatores primários*, tais como etnia, território, idioma, religião e similares; *fatores gerativos*, como o desenvolvimento dos meios de comunicação e tecnologia, a formação de cidades, o surgimento de exércitos modernos e monarquias centralizadas; *fatores induzidos,* como a codificação da língua em gramáticas oficiais, o crescimento da máquina burocrática e o estabelecimento de um sistema nacional de educação; e *fatores reativos,* quais sejam, a defesa das identidades oprimidas e interesses subjugados por um grupo social dominante ou pelo aparato institucional, resultando na busca de identidades alternativas na memória coletiva do povo.[95] Quais elementos desempenham determinados papéis na formação de um dado nacionalismo, e em uma determinada nação, são variáveis que dependem dos respectivos contextos históricos, da matéria--prima disponível à memória coletiva e da interação entre estratégias de poder conflitantes. Assim, o nacionalismo é, na verdade, cultural e politicamente construído, mas o que realmente importa, tanto do ponto de vista prático quanto teórico, é como, a partir de que, por quem e para que uma identidade é construída.

Nessa virada do milênio, a explosão dos movimentos nacionalistas, alguns deles responsáveis pela desconstrução de Estados multinacionais, outros pela construção de entidades plurinacionais, não está relacionada à formação de Estados clássicos, modernos, soberanos. Ao contrário, o nacionalismo aparenta ser uma grande força subjacente à constituição de quase-Estados, isto é, entidades políticas de soberania compartilhada, por meio de um modelo aprimorado de federalismo (como é o caso da (re)constituição canadense em processo ou da "nação de nacionalidades", proclamada na Constituição da Espanha de 1978 e amplamente difundida na prática durante a década de 1990) ou de multilateralismo internacional (como na União Europeia ou na renegociação da Comunidade de Estados Independentes das ex-repúblicas soviéticas). Os Estados-Nação centralizados que resistem a essa tendência de movimentos nacionalistas em busca de uma condição de quase-Estado como nova realidade histórica (por exemplo, Indonésia, Nigéria, Sri Lanka e até mesmo a Índia) podem muito bem cair vítimas do erro fatal de ter a nação assinalada pelo Estado, como um Estado forte como o do Paquistão entendeu após a separação de Bangladesh.

A fim de explorar a complexidade da (re)construção da identidade nacional em nosso novo contexto histórico, farei uma breve análise de dois casos que representam os dois polos da dialética que proponho como característica desse período: a desconstrução de um Estado centralizado e multinacional como a extinta União Soviética e a formação subsequente do que considero quase--Estados-Nação; e o quase-Estado nacional que vem surgindo na Catalunha por meio do duplo movimento de federalismo na Espanha e confederalismo na União Europeia. Após exemplificar minha análise com esses dois estudos de caso, fornecerei algumas indicações quanto aos novos caminhos históricos do nacionalismo como fonte renovada de identidade coletiva.

As nações contra o Estado: a dissolução da União Soviética e da Comunidade de Estados Impossíveis (Sojuz Nevozmoznykh Gosudarstv)

> *O povo russo das cidades e aldeias, bestas estúpidas, em estado de semisselvageria, quase assustadores, morrerá para dar lugar a uma nova raça humana.*
>
> MÁXIMO GÓRKI, "DO CAMPESINATO RUSSO"[96]

A revolta dos Estados-membros contra o Estado soviético foi um dos mais importantes fatores, embora não o único, para o surpreendente colapso da União Soviética, conforme argumenta Hélène Carrère d'Encausse e Ronald Grigor Suny,[97] entre outros estudiosos. Mais adiante (no volume III), farei uma análise da complexa relação entre os elementos econômicos, tecnológicos, políticos e de identidade nacional que, *juntos,* elucidam um dos mais extraordinários desdobramentos da História, uma vez que as revoluções russas marcaram a abertura e o fechamento do espectro político do século XX. Entretanto, ao se discutir a formação da identidade nacional e seus novos contornos durante os anos 1990, é fundamental fazer um comentário sobre a experiência soviética, bem como sobre suas consequências, pois esse é um terreno privilegiado para a observação da interação entre as nações e o Estado, duas entidades que, em minha opinião, são histórica e analiticamente distintas. A revolta nacionalista contra a União Soviética foi particularmente significativa, pois a URSS foi um dos poucos Estados modernos explicitamente constituídos como um Estado plurinacional, com nacionalidades definidas tanto no plano individual (todo cidadão soviético apresentava uma determinada nacionalidade constante de seu passaporte), quanto no plano da administração territorial da União Soviética.

O Estado soviético era organizado com base em um complexo sistema de 15 repúblicas federais, às quais se acrescentavam repúblicas autônomas dentro das repúblicas federais, territórios (*krai*) e distritos nativos autônomos (*okrag*), sendo que cada república compreendia diversas províncias (*oblasti*). Cada uma das repúblicas federais, bem como as repúblicas autônomas inseridas nas repúblicas federais, estava fundada em um princípio territorial de nacionalidade. Tal construção institucional não era uma simples ficção. É óbvio que manifestações nacionalistas autônomas contrárias à vontade do partido comunista soviético eram impiedosamente reprimidas, sobretudo durante a era stalinista, e milhões de ucranianos, estonianos, letões, lituanos, alemães do Volga, tártaros da Crimeia, chechenos, mesquetianos, inguchétios, balkars, karachais e kalmiks foram deportados para a Sibéria e Ásia Central para evitar uma possível cooperação com os invasores alemães ou outros potenciais inimigos, ou simplesmente

82 | MANUEL CASTELLS

para deixar o terreno livre para projetos estratégicos elaborados pelo Estado. O mesmo aconteceu com milhões de russos, por uma série de razões, muitas vezes escolhidos aleatoriamente. Não obstante, a realidade das administrações fundamentadas na nacionalidade foi além de nomeações simbólicas de elites nacionais para ocuparem posições-chave na administração das repúblicas.[98] As políticas de nativização (*korenizatsiya*) contaram com o apoio de Lenin e Stalin até a década de 1930, sendo retomadas nos anos 1960. Eles estimularam a preservação dos costumes e idiomas nativos, implementaram programas de "ação afirmativa", favorecendo o recrutamento e a promoção de nacionalidades não russas nos aparatos do Estado e do partido nas repúblicas, bem como nas instituições educacionais, e fomentaram o desenvolvimento de elites culturais nacionais, naturalmente sob a condição de subserviência ao poder soviético. Nas palavras de Suny:

> Perdida está na poderosa retórica nacionalista toda e qualquer noção do grau em que os longos e difíceis anos de governo do partido comunista deram continuidade à "formação de nações" do período pré-revolucionário... Isso fez com que a solidariedade étnica e a consciência nacional das repúblicas não russas aumentassem, embora se tenha frustrado uma articulação total de uma agenda nacional ao se exigir obediência a uma ordem política imposta.[99]

As razões para essa aparente abertura à autodeterminação nacional (prevista na Constituição Soviética pelo direito concedido às repúblicas de se separarem da União) estão profundamente arraigadas na história e na estratégia do Estado soviético.[100] O federalismo plurinacional soviético derivou de um acordo obtido por meio de intensos debates político-ideológicos durante o período revolucionário. Originalmente, a posição bolchevique, identificando-se com o pensamento marxista ortodoxo, refutou a importância da nacionalidade como critério significativo para a construção do novo Estado: o internacionalismo proletário tencionava superar as diferenças nacionais "artificiais" ou "secundárias" entre as classes trabalhadoras, manipuladas por interesses imperialistas mediante confrontos sangrentos entre as diversas etnias, conforme demonstrado na Primeira Guerra Mundial. Contudo, em janeiro de 1918, a premência de estabelecer alianças militares durante a guerra civil e a necessidade de oferecer resistência à invasão estrangeira convenceram Lenin da necessidade de buscar apoio entre as forças nacionalistas externas à Rússia, principalmente na Ucrânia, após ter observado o alto grau de consciência nacional ali existente. O III Congresso dos Sovietes Russos adotou a "Declaração dos Direitos dos Povos Trabalhadores e Explorados", transformando o que restara do Império Russo na "fraternal união das Repúblicas Soviéticas da Rússia, que se reuniriam no plano interno de forma totalmente livre". A essa "federalização interna" da

Rússia, os bolcheviques acrescentaram, em abril, o convite à "federalização externa" de outras nações, convocando explicitamente os povos da Polônia, Ucrânia, Crimeia, Transcaucásia, Turquestão, Quirguiz "e outros".[101]

O principal debate girou em torno do princípio sob o qual a identidade nacional seria reconhecida no novo Estado federal. Os federalistas, e outras tendências socialistas, aspiravam ao reconhecimento de culturas nacionais em todos os níveis estruturais do Estado, sem fazer distinção territorial entre elas, uma vez que o objetivo da revolução era precisamente a transcendência dos laços ancestrais de etnia e território em função de um novo universalismo socialista com base em classes. Lenin e Stalin opuseram-se a essa ideia lançando mão do princípio da territorialidade como fundamento do conceito de nação. Isso resultou numa estrutura nacional de múltiplas camadas do Estado soviético: a identidade nacional foi reconhecida nas instituições do governo. Contudo, aplicando-se o princípio do centralismo democrático, tal diversidade de sujeitos territoriais estaria sob o controle dos aparatos dominantes do partido comunista soviético e do Estado soviético. Dessa forma, a União Soviética foi construída em torno de uma dupla identidade: de um lado, as identidades étnico-culturais (incluindo a russa); do outro, a identidade soviética como alicerce da nova sociedade. *Sovetskii narod* (o povo soviético) seria a nova identidade cultural a ser conquistada no horizonte histórico da construção comunista.

Houve também razões estratégicas para essa conversão de internacionalistas proletários em nacionalistas territoriais. A. M. Salmin propôs um modelo interessante para a interpretação da estratégia leninista-stalinista subjacente ao federalismo soviético.[102] A União Soviética foi um sistema institucional centralizado, porém flexível, cuja estrutura deveria permanecer aberta e adaptável à aceitação de novos países como membros da União, porquanto a causa do comunismo avançaria para todo o mundo. Cinco círculos concêntricos foram traçados tanto como áreas de segurança quanto ondas de expansão do Estado soviético, como vanguarda da revolução. O primeiro deles foi a Rússia e suas repúblicas-satélite, organizadas na RSFSR. Paradoxalmente, a Rússia foi a única república desprovida de um partido comunista autônomo e de um presidente do Soviete Supremo para a República, tendo as instituições republicanas menos desenvolvidas: foi domínio exclusivo do Partido Comunista soviético. Para tornar esse bastião mais seguro, a Rússia não tinha fronteiras territoriais com o mundo capitalista potencialmente hostil. Assim, as repúblicas soviéticas organizaram-se em torno da Rússia, nas fronteiras externas da União Soviética, para que pudessem proteger, simultaneamente, o poder soviético e sua independência nacional. Em razão disso, algumas áreas estabelecidas em bases étnicas, como o Azerbaidjão, tornaram-se repúblicas soviéticas por fazerem fronteira com o mundo exterior, enquanto outras, igualmente distintas em termos de composição étnica, como a Chechênia, foram mantidas na

Federação Russa por estarem geograficamente mais próximas do centro. O terceiro anel da geopolítica soviética foi formado pelas democracias populares sob o poderio militar soviético: esse foi originalmente o caso de Khoresma, Bukhara, Mongólia e Tannu-Tura, que acabou se tornando o precedente para a incorporação da Europa Oriental após a Segunda Guerra Mundial. O quarto círculo seria formado por países socialistas distantes, como, por exemplo, anos mais tarde, Cuba, Coreia do Norte e Vietnã. A China jamais foi considerada parte dessa categoria por causa da profunda desconfiança em relação ao futuro poderio chinês. Finalmente, os governos aliados progressistas e os movimentos revolucionários em todo o mundo constituíram o quinto círculo, cujo potencial dependeria da manutenção de um equilíbrio entre seu internacionalismo (isto é, sua postura pró-soviética) e sua representatividade nacional. Foi justamente essa tensão permanente entre o universalismo com base em classes da utopia comunista e os interesses geopolíticos fundamentados em interesses étnicos/ nacionais de potenciais aliados que determinou a esquizofrenia da política soviética com relação à questão nacional.

Tais contradições ao longo da turbulenta história da União Soviética resultaram em uma incoerente colcha de retalhos formada por povos, nacionalidades e instituições estatais.[103] As mais de cem nacionalidades e grupos étnicos da União Soviética estavam espalhados por toda essa imensa área geográfica, de acordo com estratégias geopolíticas, punições e recompensas coletivas e caprichos individuais. Assim, a região de Nagorno-Karabaj, habitada por armênios, foi anexada por Stalin ao Azerbaidjão para contentar a Turquia, submetendo os ancestrais inimigos daquele país sob controle azerbaidjano (povo de origem turca); os alemães da região do Volga foram parar no Cazaquistão, em cujo território setentrional são agora a força econômica motriz, auxiliados por subsídios do governo alemão para mantê-los fora da Alemanha; colônias cossacas proliferaram na Sibéria e no Extremo Oriente; os ossetianos foram divididos entre a Rússia (norte) e a Geórgia (sul), enquanto os inguchétios foram distribuídos entre a Chechênia, o norte da Ossétia e a Geórgia; a Crimeia, tomada dos tártaros pela Rússia em 1783, e de onde estes foram deportados por Stalin durante a Segunda Guerra Mundial, foi transferida por Kruchev (ele próprio ucraniano) para a Ucrânia em 1954, comemorando os 300 anos de amizade entre a Rússia e a Ucrânia, supostamente após uma noite de bebedeira. Além disso, russos foram enviados para todo o território da União Soviética, na maioria das vezes como mão de obra qualificada ou pioneiros voluntários, ora como líderes, ora como exilados. Dessa forma, quando a União Soviética se desintegrou, o princípio da nacionalidade territorial concentrou nas repúblicas recém-independentes dezenas de milhões de pessoas que, do dia para a noite, se tornaram "cidadãos nacionais estrangeiros". O problema parece ser ainda mais grave para os 25 milhões de russos que vivem fora das novas fronteiras russas.

Um dos maiores paradoxos do federalismo russo é que, de todas as nacionalidades, a russa é provavelmente a mais discriminada. Comparada a qualquer outra república, a Federação Russa dispunha de muito menos autonomia política perante o Estado central soviético. Segundo análises de economistas regionais, de modo geral, houve uma transferência de riquezas, recursos e qualificações da Rússia para as demais repúblicas (a Sibéria, a região etnicamente mais russa de toda a Federação, constitui a principal fonte de exportações, e consequentemente de moeda forte para a União Soviética).[104] Quanto à identidade nacional, foi a história, religião e identidade tradicional russas que se tornaram o principal alvo da repressão cultural soviética, conforme documentado nos anos 1980 por escritores e intelectuais russos, como, por exemplo, Likhachev, Belov, Astafiev, Rasputin, Solukhin ou Zalygin.[105] Afinal, a nova identidade soviética teve de ser construída sobre as ruínas da identidade histórica russa, salvo algumas exceções táticas durante a Segunda Guerra Mundial, quando Stalin precisou mobilizar todos os recursos disponíveis contra os alemães, inclusive a memória de Alexander Nevsky. Portanto, embora tenha realmente havido uma política de "russificação" da cultura em toda a União Soviética (procedimento contraditório em relação à tendência paralela de *korenizatsiya),* e os russos tenham mantido controle do partido, do exército e da KGB (apesar de Stalin ter nascido na Geórgia e Kruchev ser natural da Ucrânia), a identidade russa como identidade nacional foi reprimida em grau bem mais acentuado que o das demais nacionalidades, sendo que algumas delas foram até mesmo simbolicamente recuperadas em prol do federalismo plurinacional.

Tal constituição paradoxal do Estado soviético manifestou-se na revolta contra a União Soviética, que se valeu da "brecha" aberta pela *glasnost* de Gorbachev. As repúblicas bálticas, anexadas à força em 1940, contrariando assim as disposições do direito internacional, foram as primeiras a reivindicar seus direitos à autodeterminação. Logo foram seguidas por um forte movimento nacionalista russo que, com efeito, representou a mais poderosa força mobilizadora contra o Estado soviético. Esse movimento resultou da fusão entre a luta pela democracia e a recuperação da entidade nacional russa sob a liderança de Yeltsin em 1989–1991, preparando o terreno para a derrocada do comunismo soviético e a dissolução da União Soviética.[106] Na verdade, a primeira eleição democrática para chefe de Estado da história da Rússia, com a vitória de Yieltsin em 12 de junho de 1991, marcou o início de uma nova Rússia e, com ela, o fim da União Soviética. Foi sob a tradicional bandeira russa que se liderou a resistência ao golpe comunista de agosto de 1991. E foi a estratégia de Yeltsin de desmantelar o Estado soviético, concentrando poder e recursos nas instituições republicanas, que permitiu, em dezembro de 1991, a celebração de acordos com outras repúblicas, em princípio com a Ucrânia e a Bielorrússia, pondo um fim à União Soviética e transformando as extintas repúblicas soviéticas em Estados soberanos, confederados de forma bastante tênue na Comunidade de Estados Independentes (*Sojuz Nezavisimykh Gosudarstv*). O ataque ao Estado soviético não foi promovido apenas por movimentos nacionalistas: estava diretamente relacionado às exigências dos democratas e aos interesses das elites políticas de várias repúblicas, procurando pelo seu quinhão em meio às ruínas de um império decadente. Contudo, esse ataque assumiu um caráter nacionalista, contando com o apoio popular em nome da nação. Interessante observar que o nacionalismo foi muito menos ativo nas repúblicas etnicamente mais distintas (por exemplo, na Ásia Central) do que nos Estados bálticos e na Rússia.[107]

Os primeiros anos de existência desse novo conglomerado de Estados independentes revelaram tanto a fragilidade de sua estrutura como a durabilidade de nacionalidades historicamente arraigadas, que pouco se importavam com as fronteiras herdadas quando da desintegração da União Soviética.[108] O problema mais intratável da Rússia passou a ser a guerra da Chechênia. As repúblicas do Báltico discriminaram suas populações russas, o que desencadeou novos conflitos étnicos. A Ucrânia assistiu à revolta pacífica da maioria russa na Crimeia contra o governo ucraniano, e continuou a experimentar a tensão entre o forte sentimento nacionalista na porção ocidental da Ucrânia e sentimentos de pan-eslavismo na porção oriental do país. A Moldávia ficou dividida entre sua identidade romena histórica e o caráter russo de sua população oriental, que chegou a tentar criar a República de Dniester. Na Geórgia, um conflito sangrento eclodiu entre as múltiplas nacionalidades ali existentes (georgianos, abkhazes, armênios, ossetianos, adjares, russos). O Azerbaidjão continuou a lutar de forma intermitente contra a Armênia pelo controle da região de Nagorno-Karabaj, e incitou o pogrom contra os armênios em Baku. E as repúblicas muçulmanas da Ásia Central ficaram cindidas entre seus laços históricos com a Rússia e a perspectiva de serem arrebatadas pelo redemoinho fundamentalista islâmico vindo do Irã e do Afeganistão. Como consequência, a Tadjiquistão amargou uma guerra civil de proporções devastadoras, e outras repúblicas islamizaram suas instituições e sistema educacional para se integrar ao radicalismo islâmico antes que fosse tarde demais. Tais registros históricos parecem demonstrar que o reconhecimento artificialista e distanciado da questão nacional por parte do marxismo-leninismo não só fracassou em resolver conflitos históricos como acabou tornando-os ainda mais virulentos.[109] Ao refletirmos a respeito desse extraordinário episódio e seus respectivos desdobramentos na década de 1990, várias questões de grande importância teórica merecem comentários.

Em primeiro lugar, um dos mais poderosos Estados da história da humanidade não conseguiu, mesmo depois de 74 anos, criar uma identidade nacional. A despeito das afirmações de Carrère d'Encausse[110], o *Sovetskii narod* não foi um mito. Até certo ponto, a ideia tomava forma real nas mentes e nas vidas de gerações nascidas na União Soviética, na realidade representada por pessoas que constituíam famílias com indivíduos pertencentes a outras nacionalidades, vivendo e trabalhando em todo o território soviético. A resistência contra a máquina de guerra nazista uniu o povo em torno da bandeira soviética. Finda a era do terror stalinista no final dos anos 1950, e com a melhoria das condições de vida nos anos 1960, o povo alimentou um certo orgulho de fazer parte de uma superpotência. Além disso, apesar do cinismo generalizado e das numerosas ressalvas, a ideologia de igualdade e solidariedade humanas deitara raízes na cidadania soviética de modo que, por toda parte, uma nova identidade soviética começou a surgir. Entretanto, essa identidade era tão frágil e tão dependente da falta de informações acerca da situação real do país e do mundo que não resistiu aos choques da estagnação econômica e ao entendimento da verdadeira realidade. Na década de 1980, os russos que ousavam se autoproclamar "cidadãos soviéticos" eram ridicularizados por seus compatriotas como *Sovoks*. Embora o *Sovetskii narod* não tenha sido um projeto fracassado de construção de identidade, desintegrou-se antes mesmo de se estabelecer em caráter definitivo nas mentes e nas vidas do povo da União Soviética. Assim, a experiência soviética desmente a teoria segundo a qual o Estado é capaz de construir identidade nacional por si próprio. Um dos mais poderosos Estados, utilizando o mais abrangente aparato ideológico da História por mais de sete décadas, fracassou na tentativa de uma nova combinação de matéria-prima histórica e mitos projetados visando à construção de uma nova identidade. Comunidades podem ser imaginadas, mas isso não significa necessariamente que serão acolhidas pelo povo.

Em segundo lugar, o reconhecimento formal das identidades nacionais na administração territorial do Estado soviético e as políticas de "nativização" não lograram sucesso em termos de integração de nacionalidades no sistema soviético, com uma única exceção: as repúblicas muçulmanas da Ásia Central, precisamente as mais distintas da cultura eslava dominante. Em seu dia a dia, essas repúblicas desenvolveram tal relação de dependência do poder central que somente nos últimos dias de desintegração da União Soviética é que suas respectivas elites ousaram assumir a liderança de movimentos favoráveis à independência. No restante da União Soviética, as identidades nacionais não conseguiram se ver representadas nas instituições artificialmente construídas do federalismo soviético. Um exemplo disso é a Geórgia, um verdadeiro mosaico étnico construído com base em um reino histórico. Os georgianos representam cerca de 70% da população de 5,5 milhões de habitantes da nação. De modo geral, essa parcela da população é devota da Igreja Ortodoxa da Geórgia. Contudo, tem de coexistir com os ossetianos, fundamentalmente russos ortodoxos, cuja população se distribui entre a República Autônoma da Ossétia do Norte (na Rússia) e a *Oblast* Autônoma da Ossétia do Sul (na Geórgia). Na porção noroeste da Geórgia, os abkhazes, um povo muçulmano sunita de origem turca, somam apenas 80 mil pessoas, mas constituíam 17% da República Socialista Soviética Autônoma criada dentro da Geórgia como contraponto do nacionalismo georgiano. A experiência foi bem-sucedida: nos anos 1990, os abkhazes, apoiados pela Rússia, lutaram para obter a quase independência em seu território, embora representassem a minoria da população. A segunda república autônoma da Geórgia, Adjar, também é muçulmana sunita, porém formada de georgianos étnicos, dando portanto apoio à Geórgia, mas ao mesmo tempo buscando sua própria autonomia. Os inguchétios muçulmanos estão atualmente em conflito com os ossetianos nas áreas fronteiriças entre Geórgia, Ossétia e Chechênia-Inguchétia. Além disso, os turcos mechketianos, deportados por Stalin, estão retornando à Geórgia, tendo a Turquia demonstrado sua disposição em protegê-los, incitando assim a desconfiança na população armênia da Geórgia. O resultado prático dessa história territorialmente confusa foi que, em 1990–1991, quando Gamsakhurdia liderou um movimento nacionalista georgiano radical, proclamou a independência sem levar em conta os interesses das minorias nacionais da Geórgia e, desrespeitando as liberdades civis, desencadeou uma guerra civil (na qual acabou morrendo), tanto entre suas forças e os democratas georgianos quanto entre as forças georgianas, os abkhazes e os ossetianos. A intervenção da Rússia, bem como a atuação pacificadora de Chevarnadze, eleito presidente em 1991 como último recurso para salvar o país, trouxe um período de paz instável para a região. Contudo, não demorou muito para que a vizinha Chechênia explodisse em uma guerra de guerrilha atroz, prolongada e debilitante. Portanto, o fracasso da integração das identidades nacionais na União Soviética não resultou do reconhecimento dessas identidades, mas, sim, do fato de que sua institucionalização artificial, observando princípios de uma lógica burocrática e geopolítica, não atentou para a real identidade histórica e cultural/religiosa de cada comunidade nacional, nem de sua especificidade geográfica. É isso que autoriza Suny a falar da "vingança do passado"[111] ou David Hooson a escrever:

> A questão da identidade é, sem dúvida, a que emergiu de forma mais recorrente após o longo período de congelamento (na extinta União Soviética). Contudo, não parece suficiente tratar tal questão como puramente étnica ou cultural. O que está em jogo aqui é uma nova busca pelos domínios reais de culturas, economias e ambientes que tenham algum significado (ou total significado, em alguns casos) aos povos que os habitam. O processo de cristalização desses domínios, além das fronteiras imaginárias das "Repúblicas" dos dias de hoje, promete ser um caminho longo e doloroso, porém inevitável e definitivamente certo.[112]

Em terceiro lugar, o vazio ideológico criado pelo fracasso do marxismo-leninismo em sua tentativa de doutrinar as massas foi substituído, na década de 1980, quando o povo teve condições de se expressar pela única fonte de identidade mantida na memória coletiva: a *identidade nacional*. Por essa razão, a maioria das mobilizações antissoviéticas, inclusive movimentos democráticos, foi conduzida sob a respectiva bandeira nacional. É verdade, conforme se tem argumentado, e como eu próprio argumentei, que as elites políticas na Rússia e nas repúblicas federais utilizaram o nacionalismo como a última arma contra a ideologia comunista decadente para abalar o Estado soviético e arrebatar o poder nas instituições de cada uma das repúblicas.[113] Entretanto, as elites lançaram mão dessa estratégia por ser eficaz, porque a ideologia nacionalista abstrata encontrava maior aceitação por parte do povo do que apelos abstratos em nome da democracia ou das virtudes da economia de mercado, muitas vezes igualado à especulação, na experiência pessoal da população. Portanto, o ressurgimento do nacionalismo não pode ser explicado pela manipulação política: em vez disso, sua utilização por parte das elites é prova da resiliência e vitalidade da identidade nacional como princípio mobilizador. No momento em que, após 74 anos de repetição intensa da ideologia socialista oficial, o povo descobriu que o rei estava nu, a reconstrução das identidades somente seria viável se fundamentada nas instituições básicas de sua memória coletiva: a família, a comunidade, o passado rural, às vezes a religião e, sobretudo, a nação. Contudo, entenda-se nação não como o equivalente de Estado ou oficialismo, mas como autoidentificação pessoal nesse universo agora confuso: sou ucraniano, sou russo, sou armênio, frases que se tornam o grito de guerra, o alicerce perene a partir do qual a vida em coletividade deve ser reconstruída. Diante disso, a experiência soviética é um testemunho da capacidade de as nações perdurarem em relação ao Estado, e de se manterem apesar da existência deste.

Talvez o maior de todos os paradoxos seja o fato de que, ao final desse *parcours* histórico, tenham emergido novos Estados-Nação para fazer valer suas identidades suprimidas; *é pouco provável que possam realmente funcionar como Estados inteiramente soberanos*. Isso se deve sobretudo ao entrelaçamento presente em um mosaico de nacionalidades e identidades históricas nas atuais fronteiras dos Estados independentes.[114] A questão mais óbvia refere-se aos 25 milhões de russos que vivem atualmente sob uma bandeira diferente. Em contrapartida, a Federação Russa (embora povoada atualmente por 82% de pessoas de origem étnica russa) também é constituída de sessenta grupos étnicos/nacionais distintos, alguns deles literalmente "sentados sobre" grandes riquezas em recursos naturais e minerais, como é o caso de Sakha-Yakutia ou do Tartastão. Quanto às demais repúblicas, além do exemplo da Geórgia, os cazaques são minoria no Cazaquistão; o Tadjiquistão tem apenas 62% de tadjiques e 24% de uzbeques; os quirguizes representam apenas 52% da população de Quirguistão; o Uzbequistão conta com 72% de uzbeques, e grande diversidade de nacionalidades; 14% dos habitantes da Moldávia são ucranianos e 13%, russos. Os ucranianos correspondem a apenas 73% da população da Ucrânia. Os letões constituem 52% da Letônia, enquanto os estonianos, 62% da Estônia. Assim, qualquer tipo de definição mais restrita de interesses nacionais em torno da nacionalidade institucionalmente dominante levaria a conflitos insolúveis em todo o continente eurasiano, conforme admitiu Chevarnadze, ao justificar seu desejo de cooperar com a Rússia, após ter demonstrado hostilidade num primeiro momento. A interpenetração das economias, bem como a infraestrutura compartilhada, desde a rede elétrica até os serviços de água e esgoto, tornam a desarticulação dos territórios da extinta União Soviética muito dispendiosa, fazendo da cooperação um instrumento decisivo para o desenvolvimento. Ainda mais em um processo de integração multilateral na economia global que requer vínculos inter-regionais para funcionar de maneira eficiente. Naturalmente, os temores profundamente arraigados de uma nova forma de imperialismo russo serão projetados em grande medida na futura evolução desses novos Estados. É por essa razão que não haverá a reconstrução da União Soviética, independentemente de quem estiver no poder na Rússia. Contudo, o total reconhecimento da identidade nacional não pode ser expresso na total independência dos novos Estados, *precisamente por causa da força das identidades que ultrapassam as fronteiras dos Estados.* Diante disso, proponho, como o futuro mais provável e, na verdade, mais promissor, a noção da Comunidade de Estados Inseparáveis (*Sojuz Nerazdelimykh Gosudarstv);* isto é, de uma rede de instituições suficientemente dinâmicas e flexíveis para articular a autonomia da identidade nacional e uma instrumentalização política compartilhada no contexto da economia global. Caso contrário, a afirmação de um poder exercido exclusivamente pelo Estado sobre um mapa fragmentado de identidades históricas será mera caricatura do nacionalismo europeu do século XIX: isso acabará resultando em uma Comunidade de Estados Impossíveis (*Sojuz Nevozmoznykh Gosudarstv).*

Nações sem Estado: Catalunha

> *O Estado deve ser fundamentalmente diferenciado da Nação,*
> *porque o Estado consiste em uma organização política, um poder*
> *independente no plano externo, e supremo no interno, provido de*
> *recursos humanos e financeiros para sustentar sua independência*
> *e autoridade. Não podemos identificar o primeiro com a segunda,*
> *como se costumava fazer, até entre os próprios patriotas catalães,*
> *que falavam ou escreviam sobre uma nação catalã no sentido*
> *de um Estado catalão independente... A Catalunha continuou*
> *a ser a Catalunha, mesmo após ter perdido seu governo autônomo.*
> *Portanto, hoje temos uma ideia clara e bem definida de*
> *nacionalidade, o conceito de uma unidade social primária e*
> *fundamental destinada a ocupar uma posição na sociedade*
> *mundial, na Humanidade, equivalente à ocupada pelo*
> *homem na sociedade civil.*
>
> ENRIC PRAT DE LA RIBA, *LA NACIONALITAT CATALANA*[115]

Se a análise da União Soviética demonstra a possibilidade de existência de Estados que, embora poderosos, fracassam em produzir nações, a experiência da Catalunha (ou *Catalunya*, no idioma catalão) permite-nos refletir acerca das condições sob as quais as nações existem, e (re)constroem-se ao longo da História, sem dispor de um Estado-Nação, e sem lutar pelo estabelecimento desse Estado.[116] De fato, conforme afirmado pelo atual presidente e líder nacional da *Catalunya* no último quarto do século XX, Jordi Pujol: "A *Catalunya* é uma nação sem Estado. Pertencemos ao Estado espanhol, mas não alimentamos pretensões separatistas. Essa ideia deve ser exposta de forma bem clara... O caso da *Catalunya* é peculiar: temos nossa própria língua e cultura, somos uma nação sem Estado."[117] No intuito de esclarecer essa afirmação e proceder a um exame mais elaborado de suas implicações mais amplas e analíticas, faz-se necessário apresentar um breve histórico. Uma vez que nem todo leitor está familiarizado com a história catalã, discorrerei de forma sucinta sobre os elementos históricos pelos quais se pode falar a respeito da continuidade da *Catalunya* como realidade nacional, distintiva e vivenciada concretamente, da qual a persistência da língua e seu emprego contemporâneo amplamente difundido, a despeito de todas as dificuldades, é prova inconteste.[118]

O aniversário oficial da *Catalunya* como nação data de aproximadamente 988, quando o conde Borrell rompeu os laços com os remanescentes do Império Carolíngio, que, por volta do ano 800, tomara sob sua proteção as terras e os habitantes dessa fronteira meridional do império para poder rechaçar a ameaça dos invasores árabes, fazendo-os recuar até a Occitânia. Ao fim do século IX, o conde Guifrè el Pelòs, que se sagrara vitorioso nas lutas contra a dominação árabe, recebeu do rei francês os condados de Barcelona, Urgell, Cerdanya--Conflent e Girona. Seus herdeiros autoproclamaram-se condes, sem que necessitassem de nomeação pelos reis franceses, o que assegurou a hegemonia do Casal de Barcelona sobre as áreas fronteiriças que viriam a ser chamadas de *Catalunya* no século XII. Assim, enquanto a maior parte da Espanha cristã estava engajada na "Reconquista" diante dos árabes durante oito séculos, processo que resultou na criação dos reinos de Leão e Castela, a *Catalunya*, após um período de dominação árabe nos séculos VIII e IX, desenvolveu-se a partir de suas origens carolíngias para se tornar, entre o início do século XIII e meados do século XV, um império mediterrâneo. O império estendeu-se por Mallorca (1229), Valência (1238), Sicília (1282), parte da Grécia, com Atenas (1303), Sardenha (1323) e Nápoles (1442), incluindo também territórios franceses além-Pireneus, principalmente Roussillon e Cerdagne.

Embora a *Catalunya* dispusesse de um interior rural de dimensões significativas, era um império basicamente comercial, governado pela aliança entre a nobreza e as elites mercantis urbanas, em um modelo semelhante ao adotado pelas repúblicas mercantis do norte da Itália. Preocupados com o poderio militar de Castela, os precavidos catalães concordaram com a união proposta pelo pequeno, porém bem localizado, reino de Aragão em 1137. Foi somente no final do século XV, após uma união voluntária com o reino protoimperial de Castela, mediante o casamento de Fernando, rei da *Catalunya*, Valência e Aragão, com Isabel, rainha de Castela, em cumprimento ao Compromiso de Caspe (1412), que a *Catalunya* deixou de ser uma entidade política soberana. A aliança das duas nações tinha como premissas o respeito à língua, aos costumes e às instituições, bem como a divisão da riqueza. Todavia, o poder e a riqueza da Coroa espanhola e de sua nobreza proprietária de terras, com a influência da Igreja fundamentalista erigida em torno da Contrarreforma, provocaram uma reviravolta no curso da história, subjugando os povos não castelhanos na Europa e na Península Ibérica, bem como na América. A *Catalunya*, a exemplo do restante da Europa, foi excluída do comércio com as colônias da América, uma das maiores fontes de riqueza do reino da Espanha. A nação reagiu desenvolvendo sua própria indústria de bens de consumo e o comércio no plano regional, o que desencadeou um processo de industrialização incipiente e acúmulo de capital a partir da segunda metade do século XVI. Nesse ínterim, Castela, após ter esmagado as cidades castelhanas livres (*Comunidades*) em 1520–1523, onde emergiam uma classe de artesãos e uma protoburguesia, passou a desenvolver uma economia senhorial para custear um Estado bélico--teocrático com as riquezas de suas colônias na América e mediante a cobrança de pesados impostos do povo.

O choque entre culturas e instituições acentuou-se no século XVII quando Filipe IV, necessitando de maiores receitas tributárias, reforçou ainda mais o centralismo, levando à insurreição de Portugal e da *Catalunya* (onde ocorreu a Revolta dos Ceifeiros) em 1640. Portugal, apoiada pela Inglaterra, recuperou sua independência. A *Catalunya* foi derrotada, e a maioria de suas liberdades, suprimidas. Mais uma vez, entre 1705 e 1714, a *Catalunya* lutou por sua autonomia, apoiando a causa austríaca contra Filipe V da dinastia Bourbon, durante a Guerra da Sucessão Espanhola. É um traço peculiar do caráter catalão o fato de que sua derrota, e a invasão de Barcelona pelos exércitos de Filipe V em 11 de Setembro de 1714, seja hoje celebrada como a data nacional da *Catalunya*. A *Catalunya* perdeu todas as suas instituições políticas de governo autônomo, estabelecido desde a Idade Média: o governo municipal com base em conselhos democráticos, o parlamento, o governo catalão soberano (*Generalitat*). As novas instituições, estabelecidas pelo *Decreto de nueva planta,* baixado por Filipe V, concentrou a autoridade nas mãos do chefe militar, ou capitão-geral da *Catalunya.*

Seguiu-se, então, um longo período de absoluta repressão cultural e institucional por parte do poder central, que, conforme documentado pelos historiadores, visava deliberadamente à eliminação gradativa do idioma catalão, primeiramente banido dos órgãos administrativos, em seguida das transações comerciais e finalmente, das escolas, ficando restrito aos domínios da família e da igreja.[119] Novamente, os catalães reagiram, afastando-se completamente das questões pertinentes ao Estado e voltando ao trabalho, segundo os registros, em apenas dois dias após a ocupação de Barcelona, em um ato concertado. Assim, a *Catalunya* industrializou-se no fim do século XVIII, permanecendo por mais de cem anos a única área verdadeiramente industrial da Espanha.

O poder econômico da burguesia catalã e o nível educacional e cultural relativamente elevado da sociedade em geral contrastaram, ao longo de todo o século XIX, com sua total e completa marginalidade política. Dessa forma, quando as políticas comerciais de Madri começaram a ameaçar a ainda incipiente indústria catalã, que necessitava de práticas protecionistas, um forte movimento nacionalista catalão surgiu no fim do século XIX, inspirado por ideólogos muito bem articulados, como o nacionalista pragmático Enric Prat de la Riba ou os federalistas Valenti Almirall e Francesc Pi i Margall, louvados pelos poetas nacionais, como Joan Maragall, comentados por historiadores, como Rovira i Virgili, e apoiados pelo trabalho de filólogos, como Pompeu Fabra, responsável pela codificação do idioma catalão moderno no século XX. Entretanto, a classe política madrilena jamais aceitou realmente a aliança com os nacionalistas catalães, nem mesmo com a Lliga Regionalista, partido de tendências claramente conservadoras, e talvez o primeiro partido político moderno da Espanha, fundado em 1901 para fazer frente à manipulação das eleições pelos chefes locais (*caciques*) em prol do governo central. Por outro lado, o crescimento de um poderoso movimento operário, de natureza fundamentalmente anarcossindicalista na *Catalunya* nas primeiras três décadas do século XX, levou os nacionalistas catalães, em geral dominados por sua ala conservadora até a década de 1920, a confiar na proteção oferecida por Madri contra as exigências dos trabalhadores e as ameaças de revolução social.[120]

Contudo, quando em 1931 a República foi proclamada na Espanha, os republicanos esquerdistas (*Esquerra republicana de Catalunya*) lograram estabelecer um vínculo entre a classe operária catalã, a pequena burguesia e os ideais nacionalistas, o que fez com que se tornassem a força predominante do nacionalismo catalão. Sob a liderança de Lluís Companys, um advogado trabalhista eleito presidente do *Generalitat* restaurado, a *Esquerra* estabeleceu uma aliança em toda a Espanha com os republicanos, os socialistas, os comunistas e os sindicatos (anarquistas e socialistas). Em 1932, diante da pressão popular expressa em um referendo, o governo espanhol aprovou um Estatuto de Autonomia que restituiu à *Catalunya* suas liberdades, o governo independente e a autonomia linguístico-cultural. Na realidade, o atendimento das exigências nacionalistas da *Catalunya* e do País Basco por parte da República Espanhola foi uma das mais importantes causas da insurreição militar que culminou na Guerra Civil Espanhola de 1936–1939. Consequentemente, após a guerra civil, a repressão sistemática das instituições, língua, cultura, identidade e líderes políticos catalães (começando pela execução de Companys, em 1940, após este ter sido entregue a Francisco Franco pela Gestapo) tornou-se um dos aspectos mais marcantes da ditadura de Franco. Esse período também foi caracterizado pela eliminação deliberada de professores falantes de catalão das escolas, no intuito de impossibilitar o ensino do idioma. Como movimento de reação a essas medidas repressivas, o nacionalismo tornou-se um grito de guerra para as forças contrárias a Franco na *Catalunya*, a exemplo do que ocorreu no País Basco, a ponto de todas as forças políticas democráticas, de democratas-cristãos e liberais a socialistas e comunistas, passarem a ser nacionalistas catalães. Isso acabou resultando no fato de que todos os partidos políticos da *Catalunya*, tanto durante a resistência antifranquista como a partir da instituição da democracia na Espanha em 1977, eram e são catalães, não espanhóis, embora sejam, na maioria dos casos, aliados a partidos defensores de ideologia semelhante na Espanha, ao mesmo tempo mantendo sua autonomia partidária (por exemplo, o Partido Socialista Catalão está relacionado ao PSOE espanhol; o Partido Socialista Unificado da *Catalunya* está associado aos comunistas, e assim por diante).

Em 1978, o Artigo 2 da nova Constituição Espanhola declara a Espanha como uma "nação de nacionalidades" e, em 1979, o Estatuto de Autonomia da *Catalunya* estabeleceu a base institucional para a autonomia da nação catalã, inserida na estrutura da Espanha, inclusive a declaração da existência de dois idiomas oficiais, sendo o catalão adotado como "a língua própria da Cataluña". Nas eleições regionais da *Catalunya*, a coalizão nacionalista catalã (*Convergência i Unio)*, encabeçada pelo atual líder dessa comunidade, um médico cosmopolita de excelente formação e origens modestas, Jordi Pujol, obteve a maioria por cinco vezes consecutivas, permanecendo no poder ainda em 2003. O *Generalitat* (governo catalão) saiu fortalecido, tornando-se uma instituição dinâmica, lutando em todas as frentes pela conquista de políticas autônomas, inclusive no plano internacional. Nos anos 1990, Jordi Pujol preside a Associação das Regiões Europeias. A cidade de Barcelona mobilizou-se por conta própria, liderada por outra figura carismática, o prefeito catalão socialista Pasqual Maragall, professor de economia urbana e neto do poeta nacional da *Catalunya*. Barcelona projetou-se para o mundo, utilizando habilmente os Jogos Olímpicos de 1992 para despontar no cenário internacional como importante centro metropolitano, aliando identidade histórica a modernidade informacional. Na década de 1990, o Partido Nacionalista Catalão passou a exercer importante papel no cenário político espanhol. O insucesso, tanto do Partido Socialista (em 1993) quanto do conservador Partido Popular (em 1996) em conquistar a maioria das cadeiras nas eleições gerais da Espanha fez de Jordi parceiro indispensável das coalizões parlamentares necessárias para se governar. Num primeiro momento ele garantiu apoio aos socialistas, e em seguida, aos conservadores — por um certo preço. À *Catalunya* foi assegurado o direito de administrar 30% da arrecadação do imposto de renda, bem como de definir as diretrizes educacionais (com o ensino ministrado em catalão em todos os níveis), saúde, meio ambiente, comunicações, turismo, cultura, serviços assistenciais e a maior parte das funções policiais. De forma lenta e gradual, porém com firmeza, a *Catalunya* e o País Basco vêm forçando a Espanha a tornar-se, ainda que a contragosto, um Estado federal altamente descentralizado, porquanto as demais regiões têm reivindicado o mesmo grau de autonomia e recursos concedido aos bascos e catalães.

Entretanto, nas eleições catalãs de 1999, o Partido Nacionalista Catalão sustentou uma escassa maioria no parlamento, que exigiu sua aliança com o conservador Partido Popular (PP). Além disso, em 2000, o PP conquistou maioria absoluta na eleição espanhola, passando a não depender mais do apoio dos nacionalistas catalães no parlamento espanhol. Assim, o PP e, em especial, seu líder, Aznar, revelaram sua verdadeira natureza centrista, e reverteram o processo de devolução de poder à *Catalunya* e ao País Basco. Em consequência, houve fortes reações no País Basco, onde o partido nacionalista governante ameaçou se envolver num processo de busca de soberania. Na *Catalunya*, o partido nacionalista se distanciou dos conservadores; e, em 2003, todos os partidos catalães, à exceção do PP, exigiram um novo Estatuto de Autonomia, fomentando o autogoverno catalão. Assim sendo, em meados de 2003, meses antes de uma nova eleição na *Catalunya*, a questão da autonomia catalã e o debate sobre a extensão do federalismo espanhol vêm novamente para a dianteira da política espanhola. Contudo, à exceção de um pequeno movimento democrático e de caráter pacifista favorável à independência, apoiado principalmente por jovens intelectuais, os catalães em geral, bem como a coalizão nacionalista catalã, rejeitam a ideia de separatismo, e justificam sua postura afirmando que necessitam das instituições simplesmente para existirem como nação, não para se tornarem um Estado-Nação soberano.[121]

O que é então a nação catalã, capaz de sobreviver a séculos de negação e, não obstante, resistir à formação de um Estado contra uma outra nação, a Espanha, que também passou a fazer parte da identidade histórica da *Catalunya*? Para Prat de la Riba, provavelmente o mais lúcido dos ideólogos do nacionalismo catalão conservador durante seus estágios de formação, "a *Catalunya* é a grande sequência de gerações, unidas pela língua e tradição catalãs, que se sucederam no território em que vivemos".[122] Jordi Pujol também insiste na língua como o principal fundamento da identidade catalã, tal como a maioria dos observadores: "A identidade da *Catalunya* é, em grande medida, linguística e cultural. A *Catalunya* jamais reivindicou especificidade étnica e religiosa, tampouco insistiu em questões territoriais, ou assuntos de ordem estritamente política. Nossa identidade é certamente constituída de muitos componentes, mas a língua e a cultura representam a principal base dessa identidade."[123] De fato, a *Catalunya* foi, por mais de 2 mil anos, uma terra que serviu de elo entre diversos povos europeus e mediterrâneos, e foi palco das migrações desses povos, forjando suas instituições soberanas com base na interação com várias culturas, das quais a catalã tornou-se claramente distinta das demais a partir do início do século XII, quando o nome *Catalunya* aparece pela primeira vez.[124] Segundo o principal historiador francês dessa comunidade, Pierre Vilar, o que distinguiu os catalães como povo, desde os tempos mais remotos (já nos séculos XIII e XIV), foi a língua, claramente diversa do espanhol ou do francês, e dotada de uma literatura já desenvolvida no século XIII, exemplificada na obra de Ramon Llull (1235–1315), que se utilizou do *catalanesco,* idioma derivado do latim paralelamente ao provençal e ao espanhol.

A língua como identidade adquiriu importância ainda maior na segunda metade do século XX, quando uma taxa de natalidade tradicionalmente baixa dos catalães nos tempos modernos, aliada ao processo diferenciado de industrialização da *Catalunya,* resultou na migração maciça da população empobrecida do sul da Espanha, suplantando os falantes de catalão, ainda engajados na luta contra a proibição do emprego de sua língua, diante de sucessivas ondas de trabalhadores falantes de espanhol que se estabeleceram com suas famílias na *Catalunya,* principalmente nos subúrbios de Barcelona. Dessa forma, em 1983, após a *Catalunya* ter recuperado sua autonomia, assegurada pela Constituição Espanhola de 1978, o Parlamento catalão aprovou por unanimidade a "Lei de Normalização Linguística", que previa o ensino em catalão em todas as escolas e universidades públicas, bem como a presença do idioma nos órgãos administrativos locais, vias e estradas públicas e também na rede pública de televisão.[125] O objetivo declarado de tal política era concretizar, ao longo do tempo, uma completa integração da população de origem não catalã à cultura catalã, de modo a não fomentar a criação de guetos culturais que causariam uma ruptura na sociedade, provavelmente entre as classes sociais. Assim, dentro dessa estratégia, o Estado é utilizado para reforçar/produzir a nação, sem contudo exigir sua soberania do Estado espanhol.

Por que a língua é tão importante para a definição da identidade catalã? Uma das respostas é histórica: ao longo de centenas de anos, a língua tem representado o elemento identificador do "ser catalão", juntamente com as instituições políticas democráticas de governo autônomo, sempre que estas não foram suprimidas. Embora os nacionalistas catalães definam como catalão qualquer pessoa que viva e trabalhe na *Catalunya*, acrescentam também a esta afirmação a frase, "e que esteja disposta a ser catalã". O indicativo de "estar disposto a sê-lo" é justamente falar a língua, ou pelo menos tentar (na verdade, "tentar" é ainda melhor, por ser um claro sinal da predisposição a ser catalão). Outra resposta plausível é de cunho político: essa é a melhor forma de expandir e aumentar a população catalã sem ter de recorrer a critérios de soberania territorial que necessariamente iriam de encontro à territorialidade do Estado espanhol. Todavia, uma terceira resposta, mais fundamental, talvez esteja relacionada a o que a língua representa como sistema de códigos, cristalizando ao longo da História uma configuração cultural que abre espaço para um sistema compartilhado de símbolos, sem que haja a adoração de ícones diferentes dos que surgem na comunicação do dia a dia. É bem provável que nações desprovidas de Estados organizem-se em torno de comunidades linguísticas — uma ideia que desenvolverei mais adiante —, embora, obviamente, uma língua comum não seja suficiente para fazer uma nação. As nações latino-americanas certamente farão objeção a esse tipo de enfoque, como também o fariam o Reino Unido e os Estados Unidos. Mas, por enquanto, vamos nos deter à *Catalunya*.

Espero que, após esse breve histórico, se possa admitir que a identidade catalã não é uma invenção. Durante pelo menos mil anos, uma determinada comunidade humana, organizada fundamentalmente em torno da língua, mas também dotada de significativa continuidade territorial e uma tradição de governo autônomo e democracia política autóctones, identificou-se como nação, diante de diferentes contextos, lutando contra adversários distintos, fazendo parte de Estados diversos, contando com seu próprio Estado, integrando imigrantes, suportando humilhações (comemorando-as, na verdade, todo ano) e, ainda assim, continuou existindo como *Catalunya*. Alguns analistas têm envidado esforços no sentido de identificar o catalanismo com as aspirações históricas de uma burguesia industrial frustrada, sufocada por uma monarquia espanhola pré-capitalista e burocrática.[126] Certamente que este constitui importante elemento no movimento pró-Catalunha do final do século XIX, bem como na formação da Lliga.[127] Contudo, a análise com base nas classes não é capaz de justificar a continuidade do discurso explícito sobre a identidade catalã ao longo da História, a despeito de todos os esforços do centralismo espanhol para erradicá-lo. Prat de la Riba negou que a *Catalunya* pudesse ser reduzida a interesses de classe, e tinha razão em sua recusa, embora sua Lliga tenha sido basicamente um partido burguês.[128]

Muitas vezes o catalanismo tem sido associado ao romantismo do século XIX, mas também ao movimento modernista da virada do século, voltado à Europa e à torrente internacional de ideias, distanciando-se do tradicional regeneracionismo espanhol em busca de uma nova fonte de valores transcendentes após a perda, em 1898, do pouco que restava do império. Na condição de uma comunidade cultural organizada em torno da língua e de uma história compartilhada, a *Catalunya* não representa uma entidade imaginada, mas, sim, um produto histórico constantemente renovado, ainda que os movimentos nacionalistas construam/reconstruam seus ícones de autoidentificação com base em códigos específicos a cada contexto histórico e relacionado aos seus próprios projetos políticos.

Uma caracterização notável do nacionalismo catalão diz respeito à sua relação com o Estado-Nação.[129] Ao declarar a *Catalunya* simultaneamente europeia, mediterrânea e hispânica, os nacionalistas catalães, embora rejeitem a ideia de separar-se da Espanha, buscam uma nova forma de Estado. Esse seria um Estado de geometria variável, capaz de conciliar o respeito pelo Estado espanhol herdado historicamente, a autonomia crescente das instituições catalãs na administração das questões públicas e a integração, tanto da Espanha como da *Catalunya*, numa entidade maior, a Europa, que se traduz não somente na União Europeia, mas em diversas redes de governos regionais e municipais, bem como em associações cívicas, que multiplicam relações horizontais por toda a Europa sob a proteção tênue dos Estados-Nação modernos. Não se trata apenas de uma tática astuta dos anos 1990. Tem suas origens na postura pró-Europa cultivada há séculos pelas elites catalãs, contrária ao esplêndido isolacionismo cultural praticado pelas elites castelhanas na maioria dos períodos históricos. Essa tendência também se manifesta declaradamente no pensamento de alguns dos mais universais escritores ou filósofos catalães, como Josep Ferrater Mora, que em 1960 afirmaria: "Talvez a catalanização da Catalunha seja a última oportunidade de tornar os catalães 'bons espanhóis' e os espanhóis 'bons europeus'."[130] Deve-se isso ao fato de que somente uma Espanha capaz de aceitar sua identidade plural — sendo a *Catalunya* uma das mais distintivas — poderia estar totalmente aberta a uma Europa tolerante e democrática. E para que isso possa se tornar realidade, primeiramente é necessário que os catalães se sintam à vontade inseridos na soberania territorial do Estado espanhol, tendo a liberdade de pensar e se expressar em catalão, estabelecendo, dessa forma, sua própria comuna dentro de uma rede mais ampla. Tal distinção entre identidade cultural e poder do Estado, entre a incontestável soberania dos aparatos e a relação em rede de instituições que compartilham poder, representa uma inovação histórica em relação à maioria dos processos de construção de Estados-Nação, solidamente fundados em um solo historicamente movediço. Tal inovação parece estabelecer uma relação melhor que a mantida entre as noções tradicionais de soberania e uma sociedade fundamentada na flexibilidade e na adaptabilidade a uma economia global, na formação de redes estabelecidas pela mídia, na variação e interpenetração de culturas. Por não buscarem um novo Estado, mas lutarem pela preservação de sua nação, é bastante provável que os catalães tenham-se identificado completamente com suas origens como um povo de tradições comerciais sem fronteiras, identidade linguístico-cultural e instituições governamentais flexíveis, faculdades essas que parecem caracterizar a era da informação.

As nações da era da informação

Nossa trajetória pelos dois extremos opostos da Europa nos dá uma certa noção do novo significado de nações e nacionalismo, como fonte de sentido na era da informação. Para fins de maior clareza, definirei nações, em consonância com as análises e argumentos apresentados anteriormente, como *comunidades culturais construídas nas mentes e na memória coletiva das pessoas por meio de uma história e de projetos políticos compartilhados*. O quanto essa história deve ser compartilhada para que uma determinada coletividade se transforme em nação varia conforme contextos e períodos, assim como variam os ingredientes que induzem à formação dessas comunidades. Assim, a nacionalidade catalã foi depurada ao longo de dez séculos de história compartilhada, enquanto os Estados Unidos da América forjaram uma identidade cultural muito forte, a despeito, e por causa, de suas múltiplas etnias, em apenas dois séculos. O essencial é a distinção histórica entre nações e Estados, que surgiram, embora não para todas as nações, na Idade Moderna. Portanto, partindo da perspectiva privilegiada do final do último milênio, temos conhecimento da existência de nações sem Estados (por exemplo, Catalunha, País Basco, Escócia, Quebec), Estados sem nações (Cingapura, Taiwan, África do Sul), Estados plurinacionais (antiga União Soviética, Bélgica, Espanha, Reino Unido), Estados uninacionais (Japão), Estados que compartilham uma nação (Coreia do Norte e Coreia do

Sul), e nações que compartilham um Estado (suecos na Suécia e na Finlândia, irlandeses na Irlanda e no Reino Unido, talvez sérvios, croatas e muçulmanos bósnios na Bósnia-Herzegovina).

O que fica claro é que cidadania não corresponde a nacionalidade, pelo menos não a nacionalidade exclusiva, pois os catalães sentem-se, antes de mais nada, catalães. No entanto, ao mesmo tempo, declaram-se, em sua maioria, também espanhóis, e até mesmo europeus. Dessa forma, equiparar nações e Estados ao binômio Estado-Nação, a menos que isso seja realizado em um determinado contexto histórico, torna-se uma contradição diante do exame dos registros de longo prazo estruturados em perspectiva global. Parece que a reação racionalista (marxista ou quaisquer outras) ao idealismo alemão (Herder, Fichte) e à hagiografia nacionalista francesa (Michelet, Renan) obscureceu a compreensão da "questão nacional", causando espanto e admiração quando confrontada ao poder e à influência do nacionalismo no fim do século passado.

Dois fenômenos, conforme ilustrados nesta seção, parecem caracterizar o período histórico atual: primeiro, a desintegração de Estados plurinacionais que tentam preservar sua total soberania ou negar a pluralidade de seus elementos constitutivos nacionais. Nessa categoria encontram-se a extinta União Soviética, a antiga Iugoslávia, a antiga Etiópia, Tchecoslováquia e, talvez no futuro, o Sri Lanka, Índia, Indonésia, Nigéria e outros países. O resultado de tal desintegração é a formação de quase-Estados-Nação. Eles podem ser chamados de Estado-Nação porque apresentam os componentes de soberania com base em uma identidade nacional constituída historicamente (por exemplo, a Ucrânia), mas recebem o qualificativo "quase" em razão do conjunto inextricável de relações com sua matriz histórica, que os força a compartilhar da soberania com o Estado anterior ou com uma configuração mais ampla (por exemplo, a CEI e as repúblicas do Leste europeu associadas à União Europeia). Segundo, observamos o desenvolvimento de nações que ficam no limiar da condição de Estado, porém forçam o Estado a que estão integradas a se adaptar, e a ceder parte de sua soberania, como é o caso da *Catalunya,* do País Basco, de Flandres, Valônia, Escócia, Quebec e, provavelmente, do Curdistão, Kashmir, Punjab ou Timor Leste. Chamo tais entidades de *quase Estados nacionais* por não constituírem Estados completamente formados, mas conquistarem uma parcela de autonomia política com base em sua identidade nacional.

Os atributos que reforçam a identidade nacional nesse período histórico variam, porém, em todos os casos, pressupõem uma história compartilhada ao longo do tempo. *Lançaria a hipótese de que a língua, principalmente uma língua plenamente desenvolvida, constitui um atributo fundamental de autorreconhecimento, bem como de estabelecimento de uma fronteira nacional invisível em moldes menos arbitrários que os da territorialidade, e menos exclusivos que os da etnia.* Isso se deve ao fato de que, sob uma perspectiva histórica, a língua estabelece o elo entre a esfera pública e a privada, e entre o passado e o presente, independentemente do efetivo reconhecimento de uma comunidade cultural pelas instituições do Estado. Não obstante o fato de Fichte ter-se valido desse argumento para criar o pangermanismo, o registro histórico não deve ser descartado. Há também uma forte razão para o surgimento do nacionalismo em nossas sociedades com base na língua. Se, na maioria das vezes, o nacionalismo representa uma reação contra ameaças a uma determinada identidade autônoma, em um mundo submetido à ideologia da modernização e ao poder da mídia global, a língua, como expressão direta da cultura, torna-se a trincheira da resistência cultural, o último bastião do autocontrole, o reduto do significado identificável. Nesse sentido, as nações não parecem "comunidades imaginadas" construídas a serviço dos aparatos de poder. Em vez disso, são produzidas pelos esforços de uma história compartilhada, e discutidas nas imagens das línguas comunais cuja primeira palavra é *nós,* a segunda é *nos* e, infelizmente, a terceira é *eles.*

A DESAGREGAÇÃO ÉTNICA: RAÇA, CLASSE E IDENTIDADE NA SOCIEDADE EM REDE

Vejo 100 negros... Vejo você aprisionado. Vejo você enjaulado.
Vejo você domado. Vejo você sofrendo. Vejo você enfrentando.
Vejo você brilhando. Vejo você querendo. Vejo você precisando.
Vejo você desrespeitado. Vejo você Sangue. Vejo você Aleijado.
Vejo você Irmão. Vejo você sóbrio. Vejo você amado. Vejo você paz.
Vejo você em casa. Vejo você ouvir. Vejo você amar.
Vejo você nas coisas. Vejo você com fé. Vejo você consciente. Vejo
você desafiado. Vejo você mudar. Vejo você. Vejo você.
Vejo você... Definitivamente quero ser você.

PETER J. HARRIS, *HINO DE LOUVOR AOS IRMÃOS ANÔNIMOS*[131]

Você também quer? De verdade? Ao longo da história da humanidade, a etnia sempre foi uma fonte fundamental de significado e reconhecimento. Trata-se de uma das estruturas mais primárias de distinção e reconhecimento social, como também de discriminação, em muitas sociedades contemporâneas, dos Estados Unidos à África Subsaariana. Ela foi, e é, a base para o surgimento de revoltas na luta por justiça social, como no caso dos índios mexicanos em Chiapas em 1994, ou do princípio irracional de purificação étnica, como o praticado pelos sérvios na Bósnia em 1994. Além disso, consiste, em grande medida, na base cultural que induz a formação de redes e a realização de transações lastreadas na confiança no novo mundo dos negócios, desde as redes comerciais chinesas (volume I, capítulo 3) até as "tribos" étnicas que determinam o sucesso na nova economia global. De fato, segundo Cornel West: "Nessa era de globalização, com suas fantásticas inovações científicas e tecnológicas em informática, comunicações e tecnologia aplicada, o enfoque nos efeitos remanescentes do racismo parece antiquado e desatualizado... Contudo, a raça — na linguagem cifrada da reforma previdenciária, política de imigração, penas criminais, ação afirmativa e privatização suburbana — permanece como um dos principais significantes no debate político."[132] Entretanto, se a raça e a etnia são questões fulcrais — para a dinâmica da sociedade norte-americana, e também de outras sociedades —, suas formas de manifestação parecem ser profundamente alteradas pelas atuais tendências societais.[133] Sustento a ideia de que, embora a questão racial seja importante, e provavelmente mais do que nunca uma fonte de opressão e discriminação,[134] a etnia vem sendo especificada como fonte de significado e identidade, a ser integrada não com outras etnias, mas de acordo com princípios mais abrangentes de autodefinição cultural, como religião, nação ou gênero. A fim de apresentar os argumentos em defesa dessa hipótese, farei uma breve explanação da evolução da identidade afro-americana nos Estados Unidos.

As condições da realidade contemporânea dos afro-americanos têm sido transformadas nas últimas três décadas por um fenômeno fundamental: sua profunda divisão em termos de classes sociais, conforme demonstrado no trabalho pioneiro de Williams Julius Wilson,[135] cujas implicações fragmentaram definitivamente o modo pelo qual os Estados Unidos veem os afro--americanos e, sobretudo, a imagem que estes têm de si mesmos. Tomando por base o grande volume de pesquisas da década passada, a tese de Wilson, bem como seu desenvolvimento, aponta para uma impressionante polarização entre os afro-americanos. De um lado, estimulada pelo movimento em defesa dos direitos civis dos anos 1960, uma classe média numerosa, bem-educada e com uma vida relativamente confortável surgiu, graças principalmente a programas de ação afirmativa, fazendo incursões significativas na estrutura de poder político, ocupando postos importantes nas prefeituras e até mesmo o comando do Estado-Maior e, em certa medida, ingressando no mundo empresarial. Atualmente, cerca de um terço dos afro-americanos faz parte da classe média norte-americana, embora os homens, diferentemente das mulheres, ganhem ainda bem menos que profissionais brancos exercendo a mesma função.

De outro lado, cerca de um terço de afro-americanos, inclusive 45% de crianças que vivem em condições de pobreza ou miséria, estão em situação bem pior nos anos 1990 do que nos anos 1960. Wilson, com outros pesquisadores, como Blakely e Goldsmith, ou ainda Gans, atribui a formação dessa "subclasse" ao efeito combinado de uma economia da informação com grandes desigualdades, segregação espacial e política governamental malconduzida. O crescimento de uma economia da informação dá ênfase à educação e reduz a disponibilidade de empregos estáveis que exijam habilidade manual, colocando os negros em desvantagem quando do ingresso no mercado de trabalho. Os negros de classe média saem dos centros das cidades, deixando para trás, encurraladas, as massas representadas pelos pobres moradores das áreas urbanas. Para fechar o círculo, a nova elite política negra consegue obter o apoio desses eleitores de baixa renda conquanto possa oferecer-lhes programas sociais, o que é uma função do grau de preocupação, tanto moral como político, que a população negra urbana de baixa renda representa para a maioria branca. Portanto, a nova liderança política negra está baseada em sua capacidade de atuar como intermediária entre o mundo empresarial, o estabelecimento político e os pobres confinados a guetos, cujos atos são imprevisíveis.

Numa faixa intermediária situada entre esses dois grupos, o último terço dos afro-americanos luta para não cair no inferno da pobreza, dependendo desmedidamente de empregos dos setores públicos e de serviços, e dos programas de treinamento vocacional e educacional para aprendizado de algumas habilidades que garantam a sobrevivência em uma economia desindustrializada.[136] O castigo para os que não são bem-sucedidos nessa estrutura é cada vez mais atroz. Em 1992, dos negros homens, moradores do centro das cidades e com um nível educacional insatisfatório, pouco menos de um terço tinha empregos de período integral. E mesmo entre os empregados, 15% estavam abaixo dos níveis que caracterizam a pobreza. Em 1995, a média de renda dos 20% de negros mais pobres foi exatamente zero. Um terço dos negros de baixa renda vive em condições de moradia abaixo dos padrões aceitáveis, o que quer dizer, entre outros critérios, "em que se evidencia a existência de ratos". A relação entre o índice de criminalidade urbana e o de criminalidade nas áreas suburbanas das cidades norte-americanas, em que o poder aquisitivo é maior, aumentou de 1,2 para 1,6 entre 1973 e 1992. E, evidentemente, os moradores do centro das cidades são os que mais sofrem as consequências dessa criminalidade.

Além disso, a população negra do sexo masculino está mais sujeita à prisão, ou vive sob controle do sistema penal (aguardando julgamento em liberdade condicional). Embora os negros representem cerca de 12% da população norte-americana, na década de 1990, respondem por mais de 50% do total de detentos.[137] A taxa global de encarceramento de negros norte-americanos em 1990 foi de 1.860 por 100 mil, isto é, 6,4 vezes maior que a dos brancos. E ao contrário do que possa parecer, os afro-americanos têm melhor nível educacional, mas, em 1993, 23 mil negros do sexo masculino receberam diploma de faculdade, enquanto 2,3 milhões foram presos.[138] Se acrescentarmos a esse número todos os indivíduos sob vigilância do sistema penal nos Estados Unidos em 1996, chegamos a 5,4 milhões de pessoas. Em 1991, os negros representavam 53% do total de detentos.[139] As taxas de encarceramento e vigilância são bem mais elevadas entre os negros de baixa renda, e assustadoras entre jovens negros do sexo masculino. Em cidades como Washington D.C., para os grupos da faixa etária entre 18 e 30 anos, a maioria dos negros do sexo masculino está presa ou em liberdade condicional. As mulheres e as famílias têm de se adaptar a essa realidade. É necessário que o argumento preconceituoso da ausência do homem na família afro-americana de baixa renda leve em consideração o fato de que muitos desses homens passam uma parte considerável de suas vidas na cadeia, de modo que as mulheres precisam estar preparadas para criar os filhos por conta própria, ou assumir inteira responsabilidade pela decisão de ter filhos.

Todos esses são fatos já bem conhecidos, cujas raízes sociais no novo contexto econômico e tecnológico procurarei abordar no volume III. Nesse ponto da análise, entretanto, atenho-me às consequências dessa profunda divisão na transformação da identidade afro-americana. Para compreender essa transformação, que vem ocorrendo desde a década de 1960, devemos retornar às origens históricas dessa identidade: conforme argumenta Cornel West, os negros nos Estados Unidos são precisamente africanos e americanos. Sua identidade foi constituída a partir de um povo sequestrado e escravizado, sob controle da sociedade mais livre da época. Assim, para que pudesse conciliar a evidente contradição entre os ideais de liberdade e a economia escravocrata, os Estados Unidos tiveram de negar a condição humana dos negros, pois em uma sociedade fundada nos princípios de que "todos os homens são iguais", a liberdade somente poderia ser negada aos não humanos. Nas palavras de Cornel West: "Esse ataque impiedoso à condição humana dos negros gerou os princípios fundamentais da cultura negra — o da *invisibilidade* e da *anonimidade*."[140] Portanto, a cultura negra, de acordo com a análise de Cornel, teve de aprender a conviver com essa negação sem que se permitisse cair na autoaniquilação. Conseguiu. Das canções às artes, das igrejas da comunidade às irmandades, a sociedade negra emergiu, imbuída de uma profunda noção de significado coletivo, que não se perdeu durante o êxodo rural maciço para os guetos do Norte, traduzida em uma extraordinária criatividade nas artes, na música e na literatura, e em um movimento político poderoso e multifacetado, cujos sonhos e potenciais foram personificados em Martin Luther King Jr. nos anos 1960.

Todavia, a divisão fundamental introduzida entre os negros pelo sucesso parcial do movimento em defesa dos direitos civis tem transformado esse cenário cultural. Como exatamente? À primeira vista, poderíamos imaginar que a classe média negra, apoiada em sua relativa afluência econômica e influência política, pudesse ser assimilada à sociedade como um todo, constituindo uma nova identidade, como afro-americanos, e conquistando uma posição semelhante à dos ítalo-americanos ou dos sino-americanos. Afinal, os sino-americanos, após terem sido muito discriminados durante a maior parte da história da Califórnia, lograram alcançar um respeitável status social nos últimos anos. Nessa perspectiva, os afro-americanos poderiam tornar-se outro segmento distintivo na "colcha de retalhos" étnica da sociedade norte-americana. Por outro lado, ao mesmo tempo, os elementos pertencentes à "subclasse" iriam se tornar mais pobres que os negros.

Essa tese de dupla evolução cultural, porém, parece cair por terra diante de alguns dados disponíveis. Um minucioso estudo de Jennifer Hochschild sobre a transformação cultural dos negros e dos brancos na relação de ambos com o "Sonho Americano" de oportunidades iguais e capacidade de ascensão social revela exatamente o contrário.[141] Os negros de classe média são precisamente os que se sentem mais frustrados com a desilusão com o Sonho Americano, sentindo-se completamente discriminados pela permanência do racismo, enquanto a maioria dos brancos acredita que os negros estão sendo favorecidos demais pelas políticas de ação afirmativa, reclamando de discriminação invertida. Por outro lado, embora totalmente conscientes do racismo, os negros de baixa renda parecem acreditar mais no Sonho Americano do que os negros de classe média e, sob qualquer hipótese, são mais fatalistas e/ou individualistas em relação a seu destino ("sempre foi assim"). Contudo, uma perspectiva temporal na evolução das pesquisas de opinião parece indicar que também os negros de baixa renda estão perdendo o pouco que tinham de confiança no sistema. O principal fato claramente destacado pelo trabalho de Hochschild ao analisar um grande volume de informações de caráter empírico é que, de modo geral, os afro-americanos afluentes não se sentem bem-vindos na sociedade como um todo. Realmente, não são bem aceitos. Não só a hostilidade racial entre os brancos continua sendo uma constante, como as conquistas dos negros do sexo masculino de classe média ainda os colocam em uma posição bem inferior à dos brancos em termos de educação, profissão e nível de renda, conforme demonstrado por Martin Carnoy.[142]

Portanto, raça é um fator muito importante.[143] Ao mesmo tempo, a divisão de classes entre os negros tem criado condições de vida fundamentalmente tão distintas que se tem gerado uma hostilidade cada vez maior entre os negros de baixa renda contra os irmãos que os abandonaram.[144] A maioria dos negros de classe média se esforça para se afastar não só da realidade do gueto mas também do estigma lançado sobre eles por causa da cor de sua pele a partir do projeto decadente do gueto. Eles conseguem esse afastamento principalmente ao isolarem os filhos das comunidades negras de baixa renda (mudando-se para os subúrbios, isto é, áreas mais abastadas, integrando-os a colégios particulares onde predominam brancos), ao mesmo tempo reinventando uma identidade afro-americana que revive os temas do passado, africano ou norte-americano, e se cala diante do peso do presente.

Paralelamente, os guetos do final do milênio vêm desenvolvendo uma nova cultura, composta de aflições, raiva e reação individual contra a exclusão coletiva, em que a negritude importa menos que as situações de exclusão que geram novas formas de vínculo, por exemplo, gangues territoriais, nascidas nas ruas e consolidadas pelo entra e sai das prisões.[145] O rap, e não o jazz, é o produto dessa nova cultura, que igualmente expressa uma identidade, também está fundada na história negra e na longa tradição norte-americana de racismo e opressão social, no entanto incorpora novos elementos: a polícia e o sistema penal como instituições centrais, a economia do crime como o chão de fábrica, as escolas como área de conflito, as igrejas como redutos de conciliação, famílias madrecêntricas, ambientes depauperados, organização social baseada em gangues, uso de violência como meio de vida. São esses os temas da nova arte e literatura negra nascidos da recente experiência do gueto.[146] Mas de forma alguma se trata da mesma identidade formada pela classe média afro-americana por meio da cuidadosa reconstrução da condição humana da raça.

Mesmo aceitando-se sua cisão cultural, ambos os conjuntos de identidades enfrentam o que parecem ser dificuldades insuperáveis em sua constituição. Isso acontece, no caso dos afro-americanos afluentes, em decorrência da seguinte contradição:[147] ao sentirem a rejeição por parte do racismo institucional, só lhes resta como alternativa de integração à sociedade norte-americana como um todo assumir a condição de líderes de sua própria raça, tais como os "Dez Eleitos" de que fala Du Bois, o principal intelectual negro da virada do século, como os salvadores absolutamente necessários da "raça negra", bem como de todas as raças.[148] Entretanto, a divisão social, econômica e cultural entre os "Dez Eleitos" e uma crescente e significativa parcela da América negra é tamanha que, ao desempenhar tal papel, eles teriam de negar a si mesmos, e a seus filhos, para tornarem-se parte de uma coalizão multirracial, visando a uma transformação social progressiva e compreendendo várias classes. Em seu esplêndido livro acerca dessa questão, Henry Louis Gates Jr. e Cornel West parecem acreditar que, se por um lado, não há outra alternativa, por outro, eles têm sérias dúvidas quanto à viabilidade dessa alternativa. Gates: "A verdadeira crise da liderança negra é que a própria ideia de liderança negra está em crise."[149] West:

> Uma vez que uma aliança multirracial entre membros da classe média progressista, liberais da elite empresarial e a força subversiva das bases constitui o único meio pelo qual alguma forma de "prestação de contas" democrática e radical será capaz de redistribuir recursos e riquezas e reestruturar a economia e o governo para que todos possam se beneficiar, os esforços secundários e isolados dos Dez Eleitos no século XXI, ainda que significativos, serão lamentavelmente inadequados e altamente frustrantes.[150]

De fato, o próprio Du Bois trocou os Estados Unidos por Gana em 1961 porque, nas palavras dele, "Simplesmente não aguento mais o tipo de tratamento reservado a nós nesse país... Mantenha a cabeça erguida, lute, mas reconheça que os negros norte-americanos simplesmente não podem vencer."[151]

Será que o fracasso na conquista da integração completa levou ao ressurgimento do movimento separatista negro nos Estados Unidos? Seria esta a nova base para a identidade, diretamente relacionada aos movimentos radicais dos anos 1960, conforme observado no caso dos *Panteras Negras*? Parecia que sim, ao menos entre os jovens militantes, se nos detivéssemos ao culto renovado a Malcolm X, a influência crescente da nação islâmica de Farrakhan ou, ainda, o impacto extraordinário da Marcha de Um Milhão de Homens em Washington D.C., organizada em torno da redenção, da moral e do orgulho do homem negro. Entretanto, essas novas manifestações de identidade político-cultural revelam uma cisão ainda mais profunda entre os afro-americanos, que na verdade são culturalmente organizados com base em princípios de autoidentificação, não de cunho étnico, mas religioso (Islã, igrejas das comunidades negras), além de serem profundamente marcados pelo gênero (orgulho e responsabilidade masculinos, subordinação das mulheres). O impacto da Marcha de Um Milhão de Homens e seus previsíveis desdobramentos no futuro atravessam as diferentes classes sociais, contudo diminuem a força da identidade afro-americana com base no gênero e tornam praticamente indistintos os limites entre a autoidentificação racial, religiosa e de classe. Em outras palavras, esse impacto não está fundado na identidade, mas, sim, no reflexo de uma identidade que está desaparecendo. Como é possível admitir que, em uma sociedade que a todo minuto lembra os negros de sua condição de negros (e portanto de ser humano diferente e estigmatizado, oriundo, numa longa jornada, de uma condição não humana), os próprios negros estejam passando por experiências de vida tão distintas, a ponto de não serem capazes de compartilhar, portando-se, ao invés disso, de forma cada vez mais violenta contra outros negros? É justamente esse anseio pela comunidade perdida que está surgindo na América negra dos anos 1990 — talvez porque o golpe mais profundo infligido nos afro-americanos na década passada tenha sido a perda gradual da identidade coletiva, resultando em uma "deriva" individual ao mesmo tempo marcada por um estigma coletivo.

Não se trata de um processo necessário. Os movimentos sociopolíticos como a Coalizão do Arco-íris, de Jessie Jackson, entre outros, continuam envidando esforços enormes para reunir igrejas negras, minorias, comunidades, sindicatos e mulheres negras sob uma única bandeira na luta política por justiça social e igualdade racial. Contudo, trata-se de um processo de construção de identidade política que somente seria capaz de criar uma identidade cultural coletiva, necessariamente nova tanto para brancos como para negros, mantidas as diferenças históricas e culturais, se fossem totalmente bem-sucedido a longo prazo. Cornel West, embora reconhecendo a existência de uma "esperança não de todo desesperada, porém cheia de desesperança", clama por uma "democracia radical" que transcenda as divisões raciais e o nacionalismo negro.[152] No entanto, nas trincheiras dos guetos e nas diretorias das empresas, a identidade histórica afro-americana está se fragmentando e se individualizando, sem estar contudo integrada a uma sociedade aberta e multirracial.

Diante do exposto, proponho a hipótese de que a etnia não fornece as bases para os paraísos comunais da sociedade em rede por estar fundamentada nos vínculos primários que perdem o sentido, quando extraídos de seu contexto histórico, como base para a reconstrução do significado em um mundo de fluxos e redes, de novas combinações de imagens e novas atribuições de sentidos. As matérias-primas étnicas estão integradas nas comunas culturais que são mais fortes e possuem uma definição mais ampla que a etnia, tais como a religião e o nacionalismo, na qualidade de expressões de autonomia cultural em um mundo de símbolos. Ou, ainda, a etnia passa a tornar-se a base para a construção de trincheiras defensivas, territorializadas em comunidades locais, ou mesmo sob a forma de gangues, na luta por seu próprio espaço. Em meio a comunas culturais e unidades territoriais de autodefesa, as raízes étnicas são distorcidas, divididas, reprocessadas, misturadas, estigmatizadas ou recompensadas de maneiras distintas, de acordo com uma nova lógica de informacionalização/ globalização de culturas e economias que produzem compostos simbólicos a partir de identidades não claramente discerníveis. Raça é um fator muito importante, mas dificilmente se pode dizer que seja ainda capaz de construir significados.

IDENTIDADES TERRITORIAIS: A COMUNIDADE LOCAL

Um dos mais antigos debates da sociologia urbana diz respeito ao desaparecimento da comunidade, primeiro em razão da urbanização, e depois por causa da suburbanização. Pesquisas fatuais realizadas há algum tempo, mais notadamente por Claude Fischer e Barry Wellman,[153] parecem ter refutado a noção simplista de uma covariação sistemática entre espaço e cultura. As pessoas se socializam e interagem em seu ambiente local, seja ele a vila, a cidade, o subúrbio, formando redes sociais entre seus vizinhos. Por outro lado, identidades locais entram em intersecção com outras fontes de significado e reconhecimento social, seguindo um padrão altamente diversificado que dá margem a interpretações alternativas. Assim, onde Etzioni, nos últimos anos, vê o ressurgimento da comunidade basicamente estabelecida no âmbito local, Putnam observa o desmoronamento da visão tocquevilliana que apostava em uma sociedade civil extremamente ativa nos Estados Unidos, decorrente da queda significativa nos anos 1980 da participação e das atividades realizadas em associações de trabalho voluntário.[154] Relatórios provenientes de outras regiões do mundo revelam estimativas igualmente conflitantes. Contudo, não creio que seja impreciso afirmar que ambientes locais, *per se,* não induzam um padrão específico de comportamento ou, ainda, justamente por isso, uma identidade distintiva. O provável argumento dos autores comunitaristas, coerente com minha própria observação intercultural, é que as pessoas resistem ao processo de individualização e atomização, tendendo a agrupar-se em organizações comunitárias que, ao longo do tempo, geram um sentimento de pertença e, em última análise, em muitos casos, uma identidade cultural, comunal. Apresento a hipótese de que, para que isso aconteça, faz-se necessário um processo de mobilização social, isto é, as pessoas precisam participar de movimentos urbanos (não exatamente revolucionários), pelos quais são revelados e defendidos interesses em comum, e a vida é, de algum modo, compartilhada, e um novo significado pode ser produzido.

Tenho certo conhecimento sobre esse assunto, dedicando uma década de minha vida ao estudo dos movimentos sociais urbanos no mundo todo.[155] Em um resumo de meus levantamentos e da literatura pertinente a essa questão, sugeri que os movimentos urbanos (processos de mobilização social com finalidade preestabelecida, organizados em um determinado território e visando objetivos urbanos) estariam voltados a três conjuntos de metas principais: necessidades urbanas de condições de vida e consumo coletivo; afirmação da identidade cultural local; e conquista da autonomia política local e participação na qualidade de cidadãos. Esses três conjuntos foram combinados em diferentes proporções pelos diversos movimentos sociais e os resultados obtidos foram, naturalmente, distintos. Contudo, em muitos casos, independentemente das conquistas mais evidentes do movimento, sua própria existência já produziu algum significado, não apenas para os atores sociais, mas para toda a comunidade. E isso vale não só para o período de duração do movimento (normalmente curto), mas para a memória coletiva da comunidade. Com efeito, argumentei, e ainda sustento essa opinião, que tal produção de significado é um elemento essencial das cidades, ao longo da História, pois o ambiente construído, bem como seu significado, são engendrados por um processo de conflito entre os interesses e valores de atores sociais antagônicos.

Acrescentei ainda a seguinte conclusão, referente ao momento histórico de minhas observações na ocasião (final dos anos 1970, início dos 1980), projetando contudo minha visão para o futuro: os movimentos urbanos estavam se tornando as principais fontes de resistência à lógica unilateral do capitalismo, estatismo e informacionalismo. Isso ocorreu principalmente porque diante do fracasso dos movimentos e políticas proativas (por exemplo, o movimento trabalhista, os partidos políticos) na luta contra a exploração econômica, a dominação cultural e a repressão política, não restou outra alternativa ao povo senão render-se ou reagir com base na fonte mais imediata de autorreconhecimento e organização autônoma: seu próprio território. Assim, surgiu o paradoxo de forças políticas com bases cada vez mais locais em um mundo estruturado por processos cada vez mais globais. Houve a produção de significado e identidade: minha vizinhança, minha comunidade, minha cidade, minha escola, minha árvore, meu rio, minha praia, minha capela, minha paz, meu ambiente. Contudo, essa foi uma identidade defensiva, uma identidade de entrincheiramento no que se entende como conhecido contra a imprevisibilidade do desconhecido e do incontrolável. Subitamente indefesas diante de um turbilhão global, as pessoas se agarram a si mesmas: qualquer coisa que possuíssem, e o que quer que fossem, transformou-se em sua identidade. Em 1983, afirmei:

> Os movimentos urbanos certamente abordam as verdadeiras questões de nosso tempo, embora não o façam na escala nem nos termos adequados a essa empresa. Entretanto, não há outra saída, pois tais movimentos representam a última reação à dominação e à exploração renovada nas quais nosso mundo se encontra submerso. São mais que um último baluarte simbólico e um grito desesperado: são sintomas de nossas próprias contradições, sendo portanto potencialmente capazes de superá-las... Eles produzem novos significados históricos — a ponto de fingir que constroem, sob a proteção das "muralhas" da comunidade local, uma nova sociedade que eles próprios reconhecem ser inatingível. E conseguem fazê-lo alimentando os embriões dos futuros movimentos sociais no universo das utopias locais que constroem para que nunca se rendam à barbárie.[156]

E o que aconteceu desde aquela época até hoje? Evidentemente que a resposta, do ponto de vista empírico, é extraordinariamente variada, sobretudo se observarmos culturas distintas e diversas regiões do mundo.[157] Contudo, para fins de análise, arriscaria reunir as principais trajetórias dos movimentos urbanos das décadas de 1980 e 1990 em quatro grandes grupos.

Primeiro, em muitos casos, os movimentos urbanos e seus discursos, atores sociais e organizações, que se têm integrado na estrutura e na prática do governo local, direta ou indiretamente, por um sistema diversificado de participação dos cidadãos e de desenvolvimento da comunidade. Embora liquide os movimentos urbanos como fontes de alternativa de transformação social, essa tendência vem reforçando consideravelmente o governo local, oferecendo a possibilidade da existência do Estado local como exemplo significativo de reconstrução do controle político e do significado social. Voltarei a discutir essa tendência no capítulo 5, ao analisar a transformação global do Estado.

Segundo, as comunidades locais e suas respectivas organizações, que têm alimentado as bases de um movimento ambiental influente e amplamente di-

O PODER DA IDENTIDADE | 111

fundido, principalmente nas áreas ocupadas pela classe média, bem como nos subúrbios, na *ex urbia* e em regiões interioranas urbanizadas (ver capítulo 3). De modo geral, contudo, esses movimentos apresentam uma natureza defensiva e reativa, preocupando-se exclusivamente com a conservação de seu próprio espaço e ambiente imediato, como, por exemplo, observa-se nos Estados Unidos na atitude do "não no meu quintal", que rejeita, indiscriminadamente, o lixo tóxico, as usinas nucleares, os projetos de construção de casas populares, as prisões e as áreas destinadas a residências móveis. Procurarei estabelecer uma distinção importante no capítulo 3, em que estarei analisando o movimento ambiental, entre a busca pelo controle do espaço (reação defensiva) e a busca pelo controle do tempo, ou seja, pela preservação da natureza e do planeta para as futuras gerações, numa perspectiva de longo prazo, que adota o tempo cosmológico e rejeita o enfoque imediatista do desenvolvimento instrumenta-lista. As identidades que surgem a partir de ambas as perspectivas são bastante diferentes, pois espaços defensivos levam ao individualismo coletivo, e o con-trole do tempo, ofensivo, abre a possibilidade de reconciliação entre cultura e natureza, apresentando uma nova filosofia de vida holística.

Terceiro, um grande número de comunidades de baixa renda em todo o mundo, que se engajou em um projeto de sobrevivência coletiva, como é o caso das cozinhas comunitárias que surgiram em Santiago do Chile ou Lima na década de 1980. Seja em colônias de posseiros na América Latina e de imigrantes nas cidades do interior dos Estados Unidos, seja nas áreas habitadas pelas classes operárias nas cidades asiáticas, as comunidades construíram seus próprios "Estados de bem-estar social" (na ausência de políticas governamentais responsáveis para fazê-lo) à base de redes de solidariedade e reciprocidade, não raro em torno das igrejas; sustentadas por organizações não governa-mentais (ONGs) financiadas por recursos internacionais; e, às vezes, com o auxílio de intelectuais de esquerda. Essas comunidades locais organizadas têm desempenhado um papel fundamental na sobrevivência diária de uma parcela significativa da população urbana mundial, que se encontra no limiar da fome e da doença. Essa tendência pode ser exemplificada pela experiência das entidades comunitárias organizadas pela Igreja Católica em São Paulo na década de 1980,[158] ou pelas ONGs financiadas por recursos internacionais em Bogotá nos anos 1990.[159] Na maioria desses casos, surge efetivamente uma identidade comunal, embora esta seja comumente incorporada a uma crença religiosa, a tal ponto que arriscaria dizer que esse tipo de comunalismo é, essencialmente, um comunalismo religioso, relacionado à consciência de ser o explorado e/ou o excluído. Assim, as pessoas que se organizam em torno de comunidades locais de baixa renda têm a oportunidade de se sentirem revitalizadas e reconhecidas como seres humanos mediante a salvação con-quistada por meio da religião.

Quarto, há ainda o lado mais sombrio desse processo no que diz respeito à evolução de movimentos urbanos, principalmente em áreas urbanas segregadas, uma tendência que previ há algum tempo:

> Se os apelos dos movimentos urbanos não são atendidos, se os novos caminhos políticos permanecem fechados, se os novos movimentos sociais de maior representatividade (feminismo, nova classe operária, autogerenciamento, comunicação alternativa) não se desenvolvem totalmente, então tais movimentos — utopias reativas que tentaram iluminar o caminho a que não tinham acesso — retornarão, mas, dessa vez, como sombras urbanas, ávidas por destruir as muralhas cerradas de sua cidade cativa.[160]

Felizmente, o fracasso não foi completo, e a manifestação diversificada das comunidades locais organizadas efetivamente proporcionou rumos alternativos para a reforma, sobrevivência e autoidentificação, a despeito da ausência de movimentos sociais de maior porte capazes de articular transformações na nova sociedade emergente nas últimas duas décadas. Não obstante, políticas austeras de ajuste econômico na década de 1980, uma crise generalizada de legitimidade política, e o impacto do poder de exclusão exercido pelo espaço dos fluxos sobre o espaço de lugares (ver volume I) tiveram sua parcela de contribuição na vida e organização social das comunidades locais de baixa renda. Nas cidades norte-americanas, as gangues surgiram como uma das principais formas de associação, trabalho e identidade para centenas de milhares de jovens. De fato, conforme demonstrado por Sanchez-Jankowski em seu estudo pioneiro e bastante abrangente,[161] as gangues desempenham um papel estrutural em diversas áreas, o que explica os sentimentos ambíguos dos moradores locais em relação a elas, por um lado temerosos, mas, por outro, capazes de se relacionarem com a sociedade das gangues de forma mais bem-sucedida do que com as instituições oficiais, que normalmente se fazem presentes apenas em suas manifestações de repressão. Sob hipótese alguma as gangues, ou seu equivalente funcional, estão restritas à realidade norte-americana. As *pandillas* existentes na maioria das cidades latino-americanas constituem um elemento fundamental de sociabilidade entre as populações de baixa renda, sendo que o mesmo acontece em Jacarta, Bangcoc, Manilla, Mantes-la-Jolie (Paris) ou Meseta de Orcasitas (Madri). As gangues são velhas conhecidas de diversas sociedades, principalmente nos Estados Unidos (conforme narrado em *Street Corner Society*, de William White). Entretanto, há algo de novo nas gangues dos anos 1990, caracterizando a construção da identidade como o espelho distorcido da cultura informacional. É o que Magaly Sanchez e Yves Pedrazzini, com base em seus estudos sobre os "malandros" de Caracas, denominam *cultura da urgência.*[162] Trata-se de uma cultura em que a perspectiva do fim da própria existência é uma constante, embora não seja uma cultura de negação, mas de celebração da vida. Assim, tudo tem de ser experimentado, sentido, vivenciado, conquistado, antes que seja tarde demais, pois não existe amanhã. Será que isso é tão diferente da cultura do narcisismo consumista à moda de Lasch? Será que os malandros de Caracas, ou de qualquer outra parte do mundo, foram mais rápidos do que nós na compreensão dos verdadeiros elementos constitutivos da nova sociedade? Será que a identidade da nova gangue é a cultura do hiperindividualismo comunal? Individualismo porque, na cultura da recompensa imediata, somente o indivíduo pode ser o padrão de medida. Comunalismo porque, para que esse hiperindividualismo se torne uma identidade — quer dizer, para que seja socializado como um valor, não só como uma forma de consumir-se a si próprio absolutamente sem sentido — necessita de um ambiente de valorização e apoio mútuo: uma comuna, como nos tempos de White. Contudo, ao contrário da comuna de White, está pronta para explodir a qualquer momento, é uma comuna do fim dos tempos, do tempo intemporal, que caracteriza a sociedade em rede. E ela efetivamente existe e explode, territorialmente. As culturas da urgência locais são o contraponto da intemporalidade global.

Enfim, as comunidades locais, construídas por meio da ação coletiva e preservadas pela memória coletiva, constituem fontes específicas de identidades. Essas identidades, no entanto, consistem em reações defensivas contra as condições impostas pela desordem global e pelas transformações, incontroláveis e em ritmo acelerado. Elas constroem abrigos, mas não paraísos.

Conclusão: as comunas culturais da era da informação

A transformação de nossa cultura e de nossa sociedade teria de ocorrer em diversos níveis. Caso ocorresse só nas mentes dos indivíduos (como, em certa medida, já aconteceu), não teria força alguma. Se partisse exclusivamente da iniciativa do Estado, seria tirânica. A transformação pessoal em múltiplos níveis é essencial, e não deve ocorrer apenas em termos de consciência, mas implicar ação individual. Contudo, os indivíduos necessitam do apoio de grupos que carreguem consigo uma tradição moral capaz de reforçar suas próprias aspirações.

Robert Bellah et al., Habits of the Heart[163]

Nossa jornada intelectual pelas paisagens comunais nos fornece algumas respostas preliminares às perguntas formuladas no início deste capítulo sobre a construção da identidade na sociedade em rede.

Para os atores sociais excluídos ou que tenham oferecido resistência à individualização da identidade relacionada à vida nas redes globais de riqueza e poder, as comunas culturais de cunho religioso, nacional ou territorial parecem ser a principal alternativa para a construção de significados em nossa sociedade. Essas comunas culturais são caracterizadas por três principais traços distintivos. Aparecem como reação a tendências sociais predominantes, às quais opõem resistência em defesa de fontes autônomas de significado. Desde o princípio, constituem identidades defensivas que servem de refúgio e são fontes de solidariedade, como forma de proteção contra um mundo externo hostil. São construídas culturalmente, isto é, organizadas em torno de um conjunto específico de valores cujo significado e uso compartilhado são marcados por códigos específicos de autoidentificação: a comunidade de fiéis, os ícones do nacionalismo, a geografia do local.

A etnia, embora seja uma característica fundamental de nossas sociedades, especialmente como fonte de discriminação e estigma, não necessariamente resulta no estabelecimento de comunas. Ao invés disso, muitas vezes a etnia é processada pela religião, pela nação e pelo território, cuja especificidade tende a reforçar.

A constituição dessas comunas culturais não é arbitrária, mas depende da forma de trabalhar a matéria-prima fornecida pela história, geografia, língua e pelo ambiente. Assim, são comunidades construídas, porém materialmente construídas, em torno de reações e projetos determinados por fatores históricos e geográficos.

Fundamentalismo religioso, nacionalismo cultural, comunas territoriais são, via de regra, reações defensivas. Representam formas de reação a três ameaças fundamentais, detectadas em todas as sociedades, pela maior parte da humanidade nesse fim de milênio: à globalização, que dissolve a autonomia das instituições, organizações e sistemas de comunicação nos locais onde vivem as pessoas; à formação de redes e à flexibilidade, que tornam praticamente indistintas as fronteiras de participação e de envolvimento, individualizam as relações sociais de produção e provocam a instabilidade estrutural do trabalho, do tempo e do espaço; e à crise da família patriarcal, ocorrida nas bases da transformação dos mecanismos de criação de segurança, socialização, sexualidade e, consequentemente, de personalidades. Quando o mundo se torna grande demais para ser controlado, os atores sociais passam a ter como objetivo fazê-lo retornar ao tamanho compatível com o que podem conceber. Quando as redes dissolvem o tempo e o espaço, as pessoas se agarram a espaços físicos, recorrendo à sua memória histórica. Quando o sustentáculo patriarcal da personalidade desmorona, as pessoas passam a reafirmar o valor transcendental da família e da comunidade como sendo a vontade de Deus.

Tais reações defensivas tornam-se fontes de significado e identidade ao construírem novos códigos culturais a partir da matéria-prima fornecida pela história. Devido ao fato de que os novos processos de dominação aos quais as pessoas reagem estão embutidos nos fluxos de informação, a construção da autonomia tem de se fundamentar nos fluxos reversos de informação. Deus, a nação, a família e a comunidade fornecerão códigos eternos, inquebrantáveis, em torno dos quais uma contraofensiva será lançada contra a cultura da realidade virtual. A verdade eterna não pode ser virtualizada. Ela está incorporada em nós. Assim, contra a informacionalização da cultura, os corpos são informacionalizados. Quer dizer, os indivíduos carregam seus deuses no coração. Não raciocinam, acreditam. São a manifestação corpórea dos valores eternos de Deus que, como tal, não podem ser dissolvidos, perdidos em meio ao turbilhão dos fluxos de informação e das redes interorganizacionais. É por isso que a língua, bem como as imagens comunais, são tão essenciais para restabelecer a comunicação entre os corpos tornados autônomos, que escapam à dominação de fluxos desprovidos de história, ao mesmo tempo restaurando os padrões de comunicação repletos de significado entre os respectivos integrantes do processo.

Essa forma de construção de identidade gira essencialmente em torno do princípio da *identidade de resistência*, conforme definido no início deste capítulo. A *identidade legitimadora* parece ter entrado em uma crise estrutural, dada a rápida desintegração da sociedade civil herdada da era industrial e do desaparecimento gradativo do Estado-Nação, a principal fonte de legitimidade (ver capítulo 5). Com efeito, as comunidades culturais articuladoras da nova resistência surgem como fontes de identidade ao se dissociarem das sociedades civis e instituições do Estado de onde se originaram, como no caso do fundamentalismo islâmico, que rompe com a modernização econômica (Irã) e/ou com o nacionalismo de Estados árabes; ou, ainda, nos movimentos nacionalistas, desafiando o Estado-Nação e as instituições do Estado das sociedades em que surgiram. A negação das sociedades civis e das instituições políticas que deram origem às comunas culturais leva ao fechamento das fronteiras dessas comunas. Ao contrário das sociedades civis pluralistas e diversificadas, há muito pouca diferenciação interna nas comunas culturais. De fato, sua força, e sua capacidade de oferecer abrigo, isolamento, certeza e proteção, provém justamente de seu caráter comunal, de sua responsabilidade coletiva, em detrimento dos projetos individuais. Portanto, na primeira fase de reação, a (re)construção do significado por parte de identidades defensivas rompe com as instituições da sociedade, acenando com a promessa de reconstrução a partir das bases, ao mesmo tempo entrincheirando-se em um paraíso comunal.

É possível que, dessas comunas, novos sujeitos — isto é, agentes coletivos de transformação social — possam surgir, construindo outros significados em torno da *identidade de projeto*. Na verdade, diria que, dada a crise estrutural da sociedade civil e do Estado-Nação, pode ser esta a principal fonte de mudança social no contexto da sociedade em rede. Como e por que novos sujeitos podem ser formados a partir dessas comunas culturais e reativas serão as questões principais para análise dos movimentos sociais na sociedade em rede, a serem desenvolvidas ao longo deste volume.

Entretanto, já podemos adiantar algumas informações com base nas observações e discussões apresentadas neste capítulo. O surgimento de identidades de projeto de diferentes tipos não é uma necessidade histórica. É bem provável que a resistência cultural permaneça restrita às fronteiras das comunas. Se tal hipótese for verdadeira, e quando e onde for verdadeira, o comunalismo fechará o círculo de seu fundamentalismo latente com base em seus próprios elementos, fomentando um processo que poderia transformar os "paraísos comunais" em "infernos celestiais".

Notas

1. Citado por Spence (1996: 190–1).
2. Spence (1996: 172).
3. Calhoun (1994: 9–10).
4. Giddens (1991).
5. Lasch (1980).
6. Sennett (1986).
7. Anderson (1983); Gellner (1983).
8. Calhoun (1994: 17).
9. Buci-Glucksmann (1978).
10. Etzioni (1993).
11. Scheff (1994: 281).
12. Touraine (1995a: 29–30); traduzido para o inglês por Castells.
13. Touraine (1992).
14. Zaretsky (1994: 198).
15. Giddens (1991: 53, 35, 32).
16. Giddens (1991: 1, 5).
17. Marty e Appleby (1991).
18. Marty (1988: 20).
19. Marty e Appleby (1991: ix-x).
20. Marty (1988:22).
21. Vide também, Misztal e Shupe (1992a).
22. Rached Ghannouchi, entrevista para *Jeune Afrique*, julho de 1990. Ghannouchi é um dos principais intelectuais do movimento islâmico da Tunísia.
23. Hiro (1989); Balta (1991); Sisk (1992); Choueri (1993); Juergensmayer (1993); Dekmejian (1995).
24. Vide, por exemplo, Bassam Tibi (1988, 1992a); Aziz Al-Azmeh (1993); e Farhad Khosrokhavar (1995), entre outros.

25. Garaudy (1990).
26. Carre (1984); Choueri (1993).
27. Hiro (1989); Al-Azmeh (1993); Choueri (1993); Dekmejian (1995).
28. Oumlil (1992).
29. Qtub (n.d./ 1970s)
30. Citado por Hiro (1989: 63).
31. Corão, surah IV, v. 34 (trad. Abdullah Yusuf Ali, 1988). Vide Hiro (1989: 202); Delcroix (1995); Gerami (1996).
32. Tibi (1992b: 8).
33. Tibi (1992b: 5).
34. Lawrence (1989:216)
35. Gole (1995).
36. Al-Azmeh (1993: 31).
37. Piscatori (1986); Moen e Gustafson (1992); Tibi (1992a); Burgat e Dowell (1993); Juergensmayer (1993); Dekmejian (1995).
38. Tibi (1992b: 7).
39. Hiro (1989); Bakhash (1990); Esposito (1990); Khosrokhavar (1995).
40. Hiro (1989: 161).
41. Documentos oficiais veiculados pela imprensa, citados por Hiro (1989: 190).
42. Dados apresentados por Burgat e Dowell (1993).
43. Hiro (1989); Dekmejian (1995).
44. Kepel (2002:6)
45. Balta (1991).
46. Sisk (1992).
47. Nair (1996).
48. Luecke (1993); Kepel (1995).
49. Mikulsky (1992).
50. Tibi (1992a, b); Gole (1995).
51. Lawrence.
52. Kepel (2002).
53. Khosrokhavar (1995: 249–50); traduzido para o inglês por Castells.
54. Al-Zhawahiri (1990, n.p.)
55. Schaeffer (1982: 122). Francis Schaeffer é um dos principais mentores do fundamentalismo cristão contemporâneo. O seu *Manifesto cristão*, publicado em 1981, logo após sua morte, tornou-se o mais influente panfleto para o movimento antiaborto durante a década de 1980 nos Estados Unidos.
56. Marsden (1980); Ammerman (1987); Misztal e Shupe (1922b); Wilcox (1992).
57. Lawton (1989); Moen (1992); Wilcox (1992).
58. Lienesch (1993: 1).
59. Simpson (1992: 26).
60. Zeskind (1986); Jelen (1989, 1991); Barron e Shupe (1992); Lienesch (1993); Riesebrodt (1993); Hicks (1994).
61. Lienesch (1993: 23).
62. Lienesch (1993: 23).

63. Beverly La Haye, citado em Lienesch (1993: 78).
64. Citado em Lienesch (1993: 56).
65. Edwin L. Cole, citado em Lienesch (1993: 63).
66. Beverly La Haye, citado em Lienesch (1993: 77).
67. Lienesch (1993: 77).
68. Hicks (1994).
69. Relatado por Pat Robertson e citado em Lienesch (1993: 40).
70. Citado em Lienesch (1993: 71).
71. Wilcox (1992).
72. Citado em Lienesch (1993).
73. Lienesch (1993: 10).
74. Wilcox (1992: 223).
75. Jelen (1991).
76. Misztal e Shupe (1992a: 8).
77. Lechner (1991: 276–7).
78. Lamberts-Bendroth (1993).
79. Rubert de Ventos (1994: 241); traduzido para o inglês por Castells.
80. Anderson (1983).
81. Gellner (1983: 56).
82. Gellner (1983: 87).
83. Hobsbawm (1992).
84. Hobsbawm (1992: 173–202).
85. Hooson (1994b: 2–3).
86. Eley e Suny (1996: 9).
87. Moser (1985); Smith (1986); Johnston *et al.* (1988); Touraine (1988); Perez-Argote (1989); Chatterjee (1993); Blas Guerrero (1994); Hooson (1994b); Rubert de Ventos (1994); Eley e Suny (1996).
88. Keating (1995).
89. Badie (1992).
90. Chatterjee (1993).
91. Panarin (1994/1996: 37).
92. Smith (1989/1996: 125).
93. Yoshino (1992: 1).
94. Deutsch (1953); Rubert de Ventos (1994).
95. Rubert de Ventos (1994: 139–200).
96. 1922, em *SSR vnutrennie protivorechiia*, Tchalidze Publications, 1987: 128, conforme citado em Carrère d'Encausse (1993:173).
97. Carrère d'Encausse (1993); Suny (1993).
98. Slezkine (1994).
99. Suny (1993: 101, 130).
100. Pipes (1954); Conquest (1967); Carrère d'Encausse (1987); Suny (1993); Slezkine (1994).
101. Singh (1982: 61).
102. Salmin (1992).

103. Kozlov (1988); Suny (1993); Slezkine (1994).
104. Granberg e Spehl (1989); Granberg (1993).
105. Carrère d'Encausse (1993: cap. 9).
106. Castells (1992b); Carrère d'Encausse (1993).
107. Carrère d'Encausse (1993); Starovoytova (1994).
108. Hooson (1994b); Lyday (1994); Stebelsky (1994); Khazanov (1995).
109. Twinning (1993); Panarin (1994); Khazanov (1995).
110. Carrère d'Encausse (1993: 234).
111. Suny (1993).
112. Hooson (1994a: 140).
113. Castells (1992b); Hobsbawm (1994).
114. Twinning (1993); Hooson (1994b).
115. Originalmente publicado em 1906; esta edição, 1978: 49–50.
116. Keating (1995).
117. 1986; citado em Pi (1996:254).
118. Sobre fontes históricas, ver compêndio da história catalã em Vilar (1987–1990) e a edição especial de *L'Avenc: Revista d'Historia* (1996). Ver também Vicens Vives e Llorens (1958); Vicens Vives (1959); Vilar (1964); Jutglar (1966); Sole-Tura (1967); McDonogh (1986); Rovira i Virgili (1988); Azevedo (1991); Garcia-Ramon e Nogue-Font (1994); Keating (1995); Salrach (1996).
119. Ferrer i Girones (1985).
120. Sole-Tura (1967).
121. Keating (1995).
122. Prat de la Riba (1894), citado por Sole-Tura (1967: 187); traduzido para o inglês por Castells.
123. Pujol (1995), citado em Pi (1996: 176); traduzido para o inglês por Castells.
124. Salrach (1996).
125. Puiggene i Riera *et al.* (1991).
126. Jutglar (1966).
127. Sole-Tura (1967).
128. Prat de la Riba (1906).
129. Keating (1995); Pi (1996); Trias (1996).
130. Ferrater Mora (1960: 120).
131. Extraído de Wideman e Preston (1995: xxi).
132. West (1996: 107–8).
133. Appiah e Gates (1995).
134. Wieviorka (1993); West (1995).
135. Wilson (1987).
136. Wilson (1987); Blakely e Goldsmith (1993); Carnoy (1994); Wacquant (1994); Gans (1995); Hochschild (1995); Gates (1996).
137. Tonry (1995: 59).
138. Gates (1996: 25).
139. Vide volume III, capítulo 2.
140. West (1996: 80).

141. Hochschild (1995).
142. Carnoy (1994).
143. West (1996).
144. Hochschild (1995); Gates (1996).
145. Sanchez-Jankowski (1991, 1996).
146. Wideman e Preston (1995); Giroux (1996).
147. Hochschild (1995).
148. Gates e West (1996: 133).
149. Gates (1996: 38).
150. West (1996: 110).
151. Gates e West (1996: 111).
152. West (1996: 112).
153. Wellman (1979); Fischer (1982).
154. Etzioni (1993); Putnam (1995).
155. Castells (1983).
156. Castells (1983: 331).
157. Massolo (1992); Fisher e Kling (1993); Calderon (1995); Judge *et al.* (1995); Tanaka (1995); Borja e Castells (1996); Hsia (1996); Yazawa (no prelo).
158. Cardoso de Leite (1983); Gohn (1991).
159. Espinosa e Useche (1992).
160. Castells (1983: 327).
161. Sanchez-Jankowski (1991).
162. Sanchez e Pedrazzini (1996).
163. Bellah *et al.* (1985: 286).

2

A OUTRA FACE DA TERRA: MOVIMENTOS SOCIAIS CONTRA A NOVA ORDEM GLOBAL

*Seu problema é o mesmo que o de muita gente. Está relacionado
à doutrina socioeconômica conhecida como "neoliberalismo".
Trata-se de um problema metateórico. É o que lhe digo. Você parte
da premissa de que o "neoliberalismo" é uma doutrina. E tomando
você como exemplo refiro-me a todos aqueles que acreditam em
esquemas tão rígidos e quadrados como suas cabeças. Você acha
que o "neoliberalismo" é uma doutrina capitalista criada para
enfrentar crises econômicas que o capitalismo atribui ao
"populismo". Bem, na verdade o "neoclassicismo" não é uma
teoria para explicar ou enfrentar crises. Ao invés disso, é a
própria crise, transformada em teoria e doutrina econômica!
Isso quer dizer que o "neoliberalismo" não tem a mínima
coerência, muito menos planos ou perspectivas históricas.
Em outras palavras, é pura baboseira teórica.*

DURITO, CONVERSANDO COM O SUBCOMANDANTE
MARCOS NA FLORESTA DE LACANDON, 1994[1]

GLOBALIZAÇÃO, INFORMACIONALIZAÇÃO E MOVIMENTOS SOCIAIS[2]

A globalização e a informacionalização, determinadas pelas redes de riqueza, tecnologia e poder, estão transformando nosso mundo, possibilitando a
melhoria de nossa capacidade produtiva, criatividade cultural e potencial de
comunicação. Ao mesmo tempo, estão privando as sociedades de direitos políticos e privilégios. À medida que as instituições do Estado e as organizações
da sociedade civil se fundamentam na cultura, história e geografia, a repentina
aceleração do tempo histórico, aliada à abstração do poder em uma rede de
computadores, vem desintegrando os mecanismos atuais de controle social e
de representação política. À exceção de uma elite reduzida de *globopolitanos*
(meio seres humanos, meio fluxos), as pessoas em todo o mundo se ressentem
da perda do controle sobre suas próprias vidas, seu meio, seus empregos, suas

O PODER DA IDENTIDADE | 123

economias, seus governos, seus países e, em última análise, sobre o destino do planeta. Assim, segundo uma antiga lei da evolução social, a resistência enfrenta a dominação, a delegação de poderes reage contra a falta de poder, e projetos alternativos contestam a lógica inerente à nova ordem global, cada vez mais percebida pelas pessoas de todo o planeta como se fosse desordem. Contudo, tais reações e mobilizações, a exemplo do que frequentemente ocorre na História, acontecem de forma pouco comum, agindo por meios inesperados. Este capítulo e o seguinte procuram explorar tais meios.

A fim de ampliar o alcance empírico de minha investigação, sem deixar de manter seu enfoque analítico, traçarei um paralelo entre três movimentos que se opõem explicitamente à nova ordem global dos anos 1990, nascidos a partir de contextos culturais, econômicos e institucionais extremamente diferentes, e veiculados por ideologias profundamente contrastantes: os zapatistas em Chiapas, México; as milícias norte-americanas; e a *Aum Shinrikyo* (Verdade Suprema), uma seita japonesa; *al-Qaeda*, uma rede terrorista mundial; e o movimento por justiça global, popularmente conhecido como movimento antiglobalização.

No próximo capítulo, farei uma análise do movimento ambientalista, provavelmente o maior e o mais influente de nossos tempos. De forma própria, e pela dissonância criativa de suas múltiplas vozes, o ambientalismo também lança seu desafio à desordem ecológica global, ou seja, o risco de suicídio ecológico, provocado pelo desenvolvimento global desenfreado e pelo desencadeamento de forças tecnológicas sem precedentes sem que sua sustentabilidade social e ambiental tenha sido avaliada. Contudo, sua especificidade cultural e política e seu caráter de movimento social proativo, e não reativo, sugerem um tratamento analítico diferenciado para o ambientalismo, bastante distinto dos movimentos defensivos constituídos em torno das trincheiras de resistência por identidades específicas e/ou interesses específicos.

Antes de passarmos à questão central propriamente dita, faz-se necessário apresentar três breves observações metodológicas necessárias à compreensão das análises a serem apresentadas nas próximas páginas.[3]

Em primeiro lugar, *movimentos sociais* devem ser entendidos em seus próprios termos: em outras palavras, *eles são o que dizem ser.* Suas práticas (e sobretudo as práticas discursivas) são sua autodefinição. Tal enfoque nos afasta da pretensão de interpretar a "verdadeira" consciência dos movimentos, como se somente pudessem existir revelando as contradições estruturais "reais". Como se, para vir ao mundo, tivessem necessariamente de carregar consigo essas contradições, da mesma forma que o fazem com suas armas e bandeiras. Uma linha de pesquisa diferente e necessária consiste em estabelecer a relação entre os movimentos, conforme definido por suas práticas, valores e discurso, e os processos sociais aos quais parecem estar associados, por exemplo, globalização, informacionalização, crise da democracia representativa e predominância da política simbólica no espaço da mídia. Em minha análise, tentarei trabalhar em ambas as linhas: a caracterização de cada movimento, nos termos de sua própria dinâmica específica, e sua interação com os processos mais amplos que sustentam sua existência e se modificam justamente em função dela. A importância que atribuo ao discurso de cada movimento estará refletida em meu texto. Durante a apresentação e análise dos movimentos em questão, procurarei manter-me bem próximo de suas *palavras*, não apenas de suas ideias, de acordo com os registros dos documentos nos quais baseei meu trabalho. Contudo, para poupar o leitor das minúcias das citações bibliográficas, optei por fornecer referências genéricas aos materiais dos quais foram obtidos o discurso dos movimentos, deixando a critério e interesse do leitor a consulta, nesses materiais, das palavras exatas aqui relatadas.

Em segundo lugar, os movimentos sociais podem ser conservadores, revolucionários, ambas as coisas, ou nenhuma delas. Afinal, concluímos (espero que em definitivo) que não existe uma direção predeterminada no fenômeno da evolução social, e que o único sentido da história é a história que nos faz sentido. Portanto, do ponto de vista analítico, não há movimentos sociais "bons" ou "maus". Todos eles são sintomas de nossas sociedades, e todos causam impacto nas estruturas sociais, em diferentes graus de intensidade e resultados distintos que devem ser determinados por meio de pesquisas. Assim, gosto dos zapatistas, não gosto das milícias norte-americanas, e fico horrorizado com a Verdade Suprema e *al-Qaeda*. Contudo, parto do princípio de que todos representam indícios significativos de novos conflitos sociais, germes de resistência social e, em alguns casos, de transformação social. Somente por meio de um olhar livre de opiniões preconcebidas sobre o novo cenário histórico é que seremos capazes de encontrar caminhos bem-iluminados, abismos profundos e passagens ainda obscuras na nova sociedade que surge a partir das crises de nosso tempo.

Em terceiro lugar, no intuito de ordenar, *grosso modo*, o enorme volume de material extremamente variado acerca dos movimentos sociais a serem examinados neste capítulo e nos seguintes, creio que seja apropriado incluí-los em categorias nos termos da tipologia clássica de Alain Touraine, que define movimento social de acordo com três princípios: a *identidade* do movimento, o *adversário* do movimento e a visão ou modelo social do movimento, que aqui denomino *meta* societal.[4] Em minha adaptação (que acredito estar coerente com a teoria de Touraine), *identidade* refere-se à autodefinição do movimento, sobre o que ele é, e em nome de quem se pronuncia. *Adversário* refere-se ao principal inimigo do movimento, conforme expressamente declarado pelo próprio movimento. *Meta* societal refere-se à visão do movimento sobre o tipo de ordem ou organização social que almeja no horizonte histórico da ação coletiva que promove.

O PODER DA IDENTIDADE | 125

Uma vez esclarecido o ponto de partida, iniciemos nossa viagem à outra face do planeta, que diz não à globalização que defende o capital e à informacionalização que ostenta a bandeira da tecnologia. E onde os sonhos do passado e os pesadelos do futuro coexistem num mundo caótico de paixões, generosidade, preconceito, medo, fantasia, violência, estratégias malsucedidas e golpes de sorte. Enfim, a humanidade.

Os movimentos que selecionei para compreender a revolta contra a globalização têm objetivos, identidades, ideologias e meios de se relacionar com a sociedade extremamente distintos.[5] O interesse pela comparação reside precisamente nesse aspecto, porquanto esses movimentos também têm como ponto comum a oposição declarada à nova ordem global, o adversário identificado em seu discurso e em suas práticas. Além disso, todos eles provavelmente causarão impactos significativos em suas respectivas sociedades, direta ou indiretamente. Os zapatistas já transformaram o México, provocando uma crise na política corrupta e desigualdade econômica predominantes no país, e ao mesmo tempo apresentando propostas de reconstrução democrática que vêm sendo amplamente discutidas no México e em todo o mundo. As milícias norte-americanas, o componente mais combativo de um movimento sociopolítico mais abrangente que se identifica como *Os Patriotas* (ou *falsos patriotas,* como é chamado por seus críticos), têm raízes muito mais profundas na sociedade norte-americana do que normalmente se costuma admitir, sendo capazes de produzir resultados significativos e imprevisíveis no cenário de tensão da política norte-americana, conforme discutirei adiante. A Verdade Suprema, embora permaneça na condição de culto marginal no Japão, tornou-se o centro das atenções da mídia e da opinião pública por mais de um ano (1995–1996), manifestando-se como sintoma de feridas não expostas e conflitos mal resolvidos, por trás do véu de serenidade da sociedade japonesa. A *al-Qaeda,* com suas respectivas organizações islâmicas mundo afora, alterou drasticamente o equilíbrio geopolítico e a estrutura psicológica nos Estados Unidos e no mundo como um todo. Além disso, o movimento por justiça global desafiou a inevitabilidade da globalização orientada pelo mercado, induzindo um debate decisivo em sociedades e instituições da maioria dos países sobre formas alternativas para a economia global e para a organização social.

O argumento que procuro defender ao abordar tais movimentos tão distintos e expressivos é justamente a grande diversidade de fontes de resistência à nova ordem global. Juntamente com o lembrete de que a ilusão neoliberal do fim da História está ultrapassada, à medida que sociedades com Histórias altamente específicas vão tendo sua desforra contra a dominação dos fluxos globais.

Os zapatistas do México: o primeiro movimento de guerrilha informacional[6]

> *O* Movimiento Civil Zapatista *opõe a solidariedade social ao crime organizado que tem suas origens no poder do dinheiro e no governo.*

Manifesto do *Movimiento Civil Zapatista*, agosto de 1995

> *A novidade na história política mexicana foi a inversão do processo de controle contra todo e qualquer tipo de poder, com base na comunicação alternativa... A novidade trazida pelo conflito político de Chiapas foi o surgimento de diversos emissores de informações que interpretaram os eventos das mais diversas maneiras. O fluxo de informações de domínio público que chegam à sociedade através da mídia e dos meios tecnológicos excedeu, e muito, os limites do controlável por estratégias convencionais de comunicação. Marcos deu sua opinião, a Igreja deu sua opinião, os jornalistas autônomos, as ONGs e os intelectuais, pessoas na floresta, na Cidade do México, nas capitais políticas e financeiras do mundo, todos deram sua opinião. Todas essas opiniões alternativas, veiculadas pela mídia livre, ou pela mídia fechada que sentiu o golpe da mídia livre, lançaram dúvidas quanto à forma de construção da "verdade", além de terem suscitado uma enorme gama de opiniões, inclusive a partir do próprio regime político. A visão do poder tornou-se fragmentada.*

Moreno Toscano, *Turbulência política*, p. 82

> *O México, a nação que gerou o protótipo da revolução social do século XX, é hoje palco de um protótipo da guerra informacional social e transnacional do século XXI.*

Rondfeldt, Rand Corporation, 1995

No dia 1º de janeiro de 1994, data que marcou o início da vigência do Acordo Norte-Americano de Livre Comércio (NAFTA), cerca de 3 mil homens e mulheres integrantes do *Ejército Zapatista de Liberación Nacional*, levemente armados, assumiram o controle das principais cidades adjacentes à Floresta de Lacandon, no estado mexicano de Chiapas, região sul do país: San Cristóbal de las Casas, Altamirano, Ocosingo e Las Margaritas. A maioria dos

O poder da identidade | 127

integrantes do grupo era de índios oriundos de diversos grupos étnicos, embora houvesse também *mestizos*, e alguns de seus líderes, especialmente seu porta-voz, o subcomandante Marcos, eram intelectuais de origem urbana. Os líderes cobriam o rosto com máscaras utilizadas por esquiadores. Quando o exército mexicano enviou reforços, as guerrilhas fizeram uma retirada muito bem organizada para o meio da floresta tropical. Contudo, algumas dezenas deles, além de civis e vários soldados e policiais, morreram durante o confronto ou foram sumariamente executados pelos soldados.

O impacto do levante no México, bem como a simpatia generalizada que a causa zapatista imediatamente inspirou, no país e em todo o mundo, convenceram o presidente Carlos Salinas de Gortari a negociar. Em 12 de janeiro, Salinas anunciou um cessar-fogo unilateral, nomeando como seu "representante da paz" Manuel Camacho, respeitado político mexicano, então considerado seu provável sucessor, e recentemente afastado do governo após ter suas aspirações políticas frustradas por Salinas. Manuel Camacho, e sua assessora intelectual de confiança, Alejandra Moreno Toscano, viajaram até Chiapas para encontrarem-se com o influente bispo católico Samuel Ruiz, e conseguiram dar início às negociações de paz com os zapatistas, que logo reconheceram o teor sincero do diálogo, embora tenham permanecido em alerta constante para evitar uma potencial repressão e/ou manipulação. Camacho leu aos rebeldes um texto em *tzotzil*, também veiculado pela mídia em *tzeltal* e *chol:* pela primeira vez na História um dos principais membros do governo mexicano reconhecera idiomas indígenas. Em 27 de janeiro foi assinado um acordo pelo qual se estabeleceu o cessar-fogo, foram libertados os prisioneiros de ambos os lados, e deu-se início a um processo de negociação voltado a uma discussão mais ampla sobre reforma política, direitos dos indígenas e reivindicações sociais.

Quem são os zapatistas?

Quem eram esses insurretos, até então desconhecidos ao resto do mundo, apesar de duas décadas de mobilizações maciças de camponeses nas comunidades de Chiapas e Oaxaca? Basicamente camponeses, a maioria índios *tzeltales, tzotziles* e *choles,* em geral oriundos das comunidades estabelecidas desde a década de 1940 na floresta tropical de Lacandon, na fronteira com a Guatemala. Essas comunidades foram criadas com o apoio do governo na tentativa de solucionar a crise social provocada pela expulsão dos *acasillados* (camponeses sem terra que trabalham para os proprietários de terra) das *fincas* (fazendas) e ranchos pertencentes a grandes e médios proprietários, normalmente *mestizos*.

Durante séculos, índios e camponeses foram explorados por colonizadores, burocratas e colonos. Por décadas, foram mantidos em um estado de total insegurança, pois as condições para assentamento mudavam continuamente, ao sabor dos interesses do governo e dos latifundiários. Em 1972, o presidente Echeverria decidiu criar a "biorreserva" de Montes Azules e devolver a maior parte das terras cobertas por florestas a 66 famílias da tribo originalmente estabelecida em Lacandon, determinando assim a realocação de 4 mil famílias que se haviam reinstalado nessa área após terem sido expulsas das comunidades originais. Por trás das tribos de Lacandon e do repentino amor pela natureza estavam os interesses da companhia de reflorestamento Cofolasa, que contava com o apoio de uma empresa estatal de desenvolvimento, a Nafinsa, à qual foram concedidos os direitos de exploração da madeira. A maioria dos colonos recusou-se à realocação, o que serviu de estopim para uma luta de vinte anos pelo seu direito à terra, que estava ainda em curso quando Salinas assumiu a presidência em 1988. Salinas finalmente reconheceu os direitos de alguns colonos, restringindo sua generosidade, porém, aos poucos simpatizantes do PRI *(Partido Revolucionario Institucional)*, isto é, o partido do governo. Em 1992, os direitos legais das comunidades indígenas, que se haviam assentado pela segunda vez, foram abolidos por decreto. Dessa vez, o principal pretexto foi a Conferência sobre o Meio Ambiente realizada no Rio de Janeiro e a necessidade de preservar as florestas tropicais. A criação de gado na região também foi restringida, para benefício dos fazendeiros de Chiàpas, que competiam com o contrabando de gado proveniente da Guatemala.

O golpe de misericórdia desferido contra a frágil economia das comunidades camponesas veio quando as políticas de liberalização da economia mexicana dos anos 1990, durante a fase de preparação para ingresso no NAFTA, aboliram as barreiras alfandegárias sobre importações de milho e acabaram com o protecionismo dos preços do café. A economia local, baseada na silvicultura, na criação de gado e nas culturas de café e de milho, foi desmantelada. Além disso, o destino das terras comunitárias tornou-se incerto após a reforma promovida por Salinas por meio das emendas ao histórico artigo 27 da Constituição mexicana, abolindo o direito de posse comunal sobre a propriedade rural por parte dos moradores das vilas (*ejidos*) em prol da comercialização em larga escala da propriedade individual, outra decisão diretamente relacionada às medidas de ajuste do México à privatização de acordo com as disposições do NAFTA. Em 1992 e 1993, os camponeses mobilizaram-se pacificamente contra essas políticas. Porém, após a grande marcha de Xi' Nich, que reuniu milhares de camponeses de Palenque à Cidade do México, ter sido ignorada, resolveram mudar sua tática radicalmente. Em meados de 1993, na maioria das comunidades de Lacandon não se plantou milho, não se colheu café, as crianças deixaram de frequentar as escolas e o gado foi vendido para a compra de armas. Título do Manifesto dos rebeldes de 1º de janeiro de 1994: *Hoy decimos* BASTA! (Hoje dizemos BASTA!)

Tais comunidades camponesas, a maioria delas formada por índios, aliadas a outros assentamentos da área de Los Altos, não estavam sozinhas nas lutas sociais em que se engajaram desde o início dos anos 1970. Contaram com o apoio, e até certo ponto foram organizadas, pela Igreja Católica, por iniciativa do bispo Samuel Ruiz de San Cristóbal de las Casas, que nutria certa simpatia pela teologia da libertação. Os padres não só deram apoio e legitimidade às reivindicações dos índios, mas também os ajudaram a reunir centenas de militantes de sindicatos formados por camponeses. Esses militantes dividiam seu tempo entre a Igreja e os sindicatos. Eram mais de uma centena de *tuhuneles* (ajudantes de padres), e mais de mil catequistas, a viga mestra do movimento, que acabaram formando os sindicatos de camponeses, cada um deles sediado em uma comunidade (*ejido*). O forte sentimento religioso entre os camponeses índios foi consolidado pela educação, informação e apoio fornecidos pela Igreja, resultando em conflitos frequentes da Igreja local contra os fazendeiros e o aparato político do PRI de Chiapas.

Embora a Igreja tenha exercido durante vários anos um papel decisivo na educação, organização e mobilização das comunidades camponesas indígenas, Samuel Ruiz e seus assessores opuseram-se com veemência ao conflito armado e não estavam entre os insurretos, ao contrário das acusações dos fazendeiros de Chiapas. Os militantes que organizaram essa revolta armada vieram, em sua maioria, das próprias comunidades indígenas, principalmente entre as massas de jovens, homens e mulheres, que cresceram em meio ao novo clima de crise econômica e conflito social. Outros eram remanescentes de grupos maoistas formados nas áreas urbanas do México (especialmente na Cidade do México e Monterrey) na década de 1970, na esteira do movimento estudantil de 1968, esmagado durante o massacre de Tlatelolco. As *Fuerzas de Liberación Nacional* parecem ter sido bastante ativas na área por um longo tempo, embora haja controvérsias quanto a essa questão. Sob qualquer hipótese, independentemente da origem dos militantes, tem-se a impressão de que, após uma série de reveses nas áreas urbanas, alguns revolucionários, homens e mulheres, assumiram a árdua tarefa de ganhar credibilidade entre os setores mais oprimidos do país, por meio de um trabalho paciente e da convivência diária com eles, compartilhando de suas lutas e sofrimentos.

Marcos parece ter sido um desses militantes, chegando à região no início da década de 1980, segundo fontes do governo, depois de haver concluído seus estudos em sociologia e comunicação na Cidade do México e em Paris, e lecionado ciências sociais em uma das melhores universidades da Cidade do México.[7] Marcos é notadamente um intelectual de vasta cultura, que fala diversos idiomas, redige muito bem, conta com uma imaginação extraordinária, grande senso de humor e põe-se muito à vontade em seu relacionamento com a mídia.

Por causa de sua honestidade e dedicação, esses intelectuais revolucionários eram bem-aceitos pelos padres e, por um longo tempo, a despeito das diferenças ideológicas, trabalharam em conjunto na organização das comunidades camponesas e no apoio à sua causa. Foi somente após 1992, quando as promessas de reforma continuaram sendo apenas promessas, e quando a situação de penúria das comunidades de Lacandon agravou-se ainda mais em razão do processo de modernização econômica do México, que os militantes zapatistas montaram sua própria estrutura e deram início aos preparativos para a guerra de guerrilha.

Em maio de 1993, articularam-se as primeiras escaramuças contra o exército, mas o governo mexicano abafou o incidente para evitar problemas na ratificação do NAFTA pelo Congresso norte-americano. Deve-se ressaltar, contudo, que a liderança dos zapatistas é genuinamente camponesa, e formada principalmente por índios. Marcos e outros militantes urbanos não tinham autonomia para agir por conta própria.[8] O processo de deliberação, bem como de negociação com o governo, consistia de etapas bastante demoradas, contando com a participação efetiva das comunidades. Esse processo era fundamental, pois, uma vez tomada a decisão, toda a comunidade tinha de acatá-la, a tal ponto que, em alguns casos, os moradores das aldeias eram expulsos por recusar participar do levante. Nos dois anos e meio de insurreição declarada, a maioria das comunidades de Lacandon, como também a dos índios de Chiapas, demonstraram seu apoio aos rebeldes, refugiando-se com eles na floresta quando o exército invadiu suas aldeias em fevereiro de 1995.

A estrutura de valores dos zapatistas: identidade, adversários e objetivos

As causas mais profundas da rebelião são óbvias. *Mas quais são as reivindicações, objetivos e valores dos rebeldes? De que forma veem a si próprios e como identificam o adversário?* Por um lado, eles estão inseridos na continuidade histórica de cinco séculos de luta contra a colonização e a opressão. Com efeito, o ponto crítico do movimento dos camponeses foi a enorme manifestação de San Cristóbal de Casas em 12 de outubro de 1992, na qual o protesto ao quinto centenário da conquista espanhola foi marcado pela destruição da estátua do conquistador de Chiapas, Diego de Mazariegos. Por outro lado, eles veem a reencarnação dessa opressão sob a forma da nova ordem global: o NAFTA, e as reformas liberalizantes implantadas pelo presidente Salinas, que fracassaram mais uma vez na tentativa de incluir camponeses e indígenas no processo de modernização. As emendas ao histórico artigo 27 da Constituição mexicana, que formalizaria a aceitação das reivindicações dos revolucionários agrários sob o comando de Emiliano Zapata, tornaram-se o símbolo da exclusão das comunidades camponesas pela nova ordem do livre comércio.

A essa crítica, compartilhada por todo o movimento, Marcos e os demais membros acrescentaram seu próprio desafio a essa nova ordem global: a projeção do sonho revolucionário socialista para além do fim do comunismo e da dissolução dos movimentos guerrilheiros da América Central. Nas palavras irônicas de Marcos:

> Não há nada mais por que lutar. O socialismo está morto. Vida longa ao conformismo, à reforma, à modernidade, ao capitalismo e a todo o tipo de cruéis *et ceteras*. Sejamos razoáveis. Que nada aconteça na cidade ou no campo, que tudo continue exatamente do jeito que está. O socialismo está morto. Longa vida ao capital. O rádio, a imprensa e a televisão repetem isso o tempo todo. Alguns socialistas, agora devidamente arrependidos, também dizem o mesmo.[9]

Assim, a oposição dos zapatistas à nova ordem global tem duas faces: eles lutam contra as consequências excludentes da modernização econômica, e também se opõem à ideia de inevitabilidade de uma nova ordem geopolítica sob a qual o capitalismo torna-se universalmente aceito.

Os rebeldes reafirmaram seu orgulho indígena e lutaram pelo reconhecimento dos direitos dos índios na Constituição mexicana. Contudo, não parece que a defesa da identidade étnica constituiu elemento predominante no movimento. Na verdade, as comunidades de Lacandon foram criadas a partir do reassentamento forçado que fragmentou as identidades originais de diferentes comunidades e as reuniu na qualidade de camponeses. Além disso, é provável que, nas palavras de Collier:

> A identidade étnica já chegou a *dividir* as comunidades indígenas na região do planalto central de Chiapas. Eventos recentes, contudo, perpetraram uma transformação: hoje, na esteira da rebelião zapatista, povos de origens indígenas distintas vêm lutando pelo que compartilham contra a exploração econômica, social e política.[10]

Portanto, essa nova identidade indígena foi construída por meio de sua luta e acabou incluindo diversos grupos étnicos: "O elemento comum para nós é a terra que nos deu a vida e a vontade de lutar."[11]

Os zapatistas não são subversivos, mas rebeldes legitimados. São *patriotas mexicanos*, em luta armada contra novas formas de dominação estrangeira através do imperialismo norte-americano. E são também *democratas*, amparando-se no artigo 39 da Constituição mexicana que assegura "o direito de alterar ou modificar sua forma de governo". Portanto, eles conclamam os mexicanos a darem seu apoio à democracia, colocando um ponto final no governo *de facto* unipartidário sustentado pela fraude eleitoral. Essa conclamação, vinda de Chiapas, o estado mexicano considerado a mais importante base eleitoral do PRI, graças aos votos tradicionalmente impostos pelos *caciques* locais, teve grande repercussão nos setores urbanos de classe média de uma sociedade mexicana ansiosa por liberdade e farta da corrupção sistêmica. O fato de que a revolta ocorreu precisamente no ano das eleições presidenciais, e em uma eleição em que se esperava um menor controle do PRI sobre o Estado, não só foi um indicativo da habilidade tática dos zapatistas, mas também contribuiu muito para protegê-los de uma repressão sem precedentes. A intenção do presidente Salinas era ser lembrado como o responsável pela modernização econômica e abertura política, não apenas para passar para a História, mas para garantir seu próximo emprego: o cargo de primeiro-secretário geral da recém-formada Organização Mundial de Comércio, justamente a instituição incumbida de articular a nova ordem econômica mundial. Diante de tais circunstâncias, parece pouco provável que um economista formado em Harvard usaria de repressão militar contra um autêntico movimento de camponeses e indígenas lutando contra a exclusão social.

A estratégia de comunicação dos zapatistas: a internet e a mídia

O sucesso dos zapatistas deveu-se, em grande parte, à sua estratégia de comunicação, a tal ponto que eles podem ser considerados o *primeiro movimento de guerrilha informacional*. Eles criaram um evento de mídia para difundir sua mensagem, ao mesmo tempo tentando, desesperadamente, não serem arrastados a uma guerra sangrenta. Naturalmente houve mortes e guerras de verdade, e Marcos, bem como seus camaradas, estavam prontos para morrer. Contudo, a guerra real não fazia parte de sua estratégia. Os zapatistas fizeram uso das armas para transmitir sua mensagem, e então divulgaram à mídia mundial a possibilidade de serem sacrificados no intuito de forçar uma negociação e adiantar uma série de reivindicações bastante razoáveis que, segundo pesquisas de opinião, tiveram grande apoio da sociedade mexicana em geral.[12] A comunicação autônoma foi uma das principais metas estabelecidas pelos zapatistas:

> Quando as bombas estavam caindo sobre as montanhas ao sul de San Cristóbal, nossos combatentes resistiam aos ataques das tropas federais e o ar recendia a pólvora e a sangue, o "Comité Clandestino Revolucionario Indígena del EZLN" me chamou e disse mais ou menos o seguinte: devemos dizer o que temos de dizer e sermos ouvidos. Se não fizermos isso já, outros assumirão nossas vozes e mentiras "sairão" de nossas bocas contra nossa vontade. Procure um meio de manifestar nossas ideias a todos que se disponham a ouvi-las.[13]

A capacidade de os zapatistas comunicarem-se com o mundo e com a sociedade mexicana e de captarem a imaginação do povo e dos intelectuais acabou lançando um grupo local de rebeldes de pouca expressão para a vanguarda da política mundial. Nesse sentido, Marcos desempenhou um papel fundamental. Ele não detinha o controle organizacional de um movimento originado nas comunidades indígenas, tampouco demonstrou qualquer sinal que o revelasse um brilhante estrategista militar, embora tenha sido astuto o bastante para ordenar a retirada sempre que o exército esteve prestes a prendê-lo. Entretanto, possuía extraordinária capacidade de estabelecer um elo com a mídia, por meio de textos bem redigidos e do *mise-en-scène* (a máscara, o cachimbo, entrevistas marcadas), logrando sucesso com suas atitudes meio que de forma inesperada, como no caso da máscara, que exerceu importante papel na popularização da imagem dos revolucionários: em todo o mundo, qualquer um poderia tornar-se zapatista, bastando para isso usar uma máscara. Além disso (embora possa estar correndo o risco de teorização excessiva), a máscara representa um ritual bastante recorrente nas culturas indígenas do México pré-colombiano, de forma tal que a rebelião, a uniformização das faces e o *flashback* histórico acabaram interagindo, resultando em um dos mais inovadores "recursos dramáticos" de revolução.

Um elemento essencial nessa estratégia foi o uso das telecomunicações, de vídeos e comunicação via computador pelos zapatistas, visando tanto difundir suas mensagens de Chiapas para o mundo (embora essas mensagens provavelmente não tenham sido transmitidas da floresta) quanto organizar uma rede mundial de grupos de solidariedade que literalmente cercaram as intenções repressoras do governo mexicano: por exemplo, durante a invasão pelo exército das áreas controladas pelos rebeldes em 9 de fevereiro de 1995. É interessante destacar que, quando a internet começou a ser utilizada pelos zapatistas, foram incorporados dois elementos inovadores surgidos nos anos 1990: a criação de *La Neta,* uma rede alternativa de comunicação computadorizada no México e em Chiapas, e sua utilização por grupos femininos (principalmente pelo *De mujer a mujer)* para conectarem as ONGs de Chiapas com as demais mulheres do México, como também com outras redes acessadas por mulheres nos EUA. *La Neta,*[14] criada a partir da conexão estabelecida em 1989–1993 entre as ONGs mexicanas, mantidas pela Igreja Católica, e o Instituto de Comunicação Global em São Francisco, mantido por especialistas em informática que dedicam parte de seu tempo e conhecimentos especializados a causas consideradas justas. Em 1994, com uma verba doada pela Fundação Ford, *La Neta* conseguiu estabelecer, no México, uma conexão com um provedor privado. Em 1993, *La Neta* já havia sido instalada em Chiapas, tendo como finalidade colocar ONGs locais *on-line,* inclusive o Núcleo de Defesa dos Direitos Humanos "Bartolomé de Las Casas", e mais uma dúzia de organizações que acabaram desempenhando um papel importante no fornecimento de informações ao mundo durante o levante zapatista. A utilização amplamente difundida da internet permitiu aos zapatistas disseminarem informações e sua causa a todo o mundo de forma praticamente instantânea, e estabelecerem uma rede de grupos de apoio que ajudaram a criar um movimento internacional de opinião pública que praticamente impossibilitou o governo mexicano de fazer uso da repressão em larga escala. As imagens e as informações provenientes dos zapatistas, e a respeito deles, atuaram de maneira decisiva sobre a economia e a política mexicanas. Nas palavras de Martinez Torres:

> O ex-presidente Salinas gerou uma "bolha econômica" que, durante muitos anos, permitiu a ilusão de prosperidade com base em um ingresso maciço de investimentos especulativos em títulos do governo remunerados por altas taxas de juros, que, por sua vez, através de uma espiral de dívida e déficit comercial, assegurou às classes média e operária o direito de usufruir momentaneamente de uma série de bens de consumo importados. No entanto, em virtude da facilidade com que foram atraídos os investidores, qualquer abalo na confiança destes geraria pânico no mercado e implicaria a venda maciça dos títulos mexicanos, afigurando-se a possibilidade de colapso no sistema. De fato, a economia mexicana (em 1994) resumiu-se a um enorme jogo de confiança. Uma vez que a confiança é basicamente criada pela manipulação das informações, pode ser dissipada exatamente da mesma forma. Na nova ordem mundial, em que a informação é o bem mais valioso, ela pode ser também muito mais poderosa que as balas.[15]

Isso foi fundamental para o sucesso dos zapatistas. Não que eles tenham deliberadamente sabotado a economia. Mas foram protegidos da repressão absoluta por sua inabalável conexão com a mídia, bem como pelas alianças estabelecidas em todo o mundo via internet, forçando o governo a negociar, e levando ao conhecimento da opinião pública mundial a questão da exclusão social e da corrupção política.

Especialistas da Rand Corporation concordam com essa análise,[16] tendo previsto a eventualidade de "guerras informacionais" do tipo zapatista desde 1993: "Cada vez mais, as forças revolucionárias do futuro podem consistir de redes multiorganizacionais amplamente difundidas e desprovidas de uma identidade nacional particular, que aleguem ter como origem a sociedade civil, e incluam grupos e indivíduos agressivos, ardorosos defensores do uso de tecnologia avançada para a comunicação, bem como para a munição."[17] Os zapatistas parecem ter transformado em realidade o pior dos pesadelos dos especialistas da nova ordem global.

A relação contraditória entre movimento social e instituição política

Embora o impacto das reivindicações dos zapatistas tenha abalado o sistema político mexicano, e até mesmo a economia do país, elas se tornaram intrincadas em sua relação contraditória com o próprio sistema político. Se, por um lado, os zapatistas defenderam a democratização do sistema político, reiterando reivindicações semelhantes oriundas da sociedade mexicana como um todo, por outro, jamais foram capazes de definir com exatidão o significado de seu projeto político, o que implicaria atribuir-lhe outro significado que não a óbvia condenação da fraude eleitoral. Nesse ínterim, o PRI havia sido irreversivelmente abalado, tendo-se dividido em grupos que estavam literalmente se matando. As eleições presidenciais de agosto de 1994 foram razoavelmente honestas, dando a Zedillo, um desconhecido candidato do PRI colocado em evidência por circunstâncias acidentais, uma vitória traçada pelo medo do desconhecido. Ironicamente, as reformas políticas conduzidas durante o processo eleitoral, em parte como resultado da pressão exercida pelos zapatistas, acabaram contribuindo para a legitimidade da eleição, após o acordo celebrado em 27 de janeiro de 1994 entre todos os candidatos a presidente. O partido oposicionista de esquerda, cujo líder fora rejeitado pelos zapatistas, sofreu pesadas baixas eleitorais por ter procurado o apoio de Marcos.

Em agosto de 1994, os zapatistas convocaram uma Convenção Democrática Nacional em um local na floresta de Lacandon que chamaram de Aguascalientes, o nome do local histórico em que, em 1915, líderes revolucionários (Villa, Zapata, Orozco) se reuniram para estabelecer a Convenção Revolucionária. Apesar da participação maciça de organizações de base popular, partidos de esquerda, intelectuais e da mídia, Aguascalientes acabou se esgotando no próprio simbolismo do evento, um encontro efêmero que se mostrou incapaz de traduzir a nova linguagem zapatista em política convencional e esquerdista. Assim, em maio de 1995, em meio a negociações bastante arrastadas com o governo em San Andrés Larráinzar, os zapatistas fizeram uma consulta popular sobre a possibilidade de se tornarem uma força política civil. A despeito de algumas dificuldades óbvias (afinal, ainda eram uma organização rebelde), quase 2 milhões de pessoas participaram da consulta em todo o México, em que a maioria deu parecer favorável à proposta. Dessa forma, em janeiro de 1996, em comemoração aos dois anos de sua revolta, os zapatistas optaram por se transformar em partido político, buscando total participação no processo político. Contudo, decidiram também manter-se armados até que chegassem a um acordo com o governo sobre todos os pontos de conflito.

Em janeiro de 1996, foi celebrado um importante acordo sobre o futuro reconhecimento constitucional dos direitos dos índios. No entanto, as negociações sobre a reforma política e assuntos de ordem econômica haviam em última instância fracassado. Uma questão particularmente complexa parece ter sido a reivindicação das comunidades indígenas de manterem a propriedade de suas terras, tendo direito inclusive aos recursos do subsolo, uma exigência rejeitada com veemência pelo governo mexicano, considerando ser de ampla aceitação a ideia de que a área de Chiapas é rica em hidrocarbonos. A esperança por reforma política, que veio com o fim do regime PRI e a eleição do presidente Fox, desvaneceu rapidamente no que diz respeito aos zapatistas. Dessa forma, o potencial futuro do movimento zapatista e sua transformação numa força política continuam incertos.

Seja qual for o destino dos zapatistas, a revolta por eles organizada definitivamente mudou o México, impondo um desafio à lógica unilateral da modernização, característica da nova ordem global. Atuando sobre as profundas contradições existentes no PRI entre os defensores da modernização e os interesses de um aparato político corrupto do partido, o debate desencadeado pelos zapatistas contribuiu consideravelmente para romper a hegemonia do PRI no México. A economia mexicana, próspera e eufórica em 1993, teve expostas todas as suas fraquezas, o que fez com que os opositores ao NAFTA nos EUA exigissem justificativas. Excluídos dos atuais processos de modernização da América Latina, os camponeses indígenas (cerca de 10% da população do país) repentinamente "passaram a existir". A reforma constitucional reconheceu o caráter multicultural do México, garantindo novos direitos aos índios, incluindo a publicação de livros escolares em trinta idiomas indígenas, a serem utilizados nas escolas públicas. Os serviços de saúde e educação melhoraram em diversas comunidades indígenas, e um governo autônomo limitado estava em processo de implantação.

A afirmação da identidade cultural indígena, ainda que de forma reconstruída, esteve vinculada à sua revolta contra abusos vergonhosos. Contudo, sua luta por dignidade foi amparada de maneira decisiva pela filiação religiosa expressa na corrente do catolicismo populista profundamente arraigado na América Latina, bem como pelos últimos bastiões da esquerda marxista no México. Que essa esquerda, construída sobre a ideia do proletariado lutando pelo socialismo com suas próprias armas, tenha sido transformada em um movimento de camponeses indígenas do grupo dos excluídos lutando pela democracia e em defesa de seus direitos constitucionais, pela internet e pela mídia, evidencia o grau de profundidade da transformação dos caminhos de libertação da América Latina. Revela também que a nova ordem global provoca múltiplas desordens locais, causadas pelas fontes de resistência historicamente enraizadas à lógica dos fluxos globais de capital. Os índios de Chiapas que lutam contra o NAFTA por meio de aliança com ex-militantes maoístas e teólogos da libertação representam uma expressão bastante característica da velha busca pela justiça social dentro dos novos cenários históricos.

O PODER DA IDENTIDADE | 137

ÀS ARMAS CONTRA A NOVA ORDEM MUNDIAL: A MILÍCIA NORTE-AMERICANA E O MOVIMENTO PATRIÓTICO[18]

Em suma, a Nova Ordem Mundial é um sistema utópico em que a economia dos Estados Unidos (assim como a economia de qualquer outra nação) será "globalizada"; os níveis salariais de todos os trabalhadores norte-americanos e europeus serão nivelados por baixo com base nos salários pagos aos trabalhadores do Terceiro Mundo; para todos os fins práticos, as fronteiras nacionais deixarão de existir; um fluxo cada vez maior de imigrantes do Terceiro Mundo para os Estados Unidos e Europa acabará resultando em uma maioria não branca espalhada por todas as áreas do planeta anteriormente habitadas pelos brancos; uma elite formada por financistas internacionais, especialistas da mídia e dirigentes de corporações multinacionais vai dar as cartas; e as forças de paz das Nações Unidas serão empregadas para impedir a iniciativa de qualquer um que decida optar por ficar de fora desse sistema.

WILLIAM PIERCE. NATIONAL VANGUARD[19]

A internet foi uma das principais razões pelas quais o movimento das milícias expandiu-se mais rapidamente que qualquer grupo fundamentado no ódio de que se tem notícia na História. A ausência de um núcleo organizado foi compensada com vantagem pelo poder de comunicação e de discussão instantâneas desse novo meio. Qualquer membro da milícia na remota Montana que tenha um computador e um modem já pode fazer parte de uma rede mundial que compartilhe de seus pensamentos, aspirações, estratégias organizacionais e temores — uma família global.

KENNETH STERN, *A FORCE UPON THE PLAIN*, P. 228

A explosão de um caminhão carregado de explosivos produzidos à base de fertilizantes na cidade de Oklahoma, em 19 de abril de 1995, não mandou pelos ares apenas um edifício do governo federal, matando 169 pessoas. Expôs uma poderosa subcorrente da sociedade norte-americana, até então relegada à marginalidade política e enquadrada nos tradicionais grupos fundamentados no ódio. Timothy McVeigh, condenado terrorista pelo atentado a bomba, e posteriormente executado, costumava levar consigo o romance de William

Pierce sobre uma facção de resistência, denominada *Os Patriotas,* que explode um edifício do governo. Segundo informações, McVeigh teria telefonado a Pierce algumas vezes antes do atentado a bomba em Oklahoma. Descobriu--se que McVeigh e seu colega de serviço militar, e coautor do atentado, Terry Nichols, mantinham algum vínculo com a Milícia de Michigan. A explosão ocorreu no segundo aniversário do episódio de Waco, em que a maioria dos membros do culto davidiano, e seus filhos, foram mortos durante um cerco de agentes federais, um fato denunciado como um verdadeiro grito de guerra pelas milícias espalhadas por todos os Estados Unidos.[20]

As milícias não são grupos terroristas, contudo é bem provável que alguns de seus membros estejam organizados em uma forma de movimento diversa, mas ideologicamente semelhante ao terrorismo, os "patriotas da resistência". Esse grupo é constituído de facções autônomas e clandestinas que estabelecem suas próprias metas de acordo com as visões predominantes no movimento. No período compreendido entre 1994 e 1996, acredita-se que uma série de explosões, roubos a banco, sabotagens em ferrovias e outros atos de violência tenham sido cometidos por esses grupos, e a intensidade e letalidade de suas ações estão crescendo. Toneladas de explosivos vêm sendo furtadas de estabelecimentos comerciais e armamentos de uso exclusivo das Forças Armadas, inclusive mísseis portáteis Stinger, têm desaparecido dos arsenais militares. Tentativas de desenvolvimento de armas bacteriológicas têm sido descobertas. E dezenas de milhares de "patriotas" em todos os Estados Unidos estão munidos de armas de guerra, além de participarem de treinamentos regulares em táticas de guerrilha.[21]

As milícias representam a ala mais ativa e organizada de um movimento bem mais amplo, autoproclamado "movimento patriótico",[22] cujo universo ideológico compreende organizações bem estabelecidas e extremamente conservadoras, tais como a John Birch Society; toda uma série de grupos tradicionais supremacistas brancos, neonazistas e antissemitas, inclusive a Ku Klux Klan e a *Posse Comitatus*; grupos religiosos fanáticos como a Identidade Cristã, uma seita antissemítica emanada do israelismo britânico da Inglaterra vitoriana; grupos opositores ao governo federal, como os Movimentos em Defesa dos Direitos dos Condados, a coalizão antiambiental *Wise Use,* o Sindicato Nacional dos Contribuintes e os defensores dos tribunais de "Justiça Comum". O universo dos patriotas também se estende, de forma bem menos comprometida, em direção à poderosa Coalizão Cristã, bem como a diversos grupos militantes do "Right to Life" (movimento antiaborto), além de contar com a simpatia de muitos dos membros da National Rifle Association e dos defensores do porte e uso de armas. Segundo fontes fidedignas,[23] o apelo direto dos patriotas pode atingir cerca de 5 milhões de pessoas nos Estados Unidos, muito embora a própria natureza do movimento, com limites pouco distintos e falta de estrutura formal de participação, impossibilite o levantamento de estatísticas mais precisas. Contudo, pode-se estimar a influência do movimento em termos de milhões, e não milhares, de simpatizantes.

O que esses grupos tão díspares, à primeira vista sem qualquer tipo de relação entre si, passaram a compartilhar nos anos 1990, e o que aumenta o apelo de sua causa, é um inimigo comum declarado: o governo federal dos EUA, como representante da "nova ordem mundial", estabelecida a contragosto dos cidadãos norte-americanos. De acordo com as ideias predominantes no movimento patriótico como um todo, essa "nova ordem mundial", tendo por principal objetivo a destruição da soberania norte-americana, vem sendo constituída a partir de uma conspiração de interesses financeiros globais e de burocratas internacionais que passaram a exercer controle sobre o governo federal dos Estados Unidos. No coração de todo o sistema encontra-se a Organização Mundial de Comércio, a Comissão Trilateral, o Fundo Monetário Internacional e, sobretudo, as Nações Unidas, cujas "forças de paz" são vistas como um exército internacional mercenário, tendo em sua vanguarda policiais de Hong Kong e unidades Gurcu, dispostas a suprimir a soberania do povo.

Na concepção dos patriotas, quatro acontecimentos parecem confirmar a existência de tal conspiração: a aprovação do NAFTA em 1993; a Lei Brady sancionada por Clinton em 1994, que estabelece controles mais rigorosos sobre a venda de certos tipos de armas automáticas; o cerco ao supremacista branco Randy Weaver em Idaho, que resultou no assassinato de sua esposa pelo FBI, em 1992; e a tragédia de Waco, levando à morte David Koresh e seus seguidores em 1993. Uma leitura paranoica desses acontecimentos convenceu-os de que o governo estava tomando medidas que visavam desarmar os cidadãos para subjugá-los mais tarde, submetendo os norte-americanos à vigilância por meio de câmeras ocultas e helicópteros negros, e implante de biochips nos recém-nascidos.

À tamanha ameaça global aos empregos, à privacidade e à liberdade, e ao próprio *American way of life,* eles opuseram a Bíblia e a Constituição americana original, completamente "expurgada" das Emendas. De acordo com esses textos, ambos de inspiração divina, estão asseguradas a soberania dos cidadãos e sua participação direta nos governos dos condados, sem a necessidade de qualquer reconhecimento da autoridade do governo federal, de suas leis, tribunais, tampouco da legitimidade do *Federal Reserve Bank* (FED). A opção é radical. Nos termos da Milícia de Montana, criada em fevereiro de 1994, considerada um modelo de inspiração organizacional para todo o movimento: "Aliste-se no Exército e Sirva à ONU ou Aliste-se na América e Sirva à Milícia" (lema da *home page* na World Wide Web da Milícia de Montana). Os agentes federais, principalmente os representantes da Divisão de Bebidas Alcoólicas, Fumo e Armas de Fogo, são vistos como a linha de frente da repressão contra os norte-americanos em nome do governo mundial emergente. Aos olhos da milícia, isso justifica tornar os agentes federais potenciais alvos do movimento. Exatamente como o famoso apresentador Gordon Liddy disse em um de seus programas: "Eles colocaram um enorme alvo [no peito]: ATF (sigla em inglês que representa bebidas, fumo e armas de fogo). Não atirem no peito, porque eles usam colete. Tem de ser na cabeça, bem na cabeça! Matem os filhos da puta!"[24]

Em alguns dos segmentos desse movimento patriótico altamente diversificado existe também uma poderosa mitologia fundada em concepções apocalípticas do mundo e nas profecias do Fim dos Tempos (ver capítulo 1). Tendo em mãos o Apocalipse, capítulo 13, pregadores como o apresentador de TV evangélico Pat Robertson, líder da Coalizão Cristã, relembram os cristãos de que eles podem ser tentados a submeter-se à satânica "Marca da Besta", identificada sob diversas maneiras, tais como novos códigos em cédulas de dinheiro, códigos de barra de supermercados ou tecnologia de microprocessadores.[25] A resistência à nova ordem global não temente a Deus, anunciada para o Fim dos Tempos, é tida como um dever cristão e um direito dos cidadãos norte-americanos. No entanto, os tons sinistros da mitologia do movimento por vezes acabam obscurecendo seu perfil, subestimando sua importância social e política. Por essa razão, é importante atentar para a diversidade do movimento, ao mesmo tempo destacando seu comunalismo inerente.

As milícias e os patriotas: uma rede de informações de múltiplos temas

As milícias, ou seja, cidadãos armados que se organizam com o propósito de defender seu país, sua religião e sua liberdade, são instituições que desempenharam importante papel durante o primeiro século da história dos Estados Unidos.[26] As milícias estaduais foram substituídas pelas guardas nacionais estaduais em 1900. Entretanto, na década de 1990, a começar pela Milícia de Montana, grupos populistas de direita formaram "milícias não organizadas", valendo-se de ambiguidades existentes na legislação federal para burlar a proibição prevista por lei de se formar unidades militares alheias ao controle do governo.

O traço mais característico das milícias é o fato de estarem armadas, por vezes com armas de guerra, e estruturadas em uma base de comando de cunho militar. Por volta do final de 1995, a KMTF contou 441 milícias ativas nos 50 estados norte-americanos, com campos de treinamento paramilitares em pelo menos 23 deles (figura 2.1). Os números referentes ao total de membros ativos das milícias são difíceis de se precisar. Em 1995, Berlet e Lyons arriscaram uma estimativa entre 15 e 40 mil membros.[27] Ao que tudo indica, esses grupos estão aumentando rapidamente. Não existe nenhuma organização nacional.

A milícia de cada estado é independente, e às vezes há várias milícias em um mesmo estado que não mantêm nenhum tipo de relação entre si: segundo fontes da polícia local, há 33 em Ohio, com cerca de mil membros e centenas de milhares de simpatizantes.[28] A Milícia de Montana é o exemplo clássico, mas a maior delas é a de Michigan, com milhares de membros ativos. À parte do ponto comum do movimento, isto é, a oposição à nova ordem mundial e ao governo federal, sua ideologia é altamente diversificada. A maioria de seus membros é branca, cristã e predominantemente masculina. Certamente incorporam a suas fileiras um número significativo de racistas, antissemitas e machistas. Contudo, grande parte dos grupos integrantes das milícias não se define como racista ou machista, e algumas delas (por exemplo, a Milícia de Michigan) mantêm uma postura declaradamente antirracista em sua propaganda. De acordo com a análise realizada por Zook nas *home pages* no site de onze das milícias mais importantes, sete continham propaganda antirracista, quatro não faziam qualquer menção acerca de raça e nenhuma apresentava ideias explícitas de racismo.[29] Duas delas assumiam uma posição antimachista, duas demonstravam-se favoráveis ao ingresso de mulheres e as demais nem sequer faziam menção a assuntos relativos à "guerra dos sexos". A Milícia de Michigan chegou até mesmo a recusar-se a apoiar os "homens livres de Montana" durante seu cerco de uma fazenda em 1996 por eles serem racistas. E uma das *home pages* da Milícia "E Pluribus Unum", integrante da Milícia de Ohio, é mantida por um casal afro-americano e fundamentalista cristão. Há que se considerar que todas essas afirmações podem ser inverdades, porém, dada a importância do uso da internet no contato com novos membros, não seria coerente transmitir uma noção falsa da ideologia para a qual são arregimentados os novos recrutas. Parece que as milícias e os patriotas, embora incorporem grupos tradicionalmente racistas, antissemitas e fundamentados no ódio, possuem uma base ideológica bem mais ampla, e esse é justamente um dos motivos de seu recente sucesso. Trata-se da capacidade desses movimentos de abarcar todo o espectro ideológico representado pelos núcleos de desafetos contra o governo federal. Como afirma o relatório da KMTF:

> Ao contrário de seus facciosos antecessores, defensores da supremacia branca, os patriotas têm demonstrado a capacidade de superar diferenças ideológicas de pouca importância tendo em vista uma unidade mais coesa contrária ao governo. Como consequência, deram origem à força rebelde mais apelativa da história atual, que abriga uma enorme variedade de grupos antigovernamentais cujos papéis organizacionais podem ser extraordinariamente distintos.[30]

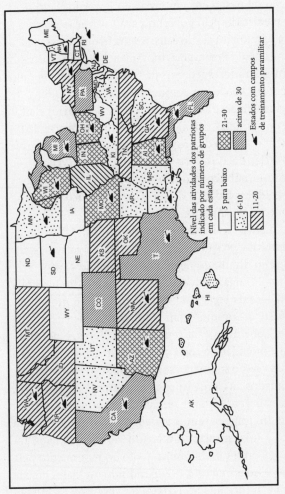

Figura 2.1. Distribuição geográfica dos grupos patriotas nos EUA por número de grupos e campos de treinamento paramilitar nos estados norte-americanos, 1996.

Fonte: Southern Poverty Law Center, Klanwatch / Militia task it Force, Montgomery, Alabama, 1996.

Legenda da Figura 2.1: AK: Alasca; AL: Alabama; AR: Arkansas; AZ: Arizona; CA: Califórnia; CO: Colorado; CT: Connecticut; DE: Delaware; FL: Flórida; GA: Geórgia; HI: Havaí; IA: Iowa; ID: Idaho; IL: Illinois; IN: Indiana; KS: Kansas; KY: Kentucky; LA: Louisiana; MA: Massachusetts; MD: Maryland; ME: Maine; MI: Michigan; MN: Minnesota; MO: Missouri; MS: Mississippi; MT: Montana; NC: Carolina do Norte; ND: Dakota do Norte; NE: Nebraska; NH: Nova Hampshire; NJ: Nova Jersey; NM: Novo México; NV: Nevada; NY: Nova York; OH: Ohio; OK: Oklahoma; OR: Oregon; PA: Pensilvânia; RI: Rhode Island; SC: Carolina do Sul; SD: Dakota do Sul; TN: Tennessee; TX: Texas; UT: Utah; VT: Vermont; VA: Virginia; WA: Washington; WI: Wisconsin; WV: Virgínia Ocidental; WY: Wyoming.

O PODER DA IDENTIDADE | 143

Duas subdivisões do movimento patriótico que se encontram em franca expansão são o Movimento em Defesa dos Direitos dos Condados e os tribunais de "Justiça Comum". O primeiro deles é a ala militante da coalizão *Wise Use*, que vem exercendo influência crescente nos estados da região oeste do país. A coalizão oferece resistência às regulamentações ambientais estabelecidas pelo governo federal e apela para "o costume e a cultura" da extração de madeira, recursos minerais e formação de pastagens em áreas do governo. Para seus membros, o zoneamento estabelecido pelo governo para utilização do solo é equiparado ao socialismo, e a administração do ecossistema é considerada parte da desprezível nova ordem mundial.[31] Portanto, o movimento defende o direito de os xerifes prenderem administradores federais de terras, o que tem gerado uma série de incidentes violentos. O povo e as comunidades são orientados para que reconheçam única e exclusivamente a autoridade dos funcionários eleitos nos âmbitos do município e do condado, rejeitando o direito do governo federal de criar leis que regulamentam o uso da propriedade dos cidadãos. Setenta condados aprovaram as portarias do *Wise Use,* que reivindicaram o controle local sobre as terras de domínio público, e o uso da violência intimidou os ambientalistas e os administradores federais desde o Novo México e Nevada até o norte de Idaho e o estado de Washington.

Criaram-se tribunais de Justiça Comum em 40 estados, fundamentados em uma série de livros e vídeos que procuram apresentar prerrogativas legais para que as pessoas se sintam no direito de rejeitar o sistema judiciário, estabelecendo seus próprios "juízes", "julgamentos" e "júris". Amparados na Bíblia e em suas próprias interpretações da legislação, chegaram até mesmo a criar um "Supremo Tribunal de Justiça Comum" com 23 juízes. Os defensores da Justiça Comum declaram-se "soberanos", ou seja, homens livres, e portanto recusam-se a pagar impostos e previdência social, a observar as normas para a obtenção de carteira de habilitação e a submeter-se a controles governamentais que não tenham sido contemplados na Constituição norte-americana original. No intuito de resguardar sua soberania e fazer retaliações contra as autoridades do governo, é prática comum impetrarem mandados de segurança contra certos funcionários públicos e juízes, instaurando um verdadeiro caos em diversos tribunais municipais. Como um desdobramento do movimento pela Justiça Comum, uma rede de pessoas que vem se expandindo rapidamente, de Montana à Califórnia, ignora a autoridade do *Federal Reserve* para a emissão de papel-moeda, emitindo seus próprios documentos bancários, inclusive cheques administrativos, com uma tecnologia tão avançada que não raro acabam sendo descontados, levando a prisões por fraude e falsificação. Tais práticas vêm tornando o movimento pela Justiça Comum o mais provocador entre todos os grupos de patriotas, que esteve na raiz do conflito de três meses entre os "homens livres" e o FBI em uma fazenda em Jordan, Montana, em 1996.

Esse movimento amplamente diversificado, quase caótico, não pode ser uma organização estável, e nem mesmo articulada. Não obstante, a homogeneidade de sua visão básica de mundo e, principalmente, a característica de identificação de um inimigo comum são dignos de nota. Isso acontece porque os vínculos entre grupos e indivíduos efetivamente existem, contudo são estabelecidos pela mídia (principalmente o rádio), como também por meio de livros, panfletos, preleções e imprensa alternativa, fax e, sobretudo, pela internet.[32] Segundo a KMTF, "o computador é a arma mais vital do arsenal do movimento patriótico".[33] Existem na internet diversos sistemas de boletins informativos, *home pages* e *chats*: por exemplo, o grupo MAM da Usenet, criado em 1995.

Várias razões têm sido apontadas para tamanha difusão do uso da internet por membros das milícias. Primeiro, conforme ressalta Stern, "a internet constitui a cultura perfeita para o desenvolvimento do vírus das teorias de conspiração. Nas mensagens que aparecem na tela, praticamente não há como distinguir lixo de informações merecedoras de crédito... Para entusiastas de conspirações como os membros das milícias, afirmações lançadas no ciberespaço, cuja veracidade não pode ser confirmada, acabam por reafirmar suas conclusões já estabelecidas por um fluxo ininterrupto de 'evidências' complementares".[34] Além disso, o espírito de fronteiras ilimitadas, uma das principais características da internet, cai como uma luva para os "homens livres", que se demonstram capazes de fazer manifestações em defesa de suas causas sem qualquer tipo de mediação ou controle do governo. Um traço ainda mais significativo é que a estrutura de rede da internet reproduz com fidelidade a agregação autônoma e espontânea das milícias, bem como a dos patriotas em geral, sem fronteiras, desprovidos de um plano definido, mas compartilhando de um objetivo, um sentimento e, sobretudo, um inimigo comum. Assim, a internet (com o auxílio do fax e da mala direta) passou a ser utilizada como principal instrumento de expansão e de organização do movimento.

Foi por intermédio da *Associated Electronic Network News,* mantida pelos Thompsons em Indianápolis, que se difundiu uma teoria de conspiração, segundo a qual o atentado de Oklahoma teria sido um ato de provocação por parte do governo federal semelhante ao incêndio do *Reichstag* a mando de Hitler, utilizado como justificativa para combater as milícias de forma bem mais incisiva. Outros sistemas de boletins informativos, como a "Paul Revere Net", estabelecem a interconexão de grupos em todo o país, trocam informações, espalham boatos e coordenam ações das mais diversas naturezas. Por exemplo, relatórios confidenciais informam aos usuários que Gorbachev, após seu discurso na Califórnia em que afirmou estarmos "entrando em uma nova ordem mundial", se escondera em uma base naval no sul da Califórnia para supervisionar o desmantelamento das forças armadas dos Estados Unidos, preparando o terreno para a chegada do exército dessa nova ordem. De fato, a tal

O PODER DA IDENTIDADE | 145

chegada realmente aconteceu em maio de 1996, quando uma base permanente foi estabelecida no Novo México para o treinamento de centenas de pilotos alemães trabalhando em cooperação com a Força Aérea dos Estados Unidos. Ou isso foi o que devem ter pensado milhares de pessoas que congestionaram a central telefônica do Pentágono ao serem informadas pela reportagem da CNN sobre a inauguração dessa base.

Programas de rádio também são importantes. A audiência de Rush Limbaugh, estimada em 20 milhões de pessoas em 600 estações retransmissoras espalhadas por todo o país, constitui instrumento de influência política sem precedentes nos Estados Unidos da década de 1990. Embora Limbaugh não seja um simpatizante das milícias, seus temas ("feminazistas", "eco-wacos") acabam tendo sua repercussão no movimento. Outros programas de rádio bastante populares estão mais afinados com os patriotas: o programa de Gordon Liddy, entremeado de ligações telefônicas, ou ainda *The Intelligence Report,* apresentado pelo supremacista branco Mark Koernke. Canais alternativos de TV a cabo, que veiculam assuntos semelhantes a audiências com praticamente o mesmo perfil, incluem a *National Empowerment Television,* o *Jones Intercable* e a *Paragon Cable*, controlada pela Time-Warner na Flórida, que apresenta o *Race&Reason*, um programa racista antissemita. Numerosos jornais e informativos, tais como o *Spotlight* de Washington D.C. ou o livro supremacista branco *The Turner Diaries,* integram-se a uma rede extensa e altamente descentralizada de mídia alternativa. Essa rede é responsável pela difusão de informações dirigidas, exprime os ressentimentos das pessoas, torna públicas ideias extremistas de direita, espalha boatos sobre conspirações e alimenta a mitologia apocalíptica que se transformou na maior referência cultural para o populismo de direita do final do milênio. Assim, enquanto o FBI inutilmente sai a campo em busca de provas de uma conspiração que trama a derrubada do governo pela força, a verdadeira conspiração, anônima (ou plurinominal) e desprovida de organização (ou com centenas delas), flui livremente nas redes de informação, nutrindo paranoias, integrando diferentes tipos de ódio e, provavelmente, causando derramamento de sangue.

As bandeiras dos patriotas

Apesar de suas múltiplas facetas, o movimento patriótico, tendo como vanguarda as milícias, realmente compartilha de objetivos, crenças e inimigos comuns. É justamente esse conjunto de valores e finalidades o responsável pela construção de uma visão de mundo e, em última análise, da definição do movimento propriamente dito. Existe uma visão subjacente de mundo e de sociedade, simples, porém muito forte, que se manifesta sob diversas formas no movimento patriótico. De acordo com essa visão, os cidadãos dos Estados Unidos subdividem-se em dois tipos: os produtivos e os parasitas. Os produtivos, trabalhadores em geral, estão comprimidos entre duas camadas de parasitas: no topo, autoridades governamentais corruptas, elites empresariais e banqueiros; na base, pessoas estúpidas e preguiçosas, que não fazem jus à contribuição previdenciária que recebem da sociedade. A situação vem se agravando pelo atual processo de globalização, liderado pelas Nações Unidas e as instituições financeiras internacionais, em nome das elites empresariais e da máquina administrativa do governo, que ameaça transformar pessoas comuns em meros escravos de uma economia global praticamente de subsistência. Deus acabará vencendo, mas para que isso aconteça os cidadãos precisam empunhar suas armas para lutar por nada menos que o "futuro dos Estados Unidos".[35] A partir dessa visão de mundo surge um conjunto específico de objetivos para o movimento, que organiza sua prática.

Em primeiro lugar, as milícias, e os patriotas de modo geral, são um movimento eminentemente libertário (e, nesse sentido, bastante distinto dos nazistas e fascistas tradicionais que defendem um Estado forte). Seu adversário é o governo federal. Em sua visão, as unidades básicas da sociedade são o indivíduo, a família e a comunidade local. Além desse nível imediato de reconhecimento pessoal, o governo é, na melhor das hipóteses, tolerado como a expressão direta da vontade do cidadão, por exemplo, governos de condado, com autoridades eleitas bastante acessíveis e que possam ser monitoradas pessoalmente. Os escalões mais altos do governo são vistos com desconfiança, e o governo federal é considerado absolutamente ilegítimo, na condição de usurpador dos direitos dos cidadãos e manipulador da Constituição, passando por cima dos preceitos originalmente estabelecidos pelos fundadores da nação norte-americana. Para os membros das milícias, Thomas Jefferson e Patrick Henry são os heróis, enquanto Alexander Hamilton é obviamente o vilão. Tal rejeição da legitimidade do governo federal se manifesta por ações e atitudes bastante concretas e incisivas: recusa ao pagamento dos tributos federais, não observância às normas ambientais e ao planejamento de uso da terra, reconhecimento da plena soberania dos tribunais de justiça comum, concessão ao júri de poderes especiais de desobediência às leis (entenda-se, a tomada de decisões pelos jurados não de acordo com a lei, mas com suas próprias consciências), preeminência dos governos dos condados sobre autoridades de escalões mais elevados e ódio aos órgãos federais fiscalizadores do cumprimento e execução da lei. Em última análise, o movimento clama pela insubordinação civil contra o governo, apoiada, se e quando necessária, pelas armas dos cidadãos que respeitam a "lei natural".

Embora o governo federal e seus órgãos fiscalizadores sejam os adversários mais próximos, bem como a causa mais imediata para a mobilização dos patriotas, uma ameaça ainda mais assustadora surge no horizonte: a nova ordem mundial. Esse conceito, popularizado pelo apresentador de TV evangélico Pat Robertson, projetando-se para muito além da ideologia do "fim da História" no período pós-guerra fria de Bush, implica que o governo federal vem trabalhando ativamente em conjunto com a Rússia (principalmente com Gorbachev, considerado um dos principais estrategistas do plano) para a formação de um único governo mundial. O projeto estaria sendo supostamente conduzido por intermédio das organizações internacionais: as Nações Unidas, a recém-criada Organização Mundial de Comércio e o Fundo Monetário Internacional. O destacamento de tropas norte-americanas sob o comando das Nações Unidas e a assinatura do NAFTA são considerados apenas os primeiros passos rumo a essa nova ordem, muitas vezes explicitamente vinculada ao surgimento da era da informação. O impacto real sobre o povo norte-americano é evidenciado pelo empobrecimento econômico em função de bancos e empresas multinacionais e pela perda da soberania política em prol da máquina administrativa global.

Aliado a essas tendências localistas e libertárias, subsiste ainda no movimento um terceiro tema importante: uma forte reação às feministas (não às mulheres, conquanto se mantenham em seus papéis tradicionais), aos homossexuais e às minorias (como beneficiárias de subsídios governamentais). Há uma característica claramente predominante no movimento patriótico: de modo geral, o movimento conta com membros do sexo masculino, brancos e heterossexuais. O "Homem Branco Revoltado" (nome de uma das organizações patrióticas) parece ter surgido dessa mistura entre reações ao depauperamento da economia, à reafirmação de valores e aos privilégios tradicionais e aos revides culturais. Os tradicionais valores da nação e da família (isto é, o patriarcalismo) são reafirmados contra o que se considera excesso de privilégios concedidos pela sociedade às minorias raciais, culturais e de gênero, mediante, por exemplo, a legislação que dispõe sobre a ação afirmativa e discriminação racial. Embora esse tema mantenha uma relação muito próxima com um sentimento bem mais arraigado de rejeição à igualdade racial por grupos supremacistas brancos e associações anti-imigração, apresenta como elemento inovador seu alcance e abrangência, particularmente em decorrência da rejeição declarada dos direitos da mulher, e seus ataques hostis aos valores liberais atualmente difundidos pela grande mídia.

Um quarto tema sustentado pela maior parte do movimento consiste na defesa intolerante da superioridade dos valores cristãos, nesse sentido criando um vínculo muito próximo com o movimento fundamentalista cristão abordado no capítulo 1. A maioria dos patriotas parece concordar com a ideia de que os rituais e valores cristãos, na ótica de seus defensores, devem ser incutidos pelas instituições da sociedade; por exemplo, mediante a obrigatoriedade da prece nas escolas públicas e a triagem de publicações nas bibliotecas e na mídia para censurar o que for considerado anticristão ou contrário aos valores da família. O movimento antiaborto, amplamente difundido, e contando com assassinos fanáticos em suas fileiras, é o seu instrumento organizacional mais evidente. O fundamentalismo cristão parece ter penetrado em todas as camadas do movimento. Talvez essa relação entre um movimento extremamente libertário, como a milícia, e o fundamentalismo cristão, um movimento voltado à teocracia e portanto partidário da imposição, por parte do governo, de valores morais e religiosos sobre seus cidadãos, possa parecer paradoxal. Entretanto, trata-se meramente de uma contradição na perspectiva histórica, pois nos Estados Unidos dos anos 1990 tanto o objetivo dos fundamentalistas quanto dos libertários converge para a destruição do governo federal, percebido como um elemento alheio a Deus e ao povo.

O mote "Armas e Bíblias" poderia ser aplicado com propriedade a esses movimentos.[36] As armas foram o grito de guerra em razão do qual as milícias se reuniram em 1994 em resposta à Lei Brady. Uma enorme coalizão foi formada para combater essa lei, seguida de tentativas de assumir o controle sobre porte de armas. Em torno do poderoso *lobby* da National Rifle Association, detentores de muitos votos no Congresso, uniram-se populações rurais de todo o país, proprietários de lojas de armas, libertários extremistas e membros de milícias, com o propósito de preservarem o direito constitucional de portar armas como a última linha de defesa dos Estados Unidos. As armas tornaram-se sinônimo de liberdade. O Velho Oeste volta com toda a força, seja nas ruas de Los Angeles, seja nas fazendas de Michigan. Duas das características mais marcantes da cultura norte-americana, o individualismo exacerbado e a desconfiança de governos despóticos, dos quais muitos imigrantes escapam em busca dos Estados Unidos, fornecem a base de legitimidade da resistência contra as ameaças impostas pela informacionalização da sociedade, globalização da economia e profissionalização da política.

Quem são os patriotas?

Um dos elementos constituintes do movimento certamente são fazendeiros insatisfeitos das regiões oeste e centro-oeste do país, apoiados pelos mais diversos segmentos da sociedade de cidades de pequeno porte, desde donos de lanchonetes até pastores de igrejas. Contudo, seria impreciso considerar que o apelo do movimento esteja restrito exclusivamente a um universo rural superado pela modernização tecnológica. Não existem dados demográficos disponíveis sobre a composição do movimento, porém um breve exame da distribuição geográfica das milícias (figura 2.1) demonstra sua diversidade territorial e, consequentemente, social. Os estados com maior número de milícias representam áreas bastante diversas, como Pensilvânia, Michigan, Flórida, Texas, Colorado e Califórnia, aumentando mais ou menos de acordo com os estados mais populosos (exceto Nova York, incluindo o Colorado). Contudo, a questão é justamente essa: as milícias parecem estar onde há mais pessoas, em todo o país, não só em Montana. Se incluirmos a Coalizão Cristã como parte do movimento, podemos concluir que os patriotas também marcam presença nos subúrbios da maioria das áreas metropolitanas de maior porte (há cerca de 1,5 milhão de membros da Coalizão Cristã). Algumas milícias, por exemplo, em New Hampshire e na Califórnia, parecem recrutar seus membros entre profissionais de informática. Portanto, parece pouco provável que os patriotas sejam um movimento que adote como critério de "recrutamento" determinada classe social, ou se restrinjam a um território específico. Em vez disso, podem ser definidos basicamente como um movimento cultural e político, defensores das tradições do país contra os valores cosmopolitas e de um governo autônomo da população local contrário à imposição de uma ordem global.

Se classe social não constitui fator relevante para a integração do movimento, passa a sê-lo, contudo, quando se trata de identificação dos adversários. As elites empresariais, os banqueiros, as empresas de grande porte ricas, poderosas e arrogantes, juntamente com seus advogados, além de cientistas e pesquisadores, todos são seus adversários. Não como classe, mas na qualidade de representantes de uma ordem mundial contrária aos valores norte-americanos. A ideologia do movimento absolutamente não é anticapitalista; ao invés disso, sai em defesa do livre capitalismo, infensa à manifestação corporativa de um capitalismo estatal que se assemelha ao socialismo. Desse modo, uma análise dos patriotas sob a perspectiva de classe não parece ser a mais apropriada para se depreender a essência do movimento. O movimento consiste em uma insurreição política que ultrapassa os limites impostos por classes sociais e diferenças regionais, estando relacionado à evolução social e política da sociedade norte-americana como um todo.

As milícias, os patriotas e a sociedade norte-americana

O populismo de direita não é nenhuma novidade dos Estados Unidos. Na verdade, trata-se de um fenômeno que tem exercido papel importante na política norte-americana ao longo da história do país.[37] Além disso, violentas reações populares contra crises econômicas profundas ocorreram tanto nos Estados Unidos quanto na Europa sob diversas formas, desde os exemplos clássicos do fascismo e do nazismo até os movimentos xenofóbicos e ultra-nacionalistas dos nossos dias. Entre os fatores capazes de justificar o rápido crescimento das milícias, além do uso cada vez mais difundido da internet, estão as condições econômicas mais difíceis e a desigualdade social nos Estados Unidos. A renda média dos homens sofreu perdas substanciais nas duas últimas décadas, principalmente durante os anos 1980. As famílias mal são capazes de manter os padrões de vida de um quarto de século atrás, com duas fontes de renda em vez de apenas uma. Por outro lado, a renda das pessoas mais ricas (1%) cresceu de US$ 327 mil em 1976 para US$ 567 mil em 1993, enquanto a renda familiar, em média, permanece em cerca de US$ 31 mil. A remuneração dos diretores executivos de empresas chega a ser 190 vezes maior que a do assalariado comum.[38] Para o trabalhador e o pequeno empresário norte-americanos, a era da globalização e da informacionalização tem sido sinônimo de queda relativa, em muitos casos absoluta, dos padrões de vida, revertendo assim a tendência histórica de melhoria no padrão de vida, em termos materiais, a cada geração. Por vezes, a cultura dos novos ricos globais alia o insulto à injúria. Por exemplo, Montana, o berço das novas milícias, é também um dos locais favoritos dos novos bilionários, dispostos a adquirir milhares de acres de terra virgem e construir sedes de fazenda de onde possam administrar suas redes globais. Os fazendeiros da região têm-se ressentido dessa tendência.[39]

Como se não bastasse, num momento em que a família tradicional torna-se instrumento indispensável de segurança financeira e psicológica, tal conceito vem ruindo, na esteira da guerra dos sexos desencadeada pela resistência do patriarcalismo aos direitos da mulher (ver capítulo 4). Os desafios culturais ao machismo e à ortodoxia heterossexual acabam confundindo a masculinidade. Além disso, uma onda de imigrantes da América Latina e da Ásia, aliada à natureza cada vez mais multirracial dos Estados Unidos, embora consequência lógica da história do país, tornam o sentimento de perda de controle ainda mais exacerbado. As constantes mudanças de funções agrícolas e industriais para o setor de serviços, e do setor de produtos para processamento de dados, vêm minando habilidades adquiridas e subculturas de trabalho. O fim da Guerra Fria, com o colapso do comunismo, eliminou a identificação fácil do inimigo externo como principal alvo de ataque, comprometendo as chances de mobilizar os Estados Unidos em torno de uma causa comum. A era da informação transforma-se na era da confusão, e consequentemente na era da afirmação fundamentalista de valores tradicionais e direitos absolutos. As reações burocráticas e, às vezes, agressivas dos órgãos de fiscalização responsáveis pelo cumprimento e pela execução das leis às várias formas de protesto aprofundam o ódio, deixam os sentimentos exacerbados e parecem servir de justificativa para a convocação às armas, levando as milícias norte-americanas a um confronto direto com a ordem global emergente.

Os Lamas do Apocalipse:
a Verdade Suprema[40] do Japão

O objetivo último das técnicas corporais que a Verdade Suprema procura ensinar por meio da ioga e da austeridade é um modo de comunicação com qualquer meio. Pode-se chegar à comunicação pela ressonância com os organismos dos outros, sem que se esteja vinculado a nenhum tipo de consciência de identidade como indivíduo, e sem fazer uso da linguagem verbal.

Masachi Osawa, *Gendai*, outubro de 1995[41]

No dia 20 de março de 1995, um atentado com gás sarin em três trens do metrô de Tóquio matou 12 pessoas, feriu mais de 5 mil e abalou as estruturas da aparentemente estável sociedade japonesa. A polícia, com base em informações sobre um incidente semelhante que ocorrera em Matsumoto, em junho de 1994, concluiu que a autoria do atentado deveria ser atribuída aos membros da *Aum Shinrikyo* (Verdade Suprema), uma seita religiosa situada no cerne da rede de negócios, organizações políticas e unidades paramilitares. O principal objetivo da Verdade Suprema, segundo seu próprio discurso, era sobreviver ao apocalipse iminente, salvando o Japão, e o mundo, da guerra de extermínio que resultaria inevitavelmente da concorrência entre as corporações japonesas e o imperialismo norte-americano em busca do estabelecimento de uma nova ordem mundial e um governo mundial unido. Para sair vitoriosa no Armagedon, caberia à Verdade Suprema preparar um novo tipo de ser humano, fundamentado na espiritualidade e no autoaprimoramento por meio de meditação e exercícios. Contudo, para poder enfrentar a agressão das potências mundiais, a Verdade Suprema tinha de se defender aceitando o desafio de desenvolver novas armas de extermínio. O desafio logo tornou-se realidade. O fundador e guru da seita, Shoko Asahara, foi preso e levado a julgamento (provavelmente para ser condenado à morte), com os membros mais proeminentes da seita. A seita propriamente dita continua existindo, embora seu contingente tenha-se reduzido bastante.

Os debates acerca das origens, desenvolvimento e objetivos da Verdade Suprema estenderam-se durante meses a fio na mídia japonesa, reduzindo-se gradativamente somente um ano e meio mais tarde. Esses debates levantaram questões fundamentais sobre o verdadeiro estado da sociedade japonesa. Seria possível conceber tais acontecimentos em uma das sociedades mais ricas, seguras, etnicamente homogêneas, culturalmente integradas e com menores

152 | Manuel Castells

níveis de desigualdade do mundo? O que mais chocou a opinião pública foi o fato de que a seita conquistara muitos adeptos entre cientistas e engenheiros de algumas das melhores universidades do Japão. Tendo ocorrido em um período de incertezas políticas após a crise no PLD, o partido que governa o Japão por quase cinco décadas, o ato aparentemente insensato foi encarado como um sintoma. Mas sintoma de quê? Para se compreender um processo bastante complexo com implicações profundas, porém não tão óbvias, faz-se necessário reconstruir a evolução da seita, começando pela biografia de seu fundador, que desempenhou um papel vital nesse processo.

Asahara e o surgimento da Verdade Suprema

Asahara nasceu cego em uma família pobre do distrito de Kumamoto. Frequentou uma escola especial para cegos e, após concluir seus estudos ali, preparou-se para o vestibular para a Universidade de Tóquio. Seu projeto declarado era tornar-se primeiro-ministro. Após ter sido reprovado, abriu uma farmácia e especializou-se na venda de medicamentos chineses tradicionais. O uso de alguns desses medicamentos era duvidoso, e a falta de licença para a sua comercialização acabou levando-o à prisão. Após ter-se casado e tido um filho, em 1977 concentrou seus interesses na religião. Educando-se em Sento, tentou desenvolver um método de medicina espiritual baseado no taoismo. A mudança decisiva em sua vida foi a partir do dia em que resolveu entrar para a seita Agon, um grupo religioso que prega a conquista da perfeição por meio da austeridade.[42] Meditação, exercícios físicos, ioga e budismo esotérico estavam entre as práticas essenciais do grupo. Asahara incorporou os ensinamentos da seita Agon às suas próprias ideias de criação de um novo universo religioso. Em 1984, abriu uma escola de ioga em Shibuya, Tóquio. Ao mesmo tempo, fundou a Verdade Suprema, ou a Aum, com tipo jurídico de associação (Aum é uma palavra em sânscrito que significa "sabedoria profunda"). Asahara construiu a reputação de sua escola dizendo à mídia que tinha poderes sobrenaturais, como demonstrado pela sua capacidade de levitar (algo que tentou provar com fotos que o mostravam no ar, sua primeira aventura na área de efeitos especiais visuais, sinal da importância que mais tarde seria dada pela seita à tecnologia da mídia).

Afirmando que Deus lhe instruíra a criar um paraíso com alguns poucos eleitos, em 1985 o mestre de ioga tornou-se um líder religioso, ensinando a busca da perfeição a seus discípulos na escola pela prática da austeridade. Em 1986, Asahara criou a seita religiosa formal Aum Shinsen, com cerca de 350 membros. Ao contrário do que ocorre em outros cultos, em que somente uma pequena parcela dos devotos pode dedicar-se em tempo integral à prática da austeri-

O PODER DA IDENTIDADE | 153

dade e meditação, a maioria desses seguidores era iniciada como sacerdotes. O índice bastante elevado de sacerdócio na seita era muito importante para o futuro da Verdade Suprema, já que precisava conseguir meios substanciais de apoio financeiro para um número tão grande de sacerdotes. Assim, a Verdade Suprema pedia a seus seguidores que doassem todos os seus bens (por vezes à força), fixava preços para os ensinamentos e as aulas de treinamento, e investia em cadeias de lojas altamente lucrativas (*Mahaposha*), que trabalhavam com a venda de computadores com desconto, especializando-se em cópias de *software* "piratas". Com o lucro proveniente dessas lojas, a Verdade Suprema financiava lojas de bebidas e produtos alimentícios e outros negócios diversos. Em 1987, o nome da seita foi alterado para *Aum Shinrikyo* (expressão japonesa que designa "verdade"). Um ano depois, em uma das etapas para a construção do paraíso terrestre, a Verdade Suprema estabeleceu-se em uma aldeia no sopé do Monte Fuji. Apesar de certa resistência por parte das autoridades, acabou obtendo o registro de uma organização religiosa sem fins lucrativos e isenta de impostos.

Após haver consolidado a posição da Verdade Suprema, e com o apoio de cerca de 10 mil membros, Asahara decidiu ingressar na política com o propósito de transformar a sociedade. Em 1990, ele e outros 25 membros da seita concorreram nas eleições para o Congresso, mas não conseguiram quase nenhum voto. Alegaram que seus votos haviam sido roubados. Essa frustração na política marcou a "virada" ideológica da Verdade Suprema, que abandonou por completo a tentativa de participar do processo político. Agora, os esforços estariam voltados ao confronto direto com o governo. Logo em seguida, a tentativa de construir um novo templo para a seita em Naminomura encontrou dura resistência dos moradores locais e, após alguns incidentes, membros da Verdade Suprema foram presos. A mídia propagou os boatos de sequestro e extorsão de ex-membros da seita. Quando um grupo de vítimas da Verdade Suprema formou uma associação, o advogado da seita desapareceu. A seita entrou em estado de delírio paranoico, sentindo-se ludibriada pela polícia, pelo governo e pela mídia.

Dentro desse contexto, Asahara começou a dar ênfase à linha apocalíptica de pensamento que estivera latente nos temas abordados pela seita desde sua criação. Asahara, referindo-se às profecias de Nostradamus, previu que, por volta do ano 2000, eclodiria a guerra nuclear entre os EUA e a URSS e que, como consequência, 90% da população urbana mundial iriam morrer. Assim, caberia aos melhores a tarefa de prepararem-se para sobreviver à hecatombe. Para tanto, seriam necessários exercícios físicos extenuantes, austeridade e meditação, seguindo os ensinamentos de Asahara, de modo que se desenvolvesse uma raça de super-homens. Os templos de meditação da Verdade Suprema seriam o berço de uma nova civilização que surgiria após o Armagedon. A perfeição espiritual, contudo, não bastaria. O inimigo lançaria mão de todos os tipos de novas armas:

nucleares, químicas e bacteriológicas. Portanto, a Verdade Suprema, como a última chance de sobrevivência da humanidade, deveria estar preparada para esse terrível conflito do Fim dos Tempos. Diversas empresas foram criadas pela seita para adquirir e processar materiais para o desenvolvimento de armas químicas e biológicas. Os membros da seita importaram um helicóptero do mercado negro russo e vários blindados, e passaram a dedicar-se ao projeto e à produção de armas de alta tecnologia, inclusive armas a *laser* teleguiadas.[43]

Como consequência lógica desse processo, em 1994 a Verdade Suprema decidiu transformar-se em um Estado paralelo. Constituiu ministérios e agências "governamentais", espelhando-se na estrutura do Estado japonês, e nomeou membros para cada ministério e órgão burocrático para formar um governo, tendo Asahara como líder desse contra-Estado sagrado. O papel dessa organização seria liderar a seita e os poucos eleitos que sobrevivessem à batalha final contra as forças do mal, a saber, o governo mundial unido (controlado pelas multinacionais) e seus agentes diretos: os imperialistas norte-americanos e a polícia japonesa. Em junho de 1994, um primeiro experimento com gás sarin foi realizado em Matsumoto, matando sete pessoas. As investigações conduzidas pela polícia sobre a seita e as reportagens da mídia levaram seus membros a concluir que o confronto direto seria inevitável, e os primeiros indícios do cumprimento da profecia já se faziam notar. Meses depois, o atentado no metrô de Tóquio lançou a seita, o Japão, e talvez o mundo inteiro, em uma era de crítica messiânica potencialmente sustentada por armas de extermínio em massa.

Metodologia e crenças da Verdade Suprema

As crenças e ensinamentos da Verdade Suprema são bastante complexos e têm passado por algumas mudanças ao longo da evolução da seita. Contudo, é possível reconstruir a essência de sua visão e suas práticas com base em documentações e relatórios atualmente disponíveis. Na raiz de seu objetivo final e método, a Verdade Suprema destaca a noção de salvação (*gedatsu*), isto é, nas palavras de Osawa, um dos mais atentos observadores da Verdade Suprema:

> Dissolver a integridade do corpo como indivíduo para superar a limitação física do organismo. Os fiéis devem transcender o limiar entre o corpo e o mundo exterior diferenciando seu próprio corpo em um processo constante e infindável. Por meio de exercícios físicos contínuos, é possível atingir um ponto em que se pode sentir o corpo como um fluido, gás ou onda de energia. O corpo busca integrar-se como indivíduo porque temos autoconsciência do interior do corpo integrado. É este interior que organiza o ser. Portanto, para desintegrar nossos corpos a tal ponto que o percebamos como fluido ou gás, é preciso atingir a desorganização de nós mesmos. Nisso consiste a salvação.[44]

Salvação é sinônimo de liberdade e felicidade verdadeiras. Na realidade, os seres humanos perderam contato com o seu eu e tornaram-se impuros. O mundo real é de fato uma ilusão, e a vida tal como é vivida pelas pessoas está repleta de fardos e dores. A percepção e a aceitação dessa dura realidade permitem encarar a morte em toda a sua verdade. Para se atingir esse estágio por meio da salvação, a Verdade Suprema desenvolveu um método de meditação e austeridade (*Mahayana*), com marcos bem definidos dos diferentes graus de perfeição alcançados pelo fiel em diversas etapas.

Entretanto, para a maioria dos seguidores, a salvação é, na melhor das hipóteses, incerta. Assim, dois outros elementos atribuem coerência ao método e à visão da Verdade Suprema: a fé nos superpoderes do guru, garantindo a salvação após determinado estágio de perfeição ter sido atingido; e, por outro lado, um sentimento de premência oriundo da iminente crise catastrófica da civilização. Na visão da Verdade Suprema, há uma relação direta entre o fim do mundo e a salvação dos fiéis, que, atualmente, se preparam para o apocalipse adquirindo poderes sobrenaturais. Nesse sentido, a Verdade Suprema é, ao mesmo tempo, uma seita mística e uma organização pragmática que fornece treinamento de sobrevivência para o dia do juízo final no ano 2000 — a um certo preço.

A Verdade Suprema e a sociedade japonesa

A maioria dos sacerdotes da Verdade Suprema era de jovens universitários recém-formados. Em 1995, 47,5% deles estavam na casa dos 20 anos, e 28% contavam pouco mais de 30; 40% eram representados por mulheres. Uma das metas declaradas da Verdade Suprema era "dirimir diferenças entre os sexos" transformando "o mundo interior dos gêneros". Na falta de um movimento feminista poderoso no Japão (até então), a Verdade Suprema logrou conquistar alguma influência entre mulheres com curso superior, frustradas por uma sociedade extremamente patriarcal. Uma parcela significativa dos homens era formada por pós-graduados em ciências naturais de universidades renomadas.[45] O apelo da Verdade Suprema à juventude com grau de instrução superior foi um choque para a sociedade japonesa.

Segundo Yazawa,[46] uma boa justificativa para tal apelo reside na alienação da juventude japonesa, como consequência da derrota dos poderosos movimentos sociais japoneses da década de 1960. Em vez, de valores sociais transformadores, prometeu-se a "Sociedade da Informação". Entretanto, essa promessa carecia de inovação cultural e satisfação das necessidades espirituais. Em uma sociedade desprovida de elementos contestadores mobilizados em torno de uma causa, sem quaisquer valores de transformação cultural, floresceu na década de 1970 uma nova geração, cercada de opulência material, porém vazia de significado espiritual. Uma geração seduzida, a um só tempo, pela tecnologia e pelo esoterismo. Muitos dos seguidores da Verdade Suprema eram pessoas incapazes de encontrar espaço para seus desejos de mudança e de significado na estrutura burocratizada das escolas, dos órgãos administrativos e das corporações, e revoltadas contra as estruturas familiares tradicionais e autoritárias. Não viam qualquer sentido em suas vidas, nem mesmo espaço físico suficiente para se expressarem nas superpovoadas conurbações japonesas. A única coisa que lhes restava era seus próprios corpos. Para muitos desses jovens, o maior desejo era viver em um mundo diferente por meio da ciência e da tecnologia que os faria transcender limites naturais e sociais. Na concepção de Yazawa, esse desejo se fundamentava na "informacionalização do corpo", isto é, na transformação do potencial físico humano pelo poder da crença, das ideias e da meditação. É justamente nesse ponto que a metodologia de salvação da Verdade Suprema se encaixava. A promessa de salvação era que as pessoas poderiam sentir a si próprias e às outras ao mesmo tempo. A comunidade e o sentimento de posse seriam restaurados, porém a partir da expressão do eu, mediante a perfeição e o controle dos próprios limites do corpo, não como resultado de uma força exterior, permitindo a comunicação sem um meio de conexão direta com outros corpos. Essa nova forma de comunicação somente seria possível entre corpos que já tivessem superado a barreira das limitações físicas. O corpo de Asahara, por já ter transcendido seus limites físicos, seria o catalisador da salvação dos demais. Como consequência, formou-se gradativamente uma comunidade virtual de corpos que haviam estabelecido uma comunicação entre si, tendo Asahara como centro único dessa comunidade.[47]

Algumas dessas ideias e práticas não são estranhas à ioga e ao budismo tibetano. Contudo, uma característica bastante peculiar da versão da Verdade Suprema de comunicação extracorpórea pela ioga e pela meditação foi, por um lado, a utilização de recursos tecnológicos (por exemplo, o uso intenso de vídeos de treinamento e de equipamentos eletrônicos), e por outro, sua instrumentação política. Em alguns casos, os experimentos eram realizados com capacetes eletrônicos para que os seguidores pudessem receber ondas de comunicação diretamente do cérebro de seu guru (uma modesta contribuição da tecnologia à teoria da comunicação extracorpórea). Finalmente, as ideias de Asahara foram se desenvolvendo a ponto de transformar a identidade do eu do guru no "eu verdadeiro", em que os "eus" de todos os discípulos seriam, em última análise, diluídos. Os canais de comunicação com o mundo exterior foram fechados, pois este mundo foi o inimigo declarado, que rumava em direção ao Armagedon. A rede interna foi estruturada como uma organização hierárquica, em que a comunicação vinha do topo, sem admitir a existência de canais horizontais de comunicação entre os seguidores. Nesse contexto, o mundo exterior era irreal, e a realidade virtual criada a partir da combinação entre tecnologia e técnicas de ioga era o mundo real. O mundo externo, irreal, caminhava a passos largos para o apocalipse. A realidade virtual, interna, o mundo "comunicado" internamente, representava a realidade fundamental, que se preparava para a salvação.

No último estágio do discurso da Verdade Suprema, uma previsão social mais exata tomou forma: a futura transformação social seria povoada por um ciclo de recessão econômica, seguida de depressão e, finalmente, guerra e morte. Catástrofes naturais e recessão econômica assolariam o Japão nos últimos anos do milênio. Motivo: concorrência cada vez mais acirrada dos outros países asiáticos favorecidos pela vantagem comparativa de encargos trabalhistas menos onerosos. Para reagir ao desafio, o Japão desenvolveria sua indústria bélica e tentaria impor sua vontade à Ásia, em defesa dos interesses das corporações japonesas, que fariam de tudo para criar um governo mundial controlado por multinacionais. Como resposta, os Estados Unidos entrariam na guerra contra o Japão para proteger seus vassalos asiáticos e dar continuidade a seu próprio projeto de governo mundial. A guerra iria se arrastar por muito tempo e todos os tipos de armas de alta tecnologia seriam empregadas; uma guerra de extermínio, que poderia acabar com a humanidade. Nesse sentido, a visão da Verdade Suprema refletia, de forma distorcida e esquemática, os temores da sociedade japonesa em relação à perda de vantagem competitiva na economia mundial, a um potencial conflito com os Estados Unidos e às consequências catastróficas do desenvolvimento desenfreado de novas formas de tecnologia.

Uma das características mais marcantes da Verdade Suprema foi o meio encontrado para reagir a tais ameaças. Estar preparado para essa guerra, e sobreviver a ela (como em alguns dos mais famosos filmes de ficção científica dos anos 1990), exigiria o renascimento da espiritualidade e o conhecimento da mais avançada tecnologia bélica, principalmente no que diz respeito a armas químicas, biológicas e teleguiadas a *laser*. Conforme mencionado anteriormente, a Verdade Suprema realmente procurou adquirir esses armamentos e contratar cientistas capazes de desenvolvê-los nos Estados Unidos, em Israel e na Rússia. Em busca da perfeição espiritual, unindo seus membros em um só corpo, a Verdade Suprema muniu-se também dos recursos necessários ao combate na guerra pela sobrevivência, que declarou antecipadamente contra os defensores do governo mundial que despontava no horizonte político do planeta.

De forma distorcida, os temores e as ideias da Verdade Suprema assemelhavam-se aos encontrados em muitas das subculturas de jovens do Japão. Segundo Shinji Miyadai, duas percepções de mundo podiam ser identificadas nessas subculturas.[48] A primeira delas era a de uma "vida infinitamente cotidiana" sem qualquer propósito, objetivos ou alegrias. A segunda era de uma possível existência comunal somente no caso de guerra nuclear, que obrigaria os sobreviventes a se agregarem. Ao fundamentar-se em ambas as ideias — quer dizer, encontrar a felicidade no eu interior e preparar-se para a comunidade pós--guerra nuclear — a Verdade Suprema estabeleceu um elo com as manifestações de desespero cultural da juventude, uma massa alienada em uma sociedade ultraorganizada. Assim, a Verdade Suprema não pode ser tratada apenas como um ato de alucinação coletiva, mas, sim, como uma manifestação hiperbólica e amplificada de rebeldes com alto grau de escolaridade, manipulada pelo guru messiânico, num misto de meditação e eletrônica, negócios e espiritualidade, política informacional e guerra tecnológica. A Verdade Suprema parece ter sido uma caricatura horrenda da Sociedade da Informação Japonesa, refletindo sua estrutura de governo, seu comportamento corporativo e sua veneração pela tecnologia avançada mesclada ao espiritualismo tradicional. Talvez a razão pela qual o Japão tenha ficado obcecado pela Verdade Suprema seja o reconhecimento de quão verdadeiramente japonesa foi essa visão derradeira do apocalipse.

Al-Qaeda, 11 de Setembro e depois: terror global em nome de Deus

O nosso dever, que conseguimos cumprir, é incitar a umma *para iniciar uma guerra santa em nome de Deus contra a América, Israel e seus aliados... Já é hora de os muçulmanos perceberem... que os países da região não têm soberania. Nossos inimigos se movem praticamente livres e leves em nossos mares, terras e céus. Eles atacam sem pedir permissão a ninguém... Eu sempre digo que há dois lados no conflito: o movimento de cruzada internacional aliado ao sionismo judeu e liderado por América, Grã-Bretanha e Israel. E o outro lado, que é o mundo muçulmano. É inaceitável que num conflito como esse ele me agrida, entre em minha terra e nos meus santuários sagrados, e roube o petróleo dos muçulmanos, e, então, quando é confrontado por qualquer forma de resistência de nossa parte ele diz: esses são os terroristas. Isso é ou uma idiotice absoluta, ou assumir que os outros são idiotas. Nós acreditamos que é nossa tarefa legítima resistir a essa ocupação com toda a força que nós temos e punir o inimigo com as mesmas armas que ele usa contra nós.*

Osama bin Laden, entrevista à Rede
Al Jazeera News, 20 de setembro de 2001

O horror que tornou as torres gêmeas o Marco Zero de Nova York, matando 3000 pessoas e devastando as vidas de incontáveis outras, brotou do fundo das cruas contradições do nosso mundo. A magnitude do evento, que indiscutivelmente inaugurou uma nova geopolítica e uma nova consciência pública, obscurece seu entendimento. Das denúncias simplistas sobre fanatismo atemporal aos ensaios interessados de argumentos ideológicos pré-concebidos, a análise racional desse fenômeno da maior importância parece ser outra vítima do terror, enterrada nesse clima de histeria vingativa que passou a dominar a cena americana e a onda de antiamericanismo primitivo que varreu boa parte do mundo após a Guerra do Afeganistão.

Nós temos, sim, informação considerável, embora mais frequentemente oriunda de fontes viciadas, sobre o processo que levou ao 11 de Setembro, sobre seus atores, suas motivações e a teia (nem sempre clara) de interesses que os cercava.[49] Mas, para entender esse processo persistente, devemos reunir materiais em um quadro interpretativo coerente, usando a metodologia padrão para estudo dos movimentos sociais. Na verdade, as redes islâmicas globais, simbolicamente representadas pela *al-Qaeda*, constituem um tipo especial de movimento social, que assim compreendo: ação coletiva propositada visando à modificação dos valores dominantes e das instituições da sociedade em nome dos valores e interesses que são relevantes para os atores do movimento. É por isso que, de acordo com o método apresentado na introdução deste capítulo, vou iniciar pela caracterização dos objetivos e valores da *al-Qaeda*, em seu próprio discurso, já que essa autodefinição é o que atrai seus seguidores, e dar sentido a eles. Vou, então, detalhar o desenvolvimento sequencial das ações da *al-Qaeda* ao longo dos anos e identificar os atores envolvidos nas redes fundamentalistas globais, suas bases sociais de apoio (que são muitas), suas formas de organização, suas estratégias e sua relação com instituições em diferentes contextos e, em especial, com o Estado. Apenas depois de reconstituir o verdadeiro perfil do movimento eu vou poder relacioná-lo às origens de sua existência; ou seja, às contradições culturais, sociais e políticas que caracterizam a sociedade em rede global.

Uma observação preliminar antes de empreender nossa análise. O movimento é, na verdade, um conjunto muito complexo de organizações e autores, não redutíveis à *al-Qaeda*. Não me refiro ao fundamentalismo islâmico ou aos movimentos políticos islamitas mundo afora. O fundamentalismo islâmico é uma construção cultural baseada na proclamada primazia da identidade religiosa. O islamismo político é uma ideologia política, baseada nessa forma de identidade religiosa, que objetiva tomar o poder no Estado-Nação de determinada sociedade, como um passo necessário no processo de construção da *umma* com verdadeiros fiéis pelo mundo. O movimento simbolicamente representado pela *al-Qaeda*, e parcialmente organizado em torno dela, é um tipo diferente de movimento. De fato, ele é baseado no fundamentalismo islâmico, mas é explicitamente global na definição de seu adversário, em seu suporte à base e em suas táticas. Ele é construído pela definição do adversário, não numa definição de seu princípio identitário. O ataque contra os cruzados continua, a fim de libertar as terras muçulmanas dos infiéis, sejam eles sovietes no Afeganistão, americanos na Arábia Saudita ou, finalmente, judeus na Palestina. E, uma vez que o movimento considera os Estados Unidos a potência central do Ocidente e da ordem capitalista mundial, ele trava guerra contra eles, em qualquer lugar, "das alturas de Montezuma às areias de Trípoli".[50] Um movimento social, sem apoio significativo de qualquer Estado, que tenha ousado confrontar a maior superpotência da história, mundo afora, até mesmo em solo americano, torna-se um tipo muito especial de movimento, independentemente do caráter suicida/homicida de sua empreitada.

Como vou mostrar, definidos dessa forma específica, a *al-Qaeda* e Osama bin Laden formam apenas um componente do movimento, mas eles são o símbolo, os modelos exemplares, os nós principais de uma rede vasta e diversificada de grupos terroristas. Alguns desses grupos são enraizados em movimentos islamitas, porém muitos outros são células amplamente autônomas ou organizações islâmicas de um país específico. Todos eles são inspirados por um ódio comum ao adversário e por uma crença comum no bem do martírio em nome do islã, conforme interpretado livremente por cada um dos componentes do movimento. Abaixo, vou analisar em detalhes a originalidade e o dinamismo dessa estrutura organizacional, mas desde já quero delimitar o objeto de nosso estudo neste capítulo. Não se trata nem de fundamentalismo islâmico, nem de islamismo político, mas de uma rede fundamentalista terrorista global construída em torno da Frente Islâmica Mundial para a Jihad contra os Judeus e os Cruzados (*al-Jabbah al-Islamiyyah al-'Alamiyyha Li-Qital al-Yahud Wal--Salibiyyin*) formada em 23 de fevereiro de 1998. Ela foi fundada por Osama bin Laden e sua rede *al-Qaeda*; Muhammad Rabi' al-Zhawahiri, em nome da *jihad* islâmica egípcia; Shayyakh Mir Hamzah, representando a *Jamiat-ul-Ulema-e--Pakistan*; Fazlul Rahman, do movimento *jihad* de Bangladesh; e vários outros signatários desconhecidos. Faço uso desse evento formal para identificar mais precisamente o movimento que vou analisar, mas sua complexidade vai muito além dos atores que se reuniram nessa data e dessa forma. Trata-se de uma rede em desenvolvimento cujas origens podem ser identificadas nos campos de treinamento financiados pela CIA para a *mujahideen* antissoviética no Paquistão, e cujas ramificações no início do século XXI se estenderam a pelo menos 65 países e a inúmeros grupos autônomos e facções dos movimentos políticos islâmicos. É uma rede de terror global, representando a *jihad* global contra qualquer potência que oprima os muçulmanos, seja ela a Rússia, a Índia ou as Filipinas. Além disso, para entendê-la, devemos começar com os valores e crenças que enraízam o desejo ardente do martírio nos corações de milhares de jovens muçulmanos pelo mundo.

O PODER DA IDENTIDADE | 161

Os valores e objetivos da al-Qaeda

O objetivo último da *al-Qaeda* não é diferente do de outros movimentos fundamentalistas islâmicos (ver capítulo 1). É a construção da *umma*, comunidade mundial de fiéis, transcendendo os limites dos Estados-Nação. As sociedades muçulmanas deveriam ser regidas de acordo com a *sharia*, que é o Alcorão e o Hádice interpretados o mais literalmente possível pelos líderes religiosos de cada região. O regime talibã no Afeganistão foi o que chegou mais perto dos ideais islâmicos abraçados por bin Laden e seus seguidores. Na verdade, bin Laden reconheceu Mullah Mohammed Omar como Comandante dos Fiéis, tendo o direito de usar o Manto do Profeta, a relíquia afegã mais sagrada. Bin Laden viu o Afeganistão como a Medina do século XXI, a partir de onde a reconquista de Meca poderia ser preparada.

A interpretação do islã feita pelos principais líderes da *al-Qaeda*, bin Laden e al-Zhawahiri, foi influenciada pelo fato de que ambos eram salafis. Apesar de associado ao wahabismo estritamente ortodoxo, predominante da Arábia Saudita, o salafismo enfatiza o caráter multiétnico e multinacional do islã. É uma versão integrista do islã que está em consonância com a lei divina, expressa no *Salafi Dawah* (o Chamado dos Salafis) como o único guia para o comportamento do povo e para a organização da sociedade. Dessa forma, ao proclamar o estabelecimento de uma Frente Islâmica Mundial, em 23 de fevereiro de 1998, Osama bin Laden introduziu o pronunciamento assim:

> "Louvado seja Deus, revelador do Livro, que controla os céus e vence o sectarismo, e que disse em Seu Livro: 'Mas quando os meses proibidos passarem, então lutem e matem os pagãos onde quer que os encontrem, capturem-nos, sitiem-nos, e fiquem à espera deles em todos os estratagemas [de guerra]'; e a paz esteja com nosso Profeta Muhammad bin-'Abdallah, que disse: 'Fui enviado com a espada entre as mãos para garantir que ninguém a não ser Deus seja adorado, o Deus que colocou minha subsistência sob a sombra da minha lança e que impõe humilhação e desprezo sobre aqueles que desobedecem as minhas ordens'."[51]

Entretanto, *o que é distintivo em relação ao princípio de identidade sobre o qual a* al-Qaeda *foi construída é a expressão territorial da identidade religiosa.* Para bin Laden, a defesa ao islã começa com a defesa dos santuários sagrados do islã — Meca, Medina, Jerusalém — ocupados por cristãos e judeus. De fato, a presença das tropas americanas na Arábia Saudita, resultante da primeira Guerra do Golfo, foi o que motivou a ruptura de bin Laden com a monarquia saudita e o início de sua conspiração contra os interesses do Ocidente. A territorialidade do islã é um princípio fundamental das crenças da *al-Qaeda*. É a profanação de santuários sagrados, mais do que qualquer outra coisa, que justifica a *jihad*, assim como no caso da mobilização muçulmana contra os cruzados. Um documento importante dos estados da *al-Qaeda*: "Quando o inimigo entra em terras muçulmanas, a *jihad* se torna individualmente obrigatória, de acordo com todos os juristas, *mufassirin* e *muhaddithin*",[52] ecoando a "Declaração da *Jihad* sobre os Americanos Ocupantes do País dos Dois Santuários Sagrados" de bin Laden, em 23 de agosto de 1996: "Os muçulmanos perceberam que são o principal alvo de agressão da coalizão entre judeus e cruzados... O último desses ataques é o maior desastre desde a morte do Profeta Muhammad (a Paz esteja com ele): a ocupação do país das duas mesquitas sagradas, terra natal do islã."[53] Logo, conforme declarado por bin Laden em fevereiro de 1998, "é tarefa agora de todas as tribos da península arábica lutar, *jihad*, pela causa de Alá e limpar a terra desses ocupantes".[54] Entretanto, o princípio da territorialidade não se refere ao território do Estado-Nação, uma instituição pagã, mas à inviolabilidade dos santuários sagrados, e da terra muçulmana, qualquer terra em que os muçulmanos vivam. Trata-se do território como expressão da *umma*, da comunidade de fiéis. Trata-se do domínio de Deus, não do espaço do Estado.

Bin Laden e *al-Qaeda* não estão preocupados com o tipo de sociedade islâmica que querem construir. E menos ainda com a precisão de suas leituras dos ensinamentos islâmicos. Em seu ponto de vista, tudo o que necessitasse viver de acordo com a vontade de Deus já estava escrito no Livro (apesar do fato de que, dos 6666 versos do Alcorão, menos de 300 se referem a leis institucionais). A razão para terem essa visão simplificada do islã é que eles são militantes pragmáticos; eles sabem que sua tarefa imediata é se envolverem em uma disputa mais árdua contra um inimigo multifacetado poderoso. Dessa maneira, o processo é mais importante que o resultado final, uma meta que está distante no tempo. Uma vez que a libertação das terras muçulmanas não pode ser realizada apenas nessas terras, é necessário atacar o inimigo em seu cerne, atacando em todas as terras e de todas as formas, até forçar a retirada dos ocupantes. Finalmente, as terras muçulmanas serão libertadas, assim como foram séculos atrás contra os cruzados. Essa identidade religiosa territorializada é uma identidade de resistência, não uma identidade de projeto. Ela não propõe um programa para a sociedade, ou para a humanidade, uma vez que a *jahiliyya* dominou o mundo inteiro, inclusive as sociedades muçulmanas, de forma que uma nova guerra santa tem de ser travada, cumprindo de novo o compromisso contido no Hádice do Profeta Muhammad em seu leito de morte: "Sendo desejo de Alá e eu estando vivo, se Deus quiser eu vou expulsar os judeus e cristãos da Arábia".[55]

No entanto, essa identidade de resistência tem uma projeção global ofensiva graças à natureza do adversário. A caracterização desse adversário, fonte de todo o mal do islã fundamentalista contemporâneo, é o que define a especificidade da *al-Qaeda*. Que adversário é esse?

O PODER DA IDENTIDADE | 163

Os regimes políticos dos países muçulmanos são opressores aos muçulmanos, seja porque são regimes seculares, seja porque, como no caso da Arábia Saudita, eles se tornaram subordinados às potências ocidentais, particularmente aos Estados Unidos. Porém, eles não são o inimigo real. Eles podem ser apontados como peões dos cruzados, mas os combatentes do islã devem concentrar seus esforços nas origens da opressão. O sionismo é o inimigo porque ocupa Jerusalém, oprime os palestinos e ameaça os árabes. Estados mundo afora oprimem, exploram e matam muçulmanos,

> até o ponto em que o sangue muçulmano se tornou o mais barato aos olhos do "mundo", e suas riquezas foram saqueadas pelas mãos de seus inimigos. Seu sangue foi derramado na Palestina e no Iraque. As terríveis imagens do massacre em Qana, no Líbano, ainda estão vivas em nossas memórias. Houve massacres no Tajiquistão, Myanmar, Caxemira, Assam, Filipinas, Fatani, Ogaden, Somália, Eritreia, Chechênia e Bósnia, massacres que deram calafrios pelo corpo, estremeceram a consciência. Tudo isso — e o mundo assistiu e ouviu, e não apenas não respondeu às atrocidades, mas também, sob uma clara conspiração, entre os EUA e seus aliados, sob a iníqua capa das "Nações Unidas" — as pessoas marginalizadas foram até mesmo proibidas de obter armas para se defenderem. O povo do islã acordou e percebeu que era o principal alvo de agressão da aliança entre sionistas e cruzados.[56]

Há um profundo sentimento de injustiça, de humilhação, nesses parágrafos e em textos similares. Há uma compaixão pelo sofrimento de milhões de muçulmanos e esse sofrimento é considerado inerente à sua marginalização pelos poderosos, que são, em última análise, as potências ocidentais. Consequentemente, o escárnio que, do ponto de vista de bin Laden, representa o discurso em termos de "direitos humanos", vem da mesma potência que ignora a humanidade dos muçulmanos. Os observadores poderiam certamente contestar a inadequada base factual dessa percepção excessiva. No entanto, quando tentamos compreender um movimento social, o que é objetiva é a percepção dos atores que constituem esse movimento. E os militantes da *al-Qaeda* estão claramente enfurecidos pela opressão e pela humilhação que eles observam no mundo islâmico, mesmo que muitos deles sejam membros das elites abastadas do mundo: ocorrência familiar na história dos movimentos sociais, quando jovens idealistas nascidos no seio das elites sociais abraçam causas revolucionárias para lutar contra a injustiça percebida.

Na definição de objetivos da *al-Qaeda*, regimes que oprimem muçulmanos mundo afora devem ser derrubados, inclusive a monarquia saudita, que permitiu que os santuários sagrados ficassem nas mãos dos cruzados. Isso abriria caminho para construir uma verdadeira sociedade islâmica. *Mas a real ameaça para os muçulmanos é a conspiração mundial contra o islã, conduzida pelos*

Estados Unidos. Regimes muçulmanos traidores e regimes opressivos seculares dependem, no fim das contas, do poder cruzado-sionista, representado pelos Estados Unidos e pelo seu Estado substituto, Israel. E, uma vez que bin Laden e a *al-Qaeda* passaram pela experiência de derrotar uma superpotência mundial, a União Soviética, no Afeganistão, e, já que eles acreditaram que essa derrota havia derrubado o império soviético, eles empreenderam uma luta contra os Estados Unidos, agora identificados como o inimigo, com a convicção de que eles poderiam, em última instância, forçar sua saída das terras muçulmanas, que então estariam livres de seus governantes apóstatas.

Dessa forma, no caso da *al-Qaeda*, os objetivos estratégicos do movimento se tornam mais importantes que os valores pelos quais o movimento foi constituído. A "luta em nome do islã" (significado literal da palavra *jihad*) se transformou, na prática do movimento, no uso do islã em nome da luta. A mais importante expressão dessa troca de objetivos é a relevância do martírio na prática da *al-Qaeda*. O martírio, como uma prática valiosa, garante à *al-Qaeda* a arma mais eficiente (humanos como armas) e a tática mais intimidatória: não há negociação, nem rendição, nem saída, senão a aniquilação do inimigo e a morte satisfeita dos próprios *mujahideen*. Esses objetivos específicos do movimento definem suas táticas, sua organização, sua evolução.

O processo evolutivo de luta da al-Qaeda

A formação da rede da *al-Qaeda*, bem como o desenvolvimento de sua luta, passou por seis estágios distintos entre o início dos anos 1980 e os primeiros anos do século XXI. O primeiro deles estava ligado à resistência à ocupação soviética no Afeganistão em 1979. A resistência foi organizada pela CIA, pelo ISI (Serviço de Inteligência Paquistanês) e pelo Serviço de Inteligência Saudita. A CIA forneceu dinheiro, armamentos (inclusive mísseis Stinger) e decidiu a estratégia geral, permitindo aos paquistaneses e aos comandantes afegãos guiarem as operações de solo. A Arábia Saudita financiou os esforços de guerra e estabeleceu conexão com os voluntários muçulmanos de todas as partes do mundo que se uniram à luta (na verdade, a Saudi Airline ofereceu 75% de desconto nas passagens para voluntários que fossem ao Paquistão lutar pela *jihad* — passagem só de ida). Bin Laden foi parte essencial nessa conexão: primeiro, porque iniciou o financiamento com dinheiro da sua família e serviu de exemplo ao se unir pessoalmente à luta; segundo, porque ele realmente trabalhava para o príncipe Turki ibn Faisal ibn Abdelaziz, chefe do Serviço de Inteligência Saudita, e coordenou as ações com seus patrocinadores no governo saudita. Embora os voluntários árabes tenham tido um papel secundário nas operações contra os soviéticos (apesar de terem participado do combate), eles receberam treinamento e doutrinação no campo de refugiados afegão e nos campos de batalha no Paquistão. A matriz original das redes da *al-Qaeda* foi criada nesses campos, os conhecidos afegãos árabes. Dessa maneira, embora seja inexato dizer que bin Laden foi um agente da CIA, foi com o apoio dela que esses campos e as redes subsequentes de *mujahideen* foram constituídas. É justo dizer que a última guerra do período da Guerra Fria engendrou a primeira guerra global da era da informação: a guerra em rede promovida pelas redes islâmicas de terror contra os Estados Unidos, num processo de radicalização que foi encorajado pela derrota dos soviéticos no Afeganistão.

O segundo estágio da luta promovida por essas redes não foi global, mas local. Militantes treinados em campos afegãos, ao retornarem para seus países, ligaram-se a movimentos fundamentalistas islâmicos que estavam envolvidos em uma batalha político-militar contra seus próprios governos nacionais. Esse foi o caso, em especial, da Argélia e do Egito (ver capítulo 1). Esses movimentos em geral fracassaram na tentativa de transformar o seu apoio político em um ataque efetivo ao poder do Estado. Quanto mais fracos eles se tornavam, maior era a orientação dos grupos mais radicais no sentido do terror como uma forma de luta, como foi o caso particularmente com o GIA, na Argélia, e com a *jihad* islâmica, no Egito.

Mais ou menos ao mesmo tempo, no contexto da Guerra do Golfo, bin Laden se uniu aos dissidentes sauditas islâmicos na crítica ao regime saudita, a que acusaram por trair os princípios do islã ao permitir a ocupação da terra santa da Arábia pelas tropas americanas. Entretanto, em forte contraste com outros países, os fundamentalistas islâmicos não se envolveram em luta aberta contra a monarquia saudita, apesar de terem denunciado seus governantes, apesar, também, do fato de que eles eram severamente reprimidos, alguns deles até executados. Os ataques terroristas na Arábia Saudita se concentraram nas tropas e instalações dos EUA. As autoridades sauditas conduziram a repressão a essas atividades por si mesmas e não deixaram os EUA interferirem no conflito. Embora informações confiáveis não sejam de interesse público, é plausível pensar que a elite saudita estava (e está) ela mesma dividida em seu relacionamento com os movimentos fundamentalistas, conforme foi demonstrado por seu suporte ao Talibã até o ataque dos EUA no Afeganistão. Dessa forma, a *al-Qaeda* se absteve de atingir o regime saudita, e, assim, a elite saudita manteve os canais de comunicação abertos com bin Laden. Por outro lado, a *al-Qaeda* apoiou, com dinheiro, armamentos e voluntários, as lutas dos muçulmanos em busca de trabalho, especialmente na Bósnia, Chechênia, Caxemira e Filipinas.

O terceiro estágio, ocorrido em momentos diferentes em diversas regiões do mundo, testemunhou o início do ataque direto realizado pela *al-Qaeda* e por redes relacionadas contra símbolos do poder e do interesse americanos. O primeiro deles, completamente premonitório, foi o bombardeio ao World Trade

Center, em Nova York, em 1993. Ataques contra instalações dos EUA na Arábia Saudita, bem como eventos isolados em outras partes do mundo, também faziam parte dessa declaração de guerra aberta contra os Estados Unidos. Entretanto, o mais significativo desses ataques aconteceu na Somália, com a cooperação dos comandantes somali: foi o assassinato, em 1993, de um grupo de soldados das forças especiais dos EUA, que foram isolados e dizimados, e, então, tiveram seus corpos arrastados pelas ruas de Mogadíscio, em plena exposição para a mídia global. Essa derrota humilhante fez com que os EUA deixassem a Somália a fim de evitar posterior envolvimento em uma guerra que era entendida pela administração Clinton como de mínimo interesse à segurança nacional. Foi o episódio na Somália que convenceu bin Laden de que a vitória sobre os EUA era possível, se ao menos o preço que os americanos tinham que pagar com suas próprias vidas pudesse ser aumentado bruscamente. Como sabemos, essa avaliação subestimou gravemente a determinação americana quando confrontada com uma ameaça direta.

O quarto estágio se concentrou no apoio a movimentos em países onde uma base de poder não pôde ser alcançada por forças fundamentalistas verdadeiramente islâmicas. Esse foi o caso no Sudão, onde bin Laden organizou sua base em 1992 após fugir da Arábia Saudita, auxiliando com recursos financeiros e no estabelecimento de redes globais, em troca de uma base de apoio, que incluía campos de treinamento e instituições financeiras. Esse foi, acima de tudo, o caso no Afeganistão, com apoio do Talibã, como uma alternativa aos comandantes que tinham trazido destruição e morte para o país inteiro. O apoio à bem--sucedida campanha talibã reproduziu, em alguma medida, a aliança contra os soviéticos. Ela foi liderada pelo ISI paquistanês, financiada pelos sauditas e plenamente apoiada por bin Laden, fornecendo a legitimidade do seu apoio pessoal, seu suporte financeiro e o auxílio dos membros da *al-Qaeda*. Assim como para os EUA, documentos de fontes confiáveis[57] indicam o consentimento mais ou menos tácito da sua administração em relação ao poder talibã até 1999, a partir de uma convicção de que era essa a forma de trazer ordem ao país, e na esperança de aumentar as chances de construir o canal estratégico para exportar gás e petróleo da Ásia Central para o Afeganistão.[58] Bin Laden tornou o Afeganistão o principal nó da sua *jihad* global, e é por isso que ele louvava Mullah Omar como a um santo, e associou seu destino ao destino talibã. Mais uma vez, o cálculo de bin Laden era que os EUA nunca se envolveriam em nada que se parecesse com a Guerra do Vietnã. Ele estava certo, mas não percebeu que organização tecnológica e militar nada tinha a ver com essas condições sob as quais a Guerra do Vietnã — ou, nesse sentido, a guerra soviética no Afeganistão — foi feita.

O quinto estágio veio em 1998, quando, deparando-se com a pressão cada vez maior dos EUA sobre os sauditas e libaneses para que entregassem bin Laden,

O PODER DA IDENTIDADE | 167

a *al-Qaeda* seguiu em direção ao confronto aberto com a superpotência, bombardeando embaixadas americanas em Nairóbi e em Dar es Salaam; então, intensificando sua ofensiva, em 2000, danificou seriamente o *USS Cole* em Áden (um ato de guerra direto sobre uma embarcação poderosa); e, enfim, atacou o coração dos EUA em 11 de Setembro de 2001. Esse estágio pode ser visto como o início da guerra em rede entre a *al-Qaeda* e suas organizações associadas e os EUA e seus aliados.

O sexto estágio está em aberto no momento em que escrevo. Ele se refere à contraofensiva liderada pelos EUA que destruiu o regime talibã no Afeganistão, obliterou a base da *al-Qaeda* nesse país e lançou uma caçada global pelos seus membros e líderes, que, apesar de relatos superficiais em contrário, produziu resultados consideráveis. No momento em que escrevo, ninguém sabe realmente o destino de bin Laden, embora algumas informações apontem para a possibilidade de estar vivo, ainda que com a saúde muito debilitada, reduzindo-o amplamente a um papel simbólico que não o de comandante da rede. Al-Zhawahiri, segundo-comandante de bin Laden, Shaikh Mohammed, chefe de operações da *al-Qaeda*, e inúmeros outros membros ainda estão soltos, mas milhares de ativistas, inclusive organizadores e líderes militares experientes, foram mortos ou são prisioneiros dos EUA e de seus aliados. Contudo, a *al-Qaeda* não parece ter sido inteiramente destruída por causa da sua estrutura de rede global, à qual vou me referir abaixo. Além disso, muitas redes associadas em incontáveis países, nos EUA inclusive, e, em especial, no Paquistão e no Sudeste Asiático, parecem ser capazes de continuar funcionando em linhas similares de pensamento e de ação. É possível que, sem abordar as causas estruturais e as bases sociais que geraram a *al-Qaeda*, essa guerra em rede continue nos anos por vir, em uma série de ações e reações de consequências imprevisíveis.

Durante todos esses desdobramentos, a luta palestina permaneceu como uma questão separada. Embora a *al-Qaeda* rigorosamente tome Israel e os judeus como inimigos, indissociáveis dos Estados Unidos, seu apoio à causa palestina é essencialmente simbólico. Isso ocorre parcialmente porque os palestinos têm seus próprios recursos, provenientes da Arábia Saudita entre outras fontes, e seus próprios lutadores e mártires, que são o bastante, mas também em parte porque a corrente principal do movimento de libertação da Palestina é um movimento nacionalista que visa à construção de um Estado-Nação, não exatamente o objetivo da *al-Qaeda*. Embora haja certamente características comuns entre a *al-Qaeda* e as organizações palestinas, como o Hamas e a *jihad* islâmica, parece haver uma divisão do trabalho segundo a qual os palestinos enfrentam Israel, movimentos islâmicos em diferentes países enfrentam seus Estados opressores, como é o caso dos chechenos na Rússia ou da Caxemira na Índia, enquanto a *al-Qaeda* e suas redes associadas cuidam dos EUA no nível global. Tampouco o confronto entre EUA e Iraque se encaixou nessas redes,

168 | MANUEL CASTELLS

ainda que bin Laden repetidamente usasse o drama das crianças iraquianas como prova da violação dos direitos humanos de muçulmanos pelo Ocidente, e os EUA declarassem, sem provas, que as ligações entre Saddam Hussein e a *al-Qaeda* foram a razão para atacarem o Iraque. O caráter profundamente nacionalista e laico do regime de Saddam Hussein, bem como sua repressão brutal aos muçulmanos xiitas, explica a distância considerável entre a *al-Qaeda* e o Iraque, apesar dos duvidosos relatos em contrário. Entretanto, no caso de uma conflagração geral no Oriente Médio, após a guerra do Iraque, com a radicalização da luta na Palestina e em Israel, e um possível conflito com o Hezbollah e a Síria, provavelmente a *al-Qaeda* controlaria e coordenaria suas ações no contexto de uma guerra generalizada contra Israel e EUA — na verdade, esse é o horizonte a que está visando.

Isso resume os objetivos e a sequência de ações da *al-Qaeda*. Porém, quem são os atores envolvidos com essa organização? Quais são as bases dos que formam A Base?[59]

Os mujahideen *e suas bases de apoio*

Para caracterizar os atores envolvidos na rede global islâmica de terror, é necessário diferenciar entre a *al-Qaeda* e suas redes conectadas. É também essencial distinguir os próprios militantes dos grupos que os apoiam e dos círculos a que o movimento aspira influenciar e mobilizar.

Iniciemos com a caracterização crítica: quem são os membros da *al-Qaeda*? A primeira, e essencial, característica é que eles vêm de uma multiplicidade de origens étnicas e nacionais, ainda que o próprio bin Laden e a liderança original da *al-Qaeda* fossem árabes. Se pegarmos como indicador a composição da Brigada 055, a unidade completa da *al-Qaeda* que lutou até o fim no Afeganistão, ao lado do Talibã, ela incluía árabes (sauditas, egípcios, iemenitas, jordanos, palestinos, sudaneses, argelinos, marroquinos, tunisianos, líbios, libaneses), bem como paquistaneses, bengaleses, chechenos, tajiques, usbeques, quirguizes, cazaques, filipinos, malaios, indonésios, chineses e até mesmo alguns americanos, inclusive um deles bastante branco. Além disso, muçulmanos europeus e muçulmanos baseados na Europa, em especial em países como Alemanha, Reino Unido, Espanha e França, foram fundamentais para o estabelecimento da infraestrutura da *al-Qaeda* que preparou o 11 de Setembro. Isso sem considerar os múltiplos nós que grupos islâmicos radicais desenvolveram em seus próprios países, tais como a Frente Moro de Libertação e o *Abu Sayyaf*, nas Filipinas, ou a *Jemaah Islamiyah*, na Indonésia. A *al-Qaeda*, estritamente falando, é uma rede multiétnica multinacional, unida ao redor dos valores e objetivos que analisei acima.

Não causa nenhuma surpresa que a multiplicidade de origens étnicas/nacionais não impeça o objetivo comum de proteger os santuários sagrados na península arábica e em Jerusalém, uma vez que estes são locais de peregrinação e de oração para muçulmanos do mundo inteiro: o islã é uma comunidade global orientada espiritualmente em direção a santuários sagrados altamente localizados — literalmente em direção às preces diárias. É por isso que, se esses santuários sagrados tiverem sido, do ponto de vista dos fiéis, maculados pela presença dos infiéis, as orações não poderão chegar a Deus. Somente se entendermos esse processo de comunicação espiritual materializada é que poderemos perceber a ofensa fundamental sentida pelos fundamentalistas.

Como esses atores de origens tão diversas entraram em contato e, enfim, formaram a *al-Qaeda*? Conforme mencionado acima, o núcleo original foi formado nos campos paquistaneses aonde voluntários muçulmanos vinham de todas as partes do mundo para ajudar os *mujahideen* afegãos a combaterem os soviéticos. As ligações pessoais, a ideologia em comum e a visão de mundo compartilhada da *al-Qaeda* foram estabelecidas nesses campos e nas árduas batalhas que esses *mujahideen* enfrentaram juntos contra os soviéticos. Quando os soviéticos foram forçados a se retirar do Afeganistão, esses voluntários continuaram a lutar pela libertação das terras muçulmanas, de todas as terras. Muitos continuaram a lutar no Afeganistão ao lado dos talibãs que, com apoio do Paquistão e da Arábia Saudita, opuseram-se às facções que tinham tomado o poder em Cabul. Os talibãs (estudantes islâmicos, muitos dos quais treinados em *madraçais* — escolas islâmicas — no Paquistão) se opuseram a outras facções por vários motivos: a maioria dos comandantes não era etnicamente *pashtun* (como era a maior parte dos talibãs e dos paquistaneses das regiões fronteiriças); algumas das facções no poder em Cabul eram pró-xiitas iranianos, enquanto que os talibãs, como bin Laden, eram sunitas; muitas das facções afegãs eram lideradas por comandantes mercenários; todas eram mais interessadas em pressionar as pessoas que em defender os princípios islâmicos; e a maior parte se contrapunha à influência paquistanesa e saudita. Dessa forma, a CIA deu suporte ao Paquistão e à Arábia Saudita em seu apoio aos *mujahideen* e, mais tarde, aos talibãs. Quando a CIA se desligou do Afeganistão, sem interesses posteriores, já que a influência da União Soviética havia acabado, o Paquistão e a Arábia Saudita usaram os talibãs para controlar o país.

Os combatentes treinados nos campos se espalharam pelo mundo muçulmano, constituindo, a propósito, o principal núcleo das guerrilhas islâmicas radicais na Argélia e no Egito, e se conectando a grupos revolucionários islâmicos nas Filipinas, Iêmen, Sudão, Bósnia, entre outros países. Bin Laden voltou para a Arábia Saudita, mas, após sua ruptura com o regime saudita (ver abaixo), acabou se estabelecendo no Sudão, depois no Afeganistão, e iniciou a luta contra os EUA em Nova Iorque (o bombardeio ao World Trade Center, em 1993), Arábia Saudita, Somália, África Oriental, Iêmen e além. Usando seu dinheiro e, mais importante, seu carisma e sua liderança, bin Laden manteve unida uma rede de veteranos dos campos afegãos e a utilizou para recrutar e treinar novas gerações de combatentes, reproduzindo o que eles tinham aprendido a partir de sua experiência paquistanesa/afegã. Essa rede original e sua cria são o ator coletivo essencial na constituição da *al-Qaeda* e de sua rede global expandida. É por isso que ela é multiétnica e multinacional. É por isso também que ela é um ator tão especial. Não é uma classe, ou um grupo étnico, ou um grupo nacional, ou um grupo regional, ou a expressão de uma revolta contra a exploração econômica. É, decerto, um grupo baseado na identidade religiosa, mas sem qualquer amarra social específica, exceto pela experiência compartilhada da primeira guerra religiosa no Afeganistão. É aquilo que em outros campos das ciências sociais nós conceituamos como uma "comunidade de prática", sendo a prática, nesse caso, a *jihad*, com os cumprimentos da CIA e de seus serviços secretos aliados.

Quem são as pessoas, de múltiplas origens, participantes nessas "comunidades de prática" especiais? Naturalmente, não temos estatísticas confiáveis sobre a composição da *al-Qaeda*; o que chegaria perto disso, a lista de prisioneiros em Guantánamo e em outros lugares, está fora de cogitação, uma vez que grande parte dos prisioneiros é secretamente detida pelas autoridades americanas. No entanto, temos alguns elementos para traçar um esboço hipotético das características sociodemográficas e biografias de pelo menos um segmento da *al-Qaeda*, começando por aqueles envolvidos nos ataques de 11 de Setembro. Todos são homens e jovens, de 20 a 30 e poucos anos, sendo o mais velho deles o líder, Mohammed Atta, que tinha 34. Esse parece ter sido o caso da maioria dos ativistas, embora alguns dos líderes superiores, como, por exemplo, al--Zhawahiri, sejam da geração de bin Laden (nascido em Riade, em 1957). Bin Laden frequentemente se refere a esses jovens combatentes do islã, que vão causar medo aos corações do inimigo: "Os cruzados aceitaram nos devorar e as nações do mundo nos colocaram ante julgamento, e não temos mais ninguém que esteja ao nosso lado, depois de Deus, além da juventude que não foi castigada pela imundície da vida".[60] Embora essa confiança nos jovens seja uma característica típica de grupos militantes armados, ela também indica o estado de espírito e a determinação de jovens idealistas prontos para morrer, muito frequentemente buscando o martírio.

Dando ênfase ao grupo suicida do 11 de Setembro, a multietnicidade da *al--Qaeda* é um tanto reduzida: 15 dos 19 nasceram na Arábia Saudita, dois nos Emirado Árabes, um no Líbano e um (o líder) no Egito. O primeiro círculo de apoio era mais diversificado: dos cinco identificados, dois eram franco--argelinos, um iemenita, um marroquino e um germano-marroquino; todos árabes (o que quer dizer, essencialmente, de países de língua árabe). Dessa forma, enquanto a rede como um todo é multiétnica e multinacional, o grupo central e os ativistas de confiança parecem vir da península arábica e do Egito; de fato, os componentes originais da rede da *al-Qaeda* se constituíram em torno de bin Laden (um saudita de origem iemenita) e al-Zhawahiri (um egípcio). Isso indica outra característica importante: conhecimento pessoal, às vezes por meio de laços familiares, ou alianças tribais no caso da Arábia, é crucial para ser aceito no núcleo da rede, no qual o planejamento central das operações mais importantes acontece, e a partir de onde as fátuas são emitidas.

Curiosamente, há muito poucos palestinos associados à *al-Qaeda*. Isso poderia dar a impressão de que, embora a libertação da Palestina e a destruição de Israel estejam entre os objetivos da *al-Qaeda*, bin Laden sempre considerou que o nacionalismo palestino não era um movimento islâmico verdadeiro, e que poderia facilmente ser pacificado por uma acomodação com Israel em um futuro Estado palestino. Por outro lado, os chechenos, afegãos, caxemires e paquistaneses trabalharam de perto com bin Laden e seus militantes árabes, mas supostamente tinham que cuidar da libertação de suas próprias terras, como bases em potencial para a *al-Qaeda*, enquanto o grupo de elite da *al-Qaeda*, formado principalmente pelo núcleo árabe, confrontaria os EUA e o resto do mundo. Uma conexão crítica aqui é a dos árabes europeus e minorias muçulmanas, na qual movimentos islâmicos de origens diversas adquiriram uma influência considerável, garantindo grupos de recrutamento para a *al-Qaeda*, como ilustrado por inúmeros incidentes nos quais árabes que viviam no, ou eram cidadãos do, Reino Unido, Alemanha, França e Espanha tiveram um papel significativo na estratégia de terror global.

Em síntese, embora a multietnicidade seja uma característica da rede geral de redes em torno da *al-Qaeda*, parece haver uma especialização de tarefas de acordo com origem e local: aqueles envolvidos em lutas por libertação territorial, a exemplo dos chechenos, dedicam-se essencialmente a sua tarefa em solo, lutando contra a Rússia, e recebendo suporte da *al-Qaeda*, com membros, suprimentos e dinheiro, mais do que eles contribuem para a rede. O núcleo da *al-Qaeda* é construído por laços pessoais de confiança, e isso quer dizer, essencialmente, por árabes da península arábica e do Egito. Além disso, a diáspora arábica e muçulmana na Europa e nos Estados Unidos é apontada como uma fonte de ativistas em potencial, com grande capacidade de operar no coração do território inimigo. Assim, etnicidade e nacionalidade passam a fazer parte dos objetivos estratégicos de organização e operacionalização da rede: ser da Arábia não é fundamental em si, o que conta é ser relacionado a alguma rede pessoal que seja confiável. Uma vez mais, acreditamos que a lógica da *al-Qaeda* gira em torno da estratégia de longo prazo de enfrentar, e, em última análise, destruir, um adversário poderoso — que acaba por ser o Grande Satã.

Um número significativo de membros conhecidos da *al-Qaeda* vem de famílias abastadas e são altamente escolarizados. O grupo central de realizadores do ataque 11 de Setembro era formado por estudantes de engenharia da Universidade Técnica de Hamburgo, uma faculdade de engenharia com excelente reputação. O líder do grupo, Mohammed Atta, estudou arquitetura e urbanismo nessa faculdade. Na verdade, uma de suas indignações públicas contra o Ocidente tinha a ver com a destruição da arquitetura tradicional, e de cidades tradicionais, pelo processo de urbanização orientado pelo mercado. Ele abominava as estruturas modernas, os arranha-céus; tinha o perfil ideológico perfeito para a missão à qual foi designado cumprir. Muhammad Rabi' al-Zhawahiri, sem dúvidas o líder da *al-Qaeda* depois de bin Laden, é médico e vem de uma família muito respeitada intelectualmente no Egito: seu avô era Sheik da mesquita de Al-Azhar, seu pai, professor de medicina e sua mãe era filha do presidente da Universidade do Cairo.

Os comandantes militares da *al-Qaeda* também têm pedigree de elite. Após ter sido preso em setembro de 1998, Ali Mohammed foi, por muitos anos, o instrutor militar líder da *al-Qaeda*. Nascido em Alexandria, no Egito, ele foi para a academia militar no Cairo, alcançando o grau hierárquico de major no exército egípcio, enquanto se graduava em psicologia pela Universidade de Alexandria. Embora secretamente fosse membro da *Jihad* egípcia, emigrou para os EUA, tornou-se um cidadão americano e, então, instrutor no Centro Especial de Guerra do Exército dos EUA [US Army Special Warfare Center], em Fort Bragg. Após deixar o exército, ele alternou entre treinar militantes islamitas, inclusive os guarda-costas de bin Laden, e integrar missões desconhecidas no Oriente Médio, supostamente em nome dos serviços de inteligência americanos. No Reino Unido, outro membro chave da *al-Qaeda*, Anas al-Liby, que viveu em Manchester até 1999, era um especialista em computação altamente habilidoso, que ensinou aos membros da *al-Qaeda* técnicas de vigilância. A lista poderia continuar.

Parece que os membros da rede terrorista são profissionais altamente capacitados, o que significa, no Oriente Médio, quase necessariamente oriundos de famílias ricas. Seu histórico familiar inclui empresários, profissionais (médicos, advogados) e intelectuais. Esses jovens indivíduos cresceram na modernidade, na era da informacionalização e da globalização. Eles viajaram para o Ocidente, muitos ficaram profundamente imersos na Europa ou nos Estados Unidos, em alguns casos se casaram com mulheres ocidentais, e se relacionaram natural e pacificamente com o seu ambiente pessoal no Ocidente. Além disso, como mencionado acima, alguns deles de fato nasceram ou se tornaram cidadãos de países ocidentais. Eles poderiam ter tido uma vida profissional confortável, como muitos profissionais do Oriente Médio têm, tanto no Ocidente quanto nos setores ocidentalizados das sociedades muçulmanas. Ademais, eles não estavam se revoltando contra sua exclusão social. Na verdade, eles faziam parte, em alguma medida, dos opressores, em termos de sua origem de classe. Embora a compaixão pelos muçulmanos desfavorecidos ao redor do mundo seja um tema importante de sua ideologia, não há conexão direta entre esses militantes e os pobres do mundo. Eles têm esperança, e esperam, que o povo um dia se insurja contra seus mestres. De fato, essa é a sua esperança estratégica. No entanto, não como explorados, mas como verdadeiros muçulmanos, em busca de um mundo islâmico no qual a riqueza seja compartilhada de acordo com os princípios eternos de Deus.

As origens sociais da liderança e dos membros da *al-Qaeda* não são expressão das classes populares. Eles são, majoritariamente, profissionais, em geral de carreiras técnicas, científicas e médicas. Eles têm familiaridade com tecnologia avançada e a utilizam habilidosamente em prol de sua causa. Eles não são tradicionalistas nesse sentido. Eles são hipermodernistas. Eles propõem um caminho alternativo para o desenvolvimento social, em torno de um conjunto diferente de princípios, em contradição direta com as regras e a lógica da globalização capitalista e da modernização baseada em valores ocidentais. Em sua oposição militante, eles são, de fato, vigorosamente apoiados por inúmeras pessoas ricas e por grupos empresariais prósperos do Oriente Médio, especialmente da península arábica. Dessa forma, em vez de ser um movimento socialmente excluído contra a ordem capitalista global, é uma afirmação hipócrita dos valores religiosos de um segmento da *intelligentsia* muçulmana, apoiado por uma fração dos grupos empresariais do Oriente Médio. "*Não* se trata da economia, idiota!" Trata-se de valores e caminhos contraditórios da modernidade. Porém, por que esses grupos empresariais brincam com fogo, destruindo o mundo do qual arrancam seus altos lucros? E como podem esses caminhos alternativos da modernidade levar à celebração da matança em massa como o curso correto de ação em nome do islã? Para responder essas duas questões essenciais, será útil refletir sobre a trajetória pessoal do líder carismático da *al-Qaeda*, Osama bin Laden.

O jovem leão da jihad *global: Osama bin Laden*[61]

Tanto já foi escrito sobre Osama bin Laden na mídia e em livros de mercado que não há sentido em repetir sua biografia aqui. Em vez disso, vou ressaltar os momentos e eventos de sua trajetória pessoal que dão sentido à formação, à orientação e à prática da *al-Qaeda*.

Sabe-se que os membros da *al-Qaeda* vêm geralmente de famílias ricas e que bin Laden era membro de uma oligarquia empresarial na Arábia Saudita. O patrimônio do grupo da família de bin Laden está estimado em pelo menos

5 bilhões de dólares, numa carteira diversificada de investimentos que vai além do seu império original na construção civil e em obras públicas. O próprio Osama foi um profissional bem treinado, que se graduou em economia e em administração pública na elitizada Universidade Rei Abdulaziz, em Jidá. Ele também trabalhou na empresa de construção civil da família, tornando-se especialista (curiosamente) em trabalhos de demolição.

A conexão familiar é extremamente importante não apenas para entender a evolução de Osama, mas também como uma janela para a natureza contraditória da elite saudita. O pai de Osama, Mohammed, um empreendedor imigrante do Iêmen, foi nomeado ministro da Construção Civil pelo Rei Faisal, em reconhecimento a seu auxílio na disputa de poder pela conquista da coroa. A companhia de bin Laden ficou com a incumbência de restaurar e manter os santuários sagrados de Meca e Medina, e também ficou responsável pela reconstrução do projeto da Grande Mesquita de Jerusalém. Dessa maneira, a prioridade dada por Osama à integridade dos santuários sagrados muçulmanos é uma experiência muito concreta para ele, tendo sido criado em Medina e tendo rezado frequentemente nos três santuários sagrados, privilégio raro para um muçulmano. Além disso, o pai de Osama, que morreu num acidente de avião quando ele tinha 10 anos, era um homem muito religioso, e para Osama ele permaneceu sendo o modelo; Osama foi convencido de que seu pai aprovaria sua prática da *jihad*. Por intermédio da conexão familiar, Osama teve acesso à família real e aos patamares mais elevados do poder saudita, cooperando, a partir de 1980, diretamente com o príncipe Turki ibn Faisal ibn Abdelaziz, líder do serviço de inteligência saudita. Em outras palavras, Osama bin Laden era um membro da elite econômica e política saudita, e trabalhou com o serviço de inteligência pelo menos até o início dos anos 1990, tendo ajudado o serviço de inteligência saudita a organizar a *jihad* anticomunista no Iémen do Sul, após retornar da Guerra do Afeganistão em fevereiro de 1989.

As influências ideológicas que recebeu na universidade também foram significativas, como veremos na conexão pessoal entre os textos do islamismo e sua ida para a prática na *jihad*. Enquanto estudante universitário, ele entrou em contato com a Irmandade Muçulmana e com dois dos mais influentes professores de estudos islâmicos. Um deles era Muhammad Qtub, irmão do talvez mais importante islamita, Sayyid Qtub, executado no Egito em 1966, e ícone do movimento islamita (ver capítulo 1). O outro era Abdullah Azzam, um teólogo palestino, doutor em jurisprudência islâmica pela Universidade al-Azhar, no Cairo, que, em 1980, se mudou para o Paquistão, e anunciava a necessidade de ajudar os *mujahideen* a expulsarem os soviéticos do Afeganistão e os infiéis de todas as terras muçulmanas. Ele escreveu um panfleto bem divulgado, "Defender o território muçulmano é a tarefa mais importante", e realizou o projeto por si mesmo, viajando mundo afora, levantando fundos para os voluntários

O PODER DA IDENTIDADE | 175

muçulmanos lutarem no Afeganistão e organizando uma base no Paquistão para aqueles que respondiam ao chamado. Sob controle do ISI, em 1984 Azzam estruturou a Direção de Serviços Afegãos, ou MAK (Maktab al-Khidamat), que era a plataforma organizacional para treinamento e mobilização de voluntários árabes e demais muçulmanos para lutar com os soviéticos. Osama bin Laden se uniu ao seu mentor intelectual e político, Azzam, e ajudou a financiar a MAK com seus próprios recursos e com suas conexões na Arábia Saudita. Na verdade, bin Laden ouviu o chamado por libertação do Afeganistão ainda mais cedo que Azzam, tendo viajado em 1979 ao Paquistão, antes de retornar para a Arábia Saudita a fim de conseguir fundos e apoio, que ele só conseguiu mesmo no Paquistão, construindo estradas, acampamentos e bunkers, treinando combatentes e, no fim das contas, levando-os pessoalmente para a batalha.

No processo, bin Laden se aproximou da facção egípcia mais radical da MAK e apoiou sua estratégia de expandir a *jihad* para além do Afeganistão, envolvendo-se em terrorismo, como a única tática viável para confrontar um inimigo ainda mais poderoso que a União Soviética. Azzam contrapôs o movimento, alertando que eles deveriam se concentrar primeiro em tornar o Afeganistão um país islâmico (mesmo após a saída dos soviéticos ainda havia um governo pró-soviético no poder) e em rejeitar o terrorismo tanto por razões morais quanto táticas. Em novembro de 1989, Azzam e seus dois filhos foram assassinados, provavelmente pela facção egípcia da MAK. Embora as circunstâncias da morte ainda não estejam claras, e ainda que Osama continuasse a indicar os ensinamentos de Azzam como seu guia, Gunaratna, um dos principais analistas da *al-Qaeda*, escreve que Osama "puniu, se não perdoou o assassino",[62] de modo a libertar a *al-Qaeda* de seguir estritamente os princípios e orientações de Azzam. De qualquer maneira, após a morte de Azzam, Osama bin Laden se tornou o líder inquestionável da MAK, bem como de toda a rede de apoio, e começou a construir as fundações da estratégia de ofensiva global sugerida nos textos de Qtub. O episódio (independentemente da responsabilidade pela morte) revela em bin Laden uma mistura especial de espiritualidade e fé com uma determinação implacável para a implementação da vontade de Deus na prática de luta, uma mistura que parece ter se tornado uma característica da *al-Qaeda*.

O momento decisivo da luta de bin Laden aconteceu em fevereiro de 1991, quando ele se opôs publicamente à presença das tropas americanas na Arábia Saudita após o fim da Guerra do Golfo. Em uma fátua emitida pela *al-Qaeda* em agosto de 1996, bin Laden explicava por que havia se convencido em 1991 que a monarquia saudita tinha de ser derrubada: "Por ignorar a divina lei da *sharia*; privar as pessoas de seus direitos legítimos; permitir que os americanos ocupem as terras dos dois Santuários Sagrados; aprisionar, injustamente, os acadêmicos

176 | MANUEL CASTELLS

honestos... Através desse curso de ação o regime destruiu sua legitimidade", e ele seguiu adiante com a denúncia de profanação dos santuários sagrados por meio de práticas ímpias e pela ocupação por infiéis:

> Leis feitas pelos homens são fomentadas, dando permissão àquilo que foi proibido por Alá, tal como a usura (*riba*) e outras coisas. Bancos negociando com usura estão competindo por terras com os dois Santuários Sagrados e declarando guerra contra Alá ao desobedecer Sua ordem... Tudo isso está acontecendo nas redondezas da Mesquita Sagrada na Terra Santa... Não há tarefa mais importante que a de extirpar os americanos da Terra Santa.[63]

Romper com sua terra natal e com a elite saudita, à qual ele e seu pai haviam servido lealmente por toda a vida, foi o gesto definitivo pelo qual bin Laden confrontou o regime fundamentalista saudita wahabista em seu duplo papel contraditório de Guardião dos Santuários Sagrados e de Guardião do Petróleo Ocidental. Isso custou a ele sua cidadania saudita, e seus bens foram confiscados. Entretanto, sua família, embora rompesse formalmente com ele, continuava a vê-lo, a visitá-lo no Sudão e, talvez, até a lhe fornecer apoio financeiro. Esse laço familiar, fundamental para a autoestima na cultura árabe, foi uma fonte de resistência para bin Laden e para muitos de seus seguidores.

Bin Laden voltou ao Paquistão em abril de 1991 para planejar o terrorismo contra os estrangeiros na Arábia Saudita, e em todos os lugares que sua rede pudesse atacar, agora fortalecido pelo apoio de dissidentes sauditas que o reconheciam como o líder de sua resistência. Então, ele se mudou para o Sudão, a convite de Hasan al-Turabi, guia espiritual da Frente Islâmica Nacional, que tomou o poder em 1989. Com o apoio do Sudão, bin Laden uniu forças com os remanescentes dos grupos terroristas islâmicos egípcios, estruturou campos de treinamento no Sudão e invocou a rede de militantes islâmicos que tinha construído em torno da *al-Qaeda* e da MAK durante a primeira Guerra do Afeganistão. Estima-se que mais de mil combatentes responderam ao chamado. Ele investiu o dinheiro que conseguiu economizar (aproximadamente US$ 50 milhões) no Sudão, bem como o que conquistou nos mercados financeiros informais no Oriente Médio, tendo altos lucros e tornando-se financeiramente independente de qualquer apoio do Estado.

Nos anos seguintes, bin Laden e seus associados arquitetaram e executaram uma série de bombardeios e assassinatos em diversos países, conforme mencionado acima. Por algum tempo, muitas dessas ações foram atribuídas a diferentes origens pelos governos do Oriente Médio e pelos serviços de inteligência americanos, em parte por falta de informação apurada e em parte por terem medo da publicidade que poderia beneficiar bin Laden. No entanto, a notícia se espalhou, especialmente após o bombardeio das embaixadas dos EUA no Quênia e na Tanzânia em 1998, e tornou bin Laden, simultaneamente, inimigo número

O PODER DA IDENTIDADE | 177

um dos EUA e um herói mítico para milhares de jovens muçulmanos insatisfeitos. Bin Laden deixou de ser apenas organizador e financiador, tornando-se o líder carismático das redes globais islâmicas radicais. Ele construiu seu prestígio na Guerra do Afeganistão, uma vez que os *mujahideen* reconheceram sua sincera devoção à causa, bem como a vontade de compartilhar de sua vida e de sua morte, tendo um dos históricos familiares mais privilegiados da Arábia. Sua atitude rigorosa, sua vontade de confrontar qualquer um que se colocasse no caminho de seus princípios religiosos, inclusive a venerada Casa de Saud e a superpotência americana, provocou tanto respeito quanto admiração. Bin Laden, a pessoa, tornou-se Osama, o mito. O poder do mito atraiu capital e mão de obra para a sua empreitada. Suas redes de terror receberam apoio de milhares de jovens mártires em potencial, enquanto se beneficiavam simultaneamente do financiamento provido pelas famílias ricas e pelos grupos empresariais do Oriente Médio em um dos mais intrigantes, e politicamente significativos, esquemas da nova geopolítica no século XXI.

De bin Laden a bin Mahfouz: redes de financiamento, redes islâmicas, redes terroristas

Antes e depois do 11 de Setembro, vários relatórios documentaram em que medida inúmeros sauditas e famílias ricas do Oriente Médio, bem como grupos empresariais, financiaram ONGs islâmicas e grupos fundamentalistas islamitas ao redor do mundo por um longo período de tempo. O uso desses financiamentos para dar apoio a atividades ligadas à *al-Qaeda* também foi mostrado. Embora muitas dessas acusações ainda estejam sob investigação, há fatos o bastante para assegurar a existência de uma relação secreta entre instituições financeiras ligadas à elite saudita e a complexa infraestrutura que representa a manutenção da *al-Qaeda* e de seus associados globais. Ao trazer esses fatos para o nosso quadro analítico, devemos manter distância de dois perigos iguais e opostos: de um lado, a manipulação e a fabricação em potencial de informação pelos serviços secretos ocidentais e israelenses para desacreditar e, em última análise, criminalizar organizações solidárias islâmicas pelo mundo; de outro lado, as teorias da conspiração que proliferam no imaginário instável da opinião pública, vendo bin Laden e a *al-Qaeda* como marionetes de uma conspiração árabe-americana que saiu do controle. Então, vamos recordar esses fatos, antes de mais nada, sem entrar em detalhes que estão amplamente divulgados e que podem ser encontrados nas fontes citadas.[64]

Há conexões bem conhecidas entre bancos islâmicos e instituições financeiras e instituições de caridade e organizações islâmicas mundo afora. Essa é uma prática difundida, comum a redes de financiamento similares em outras religiões ou culturas. Em muitas instâncias, esse financiamento começa do gerenciamento dos fundos do *zakat*, tributo religioso na Arábia Saudita e em outros países islâmicos que exige que qualquer um (cidadão, empresa ou instituição) que adquira bens financeiros doe dinheiro para causas beneficentes. Essa tem sido uma fonte importante de financiamento para organizações, tais como a Organização de Assistência Internacional Islâmica (International Islamic Relief Organization — IIRO), que patrocinou programas humanitários pelo mundo todo, bem como projetos de autoajuda, e ONGs com foco nas populações muçulmanas. Em vários casos, grupos locais da IIRO, e de outras organizações similares, estiveram conectados aos militantes fundamentalistas islâmicos e, algumas vezes, às atividades de indivíduos ou grupos relacionados com a *al-Qaeda*. Isso não significa que a IIRO é parte da *al-Qaeda*, como alguns serviços de inteligência considerariam, mas que é, sim, um canal útil para garantir, indiretamente, o financiamento demandado pelos militantes envolvidos na luta em nome do islã.

Uma segunda série de observações se refere à criação e ao apoio das organizações internacionais islâmicas pelo regime saudita, em sua política de difusão do wahabismo pelo mundo, em especial para combater a influência xiita e para lutar em defesa das terras muçulmanas. O exemplo mais significativo é a Liga Mundial Muçulmana, criada em 1962, e apoiada pela Aramco (maior companhia de petróleo do mundo que, à época, era árabe-americana) e por um consórcio de bancos islâmicos. Em casos em que uma estratégia política capital estivesse em jogo, como no Afeganistão ou no Iêmen do Sul, o serviço de inteligência saudita interviria diretamente, coordenado com a tentativa de apoio financeiro. Espera-se que os 4 mil (ou mais) príncipes da família real generosamente façam ofertas às organizações islâmicas que apoiam o wahabismo e, de maneira mais geral, àquelas organizações que promovem a causa islâmica. O apoio foi assegurado por uma rede de instituições financeiras, no coração da qual há dois bancos: DMI, fundado em 1981 por Mohammed al-Faisal, irmão do líder do serviço secreto saudita; e Dalla-al-Baraka, criado em 1982 por Saleh Abdullah Kamel, que era inspetor-geral de finanças no governo saudita. Algumas das instituições financeiras nessa rede parecem ter sido usadas por bin Laden e suas organizações para assegurar e gerenciar as próprias finanças da *al-Qaeda*. Por exemplo, Kamel foi presidente do Albakara Bank-Sudan, e um grande acionista do Tadamon Bank of Sudan, um dos maiores parceiros do Al-Shamal Islamic Bank of Sudan, considerado pelo governo dos EUA como a principal instituição financeira usada por bin Laden para financiar sua base no Sudão.

Em terceiro lugar, as famílias e empresas sauditas fundaram, especialmente após o *boom* petrolífero na década de 1970, uma série de intermediadores financeiros para investir mundo afora, às vezes em práticas empresariais duvidosas, geralmente em associação a bancos ocidentais, mais especificamente com o Bank of America. O caso mais importante foi o do Banco Internacional de Crédito e Comércio (Bank of Credit and Commerce International — BCCI), criado em 1972 por um empresário xiita paquistanês, em parceria com vários empresários proeminentes e líderes políticos do Kuwait, dos Emirados Árabes Unidos e da Arábia Saudita, assim como com o Bank of America. O BCCI, baseado em Luxemburgo e nas Ilhas Cayman, envolveu-se em esquemas de lavagem de dinheiro e sonegação de impostos, com ramificações nos Estados Unidos, Panamá e Colômbia (foi supostamente usado pelos narcotraficantes, em especial Pablo Escobar). Após uma auditoria internacional, o banco foi finalmente liquidado por autoridades americanas e europeias em julho de 1991. Inúmeras conexões foram estabelecidas entre o BCCI e o financiamento de organizações do Estado islâmico de diferentes tipos, mas a conexão principal parece ser ao mundo obscuro da lavagem de dinheiro e dos acordos financeiros sem regulamentação, onde todo dinheiro é bom, independentemente da fonte.

Há, entretanto, uma conexão pessoal relevante entre o BCCI, a elite financeira saudita e as redes islâmicas através da figura mais importante nesse palco de paixões, interesses e ideologias: Khalid bin Mahfouz, preso em 2002 num hospital em Ta'if, Arábia Saudita. Membro da família mais influente no mundo financeiro da Arábia Saudita, Khalid foi sucessor de seu pai no comando do banco criado por ele em 1950, Banco Comercial Nacional (BCN), o primeiro na Arábia Saudita e gestor dos investimentos da família real. Os bens da família bin Mahfouz são estimados em aproximadamente 1,7 bilhão de dólares. Ele era um executivo do alto escalão no BCCI, mas sobreviveu à crise por aceitar um acordo de rescisão no valor de 245 milhões de dólares. No comando de um grupo empresarial vasto e diversificado, que compreende pelo menos 70 empresas do mundo inteiro, foi conselheiro das maiores corporações sauditas e internacionais, inclusive do Conselho da Aramco, por indicação do Rei Fahd. Sua família era íntima da de bin Laden, uma vez que ambas vieram originalmente da mesma província do Iêmen do Sul, Hadramaute. Na verdade, a irmã de Khalid bin Mahfouz é uma das quatro esposas de Osama bin Laden.

Em 1998, após os bombardeios às embaixadas dos EUA na África, a CIA acusou o BCN de financiar, em 10 milhões de dólares, organizações de caridade relacionadas com Osama bin Laden. O governo saudita conduziu sua própria investigação, levando à destituição e à prisão de bin Mahfouz. Além disso, o governo saudita comprou 50% das ações do BCN, deixando ainda 36% para a família de bin Mahfouz, sendo 10% para o próprio Khalid.

As conexões financeiras se tornam ainda mais obscuras, e se inclinam perigosamente na direção dos filmes de ficção ou das coisas exultadas pelos teóricos da conspiração, quando consideramos as conexões das famílias bin Mahfouz e bin Laden nos Estados Unidos, em especial na terra onde América e Arábia se encontram pelas redes compartilhadas da indústria do petróleo: Texas. Abdullah Taha Bakhsh era o representante da família bin Laden nos Estados Unidos entre 1976 e 1982. Ele atualmente representa os interesses de Khalid bin Mahfouz na Investcorp. A Investcorp, localizada no Bahrein e subsidiária de holdings em Luxemburgo e nas Ilhas Cayman, reúne os interesses em investimentos de vários membros proeminentes da elite do petróleo árabe, inclusive ex-ministros do petróleo do Kuwait e da Arábia Saudita. A Investcorp conta com a associação do Chase Manhattan Bank, e entre seus associados estão muitos dos investidores empresariais sauditas que estiveram envolvidos no caso BCCI, inclusive Bakhsh, Mohammed al-Zalil e Bakr Mohammed bin Laden. A empresa de Mohammed al-Zalil na Arábia Saudita tem Khalid bin Mahfouz como principal acionista. Al-Zalil também gerencia uma rede de 20 bancos que inclui o Tadamon Islamic Bank, cuja subsidiária sudanesa foi identificada como gestora dos recursos de Osama bin Laden. É o caso também de Bakr Mohammed bin Laden, que é o irmão mais velho de Osama e líder do grupo bin Laden. O grupo bin Laden, aliado ao grupo bin Mahfouz, criou uma rede de subsidiárias que conta inclusive com a Companhia de Investimento Saudita, gerida por outro irmão de Osama. A Companhia de Investimento Saudita é ainda a empresa matriz de uma outra rede de companhias de investimento registradas em Bahamas, nas Ilhas Cayman e na Irlanda. Todas as companhias citadas acima, que trabalham em um ambiente global de investimentos, têm, naturalmente, profundas conexões com a economia dos EUA e parcerias com suas companhias. Assim sendo, em 1987, Abdullah Taha Bakhsh, ex-representante do grupo bin Laden, e, à época, parceiro e representante de Khalid bin Mahfouz, veio para o resgate de uma pequena companhia petrolífera do Texas, Harken, que necessitava se recapitalizar. Ele comprou 11,5% da empresa e ajudou em sua reestruturação. O diretor da Harken Energy Corporation naquela época era um tal de George W. Bush.

Em 2002, relatos variados de fontes oficiais americanas apontam, embora de modo contraditório, para contatos entre os agentes apoiados pelos sauditas e os realizadores do ataque de 11 de Setembro. Dessa forma, em novembro de 2002 um relatório provisório feito pela Comissão Parlamentar Conjunta sobre o 11 de Setembro descobriu, entre outras ligações, que dois dos sequestradores, Khalid al-Mindhar e Nawaq Alzhami, que na época viviam em San Diego, estavam se encontrando com Omar al-Bayoumi e Ossama Bassnan, bem como estavam recebendo apoio financeiro da esposa do embaixador saudita nos EUA, uma princesa saudita filha do Rei Faisal. Naturalmente, ela ignorava totalmente o fato de que suas doações beneficentes a uma família que passava necessidade terminariam indiretamente auxiliando os terroristas. No entanto, é precisamente essa teia de conexões indiretas que é relevante. O Comitê Parlamentar culpou a CIA e o FBI por não investigarem minuciosamente os contatos, assim

O PODER DA IDENTIDADE | 181

como outras ligações potenciais a personalidades sauditas e organizações. Na verdade, al-Mindhar e Alzhami tinham sido identificados pela CIA como operadores da *al-Qaeda* em janeiro de 2001, apesar de eles terem podido ingressar nos Estados Unidos legalmente com seus próprios nomes em agosto de 2001.[65]

O que deveríamos fazer dessa teia emaranhada de interesses e estratégias de tantos atores diferentes? A história não é tão complicada, de fato, se nós optamos pela análise e deixamos de lado a especulação. Vamos recordar alguns antecedentes históricos significativos. A dinastia dos Saud foi criada em uma fundação religiosa, o wahabismo, em meados do século XVIII, quando um fundamentalista religioso, Muhammad bin Abd al-Wahhab, perseguido por sua interpretação do Alcorão, chegou ao oásis da tribo de al-Saud. Muhammad bin Saud seguiu os ensinamentos de Wahhab, e colocou sua espada a serviço dele (ou os ensinamentos de Wahhab a serviço de sua espada — geralmente funciona nos dois sentidos). Ele conquistou a Arábia e seus descendentes continuaram uma luta secular contra outras tribos, outros povos, depois contra a Turquia, até que eles colocaram Meca e Medina sob seu controle em 1924–1925. O tataraneto de Muhammad bin Saud, Abd al-Aziz, auxiliado pelos britânicos, criou o Reino da Arábia Saudita em 1932. A unificação das tribos da península arábica veio sob a dupla égide da autoridade religiosa dos *ulemás* wahabistas e a autoridade político-militar absoluta da Casa de Saud. Não pode haver distinção. A legitimidade cultural/religiosa é tão determinante no governo das sociedades quanto a força bruta ou a convicção de compartilhar privilégios. O reino saudita foi, e é, uma monarquia fundamentalista religiosa. No entanto, o petróleo foi descoberto em 1938 e mudou para sempre a terra árabe. Concessões a companhias americanas selaram o vínculo entre sauditas e americanos. Tornou-se um regime tripartido: wahabismo, Casa de Saud e Aramco (o monopólio dominado pelos americanos de petróleo saudita que virou Saudi Aramco, com maioria saudita, em 1988). Era um triângulo indissolúvel de poder e riqueza, habilidosamente gerido pela elite saudita — quando necessário, por meio da substituição do rei, como fizeram em 1964, destituindo o incompetente Saud em favor do sofisticado Faisal, com ajuda, entre outros, da família bin Laden.

O caráter duplo da Casa de Saud, que presta reverência ao mesmo tempo aos ulemás e aos EUA, a fim de manter a potência provedora de riquezas, não se tratava de uma manipulação hipócrita. A elite saudita é wahabista, e isso continuava a reforçar a lei islâmica, apoiada pela ampla maioria dos cidadãos, ao passo que acomodava modos e interesses ocidentais. Assim, diferentemente de Mossadegh no Irã, eles eram administradores leais do petróleo ocidental, do qual tiravam suas riquezas. No entanto, eles também tinham de ser os guardas leais dos santuários sagrados, dos quais extraíam sua legitimidade, não apenas na Arábia, como também em todo o mundo muçulmano — como sintetizado pela *hajj* (peregrinação a Meca que todos os muçulmanos devem fazer pelo menos uma vez na vida).

Dessa maneira, eles usavam suas riquezas para movimentar os mercados financeiros globais, compreendendo seu funcionamento rapidamente por terem mandado seus filhos mais brilhantes estudarem nas melhores universidades ocidentais. Mas eles também usavam essa riqueza para ajudar no desenvolvimento de países islâmicos e suas populações pelo mundo. Essa estratégia se destinava, como no caso da projeção internacional dos Estados Unidos, a várias dimensões inter-relacionadas: auxiliar no desenvolvimento econômico e social de países islâmicos, trazendo-os para a esfera de influência econômica saudita; fornecer assistência aos necessitados; e dar suporte a movimentos islâmicos que pudessem aumentar o poder e a influência do islã, especialmente por meio dos ensinamentos do wahabismo — como foi o caso do Talibã.

Com essa estratégia totalmente coerente, a fronteira entre apoio ao islamismo e apoio à luta dos *mujahideen* foi definitivamente cruzada no Afeganistão. Quando a dinâmica dessa luta passou a confrontar os interesses ocidentais, inclusive os Estados Unidos, foi difícil reverter a máquina que havia sido acionada no passado — exceto pela destituição, em 2001, do chefe lendário do serviço secreto, príncipe Turki ibn Faisal ibn Abdelaziz. Além disso, enquanto o governo saudita claramente entendia a necessidade de se fazer uma ruptura radical com bin Laden, por conta de sua hostilidade e de sua aliança com os dissidentes sauditas, era prudente não se alinhar completamente aos EUA contra as redes fundamentalistas. A memória de novembro de 1979 ainda estava viva em suas memórias, o primeiro ano da nova Hégira, quando um oficial da Guarda Nacional saudita e centenas de seguidores ocuparam a Grande Mesquita de Meca e lutaram contra as tropas sauditas por várias semanas, denunciando o abandono ao ensinamento do Alcorão por parte da monarquia saudita. Após o fim da ocupação, todos os rebeldes e seus cúmplices foram decapitados, exceto um. Foi precisamente aquele que os sauditas suspeitavam de ter fornecido os planos de Meca aos agressores. Ele era uma das poucas pessoas com acesso a tais documentos: Mahrous bin Laden, irmão de Osama, ainda hoje responsável pelos negócios da família em Medina.

Dessa forma, para abrandar o profundo ressentimento entre os verdadeiros wahabistas, o governo saudita teve de equilibrar suas conexões com os EUA com seu suporte contínuo às causas islâmicas pelo mundo, inclusive, é claro, o financiamento à resistência palestina. Mesmo quando o regime saudita decidiu que as ligações com bin Laden tinham se tornado perigosas demais, depois do bombardeio às embaixadas americanas, ainda assim continuou a auxiliar o Talibã, que era uma forma alternativa de dar suporte a ele.

Além disso, a elite saudita não tem apenas uma posição sobre esse assunto. O que o governo faz não é necessariamente o que outros membros da família

O PODER DA IDENTIDADE | 183

real ou da elite empresarial fazem. Para muitos deles, o apoio ao islamismo, inclusive às redes militantes sem nome, é uma tarefa religiosa. Dada a teia de conexões familiares, tribais, políticas e financeiras entre alguns milhares de membros da elite saudita, a repressão a essas iniciativas é improvável, sob a condição fundamental de que o regime saudita não é em si visado — algo que bin Laden teve cuidado em não fazer, concentrando os ataques realizados em solo árabe onde havia presença americana nas terras santas.

Logo, há uma profunda empatia entre a defesa do regime saudita wahabista e as redes islâmicas pelo mundo a partir das quais a *al-Qaeda* e as redes terroristas se desenvolveram. Não se trata da forma tradicional de terrorismo financiado pelo Estado, pois os sauditas nunca encorajaram o terror contra os Estados Unidos (apenas contra a Rússia, a exemplo dos chechenos), e porque tentaram, sem sucesso, manter bin Laden nas rédeas, até que ele fugiu do controle. No entanto, há uma conexão crítica entre o reino wahabista e as redes de mártires islâmicos: a afirmação primordial dos princípios islâmicos, a partir do compartilhamento da crença no poder da identidade.

Redes de comunicação e políticas de mídia: organização, tática e estratégia da al-Qaeda

Como pode um grupo relativamente pequeno de militantes, ainda que determinados, confrontar o Estado mais poderoso da história sem o apoio ativo de outros Estados? Bin Laden e seu seguidores acreditam que a resposta é que Deus está com eles. Mas, por via das dúvidas, eles construíram uma nova forma de organização e desenvolveram táticas e uma estratégia geral apropriada às condições do que passou a ser conhecido como um confronto assimétrico. Por um lado, todo o poderio militar que o mundo pode conhecer. Por outro, um total menosprezo pela vida humana, começando pela vida do combatente, e uma confiança na surpresa, na imprevisibilidade e na comunicação em rede global.

A comunicação em rede é algo fundamental. Significa que a *al-Qaeda* tem uma liderança central (bin Laden e, a partir de sua morte, al-Zhawahiri e outros que darão continuidade), mas não um comando ou uma estrutura de controle. Ela fornece treinamento e doutrinação aos verdadeiros fiéis que atendem ao chamado, após triagem cuidadosa. Então, na maior parte dos casos, eles retornam às suas raízes e se envolvem com táticas militares em seus próprios países. Eles seguem em contato com a liderança da *al-Qaeda*, mas, em geral, estão por conta própria, improvisam, encontram recursos e tomam suas próprias iniciativas. Afinal, o princípio do combate é bem simples: bater o mais forte que puder, a qualquer tempo e em qualquer lugar que possa, no inimigo, que é, em primeiro lugar, o governo dos EUA e os cidadãos e empresas americanos, mas também todos os ocidentais, assim como os pontos simbólicos de conexão entre as sociedades muçulmanas e os infiéis: aeroportos, instalações corporativas multinacionais, vias de transporte, centros de turismo global e a vida cotidiana de qualquer sociedade envolvida na luta contra os muçulmanos (por exemplo: Afeganistão, Chechênia, Caxemira, Filipinas).

Após o centro de comando da *al-Qaeda* no Afeganistão ter sido destruído em 2001, estabelecer relação com as lutas locais se tornou cada vez mais importante. Organizações de nações específicas lutam contra os Estados que oprimem os verdadeiros muçulmanos em seus próprios países, ao mesmo tempo em que estão prontas para iniciar os ataques contra os EUA e outros inimigos pelo mundo. A rede da *al-Qaeda* no Sudeste Asiático, com suas organizações inter--relacionadas, provavelmente foi a mais significativa em 2002–2003. Ela foi iniciada no começo dos anos 1990, com preparação cuidadosa de bin Laden, tendo como base os islamitas indonésios, filipinos e malaios que responderam ao chamado no Afeganistão. Bin Laden enviou seu cunhado, Muhammad Jamal Khalifa às Filipinas para estabelecer uma conexão de apoio mútuo com as duas organizações muçulmanas separatistas em Mindanau, Frente Moro de Libertação e o *Abu Sayyaf*. A Frente Moro de Libertação abriu seus campos a recrutas da *al-Qaeda* do mundo inteiro, consequentemente diversificando a base de treinamento do Afeganistão. O Acampamento Palestina era principalmente para árabes, enquanto o Acampamento Vietnã e o Acampamento Hudaibie eram para aqueles que vinham do Sudeste Asiático. Nos anos 1990, aproximadamente 1.500 indonésios passaram por esses acampamentos e se presume que a maior parte deles tenha retornado para a Indonésia. O principal movimento radical islâmico da Indonésia é o *Jemaah Islamiyah*, cujo projeto é o estabelecimento do Estado islâmico por todo o Sudeste Asiático. Seu líder é o respeitado *ulemá* Abu Bakar Bashir. Seu operador principal é Riudan Isamuddin, conhecido como Hambali, um líder estudantil indonésio, que se juntou à *al-Qaeda* no Afeganistão e retornou à Indonésia para estabelecer uma rede terrorista militante. Ele é acusado de ter planejado o bombardeio a Bali em 2002. As células da *al-Qaeda* no Sudeste Asiático estiveram entre as mais ativas no final da década de 1990. Bin Laden organizou uma célula em Manila, liderada por dois dos militantes envolvidos no bombardeio ao World Trade Center em 1993, Ramzi Yousef e Khalid Shaikh Mohammed. Em 1994, eles planejaram, em Manila, bombardear 11 aviões comerciais dos EUA sobre o Pacífico, mas a trama foi descoberta por causa de uma explosão acidental no apartamento de Yousef em Manila. Nas Filipinas e na Indonésia, grupos relacionados à *al-Qaeda* planejaram ataques em áreas de interesse dos EUA na Malásia e em Singapura, que foram evitados pela ação eficiente da polícia desses países. Entretanto, com o desmantelamento das bases de ação afegãs e paquistanesas, as redes da *al-Qaeda* no Sudeste Asiático, em especial na Indonésia, maior país muçulmano do mundo, tornaram-se fontes críticas tanto da oposição local quanto da *jihad* global.

Uma tendência similar era evidente na Chechênia, onde a luta secular étnico--nacional dos chechenos nacionalistas contra a Rússia se tornou um conflito islâmico, tendo recebido forte suporte financeiro, treinamento e armamentos da *al-Qaeda*. Para bin Laden, a batalha chechena era apenas uma continuação da luta contra os russos no Afeganistão e, por algum tempo, sauditas, paquistaneses e a CIA pareceram concordar. Dessa forma, no contexto de uma luta geral entre redes islâmicas e as potências dominantes do mundo, os combatentes chechenos, em nome do islã, levaram sua batalha até Moscou, com o ataque terrorista em massa a um teatro moscovita em outubro de 2002, um ataque que se tornou ainda mais trágico por causa do uso de gás pelos comandos russos que invadiram o teatro, matando 120 pessoas que estavam sendo mantidas como reféns. Assim, enquanto o conflito checheno retorna ao século XIX, a conexão com a rede da *al-Qaeda* o intensifica, transformando-o em outro nó da rede global de terror contra os opressores dos muçulmanos. É esse caráter dual das lutas locais e do estabelecimento de redes globais que é a essência da estratégia da *al-Qaeda* no contexto de pós-guerra no Afeganistão.

A estratégia é caracterizada por um ataque implacável, a qualquer tempo, em qualquer lugar, sobre todos os alvos que representam os poderes constituídos (cristãos, inclusive russos, judeus e quaisquer outros opressores do povo muçulmano, p. ex. Índia e, por fim, China). Alvos de ocasião podem surgir a qualquer tempo, em qualquer lugar. Campanhas são facilmente iniciadas, embora não necessariamente coordenadas, a partir de vídeos e frases divulgados para a mídia, especialmente pela rede global independente muçulmana, a Al Jazeera, alternativa à CNN. Há também uma rede que é estritamente da *al-Qaeda*, separada das organizações que recebem seu suporte e seu treinamento. É uma rede financiada pelos recursos de bin Laden e comandada pela liderança central da *al-Qaeda*. Trata-se de uma seleção feita a dedo por bin Laden quando era o líder operacional (ele provavelmente está muito doente no momento da escrita desse texto em 2002: problemas renais são mais letais que bombas inteligentes americanas).

No entanto, mesmo as células da *al-Qaeda* são em grande medida autônomas em suas iniciativas. Elas recebem recursos e instruções gerais, assim como um campo de ação, mas elas atuam segundo seus próprios instintos e planejamentos estratégicos. Apenas algumas ações decisivas são planejadas de modo centralizado, como foi o caso do 11 de Setembro. Mas mesmo nesse caso, muitas das operações do plano foram deixadas com os comandantes de campo, e só uns poucos (talvez somente Atta) conheciam o planejamento geral desde o princípio. Essa é a tática tradicional de organização celular de todos os movimentos revolucionários na história. Entretanto, a organização da *al-Qaeda* adiciona alguns toques especiais: a autonomia é bem maior porque há uma simplicidade nas metas, e porque o personagem místico da organização, inteiramente devotado à vontade de Deus, minimiza os problemas de disciplina. Além disso, as formas de se comunicar são aprimoradas por uma infraestrutura avançada em tecnologias de comunicação. Naturalmente, a internet tem sido amplamente utilizada, especialmente com e-mails que utilizam tecnologia de encriptação (PGP [Pretty Good Privacy], disponível para baixar gratuitamente online). Mas telefones celulares via satélite tornaram o contato global mais fácil, com base em cifras previamente acordadas. Entretanto, apesar da ênfase dos governos a respeito da importância da internet (encontrando um novo pretexto para controlar a livre comunicação que nela se estabelece), os contatos mais importantes foram pessoais e as mensagens críticas foram entregues em mãos. Por isso, o que é realmente decisivo é a rede global de transporte aéreo, que coloca qualquer pessoa em contato potencial com outra em um voo, desde que tenham os vistos necessários. Curiosamente, a *al-Qaeda* decidiu não usar o vasto mercado de vistos falsificados e passaportes, contando, em vez disso, com a hipótese da incompetência das agências de segurança dos EUA. Eles estavam certos: apenas alguns dos eventuais terroristas tiveram alguma dificuldade em garantir um visto americano regular em seus nomes reais e com seus próprios passaportes. Uma característica adicional dessa rede de terror é que seus ativistas principais, aqueles que, no fim das contas, entram em contato direto com o inimigo, estão lá para morrer. Então, não há medo de alguém ceder à tortura, nem de virar a casaca, nem de dar nenhuma informação além dos vestígios de uma vida perdida. Claro, há sempre a chance de que, no último minuto, um deles mude de ideia. É por isso que eles vivem e trabalham em grupos, e é por isso que somente no último minuto os detalhes do plano são revelados. Além disso, muitos dos militantes dos ataques planejados de forma centralizada têm laços afetivos com outros membros do grupo: eles são da família, são amigos, estudaram juntos, redescobriram o islã juntos. É um círculo fechado que se torna um nó na rede de círculos fechados mundo afora.

As implicações dessa organização em rede são imensas.[66] Como os Estados podem combater as redes? Eles podem bombardear algumas bases operacionais e alguns quartéis-generais (como fizeram no Afeganistão), mas eles não podem bombardear Hamburgo, onde o 11 de Setembro foi preparado de fato. Não é possível bombardear uma rede, apenas seus nós, com uma estratégia mundial de longo prazo, caríssima, que tem sempre que lidar com as habilidades de autorreprodução e reconfiguração da rede. As redes globais móveis *versus* o Estado ligado à nação é um conflito de fato assimétrico: as redes têm uma vantagem decisiva. Estados tentam construir redes estatais globais. Entretanto, esse estabelecimento de redes estatais aumenta sua capacidade punitiva (eles podem bombardear mais lugares), mas não tanto assim sua efetividade: os nós ainda se proliferam em muitos pontos diferentes, misturando-se à população, atacando quando e onde for possível, numa espiral infinita de violência.

Baseado nessa flexibilidade organizacional, redes globais islâmicas se apoiam em duas táticas principais de ação. A primeira é a do terror: causar dano em qualquer lugar, a qualquer tempo, de modo que as pessoas e instituições dos Estados Unidos, e dos Estados que as apoiam, vivam com medo. Sua expectativa é a de que, com o passar do tempo, isso se torne insustentável. É uma questão de prosseguir com a luta por tempo o bastante. O terror deve ser expandido, mas também diversificado, o mais possível, de acordo com as circunstâncias e com as habilidades dos combatentes. Naturalmente, armas químicas e biológicas são uma ferramenta capital de intimidação. Bombas nucleares pequenas poderiam ser plenamente usadas. Mas não é tão fácil, então a tática tem que ser simplificada. Utilizar aviões comerciais como bombas era muito mais simples e eficiente que adquirir e lançar mísseis. Outras táticas adaptadas devem ser esperadas. Os ativistas suicidas da *al-Qaeda* têm uma mentalidade racional e engenhosa. Afinal de contas, apenas alguns são engenheiros profissionais e médicos. Uma vez que o problema é definido, a solução adequada depende das condições e dos recursos. Espere o inesperado, pois é bastante óbvio que ninguém pensou nisso — ao menos ninguém nas posições de poder, embora escritores de ficção já tivessem delineado cenários similares ao do 11 de Setembro alguns anos antes.

A segunda tática é a das políticas de mídia. Em última análise, a ação é voltada para as cabeças das pessoas, no sentido de transformação da consciência. As mídias, local e global, são o meio de comunicação pelo qual a mentalidade do público é formada. Logo, a ação tem que ser orientada pela mídia, ela tem que ser espetacular, garantir boas cenas, de modo que todo o mundo possa vê-la: como um filme de Hollywood, já que é isso que forma o imaginário humano em nossos tempos. Porém, não há necessidade de assinar ou reivindicar as ações — esse é o maior erro dos analistas americanos e ocidentais. A *al-Qaeda* só reivindica suas ações muito depois, quando nenhuma informação mais pode ser revelada como resultado da reivindicação. E ela não age assim porque não é necessário. Ela não detém direitos autorais sobre o terror em nome do islã. Qualquer coisa, em qualquer lugar, que acerte o inimigo será bem-vinda pelo povo muçulmano oprimido. Essas cabeças, o imaginário dos verdadeiros muçulmanos, são o alvo real da *al-Qaeda*. Para os ocidentais, a *al-Qaeda* mira no coração, não na mente. Para que eles não entendam, mas tenham medo. E o medo é ainda mais ameaçador quando vem de fontes ocultas. A mídia como forma de comunicação com os muçulmanos ao redor do mundo é uma arma essencial para a *al-Qaeda*, pois eles seguem a tradição secular anarquista da ação exemplar, praticada pelos anarquistas russos, franceses, italianos e espanhóis: atacar o coração do inimigo como uma forma de mostrar sua fraqueza, destruir o mito de sua invencibilidade e retirar o medo das mentes e vontades dos jovens leões do islã. Cada grande ato terrorista na América é uma vitória da vontade de Deus sobre a maior potência da Terra. Tão triste quanto essa imagem tenha sido, quando a juventude muçulmana, após assistir Nova York explodir, ficou dançando pelas ruas das cidades mundo afora, a *al-Qaeda* soube que sua tática estava certa dentro da sua visão de mundo particular e distorcida.

E tem mais. A ação exemplar, na tradição anarquista, ou na tradição nacionalista terrorista, é também um ato de provocação. Espera-se que, ao enfurecer o inimigo, ele se dedique a dar uma resposta irracional que vai, então, inflamar o mundo apodrecido, de modo que uma civilização purificada possas emergir das cinzas. Como estratégia destrutiva, isso funcionou na História: a Primeira Guerra Mundial foi desencadeada por um assassino solitário em Saravejo. Isso é exatamente o que o Hamas e a *jihad* islâmica estão fazendo em Israel, ou o que a *al-Qaeda* está fazendo no mundo. A política americana em relação ao Iraque, espectador no conflito, parece mostrar que a estratégia de fato funciona.

Em última análise, a *al-Qaeda* oscila entre dois modelos. O primeiro, ao qual eles se vincularam até 2001, pode ser chamado de Síndrome da Somália. A América e os americanos não estão prontos para morrer, diferentemente dos guerreiros do islã para quem o martírio é um desejo ardente. Dessa forma, algumas mortes espetaculares, como aquelas dos soldados dos EUA na Somália, vão forçá-los a recuar, como fizeram no caso do Vietnã ou no da própria Somália, nesse sentido. Mas, após a campanha de 2001 no Afeganistão, a *al-Qaeda*, tendo a custo sobrevivido à retaliação dos EUA, e após ter visto o Talibã se desintegrar e seus apoiadores paquistaneses fugirem, mudou de ideia e de tática. O terror se tornaria verdadeiramente global e atingiria os alvos de oportunidade. A rede se tornou muito mais livre, mas a mídia criou um canal indireto de comunicação para partilhar a luta. Foi dada grande ênfase à busca sobre como usar armas de destruição em massa, mas de maneira alguma esse era o único objetivo, visto que o alvo real era a conscientização do povo muçulmano, e isso requeria sua plena participação. Assim, motins em países muçulmanos e ataques a símbolos ocidentais eram mais factíveis e mais educativos, ainda que a arma suprema na concepção da *al-Qaeda* seja a vontade de Deus. É por isso que não há dúvidas sobre o resultado da luta, e é por isso que a luta vai continuar infinitamente. Porque, nesse caso, o poder da identidade é o poder de Deus.

11 de Setembro e depois: morte ou nascimento de um movimento fundamentalista global em rede?

O horror e o simbolismo do 11 de Setembro acertaram as mentes e os corações do mundo inteiro. Subitamente, a América descobriu sua vulnerabilidade. E, em poucos dias, o sentimento de euforia profissional, inovação tecnológica e liberdade pessoal que caracterizou os primeiros anos da era da informação nos países ricos e classes abastadas transformou-se em obsessão com a segurança, suspeita e controle.

A própria implementação da trama para o 11 de Setembro foi reveladora da natureza do confronto iminente entre as vanguardas revolucionárias de base identitária e as instituições e organizações do Estado-Nação, ainda marcadas pela mentalidade e pela rotina da era industrial e pela geopolítica da Guerra Fria. O grupo suicida da *al-Qaeda* que se infiltrou nos Estados Unidos executou, com alguns deslizes, um plano bastante simples, que visava causar o máximo dano em vidas humanas e, acima de tudo, pretendia mostrar, pela mídia, a humilhação ao poder imperial dos Estados Unidos, dessa maneira potencialmente libertando as massas muçulmanas do seu sentimento de impotência. O ataque poderia ter sido ainda mais simbolicamente poderoso (a destruição da Casa Branca?) se não fosse a luta heroica dos passageiros do voo UA 93, que alterou o direcionamento do último míssil humano. A execução fria, metódica do plano durante dois anos, sem vazamentos ou contratempos, e sem hesitação no longo caminho rumo à autodestruição, é prova da capacidade organizacional, da determinação implacável e da motivação psicológica dos membros da *al-Qaeda*. Eles mostraram como o terrorismo global pode ser uma operação de baixo orçamento, gastando menos de US$ 300 mil e ainda devolvendo para os quartéis-generais, antes de embarcar nos seus voos fatais, a quantia de US$ 12 mil.

Em termos estritamente financeiros, é óbvio que esse tipo de guerra pode durar mais que as guerras *high-tech*, que usam milhares de mísseis inteligentes ao custo de um milhão de dólares cada. No entanto, o plano só pôde funcionar porque ele era baseado na premissa de que o inimigo "é burro", de acordo com uma das declarações de Ramzi bin al-Shibh, um dos líderes da *al-Qaeda* (logo em seguida capturado no Paquistão por um inimigo que estava aprendendo a lição). Se tomarmos a declaração no sentido da inteligência organizacional, ela se provou verdadeira. A lista sem fim de erros inexplicáveis que as agências de segurança dos EUA cometeram ao logo de todo o processo que levou ao 11 de Setembro foi amplamente documentada e exposta. Eles podem ser ligados a inúmeros fatores inter-relacionados, inclusive à complacência gerada pela sensação de poder absoluto e de total confiança na tecnologia (em vez de na inteligência humana), pela obtenção e pelo processamento da informação, por razões que são ao mesmo tempo ideológicas (o americano — moderno — acredita que a tecnologia pode resolver tudo) e financeiras (é muito mais barato pagar por computadores ou usar, como um subproduto, os brinquedos eletrônicos das Forças Armadas do que investir em oficiais de inteligência bem pagos e bem treinados). Além disso, a falta de coordenação entre agências, rotina burocrática e o desdém pelas fontes de informação estrangeiras (p. ex.: relatórios rigorosos dos serviços de inteligência franceses foram ignorados) deixaram os EUA no escuro em relação à trama que, na verdade, não estava tão oculta assim.

Mas há uma coisa ainda mais importante: as agências de segurança eram (e são) ainda o produto de um Estado-Nação envolvido numa guerra em potencial contra outros Estados-Nação e, durante a Guerra Fria, contra o poderoso império soviético. A lógica organizacional e a estrutura mental desses hipotéticos Estados beligerantes eram muito similares; assim também seu entendimento e suas estratégias de penetração e, às vezes, de barganha — por exemplo, uma das razões para não haver terrorismo nos Estados Unidos e pouquíssima incidência na União Soviética durante a Guerra Fria foi o entendimento entre as duas superpotências de que elas deveriam impedir que suas organizações sub-rogadas (sejam elas palestinas ou a Mossad) se envolvessem com o terrorismo em seus territórios. Quando confrontado com um novo tipo de inimigo, o sistema de segurança dos EUA se provou incapaz de evitar um ataque devastador, e, quando reagiu, com força total, assim o fez à moda antiga, ou seja, buscando alvos localizados que pudessem ser eliminados pelo uso de tecnologia militar. A Guerra do Afeganistão, rapidamente vencida pela tecnologia e pelas forças especiais americanas, pareceu provar a confiabilidade da estratégia. Dessa forma, a determinação para desarmar o Iraque, a custo de uma guerra dispendiosa se necessário, e, para além do Iraque, confrontar o "eixo do mal", um eixo de geometria variável, permanecia presa à convicção de que o perigo real só poderia vir do terrorismo apoiado pelo Estado. Isso entra em contradição com a análise da *al-Qaeda* que apresentei aqui, baseado na documentação disponível. Embora a perda de sua base de apoio no Afeganistão tenha sido um revés enorme para as redes fundamentalistas, isso em si não eliminou sua capacidade operacional. Além disso, é claro, a conexão iraquiana não foi comprovada, e a motivação dos EUA para atacar o Iraque pareceu derivar mais de sua política de ação preventiva contra determinados "Estados vilões" do que voltado para um confronto com a *al-Qaeda*. Apenas depois do 11 de Setembro que os EUA, bem como outros Estados ocidentais, perceberam plenamente a natureza do conflito e passaram a lentamente se mover no sentido do estabelecimento de redes entre eles, incluindo uma ação conjunta para controlar as redes financeiras e as fontes de financiamento que são a base das atividades terroristas. Sendo assim, eles deram um passo para a transformação do Estado-Nação em uma nova forma de Estado, o Estado em rede, cuja análise vou apresentar abaixo neste volume e também no volume III desta trilogia.

No momento da escrita, no início de 2003, a *al-Qaeda* parece ter tido sua capacidade operacional seriamente enfraquecida. Além disso, a maior parte de seus patrocinadores pararam de dar apoio, certamente por medo da reação irada de uma superpotência ferida. Entretanto, inúmeros grupos similares, representando atores semelhantes em diversos países, parecem estar retomando várias formas de atividades terroristas, focadas nos símbolos e interesses dos EUA e do Ocidente, em Bali, Kuwait, Iêmen, Paquistão, Filipinas, Moscou, Jordânia e, pela primeira vez, atingindo civis israelenses em Mombaça. O alerta de tensão continua nòs Estados Unidos, onde as pessoas, no fim de 2002, ainda estavam tão mexidas e amedrontadas quanto no fim de 2001, de acordo com pesquisas de opinião nacionais. Pode até ser que o poder e os recursos da *al-Qaeda* tenham sido superestimados, como a maior parte dos serviços de inteligência europeus pensam. É extremamente possível que a *al-Qaeda* tenha se beneficiado de um "golpe de sorte" espetacular no 11 de Setembro, tirando vantagem da falta de preparo do sistema de segurança dos EUA. No entanto, as redes globais de terror, baseadas na visível necessidade de defender a identidade e seguir a vontade de Deus, podem ser reconstituídas e reconfiguradas com relativa facilidade, uma vez que as fontes a partir das quais emergem continuam a fluir. Afinal, o que a *al-Qaeda* demonstrou foi a possibilidade organizacional e operacional de confrontar o poder dos maiores Estados-Nação tendo por base a criação de redes flexíveis, políticas orientadas pela mídia e estratégia de enfrentamento assimétrico, via utilização de conhecimento, tecnologia avançada e, possivelmente, armas de destruição em massa. Isso implica a aceitação do sacrifício humano, tanto para os agressores quanto para suas vítimas. Um sacrifício que é percebido como uma tarefa religiosa para salvar a humanidade de sua corrupção moral e os povos muçulmanos da humilhação e da opressão contínuas causadas a eles pelos novos cruzados.

Mas que humilhação é essa? Como podemos sentir essa opressão? A exclusão social de um grande número de pessoas do planeta, em termos econômicos e tecnológicos, é facilmente observável, como vou discutir e documentar no volume III. No entanto, qualquer que seja a derivação futura do conflito promovido pelas redes fundamentalistas globais, ela não será a causa imediata da *al-Qaeda* ou de grupos terroristas relacionados. Os talibãs eram recrutados nas *madraças* dos campos de refugiados, mas os membros da *al-Qaeda*, conforme expliquei anteriormente, são principalmente de origens sociais ricas. O que é comum a ambos os grupos é a profundidade, e a simplicidade, de suas crenças religiosas, e a convicção de que seus próprios países vivem em pecado e que foram corrompidos pelos infiéis. Ao analisar o desenvolvimento dessa identidade de resistência, não podemos fazer referência apenas aos efeitos indiretos da exclusão socioeconômica. A análise tem que estar relacionada à transformação cultural e institucional induzida pela globalização. A constituição de um sistema tecno econômico global como estrutura operacional para todas as sociedades levou os Estados-Nação, durante os últimos anos do século XX, a adaptar ou a conduzir o processo de globalização, uma vez que seu posicionamento nas redes globais de capital, tecnologia, informação e comunicação eram essenciais para manter, expandir ou negociar seu poder. Ser obediente à lógica das redes globais, sejam elas mercados financeiros, mídias como a CNN, centros de tecnologia mundiais ou redes internacionais de instituições estaduais, significava, para muitos Estados-Nação, inclusive aqueles no mundo muçulmano, criar um distanciamento de seus eleitorados tradicionais e de suas bases de apoio. Alguns, como o regime saudita, tentaram habilmente preservar os símbolos tradicionais da cultura e da ortodoxia religiosa. No entanto, isso era obviamente uma fachada, visto que os *ulemás* podiam facilmente ser expostos como burocratas na folha de pagamentos da monarquia. Ser moderno e, consequentemente, aceito passou a ser equivalente a renunciar aos códigos e valores que eram significativos para as pessoas em geral e, em especial, para as elites tradicionais. Isso também implicava a aceitação de uma cultura global cosmopolita que, em geral, se identificava com a americanização — até mesmo na França. No caso da cultura muçulmana, costumeiramente vilipendiada nas metrópoles coloniais, a marginalização de valores tradicionais vinha acompanhada de um toque de culpa por seu obscurantismo, frequentemente simbolizado pela submissão das mulheres ao islã, de acordo com os padrões ocidentais. Essa humilhação sentida na pele está na raiz da representação etnocêntrica racista de árabes e muçulmanos no Ocidente sob a caracterização ideológica de "orientalismo". Como Edward Said escreve:

> Juntos a todos os outros povos declarados, de forma variada, como retrógrados, degenerados, não civilizados e retardados, os orientais foram assim considerados em uma estrutura constituída a partir do determinismo biológico e da admoestação moralista-política. O oriental era ligado, dessa maneira, a elementos da sociedade ocidental (delinquentes, insanos, mulheres, miseráveis), tendo em comum uma identidade melhor descrita como lamentavelmente estrangeira. Os orientais eram raramente vistos ou percebidos; eles eram olhados de cima a baixo, analisados não como cidadãos, nem mesmo como pessoas, mas como problemas a serem resolvidos ou confinados ou — já que as potências colonialistas abertamente cobiçavam seus territórios — dominados... Uma vez que o oriental era membro de uma raça subjugada, ele tinha que ser subjugado: simples assim.[67]

Logo, para a maior parte dos muçulmanos pobres vivendo suas vidas cotidianas, o apelo do fundamentalismo vinha acompanhado de uma reforma social e econômica: esse foi o projeto de fundamentalismo político que fracassou quando confrontado com a repressão direta dos Estados-Nação. No entanto, para aquelas elites dominantes que viviam em contato com as redes globais soberanas, a escolha era entre se tornar culturalmente ocidental ou ser rebaixado em seu status social e cultural. Isso foi especialmente intenso para a geração jovem cujos membros eram tecnológica e intelectualmente muito modernos, ainda que não encontrassem sentido para suas vidas nos valores alheios à sua experiência. Uma experiência que era aviltada por ser oriental. Esse setor da juventude alienada foi o universo estimulante das redes fundamentalistas terroristas. Sua habilidade de se vincular às aspirações do povo muçulmano espoliado pelo mundo é ainda mais uma questão de projeto do que um fenômeno observável. Entretanto, no caso, seria uma conexão entre a revolta contra a irrelevância socioeconômica e a resistência da identidade contra a dominação cultural ocidental que poderia alterar o curso da História, ao opor às redes globais de riqueza e tecnologia as redes globais de crença e terror.

"Não à globalização sem representação!": O MOVIMENTO ANTIGLOBALIZAÇÃO[68]

O encerramento do encontro da Organização Mundial do Comércio, realizado em Seattle, em 30 de novembro de 1999, como resultado da ação de dezenas de milhares de manifestantes, assinalou o amadurecimento de um grande movimento social oposto, em uma escala global, aos valores e interesses que moldam o atual processo de globalização. Lutas sociais, que explicitamente rejeitam a globalização desenfreada capitalista, estavam acontecendo por mais de uma década, incluindo rebeliões contra as políticas de austeridade inspiradas no FMI que ocorreram em inúmeros países em desenvolvimento,[69] bem como insurreições de base identitária que clamaram por resistência geral contra a dominação global, em especial a insurgência zapatista, que analisei antes. No entanto, as manifestações em Seattle atingiram a mentalidade pública pelo mundo inteiro através de seu impacto na mídia global, trazendo para a atenção de todos o fato de que a globalização não era um processo natural, mas uma decisão política. Além disso, os manifestantes de Seattle submeteram ao debate público seu entendimento de que as formas específicas pelas quais o processo de globalização estava acontecendo foram definidas de acordo com fortes interesses econômicos e ideológicos de uma elite global dominante. Não era a globalização *per se* que muitos ativistas combatiam, mas esse tipo específico de globalização. Na verdade, logo que a mídia cunhou o termo "antiglobalização" para caracterizar o movimento, muitos atores sociais nele envolvidos rejeitaram o nome, propondo, em vez disso, que eles fossem declarados como movimento por justiça global, ou movimento antiglobalização capitalista, ou movimento antiglobalização corporativa, ou uma variedade de nomes alternativos nos quais cada uma das muitas faces desse movimento se sentisse melhor representada. O porquê de eu ter escolhido manter o rótulo da mídia no título desta seção tem a ver com razões analíticas que vão, assim espero, se tornar claras após eu ter conduzido a minha análise.

As manifestações de Seattle foram seguidas por uma série de manifestações similares, algumas delas menores, outras muito maiores, em muitos lugares pelo planeta, sempre seguindo um padrão de ação similar e tendo sempre como alvo uma grande reunião de algumas das instituições políticas envolvidas na condução da globalização: o encontro do FMI e do Banco Mundial em Washington, D.C., de 16 de abril de 2000; a Convenção Nacional do Partido Republicano dos EUA, na Filadélfia, e a Convenção do Partido Democrata, em Los Angeles, no verão de 2000; o encontro do FMI e do Banco Mundial em Praga, em 26 de setembro de 2000; a conferência da União Europeia em Nice, em 6 de dezembro de 2000; a Conferência das Américas, na cidade de Quebec, em 20 de abril de 2001; a conferência da União Europeia em Gotemburgo, em 14 de junho de 2001; o encontro do Banco Mundial em Barcelona, em 25 de junho de 2001 (apesar do cancelamento do encontro, que foi transferido para o ciberespaço); o encontro do G-8 em Gênova, em 19 de julho de 2001; a conferência da União Europeia em Barcelona, em 16 de março de 2002, e em Sevilha, em 15 de junho de 2002; e várias manifestações menores, porém poderosas, em conferências similares em Bruxelas, Durban, Fortaleza, Monterrey, Quito, Montreal, São Paulo, Joanesburgo, Florença, bem como, no período em que este livro é publicado, inúmeros outras localidades em que ocorreram outros encontros, como Copenhagen, Atenas, Miami e Cancun. Além disso, o encontro informal anual da elite global no Fórum Econômico Mundial, que geralmente acontece em Davos, foi alvo das manifestações em Zurique, assim como em Nova York (em 2002, quando o lugar de encontro foi transferido para lá), enquanto um encontro muito maior começou a acontecer anualmente em Porto Alegre, o Fórum Social Mundial, que ocorria exatamente ao mesmo tempo que o Fórum Econômico Mundial e tinha como finalidade debater suas próprias alternativas às propostas que estavam em discussão por parte das elites globais.

Esse espelhamento do movimento antiglobalização *vis-à-vis* aos tempos e espaços das instituições condutoras da globalização claramente indica o que o movimento é: uma tentativa deliberada de garantir à sociedade o controla sobre suas instituições após o fracasso dos controles democráticos tradicionais sob as condições da globalização da riqueza, da informação e do poder. Isso é o que está bem expresso no slogan mais popular das manifestações de Seattle, "Não à globalização sem representação", numa transposição histórica do grito de guerra dos patriotas americanos em sua luta por independência, "Não à tributação sem representação". Entretanto, o movimento antiglobalização é altamente diversificado e, em certa medida, contraditório em suas circunscrições e em suas mensagens, assim como sua composição e sua expressão variam de um contexto para o outro. É por isso que sua caracterização requer uma análise cuidadosa, que, seguindo meu método geral para estudo dos movimentos sociais, vai passar, em sequência, por seus atores, suas metas, suas formas de organização, suas práticas de luta e seu relacionamento com as instituições da sociedade. Antes de embarcar neste estudo, entretanto, há três pontos que devemos ter em mente.

Primeiro, o movimento é composto por contrastes tão profundos que temos que discutir, e demonstrar, porque o que existe é um movimento e não uma coalização de movimentos e de atores sociais. Eu de fato acredito que haja um movimento, mas um tipo de movimento muito específico. Deixe que eu diga isso antes de elaborar o conceito abaixo: trata-se de um movimento em rede no qual a unidade é a rede. Em segundo lugar, trata-se de um movimento global, e sua natureza global representa uma transformação qualitativa *vis-à-vis* às lutas contra a globalização capitalista que ocorreram pelo mundo, desencadeando, ocasionalmente, solidariedade em outros locais de luta, mas não ocorrendo, numa escala global, conjuntamente em tempo real. Em terceiro lugar, o que esse movimento afirma a partir de sua existência, independentemente do seu conteúdo e da sua evolução futura, é a regra mais antiga na dinâmica das sociedades humanas: onde há dominação, há resistência à dominação; onde novas formas de dominação aparecem, novas formas de resistência em última instância surgem para atuar sobre os padrões de dominação específicos. Logo, a implantação de uma sociedade global em rede, caracterizada pela dominância estrutural de interesses e valores específicos, politicamente imposta e gerida, enfim veio a ser cumprida pela resistência de um movimento social global em rede, cujos componentes, estratégias e valores passo a analisar a partir de agora.

"El pueblo desunido jamás será vencido": a diversidade do movimento antiglobalização

Ao refletir sobre as características dos novos movimentos sociais em 2002, a antropóloga social Ruth Cardoso inverteu o lema tradicional da esquerda latino-americana, sugerindo que a força dos novos movimentos sociais era proveniente particularmente de sua diversidade interna: "O povo, desunido, jamais será vencido."[70] Para além do efeito linguístico desse paradoxo, acredito que se pode registrar que a cacofonia interna do movimento antiglobalização, constituído por componentes diversos e até mesmo contraditórios, é de fato o que o torna, coletivamente, uma fonte de desafios para a globalização capitalista, uma vez que é essa diversidade que expande a base da oposição em uma união de interesses e ideologias aparentemente impossível de outra forma: "Caminhoneiros e ambientalistas", como passou a ser referida a convergência de Seattle entre uma das mais conservadoras organizações sindicais do mundo e os defensores de espécies ameaçadas, ambos coagidos pela liberalização do mercado. Quais são esses componentes divergentes? Quem são os atores que convergiram no movimento antiglobalização? A resposta empírica é muito complicada, pois é necessário distinguir entre os participantes das ações de massa nos eventos e os encontros das instituições de governança global, e os movimentos sociais contra a globalização que ocorrem em locais específicos ou conectados a uma rede global de debate e protesto.

Vamos começar com os manifestantes nos eventos simbólicos em torno dos encontros das elites globais. Em Seattle, o maior contingente em termos numéricos, embora de maneira alguma o mais beligerante, era constituído por trabalhadores sindicais, organizado pelo Conselho Trabalhista do Condado de King, numa aliança entre os sindicatos dos maquinistas da AFL-CIO [Federação Americana do Trabalho e Congresso de Organizações Industriais] e os caminhoneiros. O atuante Sindicato Internacional dos Estivadores de Cais e Armazéns, ainda orgulhoso de sua história de liderança comunista na década de 1930, organizou greves nos portos da Costa Oeste, exigindo a liberação dos manifestantes presos em Seattle. Houve também vários grupos de ambientalistas, dos mais militantes, como o Earth First! e a Rainforest Action Network, aos círculos moderados do Sierra Club e do Greenpeace. A força principal na manifestação foi organizada por uma coalização formada pela Rede de Ação Direta, cujo núcleo era formado pelo Art & Revolution, um grupamento pretensamente anarquista de artistas e de grupos teatrais surgido das manifestações de 1996 contra a Convenção Democrática de Chicago. Um grupo ativista que defendia protestos não violentos, o Ruckus Society, ensinou táticas de desobediência civil aos manifestantes. Seminários foram organizados pela Global Exchange, uma coalizão contra as consequências sociais e ambientais do livre comércio, e pelo Fórum Internacional de Globalização, uma rede de intelectuais que propõe políticas alternativas para a globalização. Os povos indígenas e os camponeses do mundo todo também estiveram presentes, parcialmente por iniciativa da Ação Global dos Povos (AGP), que organizou para Seattle uma caravana da Costa Oeste pelas Américas. Agricultores franceses, liderados pelo carismático Jose Bove, também estiveram presentes, levando com eles a abundância do queijo francês importado ilegalmente. Manifestantes violentos de origens distintas foram principalmente coordenados pelos black blocs, que viriam a ser presença constante em manifestações futuras. Vestidos com camuflagem militar, roupas pretas, inclusive bandanas e capuzes, os black blocs tendem a ser anarquistas e costumam deliberadamente atacar propriedades comerciais e forças policiais, símbolos da opressão e da alienação. O que é significativo é que em Seattle, e em outras manifestações (por exemplo, em Barcelona, de acordo com a minha própria observação), jovens com pouca ideologia política, mas com um potencial de fúria contra "o sistema", se junta a eles. As mulheres estiveram presentes em grande número e, individualmente, tiveram posições de liderança, embora apenas algumas organizações formais feministas estivessem entre os organizadores da manifestação.

Essa configuração original de participantes nos protestos mudou com o passar do tempo e de acordo com o contexto. A participação dos sindicatos diminui significativamente nos Estados Unidos, mas aumentou exponencialmente na Europa Ocidental e na América Latina. O componente feminino do movimento aumentou sua visibilidade através da Marcha Mundial das Mulheres, iniciada pela Federação das Mulheres do Quebec, em 1998, tendo sua primeira grande marcha em 2000. Os movimentos indígenas e os movimentos por demanda de terra, da Índia até a América Latina, bem como agricultores da França e de outros países desenvolvidos, ampliaram sua coordenação pela rede da AGP, possivelmente a rede que apontava de maneira mais explícita para a conexão entre Sul e Norte. Na Itália, a tradição dos movimentos autônomos da esquerda radical nos anos 1970 foi revivida (e teorizada por Toni Negri, uma das maiores figuras intelectuais do movimento) pelo movimento Ya Basta/Tute Bianche, que pratica ação direta por meio de uma forma teatral não violenta, porém conflituosa. Na Espanha, o Movimento de Resistência Global, principalmente centrado nos arredores de Barcelona e fortemente inspirado pela tradição anarquista, forneceu um dos maiores contingentes de manifestantes da Europa. Os grupos anarquistas e autônomos de black blocs, por não hesitarem em se envolver em ações violentas, conquistaram militância e influência na Europa.

Ao mesmo tempo, o debate sobre a globalização encontrou sua expressão mais significativa no Fórum Social Mundial, que se reunia em Porto Alegre, anualmente, desde 2001, e que em 2002 começou a organizar fóruns sociais regionais em Florença, em Quito, em Hyderabad, e em cidades do mundo todo. Essas reuniões de dezenas de milhares de ativistas, seguidas, portanto, por milhares de jornalistas, forneceram uma plataforma para o debate e a expressão entre todos os movimentos sociais, ideologias políticas, ONGs, intelectuais, grupos e indivíduos da velha e da nova esquerda, de vários continentes e com vários propósitos. A noção de que havia lugares onde o pensamento poderia ser divergente, longe da ortodoxia do Consenso de Washington, e onde havia, de acordo com a expressão zapatista, "um mundo onde todos os mundos podem se encaixar", representava uma liberação extraordinária para muitos em um mundo que acreditava na inevitabilidade de uma difícil escolha entre o domínio do presente e as lutas do passado.

Então, os principais componentes do movimento, conforme surgem da observação dos eventos simbólicos que resumem sua ação, são: críticos das consequências sociais e ambientais de uma globalização baseada no livre comércio e dominada pelos interesses de corporações capitalistas; proponentes da regulação dos mercados financeiros; ONGs que se solidarizam com as pessoas pobres do mundo, inclusive proponentes do cancelamento da dívida externa, no caso de países pobres; grupos religiosos; ONGs humanitárias; trabalhadores e sindicatos, defendendo seus empregos, benefícios e condições de trabalho; agricultores e camponeses se negando a aceitar as consequências dos acordos de livre comércio; movimentos camponeses por todo o mundo e suas redes de solidariedade; movimentos ambientalistas; movimentos feministas; artistas revolucionários; grupos anarquistas e autônomos de diferentes tradições e ideologias; jovens que se revoltam violentamente contra suas sociedades; partidos políticos da velha esquerda, tanto dos grupos tradicionais (comunistas, esquerda socialista) quanto da ala radical (trotskistas); críticos intelectuais e independentes, tais como os membros do movimento ATTAC e do Fórum Internacional de Globalização.

A mera apresentação dessa lista mostra a diversidade do movimento, bem como seus valores e objetivos, que, em vez de terem características sociais específicas, são os elementos definidores do movimento. Entretanto, se levarmos em consideração os participantes nos principais eventos, manifestantes e militantes tendem a ser jovens de classe média e, esmagadoramente, oriundos de países industrializados, em especial da Europa Ocidental e da América do Norte. Embora haja, quando o Fórum Social Mundial se reúne em Porto Alegre, em Quito ou em Hyderabad, ampla participação dos movimentos sociais do Sul do globo, tais como a CONAIE, no Equador; o MST, no Brasil; os Zapatistas; o Movimento dos Agricultores de Karnataka, na Índia; e uma ampla gama de grupos de esquerda e de críticos intelectuais. Além disso, há uma distinção a ser feita entre os participantes nos protestos simbólicos do movimento, em torno de encontros de instituições de governança global, e os participantes das lutas sociais contra a globalização. Há duas camadas do movimento que, em termos analíticos, devem ser distinguidas e relacionadas ao mesmo tempo. Vou ilustrar esse ponto trazendo uma breve consideração sobre o poderoso movimento indígena no Equador.[71]

A *Confederación de Nacionalidades Indígenas del Ecuador* (CONAIE) foi formada em 1986 por uma aliança entre os povos da Amazônia e os povos das montanhas. Começou como uma forma de preservar suas terras e identidades, especialmente numa oposição ao processo de exploração de petróleo por parte de companhias americanas. Para isso, eles buscaram suporte em redes ambientalistas internacionais, tais como a Rainforest Action Network. Eles também se mobilizaram contra a discriminação étnica e a situação de marginalização e pobreza que caracterizava as populações indígenas do Equador. Em última análise, eles se opuseram às políticas neoliberais do governo equatoriano inspiradas no FMI, no contexto de adaptação do Equador ao processo de globalização. Nos anos 1990 e, em especial, em 2000 e 2001, eles lideraram quatro poderosos levantes não violentos, que, no fim das contas, forçaram o presidente a renunciar, o que levou, em novembro de 2002, à eleição do presidente populista Gutierrez, apoiado pelo Pachakutik, partido político que surgiu do movimento indígena. As organizações da CONAIE se ligaram a outros movimentos indígenas na América Latina, e foram representadas em grandes fóruns e eventos do movimento antiglobalização, em especial em Quebec e no Fórum Social Mundial de Porto Alegre. Eles sediaram em Quito, em outubro de 2002, o Fórum Social Mundial regional da América Latina. Eles usaram a internet tanto para manter seus próprios canais de comunicação quanto para coordenar e interagir com outros movimentos sociais contra a globalização na América Latina e no mundo. Dessa forma, o que começou como um movimento de identidade de resistência passou a se deslocar gradualmente da defesa do povo indígena para um projeto alternativo de globalização, ou "globalização pela base", como os líderes da CONAIE diziam, conectando-se tanto com movimentos indígenas quanto com a corrente mais ampla de militantes por uma globalização alternativa. Eles foram a força condutora na construção de uma "Aliança Continental Social" na América Latina, que reuniu movimentos sociais de diversos países em um projeto de "Integração Alternativa", explicitamente contrário ao projeto da ALCA proposto pela administração dos EUA na Conferência das Américas, em Quebec, no ano 2000, que visava criar uma área de livre comércio no continente inteiro.

O movimento antiglobalização, consequentemente, não pode ser reduzido às grandes manifestações realizadas por jovens ativistas de países desenvolvidos. Ele é formado por uma pluralidade de lutas sociais pelo mundo todo. Essas lutas estão inter-relacionadas e se comunicavam através de uma combinação de redes de internet, difusão midiática, fóruns de discussão e convergência em eventos de protestos que circulam pelo globo, de Washington a Quito, de Durban a Genebra. Embora os movimentos indígenas, agricultores, ocupantes e militantes sindicais estejam presentes em números menores nos eventos de mídia global, por conta das limitações em sua capacidade de viajar, eles são cada vez mais relevantes no movimento como um todo. Assim, a base social do movimento antiglobalização está se estendendo por todos os setores da sociedade que são afetados pela globalização e que se mobilizam contra ela. O que é relevante é a combinação de fontes locais múltiplas de oposição mundial à globalização desenfreada. O que é também relevante é a extraordinária diversidade social, étnica, ideológica e política dos atores no movimento. Dessa forma, em vez de distinguir entre as versões Norte e Sul do movimento, devemos enfatizar o estabelecimento de sua rede global como sua principal característica. E, em vez de nos concentrarmos nas características dos atores de modo a entender a lógica do movimento, podemos encontrar a fonte para a sua existência nos valores e objetivos desses atores.

Os valores e objetivos do movimento contra a globalização

A esta altura, deveria estar claro que a diversidade interna do movimento proíbe uma caracterização simplória, unificada de seus valores e objetivos. Além disso, o que começou como uma convergência de múltiplas fontes (ambientalismo, direitos trabalhistas, direitos sociais, solidariedade contra a pobreza, direitos indígenas, direitos das mulheres e coisas do tipo) em oposição a um processo de globalização entendido como injusto, abriu caminho para debates acalorados sobre que tipo de sociedade o movimento apresentaria para substituir o atual sistema. O neoliberalismo é reconhecidamente, de fato, um inimigo comum, e essa foi uma contribuição original dos zapatistas. Entretanto, o sentido de neoliberalismo não é o mesmo para todos: é provável que a maior parte do movimento o identifique com o capitalismo, mas a ala supostamente reformista não é, necessariamente, anticapitalista. Afinal, o subtítulo do livro *Lugano Report*, escrito por Susan George, uma das principais porta-vozes do movimento, pede pela sobrevivência do capitalismo.

Além de tudo, há primeiro uma segmentação entre aqueles que estão no movimento em busca de uma reforma institucional, bem como de uma globalização conduzida de maneira humanizada, e aqueles que se opõem ao capitalismo, ou, pelo menos, ao capitalismo corporativo, que é sua atual e única encarnação. O ATTAC se concentrou na tentativa de implementação da taxa Tobin como forma de regular os mercados financeiros e evitar uma perturbação econômica maior. Esse objetivo tinha um valor mais simbólico que técnico, mas até mesmo o simbolismo acabou se perdendo quando o próprio Tobin refutou a ideia, um pouco antes de sua morte. No entanto, há visões claramente conflituosas mesmo no interior dos grupos que se opõem ao capitalismo e formam uma corrente que tem cada vez mais influência, organizando-se principalmente pela rede da Ação Global dos Povos e passando a ser caracterizada como anarquista ou neoanarquista por sua explícita rejeição a todas as estruturas de autoridade e por sua crítica à cooptação do movimento por intelectuais reformistas e por forças políticas da esquerda tradicional. Na verdade, os remanescentes da esquerda marxista, desarticulados na década de 1990, encontraram no movimento antiglobalização tanto uma clara confirmação de seus pontos de vista quanto um espaço para o ativismo e a influência política. Embora seja claramente uma interpretação equivocada da dinâmica e das características do movimento antiglobalização, isso soma para a diversidade interna do movimento e para a expressão contraditória dos valores nele presentes. Entretanto, uma vez que não há uma estrutura de comando central, e como ninguém precisa de permissão para estar ativo nesse movimento altamente diversificado e abrangente, sua natureza contraditória funciona como uma fonte de força, não de fraqueza, como seria o caso com as organizações sociopolíticas tradicionais. Divisões e diferenças dão uma nova base de apoio, pois muitos atores sociais se reconhecem em pelo menos uma das facetas do movimento, e não se sentem sujeitos à pressão ou à disciplina daquelas facções das quais discordam. Apesar disso, para tentar fornecer uma síntese das fundações do movimento em termos dos seus valores, a observação de sua prática e dos seus debates pode render quatro caracterizações principais:

1. Cada componente do movimento tem seu conjunto de valores e seus próprios propósitos, seja ele a defesa da identidade indígena ou a preservação do protecionismo para os produtos agrícolas franceses. Mas cada um desses propósitos é afirmado em oposição ao atual processo de globalização, dominado pela liberalização assimétrica que atende aos interesses do capitalismo corporativo.

2. Uma grande parcela do movimento se mobiliza pela reforma institucional do processo de globalização atual: "Outro mundo é possível" é o slogan mais popular proferido pelo Fórum Social Mundial. Aqui, a ênfase é em "possível", não em "outro".

3. Uma corrente significativa e crescente do movimento, livremente organizada pelas redes da AGP, desafia o capitalismo absoluto. Uma posição articulada dentro desse movimento anticapitalista é explicitamente anarquista e propõe uma nova forma de organização sociopolítica por meio da prática do estabelecimento de redes populares. Para os neoanarquistas, a internet e outras formas de estabelecimento de redes não são apenas uma ferramenta organizacional, mas uma nova forma de sociedade autogestionada. Outro mundo é possível, mas, para esses pontos de vista, a ênfase é em "outro", e a possibilidade só pode surgir através da radicalização da luta.

4. Mas se ainda há um movimento, apesar dessas fortes contradições que podem levar a redes distintas de ação, é porque o que ver

dadeiramente caracteriza o movimento antiglobalização é o que deu origem a ele no início: a crítica radical aos mecanismos políticos de representação nas instituições de governança global. À primeira vista, a crítica não parecia se justificar. Afinal, as instituições e os encontros internacionais que são alvos dos protestos são constituídos por governos, a maior parte deles democraticamente eleita. Esse, na verdade, é o argumento apresentado por essas instituições para descartar os protestos como se fossem antidemocráticos. Ainda, se o movimento antiglobalização tem um apelo assim tão grande e impacta a opinião pública pelo mundo, indo muito além das hierarquias militares, ele deve estar focado em um déficit democrático sentido profundamente. Entre o ato de votar a cada quatro anos no menos pior, tendo apenas duas opções restritas, e o resultado de um processo de tomada de decisão complexo em meio a uma pluralidade de atores governamentais que levam em consideração os interesses estruturalmente dominantes das corporações privadas, há uma lacuna crescente, que se torna ainda maior pela falta de transparência e pela descrença dos cidadãos na classe política. Dessa maneira, a cola que unifica o movimento antiglobalização, se não na organização, nas ideias, é o projeto compartilhado em direção a formas alternativas de representação e de governança democráticas. Não se trata de um movimento contra a globalização, mas de um movimento por uma globalização democrática, por um sistema de governança que se adéque aos ideais democráticos no novo contexto de tomada de decisões que surgiu na sociedade global em rede.

O estabelecimento de redes como um modo político de ser

O estabelecimento de redes, em especial o de redes baseadas na internet, é a essência do movimento antiglobalização. As inúmeras lutas, ações e organizações que se opuseram às políticas neoliberais, na década de 1990, por fim convergiram para uma teia de redes por meio da comunicação eletrônica. A coordenação de iniciativas e as discussões que levaram às manifestações em Seattle foram consideravelmente auxiliadas pelo uso da internet, como foram as mobilizações subsequentes e os chamados à luta no caso de cada um dos eventos globais que passaram a ocorrer periodicamente. Utilizando a internet, o movimento não precisava de uma estrutura de comando centralizada investida de autoridade e poder decisório. Grupos diversos podiam recorrer a diferentes mensagens, bem como apresentar seus pontos de vista e seus conflitos para todos. As reuniões de coordenação

O PODER DA IDENTIDADE | 203

aconteciam antes de cada encontro, geralmente no mesmo lugar em que o evento e as manifestações contra o evento aconteceriam, ainda que a maior parte desses encontros fosse limitada a uma logística compartilhada e à separação física dos diferentes componentes da manifestação, de modo que aqueles que quisessem protestar violentamente teriam seu próprio espaço de ação. Em outras palavras, a diversidade de táticas e ideologias no movimento era expressa numa separação espacial e organizacional, e, então, a comunicação em rede em torno dos objetivos compartilhados assegurava a efetividade geral do movimento.

Listas de e-mail, salas de bate-papo, fóruns e postagens de informações e declarações tornaram a internet a ágora permanente do movimento e fizeram com que fosse possível haver um amplo debate sem a interferência de encontros antagônicos que levavam a confrontos intensos. O movimento podia ser ao mesmo tempo coordenado e diversificado, e qualquer um que quisesse dizer alguma coisa poderia fazê-lo ao postar sua mensagem e entrar num debate personalizado em rede. Deve-se enfatizar que o uso da internet não é restrito aos militantes de países desenvolvidos. Como Chiriboga demonstrou, as organizações dos povos indígenas na América Latina usaram a internet como uma ferramenta essencial de organização e mobilização, seguindo a experiência pioneira do movimento de apoio à causa zapatista.[72] Foi por meio da internet que movimentos relativamente isolados tiveram sucesso em construir suas redes globais de solidariedade e assistência, e foram capazes de postar as informações em tempo real, tornando-se menos vulneráveis à repressão em suas regiões.

A experiência de se mobilizar e se organizar pela internet levou alguns militantes a sugerir que a rede fosse a forma em potencial para uma sociedade democrática futura, na qual as pessoas manteriam sua autonomia e tomariam decisões coletivas através de debates e votos sem a mediação de políticos profissionais. Embora isso seja, por enquanto, uma utopia, vale a pena se considerarmos essa possibilidade em relação à história das instituições políticas. Os partidos de massas, que caracterizaram a esquerda da era industrial, eram moldados a partir da experiência dos movimentos sociais de massa, tais como o trabalhista ou o camponês, com sua organização em seções, comitês locais e estrutura federal de delegações. Desse modo, os princípios e formas organizacionais de prática política em um período de formação de uma nova estrutura social configuram a experiência dos futuros representantes desses movimentos nas instituições da sociedade. Caso os militantes do movimento antiglobalização enfim constituíssem as novas forças de mudança política nas instituições da sociedade (na forma de partidos verdes, alianças de base identitária, coalizões de direitos humanos ou outras expressões ainda por serem descobertas), sua prática de estabelecimento de rede seria muito provavelmente transferida para as instituições políticas emergentes. Embora essas construções ainda estejam claramente em processo de experimentação social, o que é analiticamente importante sublinhar é que o estabelecimento de redes, em especial de redes baseadas na internet, não é só um instrumento de organização e de luta, mas também uma nova forma de interação social, mobilização e tomada de decisão. É uma nova cultura política: estar em rede significa não ter centro, portanto, não ter autoridade central. Isso representa um relacionamento instantâneo entre o local e o global, de modo que o movimento possa pensar localmente, ancorado em sua identidade e em seus interesses, e agir globalmente, onde as fontes de poder estão. Isso também quer dizer que todos os nós na rede podem e devem contribuir para os seus objetivos, assim fortalecendo-a por sua incessante expansão. No entanto, isso também quer dizer que os nós disfuncionais que bloqueiam a dinâmica geral da rede podem ser facilmente afastados ou desligados, superando, assim, os males tradicionais de movimentos sociais que com frequência acabam se autodestruindo por causa do sectarismo.

A diversidade contraditória do movimento antiglobalização faria com que ele fosse um ator coletivo impossível, exceto sob as condições de sua existência na forma de uma rede. É por isso que o movimento é a rede, um movimento em rede, e isso é claramente diferente de ser uma rede de movimentos. O valor agregado do movimento antiglobalização é a sua capacidade de operar como unidade em sua diversidade, embora seja uma unidade de geometria variada, tornada possível pela integração variável de seus objetivos e componentes, através de uma rede autoevolutiva. Entretanto, não se trata puramente de uma rede eletrônica. A rede conecta regiões e também lugares que se tornaram áreas simbólicas de manifestações contrárias a esses eventos. O estabelecimento da rede acontece tanto face a face quanto eletronicamente, e se relaciona tanto a sites da internet quanto a locais geográficos. Esses locais físicos são constituídos por duas geografias: a da experiência e a do poder. Locais da experiência são aqueles em que os atores do movimento vivem e encontram seus propósitos. Locais de poder são aqueles em que as instituições de governança global se encontram para desfrutar conjuntamente de sua dominação, marcando o planeta com o tempo e o espaço que elas mesmas definem. Dessa forma, por intermédio do estabelecimento de redes, os locais de experiência se tornam trincheiras de resistência e os locais de poder ficam sob o cerco espacial criado pelos contrapoderes iminentes.

Um movimento informacional: a tática teatral dos militantes antiglobalização

Se os Zapatistas foram a primeira guerrilha informacional, nos termos definidos acima, o movimento antiglobalização generalizou essa estratégia para toda a variedade de lutas convergentes contra a ordem do capitalismo global. Os alvos reais da mobilização dos militantes são as cabeças das pessoas mundo afora. É mudando suas ideias que eles esperam colocar pressão nas instituições de governança e, em última análise, trazer democracia e valores sociais alternativos para essas instituições. Mas vivemos numa era da informação na qual as pessoas tendem a formar suas opiniões com base em imagens e sons processados pela mídia. Logo, o movimento age nesse processo de formação/informação do imaginário público por duas vias principais. Por um lado, apresentando novas mensagens na mídia tradicional. Por outro, criando um sistema de mídia alternativa a fim de alcançar pessoas por meio de redes horizontais de comunicação que escapem do controle da mídia corporativa. Para influenciar a mídia é necessário falar a língua da mídia e, em especial, a língua da televisão.[73] Essa é a origem da ideia de transformar eventos globais de tomada de poder em eventos globais de destituição de poder, convergindo para os tempos e espaços que a cobertura de mídia entende como expressões do processo de globalização e, então, subvertendo o conteúdo desses eventos ao criar contramensagens expressas pela presença interferente dos protestos. Mas a mera presença não é o bastante para fazer com que isso seja notícia ou para estar no noticiário. Para ser noticiada, alguma ação deve acontecer, como por exemplo bloquear o acesso aos locais dos encontros (Seattle) ou prender os participantes no local do evento (Praga). Em todos os casos, esse é o limite para provocar a ação policial, e, uma vez que ela começa, frequentemente resulta em violência. Além disso, alguns componentes do movimento, em especial os black blocs, consideram o confronto violento parte do processo educacional para que a sociedade acorde. Assim, o movimento antiglobalização passou a aceitar que diferentes grupos levem a distintas formas de ação, considerando que elas devem coexistir.

A violência tem um efeito contraditório no movimento. Por um lado, garante a cobertura da mídia. Por outro, cria uma imagem de um movimento violento que pode alienar a maioria silenciosa da população. Dessa forma, em alguns casos (Barcelona, em junho de 2001; Gênova, julho de 2001) a polícia, provavelmente por ordens políticas, envia agentes provocadores para induzir a violência. A maioria dos participantes no protesto, entretanto, não admite violência, mas muitos praticam atos não violentos de desobediência civil, em geral de modo teatral, tal como os italianos do *Tute Bianche* (Capas Brancas), que, vestidos completamente de branco, vão em direção às linhas policiais protegidos por escudos brancos de plástico. Teatro de rua, palhaços, marionetes, música, dança e atmosfera carnavalesca são uma constante expressão do movimento, aprimorando a linha de ação introduzida pelo grupo britânico *Reclaim the Streets* e pelo movimento americano *Art & Revolution*. Festas e celebrações de rua são a expressão de um projeto alternativo de vida e de sentido, que coloca o deleite criativo e o compartilhamento do espaço público no lugar do isolamento e da distância das burocracias governamentais. Ele também projeta uma imagem boa para a sociedade em geral e atrai participantes para curtir um acontecimento multidimensional, na língua da cultura jovem a que muitos deles pertencem. Assim, a celebração pública é um objetivo em si mesmo para o movimento, o valor da satisfação, mas é também uma forma de se comunicar com a mídia, fornecendo cenas interessantes e frases de efeito que podem ser facilmente transmitidas como entretenimento na linguagem tradicional dos noticiários.

Simultaneamente, enquanto o movimento atua na mídia tradicional, ele também desenvolveu seus próprios meios de comunicação. Um elemento chave é a rede Indymedia, um grupo independente multimídia que se formou espontaneamente a partir da manifestação em Seattle e que continuou suas atividades pelos eventos. Ele é amplamente baseado na internet, contando com divulgação de notícias e publicação aberta a qualquer um que queira contribuir. Mas ele também funciona como uma agência de reportagem, fornecendo informação precisa sobre eventos presentes frequentemente ofuscados pelas autoridades e não veiculados pela mídia. Ele se caracteriza por fazer uma reportagem corajosa, *in loco*, que em geral enfrenta repressão violenta. Grupos livremente conectados à rede Indymedia também fazem vídeos e fotos e fornecem um relato audiovisual permanente do movimento, que é então difundido através da rede global. É por esse sistema de comunicação dual com as pessoas do mundo inteiro que o movimento atua na alavanca mais poderosa de mudança social: o imaginário e as vontades das pessoas.

O movimento em contexto: mudança social e mudança institucional

Como todos os grandes movimentos sociais, não é fácil avaliar o resultado de um movimento antiglobalização. Embora alguns dos encontros internacionais tenham sido seriamente interrompidos, em especial o encontro da OMC em Seattle, muito por causa do efeito surpresa de um movimento que tinha sido subestimado em seu apelo, a maior parte das funções da governança global foi capaz de seguir adiante, dentro de prédios bloqueados por barricadas, atrás das linhas policiais e até mesmo (como em Gênova) com sistemas de defesa aérea em navios de guerra. Para garantir, foi criada uma imagem de reclusão crescente e de distância social entre as instituições de poder e a sociedade civil ativa. Mas, em geral, escrevendo no fim de 2002, é difícil detectar uma mudança decisiva nas políticas de administração da globalização *vis-à-vis* à sua matriz liberal original. Há mudanças na atitude e na linguagem de algumas instituições governantes, que parecem estar prontas para, pelo menos, ouvir os componentes "respeitáveis" do movimento, particularmente os grupos religiosos e ONGs tradicionais que manifestaram a necessidade por reforma e solidariedade global. Alguns governos, a exemplo do governo francês, na administração Jospin, e do governo belga, participaram do Fórum Social Mundial, assim como fizeram agências das Nações Unidas, tais como a Organização Internacional do Trabalho. Em encontros da elite global, houve espaço para ONGs e atores sociais alternativos, e convites a críticos intelectuais para expressar seus pontos de vista. A maior parte disso é mais uma mudança de discurso que uma opção política, mas não indica uma tendência mais profunda: o processo de globalização é sujeito ao debate público. Não se considera mais que seja um processo natural, resultante da lógica interna da tecnologia e do mercado. A exigência por uma administração política da globalização é hoje amplamente reconhecida, embora os valores e objetivos que informam essa administração sejam ainda, em geral, o que o movimento chama de "valores corporativos".

A distinção primordial a ser feita na relação entre o movimento e as instituições políticas da sociedade é contextual. O movimento antiglobalização, embora seja de fato global, tem um nível muito desigual de penetração e de mobilização mundo afora. Ele está simplesmente ausente na China, a não ser que a posição por valores antiestrangeiros de Falun Gong seja considerada o equivalente funcional do movimento — comparação que eu não endossaria. Ele também tem uma existência muito frágil em países muçulmanos onde o fundamentalismo islâmico tem, na minha opinião, um papel de oposição à ordem global. Na verdade, o encontro da OMC em Zufar ocorreu sem protestos por causa da capacidade dos países autoritários em fechar suas fronteiras a manifestantes estrangeiros em potencial: isso pode se tornar um modelo para eventos futuros. No continente mais pobre, a África, somente na desenvolvida África do Sul há um movimento antiglobalização reconhecível. E boa parte da Ásia, inclusive o Japão, ainda não foi tocada pelo protesto, embora os ativistas ambientalistas malaios estivessem entre os pioneiros do movimento. Além disso, embora os EUA sejam o cenário mais ativo para o movimento em 1999–2000, após o 11 de Setembro uma cortina de ferro caiu sobre ele, uma vez que a maior parte da população se agarrou à política do medo e parecia estar pronta para ir à guerra contra qualquer um propenso a destruir o sentimento histórico de segurança nacional. A manifestação contra o Fórum Econômico

Mundial em janeiro de 2002 foi limitada a alguns milhares de manifestantes receosos de confrontar a muito querida polícia de Nova York. Manifestações antiguerra na América pareciam revitalizar o movimento no outono de 2002, mas o movimento antiglobalização tinha se tornado claramente subordinado à dinâmica da guerra ao terror. Ao mesmo tempo, o movimento se expandiu na Europa e foi energizado na América Latina pelos movimentos sociais na Argentina e pelas vitórias políticas de partidos aliados no Equador e, em especial, no Brasil, desafiando, assim, o Consenso de Washington que tinha dominado a década de 1990 no continente.

Essa diferenciação contextual do movimento antiglobalização ressalta seu caráter global. Não se trata de uma soma de lutas nacionalmente ligadas. Trata-se de uma rede global de oposição aos valores e interesses integrados ao processo de globalização. Logo, seus nós crescem e encolhem alternadamente, dependendo das condições sob as quais cada sociedade se relaciona à globalização e às suas manifestações políticas. É a rede que mantém a vitalidade do movimento mesmo quando alguns dos seus nós declinam. Entretanto, o fato de grandes sociedades autoritárias (China) ou sistemas semiautoritários (Rússia) verem pouca ação por parte do movimento parece indicar que seus nós necessitam do contexto de uma sociedade livre para serem ativos. Talvez essa combinação entre nós fortes enraizados em sociedades livres e redes que se estendem por um mundo em que a maior parte das pessoas sofre com a opressão e a pobreza seja a tendência distintiva do movimento, que o caracteriza como um movimento social que desafia a globalização em nome de toda a humanidade.

É por isso que eu, em última análise, considero correto identificar o movimento pelo nome daquilo a que ele se opõe em vez de por um adjetivo que descreva sua ideologia, uma vez que seus valores são claramente divergentes e até mesmo contraditórios. Esse é um movimento que diz "não" em nome da humanidade, incluindo nessa negação aqueles que ainda não têm voz. Dessa rejeição surge a possibilidade de um mundo diferente, cujos princípios e horizonte histórico são uma função do debate que o movimento antiglobalização iniciou com suas lutas.

O SIGNIFICADO DAS INSURREIÇÕES CONTRA A NOVA ORDEM GLOBAL

Após ter analisado cinco movimentos contrários à globalização, considerando suas respectivas práticas, discursos e contextos, arriscaria traçar um paralelo entre eles, visando chegar a conclusões no sentido de uma análise mais ampla da transformação social da sociedade em rede. Para tanto, utilizarei minha adaptação da tipologia proposta por Alain Touraine como meio de leitura dos movimentos em relação a certas categorias analíticas. A partir dessa perspectiva, os cinco movimentos aqui contemplados têm em comum a identificação do adversário: a nova ordem global, classificada pelos zapatistas como a união do imperialismo norte-americano com o governo corrupto e ilegítimo do PRI por meio do NAFTA; encarnada pelas instituições internacionais, mais notadamente as Nações Unidas, e o governo federal dos Estados Unidos, na visão das milícias; considerada pela Verdade Suprema como a ameaça global proveniente de um governo mundial unificado representante dos interesses das multinacionais, do imperialismo norte-americano e da polícia japonesa; para a *al-Qaeda*, a ordem mundial é dominada pelos Cruzados, aliança de cristãos e judeus que impõem seus valores e interesses por meio da violência, militarmente conduzidos pelos Estados Unidos; para o movimento antiglobalização, o adversário é o capitalismo corporativo global, assim como as instituições não democráticas de governança global que apoiam os interesses das corporações. Dessa maneira, os cinco movimentos são primeiramente organizados em torno de sua oposição a um adversário que é, em última análise, comum: os agentes e instituições da nova ordem global capitalista, que buscam estabelecer um poder mundial capaz de subjugar a soberania de todos os países e de todas as pessoas.

Para esse inimigo, cada movimento opõe um princípio de identidade diferente, refletindo significativos contrastes entre os cinco movimentos: no caso dos zapatistas, eles se veem como indígenas e mexicanos oprimidos lutando por sua dignidade, por seus direitos, por sua terra e pela nação mexicana, mas eles também buscam solidariedade global e se veem como a vanguarda de uma coalizão muito mais ampla contra a globalização. No caso das milícias, eles se veem como cidadãos americanos lutando por soberania e por suas liberdades, conforme expressadas na Constituição americana divina original. Embora possa ser surpreendente listar um movimento nacionalista americano ao lado da *al-Qaeda*, na verdade, nos dias que precederam o 11 de Setembro, vários *sites* relacionados ao movimento patriota nos Estados Unidos expressaram sua estima por um ataque aos símbolos do capitalismo corporativo, embora lamentassem pelas vítimas americanas. Em grande medida, os patriotas americanos estão ligados ao fundamentalismo cristão, de modo que há um código cultural comum de fundamentalismo religioso com os movimentos islâmicos. Para a *Aum*, seu princípio de identidade é mais complexo: ele é, na verdade, cada identidade individual manifesta em seus corpos, embora esses corpos compartilhem uns aos outros na mente do guru – trata-se de uma

210 | MANUEL CASTELLS

combinação de individualidade física e comunidade espiritual reconstruída. Para a *al-Qaeda*, a identidade é claramente definida: eles são os verdadeiros muçulmanos, engajados na *jihad* para salvar o mundo, particularmente o mundo muçulmano, da *Jahiliyya*. Por outro lado, o movimento antiglobalização não tem uma identidade única. Sua especificidade é precisamente o fato de fazer convergir múltiplas identidades que aderem à luta comum contra a globalização corporativa não democrática.

Nos quatro casos, há um apelo à autenticidade em seus princípios de identidade, mas com manifestações diferentes: uma comunidade grande, enraizada historicamente (os índios do México, como parte da população mexicana, como parte de outros povos indígenas e como parte dos povos do mundo); comunidades locais de cidadãos livres; uma comunidade espiritual de indivíduos libertos da dependência em seus corpos; e uma comunidade mundial de verdadeiros crentes em Alá. A identidade múltipla do movimento antiglobalização se refere implicitamente às pessoas do mundo, a seus direitos humanos, a seus direitos sociais, mas também à conservação da natureza e à defesa das identidades culturais específicas, de modo que o que é de fato importante no caso do movimento antiglobalização é que seja uma rede de identidades e de interesses. Para todos os movimentos, suas identidades são baseadas em especificidades culturais e no desejo de controlar seu próprio destino. Além disso, eles se opõem ao adversário global em nome de um objetivo social mais elevado, que, em todos os casos, leva à integração entre sua identidade específica e ao bem-estar da sociedade como um todo: México, América, espécie humana sobrevivente, crentes da *Umma*, democracia global. Ademais, essa integração é buscada através do cumprimento de valores diferentes para cada movimento: justiça social e democracia para todos os mexicanos; liberdade individual em relação à dominação governamental para todos os cidadãos americanos; transcendência da materialidade através da libertação espiritual no caso da *Aum*; a lei de Deus como fundação das sociedades em todo o planeta; democracia participativa e justiça global como princípio norteador para novas instituições democráticas de governança global. Essas metas sociais, entretanto, não são o elemento mais forte em quatro dos cinco movimentos: eles são primeiramente mobilizações de base identitária em reação a um adversário claramente identificado. Eles são reativos e defensivos, ao invés de serem fornecedores de um projeto social, ainda que de fato apresentem visões para uma sociedade alternativa. Por outro lado, o movimento antiglobalização, embora essencialmente organizado em torno de uma oposição comum à globalização corporativa, de fato enfatiza o projeto para globalização alternativa. Essa alternativa, no entanto, se refere principalmente à reivindicação por instituições democráticas globais. Os projetos para diferentes formas de globalização existem mesmo, mas divergem entre os diferentes integrantes do movimento. Desse modo, o movimento antiglobalização se transformou a si mesmo de um movimento de resistência com identidade múltipla em um movimento organizado em torno do projeto político da democracia global, com vários modelos de sociedade a serem debatidos nesse novo espaço democrático. O quadro 2.1 lista os elementos definidores de cada movimento.

Quadro 2.1
Estrutura de valores e crenças de movimentos contrários à globalização

Movimento	Identidade	Adversário	Objetivo
Zapatista	Oprimidos, excluídos; indígenas / mexicanos	Capitalismo global (NAFTA); governo ilegítimo do PRI	Dignidade, democracia, terras
Milícias norte--americanas	Cidadãos original-mente norte-ameri-canos	Nova ordem mundial, governo federal dos Estados Unidos	Liberdade e soberania dos cidadãos e das comunidades locais
Verdade Suprema (*Aum Shinrikyo*)	Comunidade espiri-tual formada pelos corpos de seguidores dissociados da própria individualidade	Governo mundial, polícia japonesa	Sobrevivência ao Apocalipse
Al-Qaeda	Muçulmanos legítimos	Poder global de cristãos e judeus	Humanidade como *umma*, sociedade governada por *Shari'a*
Movimento antiglobalização	Múltiplas identidades	Capitalismo mundial	Democracia global

O grande impacto causado por esses movimentos resulta, em grande medida, da presença marcante na mídia e do uso eficaz da tecnologia da informação. Procura-se atrair a atenção da mídia nos moldes da tradição russa, catalã ou anarquista francesa, brevemente reinstaurada em maio de 1968, *l'action exemplaire:* pratica-se um ato espetacular que, dado seu forte apelo, até mesmo pelo sacrifício, chama a atenção das pessoas às reivindicações do movimento, visando em última análise despertar as massas, manipuladas pela propaganda e subjugadas pela repressão. Ao forçar um debate sobre suas reivindicações e induzir as pessoas a participarem, os movimentos pretendem exercer pressão sobre governos e instituições, revertendo o curso de submissão à nova ordem mundial.

Por isso o uso de armas constitui elemento essencial em quatro dos cinco movimentos, não como um objetivo, mas como sinal de liberdade e recurso que provoca acontecimentos, chamando a atenção da mídia. Tal estratégia orientada à mídia foi explícita, e habilmente colocada em prática, no caso dos Zapatistas, que, agindo com cautela, procuraram minimizar a violência e utilizar a mídia e a internet para divulgar suas ideias ao mundo. Já as manobras paramilitares das milícias e a exploração deliberada de táticas violentas, ou a ameaça de agir dessa maneira, para atrair a mídia, também constituem uma das principais características dos patriotas norte-americanos. Até mesmo a Verdade Suprema, com toda a sua desconfiança em relação à mídia, dedicou considerável atenção aos debates na televisão e às notas de imprensa, designando alguns de seus membros mais importantes para a execução dessas tarefas. Seus atentados com o gás sarin parecem ter atendido ao duplo propósito de verificar o cumprimento da profecia do juízo final e difundir sua advertência ao mundo, veiculada pela mídia. Evidentemente, a violência extrema da *al-Qaeda* visa aos símbolos mais fortes de poder global: o World Trade Center, o Pentágono, navios ocidentais cruzando mares muçulmanos, bem como os símbolos da cultura ocidental degenerada, a exemplo de casas noturnas em Bali e resorts turísticos na África. Pode-se dizer que os novos movimentos de protesto lançam mensagens e projetam reivindicações sob a forma de uma política simbólica, característica da sociedade da informação (ver capítulo 6). Suas habilidades no trato com a mídia são poderosas ferramentas de combate, enquanto suas armas e manifestos são meios de gerar um evento digno de nota pelos órgãos de imprensa.

Novas tecnologias de comunicação são fundamentais à existência desses movimentos: na realidade, cumprem o papel de infraestrutura organizacional dos movimentos. Sem a internet, o fax e a mídia alternativa, os patriotas não seriam uma rede altamente influente, mas uma simples sequência de reações desarticuladas de pouca representatividade. Desprovidos de um meio de comunicação capaz de fazê-los atingir as populações urbanas do México e todo o mundo em tempo real, os zapatistas provavelmente estariam fadados à condição de guerrilha isolada e local, a exemplo de várias outras lutas travadas na América Latina. A Verdade Suprema não se valeu muito da internet simplesmente porque a presença da rede não era significativa no Japão no início da década de 1990. Em contrapartida, utilizaram em larga escala o fax, o vídeo e os computadores como ferramentas essenciais à construção de uma rede organizacional que, embora descentralizada, era altamente controlada. Além disso, buscavam descobertas tecnológicas (que admitiram ser também esotéricas) pelo desenvolvimento de uma comunicação direta e estimulada eletronicamente de cérebro para cérebro. As células revolucionárias da era da informação são formadas a partir de fluxos de elétrons. A *al-Qaeda* usou a internet menos do que o governo dos EUA simula – num óbvio pretexto para justificar a censura à internet. Mas, é claro, o e-mail foi um dos meios de comunicação, assim como os telefones celulares via satélite são essenciais para as comunicações das redes de terror. Além disso, a internet é essencial no movimento antiglobalização, tanto como meio de mobilização, quanto como forma de organização e debate, assim também como um modelo de sociedade democrática, aberta, de base popular que os militantes opõem à reclusão e ao isolamento das instituições corporativas globais.

Paralelamente aos seus pontos em comum, os cinco movimentos revelam também profundas diferenças, intimamente relacionadas às suas origens histórico-culturais e ao grau de desenvolvimento tecnológico de suas sociedades. Deve-se estabelecer uma distinção clara entre o projeto político articulado dos zapatistas, a confusão e a paranoia da maioria das milícias e a lógica apocalíptica da Verdade Suprema. Tal distinção também está vinculada à diferença entre o componente apocalíptico das milícias e da Verdade Suprema, e a ausência dessas visões do Fim dos Tempos entre os zapatistas. A *al-Qaeda* é culturalmente específica, mas não específica de um país, e o mesmo pode ser dito do movimento antiglobalização. De fato, tanto a *al-Qaeda* quanto o movimento antiglobalização são redes globais desde seu início, visando a um adversário global e pressupondo um projeto global. Logo, eles parecem representar uma mudança qualitativa no desenvolvimento de movimentos sociais contra a nova ordem global. O que começou como trincheiras locais de resistência se transformou em um movimento social global. Na verdade, os três movimentos localizados tiveram destinos diferentes. Tanto a milícia americana quanto a *Aum* não conseguiram sustentar sua existência quando confrontadas por uma crise violenta significativa. Depois do bombardeio em Oklahoma, promovido pelos simpatizantes da milícia, o apelo do movimento patriota, em sua organização formalizada, desvaneceu, embora seus temas e apoiadores ainda estejam vivos nos Estados Unidos. Embora a *Aum* tenha sobrevivido ao julgamento de seu guru, ela foi tão estigmatizada que não é mais capaz de cultivar sua atração fatal entre a juventude japonesa. Entretanto, as causas de alienação entre os jovens japoneses ainda são presentes, de modo que se deve esperar outras expressões específicas de alienação. O processo transformador mais interessante tem a ver com os zapatistas. Ainda que, no momento em que escrevo, eles ainda estejam confinados à sua fortaleza em Chiapas, sem terem satisfeito suas demandas mais importantes, seu chamado inicial por um levante global contra a globalização foi amplamente respondido. Eles até mesmo são considerados pela maior parte dos militantes antiglobalização como os precursores do movimento, e seus temas e formas de organização (sua prática como um movimento de guerrilha informacional) se tornaram a base dos movimentos indígenas na América Latina e do movimento antiglobalização mundo afora. O que os campos afegãos foram para a *al-Qaeda*, os encontros de solidariedade zapatista foram para uma série de militantes e organizações do movimento antiglobalização. Essa é uma clara expressão da transformação de uma identidade de resistência em um projeto de identidade, num desdobramento que vou analisar mais adiante neste volume.

Portanto, os novos movimentos sociais, em toda sua diversidade, reagem contra a globalização e seus agentes políticos, atuando com base em um processo contínuo de informacionalização por meio da mudança dos códigos culturais no cerne das novas instituições sociais. Nesse sentido, não obstante surgirem das profundezas de formas sociais historicamente esgotadas, afetam de modo decisivo a sociedade atualmente em formação, seguindo um padrão bastante complexo.

Conclusão: o desafio à globalização

Os movimentos sociais analisados no presente capítulo são bastante distintos. Apesar dessas enormes diferenças, e das manifestações sob diversas formas, decorrentes de suas raízes socioculturais dessemelhantes, todos eles têm em comum a contestação dos atuais processos de globalização em prol de suas identidades construídas, em alguns casos reivindicando para si o direito de representar os interesses de seu país ou até mesmo de toda a humanidade.

Os movimentos abordados neste e em outros capítulos deste volume não são os únicos que se opõem aos desdobramentos sociais, econômicos, culturais e ambientais da globalização. Em outras áreas do mundo, por exemplo, na Europa, surgem manifestações semelhantes contrárias à reestruturação capitalista e à imposição de novas regras em nome da concorrência global, com base no movimento trabalhista e de movimentos de agricultores, tais como o que foi liderado por Jose Bove na França. Alguns desses movimentos, assim como esse conduzido por Bove, se ligaram ao movimento antiglobalização. Outros não, mas eles também visavam a uma oposição deliberada em relação aos processos de globalização unilateral, frequentemente identificados com as políticas da União Europeia. Na China, Falun Gong pode ser identificado como uma força de oposição contra as consequências sociais da modernização e da globalização naquele país, com base nos valores chineses tradicionais e práticas de preservação da saúde e do bem-estar contra a destituição trazida a muitos pelo modelo chinês de capitalismo global liderado por comunistas. Na Argentina, os movimentos sociais motivados pela crise financeira de 2001–2002 se opuseram tanto à ordem econômica global, quanto à ordem política nacional, forçando uma mudança de regime e trazendo novos atores sociais para o espaço público, em um processo que se torna muito importante na transformação da América do Sul[74]. Na Europa, em 2002, movimentos populistas, geralmente relacionados ao medo e à xenofobia, mancharam a cena política, conforme vou analisar mais adiante neste volume.

Após uma década de desenvolvimento de uma nova economia global e do declínio do Estado-Nação em sua transição para instituições de governança global, sociedades de todo o mundo reivindicaram seu direto de exercer o controle sobre instituições emergentes. O que começou como uma resistência, baseada na identidade e na preservação do *status quo* econômico, evoluiu para uma multiplicidade de projetos, nos quais identidade cultural, interesses econômicos e estratégias políticas se combinavam num modelo cada vez mais complexo: o quadro dos movimentos sociais na sociedade em rede. Movimentos como este, e muitos outros em todo o mundo, vêm minando a fantasia neoliberal de implantação de uma economia global independente da sociedade por meio de uma arquitetura de informática. O grande esquema exclusivista (explícito ou implícito) de concentração de informações, produção e mercados em um segmento elitizado da população, livrando-se dos demais das mais diversas maneiras, mais ou menos humanistas de acordo com as disposições de cada sociedade, vem desencadeando, na expressão cunhada por Touraine, uma *grand refus*[75]. Ressalve-se, porém, que a transformação dessa rejeição na reconstrução de novas formas de controle social sobre novas formas de capitalismo, globalizado e informacionalizado, requer a assimilação das reivindicações dos movimentos sociais por parte do sistema político e das instituições do Estado. A competência, ou incompetência do Estado, em lidar com a lógica conflitante do capitalismo global, dos movimentos sociais com base em identidades e dos movimentos defensivos articulados por trabalhadores e consumidores serão responsáveis, em grande parte, pelos moldes do futuro da sociedade do século XXI. Entretanto, antes que passemos a discorrer sobre a dinâmica do Estado na era da informação, devemos analisar o recente desenvolvimento de tipos diferentes de influentes movimentos sociais que, em vez de reativos, podem ser classificados como proativos: o ambientalismo e o feminismo.

Notas

1. *Durito* é um personagem das histórias do subcomandante Marcos, o porta-voz dos zapatistas. Ele é um besouro muito inteligente: na verdade, trata-se do conselheiro intelectual de Marcos. O problema é que ele sempre tem medo de ser esmagado pelas diversas guerrilhas ao seu redor, por isso pede a Marcos que mantenha o movimento sob controle. O texto acima foi extraído do *Ejército Zapatista de Liberación Nacional*/Subcomandante Marcos (1995: 58-9); minha tradução, com a condescendência de *Durito*.

2. Este capítulo contou com a valiosa contribuição intelectual de diversos participantes do Seminário Internacional de Globalização e Movimentos Sociais organizado pela Comissão de Pesquisa sobre Movimentos Sociais da Associação

Internacional de Sociologia em Santa Cruz, Califórnia, de 16 a 19 de abril de 1996. Agradeço aos organizadores do seminário, Barbara Epstein e Louis Maheu, pelo seu gentil convite.

3. Para uma discussão teórica dos movimentos sociais bastante pertinente à investigação apresentada neste capítulo, ver Castells (1983); Dalton e Kuechler (1990); Epstein (1991); Riechmann e Fernandez Buey (1994); Calderon (1995a); Dubet e Wieviorka (1995); Maheu (1995); Melucci (1995); Touraine (1995); Touraine *et al.* (1996); Yazawa (1997).

4. Touraine (1965, 1966). Na realidade, segundo a formulação original de Touraine, uma terminologia um pouco diferente é empregada em francês: *principe d'identité, principe d'opposition; principe de totalité.* Julguei que seria mais claro a um público internacional utilizar palavras mais diretas para dizer a mesma coisa, não obstante o risco de perder o sabor dos termos originalmente em francês.

5. Este estudo comparativo está baseado em um trabalho realizado em 1995 com Shujiro Yazawa e Emma Kiselyova. Sobre o primeiro esboço desse trabalho, ver Castells *et al.* (1996).

6. A análise do movimento zapatista aqui apresentada deve muito, a exemplo de numerosas passagens deste livro, à contribuição de duas mulheres. A primeira delas é a professora doutora Alejandra Moreno Toscano, renomada historiadora urbana da Universidad Nacional Autónoma de México e ex-secretária do Bem-Estar Social da Cidade do México, DF, tendo atuado como principal assessora de Manuel Camacho, o representante do presidente da República durante o período mais delicado de negociações entre o governo mexicano e os zapatistas nos primeiros meses de 1994. Ela me forneceu documentos, opiniões e ideias muito elucidativos, além de ter-me auxiliado de forma decisiva no entendimento do processo global da política mexicana no período 1994–1996. Sobre a análise de Alejandra a esse respeito (o enfoque mais inteligente que já li), ver Moreno Toscano (1996). Devo meus agradecimentos também à Maria Elena Martinez Torres, doutoranda sob minha orientação em Berkeley e dedicada estudiosa dos camponeses da região de Chiapas. Durante nossas discussões, ela colocou à minha disposição suas próprias análises (Martinez Torres, 1994, 1996). Naturalmente que assumo inteira responsabilidade pela interpretação, e eventuais erros, acerca das conclusões apresentadas neste livro. Outras fontes utilizadas sobre o movimento zapatista são: Garcia de Leon (1985); Arquilla e Rondfeldt (1993); Collier e Lowery Quaratiello (1994); *Ejército Zapatista de Liberación Nacional* (1994, 1995); Trejo Delarbre (1994a, b); Collier (1995); Hernandez Navarro (1995); Nash *et al.* (1995); Rojas (1995); Rondfeldt (1995); Tello Diaz (1995); Woldenberg (1995).

7. O governo mexicano afirma ter identificado o subcomandante Marcos e os principais líderes dos zapatistas, o que parece ser bastante plausível. Essa notícia foi amplamente divulgada pela mídia. Entretanto, como os zapatistas ainda estão na luta por sua causa, não creio que seja apropriado aceitar tais afirmações como fato consumado.

8. Moreno Toscano (1996).

9. EZLN (1994: 61); traduzido para o inglês por Castells.

10. Collier (1995; 1); argumento semelhante é defendido por Martinez Torres (1994). No Manifesto divulgado pelos zapatistas pela internet, em novembro de 1995, em comemoração ao décimo segundo aniversário da fundação de sua organização, eles deram ênfase especial ao seu caráter de um movimento mexicano pela justiça e pela democracia, além da defesa da identidade indígena: "O país que desejamos ter é para todos os mexicanos, e não apenas para os indígenas. Não pretendemos nos separar da Nação mexicana, queremos fazer parte dela, sermos aceitos como iguais, como pessoas com dignidade, como seres humanos... Aqui somos irmãos, os mortos de sempre. Morrendo novamente, mas, desta vez, morrendo para viver" (EZLN, *Comunicado* transmitido via Internet, 17 de novembro de 1995; traduzido para o inglês por Castells).

11. Declaração zapatista, 25 de janeiro de 1994; citada por Moreno Toscano (1996: 92).

12. Segundo pesquisa realizada nos dias 8 e 9 de dezembro de 1994, 59% dos residentes da Cidade do México tinham uma "boa impressão" dos zapatistas, enquanto 78% acreditavam que suas reivindicações eram justificadas (pesquisa publicada pelo jornal *Reforma*, 11 de dezembro de 1994).

13. Marcos, 11 de fevereiro de 1994; citado por Moreno Toscano (1996: 90).

14. Faz-se necessário esclarecer os diferentes significados atribuídos a *La Neta* aos leitores não mexicanos. Além de ser o feminino figurativo de *The Net* em espanhol, *la neta* é uma gíria mexicana que quer dizer "a verdadeira história".

15. Martinez Torres (1996: 5).

16. Rondfeldt (1995).

17. Arquilla e Rondfeldt (1993).

18. A principal fonte de informações sobre a milícia norte-americana e os "patriotas" é o *Southern Poverty Law Center*, sediado em Montgomery, Alabama. Essa notável organização tem demonstrado extraordinária coragem e eficiência na proteção à cidadania contra grupos fundamentados no ódio nos Estados Unidos desde sua fundação em 1979. Como parte de seu programa, a organização criou uma *Klanwatch/Militia Task Force* (Força-Tarefa de Vigilância à Klan/Milícia) que fornece dados e análises precisos para auxiliar na compreensão e reação a grupos extremistas, antigos ou recém-formados, contra o governo e contra determinados povos. Sobre informações mais recentes, utilizadas em minhas análises, ver *Klanwatch/Militia Task Force* (1996, daqui em diante, simplesmente KMTF). Um estudo bem documentado sobre a milícia norte-americana nos anos 1990 foi elaborado por Stern (1996). Utilizei também a excelente análise apresentada por Matthew Zook, um de meus alunos de doutorado, sobre as milícias e a internet em 1996 (Zook, 1996). Fontes complementares empregadas especificamente na análise apresentada neste capítulo são: J. Cooper (1995); Anti-Defamation League [Liga antidifamatória] (1994, 1995); Armond (1995); Armstrong (1995); Bennett (1995); Berlet e Lyons (1995); *Broadcasting and Cable* (1995); *Business Week* (1995d); Coalition for Human Dignity (1995); Cooper (1995); Heard (1995); Helvarg (1995); Jordan (1995); Ivins (1995); Maxwell e Tapia (1995); Sheps (1995); *The Nation* (1995); Orr (1995); Pollith (1995); Ross (1995); *The Gallup Poll Monthly* (1995); *The New Republic* (1995); *The New York Times Sunday* (1995a, b); *The Progressive* (1995); *Time* (1995); WEPIN Store (1995); Dees e Corcoran (1996); Winerip (1996).

19. Excerto do artigo assinado pelo suprematista branco William Pierce na edição de março de 1994 de sua revista *National Vanguard*, citada pela KMTF (1996: 37). Pierce é o líder da Aliança Nacional e autor do best-seller *The Turner Diaries*.

20. A milícia do Texas fez o seguinte apelo alguns dias antes de 19 de abril de 1995, dia do segundo aniversário do episódio de Waco: "Todos os cidadãos fisicamente capacitados estão convidados a se reunir, armados, para celebrar seu direito de portar armas e congregar-se sob a forma de milícias em defesa da República" (citado no editorial de *The Nation*, 1995: 656).

21. KMTF (1996).

22. KMTF (1996); Stern (1996).

23. Berlet e Lyons (1995); KMTF (1996); Winerip (1996).

24. Stern (1996: 221).

25. Berlet e Lyons (1995).

26. Whisker (1992); J. Cooper (1995).

27. Berlet e Lyons (1995).

28. Winerip (1996).

29. Zook (1996).

30. KMTF (1996: 14).

31. Helvarg (1995).

32. KMTF (1996); Stern (1996); Zook (1996).

33. KMTF (1996: 16).

34. Stern (1996: 228).

35. M. Cooper (1995).

36. Maxwell e Tapia (1995).

37. Lipset e Raab (1978).

38. *The New York Times* (1995b).

39. Stevens (1995).

40. A análise da Verdade Suprema aqui apresentada reproduz essencialmente a contribuição do estudo e do artigo resultantes do trabalho conjunto com Shujiro Yazawa, responsável pela maior parte da pesquisa sobre a Verdade Suprema, embora também eu tenha estudado o movimento, ao desenvolver um trabalho com Yazawa em Tóquio em 1995. Além de reportagens, jornais e revistas, as fontes utilizadas diretamente nesta análise são Aoyama (1991); Asahara (1994, 1995); *Vajrayana Sacca* (1994); Drew (1995); Fujita (1995); *Mainichi Shinbun* (1995); Miyadai (1995); Ohama (1995); Osawa (1995); Nakazawa *et al.* (1995); Shimazono (1995); Yazawa (1997).

41. Traduzido por Yazawa.

42. Austeridade nesse caso implica passar toda a existência realizando atividades físicas extenuantes e privando-se de alimento e de prazeres carnais.

43. Drew (1995).

44. Osawa (1995).

45. *Mainichi Shinbun* (1995).

46. Castells *et al.* (1996); Yazawa (1997).

47. Osawa (1995).

48. Miyadai (1995).

49. Há farta literatura a respeito da *al-Qaeda*, de grupos islâmicos correlatos e dos eventos que levaram ao 11 de Setembro, a maior parte na forma de livros jorna-

lísticos e relatos investigativos. Há também uma pletora de reportagens que não vou citar, a não ser que ache necessário me referir a alguma informação específica. Dado que a maior parte desses dados estão em domínio público, e que não vou fingir dar qualquer informação nova, construí minha própria análise combinando diversas fontes, sem me referir especificamente à fonte utilizada para cada ponto específico, exceto em caso de citação explícita. Essa nota deve servir como uma fonte genérica não para as incontáveis fontes bibliográficas que estão disponíveis, mas somente para aquelas que achei particularmente úteis. Desde o final de 2002, o relato melhor documentado sobre a *al-Qaeda* é de Gunaratna (2002), baseado em entrevistas diretas feitas com aproximadamente 200 terroristas (de acordo com o autor) e em informes dos serviços de inteligência ocidentais, bem como nas fontes documentais originais da *al-Qaeda*. Entre as análises acadêmicas do islamismo e do fundamentalismo religioso que achei especialmente rigorosas e desafiadoras, independentemente das minhas próprias interpretações sobre o assunto, estão os estudos de Lawrence (1989) e de Kepel (2000), consultado novamente na edição americana de 2002. Uma contribuição importante para a dinâmica do terrorismo religioso é feita por Juergensmeyer (2000). Uma análise clara da lógica interna da *al-Qaeda* pode ser encontrada em Abdel Majed (2001). Sobre a relação histórico-cultural entre Ocidente e islã, continuo a me referir em primeiro lugar a Said, particularmente ao seu clássico *Orientalismo* (1979). A estratégia definitiva e a análise organizacional da *al-Qaeda*, e de outras redes de oposição ao poder global, é feita por Arquilla e Rondfeldt (2001). Boas fontes documentais sobre as redes financeiras de apoio à *al-Qaeda*, junto a análises criteriosas, podem ser encontradas em Brisard e Dasquie (consultadas na edição americana atualizada, 2002). Sobre Talibã, Paquistão e Ásia Central, uma análise minuciosa é fornecida por Rashid (2001). Bergen (2001) dá, em primeira mão, um relato perspicaz que lança nova luz sobre algumas questões e fatos. Jacquard (2002) documenta as conexões internacionais da *al-Qaeda* e fornece algumas pistas sobre seus esforços para obtenção de armas de destruição em massa. A melhor descrição dos eventos que levaram ao 11 de Setembro é o relato investigativo feito pela equipe do *Der Spiegel*, Stefan Aust e Cordt Schnibben (2002). As referências indicadas aqui são apenas algumas selecionadas sobre aquilo que se tornou uma indústria artesanal de reportagem, análise, declarações ideológicas e estudos estratégicos geomilitares das redes globais de terror. Pude consultar inúmeros documentos em árabe graças à valiosa assistência em pesquisa realizada por Rana Tomaira, candidata ao doutorado na Universidade da Califórnia, Berkeley.

50. Essas palavras são do hino do Corpo de Fuzileiros Navais dos EUA.
51. Citado por Gunaratna (2002: 88).
52. Citado por Gunaratna (2002: 87).
53. Citado por Bergen (2001: 93-4).
54. Citado por Gunaratna (2002: 91).
55. Citado por Bergen (2001: 94).
56. Bin Laden (1996), citado por Gunaratna (2002: 90).
57. Brisard e Dasquie (2002).
58. Rashid (2001).

59. *Al-Qaeda* em árabe significa "A Base".
60. Osama bin Laden, Al Jazeera News Network, 20 de Setembro de 2001.
61. Osama em árabe significa "jovem leão".
62. Gunaratna (2002: 23).
63. Citado por Gunaratna (2002: 28-9).
64. Sobre redes de financiamento, ver Brisard e Dasquie (2002).
65. Reportado pelo *The New York Times* em 23 de novembro de 2002: David Johnston e James Risen. "Relatório sobre o 11 de Setembro diz que as ligações na Arábia Saudita não foram analisadas. Relatório provisório das descobertas parlamentares diz que agentes não buscaram pistas nos fundos sauditas", pp. A1 e A9.
66. Arquilla e Rondefeldt (2001).
67. Said (1979: 207).
68. Há uma literatura crescente sobre o movimento antiglobalização, e um *corpus* ainda maior de fontes relacionadas aos debates e projetos surgidos desse movimento. As referências que seguem reportam-se ao movimento em si, não ao conteúdo de suas propostas e críticas. Indico apenas algumas fontes que foram importantes na estruturação da minha análise, bem como no acompanhamento das atividades do movimento na mídia e na internet. A principal fonte, que vai se tornar um trabalho fundamental sobre o movimento, é uma dissertação de Jeff Juris, candidato ao doutorado em Antropologia na Universidade da Califórnia, Berkeley, ainda em progresso no ano de 2003 ("Ativismo transnacional e a lógica cultural do estabelecimento de redes"). Sou profundamente grato a ele pela disposição em compartilhar comigo seu trabalho e suas ideias, para além da minha participação como orientador do trabalho. Devo enfatizar que, embora compartilhe de grande parte de sua análise, temos algumas discordâncias relevantes sobre a caracterização do movimento, bem como no que tange a nossos juízos de valor, o que significa que a análise aqui apresentada, ainda que fundamentada por nossas discussões, é de minha exclusiva responsabilidade. Uma excelente coleção sobre movimentos sociais que se opõem a instituições globais foi feita por O'Brien *et al.* (2000). Sobre as assim chamadas intervenções do FMI, ver Walton e Seddon (1994). Sobre a crise da globalização na América Latina e a mobilização dos movimentos sociais em relação à crise, ver Calderon (2003). Sobre os movimentos indígenas, com ênfase especial sobre o Equador, ver Chiriboga (2003). Sobre o surgimento de uma sociedade civil global, ver o melhor livro de referência até o momento: Anheir *et al.* (2001). Para informações e análises sobre o movimento em si, ver Cockburn (2000), Danaher e Burbach (2001), Welton e Wolf (2001), Galdon (2002), Klein e Levy (2002), Monereo e Riera (2002), Negri *et al.* (2002), Starhawk (2002) e Ziegler (2002). Sobre a prática do estabelecimento de redes e suas implicações, ver Arquilla e Ronfeldt (2001). Sobre o papel da mídia global na formação da consciência pública, ver Volkmer (1999).
69. Walton e Seddon (1994).
70. Cardoso (2002).
71. Chiriboga (2003).
72. Chiriboga (2003).
73. Volkmer (1999).
74. Calderon (2003)
75. Touraine *et al.* (1996).

3

O "VERDEJAR" DO SER:
O MOVIMENTO AMBIENTALISTA

A política verde é um tipo de celebração. Reconhecemos que cada um de nós faz parte dos problemas do mundo, e que também fazemos parte da solução. Os perigos e as perspectivas de cura não estão apenas no meio que nos cerca. Começamos a atuar exatamente onde estamos. Não há necessidade de esperar até que as condições se tornem ideais. Podemos simplificar nossas vidas e viver em harmonia com valores humanos e ecológicos. Haverá melhores condições de vida porque nos permitimos começar... Portanto pode-se dizer que o principal objetivo da política verde é uma revolução interior, "o verdejar do ser":

PETRA KELLY, *PENSANDO VERDE*[1]

Se nos propuséssemos a avaliar os movimentos sociais por sua produtividade histórica, a saber, por seu impacto em valores culturais e instituições da sociedade, poderíamos afirmar que o movimento ambientalista do último quarto do século passado conquistou posição de destaque no cenário da aventura humana. Nos anos 1990, 80% dos norte-americanos e mais de dois terços dos europeus consideram-se ambientalistas; candidatos e partidos dificilmente conseguem se eleger sem "verdejarem" suas plataformas; tanto os governos como as instituições internacionais incumbem-se de multiplicar programas, órgãos especiais e legislações destinados a proteger a natureza, melhorar a qualidade de vida e, em última análise, salvar o planeta a longo prazo, e nós próprios a curto prazo. Grandes empresas, inclusive as responsáveis por uma excessiva emissão de poluentes, passaram a incluir a questão do ambientalismo em sua agenda de relações públicas e também em seus novos e mais promissores mercados. Em todo o mundo, a velha oposição simplista entre os conceitos de desenvolvimento para os pobres e preservação para os ricos tem-se transformado em um debate em diversos níveis acerca da possibilidade real de desenvolvimento sustentado para cada país, cidade ou região.

Sem sombra de dúvida, a maioria de nossos problemas ambientais mais elementares ainda persiste, uma vez que seu tratamento requer uma transformação nos meios de produção e de consumo, bem como de nossa organização social e de nossas vidas pessoais. O aquecimento global paira como uma ameaça mortal, as florestas tropicais ainda ardem em chamas, substâncias tóxicas ainda estão nos níveis mais elementares da cadeia alimentar, um mar de miséria absoluta ainda nega o direito à vida e os governos ainda brincam com a saúde das pessoas, como evidenciado com a irritação de Major à doença da vaca louca. Contudo, o fato de que todas essas questões, e muitas outras, estão sendo debatidas pela opinião pública, e de que uma conscientização cada vez maior vem se estabelecendo a partir do caráter global e interdependente de tais questões, acaba lançando as bases para sua abordagem e, talvez, para uma reorientação das instituições e políticas no sentido de um sistema socioeconômico responsável do ponto de vista ambiental. O movimento ambientalista multifacetado que surgiu a partir do final dos anos 1960 na maior parte do mundo, principalmente nos Estados Unidos e no norte da Europa, encontra-se, em grande medida, no cerne de uma reversão drástica das formas pelas quais pensamos na relação entre economia, sociedade e natureza, propiciando assim o desenvolvimento de uma nova cultura.[2]

Parece-me um tanto arbitrário, contudo, falar sobre o movimento ambientalista, tendo em vista a diversidade de sua composição e formas de manifestação em cada país e cultura. Assim, antes de avaliar seu potencial transformador, procurarei estabelecer uma diferenciação tipológica dos vários componentes que integram o ambientalismo, valendo-me de exemplos para cada um dos tipos apresentados, a fim de tornar a discussão mais palpável. Em seguida, procederei a uma argumentação mais abrangente quanto à relação entre os temas abordados pelos ambientalistas e as principais dimensões em que a transformação cultural se processa em nossa sociedade, a saber, os conflitos sobre o papel da ciência e da tecnologia, sobre o controle do tempo e do espaço, e sobre a construção de novas identidades. Concluída a caracterização dos movimentos ambientalistas sob a ótica de sua diversidade social e de sua cultura compartilhada, prosseguirei com a análise dos meios de atuação empregados por tais movimentos em relação à sociedade como um todo, explorando a questão da institucionalização desses movimentos e de seu relacionamento com o Estado. Por fim, serão feitas algumas considerações a respeito do vínculo cada vez maior entre movimentos ambientalistas e lutas sociais, tanto em âmbito local como global, aliado à noção popular amplamente difundida de justiça ambiental.

A DISSONÂNCIA CRIATIVA DO AMBIENTALISMO:
UMA TIPOLOGIA

As ações coletivas, políticas e discursos agrupados sob a égide do ambientalismo são tão diversificados que se torna praticamente impossível considerá-lo um único movimento. Todavia, sustento a tese de que é justamente essa dissonância entre teoria e prática que caracteriza o ambientalismo como uma nova forma de movimento social descentralizado, multiforme, orientado à formação de redes e de alto grau de penetração. Além disso, procurarei demonstrar a existência de alguns temas fundamentais que perpassam a maioria, se não todas as ações coletivas relacionadas à proteção do meio ambiente. Para maior clareza, parece apropriado analisar esse movimento com base em uma distinção e uma tipologia.

A distinção será estabelecida entre ambientalismo e ecologia. Por *ambientalismo*, refiro-me a todas as formas de comportamento coletivo que, tanto em seus discursos como em sua prática, visam corrigir formas destrutivas de relacionamento entre o homem e seu ambiente natural, contrariando a lógica estrutural e institucional atualmente predominante. Por *ecologia*, do ponto de vista sociológico, entendo o conjunto de crenças, teorias e projetos que contempla o gênero humano como parte de um ecossistema mais amplo, e visa manter o equilíbrio desse sistema em uma perspectiva dinâmica e evolucionária. Na minha visão, o ambientalismo é a ecologia na prática, e a ecologia é o ambientalismo na teoria; contudo, nas páginas a seguir, restringirei o uso do termo "ecologia" a manifestações explícitas e conscientes dessa perspectiva holística e evolucionária.

Quanto à tipologia, devo recorrer mais uma vez à caracterização dos movimentos sociais elaborada por Alain Touraine, descrita no capítulo 2, estabelecendo a distinção entre cinco grandes categorias de movimentos ambientalistas, *conforme manifestados por meio de práticas observadas* nas duas últimas décadas, em âmbito internacional. Creio que essa tipologia pode ser aplicada de maneira geral, muito embora a maioria dos exemplos tenha sido extraída da Alemanha e da América do Norte, pois aí se encontram os movimentos ambientalistas mais desenvolvidos do mundo, e porque tive maior facilidade de acesso a essas informações. Por favor, aceitem minhas desculpas pelas limitações inevitáveis de minha opção, e por todas as tipologias que, espero, sejam compensadas pelos exemplos relacionados aos movimentos atuais que darão vida a esta caracterização um tanto abstrata.

Para nos aventurarmos nessa breve jornada pelo caleidoscópio do ambientalismo sob a ótica das tipologias propostas, julguei conveniente fornecer ao leitor um mapa. O quadro 3.1 cumpre essa função, contudo requer alguns esclarecimentos. Cada um dos tipos apresentados é definido analiticamente por uma combinação específica entre as três características determinantes de um movimento social: *identidade, adversário* e *objetivo*. Para qualquer um deles, identifico o conteúdo exato das três características apresentadas, fruto de observação, e com base em diversas fontes, devidamente indicadas. Do mesmo modo, atribuo um nome a cada um dos tipos, fornecendo exemplos de movimentos que melhor se enquadram em cada tipo. Obviamente que em alguns movimentos ou organizações pode haver uma mistura entre essas características, contudo, para fins de análise, selecionei movimentos cujas práticas e

O PODER DA IDENTIDADE | 225

discursos parecem estar mais próximos do tipo ideal. Após observar o quadro 3.1, o leitor está convidado a tomar contato com uma descrição bastante sucinta de cada um dos exemplos que ilustram os cinco tipos propostos, de forma que vozes do movimento sejam audíveis e possam ser discernidas em meio a essa dissonância.

Quadro 3.1
Tipologia dos movimentos ambientalistas

Tipo (exemplo)	Identidade	Adversário	Objetivo
Preservação da natureza (Grupo dos Dez, EUA)	Amantes da natureza	Desenvolvimento descontrolado	Vida selvagem
Defesa do próprio espaço (Não no meu quintal)	Comunidade local	Agentes poluidores	Qualidade de vida / Saúde
Contracultura, ecologia profunda (*Earth first!*, ecofeminismo)	O ser "verde"	Industrialismo, tecnocracia e patriarcalismo	Ecotopia
Save the planet (Greenpeace)	Internacionalistas na luta pela causa ecológica	Desenvolvimento ecológico desenfreado	Sustentabilidade
"Política verde" (*Die Grünen*)	Cidadãos preocupados com a proteção do meio ambiente	Estabelecimento político	Oposição ao poder

A *preservação da natureza,* sob suas mais diversas formas, esteve presente na origem do movimento ambientalista nos Estados Unidos, marcando presença por intermédio de organizações como o *Sierra Club* (fundado em São Francisco em 1891 por John Muir), a *Audubon Society* (Sociedade Audubon) ou ainda a *Wilderness Society* (Sociedade Amigos da Vida Selvagem).[3] No início da década de 1980, as principais organizações ambientalistas, tanto as novas como as tradicionais, formaram uma aliança conhecida como o "Grupo dos Dez", que incluía, além das organizações citadas acima, a *National Parks and Conservation Association* (Associação para a Preservação do Meio Ambiente e dos Parques Nacionais), a *National Wildlife Federation* (Fundação Nacional dos Defensores da Vida Selvagem), o *Natural Resources Defense Council* (Conselho de Defesa dos Recursos Naturais), a *Izaak Walton League* (Associação Izaak Walton), os *Defenders of Wildlife* (Defensores da Vida Selvagem), o *Environmental Defense Fund* (Fundo de Defesa

Ambiental) e o *Environmental Policy Institute* (Instituto de Política Ambiental). Apesar das diferenças de abordagem e de seu campo de atuação específico, o ponto comum a todas essas organizações, e a muitas outras criadas em bases semelhantes, é a defesa pragmática das causas voltadas à preservação da natureza mediante o sistema institucional. Nas palavras de Michael McCloskey, presidente do *Sierra Club*, a abordagem desses grupos pode ser caracterizada pela expressão "vamos nos virar": "Seguimos uma tradição montanhesa, segundo a qual primeiramente você resolve escalar a montanha. Você tem uma certa noção da rota, mas os pontos de apoio para a escalada são encontrados ao longo do percurso, e você tem de se adaptar e mudar seus planos constantemente."[4] A meta a ser atingida na escalada é a preservação da vida selvagem, sob suas mais diversas formas, dentro de parâmetros razoáveis sobre o que pode ser conquistado no atual sistema econômico e institucional. Os adversários encontrados pelo caminho são o desenvolvimento não controlado e os órgãos governamentais ineficientes, como o Departamento Norte-Americano de Beneficiamento de Terras, que não tem tomado as devidas providências para proteger a natureza. Autodefinem-se amantes da natureza, apelando para esse sentimento presente em cada um de nós, independentemente de quaisquer diferenças sociais. Atuam em nome das instituições e por meio delas, formando *lobbies* normalmente com grande habilidade e força política. Contam com grande apoio popular, bem como com doações das elites abastadas e bem-intencionadas e das corporações. Algumas organizações, como, por exemplo, o *Sierra Club*, são de grande porte (cerca de 600 mil membros), e articulam-se em seções locais cujas ações e ideologias variam consideravelmente, nem sempre correspondendo à imagem de "ambientalismo convencional".

A maioria das demais organizações, tais como o *Environmental Defense Fund*, mantém-se engajada na formação de *lobbies* e na análise e difusão de informações. Praticam muitas vezes uma política de coalizões, tendo o cuidado de não se deixar levar por caminhos que os desviem da causa ambientalista e desconfiando de ideologias radicais e ações sensacionalistas que estejam em descompasso com a maioria da opinião pública. Seria um erro, porém, opor os conservacionistas tradicionais aos ambientalistas radicais. Por exemplo, um dos mais famosos líderes do *Sierra Club*, David Brower, tornou-se fonte de inspiração para os ambientalistas radicais. Da mesma forma, Dave Foreman, do movimento ambientalista radical *Earth First!*, foi membro da diretoria do *Sierra Club* em 1996. Há uma certa osmose nas relações entre os conservacionistas e os ecologistas radicais, pois as diferenças ideológicas tendem a ser relevadas em função dos interesses comuns contra a incessante destruição da natureza sob as mais diversas formas. Isso acontece a despeito de calorosas discussões e pontos profundamente conflitantes dentro de um movimento grande e diversificado.

A *mobilização das comunidades locais em defesa de seu espaço*, contrária à introdução de usos indesejáveis do meio ambiente, constitui a forma de ação ambiental que mais rapidamente vem se desenvolvendo nos últimos tempos, e talvez seja capaz de estabelecer a relação mais direta entre as preocupações imediatas das pessoas a questões mais amplas de degradação ambiental.[5] Frequentemente rotulada, com certa malícia, movimento *Não no meu quintal*, essa organização foi criada nos Estados Unidos no ano de 1978, em princípio sob a forma de um movimento contra substâncias tóxicas, quando do terrível acidente de *Love Canal*, em que toneladas de lixo industrial tóxico foram despejadas nas Cataratas do Niágara, no estado de Nova York. Lois Gibbs, a proprietária que ganhou notoriedade em decorrência da luta pela saúde de seu filho, como também contra a desvalorização de sua casa por causa do despejo de resíduos poluentes na área, acabou fundando, em 1981, a *Citizen's Clearinghouse for Hazardous Wastes*, uma organização de combate ao lixo tóxico. Segundo dados da organização, em 1984, havia 600 grupos locais nos Estados Unidos lutando contra o despejo de lixo tóxico. Em 1988, esse número aumentou para 4.687. Ao longo dos anos, as comunidades mobilizaram-se também contra o grau excessivo de desenvolvimento, a construção de autoestradas e de instalações que processam e manipulam substâncias tóxicas nas proximidades de suas residências. Embora o movimento seja local, não é necessariamente localista, pois muitas vezes assegura aos residentes o direito à qualidade de vida, sendo contrário a interesses burocráticos ou corporativos. Não há dúvida de que a vida em sociedade é feita de concessões entre as próprias pessoas, no papel de moradores, trabalhadores, consumidores, usuários do transporte urbano e viajantes. O que é questionado por esses movimentos é, de um lado, a tendência de escolha de áreas habitadas por minorias e populações de baixa renda para o despejo de resíduos e a prática de atividades indesejáveis do ponto de vista ambiental, e, de outro, a falta de transparência e de participação no processo decisório sobre a utilização do espaço. Assim, os cidadãos pertencentes a essa organização reivindicam maior democracia local, planejamento urbano responsável e senso de justiça quando da distribuição do ônus gerado pelo desenvolvimento urbano/industrial, ao mesmo tempo evitando a exposição ao lixo tóxico ou às instalações que processam e manipulam substâncias dessa natureza. Conforme conclui Epstein em sua análise do movimento:

> A reivindicação, por parte do movimento, em defesa da justiça ambiental e contrária a substâncias tóxicas, de um Estado com maior autonomia para estabelecer regulamentações a corporações e que preste contas ao público e não às grandes empresas parece totalmente adequada e, possivelmente, constitui base para uma reivindicação ainda mais importante, de que o poder do Estado sobre as corporações seja reafirmado e expandido, sendo exercido em função do bem-estar social e principalmente do bem-estar dos mais vulneráveis.[6]

Em outros casos, como nos bairros de classe média mais afastados da cidade, as mobilizações organizadas pelos moradores estiveram mais concentradas na manutenção do *status quo* contra o desenvolvimento indesejado. Entretanto, independentemente do elemento de classe aí presente, todas as formas de protesto estavam voltadas ao estabelecimento de controles sobre o meio ambiente em prol da comunidade local e, nesse sentido, as mobilizações defensivas locais certamente constituem um dos principais componentes do movimento ambientalista num contexto mais amplo.

O ambientalismo foi também fonte de inspiração para algumas das contraculturas originadas dos movimentos dos anos 1960 e 1970. Entendo por contracultura a tentativa deliberada de viver segundo normas diversas e, até certo ponto, contraditórias em relação às institucionalmente reconhecidas pela sociedade, e de se opor a essas instituições com base em princípios e crenças alternativas. Algumas das mais poderosas correntes da contracultura em nossas sociedades manifestam-se por meio da obediência, única e exclusivamente, às leis da natureza, afirmando assim a prioridade pelo respeito à natureza acima de qualquer instituição criada pelo homem. Por esse motivo, creio que seja apropriado incorporar à noção de ambientalismo contracultural expressões aparentemente tão distintas quanto a dos ambientalistas radicais (tais como o *Earth First!* ou o *Sea Shepherds),* o movimento de libertação dos animais e o ecofeminismo.[7] Apesar de sua diversidade e falta de coordenação, a maioria desses movimentos compartilha das ideias dos pensadores da "ecologia profunda", representados, por exemplo, pelo escritor norueguês Arne Naess. De acordo com Arne Naess e George Sessions, os princípios básicos da "ecologia profunda" são os seguintes:

(1) O bem-estar e o desenvolvimento da Vida humana e não humana na Terra têm valor em si mesmos. Estes valores independem da utilidade do mundo não humano para servir aos propósitos do homem. (2) A riqueza e a diversidade das formas de vida contribuem para a percepção desses valores e também constituem valores em si mesmos. (3) Os seres humanos não têm direito de reduzir essa riqueza e diversidade, salvo se o fizerem para satisfazer suas necessidades vitais. (4) O desenvolvimento da vida e cultura humanas é compatível com uma redução substancial da população humana. O desenvolvimento da vida humana necessita dessa redução. (5) Atualmente o grau de interferência humana no mundo não humano é excessivo, e essa situação vem se agravando rapidamente. (6) Por essa razão as políticas devem ser modificadas. Tais políticas produzirão efeito nas estruturas econômicas, tecnológicas e ideológicas básicas. As condições resultantes desse processo serão profundamente diferentes das presentes nos dias de hoje. (7) A principal mudança ideológica consiste na valorização da qualidade de vida (moradia em condições de valor inerente) em vez da

crença em um padrão de vida cada vez mais elevado. Haverá uma profunda conscientização da diferença entre grande e excelente. (8) Todos aqueles que aderirem aos pontos acima mencionados estarão comprometidos a tentar, direta ou indiretamente, implementar as mudanças necessárias.[8]

Como resposta a tal comprometimento, no final da década de 1970 diversos ecologistas radicais liderados por David Foreman, um ex-fuzileiro naval norte-americano transformado em "guerreiro ecológico", fundaram nos estados do Novo México e Arizona o *Earth First!*, um movimento extremista partidário da insubordinação civil e até mesmo de atos de "ecotagem" (sabotagem ecológica) contra construções de barragens, extração de madeira e outras formas de agressão à natureza, o que fez com que seus membros fossem processados e presos. O movimento, com uma série de outras organizações similares, era completamente descentralizado, formado por "tribos" independentes que costumavam reunir-se periodicamente, de acordo com os rituais e o calendário dos índios norte-americanos, e tomar suas próprias decisões sobre como agir em defesa dos valores ecológicos. A ecologia profunda serviu de base ideológica para o movimento, merecendo destaque no *The Earth First! Reader,* uma publicação prefaciada por David Foreman.[9] Igualmente, senão mais importante, foi o romance escrito por Abbey, *The Monkey Wrench Gang* (A gangue da chave-inglesa), uma história sobre um grupo contracultural de "ecoguerrilheiros" que se tornaram modelos de atuação para muitos ecologistas radicais. De fato, a "chave-inglesa" tornou-se sinônimo de "ecossabotagem". Nos anos 1990, o movimento de libertação dos animais, cuja principal causa é a oposição incondicional a experiências que utilizem animais como cobaias, parece ser a ala mais militante do fundamentalismo ecológico.

O ecofeminismo, por sua vez, é claramente distinto das "táticas machistas" de alguns desses movimentos. As ecofeministas defendem o princípio do respeito absoluto pela natureza como fundamento da libertação tanto do patriarcalismo como do industrialismo. Veem as mulheres como vítimas da mesma violência patriarcal infligida à natureza. Desse modo, a restauração dos direitos naturais é indissociável da libertação da mulher. Nas palavras de Judith Plant:

> Historicamente, as mulheres não exerceram nenhum tipo de poder real no mundo exterior nem tiveram espaço para a tomada de decisões. A vida intelectual e o cultivo do pensamento foram campos tradicionalmente inacessíveis às mulheres. Em geral as mulheres têm sido passivas, assim como a natureza. Hoje em dia, porém, a ecologia fala em nome da terra, em nome do "outro", nas relações homem/meio ambiente. E o ecofeminismo, falando em nome do "outro" original, busca atingir as raízes inter-relacionadas de todo o tipo de dominação, bem como procura formas de resistir à mudança.[10]

Algumas ecofeministas também foram inspiradas pela polêmica reconstrução histórica de Carolyn Merchant, que remonta a sociedades pré-históricas naturais livres da dominação masculina, uma Idade de Ouro do matriarcado, em que havia harmonia entre a natureza e a cultura e onde homens e mulheres, indistintamente, veneravam a natureza que assumia a forma de deusa.[11] Houve também, principalmente durante os anos 1970, uma interessante relação entre ambientalismo, feminismo espiritual e neopaganismo, muitas vezes expresso no ecofeminismo e na militância direta e não agressiva de "bruxas" mediante a prática de feitiçaria.[12] Assim, por diversas formas, desde táticas de ecoguerrilha até o espiritualismo, passando pela ecologia profunda e o ecofeminismo, os ecologistas radicais estabelecem um elo entre ação ambiental e revolução cultural, ampliando ainda mais o escopo de um movimento ambientalista abrangente e visando à construção da *ecotopia*.

O *Greenpeace* é a maior organização ambiental do mundo, e provavelmente a principal responsável pela popularização de questões ambientais globais, por meio de ações diretas, sem uso de violência, e orientadas à mídia.[13] Fundado em Vancouver em 1971, em meio a uma manifestação antinuclear na costa do Alasca, e tendo sua sede posteriormente transferida para Amsterdã, o movimento se transformou em uma organização transnacional e altamente articulada que, já em 1994, contava 6 milhões de membros no mundo todo e uma receita anual superior a US$ 100 milhões. Seu perfil altamente distintivo como movimento ambientalista resulta de três componentes principais. Primeiro, uma noção de premência em relação ao iminente desaparecimento da vida no planeta, inspirada por uma lenda dos índios norte-americanos: "Quando a Terra cair doente e os animais tiverem desaparecido, surgirá uma tribo de pessoas de todos os credos, raças e culturas que acreditará em ações e não em palavras e devolverá à Terra sua beleza perdida. A tribo será chamada de 'Guerreiros do Arco-íris'."[14] Segundo, uma atitude inspirada nos *Quakers,* de serem testemunhas dos fatos, tanto como princípio para a ação quanto como estratégia de comunicação. Terceiro, uma atitude pragmática, do tipo empresarial, em grande parte influenciada pelo líder histórico e presidente do conselho administrativo do Greenpeace, David McTaggart, "de fazer as coisas acontecerem". Nessa linha de raciocínio, não há tempo para discussões filosóficas: as principais questões devem ser identificadas pelo uso de informações e técnicas investigativas em todo o planeta; campanhas específicas devem ser organizadas em torno de metas palpáveis, seguidas de ações espetaculares, com o objetivo de atrair a atenção da mídia, levando ao conhecimento do grande público uma determinada questão, e forçando empresas, governos e instituições internacionais a tomarem medidas cabíveis ou enfrentarem futura publicidade negativa.

O Greenpeace é ao mesmo tempo uma organização altamente centralizada e uma rede mundialmente descentralizada, controlada por um conselho de representantes do país, um pequeno conselho executivo, e responsáveis regionais para a América do Norte, América Latina, Europa e Região do Pacífico. Seus recursos são organizados sob forma de campanhas, sendo cada uma subdividida por tipo de questão ambiental abordada. Em meados da década de 1990, as principais campanhas eram as seguintes: substâncias tóxicas, recursos energéticos e atmosfera, questões nucleares e ecologia oceânica/terrestre. Escritórios sediados em trinta países são encarregados da coordenação de campanhas globais, angariando fundos e obtendo apoio em nível local/nacional; contudo, uma vez que as principais questões ambientais são mundiais, a maioria das ações promovidas pelo movimento visa causar um impacto global. O adversário declarado do Greenpeace é o modelo de desenvolvimento caracterizado pela falta de interesse pelos efeitos sobre a vida no planeta. Assim, o movimento mobiliza-se em torno do princípio da sustentabilidade ambiental como o preceito fundamental ao qual devem estar subordinadas todas as demais políticas e atividades. Dada a importância de sua missão, os "guerreiros do arco-íris" não estão dispostos a participar de discussões com outros grupos ambientais, tampouco embarcar na contracultura, apesar das numerosas variantes atitudinais de seu vasto número de participantes. São decididamente internacionalistas e veem o Estado-Nação como o maior obstáculo ao controle do desenvolvimento atualmente desenfreado e destrutivo. Travam uma guerra contra um modelo de desenvolvimento ecossuicida, tendo por objetivo conquistar vitórias imediatas em cada uma das frentes de batalha, desde a transformação da indústria de refrigeração alemã em tecnologia "verde", contribuindo para a proteção da camada de ozônio, até a influência na restrição da caça às baleias e a criação de um santuário de baleias na Antártida. Os "guerreiros do arco-íris" atuam nas fronteiras entre a ciência a serviço da vida, a formação de redes globais, a tecnologia da comunicação e a solidariedade entre as gerações.

À primeira vista, a *política verde* não parece ser um tipo de movimento *per se*, mas sim uma estratégia específica, isto é, o ingresso no universo da política em prol do ambientalismo. Contudo, um exame mais detalhado do exemplo de maior destaque nesse tipo de política, *Die Grünen*, demonstra com clareza que, originariamente, "os verdes" não se enquadravam nos modelos da política tradicional.[15] O Partido Verde alemão, fundado em 13 de janeiro de 1980 com base em uma coalizão de movimentos populares, a rigor não é um movimento ambientalista, mesmo considerando-se que provavelmente tem sido mais eficaz na propagação da causa ambientalista na Alemanha do que qualquer outro movimento europeu em seu próprio país de origem. A força motriz da formação do partido foram as chamadas Iniciativas do Cidadão do final dos anos 1970, organizadas principalmente em torno de mobilizações pela paz e contra as armas nucleares. Essas mobilizações foram responsáveis pela proeza de unir veteranos dos movimentos dos anos 1960 e feministas que se descobriram como tais espelhando-se justamente na revolução sexual promovida pelos revolucionários dos anos 1960, e também a juventude e a classe média de formação superior preocupada com a questão da paz, da energia nuclear e do meio ambiente (a destruição das florestas, *waldsterben*), as condições atuais do planeta, a liberdade individual e a democracia de base popular.

A criação e a rápida ascensão dos Verdes (tendo ingressado pela primeira vez no Parlamento Nacional em 1983) resultaram de circunstâncias bastante peculiares. Em primeiro lugar, não havia formas de expressão política que dessem voz ativa aos protestos sociais na Alemanha além dos três principais partidos que se haviam alternado no poder, chegando até mesmo a formar uma coalizão nos anos 1960: em 1976, mais de 99% dos votos foram destinados aos três partidos (Democrata-Cristão, Social-Democrata e Liberal). Diante desse quadro, havia um potencial "voto insatisfeito", principalmente entre os jovens, aguardando o momento de poder se manifestar. Escândalos financeiros na política (o caso Flick) haviam abalado a reputação de todos os partidos e insinuado sua relação de dependência diante das contribuições da indústria. Além disso, o que os cientistas políticos chamam de "quadro de oportunidade política" apontava para a adoção de uma estratégia que consistia em formar um partido que mantivesse a unidade entre seus eleitores: entre outros fatores, recursos significativos do governo foram destinados ao movimento, e a legislação eleitoral alemã, que estabelece um mínimo de 5% do total de votos nacionais para o ingresso no Parlamento, acabou reunindo sob uma única bandeira os Verdes, que, do contrário, permaneceriam fragmentados.

A maioria do eleitorado do Partido Verde era formada por jovens, estudantes, professores e membros de outras categorias bastante distintas dos eleitores relacionados à produção industrial, isto é, desempregados (mas sustentados pelo governo) ou funcionários públicos. O programa partidário tratava de temas como ecologia, paz, defesa das liberdades, proteção às minorias e aos imigrantes, feminismo e democracia participativa. Dois terços dos líderes do Partido Verde eram membros ativos de diversos movimentos sociais da década de 1980. Na verdade, *Die Grünen* apresentava-se, conforme definido por Petra Kelly, como um "partido antipartido", voltado à "política com base em um novo conceito de poder, um 'contrapoder' que seria natural e comum a todos, compartilhado por todos, e usado por todos para o bem de todos".[16] Assim, os Verdes faziam uma espécie de rodízio entre seus representantes eleitos, tomando a maioria das decisões em assembleias, seguindo a tradição anarquista que os inspirava mais do que eles próprios seriam capazes de admitir.

De maneira geral, as provas de fogo impostas pela *Realpolitik* puseram abaixo essas experiências após alguns anos, principalmente depois do fiasco nas urnas durante as eleições de 1990 causado pela total incompreensão por parte dos Verdes da importância da reunificação alemã, dentro de uma atitude coerente com a oposição do partido ao nacionalismo. O conflito latente entre os *realos* (líderes pragmáticos que tentavam difundir as ideias do partido por meio de instituições) e os *fundis* (fiéis aos princípios básicos da democracia popular e da ecologia) eclodiu em 1991, resultando em uma aliança entre centristas e pragmáticos, que assumiu o controle do partido. Reestruturado e com uma nova orientação, o Partido Verde alemão recuperou o fôlego em 1990, ingressou novamente no Parlamento e conquistou importantes postos nos governos regionais e locais, particularmente em Berlim, Frankfurt, Bremen e Hamburgo, por vezes governando por intermédio de alianças com os social-democratas. Contudo, não era mais o mesmo partido, isto é, havia-se transformado efetivamente em um partido político. Além disso, ele não mais detinha o monopólio de defensor da causa ambiental, pois os social-democratas, e até mesmo os liberais, passaram a ser bem mais receptivos às novas ideias apresentadas pelos movimentos sociais. Isso sem mencionar o fato de que a Alemanha dos anos 1990 era um país bem diferente: não havia mais o perigo de guerra, mas, sim, o da decadência econômica. O desemprego em massa dos jovens e a retração do Estado do bem-estar social tornaram-se questões mais graves do que a revolução cultural para os eleitores verdes "de tons políticos indefinidos". O assassinato de Petra Kelly em 1992, provavelmente perpetrado por seu companheiro, que em seguida cometeu suicídio, tocou em um ponto bastante crítico, questionando os limites da fuga da sociedade na vida cotidiana que ao mesmo tempo mantivesse intactas as estruturas econômicas, políticas e psicológicas básicas. Contudo, mediante a "política verde", *Die Grünen* consolidou-se como a esquerda coerente da Alemanha do *fin de siècle,* e a geração rebelde dos anos 1970 conseguiu preservar a maioria de seus valores à medida que envelhecia, transmitindo-os aos filhos pela maneira de viverem as próprias vidas. Assim, a partir da experiência verde, surgiu uma Alemanha bastante diferente, tanto do ponto de vista cultural quanto político. A impossibilidade, porém, de integrar partido e movimento sem provocar o aparecimento do totalitarismo (leninismo) ou do reformismo, em detrimento do próprio movimento (democracia social), teve mais uma confirmação histórica de que realmente esta é a lei de ferro da transformação social.

O SIGNIFICADO DO "VERDEJAR": QUESTÕES SOCIETAIS E O DESAFIO DOS ECOLOGISTAS

A preservação da natureza, a busca de qualidade ambiental e uma perspectiva de vida ecológica são ideias do século XIX que, em termos de manifestação, mantiveram-se por muito tempo restritas às elites ilustradas dos países dominantes.[17] Em muitos casos, tais elites eram formadas por remanescentes de uma aristocracia esmagada pela industrialização, como se pode observar nas origens da *Audubon Society* nos Estados Unidos. Em outros, um elemento comunal e utópico era o núcleo de ecologistas políticos considerados precoces do ponto de vista histórico, como Kropotkin, responsável por tornar ecologia e anarquia definitivamente indissociáveis, em uma tradição representada nos dias de hoje por Murray Bookchin. Contudo, em todos esses casos, e por mais de um século, essas ideias perduraram como tendência intelectual bastante restrita, incumbindo-se primordialmente da tarefa de despertar a consciência de indivíduos poderosos, que acabariam promovendo a criação de uma legislação conservacionista ou doando suas fortunas em prol da causa da natureza. Mesmo quando se forjavam alianças sociais (como, por exemplo, entre Robert Marshall e Catherine Bauer nos Estados Unidos dos anos 1930), seus resultados políticos eram atrelados de tal forma que os interesses econômicos e de bem-estar social eram colocados em primeiro plano.[18] Embora houvesse pioneiros de grande coragem e influência, como Alice Hamilton e Rachel Carson nos Estados Unidos, foi somente no final dos anos 1960 que, nos Estados Unidos, Alemanha e Europa Ocidental, surgiu um movimento ambientalista de massas, entre as classes populares e com base na opinião pública, que então se espalhou rapidamente para os quatro cantos do mundo.

Por que isso aconteceu? Por que as ideias ecológicas repentinamente se alastraram como fogo nas pradarias ressequidas da insensatez do planeta? Proponho a hipótese de que existe uma relação direta entre os temas abordados pelo movimento ambientalista e as principais dimensões da nova estrutura social, a sociedade em rede, que passou a se formar dos anos 1970 em diante: ciência e tecnologia como os principais meios e fins da economia e da sociedade; a transformação do espaço; a transformação do tempo; e a dominação da identidade cultural por fluxos globais abstratos de riqueza, poder e informações construindo virtualidades reais pelas redes da mídia. Na verdade, todos esses temas podem ser encontrados no universo caótico do ambientalismo e, ao mesmo tempo, nenhum deles pode ser claramente discernível em casos específicos. Contudo, sustento que há um discurso ecológico implícito e coerente que perpassa uma série de orientações políticas e origens sociais inseridas no movimento, e que fornece a estrutura sobre a qual diferentes temas são discutidos em momentos distintos e com propósitos diversos.[19] Naturalmente existem graves conflitos e enormes desavenças entre os componentes do movimento ambientalista. Entretanto, tais desavenças ocorrem com maior frequência em relação à definição de táticas, prioridades e tipo de linguagem do que propriamente quanto à ideia básica de associar a defesa de ambientes específicos a novos valores humanos. Embora correndo o risco de uma simplificação excessiva, farei uma síntese das principais linhas de discurso presentes no movimento ambientalista em torno de quatro temas principais.

O PODER DA IDENTIDADE | 235

Primeiro, *uma relação estreita e ao mesmo tempo ambígua com a ciência e a tecnologia*. Nas palavras de Bramwell: "O desenvolvimento de ideias 'verdes' nasceu da revolta da ciência contra a própria ciência que aconteceu por volta do final do século XIX na Europa e América do Norte."[20] Essa revolta foi se intensificando e passou a ser amplamente difundida na década de 1970, concomitantemente à revolução da tecnologia da informação e ao desenvolvimento extraordinário do conhecimento biológico viabilizado pelos modelos gerados por programas de computação gráfica que se sucederam. De fato, a ciência e a tecnologia desempenham um papel fundamental, embora contraditório, no movimento ambientalista. Por um lado, há uma profunda descrença nos benefícios proporcionados pela tecnologia avançada, levando, em alguns casos extremos, ao surgimento de ideologias neoluddistas, como a representada por Kirkpatrick Sale. Por outro, o movimento deposita muita confiança na coleta, análise, interpretação e divulgação de informações científicas sobre a interação entre artefatos produzidos pelo homem e o meio ambiente, por vezes com um alto grau de sofisticação. Algumas das principais organizações ambientalistas normalmente contam com cientistas em seus quadros, e na maioria dos países há um vínculo bastante forte entre cientistas, acadêmicos e ativistas ambientais.

Segundo, *o ambientalismo é um movimento com base na ciência*. Por vezes essa é a ciência ruim, fingindo saber o que acontece com a natureza e com os seres humanos e revelando a verdade oculta sob os interesses do industrialismo, capitalismo, da tecnocracia e burocracia. Embora critiquem a dominação da vida pela ciência, os ecologistas valem-se da ciência para fazer frente a esta em nome da vida. O princípio defendido não é a negação do conhecimento, mas, sim, o conhecimento superior: a sabedoria de uma visão holística, capaz de ir além de abordagens e estratégias de visão restritas, direcionadas à mera satisfação de necessidades básicas. Nesse sentido, o ambientalismo tem por objetivo reassumir o controle social sobre os produtos da mente humana antes que a ciência e a tecnologia adquiram vida própria, com as máquinas finalmente impondo sua vontade sobre nós e sobre a natureza; um temor ancestral da humanidade.

Terceiro, *os conflitos sobre a transformação estrutural são sinônimos da luta pela redefinição histórica das duas expressões fundamentais e materiais da sociedade: o tempo e o espaço.* Com efeito, *o controle sobre o espaço e a ênfase na localidade* é outro tema recorrente dos vários componentes do movimento ambientalista. No capítulo 6 do volume I, sugeri a ideia de uma oposição fundamental que surge na sociedade em rede entre duas lógicas espaciais, a do espaço de fluxos e do espaço de lugares. O espaço de fluxos organiza a simultaneidade das práticas sociais a distância, por meio dos sistemas de informação e telecomunicações. O espaço de lugares privilegia a interação social e a organização institucional tendo por base a contiguidade física. O traço distintivo da nova estrutura social, a sociedade em rede, é que a maioria dos processos dominantes, concentrando poder, riqueza e informação, é articulada no espaço de lugares. A maior parte da experiência e dos significados humanos, contudo, concentra-se ainda no espaço de locais. A disjunção entre as duas lógicas espaciais consiste em um mecanismo básico de dominação em nossas sociedades, pois desloca os principais processos econômicos, simbólicos e políticos da esfera em que o significado social pode ser construído e o controle político encontra meios de ser exercido. Assim, a ênfase dada pelos ecologistas à localidade e ao controle praticado pelas pessoas sobre seus próprios espaços de existência constitui um desafio aos mecanismos básicos do novo sistema de poder. Mesmo nos casos em que as manifestações são mais defensivas, como nas lutas rotuladas de "Não no meu quintal", o estabelecimento da prevalência do modo de vida local sobre os usos de um determinado espaço por "interesses externos", como é o caso de empresas que procuram um local para depositar seu lixo tóxico ou aeroportos que queiram ampliar suas instalações, encerra o sentido mais profundo da negação da predominância abstrata dos interesses técnicos e econômicos sobre experiências reais, de uso real, por pessoas reais.

O localismo ambiental contesta justamente a perda da relação entre essas diferentes funções ou interesses, submetidas ao princípio de uma representação mediada pela racionalidade técnica e abstrata exercida por interesses comerciais desenfreados e tecnocracias sem qualquer tipo de compromisso ou responsabilidade. Assim, a lógica desse argumento pode ser traduzida pelo desejo de um governo de menor porte, que privilegie a comunidade local e a participação do cidadão: *a democracia de bases populares é o modelo político implícito na maioria dos movimentos ecológicos*. Em alternativas mais complexas, o controle sobre o espaço, a afirmação do local como fonte de significado e a primazia do governo local são elementos vinculados aos ideais de autogestão da tradição anarquista, inclusive a produção em pequena escala e a ênfase na autossuficiência, que leva a uma austeridade assumida, à crítica ao consumismo e à substituição do valor de troca do dinheiro pelo valor de uso da vida. Obviamente que pessoas que protestam contra o depósito de lixo tóxico nos arredores de suas casas não são anarquistas, e muito poucas estariam realmente prontas para transformar o teor e a natureza de suas vidas. Contudo, a lógica interna do argumento, a relação entre a defesa do próprio local contra os imperativos do espaço de fluxos e o fortalecimento das bases político-econômicas da localidade permitem a identificação imediata de algumas dessas relações na consciência pública na ocorrência de um evento simbólico (como, por exemplo, a construção de uma usina nuclear). Desse modo, estão estabelecidas as condições para a convergência entre os problemas do cotidiano e os projetos de sociedade alternativa: é disso que são feitos os movimentos sociais.

Quarto, da mesma forma que o espaço, *o controle sobre o tempo está em jogo na sociedade em rede, e o movimento ambientalista é provavelmente o prota-*

gonista do projeto de uma temporalidade nova e revolucionária. Essa questão é tão importante quanto complexa, o que requer uma análise gradual e cuidadosa. No capítulo 7 do volume I, propus uma distinção (com base nos debates mais recentes nas áreas da sociologia e da história, bem como nas filosofias de tempo e espaço de Leibniz e Innis) entre três formas de temporalidade: o tempo cronológico, o tempo intemporal e o tempo glacial. O *tempo cronológico*, característico do industrialismo, tanto no caso do capitalismo como do estatismo, foi/é caracterizado pela sequência cronológica de eventos e pela disciplina do comportamento humano em função de um cronograma predeterminado que gera poucas experiências externas aos padrões de medida institucionalizados. O *tempo intemporal*, característico de processos dominantes em nossas sociedades, ocorre quando elementos de um determinado contexto, a saber, o paradigma informacional e a sociedade em rede, provocam uma perturbação sistêmica na ordem sequencial dos fenômenos ocorridos naquele contexto. Essa perturbação pode tomar a forma de concentração da ocorrência dos fenômenos, voltados à instantaneidade (como, por exemplo, as "guerras instantâneas" ou transações financeiras em décimos de segundo), ou ainda introduzir uma descontinuidade aleatória nessa sequência (como é o caso do hipertexto na comunicação da mídia eletrônica integrada). A eliminação da continuidade das sequências dá origem a um *timing* não diferenciado, destruindo assim o conceito de tempo. Em nossas sociedades, a maioria dos processos básicos dominantes é estruturada no tempo intemporal, muito embora a maioria das pessoas seja dominada pelo tempo cronológico.

Existe ainda uma terceira forma de tempo, concebido e proposto na prática social: o *tempo glacial*. Na formulação original de Lash e Urry, a noção de tempo glacial implica "a relação entre o homem e a natureza como um processo evolucionário e de longo prazo. Tal relação se projeta para trás na história imediata da humanidade e para a frente em direção a um futuro totalmente não especificado".[21] Desenvolvendo um pouco mais esse conceito, proponho a ideia de que o movimento ambientalista caracteriza-se justamente pelo projeto de introdução de uma perspectiva de "tempo glacial" em nossa temporalidade, nos planos da consciência individual e da política. O pensamento ecológico observa a interação entre todas as formas de matéria em uma perspectiva evolucionária. A ideia de utilizar única e exclusivamente recursos renováveis, crucial para o ambientalismo, está justificada precisamente pela noção de que qualquer alteração nos mecanismos básicos do planeta, e do universo, poderá, *ao longo do tempo*, desfazer um delicado equilíbrio ecológico, trazendo consequências desastrosas. A noção holística de integração entre seres humanos e natureza, conforme sustentada pelos defensores da "ecologia profunda", não está se referindo a uma ingênua veneração de paisagens naturais intocadas, mas, sim, ao princípio fundamental de que a unidade de experiência mais relevante não é o indivíduo ou, ainda nesse sentido, comunidades de seres humanos consideradas a partir de uma perspectiva histórica. Para nos integrarmos ao nosso eu cosmológico precisamos primeiramente transformar nossa própria noção de tempo, sentir o "tempo glacial" passando por nossas vidas, a energia das estrelas fluindo em nossas veias, perceber os rios de nossos pensamentos desembocando em um fluxo contínuo nos oceanos ilimitados da matéria viva multiforme. Em termos bem objetivos e pessoais, viver no tempo glacial significa estabelecer os parâmetros de nossas vidas a partir da vida de nossos filhos, e dos filhos dos filhos de nossos filhos. Portanto, o modo de administrarmos nossas vidas e instituições em função deles, tanto quanto em nossa própria causa, não é um culto à Nova Era, mas, sim, uma velha e conhecida forma de cuidar de nossos descendentes, feitos de nossa própria carne e nosso próprio sangue. A proposta do desenvolvimento sustentável como forma de solidariedade entre gerações reúne um egoísmo saudável e um pensamento sistêmico dentro de uma perspectiva evolucionária. O movimento antinuclear, uma das mais poderosas vertentes do movimento ambientalista, fundamenta sua crítica radical à energia nuclear nos efeitos de longo prazo do lixo radioativo, bem como nos problemas de segurança mais imediatos, construindo assim uma ponte para a segurança de nossas gerações daqui a milhares de anos. De certo modo, o interesse na preservação das culturas autóctones e no respeito a elas estende-se até o passado, compreendendo todas as formas de existência humana de diferentes épocas e afirmando que nós somos eles e eles somos nós.

A causa implícita dos defensores do movimento ambientalista, e explícita dos pensadores da ecologia profunda e do ecofeminismo, é essa *unidade das espécies, seguida da unidade da matéria como um todo, e de sua evolução espaço-temporal.*[22] A expressão material que reúne diferentes reivindicações e temas do ambientalismo é justamente sua temporalidade alternativa, exigindo das instituições da sociedade uma postura que assuma como premissa o ritmo lento da evolução de nossas espécies em seu meio ambiente, em um processo ininterrupto vivenciado por nosso ser cosmológico, uma vez que o universo continua se expandindo desde o momento/local de seu princípio compartilhado. Além das fronteiras limitadas pelo tempo cronológico subjugado, ainda vivido pela maior parte dos habitantes do mundo, o embate histórico pela nova temporalidade ocorre entre a aniquilação do conceito de tempo nos fluxos recorrentes das redes de computadores e a realização do tempo glacial mediante a incorporação consciente do nosso eu cosmológico.

Por meio dessas lutas fundamentais sobre a apropriação da ciência, do tempo e do espaço, os ecologistas inspiram *a criação de uma nova identidade, uma identidade biológica, uma cultura da espécie humana como componente da natureza.* Essa identidade sociobiológica não implica a negação das culturas históricas. Os ecologistas têm profundo respeito pelas culturas populares e grande apreço pela autenticidade cultural de diversas tradições. Contudo, seu adversário declarado é o nacionalismo do Estado. Isso porque o Estado-Nação, por definição, tende a exercer poder sobre um determinado território. Desse modo, rompe a unidade da espécie humana, bem como a inter-relação entre os territórios, comprometendo a noção de um ecossistema global compartilhado. Nas palavras de David McTaggart, líder histórico do Greenpeace International: "A maior ameaça que temos de combater é o nacionalismo. No próximo século vamos enfrentar questões que não podem ser abordadas simplesmente no âmbito nacional. Temos tentado trabalhar no sentido de uma ação internacional conjunta, apesar de séculos de preconceito nacionalista."[23] Embora a aparente contradição, os ecologistas são, ao mesmo tempo, localistas e globalistas: globalistas na maneira de tratar o conceito de tempo, localistas em termos de defesa do espaço. O pensamento e a política evolucionários só podem existir mediante uma perspectiva global. A relação de harmonia entre as pessoas e seu meio ambiente começa na comunidade local.

Essa *nova identidade como espécie,* quer dizer, essa identidade sociobiológica, pode ser facilmente superposta a tradições históricas e multifacetadas, idiomas e símbolos culturais, mas dificilmente poderá coexistir com a identidade do Estado nacionalista. Assim, de certa forma, o ambientalismo suplanta a oposição entre a cultura da virtualidade real, subjacente aos fluxos globais de riqueza e poder, e a manifestação das identidades culturais ou religiosas fundamentalistas. Trata-se da única identidade global proposta a todos os seres humanos, independentemente de seus vínculos sociais históricos ou de gênero, ou de seu credo religioso. Contudo, uma vez que a maioria das pessoas não vive no plano cosmológico, e a aceitação de nossa natureza compartilhada com a dos mosquitos ainda impõe certos problemas táticos, a questão decisiva para a influência da nova cultura ecológica consiste em sua capacidade de unir os traços de culturas distintas em um hipertexto humano, constituído de diversidade histórica e comunalidade biológica. Chamo-a de *cultura verde* (por que motivo cunhar outro termo quando milhões de pessoas já atribuem esse nome ao fenômeno), definindo-a nos termos de Petra Kelly: "Devemos aprender a pensar e a agir com nossos corações, a reconhecer o vínculo existente entre todas as criaturas vivas e a respeitar o valor de cada um dos fios da vasta teia da vida. Esta é uma perspectiva espiritual e o princípio básico de toda a política verde... A política verde exige que tenhamos, a um só tempo, ternura e subversão."[24] A ternura da subversão, a subversão da ternura: estamos muito distantes da perspectiva instrumentalista que predominou durante a era industrial, tanto no capitalismo quanto no estatismo. E estamos em confronto direto com a dissolução do significado nos fluxos do poder sem rosto que constituem a sociedade em rede. A cultura verde, na forma proposta por um movimento ambientalista multifacetado, é o antídoto à cultura da virtualidade real que caracteriza os processos dominantes de nossas sociedades.

Assim, temos a ciência da vida contra a vida dominada pela ciência; o controle local sobre o espaço contra um espaço de fluxos incontrolável; a realização do tempo glacial contra a destruição do conceito de tempo e a escravidão ao tempo cronológico; a cultura verde contra a virtualidade real. São esses os principais desafios do movimento ambientalista às estruturas dominantes da sociedade em rede. E é por isso que o movimento aborda questões que as pessoas percebem vagamente como os elementos de que são feitas suas novas existências. Permanece a ideia de que, entre este "intenso fogo verde" e os valores mais caros às pessoas, as estruturas da sociedade mantêm-se em suas bases, forçando os ambientalistas a uma longa marcha pelas instituições das quais, a exemplo do que ocorre com qualquer movimento social, jamais sairão totalmente ilesos.

O AMBIENTALISMO EM AÇÃO: FAZENDO CABEÇAS, DOMANDO O CAPITAL, CORTEJANDO O ESTADO, DANÇANDO CONFORME A MÍDIA

Boa parte do sucesso do movimento ambientalista deve-se ao fato de que, mais do que qualquer outra força social, ele tem demonstrado notável capacidade de adaptação às condições de comunicação e mobilização apresentadas pelo novo paradigma tecnológico.[25] Embora boa parte do movimento dependa de organizações de base, suas ações ocorrem em razão de eventos que sejam apropriados para a divulgação na mídia. Ao criar eventos que chamam a atenção da mídia, os ambientalistas conseguem transmitir sua mensagem a uma audiência bem maior que a representada por suas bases diretas. Além disso, a presença constante de temas ambientais na mídia dotou-lhes de uma legitimidade bem maior que a atribuída a outras causas. A ação voltada à mídia torna-se evidente nos casos de movimentos ambientalistas globais como o Greenpeace, cuja lógica está totalmente orientada à criação de eventos que mobilizem a opinião pública em torno de questões específicas no intuito de exercer pressão sobre o poder instituído, seja ele qual for. Contudo, a ação do movimento também é o cotidiano das lutas ambientalistas em nível local. Noticiários de TV, rádio e jornais locais são o instrumento de divulgação dos ambientalistas, a ponto de existirem reclamações por parte dos políticos e das grandes corporações de que é a mídia, e não os ambientalistas, a grande responsável pela mobilização em torno da questão do meio ambiente.

A relação de simbiose entre a mídia e o ambientalismo tem sua origem em diversas fontes. Em primeiro lugar, a tática de ação direta sem uso de violência que caracterizou o movimento desde a década de 1970 forneceu bom material para reportagem, principalmente considerando-se que os noticiários sempre exigem imagens novas. Muitos ativistas ambientais fizeram uso bastante criativo da tradicional tática anarquista francesa de *l'action exemplaire,* um ato especular que arrebata as mentes das pessoas, provoca discussões e fomenta a mobilização. O autossacrifício, como detenções prolongadas e prisões, viagens pelo oceano arriscando as próprias vidas, uso dos próprios corpos, abraçando-se a árvores e impedindo assim o andamento de obras que agridam a natureza, a interrupção de cerimônias oficiais e muitas outras ações diretas, juntamente com a autocontenção e a não violência manifesta, atribuíram ao movimento uma atitude de vigilância capaz de restaurar a confiança e dar novo ânimo a valores éticos em tempos de cinismo generalizado. Em segundo lugar, a legitimidade das questões levantadas pelos ambientalistas, diretamente relacionadas a valores humanistas apreciados pela maioria das pessoas, e muitas vezes distantes da política partidária, abriu caminho para que a mídia assumisse o papel de voz do povo, contribuindo para que sua própria legitimidade se firmasse e fazendo com que os jornalistas se sentissem bem ao divulgar o assunto. Além disso, nos noticiários locais, reportagens sobre substâncias prejudiciais à saúde ou o efeito do comprometimento do meio ambiente sobre as vidas das pessoas trazem para dentro de casa problemas sistêmicos de um modo muito mais ostensivo do que qualquer tipo de discurso tradicional. Não raro, os próprios ambientalistas alimentam a mídia com imagens preciosas que dizem bem mais do que uma enorme reportagem. Assim, os grupos ambientalistas norte--americanos distribuíram câmeras de vídeo a grupos de todo o mundo, desde Connecticut até a Amazônia, para que fossem registradas violações explícitas dás leis ambientais, utilizando a infraestrutura tecnológica do grupo para editar e difundir imagens incriminatórias.

Os ambientalistas também estão presentes na vanguarda das novas tecnologias de comunicação, utilizando-as como ferramentas de organização e mobilização, principalmente pela internet.[26] Por exemplo, uma coalizão de grupos ambientais nos Estados Unidos, Canadá e Chile, formada a partir dos *Friends of the Earth, Sierra Club, Greenpeace, Defenders of Wildlife, The Canadian Environment Law Association* e muitos outros, mobilizou-se contra a aprovação da Associação Norte-Americana de Livre Comércio (NAFTA) por causa da insuficiência de dispositivos legais de proteção ambiental no acordo. Eles usaram a internet para coordenar ações e trocar informações, construindo uma rede permanente que passou a traçar as linhas de batalha da ação ambiental transnacional nas Américas na década de 1990. Os sites da World Wide Web estão se tornando pontos de encontro para os ambientalistas em todo o mundo, como no caso dos sites criados em 1996 por organizações como o *Conservation International* e a *Rainforest Action Network* em defesa da causa dos povos indígenas nas florestas tropicais. A *Food First,* uma organização baseada na Califórnia, conectou-se a uma rede de grupos ambientalistas sediados em países em desenvolvimento, para discutir a relação entre as questões ambientais e a miséria. Assim, por meio da internet, teve condições de coordenar suas ações com a *Global South,* uma organização sediada na Tailândia que fornece informações a partir da perspectiva ambiental da Ásia recém-industrializada. Mediante o acesso a essas redes, grupos locais em todo o mundo passaram a ter condições de agir de forma global, exatamente no mesmo nível em que surgem os principais problemas relativos ao meio ambiente. Parece que está surgindo uma elite com profundos conhecimentos de informática como o centro global coordenador dos grupos locais de ação ambientalista em todo o mundo, um fenômeno não inteiramente distinto do papel desempenhado pelos primeiros editores e jornalistas nos primórdios do movimento trabalhista, que faziam uso das informações às quais tinham acesso para orientar as massas não alfabetizadas que formavam a classe operária das primeiras décadas da industrialização.

O ambientalismo não pode ser considerado meramente um movimento de conscientização. Desde o início, procurou exercer influência na legislação e nas atitudes tomadas pelos governos. Na verdade, as principais organizações ambientalistas (tais como as integrantes do Grupo dos Dez nos Estados Unidos) concentram seus esforços na formação de *lobbies,* para obter conquistas na legislação, e no apoio ou oposição a candidatos a cargos eletivos com base em sua postura política em relação a determinadas questões. Mesmo as organizações não tradicionais orientadas à ação, como o Greenpeace, têm dado atenção cada vez maior à pressão sobre os governos e instituições internacionais para obter a aprovação de leis, decisões favoráveis e implantação das decisões tomadas acerca de questões específicas. Do mesmo modo, em níveis local e regional, os ambientalistas organizaram campanhas em defesa de novas formas de planejamento urbano e regional, medidas de saúde pública e controle sobre o desenvolvimento desenfreado. É esse pragmatismo, essa atitude que procura dar ênfase à resolução de questões, que vem proporcionando ao ambientalismo uma vantagem em relação à política internacional: as pessoas percebem que são capazes de exercer influência sobre decisões importantes aqui e agora, sem que para isso seja necessário qualquer tipo de mediação ou postergação. Não há distinção entre os fins e os meios.

Em alguns países, principalmente na Europa, os ambientalistas entraram na disputa por cargos políticos, tendo logrado algum sucesso.[27] Os fatos demonstram que os partidos verdes têm um desempenho bem melhor nas eleições locais, em que ainda existe um vínculo direto entre o movimento e seus representantes políticos. Obtêm resultados bastante positivos em eleições internacionais, como, por exemplo, nas eleições para o Parlamento europeu, devido ao fato de que, por ser uma instituição que detém um poder meramente simbólico, acaba conquistando a simpatia dos cidadãos que se sentem bem em ver seus princípios representados, praticamente sem perda de influência nos processos decisórios. No âmbito da política nacional, os cientistas políticos têm demonstrado que as chances de vitória dos partidos verdes são menos afetadas pelos conceitos ambientalistas das pessoas do que por estruturas institucionais específicas que determinam as oportunidades de disputa política.[28] Em suma, quanto maior a acessibilidade de temas relacionados ao meio ambiente e/ou de votos de protesto aos principais partidos políticos, menores as possibilidades de vitória dos verdes; e, quanto maiores as chances de uma votação simbólica, sem maiores consequências para os cargos executivos em que o poder é exercido de fato, melhor o desempenho dos candidatos verdes. Na realidade, parece que a Alemanha foi a exceção, e não a regra, no desenvolvimento da política verde, conforme discutido anteriormente.

É bem provável que haja uma tendência mundial de "verdejamento" da política como um todo, embora em um tom bem pouco acentuado, assim como de uma autonomia sustentada do movimento ambientalista. Quanto ao movimento propriamente dito, sua relação com a política tem incorporado cada vez mais as práticas de *lobby*, a organização de campanhas com objetivos específicos a favor ou contra determinados candidatos, e a influência sobre os eleitores mediante mobilizações em torno de questões ambientais. Lançando mão de todas essas táticas, o ambientalismo vem se tornando uma das mais importantes forças da opinião pública, exigindo reconhecimento pelos partidos e candidatos de diversos países. Por outro lado, a maioria das organizações ambientais vem se institucionalizando, isto é, tem concordado com a necessidade de atuar estando inseridas na estrutura das instituições já estabelecidas e de acordo com as normas de produção e de uma economia de mercado globais. Assim, ações conjuntas com empresas de grande porte têm sido regra e não exceção. Muitas vezes essas empresas financiam uma série de atividades ambientalistas, tornando-se extremamente conscientes da importância da defesa das questões ambientais, a ponto de transformar temas relacionados ao meio ambiente nas principais imagens veiculadas em sua propaganda e informes publicitários. Entretanto, nem tudo é manipulação. Empresas em todo o mundo também têm sido influenciadas pelo ambientalismo, buscando adaptar seus produtos e processos às novas leis, preferências e valores, obviamente visando ao lucro a partir dessas ações. Em decorrência do fato de as verdadeiras unidades de produção em nossa economia terem deixado de ser empresas individuais para transformar-se em redes transnacionais constituídas de vários componentes (ver volume I, capítulo 3), a transgressão das leis ambientais tem ocorrido de forma mais descentralizada em empresas de pequeno porte e nos países recém--industrializados, alterando assim a geografia e a topologia da ação ambientalista no futuro próximo.

Com o aumento extraordinário da consciência, influência e organização ambientalista, o movimento tornou-se, sobretudo, cada vez mais diversificado, tanto do ponto de vista social quanto temático, chegando às mesas de reuniões das grandes empresas, aos recônditos da contracultura e às prefeituras e assembleias legislativas. Ao longo desse processo, os temas têm sofrido distorções, sendo às vezes submetidos a manipulações. Contudo, essa é a marca de qualquer movimento social relevante. Sem sombra de dúvida, o ambientalismo é um dos mais importantes movimentos sociais de nosso tempo, porquanto compreende uma série de causas sociais sob a égide da justiça ambiental.

JUSTIÇA AMBIENTAL: A NOVA FRONTEIRA
DOS ECOLOGISTAS

Desde a década de 1960, o ambientalismo não se tem dedicado exclusivamente à observação dos pássaros, proteção das florestas e despoluição do ar. Campanhas contra o despejo de lixo tóxico, em defesa de direitos dos consumidores, protestos antinucleares, pacifismo, feminismo e uma série de outras causas foram incorporadas à proteção da natureza, situando o movimento em um cenário bastante amplo de direitos e reivindicações. Mesmo as tendências da contracultura, como a meditação da Nova Era e o neopaganismo, acabaram se amalgamando a outros componentes do movimento ambientalista dos anos 1970 e 1980.

Nos anos 1990, embora algumas questões de grande relevância, tais como os protestos antinucleares e pela paz, tenham sido relegadas a segundo plano, parte em razão do sucesso dos protestos, parte em função do fim da Guerra Fria, uma série de questões sociais passou a integrar um movimento cada vez mais diversificado.[29] As comunidades de baixa renda e as minorias étnicas mobilizaram-se contra o fato de serem escolhidas como alvo de discriminação ambiental, submetidas com maior frequência que a população como um todo à exposição a substâncias tóxicas, à poluição, a materiais prejudiciais à saúde e à degradação ambiental de seu espaço. Os trabalhadores rebelaram-se contra as causas dos acidentes no trabalho desde o envenenamento por substâncias químicas até os males ocasionados pelo trabalho de digitação no computador. Grupos formados por mulheres têm demonstrado que, muitas vezes na condição de administradoras da vida familiar do dia a dia, são as vítimas mais diretas das consequências da poluição, da deterioração dos serviços públicos e do desenvolvimento desenfreado.

A falta de moradia é uma das principais causas da queda da qualidade de vida urbana. Além disso, em todo o mundo, a miséria pode ser apontada como uma das maiores causas de degradação ambiental, desde a queima das florestas à poluição dos rios, lagos e oceanos, passando por epidemias generalizadas. Sem dúvida, em muitos países em processo de industrialização, principalmente na América Latina, grupos ambientalistas têm-se multiplicado, aliando-se a grupos de direitos humanos, de mulheres e a organizações não governamentais, resultando em poderosas coalizões que suplantam a política institucional, sem contudo ignorá-la.[30] Portanto, o conceito de justiça ambiental, como noção ampla que reafirma o valor da vida em todas as suas manifestações, contra os interesses de riqueza, poder e tecnologia, vem conquistando gradativamente as mentes e as políticas, à medida que o movimento ambientalista ingressa em um novo estágio de desenvolvimento.

À primeira vista, tem-se a impressão de estarmos diante de táticas oportunistas. Dada a experiência bem-sucedida e a legitimidade do rótulo ambientalista, causas menos populares imbuem-se de novas ideologias para ganhar apoio e atrair atenções. Alguns dos agrupamentos da ala mais conservadora do movimento ambientalista têm agido com extrema cautela em relação a uma linha de ação demasiado ampla, que pode ser capaz de desviar o movimento de seu enfoque original. Os sindicatos trabalhistas, por exemplo, vêm lutando por leis de saúde no trabalho desde o início da industrialização, e a miséria é, e foi, uma das questões mais importantes por sua própria natureza, sem que fosse necessário tingir de verde seu tom já sombrio. Contudo, o que vem ocorrendo com o ambientalismo vai além da questão estratégica. O enfoque ecológico à vida, à economia e às instituições da sociedade enfatiza o caráter holístico de todas as formas de matéria, bem como de todo processamento de informações. Nesse sentido, quanto mais adquirimos conhecimento, tanto mais percebemos as potencialidades de nossa tecnologia, bem como o abismo gigantesco e perigoso entre nossa capacidade de produção cada vez maior e nossa organização social primitiva, inconsciente e, em última análise, destrutiva. É esse o fio que costura as relações cada vez mais estreitas entre as revoltas sociais, locais e globais, defensivas e ofensivas, engajadas na luta por questões ou por valores, surgindo em torno do movimento ambientalista. Isso não significa que esteja despontando uma nova comunidade internacional de cidadãos generosos e bem-intencionados. Ainda não. Conforme demonstrado neste volume, novas e antigas distinções de classe, gênero, etnia, religião e territorialidade estão em pleno vigor, dividindo e subdividindo a abordagem de questões, conflitos e projetos. Mas certamente significa que relações embrionárias entre movimentos locais de base popular e mobilizações em torno de um determinado símbolo em defesa da justiça ambiental carregam consigo a marca de projetos alternativos. Tais projetos apontam para a superação dos modelos já esgotados dos movimentos sociais na sociedade industrial pela retomada, dentro das formas historicamente apropriadas, da velha dialética entre dominação e resistência, entre a *Realpolitik* e a utopia, entre o cinismo e a esperança.

Notas

1. Em *Essays by Petra Kelly* (*1947-1992*) (Kelly, 1994: 39-40). Nesta citação, a autora refere-se ao "verdejar do ser" conceito criado por Joanna Macy (Macy, 1991).
2. Para uma visão geral do movimento ambientalista, ver (entre outros) Holliman (1990); Gottlieb (1993); Kaminiecki (1993); Shabecoff (1993); Dalton (1994); Alley *et al.* (1995); Diani (1995); Brulle (1996); Wapner (1996).
3. Allen (1987); Scarce (1990); Gottlieb (1993); Shabecoff (1993).
4. Citado em Scarce (1990: 15).
5. Gottlieb (1993); Szasz (1994); Epstein (1995).
6. Epstein (1995: 20).
7. Para consulta a fontes de referência, ver Adler (1979); Spretnak (1982); Manes (1990); Scarce (1990); Davis (1991); Dobson (1991); Epstein (1991); Moog (1995).
8. Naess e Sessions (1984), reproduzido em Davis (1991: 157-8).
9. Davis (1991).
10. Plant (1991: 101).
11. Merchant (1980); ver também Spretnak (1982); Moog (1995).
12. Adler (1979); Epstein (1991).
13. Hunter (1979); Eyerman e Jamison (1989); DeMont (1991); Horton (1991); Ostertag (1991); Melchett (1995); Wapner (1995, 1996).
14. Fundo do Greenpeace para o Meio Ambiente, citado em Eyerman e Janison (1989: 110).
15. Ver, entre numerosas fontes sobre o Partido Verde alemão, Langguth (1984); Hulsberg (1988); Wiesenthal (1993); Scharf (1994); e, particularmente, Poguntke (1993) e Frankland (1995).
16. Kelly (1994: 37).
17. Bramwell (1989, 1994).
18. Gottlieb (1993).
19. Sobre evidências da presença e da importância desses temas no movimento ambientalista de vários países, ver Dickens (1990); Dobson (1990); Scarce (1990); Epstein (1991); Zisk (1992); Coleman e Coleman (1993); Gottlieb (1993); Shabecoff (1993); Bramwell (1994); Porrit (1994); Riechmann e Fernandez Buey (1994); Moog (1995).
20. Bramwell (1994: vii).
21. Lash e Urry (1994: 243).
22. Diamond e Orenstein (1990); McLaughlin (1993).
23. Entrevista em Ostertag (1991: 33).
24. Kelly (1994: 37).
25. Ver Epstein (1991); Horton (1991); Ostertag (1991); Costain e Costain (1992); Gottlieb (1993); Kanagy *et al.* (1994).
26. Bartz (1996).
27. Poguntke (1993); Dalton (1994); Diani (1995); Richardson e Rootes (1995).
28. Richardson e Rootes (1995).
29. Gottlieb (1993: 207-320); Szasz (1994); Epstein (1995); Brulle (1996).
30. Athanasiou (1996); Borja e Castells (1996).

4

O FIM DO PATRIARCALISMO: MOVIMENTOS SOCIAIS, FAMÍLIA E SEXUALIDADE NA ERA DA INFORMAÇÃO

Se todos os que me imploraram
ajuda neste mundo,
todos os sagrados inocentes,
esposas alquebradas, aleijados,
prisioneiros, suicidas.
Se todos me tivessem dado um kopeck,
teria me tornado "mais rica
do que todo o Egito"...
Eles, porém, não me deram nenhum kopeck,
mas compartilharam comigo sua força,
e assim nada no mundo
é mais forte do que eu,
e posso suportar tudo, até mesmo isto.

ANNA AKHMATOVA, *SELECTED POEMS*[1]

O patriarcalismo é uma das estruturas sobre as quais se assentam todas as sociedades contemporâneas. Caracteriza-se pela autoridade, imposta institucionalmente, do homem sobre mulher e filhos no âmbito familiar. Para que essa autoridade possa ser exercida, é necessário que o patriarcalismo permeie toda a organização da sociedade, da produção e do consumo à política, à legislação e à cultura. Os relacionamentos interpessoais e, consequentemente, a personalidade também são marcados pela dominação e violência que têm sua origem na cultura e instituições do patriarcalismo. É essencial, porém, tanto do ponto de vista analítico quanto político, não esquecer o enraizamento do patriarcalismo na estrutura familiar e na reprodução sociobiológica da espécie, contextualizados histórica e culturalmente. Não fosse a família patriarcal, o patriarcalismo ficaria exposto como dominação pura e acabaria esmagado pela revolta da "outra metade do paraíso", historicamente mantida em submissão.

A família patriarcal, base fundamental do patriarcalismo, foi contestada no fim do último milênio pelos processos, inseparáveis, de transformação do trabalho feminino e da conscientização da mulher. As forças propulsoras desses processos são o crescimento de uma economia informacional global, as mudanças tecnológicas no processo de reprodução da espécie e o impulso poderoso promovido pelas lutas da mulher e por um movimento feminista multifacetado, três tendências observadas a partir do final da década de 1960. A incorporação maciça da mulher na força de trabalho *remunerado* aumentou o seu poder de barganha *vis-à-vis* o homem, abalando a legitimidade da dominação deste em sua condição de provedor da família. Além disso, colocou um peso insustentável sobre os ombros das mulheres com suas quádruplas jornadas diárias (trabalho remunerado, organização do lar, criação dos filhos e a jornada noturna em benefício do marido). Primeiro, os anticoncepcionais, depois, a fertilização *in vitro* e a manipulação genética que se aprimora a cada dia são fatores que permitem à mulher e à sociedade controle cada vez maior sobre a ocasião e a frequência das gestações.

Quanto às suas reivindicações, as mulheres não esperaram o fim do milênio para se manifestar. Suas lutas estão presentes em todas as etapas da experiência humana, embora assumindo formas diferentes e quase sempre ausentes dos compêndios de História e dos registros de modo geral.[2] Costumo argumentar que muitas lutas urbanas, antigas e contemporâneas, foram, na realidade, movimentos feministas envolvendo as necessidades e a administração da vida diária.[3] A história do feminismo como tal é antiga, como bem exemplificado pelo movimento sufragista nos Estados Unidos. Tenho, porém, de admitir que foi apenas nos últimos 25 anos do século XX que observamos uma insurreição maciça e global das mulheres contra sua opressão, embora com diferente intensidade, dependendo da cultura e do país. Tais movimentos têm causado impacto profundo nas instituições da sociedade e, sobretudo, na conscientização das mulheres. Nos países industrializados, a maioria delas considera-se igual ao homem, com direito às mesmas prerrogativas e de controlar seus corpos e suas vidas. Tal conscientização está se difundindo rapidamente em todo o planeta. Essa é a mais importante das revoluções, porque remete às raízes da sociedade e ao âmago do nosso ser.[4] Além disso, trata-se de um processo irreversível. Admitir o fato não significa que os problemas referentes à discriminação, opressão e ao abuso das mulheres e de seus filhos tenham sido eliminados ou que sua intensidade tenha sido significativamente reduzida. Na verdade, embora a discriminação legal tenha, de certo modo, diminuído e a tendência seja que o mercado de trabalho venha a se equalizar à medida que o nível de educação da mulher aumenta, a violência interpessoal e o abuso psicológico têm-se expandido, justamente em virtude da ira masculina, tanto individual quanto coletiva, ante a perda de poder. Essa não é, nem será, uma revolução de veludo. A paisagem humana da liberação feminina e a defesa dos homens para a manutenção de seus privilégios está coalhada de cadáveres de vidas partidas, como acontece em todas as verdadeiras revoluções. Entretanto, não obstante a violência do conflito, a transformação da conscientização da mulher e dos valores sociais ocorrida em menos de três décadas em quase todas as sociedades é impressionante e traz consequências fundamentais para toda a experiência humana, desde o poder político até a estrutura da personalidade.

Sustento que o processo que sintetiza e unifica essa transformação é a eliminação da família patriarcal. Se o sistema familiar patriarcal desmoronar, todo o patriarcalismo, assim como tudo o mais em nossas vidas, se transformará, gradual e inexoravelmente. Trata-se de uma perspectiva assustadora, e não somente para os homens. É por esse motivo que o desafio ao patriarcalismo é um dos fatores preponderantes a estimular os movimentos fundamentalistas, que procuram restabelecer a ordem patriarcal, conforme já visto nos capítulos anteriores deste volume. Essa forte reação talvez possa alterar os atuais processos de mudança cultural, pois nenhuma história é escrita de antemão. No entanto, os atuais indicadores apontam para o declínio das formas tradicionais de família patriarcal. Iniciarei minha análise focalizando alguns desses indicadores. Não que estatísticas sejam, por si, capazes de revelar toda a história da crise do patriarcalismo. Quando, porém, as mudanças estão tão disseminadas a ponto de se refletirem em estatísticas nacionais e comparativas, podemos admitir, com toda a segurança, a profundidade e velocidade dessas transformações.

É preciso, também, considerar o momento da transformação. Por que justamente agora? As ideias feministas têm estado presentes há pelo menos um século, se não mais, embora em versões históricas específicas. Por que pegaram fogo em nosso tempo? Sugiro a hipótese de que o motivo tem por base a combinação de quatro elementos: primeiro, a transformação da economia e do mercado de trabalho associada à abertura de oportunidades para as mulheres no campo da educação.[5] Assim, procurarei apresentar alguns dos dados que mostram essa transformação, associando-os às características da economia global informacional e de empresas integradas em rede, conforme apresentado no volume 1. Em segundo lugar, vêm as transformações tecnológicas ocorridas na biologia, farmacologia e medicina, proporcionando controle cada vez maior sobre a gravidez e a reprodução humanas, como visto no capítulo 7 do volume I. Terceiro, tendo como pano de fundo a transformação econômica e tecnológica, o patriarcalismo foi atingido pelo desenvolvimento do movimento feminista, consequência dos movimentos sociais da década de 1960. Não que o feminismo tenha sido um componente característico desses movimentos. Na realidade, ele começou mais tarde, em fins da década de 1960 e início da de 1970, formado por mulheres que deles haviam participado, em reação à discriminação sexual e abuso (ver a seguir) que sofreram nos movimentos. Mas o contexto da formação de movimentos sociais, com ênfase no "pessoal como forma política", e seus temas multidimensionais possibilitaram às feministas afastar-se dos caminhos proporcionados pelos movimentos predominantemente masculinos (tais como os movimentos trabalhistas ou de políticas revolucionárias), distanciando-se rumo a uma abordagem mais experimental com as próprias fontes de opressão, antes que pudessem ser subjugadas pelo discurso da racionalidade. O quarto elemento a induzir o desafio ao patriarcalismo é a rápida difusão de ideias em uma cultura globalizada, em um mundo interligado por onde pessoas e experiências passam e se misturam, tecendo rapidamente uma imensa colcha de retalhos formada por vozes femininas, estendendo-se sobre quase todo o planeta. Assim, após avaliar a transformação do trabalho da mulher, analisarei a formação de um movimento feminista altamente diversificado e os debates desenvolvidos a partir da experiência coletiva de construir ou reconstruir a identidade feminina.

O impacto dos movimentos sociais, e do feminismo em particular, nas relações entre os sexos deu impulso a uma poderosa onda de choque: o questionamento da heterossexualidade como norma. Para as lésbicas, separar-se dos homens, origem de sua opressão, foi a consequência lógica, se não inevitável, de sua visão da dominação masculina como o motivo pelo qual as mulheres se encontram em situação tão precária. Para os gays, o questionamento da família tradicional e as relações conflitantes entre homens e mulheres proporcionaram uma abertura para explorar novas formas de relacionamentos pessoais, inclusive novas formas de vida familiar, as famílias gays. Para todos, a liberação sexual, sem limites institucionais, tornou-se a nova fronteira da autoexpressão. Não na imagem homofóbica de procura incessante por novos parceiros, mas como afirmação da própria personalidade e nos experimentos com a sexualidade e o amor. O impacto dos movimentos de lésbicas e gays sobre o patriarcalismo é, obviamente, devastador. Não que as formas de dominação interpessoal deixem de existir. A dominação, assim como a exploração, sempre se renova no decorrer da História. Mas o patriarcalismo, como deve ter existido desde os primórdios da raça humana (não obstante Carolyn Merchant), ficou definitivamente combalido em consequência do enfraquecimento da norma heterossexual. Assim, pretendo explorar as origens e os horizontes dos movimentos homossexuais (de gays e lésbicas), de São Francisco a Taipé, a fim de salientar a crescente diversidade, tanto cultural quanto geográfica, desses movimentos.

Por fim, abordarei a questão da transformação da personalidade em nossa sociedade, resultante da transformação da estrutura familiar e das normas sexuais, uma vez que as famílias constituem o mecanismo básico de socialização e a sexualidade tem a ver com a personalidade. É assim que a interação entre mudança estrutural e os movimentos sociais — ou seja, entre a sociedade em rede e o poder da identidade — nos transforma.

A CRISE DA FAMÍLIA PATRIARCAL

Chamo de crise da família patriarcal o enfraquecimento do modelo familiar baseado na autoridade/dominação contínua exercida pelo homem, como cabeça do casal, sobre toda a família. Encontramos, na década de 1990, indicadores dessa crise em quase todas as sociedades, principalmente nos países mais desenvolvidos. Não é propriamente óbvio usar estatísticas aproximadas para comprovar uma característica, o patriarcalismo, ao mesmo tempo política, cultural e psicológica. No entanto, como o comportamento e a estrutura de uma população costumam evoluir em ritmo muito lento, a constatação da existência de tendências consideráveis afetando a estrutura e a dinâmica da família patriarcal observadas em estatísticas comparativas nacionais é, a meu ver, sinal indubitável de mudança e de crise nos modelos patriarcais antes tão estáveis. Resumirei esse argumento antes de dar prosseguimento com um breve exame estatístico.

A dissolução dos lares, por meio de divórcio ou separação dos casais, constitui o primeiro indicador de insatisfação com um modelo familiar baseado no comprometimento duradouro de seus membros. É certo que pode haver (e, na verdade, é essa a regra) um patriarcalismo sucessivo: a reprodução do mesmo modelo com diferentes parceiros. No entanto, as estruturas de dominação (e mecanismos da confiança) se enfraquecem com essa experiência, tanto em relação às mulheres como aos filhos, constantemente mente apanhados por lealdades conflitantes. Além disso, com frequência cada vez maior, a dissolução dos casamentos leva à formação de lares de solteiros ou lares com apenas um dos pais, cessando assim a autoridade patriarcal sobre a família, mesmo que as estruturas de dominação se reproduzam mentalmente no novo lar.

Em segundo lugar, a crescente frequência com que as crises matrimoniais se sucedem, assim como a dificuldade em compatibilizar casamento, trabalho e vida, associa-se a outras tendências importantes: o adiamento da formação de casais e a formação de relacionamentos sem casamento. A falta de legalização enfraquece a autoridade patriarcal, tanto institucional como psicologicamente.

Em terceiro lugar, como resultado dessas diferentes tendências, associadas a fatores demográficos, como envelhecimento da população e diferença da taxa de mortalidade entre os sexos, surge uma grande variedade de estruturas domésticas, diluindo assim o predomínio do modelo de família nuclear clássica (casais no primeiro casamento e seus filhos) e comprometendo sua reprodução social. Os lares de solteiros e os habitados por apenas um dos pais proliferam.

Em quarto lugar, com a instabilidade familiar e a crescente autonomia das mulheres com relação ao seu comportamento reprodutivo, ao colapso da família patriarcal estende-se a crise dos padrões sociais de reposição populacional.[6] Por um lado, aumenta o número de crianças nascidas fora do casamento, geralmente

O PODER DA IDENTIDADE | 253

sustentadas por suas mães (embora pares não casados e que tenham filhos em comum também estejam incluídos na estatística). Dessa forma, a reprodução biológica está assegurada, porém fora da estrutura familiar tradicional. Por outro lado, mulheres mais conscientizadas e enfrentando dificuldades limitam o número de filhos e adiam o nascimento do primeiro. Por fim, em certos círculos restritos, cujo tamanho parece estar aumentando, há mulheres que dão à luz filhos, ou adotam crianças, sendo as únicas responsáveis por eles.

Em conjunto, essas tendências que se reforçam mutuamente colocam em dúvida a estrutura e os valores da família patriarcal. Não se trata necessariamente do fim da família, uma vez que outras estruturas familiares estão sendo testadas e poderemos, no fim, reconstruir a maneira como vivemos uns com os outros, como procriamos e como educamos de formas diferentes e, quem sabe, talvez melhores.[7] Mas as tendências que menciono indicam o fim da família como a conhecemos até agora. Não apenas a família nuclear (um artefato moderno), mas a família baseada no domínio patriarcal, que tem predominado há milênios.

Examinemos algumas estatísticas fundamentais. Adotarei aqui uma abordagem comparativa, utilizando uma visão geral mais sistemática da crise da família patriarcal nos Estados Unidos, onde o processo atingiu um estágio mais avançado, em outra seção neste mesmo capítulo.[8] Embora as tendências apontadas sejam mais pronunciadas nos países desenvolvidos, existe uma mudança geral na mesma direção ocorrendo em grande parte do globo. Assim, irei me basear principalmente em um relatório, preparado em 1995 pelo *Population Council* (Conselho Populacional), sobre a transformação das famílias ocorrida em todo o mundo,[9] que complementarei com várias outras fontes, conforme citadas. Focalizarei o período de 1970 a 1995 pelos motivos já mencionados neste capítulo.

A tabela 4.1 demonstra, com uma única exceção, aumento significativo da taxa estimada de divórcios nos países selecionados: entre 1971 e 1990, o número mais do que dobrou no Reino Unido, na França, no Canadá e México. O aumento menos pronunciado ocorrido nos Estados Unidos (ainda assim +26%) e na União Soviética (+29%) no período deve-se ao fato de que esses países apresentaram os índices mais elevados em 1971. É interessante observar que o único país muçulmano selecionado para fins de comparação apresenta um decréscimo na taxa de divórcios (provavelmente refletindo a tendência de islamização da sociedade), embora ainda seja mais alto, em 1990, do que as taxas apresentadas por Itália, México e Japão.

A tabela 4.2 demonstra as taxas de divórcio para cada cem casamentos em países altamente industrializados. Há grande disparidade entre os níveis de divórcio em cada país, mas existe uma tendência geral de aumento entre 1970 e 1980 e entre 1980 e 1990, sendo os Estados Unidos novamente exceção em 1990, em parte porque naquele ano quase 55% dos casamentos terminaram em divórcio.

Tabela 4.1
Índice de variação na taxa estimada de divórcios nos países selecionados 1971–1990

País	1971	1990	Índice de variação	
			Índice	%
Canadá	1,38	2,94	1,56	113
França	0,93	1,86	0,93	100
Itália	0,32	0,48	0,16	50
Japão	0,99	1,27	0,28	28
Reino Unido	1,41	2,88	1,47	104
Estados Unidos	3,72	4,7	0,98	26
União Soviética	2,63	3,39	0,76	29
México	0,21	0,54	0,33	157
Egito	2,09	1,42	-0,67	-32

Fonte: Nações Unidas, *Demographic Yearbook* (Anuário demográfico) (1970–1995).

Tabela 4.2
Tendências observadas nas taxas de divórcio para cada 100 casamentos em países desenvolvidos

País	1970	1980	1990
(antiga) Alemanha Ocidental	12,2	22,7	29,2
Canadá	18,6	32,8	38,3
Dinamarca	25,1	39,3	44
Estados Unidos	42,3	58,9	54,8[b]
França	12	22,2	31,5[a]
Grécia	5	10	12
Holanda	11	25,7	28,1
Hungria	25	29,4	31
Inglaterra e País de Gales	16,2	39,3	41,7[a]
Itália	5	3,2	8
Suécia	23,4	42,2	44,1
Tchecoslováquia	21,8	26,6	32[a]

Nota: As taxas apresentadas constituem um índice sintético, calculado pela soma de taxas de divórcio a cada ano. (A fonte original identifica incorretamente as taxas como "por 1.000 casamentos".)
[a] 1989
[b] 1985
Fonte: Monnier, Alain & de Guibert-Lantoine, Catherine (1993). "La conjuncture démographique: L'Europe et les pays développés d'outre-mer", *Population* 48(4): 1043–1067.
Compilado e elaborado por Bruce *et al.* (1995).

Separações de casos de concubinato não estão incluídas nas estatísticas, nem os números percentuais relativos ao fim da coabitação. Sabemos, porém, conforme comprovado em pesquisas, que casais que apenas vivem juntos separam-se com mais frequência do que os efetivamente casados,[10] e que o número de separações tem correlação com o número de divórcios, aumentando assim o número global, e a proporção, de lares dissolvidos.[11] Uma pesquisa global sobre os padrões de divórcio revelou que este ocorre em número cada vez maior entre casais com filhos pequenos, aumentando a perspectiva de que a dissolução do casamento levará a lares de um só genitor.[12] A figura 4.1 ilustra a redução da sobrevivência do casamento entre grupos de mulheres, mais velhas e mais jovens, na Itália, Alemanha Ocidental e Suécia.[13]

Essa tendência não se manifesta apenas nos países industrializados. Como podemos verificar, os países em desenvolvimento selecionados da tabela 4.3 apresentam índices variados de dissolução do primeiro casamento, por diferentes motivos, entre as mulheres de 40 a 49 anos: com exceção da Tunísia, esses índices oscilam entre 22,8% e 49,5%, atingindo o ápice de 60,8% em Gana.

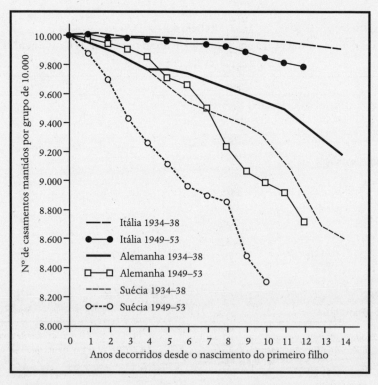

Figura 4.1 Curvas de sobrevivência dos casamentos na Itália, Alemanha Ocidental e Suécia: mães nascidas entre 1934–1938 e entre 1949–1953.
Fonte: Blossfeld (1995).

Tabela 4.3
Percentual de primeiros casamentos dissolvidos por separação, divórcio ou morte, entre mulheres de 40 a 49 anos de idade em países menos desenvolvidos

Região / país	Ano	%
Ásia		
Indonésia	1987	37,3
Sri Lanka	1987	25,6
Tailândia	1987	24,8
América Latina / Caribe		
Colômbia	1986	32,5
Equador	1987	28,9
México	1987	25,5
Peru	1986	26,1
República Dominicana	1986	49,5
Oriente Médio / Norte da África		
Egito	1989	22,8
Marrocos	1987	31,2
Tunísia	1988	11,1
África Subsaariana		
Gana	1988	60,8
Quênia	1989	24,2
Senegal	1986	42,3
Sudão	1989/90	28,2

Fontes: Nações Unidas (1987), tabela 47 da pesquisa *Fertility Behaviour in the Context of Development: Evidence from the World Fertility Survey* (Nações Unidas, Nova York), e tabulações extraídas de pesquisas demográficas e sobre saúde.
Compilada e elaborada por Bruce *et al.* (1995).

Na década de 1990, o número de divórcios na Europa tem-se mantido estável em relação ao número de casamentos, mas isso se deve principalmente à redução do número de casamentos que vem acontecendo desde 1960, de modo que o número total e proporcional de lares habitados por ambos os pais caiu substancialmente.[14] A figura 4.2 mostra a tendência geral de redução no número de primeiros casamentos nos países da União Europeia e a figura 4.3 apresenta a evolução de índices brutos de casamentos em países selecionados em diferentes áreas do mundo. Com exceção do México e da Alemanha, a tendência no período de vinte anos foi de declínio, com o Japão apresentando queda acentuada.

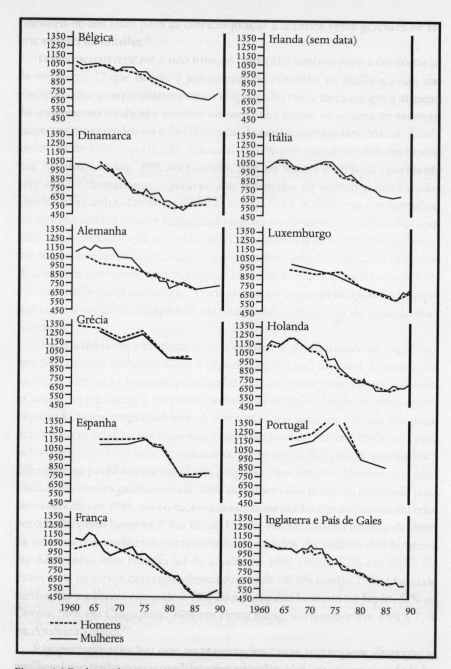

Figura 4.2 Evolução do número de primeiros casamentos em países da União Europeia a partir de 1960.

Fonte: Alberdi (1995).

258 | MANUEL CASTELLS

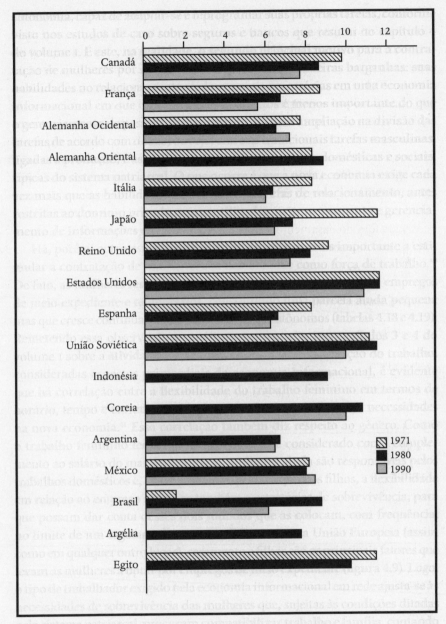

Figura 4.3 Índices brutos de casamentos em países selecionados
Fonte: Nações Unidas Demographic Yearbook (1970-1995)

A tendência de as pessoas casarem-se cada vez mais tarde também é quase universal e particularmente importante no caso de mulheres jovens. A tabela 4.4 mostra a relação, em números percentuais, de mulheres entre 20 e 24 anos que nunca se casaram. As datas mais recentes variam muito, sendo, portanto, difíceis de ser comparadas, porém, com exceção de Gana e Senegal, a proporção de jovens solteiras varia de um terço a dois terços; exceto por Espanha e Sri Lanka, a proporção de mulheres solteiras entre 20 e 24 anos tem aumentado desde 1970. No mundo inteiro, a proporção de mulheres casadas de 15 anos ou mais caiu de 61% em 1970 para 56% em 1985.[15]

É cada vez maior, nos países desenvolvidos (tabela 4.5), o número de crianças nascidas fora do casamento, e o que se observa de mais importante é que nos Estados Unidos a proporção pulou de 5,4% do total de nascimentos em 1970 para 28% em 1990. A diferença desse fenômeno varia de acordo com a etnia, chegando a 70,3% no caso de mulheres afro-americanas no grupo etário entre 15 e 34 anos (figura 4.4). Nos países escandinavos, o número de nascimentos ocorridos fora do casamento na década de 1990 chega à metade do número total de nascimentos.[16]

Tabela 4.4

Tendências, em números percentuais, de mulheres entre 20 e 24 anos que nunca se casaram

Região / país	Data mais antiga	%	Data mais recente	%
Países menos desenvolvidos				
Ásia				
Indonésia	1976	20	1987	36
Paquistão	1975	22	1990/91	39
Sri Lanka	1975	61	1987	58
Tailândia	1975	42	1987	48
América Latina / Caribe				
Colômbia	1976	44	1986	39
Equador	1979	43	1987	41
México	1976	34	1987	42
Peru	1978	49	1986	56
República Dominicana	1975	27	1986	39

Região / país	Data mais antiga	%	Data mais recente	%
Países menos desenvolvidos				
Oriente Médio / Norte da África				
Egito	1980	36	1989	40
Marrocos	1980	36	1987	56
Tunísia	1978	57	1988	64
África Subsaariana				
Gana	1980	15	1988	23
Quênia	1978	21	1989	32
Senegal	1978	14	1986	23
Países desenvolvidos				
Áustria	1971	45	1980	57
Espanha	1970	68	1981	59
Estados Unidos	1970	36	1980	51
França	1970	46	1980	52
Tchecoslováquia	1970	35	1980	33

Fontes: Países menos desenvolvidos: Nações Unidas (1987), tabela 43 da pesquisa *Fertility Behaviour in the Context of Development: Evidence from the World Fertility Survey* (Nova York: Nações Unidas), e Westoff, Charles F., Blanc, Ann K. e Nyblade, Laura (1994), *Marriage and Entry into Parenthood* (Demographic and Health Surveys Comparative Studies nº 10. Calverton, Maryland: Macro International Inc.); *países desenvolvidos*: compilado pela Divisão de Estatísticas das Nações Unidas para: Nações Unidas (1995). *The World's Women 1970–1995: Trends and Statistics* (Nova York: Nações Unidas).
Compilado e elaborado por Bruce *et al.* (1995).

Tabela 4.5
Nascimentos ocorridos fora do casamento em relação (%) ao número total de nascimentos por região (média do país)

Região / país (nº de países)	1970	1980	1990
Países desenvolvidos			
Canadá	n.d.	13,2	21,1[a]
Europa Meridional (5)	4,1	5,4	8,7
Europa Ocidental (6)	5,6	8,3	16,3
Europa Oriental (6)	7,1	9	12,9
Europa Setentrional (6)	8,8	19,5	33,3
Japão	1[b]	1[c]	1[d]
Oceania (2)	9[b]	13,4[c]	20,2[e]
Estados Unidos	5,4[b]	14,2[c]	28
(antiga) União Soviética (14)	8,2	8,8	11,2
Países menos desenvolvidos			
África (12)	n.d.	4,8[f]	n.d.
Ásia (13)	n.d.	0,9[f]	n.d.
América Latina / Caribe (13)	n.d.	6,5[f]	n.d.

n.d. = não disponível
[a] 1989
[b] 1965
[c] 1975
[d] 1988
[e] 1985
[f] 1975 – 1980 (média)

Fontes: Europa Meridional, Ocidental, Oriental e Setentrional, (antiga) União Soviética e Canadá: Conselho Europeu (1993), *Recent Demographic Developments in Europe and North America, 1992* (Estrasburgo: Council of Europe Press); *Estados Unidos, Oceania e Japão:* Nações Unidas (1992), *Patterns of Fertility Settings* (Nova York: Nações Unidas) e Departamento de Saúde e Bem-Estar dos Estados Unidos (1993), suplemento do *Monthly Vital Statistics Report 42(3); países menos desenvolvidos:* Nações Unidas (1987), *Fertility Behaviour in the Context of Development* (Nova York: Nações Unidas). Compilado e elaborado por Bruce *et al.* (1995).

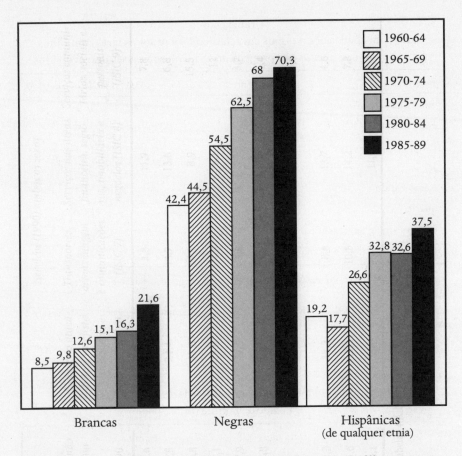

Figura 4.4. Proporção (%) de mulheres (15 a 34 anos) cujo primeiro filho nasce antes do primeiro casamento, por raça e etnia, nos Estados Unidos, 1960–1989.
Fonte: US Bureau os the Census (1992a).

Como resultado tanto de casais separados como de mães solteiras, a proporção de lares com filhos dependentes habitados por apenas um dos pais (geralmente a mãe) aumentou no período entre o início da década de 1970 e meados dos anos 1980 em países desenvolvidos (tabela 4.6), e a tendência de crescimento persistiu nos Estados Unidos nos anos 1990 (ver a seguir). Nos países em desenvolvimento, percebe-se, pelas estatísticas de lares em que a mulher é a chefe de família *de jure*, uma tendência semelhante. A tabela 4.7 evidencia uma tendência geral de crescimento na proporção de lares chefiados por mulheres no período que vai de meados da década de 1970 até meados a fim da década de 1980 (com algumas exceções como, por exemplo, a Indonésia), e no Brasil, a proporção de lares nessa categoria que era de 14% em 1980, passou para 20% em 1989.

O PODER DA IDENTIDADE | 263

Tabela 4.6
Lares com apenas um dos pais em relação (%) a todos os lares com filhos dependentes e ao menos um progenitor residente em países desenvolvidos

País	Início da década de 1970	Meados da década de 1970
Austrália	9,2	14,9
Estados Unidos	13	23,9
França	9,5	10,2
Japão	3,6	4,1
Reino Unido	8	14,3
Suécia	15	17
(antiga) União Soviética	10	20
(antiga) Alemanha Ocidental	8	11,4

Nota: Lares com apenas um dos pais são lares em que há filhos dependentes e onde reside apenas um dos pais.

Fonte: Burns, Alisa (1992) "Mother-headed families: an international perspective and the case of Australia", *Social Policy Report* 6(1).

Compilado e elaborado por Bruce *et al.* (1995).

Tabela 4.7
Tendências, em termos percentuais, de lares em que a mulher é a chefe de família *de jure*

Região/país	Data mais antiga	%	Data mais recente	%
Dados da pesquisa demográfica				
Ásia				
Indonésia	1976	15,5	1987	13,6
Sri Lanka	1975	15,7	1987	17,8
Tailândia	1975	12,5	1987	20,8
América Latina / Caribe				
Colômbia	1976	17,5	1986	18,4
Equador	1979	15	1987	14,6
México	1976	13,5	1987	13,3
Peru[a]	1977/78	14,7	1986	19,5
República Dominicana	1975	20,7	1986	25,7
Trinidad e Tobago	1977	22,6	1987	28,6

Região/país	Data mais antiga	%	Data mais recente	%
Dados da pesquisa demográfica				
Oriente Médio / Norte da África				
Marrocos	1979/1980	11,5	1987	17,3
África Subsaariana				
Gana	1960	22	1987	29
Sudão	1978/1979	16,7	1989/1990	12,6
Ásia				
Coreia	1980	14,7	1990	15,7
Filipinas	1970	10,8	1990	11,3
Hong Kong	1971	23,5	1991	25,7
Indonésia	1971	16,3	1980	14,2
Japão	1980	15,2	1990	17
Dados do censo				
América Latina / Caribe				
Brasil	1980	14,4	1989	20,1
Costa Rica	1984	17,5	1992	20
Panamá	1980	21,5	1990	22,3
Peru	1981	22,1	1991	17,3
Uruguai	1975	21	1985	23
Venezuela	1981	21,8	1990	21,3
África Subsaariana				
Burkina Faso	1975	5,1	1985	9,7
Camarões	1976	13,8	1987	18,5
Mali	1976	15,1	1987	14

Nota: de jure = chefe da família "habitualmente".
[a] *de facto* = chefe da família no dia da entrevista.

Fontes: Pesquisas demográficas: Gana: Lloyd, Cynthia B. e Gage-Brandon, Anastasia J. (1993), "Women's role in maintaining households: Family welfare and sexual inequality in Ghana", *Population Studies* 47(1): 115–31. Equador: Ono-Osaku, Keiko e Themme, A.R.(1993), "Cooperative analysis of recent changes in households in Latin America", em IUSSP *Proceedings of Conference on the Americas*, Vera Cruz (Atas da Conferência sobre as Américas, Vera Cruz); todos os outros países; Ayad, Mohamed *et al.* (1994), *Demographic Characteristics of Households* (Demographic and Health Surveys Comparative Studies nº 14. Calverton, Maryland: Macro International Inc.); *recenseamentos*: Nações Unidas (1995), *The World's Women 1970–1995: Trends and Statistics* (Nova York: Nações Unidas).
Compilado e elaborado por Bruce *et al.* (1995).

Reunindo vários indicadores de formação de lares, Lesthaeghe preparou a tabela 4.8 para os países membros da OCDE (Organização para a Cooperação e Desenvolvimento Econômico), na qual os dados da Europa Setentrional e América do Norte contrastam com os da Europa meridional, e as estruturas familiares tradicionais resistem melhor. Ainda assim, com exceção de Irlanda e Suíça, a proporção de lares com crianças e apenas um dos pais em meados dos anos 1980 representava entre 11% e 32% do total de lares.

A tabela 4.9 mostra a proporção de lares de pessoas que vivem sós, nos países selecionados, no início dos anos 1990. Merece ser observada com atenção: com exceção da Europa Meridional, essa proporção oscila entre 20% e 39,6% de todos os lares, sendo de 26,9% no Reino Unido, 24,5% nos Estados Unidos, 22,3% no Japão, 28% na França e 34,2% na Alemanha. Obviamente, a maioria desses lares é habitada por pessoas idosas, de modo que o fenômeno é, em grande parte, explicado pelo envelhecimento da população. Ainda assim, o fato de que entre um quinto e um terço dos lares é de pessoas que vivem sós põe em xeque o modo de vida patriarcal. A propósito, a resistência das famílias patriarcais tradicionais na Itália e Espanha tem o seu preço: as mulheres reagem recusando-se a ter filhos, de modo que esses dois países apresentam o menor índice de fertilidade do mundo, bem aquém da taxa de reposição da população (1,2 na Itália e 1,3 na Espanha).[17] Além disso, a idade de emancipação na Espanha é a mais alta da Europa: 27 anos para as mulheres e 29 para os homens. Taxas elevadas de desemprego entre os jovens e grave crise habitacional contribuem para manter unida a família tradicional, à custa da formação de novas famílias e do processo de reprodução dos espanhóis.[18]

Tabela 4.8
Indicadores de mudanças recentes na família e formação dos lares: países ocidentais selecionados, 1975–1990

Região e país	Mulheres entre 20–24 anos vivendo em regime de coabitação c. 1985–1990 (%)	Crianças nascidas fora do casamento c. 1998 (%)	Aumento do número de filhos nascidos fora do casamento 1975–1988 (%)	Lares com filhos habitados por apenas um dos pais c. 1985 (%)
Escandinávia				
Islândia	–	52	19	–
Suécia	44	52	19	32
Dinamarca	43	45	23	26
Noruega	28	34	23	23
Finlândia	26	19	9	15

Região e país	Mulheres entre 20–24 anos vivendo em regime de coabitação c. 1985–1990 (%)	Crianças nascidas fora do casamento c. 1998 (%)	Aumento do número de filhos nascidos fora do casamento 1975–1988 (%)	Lares com filhos habitados por apenas um dos pais c. 1985 (%)
Europa Setentrional				
Holanda	23	11	8	19
Reino Unido	24	25	16	14
França	24	26	18	10
Alemanha Ocidental	18	10	4	13
Áustria	–	23	8	15
Suíça	–	6	2	9
Luxemburgo	–	12	8	18
Bélgica	18	10	7	15
Irlanda	4	13	8	7
Europa Meridional				
Portugal	7	14	7	–
Espanha	3	8	6	11
Itália	3	6	4	16
Grécia	1	2	1	–
Malta	–	2	1	–
Chipre	–	1	0	–
América do Norte				
Estados Unidos	8	26	12	28
Canadá	15	21	14	26
Oceania				
Austrália	6	19	7	15
Nova Zelândia	12	25	9	15

Fontes: Conselho Europeu (diversas edições); European Values Studies, 1990 Round; Moors e Van Nimwegen (1990); Nações Unidas (diversos anos, 1990); comunicados pessoais de Larry Bumpass (Estados Unidos), Peter McDonald, Lincoln Day (Austrália), Thomas Burch (Canadá), Ian Pool (Nova Zelândia). Compilado por Lesthaeghe (1995).

Tabela 4.9
Número de lares habitados por apenas um dos progenitores em relação ao número total de lares em países selecionados, 1990–1993

País	Ano	Número total de lares (em milhares)	Lares habitados por apenas um dos progenitores (em milhares)	%
Alemanha[a]	1993	36.230	12.379	34,2
Bélgica	1992	3.969	1.050	26,5
Dinamarca[b]	1993	2.324	820	35,3
Espanha	1992	11.708	1.396	11,9
França	1992	22.230	6.230	28
Grécia	1992	3.567	692	19,4
Grã-Bretanha	1992	23.097	6.219	26,9
Holanda	1992	6.206	1.867	30,1
Irlanda	1991	1.029	208	20,2
Itália	1992	19.862	4.305	21,7
Luxemburgo	1992	144	34	23,6
Portugal	1992	3.186	399	12,5
Estimativas				
Finlândia	1993	2.120	716	33,8
Áustria	1993	3.058	852	27,9
Suécia	1990	3.830	1.515	39,6
Estados Unidos	1993	96.391	23.642	24,5
Japão	1993	41.826	9.320	22,3

[a] Dados obtidos do microcenso, abril de 1993.

[b] Dados das Ilhas Faroë e Groelândia não incluídos.

Fonte: Statisches Bundesamt (1995) Statistisches Jahrbuch 1995 für das Ausland (Wiesbaden: Metzer e Poechel).

É essa, na realidade, a consequência mais óbvia da crise enfrentada pela família patriarcal: queda brusca dos índices de fertilidade nos países desenvolvidos, ficando abaixo da taxa de reposição de suas populações (ver os dados relativos a países europeus na figura 4.5). No Japão, a taxa total de fertilidade tem estado abaixo do nível de reposição desde 1975, tendo chegado a 1,54 em 1990.[19] Nos Estados Unidos, a taxa total de fertilidade tem apresentado queda acentuada nas três últimas décadas, começando do ponto mais alto em fins da década de 1950 e atingindo níveis abaixo da taxa de reposição nos anos 1970 e 1980, até estabilizar-se no início dos anos 1990 em 2,1, que é aproximadamente o nível de reposição. No entanto, o número de nascimentos aumentou porque grande quantidade de crianças nascidas na época em que a taxa de fertilidade atingiu o seu ápice chegou à idade de procriar (figura 4.6). A tabela 4.10 apresenta a taxa total de fertilidade por região e projeções até meados da década de 1990. Esse índice, de modo geral, caiu nas duas últimas décadas; em regiões mais desenvolvidas eles despencaram abaixo do nível de reposição, permanecendo estáveis nesse nível. Deve-se notar, no entanto, que essa não é uma regra rígida relativa à população. Anna Cabre demonstrou a relação entre a recuperação da taxa de fertilidade na Escandinávia na década de 1980 e a política social generosa e a tolerância da sociedade nessa área privilegiada do mundo.[20] É exatamente esse o motivo por que mais de 50% das crianças foram concebidas a partir de uniões sem casamento. Contando com apoio material e psicológico, e não sofrendo sanções em seus empregos, as mulheres escandinavas voltaram a ter filhos e seus países apresentaram nos anos 1980 a mais alta taxa de fertilidade da Europa. O quadro recente, porém, já não é tão auspicioso. Com o refreamento do bem-estar social escandinavo por parte do Estado, esse apoio foi reduzido; assim, no início da década de 1990 os índices de fertilidade naqueles países se estabilizaram nos níveis de reposição.[21] Em outros países também, especialmente nos Estados Unidos, a taxa total de fertilidade vem sendo elevada, graças a seus imigrantes, resultando em uma população de múltiplas etnias e induzindo o multiculturalismo. Uma das diferenças socioculturais mais importantes talvez seja a preservação do patriarcalismo entre as comunidades minoritárias de diferentes etnias, formadas por imigrantes, em oposição à desintegração das famílias tradicionais entre os grupos étnicos nativos (brancos e negros) nas sociedades industrializadas. Essa tendência, logicamente, é de autorreprodução, mesmo considerando uma redução na taxa de natalidade das minorias imigrantes assim que conseguem melhorar sua situação econômica e nível educacional.

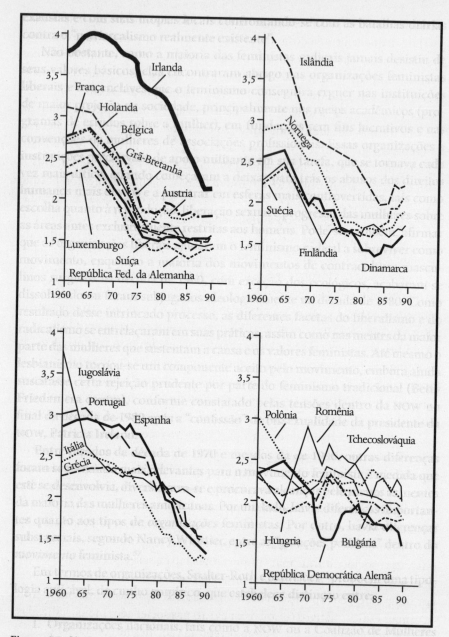

Figura 4.5. Síntese da taxa de fertilidade em países europeus a partir de 1960.
Fonte: Alberdi (1995).

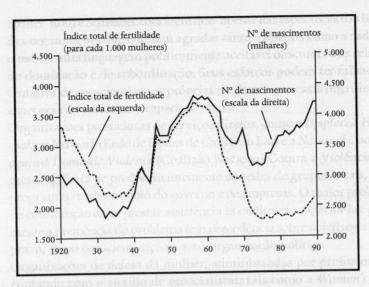

Figura 4.6. Índice total de fertilidade e número de nascimentos nos Estados Unidos, 1920-1990 (índice total de fertilidade = número de filhos que as mulheres teriam ao final de sua vida fértil com base nos índices de nascimento, específicos por idade, de um único ano).
Fontes: US Bureau of the Census (1992a).

Tabela 4.10
Índice total de fertilidade nas principais regiões do mundo

	1970-1975	1980-1985	1990-1995[a]
Mundo	4,4	3,5	3,3
Regiões mais desenvolvidas	2,2	2	1,9
Regiões menos desenvolvidas	5,4	4,1	3,6
África	6,5	6,3	6
Ásia	5,1	3,5	3,2
Europa	2,2	1,9	1,7
Américas	3,6	3,1	–
América Latina	–	–	3,1
América do Norte	–	–	2
Oceania	3,2	2,7	2,5
União Soviética	2,4	2,4	2,3

[a] 1990-1995, projeções
Fontes: Estimativas, *World Population Prospects*, 1984; Nações Unidas, *World Population at the Turn of the Century* (1989), p. 9; *The State of World Population: Choices and Responsabilites* (1994), Fundo Populacional das Nações Unidas.

De modo geral, parece que na maioria dos países desenvolvidos, com exceção do Japão e da Espanha, a família patriarcal está se tornando um estilo de vida adotado por uma minoria. Nos Estados Unidos, na década de 1990, apenas uma quarta parte do total de lares se enquadra no tipo ideal formado por casal legítimo com filhos (ver a seguir). Se completarmos com a qualificação "com os filhos do casal", essa proporção cai ainda mais. É certo que nem tudo se deve à liberação da mulher. A estrutura demográfica também conta: uma outra quarta parte dos lares americanos é constituída por aqueles habitados por apenas uma pessoa, na maioria viúvas idosas. No entanto, um estudo estatístico realizado por Antonella Pinelli sobre as variáveis que condicionam novos comportamentos demográficos na Europa conclui que:

> Verificamos que a instabilidade conjugal, coabitação e nascimentos fora do casamento ocorrem onde os aspectos não materiais da qualidade de vida são valorizados e as mulheres gozam de independência econômica e poder político relativamente elevado. É necessário enfatizar as condições existentes para as mulheres. Divórcio, coabitação e fertilidade em uniões sem casamento ocorrem com maior frequência nas regiões onde as mulheres gozam de independência econômica e podem enfrentar a possibilidade de serem mães solteiras sem se tornarem, por este motivo, um sujeito social exposto a riscos.[22]

Suas conclusões, porém, devem ser corrigidas pela observação de que esses fatos constituem apenas parte da História. Crianças nascidas fora do casamento nos Estados Unidos são fruto não só da autoafirmação das mulheres, mas também da pobreza e do baixo nível educacional. Não obstante, a tendência geral, conforme demonstrado em algumas ilustrações estatísticas, é de enfraquecimento e provável dissolução das formas tradicionais de família em que a dominação patriarcal é incontestável, com esposa e filhos agregando-se em torno do marido/pai.

Nos países em desenvolvimento, tendências semelhantes despontam nas áreas urbanas, mas as estatísticas nacionais, que levam em conta as tradicionais comunidades rurais muito representativas (principalmente na África e na Ásia), não refletem fielmente esse fenômeno, embora, ainda assim, seja possível detectar certos indícios. A exceção verificada na Espanha está fundamentalmente ligada ao desemprego entre a população jovem e à grave crise de habitação, fatores que impedem a formação de novos lares nas grandes áreas metropolitanas.[23] Quanto ao Japão, a formação cultural e o fato de nascimentos fora do casamento serem considerados motivo de vergonha ajudam a consolidar o patriarcalismo, embora tendências recentes estejam enfraquecendo a ideologia patriarcal e o hábito de relegar as mulheres ao mercado de trabalho secundário.[24] No entanto, minha hipótese com relação à exceção japonesa é que a estrutura patriarcal continua preservada por causa da falta de um movimento feminista expressivo. Como esse movimento está aumentando nos últimos tempos, posso prognosticar sem receio que nesse caso, assim como em muitos outros, a exceção japonesa é simplesmente uma questão de tempo. Sem querer negar a condição cultural específica do Japão, as influências na estrutura da sociedade e nas mentes das mulheres são tão poderosas que também o Japão terá de enfrentar os desafios ao patriarcalismo por parte das japonesas inseridas no mercado de trabalho.[25]

Se as tendências atuais continuarem a se expandir por todo o mundo, e asseguro que continuarão, as famílias, tal como as conhecemos, irão se tornar uma relíquia histórica no futuro não muito distante. E a estrutura de nossas vidas se transformará à medida que sentirmos, às vezes dolorosamente, os abalos dessa transformação. Passemos agora a analisar as tendências subjacentes às raízes dessa crise e, assim esperamos, à origem de novas formas de convivência entre mulheres, crianças, bichos de estimação, e até mesmo homens.

AS MULHERES NO MERCADO DE TRABALHO

Trabalho, família e mercados de trabalho passaram por profundas transformações no último quarto de século XX em virtude da incorporação maciça das mulheres no *mercado de trabalho remunerado*, quase sempre fora de seus lares.[26] Em 1990 havia 854 milhões de mulheres economicamente ativas no mundo inteiro, respondendo por 32,1% da força de trabalho em termos globais. Um total de 41% do universo de mulheres de 15 anos ou mais eram economicamente ativas.[27] Nos países membros da OCDE, a participação média das mulheres na força de trabalho subiu de 48,3% em 1973 para 61,6% em 1993, enquanto a participação masculina caiu de 88,2% para 81,3% (ver tabela 4.11). Nos Estados Unidos, a taxa de participação das mulheres subiu de 51,1% em 1973 para 70,5% em 1994. Os índices de crescimento relativos ao período de 1973 a 1993 também indicam uma tendência de aumento no caso das mulheres (revertida em alguns países europeus na década de 1990) e um diferencial positivo em relação aos homens (tabela 4.12). Tendências similares são observadas no mundo inteiro. Passando agora para as estatísticas sobre o "índice de atividade econômica" elaboradas pelas Nações Unidas (cujos percentuais são inferiores aos da participação na força de trabalho), as tabelas 4.13 e 4.14 indicam uma tendência ascendente similar na taxa de participação econômica das mulheres, com exceção parcial da Rússia, onde o nível já era alto em 1970.

O PODER DA IDENTIDADE | 273

Tabela 4.11
Participação de homens e mulheres na força de trabalho (%)

	Homens						Mulheres					
	1973	1979	1983	1992	1993	1994[a]	1973	1979	1983	1992	1993	1994[a]
Alemanha	89,6	84,9	82,6	79	78,6	–	50,3	52,2	52,5	61,3	61,4	–
Austrália	91,1	87,6	85,9	85,3	85	84,9	47,7	50,3	52,1	62,3	62,3	63,2
Áustria	83	81,6	82,2	80,7	80,8	–	48,5	49,1	49,7	58	58,9	–
Bélgica	83,2	79,3	76,8	72,6	–	–	41,3	46,3	48,7	54,1	–	–
Canadá	86,1	86,3	84,7	78,9	78,3	–	47,2	55,5	60	65,1	65,3	–
Dinamarca	89,6	89,6	87,6	88	86	–	61,9	69,9	74,2	79	78,3	–
Espanha	92,9	83,1	80,2	75,1	74,5	73,9	33,4	32,6	33,2	42	42,8	43,9
Estados Unidos	86,2	85,7	84,6	85,3	84,9	85,4	51,1	58,9	61,8	69	69	70,5
Finlândia	80	82,2	82	78,5	77,6	77,1	63,6	68,9	72,7	70,7	70	69,8
França	85,2	82,6	78,4	74,7	74,5	–	50,1	54,2	54,3	58,8	59	–
Grécia	82,3	79	80	73	73,7	–	32,1	32,8	40,4	42,7	43,6	–
Holanda	85,6	79	77,3	80,8	–	–	29,2	33,4	40,3	55,5	–	–
Irlanda[b]	92,3	88,7	87,1	81,9	–	–	34,1	35,2	37,8	39,9	–	–
Itália	85,1	82,6	80,7	79,1	74,8	–	33,7	38,7	40,3	46,5	43,3	–

Homens

	1973	1979	1983	1992	1993	1994[a]
Japão	90,1	89,2	89,1	89,7	90,2	90,1
Luxemburgo[b]	93,1	88,9	85,1	77,7	–	–
Noruega	86,5	89,2	87,2	82,6	82	82,3
Nova Zelândia	89,2	87,3	84,7	83	83,3	83,3
Portugal[c]	–	90,9	86,9	82,3	82,5	82,8
Reino Unido	93	90,5	87,5	84,5	83,3	81,8
Suécia	88,1	87,9	85,9	81,8	79,3	78,1
Suíça	100	94,6	93,5	93,7	92,5	91
América do Norte	86,2	85,8	84,6	84,6	84,2	–
OCDE – Europa[d]	88,7	84,8	82,3	79,2	80,1	–
OCDE – Total[d]	88,2	85,9	84,3	82,9	81,3	–

Mulheres

	1973	1979	1983	1992	1993	1994[a]
Japão	54	54,7	57,2	62	61,8	61,8
Luxemburgo[b]	35,9	39,8	41,7	44,8	–	–
Noruega	50,6	61,7	65,5	70,9	70,8	71,3
Nova Zelândia	39,2	45	45,7	63,2	63,2	–
Portugal[c]	–	57,3	56,7	60,6	61,3	62,2
Reino Unido	53,2	58	57,2	64,8	64,7	64,5
Suécia	62,6	72,8	76,6	77,7	75,7	74,6
Suíça	54,1	53	55,2	58,2	57,9	56,9
América do Norte	50,7	58,6	61,6	68,6	68,7	–
OCDE – Europa[d]	44,7	48,6	49,8	56,9	60,6	–
OCDE – Total[d]	48,3	53,1	55,1	61,9	61,6	–

[a] Estimativas do Secretariado.
[b] 1991 em vez de 1992 para Irlanda e Luxemburgo.
[c] Os dados sobre a força de trabalho incluem número expressivo de pessoas com menos de 15 anos.
[d] Apenas para os países acima.

Fonte: OCDE – *Employment Outlook* (1995).

Tabela 4.12

Índice total de emprego — homens e mulheres (média de crescimento anual — %)

	Homens						Mulheres					
	1973–75	1975–79	1979–83	1983–91	1992	1993	1973–75	1975–79	1979–83	1983–91	1992	1993
Alemanha	-2,5	0,3	-0,5	0,8[e]	-0,3	–	-1	0,9	-0	2[e]	1,7	–
Austrália	-0,3	0,6	-0,1	1,5[d]	-0,3	0	2	1,7	2	3,9[d]	0,6	0,8
Áustria	-1,1	0,8	0,9	0,7	0,8	–	-1,2	1	0,8	2,1	3,3	–
Bélgica	-0,4	-0,4	-1,8	0	-1,1	–	0,8	0,9	0,2	2	0,5	–
Canadá	1,9	1,8	-0,6	1,1	-1,2	1,2	4,7	4,5	2,6	2,8	-0,4	1,1
Dinamarca	-1,8	0,7[b]	-1,7	0,9	–	–	-0,5	3,6[b]	0,9	1,4	–	–
Espanha	-0,2	-1,7[b]	-1,8	0,8	-3,2	-5,4	-1,5	-1,3[b]	-1,7	3	0,3	-2,4
Estados Unidos	-0,6	2,5	-0,3	1,3	0,3	1,3	2	5	1,7	2,4	0,9	1,5
Finlândia	0,7	0,6[b]	0,9	-0,5	-7,6	-5,9	2	-0[b]	1,9	-0,1	-6,5	-6,3
França	-0,4	-0,2	-0,7	-0,1	-1,2	–	0,8	1,6	0,7	1,4	0,5	–
Grécia	-0,5	0,8	0,6	0,1	–	–	1,6	1,1	4,1	0,7	–	–
Holanda	-1,5	0,3	-0,8	2,1	1,3	–	2,9	2,7	4	5,3	3,2	–
Irlanda	-0,2	1,5	-1,4	-0,5	–	–	1,6	2	1,9	1,1	–	–
Itália	0,6	-0,1	0	0,1	-1,1	[h]	2,4	2,7	1,3	1,6	0,3	[h]

	Homens						Mulheres					
	1973–75	*1975–79*	*1979–83*	*1983–91*	*1992*	*1993*	*1973–75*	*1975–79*	*1979–83*	*1983–91*	*1992*	*1993*
Japão	0,5	0,7	0,8	1,1	1,1	0,6	-1,7	2	1,7	1,7	1	-0,3
Luxemburgo	1	-0,7	-0,7	2,3[f]	–	–	4,6	1,5	1,8	3,3[f]	–	–
Noruega	0,9	1,1	-0,2	-0,4	-0,5	-0,5	2,9	4,4	1,8	1,4	-0,1	0,5
Nova Zelândia	2,1	0,2	-0,3	-1[d]	0,4	–	5,2	2,7	0,8	1,3[d]	0,6	–
Portugal	-1,3[a]	0,3	0,4[c]	1	[g]	-2,8	-1,5[a]	0,9	1,1[c]	3	[g]	-1,2
Reino Unido	-1	-0,2	-2,3	0,4	-3,3	-2,8	1,5	1,2	-1	2,3	-1	-1,3
Suécia	1	-0,3	-0,6	0,1[c]	-5,1	-7,9	4,2	2	1,3	0,9[c]	-3,5	-6,2
Suíça	-2,8	-0,5	0,8	0,8	-2,1	-2,5	-1,9	0,6	2	1,6	-2,4	-2,5
América do Norte	-0,4	2,4	-0,4	1,2	0,2	1,3	2,2	4,9	1,8	2,4	0,8	1,5
OCDE – Europa[i]	-0,8	-0,2	-0,8	0,4	-2	–	1,2	1,4	0,5	2	-0,3	–
OCDE – Total[i]	-0,4	0,9	-0,3	0,9	-1,4	–	1	2,8	1,2	2,2	-0,1	–

[a] Quebra na sequência dos anos entre 1973 e 1974; [b] Quebra na sequência dos anos entre 1975 e 1976.
[c] Quebra na sequência dos anos entre 1982 e 1983; [d] Quebra na sequência dos anos entre 1985 e 1986; [e] Quebra na sequência dos anos entre 1986 e 1987.
[f] Os dados referem-se a 1983–1990; [g] Quebra na sequência dos anos entre 1991 e 1992; [h] Quebra na sequência dos anos entre 1992 e 1993; [i] Apenas os países acima.
Fonte: OCDE – *Employment Outlook* (1995).

Tabela 4.13

Índices de atividade econômica, 1970–1990

			1970	1975	1980	1985	1990
			OCDE				
Alemanha	(14+)	Total	43,9	43,4	44,9		49,6
		Homem	59,2	57,1	58,4		60,8
		Mulher	30	30,9	32,6		39,2
Canadá	(15+)	Total	40,9 (71)	44,6 (76)			
		Homem	53,3	55,6			
		Mulher	28,4	33,8			
Estados Unidos	(16+)	Total	41,8	44,5	49,1		
		Homem	53,9	55,6	56,8		
		Mulher	30,2	33,9	41,8		44,4 (92)
França	(15+)	Total	42 (71)	42,6	43,3	43,4 (86)	44,8
		Homem	55,2	55,1	54,4	52,6	51,6
		Mulher	29,4	30,5	32,7	34,6	38,2
Itália	(14+)	Total	36,6	35,4	40,2	41,1	42
		Homem	54,7	52,2	55,2	54,6	54,3
		Mulher	19,3	19,4	26	28,2	30,3
Japão	(15+)	Total	51	48,6	48,4	51,5	51,7
		Homem	63,4	62,3	60,2	63,6	62,4
		Mulher	39,1	35,2	36,8	39,8	41,3
Reino Unido	(16+)	Total	42,5		47,3 (81)		50,3
		Homem	51,7		59,4		58,4
		Mulher	33		35,8		42,6
Federação Russa	(16+)	Total	48,4		51,7 (79)		50,2
		Homem	52,1		55,7		55
		Mulher	45,3		48,1		45,8
			Ásia				
China	(15+)	Total			52,3 (82)		
		Homem			57,3		
		Mulher	44,25		47		
Coreia	(15+)	Total	33	38,5	37,9		
		Homem	42,8	46,9	46,3		
		Mulher	23,2	30	29,3		

			1970	1975	1980	1985	1990
Índia	(15+)	Total	32,9 (71)				37,5 (91)
		Homem	52,5				51,6
		Mulher	11,9				22,3
Indonésia	(15+)	Total	34,9 (71)		35,5		
		Homem	47,3		48,1		
		Mulher	22,8		23,5		

América Latina

			1970	1975	1980	1985	1990
Argentina	(14+)	Total	38,5		38,5	37,5	38,1
		Homem	57,9		55,1	55,3	55,4
		Mulher	19,4		22	19,9	21
Brasil	(10+)	Total	31,7		36,3		41,9
		Homem	10,5		53,1		56,3
		Mulher	13,1		19,8		27,9
México	(12+)	Total	26,9	27,6	33		29,6
		Homem	43,6	42,9	48,2		46,2
		Mulher	10,2	12	18,2		13,6

África

			1970	1975	1980	1985	1990
Argélia	(6+)	Total	21.7 (66)				23,6
		Homem	42,2				42,4
		Mulher	1,8				4,4
Nigéria	(14+)	Total					30,3
		Homem					40,7
		Mulher					19,7

Oriente Médio

			1970	1975	1980	1985	1990
Egito	(6+)	Total	27,9 (71)	30,2 (76)			31,6
		Homem	51,2	54,1			49,3
		Mulher	4,2	5,5			13,5

Nota: Índice de atividade econômica = população economicamente ativa / população total.

Fonte: ILO, *Yearbook of Labour Statistics* (1970–1994).

Tabela 4.14
Índice de crescimento da atividade econômica da mulher, 1970–1990

	1970	1990	Índice de crescimento (%)
Alemanha	30	39,2	30,7
França	29,4	38,2	29,9
Estados Unidos	30,2	44,4	47
Itália	19,3	30,3	57
Japão	39,1	41,3	5,6
Reino Unido	33	42,6	29,1
Rússia	45,3	45,8	1,1
Índia	11,9	22,3	87,4
Argentina	19,4	21	8,2
Brasil	13,1	27,9	113
México	10,2	13,6	33,3
Argélia	1,8	4,4	144,4
Egito	4,2	13,5	221,4

Nota: Índice de atividade econômica = população economicamente ativa / população total.
Fonte: ILO, *Yearbook of Labour Statistics* (1970–1994).

A entrada maciça das mulheres na força de trabalho remunerado deve-se, de um lado, à informatização, integração em rede e globalização da economia e, de outro, à segmentação do mercado de trabalho por gênero, que se aproveita de condições sociais específicas da mulher para aumentar a produtividade, o controle gerencial e, consequentemente, os lucros.[28] Examinemos alguns indicadores estatísticos.[29]

Ao analisar a transformação da estrutura do emprego na economia informacional (volume I, capítulo 4), apontei o crescimento do mercado de trabalho no setor de serviços e, nesta área, o papel ocupado por duas categorias distintas: serviços empresariais e serviços sociais, característicos da economia informacional, como já havia sido previsto pelos primeiros teóricos do pós-industrialismo. A figura 4.7 demonstra a convergência entre o aumento do setor de prestação de serviços e a taxa de participação feminina no mercado de trabalho no período entre 1980 e 1990. A figura 4.8a mostra a concentração de mulheres empregadas no setor de serviços em diferentes áreas do globo. Deve-se notar, porém, que, em quase todo o mundo, grande parte da mão de obra ainda é agrícola (embora não por muito tempo mais), de modo que a maioria das mulheres trabalha na agricultura: 80% das mulheres economicamente ativas na África Subsaariana e 60% no sul da Ásia. Em termos globais, cerca de 50% das mulheres economicamente ativas atuam no setor de serviços.[30] A proporção é muito maior na maioria dos países desenvolvidos e tem crescido com o passar do tempo, abrangendo cerca de 85% da força de trabalho feminino nos Estados Unidos e no Reino Unido. O aspecto mais significativo é o tipo de trabalho efetuado pelas mulheres. Conforme exposto na tabela 4.15, a atuação feminina se concentra principalmente na prestação de serviços sociais e pessoais. Se, no entanto, calcularmos a taxa de crescimento de cada tipo de serviço em relação à taxa total de trabalho feminino remunerado no período de 1973 a 1993 (tabela 4.16), notaremos um aumento acentuado no número de empregos na área de negócios, seguido, a certa distância, de empregos no setor de serviços sociais e pessoais. Comércio e restaurantes foram os segmentos que apresentaram menor evolução do nível de emprego feminino nos países avançados. Portanto, nos países mais desenvolvidos, existe correspondência direta entre tipos de serviços ligados à informatização da economia e a expansão do trabalho feminino. Chega-se à conclusão semelhante ao observar-se a transformação ocorrida na evolução dos postos de trabalho ocupados por mulheres por tipo de função entre 1980 e 1989 em países selecionados da OCDE (tabela 4.17). De modo geral, as categorias profissionais liberais/técnicas e administrativas/gerenciais evoluíram mais rapidamente do que outras, embora o maior entre os grupos de mulheres inseridas no mercado de trabalho ainda seja o de funcionárias de escritório. As mulheres não estão sendo relegadas a realizar serviços que exijam menor especialização: são empregadas em todos os níveis da estrutura e o crescimento do número de cargos ocupados por mulheres é maior na camada superior da estrutura organizacional. E é exatamente por isso que existe a discriminação: as mulheres ocupam cargos que exigem qualificações semelhantes em troca de salários menores, com menos segurança no emprego e menores chances de chegar às posições mais elevadas.

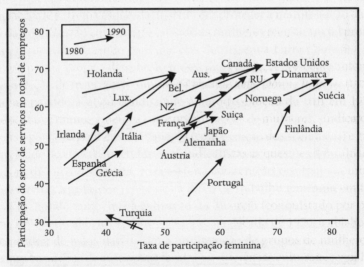

Figura 4.7. Aumento dos índices de emprego no setor de serviços e da participação feminina, 1980–1990 (Aus., Austrália; Bel., Bélgica; RU, Reino Unido; Lux., Luxemburgo; NZ, Nova Zelândia).
Fonte: OECD (1994b), anexo estatístico, tabela A e D.

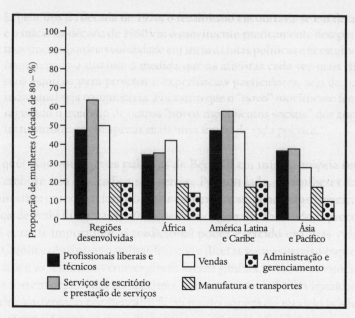

Figura 4.8a. Percentual de mulheres na força de trabalho por tipo de função.

Fonte: Preparado pelo Instituto de Estatística das Nações Unidas (1991) a partir do International Labour Statistics (vários anos).

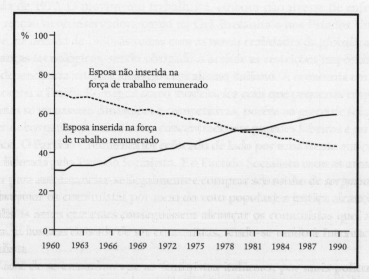

Figura 4.8b. Famílias nos Estados Unidos em que as esposas participam da força de trabalho 1960–1990 (dados referentes a 1983 não disponíveis).
Fonte: US Bureau of the Census (1992a).

Tabela 4.15
Emprego de mão de obra feminina por atividade e grau de intensidade das informações com relação ao total de postos de trabalho (%), 1973–1993

		1	*2*	*2*	*3 (Grau de intensidade das informações)*		
		Finanças, seguros, imobiliárias e serviços empresariais	Serviços comunitários, sociais e pessoais	Transportes, armazenagem e comunicações	Comércio atacadista e varejista, hotéis e restaurantes	Atividades sem definição adequada	Total
Canadá	1975	11,2	40,2	4	25,8		81,2
	1983	12,1	40,9	4,2	25,4		82,6
	1993	13,6	43,9	3,7	24,8		86
Estados Unidos	1973	9,1	41,5	3,5	23,9		78
	1983	11,9	41,9	3,3	24,5		81,6
	1993	12,6	46,6	3,5	22,7		85,3
Japão	1973	3,4	22	2	24,7	0,2	52,3
	1983	6,9	24,1	1,9	27,1	0,2	60,3
	1993	9,4	26,9	2,5	27,5	0,4	66,7

3 (Grau de intensidade das informações)

		Finanças, seguros, imobiliárias e serviços empresariais (1)	Serviços comunitários, sociais e pessoais (2)	Transportes, armazenagem e comunicações (2)	Comércio atacadista e varejista, hotéis e restaurantes (3)	Atividades sem definição adequada	Total
Alemanha	1973						
	1983	8,2	34,2	3,3	22,5		68,2
	1993	10,3	38,4	3,6	22,4		74,6
Itália	1977	1,7	31	1,8	18,8		53,3
	1983	3,1	34,6	2	21		60,6
	1993	8,1	36,4	2,7	22,6		69,8
Reino Unido	1973	7,4	36	2,8	24,7		70,7
	1983	9,8	42,2	2,8	25	0,1	79,9
	1993						84,9
Espanha	1977	2,1	28,2	1,5	24,4		56,3
	1983	3	35,8	1,7	24,4		64,9
	1993	6,3	41,8	2,2	26,9		77,2

Fonte: OCDE, *Labour Force Statistics* (1995).

Tabela 4.16
Taxa de crescimento em cada categoria de emprego de mão de obra feminina em relação ao emprego total de mão de obra feminina, 1973–1993[a]

País	Serviços empresariais (%)	Serviços sociais e pessoais (%)	Transportes, armazenagem e comunicações (%)	Comércio, hotéis e restaurantes (%)
Estados Unidos	38,5	12,2	0	-5
Japão	176,5	22,2	25	1,3
Alemanha (1983–1993)	25,6	12,3	9	-0,4
Itália (1977–1993)	376,5	17,4	50	-3,9
Reino Unido	32,4	17,2	0	1,2
Espanha (1977–1993)	200	48,2	47	10,2

[a] Exceto se as datas utilizadas nos cálculos estiverem indicadas.

Fonte: Baseada nos dados da Tabela 4.15

Tabela 4.17
Distribuição da mão de obra feminina por tipo de ocupação,[a] 1980 e 1989 (%)

País[b, c]	Especializada, técnica e afins	Administrativa e gerencial	Serviços gerais de escritório e afins	Vendas	Serviços	Agricultura e afins	Manufatura e afins
Alemanha							
1980	14,1	1,3	30,7	12,9	16,3	6,9	15,9
1986	16,2	1,5	29,8	12,8	16,1	5,5	13,3
Índice (1980 = 100)	118	115	99	102	102	83	86
Bélgica							
1983	25,9	1,4	24,4	13,7	18,6	2,8	13,2
1988	28,2	1,4	27,3	14,6	14,4	2,1	11,6
Índice (1983 = 100)	118	113	122	116	84	86	95
Canadá							
1980	19,1	5,4	34,5	10	18,3	2,8	9,9
1989	20,9	10,7	30,5	9,9	17	2,2	8,9
Índice (1980 = 100)	143	185	114	123	122	98	113

País	Especializada, técnica e afins	Administrativa e gerencial	Serviços gerais de escritório e afins	Vendas	Serviços	Agricultura e afins	Manufatura e afins
Espanha							
1980	8,7	0,2	13,2	15,4	25,6	18,2	18,7
1989	15,2	0,4	18,2	15,4	25,2	11,1	14,4
Índice (1980 = 100)	202	280	160	116	114	70	89
Estados Unidos							
1980	16,8	6,9	35,1	6,8	19,5	1,2	13,8
1989	18,1	11,1	27,8	13,1	17,7	1,1	11,1
Índice (1980 = 100)	136	202	99	243	115	115	101
Finlândia							
1980	19,8	1,4	21,8	8,6	22,3	10,5	15,5
1989	31,2	1,9	22,7	11,5	16,2	6,5	10
Índice (1980 = 100)	172	147	113	145	79	66	70
Grécia							
1981	10,7	0,7	12,9	9	9,7	41,6	15,5
1989	14,4	0,8	14,6	10,8	11,5	34	13,9
Índice (1981 = 100)	156	130	131	138	137	95	104

País[b,c]	Especializada, técnica e afins	Administrativa e gerencial	Serviços gerais de escritório e afins	Vendas	Serviços	Agricultura e afins	Manufatura e afins
Japão							
1980	9,6	0,5	23,1	14,3	12,7	13,1	26,5
1989	11,4	0,8	26,4	14,4	11,4	8,8	26,5
Índice (1980 = 100)	173	132	116	104	77	116	250
Noruega							
1980	23,6	2,2	19,2	12,8	24,9	5,9	11,2
1989	28,3	3,5	19,8	12,4	22,3	3,9	9,4
Índice (1980 = 100)	141	188	121	114	106	78	99
Suécia							
1980	30,6	0,8	21,6	8,7	22,8	3	12,4
1989	42	n.a.	21,9	9,3	13,2	1,8	11,7
Índice (1980 = 100)	154	n.a.	114	120	65	66	106

[a] Principais grupos da International Standard Classification of Occupations (ISCO). [b] Nem todos os países publicam dados de acordo com a ISCO. Países onde os sistemas de classificação ocupacional passaram por alterações durante o período relevante foram omitidos. [c] A taxa indica o crescimento do número total de empregadas na ocupação ao longo da década.

Fonte: ILO, Yearbook of Labour Statistics (vários anos).

No mundo inteiro, o efeito da globalização no envolvimento das mulheres na força de trabalho foi muito grande. A indústria eletrônica, internacionalizada desde fins da década de 1960, emprega na Ásia mulheres jovens e sem qualificação profissional.[31] As *maquiladoras* americanas estabelecidas no norte do México dependem em grande parte da mão de obra feminina. E as novas economias industrializadas introduziram no mercado de trabalho mulheres que recebem baixos salários em quase todos os níveis da estrutura de cargos.[32] Ao mesmo tempo, uma parcela significativa dos postos de trabalho ocupados por mulheres nos centros urbanos nos países em desenvolvimento continua sendo no setor informal, representado principalmente pelo fornecimento de alimentação e serviços domésticos prestados a habitantes das grandes cidades.[33]

Por que as mulheres? Primeiramente porque, ao contrário das declarações falsas ou errôneas publicadas pelos meios de comunicação, o que temos observado nas últimas três décadas é a criação sustentada de novos empregos, com exceção da Europa (ver volume I, capítulo 4). Mas, mesmo na Europa, a participação feminina no mercado de trabalho aumentou, enquanto a masculina caiu. Portanto, a entrada das mulheres no mercado de trabalho não se deve apenas ao aumento da demanda por mão de obra. Ademais, o nível de desemprego das mulheres nem sempre é mais alto do que o dos homens: em 1994, por exemplo, foi mais baixo nos Estados Unidos (6% × 6,2%) e no Canadá (9,8% × 10,7%); e, em 1993, foi muito mais baixo no Reino Unido (7,5% × 12,4%). Por outro lado, foi ligeiramente mais alto no Japão e na Espanha e consideravelmente mais alto na França e na Itália. Portanto, o aumento da participação da mão de obra feminina continua independente do diferencial na taxa de desemprego em relação aos homens e do aumento da procura de mão de obra.

Se, em termos puramente quantitativos, a demanda de mão de obra não justifica a contratação de mulheres, o atrativo para os empregadores deve ter sua explicação em outras características. Creio que já foi suficientemente comprovado pela literatura especializada que é a característica social que as torna uma mão de obra atraente.[34] Isso não tem nada a ver com características biológicas: as mulheres provaram, no mundo inteiro, que podem ser bombeiras e estivadoras, além de executarem trabalhos árduos nas fábricas desde o início da era industrial. A contratação de mulheres jovens na indústria eletrônica também não tem a ver com o mito da destreza de seus dedos, mas sim com o fato de que a deterioração da visão dentro de dez anos pela montagem microscópica é socialmente aceita. Antropólogos documentaram como, no início das contratações de mulheres pelas fábricas de equipamentos eletrônicos situadas no Sudeste asiático, o modelo da autoridade patriarcal estendeu-se dos lares para as fábricas graças a acordos entre gerentes de fábrica e pais de família.[35]

Tampouco parece ser a não filiação sindical o motivo para a contratação de mulheres. O que ocorre é justamente o contrário: as mulheres não são sindicalizadas porque costumam ser empregadas em setores em que a atuação do movimento sindical é restrita ou nula, tais como os setores de serviços empresariais privados ou o de fabricação de equipamentos eletrônicos. Ainda assim, as mulheres perfazem, em média, 37% dos membros dos sindicatos nos Estados Unidos, 39% no Canadá, 51% na Suécia e 30% no continente africano.[36] Ultimamente, operárias das indústrias de vestuário nos Estados Unidos e Espanha, das *maquiladoras* mexicanas e professoras e enfermeiras no mundo inteiro têm-se mobilizado em torno de suas reivindicações com mais veemência do que os sindicatos das indústrias siderúrgica e química, predominantemente masculinos. A suposta submissão das operárias não passa de um mito que ainda resiste, engano esse que as fábricas estão começando a descobrir às próprias custas.[37] Portanto, quais são os principais fatores que induzem a verdadeira explosão verificada na contratação de mão de obra feminina?

O primeiro fator, e também o mais óbvio, é a possibilidade de pagar menos pelo mesmo trabalho. Com a expansão universal do nível de instrução, inclusive educação superior principalmente nos países mais desenvolvidos, as mulheres passaram a constituir uma fonte de habilidades imediatamente explorada pelos empregadores. A diferença dos salários percebidos pelas mulheres em relação aos homens persiste no mundo inteiro, embora, como já tivemos oportunidade de constatar, na maioria dos países avançados a diferença no perfil ocupacional seja pequena. Nos Estados Unidos, nos anos 1960, as mulheres ganhavam 60–65% do salário dos homens, passando para cerca de 72% em 1991, mas o motivo desse aumento foi a redução dos salários percebidos pelos homens.[38] No Reino Unido, em meados da década de 1980, os salários das mulheres correspondiam a 69,5% do salário dos homens. Na Alemanha, essa relação foi de 73,6% em 1991 contra 72% em 1980. Na França, os números correspondentes foram de 80,8% contra 79%. O salário médio das mulheres equivale a 43% do salário dos homens no Japão, 51% na Coreia, 56% em Cingapura, 70% em Hong Kong, variando entre 44% e 77% na América Latina.[39]

É importante ressaltar que, na maioria dos casos, não se pode dizer que as mulheres não tenham suas qualificações reconhecidas, ou que estejam fadadas a realizar tarefas menores; ao contrário, estão sendo cada vez mais promovidas a cargos multifuncionais que requerem iniciativa e bom nível de instrução, uma vez que as novas tecnologias exigem uma força de trabalho dotada de autonomia, capaz de adaptar-se e reprogramar suas próprias tarefas, conforme visto nos estudos de caso sobre seguros e bancos que resumi no capítulo 4 do volume I. É este, na realidade, o segundo principal motivo para a contratação de mulheres por salários que constituem verdadeiras barganhas: suas habilidades no relacionamento, cada vez mais necessárias em uma economia informacional em que o gerenciamento de fatos é menos importante do que o gerenciamento de pessoas. Nesse sentido, há uma ampliação na divisão das tarefas de acordo com o sexo, ou seja, entre as tradicionais tarefas masculinas, ligadas à produção, e as tradicionais tarefas femininas, domésticas e sociais, típicas do sistema patriarcal. O que ocorre é que a nova economia exige cada vez mais que as habilidades necessárias às tarefas de relacionamento, antes restritas ao domínio privado, sejam utilizadas no processamento e gerenciamento de informações e pessoas.

Há, porém, outro aspecto que acredito ser o fator mais importante a estimular a contratação de mulheres: sua flexibilidade como força de trabalho.[40] De fato, as mulheres respondem pela maior parte do percentual de empregos de meio expediente e temporários, constituindo uma parcela ainda pequena mas que cresce continuamente, de empregados autônomos (tabelas 4.18 e 4.19). Remetendo essa observação às análises apresentadas nos capítulos 3 e 4 do volume I sobre a atividade econômica em rede e a flexibilização do trabalho, consideradas aspectos primordiais da economia informacional, é evidente que há correlação entre a flexibilidade do trabalho feminino em termos de horário, tempo e entrada e saída do mercado de trabalho, e as necessidades na nova economia.[41] Essa correlação também diz respeito ao gênero. Como o trabalho feminino tem sido tradicionalmente considerado como complemento ao salário do marido e como as mulheres ainda são responsáveis pelos trabalhos domésticos e, principalmente, pela criação dos filhos, a flexibilidade em relação ao emprego ajusta-se também a estratégias de sobrevivência, para que possam dar conta desses dois mundos que as colocam, com frequência, no limite de um esgotamento nervoso.[42] Portanto, na União Europeia (assim como em qualquer outro lugar), casamento e filhos são os principais fatores que levam as mulheres a optar por empregos de meio expediente (figura 4.9). Logo, o tipo de trabalhador exigido pela economia informacional em rede ajusta-se às necessidades de sobrevivência das mulheres que, sujeitas às condições ditadas pelo sistema patriarcal, procuram compatibilizar trabalho e família, contando com pouca colaboração de seus maridos.

Tabela 4.18

Tamanho e composição do mercado de trabalho de meio expediente, 1973–1994 (%)

Emprego de meio expediente em relação ao emprego do expediente integral

	Homens						Mulheres					
	1973	*1979*	*1983*	*1992*	*1993*	*1994*	*1973*	*1979*	*1983*	*1992*	*1993*	*1994*
Alemanha[a]	10,1	11,4	12,6	14,4	15,1	–	89	91,6	91,9	89,3	88,6	–
Austrália	11,9	15,9	17,5	24,5	23,9	24,4	79,4	78,7	78	75	75,3	74,2
Áustria	6,4	7,6	8,4	9	10,1	–	85,8	87,8	88,4	89,6	89,7	–
Bélgica	3,8	6	8,1	12,4	12,8	12,8	82,4	88,9	84	89,7	89,3	88,1
Canadá	9,7	12,5	15,4	16,7	17,2	17	68,4	72,1	71,3	69,7	68,9	69,4
Dinamarca	–	22,7	23,8	22,5	23,3	–	–	86,9	84,7	75,8	74,9	–
Espanha	–	–	–	5,8	6,6	6,9	–	–	–	77	75,6	74,9
Estados Unidos[f]	15,6	16,4	18,4	17,5	17,5	18,9	66	68	66,8	66,4	66,2	67,3
Finlândia	–	6,7	8,3	7,9	8,6	8,5	–	74,7	71,7	64,3	63,1	63,6
França	5,9	8,1	9,6	12,5	13,7	14,9	82,3	82,1	84,3	83,7	83,3	82,7
Grécia	–	–	6,5	4,8	4,3	4,8	–	–	61,2	61,3	61,6	58,9
Holanda[c]	–	16,6	21,4	32,5	33,4	35	–	76,4	77,3	75,2	75,7	75,1
Irlanda	–	5,1	6,6	9,1	10,8	–	–	71,2	71,6	72,5	71,7	–

Emprego de meio expediente em relação ao emprego do expediente integral

	Homens						Mulheres					
	1973	1979	1983	1992	1993	1994	1973	1979	1983	1992	1993	1994
Islândia	–	–	–	27,8	27,3	–	–	–	–	82,1	80,4	–
Itália	6,4	5,3	4,6	5,8	5,4	6,2	58,3	61,4	64,8	68,8	70,5	71,1
Japão	13,9	15,4	16,2	20,5	21,1	21,4	70	70,1	72,9	69,3	67,7	67,5
Luxemburgo	5,8	5,8	6,3	6,9	7,3	–	87,5	87,5	88,9	88,9	91,2	–
México[b]	–	–	–	24	24,9	–	–	–	–	46,3	46,1	–
Noruega[d]	23	27,3	29,6	26,9	27,1	26,5	76,4	77	77,3	80,1	80,5	80,6
Nova Zelândia	11,2	13,9	15,3	21,6	21,2	21,6	72,3	77,7	79,8	73,3	74,2	74,9
Portugal	–	7,8	–	7,3	7,4	8	–	80,4	–	68,2	66,3	67,1
Reino Unido	16	16,4	19,4	22,8	23,3	23,8	90,9	92,8	89,8	84,9	84,5	83,5
Suécia[e]	–	23,6	24,8	24,3	24,9	24,9	–	87,5	86,6	82,3	81,3	80,1
Suíça	–	–	–	27,8	28,1	28,9	–	–	–	83,1	82,5	82,7
Turquia	–	–	–	19,3	24,8	–	–	–	–	59,3	50,2	–

[a] Até 1990 os dados são referentes à Alemanha Ocidental; após esse ano referem-se a toda a Alemanha. [b] 1991 em vez de 1992. [c] Quebra na sequência dos anos após 1985. [d] Quebra na sequência dos anos após 1987. [e] Quebra na sequência dos anos após 1986 e depois de 1992. [f] Quebra na sequência dos anos após 1993.

Fonte: OCDE, *Employment Outlook* (1995).

Tabela 4.19
Participação do trabalho autônomo no mercado de trabalho total, por sexo e atividade (%)

| | *Todas as atividades não agrícolas* | | | | *Serviços (1990) ambos os sexos* | | | |
| | *Participação da mão de obra feminina* | | *Participação da mão de obra masculina* | | *Comércio atacadista e varejista, restaurantes e hotéis (ISIC 6)* | *Transportes, armazenagem e comunicações (ISIC 7)* | *Serviços nas áreas financeira, seguros, imobiliária e negócios (ISIC 8)* | *Serviços comunitários, sociais e pessoais (ISIC 9)* |
	1979	1990	1979	1990				
Alemanha	4,8	5,4	9,4	9,7	15,7	6,6	17,1	5,5
Austrália	10	9,6	13,9	14,4	15,5	14,5	14	6,6
Áustria	–	–	–	–	13,7	3,6	10	5
Bélgica	8,8	10,3	12,6	16,7	36	5,5	21,7	8,2
Canadá	6	6,4	7,2	8,3	7,2	6,4	10,4	8,5
Dinamarca	–	2,8	–	10,4	13,3	6,9	9,6	3,2
Espanha	12,5	13,9	17,1	19,2	34	26,8	13,7	6
Estados Unidos	4,9	5,9	8,7	8,7	8,5	4,6	11,4	7,3
Finlândia	4,2	5,6	7,9	11,5	16	11,2	10,5	4
França	–	5,5	–	11,9	19,2	4,8	9,2	5,3
Grécia	25,7	15,4	34	32,7	48	25,5	35,9	9,4

Todas as atividades não agrícolas | | | | | *Serviços (1990) ambos os sexos* | | |

	Participação da mão de obra feminina		Participação da mão de obra masculina		Comércio atacadista e varejista, restaurantes e hotéis (ISIC 6)	Transportes, armazenagem e comunicações (ISIC 7)	Serviços nas áreas financeira, seguros, imobiliária e negócios (ISIC 8)	Serviços comunitários, sociais e pessoais (ISIC 9)
	1979	1990	1979	1990				
Holanda	–	7,3	–	9,6	13,4	3,3	11,9	7,8
Irlanda	–	6,1	–	16,8	24,4	13,7	13,6	6,8
Itália	12,8	15,1	21,7	25,8	45,8	14,1	8,9	15,5
Japão	12,9	9,3	14,6	12,1	15,0	4,8	8,1	12
Luxemburgo	–	5,8	–	7,9	17,5	3,8	7	3,7
Noruega	3,4	3,6	8,9	8,8	7,5	9,3	6,7	4,4
Nova Zelândia	–	11,8	–	24	18,2	11,1	19,2	9,6
Portugal	–	12,3	–	18,3	38,3	8,6	13,7	4,6
Reino Unido	3,2	7	9	16,6	15,9	10,5	14,2	7,8
Suécia	6,2	3,9	2,5	10,1	13,6	8,8	11,6	3,7

Fonte: OCDE, *Employment Outlook* (1991), tabela 2.12; (1992) tabelas 4.A.2 e 4.A.8.

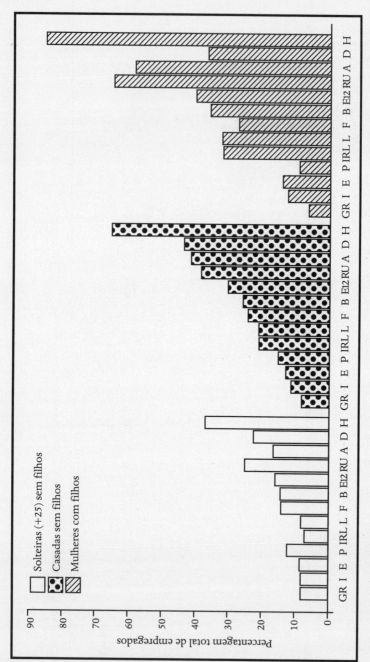

Figura 4.9. Mulheres com empregos de meio expediente, por tipo de família, em países membros da Comunidade Europeia, 1991 (GR, Grécia; I, Itália; E, Espanha; P, Portugal; IRL, Irlanda; L, Luxemburgo; F, França; B, Bélgica; E12, média dos países membros; RU, Reino Unido; A, Alemanha; D, Dinamarca; H, Holanda).
Fonte: Comissão Europeia, *Employment in Europe* (1993).

Esse processo de incorporação total das mulheres no mercado de trabalho remunerado gera consequências muito importantes na família. A primeira delas é que quase sempre a contribuição financeira das mulheres é decisiva para o orçamento doméstico. Assim, o poder de barganha da mulher no ambiente doméstico tem crescido significativamente. Sob regime estritamente patriarcal, a dominação das mulheres pelos homens era, antes de mais nada, uma questão de estilo de vida: o seu trabalho era cuidar do lar. Consequentemente, uma rebelião contra a autoridade patriarcal só podia ser uma medida extrema, levando com frequência à marginalização. Com as mulheres trazendo dinheiro para casa e, em muitos países (por exemplo, os Estados Unidos), os homens vendo seus contracheques minguar, as divergências passaram a ser discutidas sem chegar necessariamente à repressão patriarcal. Além disso, a ideologia do patriarcalismo, legitimando a dominação com base na ideia de que o provedor da família deve gozar de privilégios, ficou terminantemente abalada. Por que não deveriam os homens ajudar nas tarefas domésticas se os dois membros do casal trabalham fora durante longas horas e ambos contribuem para o sustento da família? As perguntas tornaram-se mais prementes à medida que aumentava a dificuldade de as mulheres assumirem ao mesmo tempo trabalho remunerado, afazeres domésticos, criação dos filhos e bem-estar dos maridos, enquanto a sociedade ainda estava organizada tendo como base a esposa em tempo integral, que já se encontrava em extinção. Sem receber os cuidados infantis necessários, sem planejamento da conexão espacial entre residência, emprego e serviço, e com a deterioração dos serviços sociais,[43] as mulheres viram-se frente a frente com a realidade: seus amados maridos/pais estavam aproveitando-se delas. E como o trabalho fora de casa abriu-lhes as portas para o mundo e ampliou suas redes sociais e sua experiência, frequentemente marcada pela solidariedade entre as mulheres contra as agruras do dia a dia, elas começaram a se fazer perguntas e a passar as respostas às suas filhas. O solo estava preparado para receber as sementes das ideias feministas que germinavam *simultaneamente* nos campos dos movimentos culturais e sociais.

O PODER DA CONGREGAÇÃO FEMININA: O MOVIMENTO FEMINISTA

O movimento feminista, manifestado na prática e em diferentes discursos, é extremamente variado. Sua riqueza e profundidade aumentam à medida que analisamos seus contornos sob uma perspectiva global e comparativa, e à medida que historiadores e teóricos feministas desenterram os registros ocultos da resistência feminina e do pensamento feminista.[44] Limitarei a análise aqui apresentada ao movimento feminista contemporâneo, que irrompeu primeiro nos Estados Unidos no fim dos anos 1960 e depois na Europa no início da década de 1970, difundindo-se pelo mundo inteiro nas duas décadas seguintes. Irei, também, focalizar as características comuns que o tornam um movimento social transformador, que desafia o patriarcalismo ao mesmo tempo que esclarece a diversidade das lutas femininas e seu multiculturalismo. Para expressar o conceito do feminismo, conforme entendido neste estudo, de uma maneira prática e preliminar, usarei as palavras de Jane Mansbridge, definindo-o como "o compromisso de pôr um fim à dominação masculina".[45] Concordo também com a visão de Mansbridge sobre o feminismo como um "movimento criado de forma discursiva". Isso não significa que o feminismo seja apenas discurso, ou que o debate feminista, conforme expresso nas obras de várias mulheres, teóricas e acadêmicas, seja a manifestação primordial do feminismo. O que asseguro, concordando com Mansbridge e outros autores,[46] é que a essência do feminismo, como praticado e relatado, é a (re)definição da identidade da mulher: ora afirmando haver igualdade entre homens e mulheres, desligando do gênero diferenças biológicas e culturais; ora, contrariamente, afirmando a especificidade essencial da mulher, frequentemente declarando, também, a superioridade das práticas femininas como fontes de realização humana; ou ainda, declarando a necessidade de abandonar o mundo masculino e recriar a vida, assim como a sexualidade, na comunidade feminina. *Em todos os casos, seja por meio da igualdade, da diferença ou da separação, o que é negado é a identidade da mulher conforme definida pelos homens e venerada na família patriarcal.* Segundo Mansbridge:

> Esse movimento criado discursivamente é a entidade que inspira ativistas do movimento e perante a qual se sentem responsáveis... E é uma responsabilidade que se manifesta pela identidade... Exige que se considere o coletivo como uma identidade meritória, e cada pessoa, individualmente, como parte dessa identidade. Identidades feministas costumam ser adquiridas, não concedidas... Hoje, as identidades feministas são criadas e fortalecidas quando as feministas se unem, agem em conjunto e leem o que outras feministas escrevem. Falar e agir dá origem às teorias de rua e as unge de significado. A leitura mantém as pessoas ligadas e faz com que pensem. As duas experiências, de transformação pessoal e de interação, tornam as feministas "interiormente responsáveis" ante o movimento feminista.[47]

Existe, portanto, uma essência comum subjacente à diversidade do feminismo: o esforço histórico, individual ou coletivo, formal ou informal, no sentido de redefinir o gênero feminino em oposição direta ao patriarcalismo.

Para avaliar esse esforço e propor uma tipologia bem fundamentada dos movimentos feministas, recapitularei sucintamente a trajetória dos movimentos feministas nas últimas três décadas. A fim de simplificar esse sumário, focalizarei principalmente o local onde os movimentos renasceram, os Estados Unidos, e procurarei corrigir o etnocentrismo potencial desse enfoque com breves observações sobre outras partes do globo, seguidas de um comentário sobre o feminismo sob uma perspectiva comparada.

Feminismo americano: uma continuidade descontínua[48]

O feminismo americano tem longa história em um país onde a história é curta. Desde o nascimento oficial do feminismo organizado, ocorrido em 1848 em uma capela em Seneca Falls, Nova York, as feministas americanas engajaram-se numa prolongada luta em defesa dos direitos da mulher à educação, ao trabalho e ao poder político, que culminou em 1920 com a conquista do direito de votar. Depois dessa vitória, o feminismo manteve-se nos bastidores do cenário americano por quase meio século. Não que as mulheres tivessem deixado de lutar.[49] Em uma das mais notáveis expressões da luta feminina, o boicote aos ônibus em Montgomery, Alabama, em 1955, que precedeu o movimento dos direitos civis no Sul dos Estados Unidos e mudou a história americana para sempre, foi promovido predominantemente por mulheres afro-americanas que mobilizaram suas comunidades.[50] No entanto, movimentos de massa explicitamente femininos surgiram apenas a partir da década de 1960, oriundos dos movimentos sociais tanto por seu componente relativo aos direitos humanos como por suas revolucionárias tendências contraculturais.[51] De um lado, na esteira do trabalho da Comissão Presidencial sobre a Condição da Mulher, de John F. Kennedy, realizado em 1963, e da aprovação do Título VII da Lei dos Direitos Civis de 1964 relativo aos direitos femininos, um grupo de mulheres influentes, encabeçadas pela escritora Betty Friedan, criou a Organização Nacional da Mulher (NOW) em 29 de outubro de 1966. A NOW viria a se tornar a mais abrangente organização nacional de defesa dos direitos das mulheres e nas três décadas seguintes demonstraria habilidades políticas e de sobrevivência extraordinárias, não obstante repetidas crises ideológicas e organizacionais. Passou a exemplificar o feminismo liberal típico, concentrando seus esforços na obtenção de direitos iguais para as mulheres em todas as esferas da vida social, econômica e institucional.

Aproximadamente na mesma época, as participantes habituais de diversos movimentos sociais radicais, em particular a Estudantes por uma Sociedade Democrática (ESD), começaram a organizar-se separadamente em reação à discriminação sexual e à dominação masculina generalizadas nas organizações revolucionárias, que conduziam, não só ao abuso pessoal das mulheres, mas também à ridicularização da posição feminista como sendo burguesa e contrar-

O PODER DA IDENTIDADE | 299

revolucionária. O que surgiu em dezembro de 1965 como um *workshop* sobre "Mulheres engajadas no Movimento" na Convenção da ESD e articulou-se como Liberação Feminina em uma convenção realizada em Ann Arbor, Michigan, em 1967, gerou uma enxurrada de grupos femininos autônomos, tendo a maioria se separado dos movimentos políticos revolucionários predominantemente masculinos, dando início ao feminismo radical. É justo mencionar que, nesses primeiros momentos, o movimento feminista encontrava-se dividido ideologicamente entre adeptas liberais e radicais. Enquanto a primeira declaração de intenções da NOW começava afirmando "Nós, HOMENS E MULHERES [em maiúsculas no original] que por meio desse ato constituímos a Organização Nacional em Defesa da Mulher, acreditamos que chegou a hora de criar um novo movimento buscando parceria absolutamente igual entre os sexos como parte da revolução mundial em defesa dos direitos humanos, em marcha neste momento dentro e fora de nossas fronteiras",[52] o Manifesto *Redstockings*, de 1969, que deu impulso ao feminismo radical em Nova York, declarou: "Identificamos nos homens os agentes de nossa opressão. A supremacia masculina é a mais antiga e básica forma de dominação. Todas as outras formas de exploração e opressão (racismo, capitalismo, imperialismo etc.) são prolongamentos da supremacia masculina; os homens dominam as mulheres, alguns homens dominam os demais."[53]

O feminismo liberal concentrou seus esforços na obtenção de direitos iguais para as mulheres, inclusive a adoção de uma emenda constitucional que, após aprovada no Congresso, não conseguiu a aprovação de dois terços dos estados, sendo finalmente derrotada em 1982. No entanto, o significado dessa emenda foi mais simbólico, uma vez que as verdadeiras batalhas pela igualdade foram vencidas por meio das legislações federais e estaduais e nos tribunais, envolvendo desde o direito a salário igual por trabalho igual até os direitos de reprodução, incluindo direito de acesso a todos os cargos e instituições. Essas grandes conquistas foram obtidas em menos de duas décadas por habilidoso *lobby* político, campanhas nos meios de comunicação e o apoio a mulheres e homens pró-feminismo que se candidatavam a cargos públicos. De especial importância foi a presença nos meios de comunicação de mulheres jornalistas, elas próprias feministas ou simpatizantes das causas feministas. Numerosas publicações feministas, notadamente a revista *Ms Magazine*, fundada em 1972, também tiveram papel preponderante por atingir as mulheres americanas fora do círculo de atuação do feminismo organizado.

Feministas radicais, embora participando ativamente das campanhas por direitos iguais, e principalmente das mobilizações para obter e defender os direitos de reprodução, concentraram seus esforços no projeto *trabalho de conscientização*, organizando grupos para essa finalidade, formado apenas por mulheres e criando instituições de cultura feminina autônoma. A proteção da mulher contra a violência masculina (campanhas antiestupro, treinamento em autodefesa, abrigos para mulheres espancadas e acompanhamento psicológico para as que haviam sofrido abusos) criou a ligação direta entre os interesses imediatos das mulheres e a crítica ideológica ao patriarcalismo em curso. Com relação à corrente radical, feministas lésbicas (que realizaram em Nova York, no Segundo Congresso para a Unificação das Mulheres, em maio de 1970, uma de suas primeiras demonstrações políticas, o "Perigo Lavanda") tornaram-se rapidamente fonte de ativismo dedicado, criatividade cultural e inovação teórica. O crescimento inexorável e a influência do lesbianismo no movimento feminista, ao mesmo tempo que se tornava uma grande força, representavam também um grande desafio para o movimento, que tinha de encarar seu próprio preconceito interno quanto às formas de sexualidade além de enfrentar o dilema sobre onde (ou se) deveria impor um limite à liberação feminina.

Durante certo tempo, feministas socialistas procuraram associar o desafio feminista radical a questões mais amplas envolvendo movimentos anticapitalistas, unindo-se, quando necessário, à política de esquerda e empenhando-se num debate enriquecedor sobre teoria marxista. Algumas dessas feministas socialistas trabalhavam nos sindicatos. Em 1972, formou-se uma Coalizão de Mulheres Sindicalistas. No entanto, nos anos 1990, o esmaecimento das organizações socialistas e do socialismo como ponto de referência histórica e o declínio da influência exercida pela teoria marxista diminuíram o impacto do feminismo socialista que foi, de modo geral, relegado ao terreno acadêmico.[54]

A partir de meados da década de 1970, porém, a diferença entre o feminismo liberal e o radical foi se tornando indistinta, tanto na prática do movimento como na ideologia de feministas individuais. Diversos fatores contribuíram para superar as dissidências ideológicas em um movimento feminista que conservou sua diversidade e apresentou debates vibrantes, assim como combates mortais, mas construiu pontes e propiciou coalizões entre seus elementos.[55] Em primeiro lugar, como indicado por Zillah Eisenstein,[56] as questões tratadas pelo feminismo liberal, ou seja, direitos iguais e a não caracterização das categorias sociais de acordo com o gênero, envolveram tal nível de transformação institucional que o patriarcalismo acabaria sendo contestado, mesmo dentro da mais contida estratégia, de buscar praticidade ao tentar alcançar uma igualdade entre os sexos. Em segundo lugar, a violenta reação antifeminista dos anos 1980, sustentada pela administração republicana que governou os Estados Unidos de 1980 a 1992, induziu uma aliança entre diferentes correntes do movimento que, independentemente de seus estilos de vida e convicções políticas, uniram-se nas mobilizações para defender os direitos de reprodução da mulher ou para criar instituições femininas de prestação de serviços e defesa da autonomia cultural. Em terceiro lugar, no final da década de 1970, as organizações feministas mais radicais já se haviam dissipado, encontrando-se suas fundadoras pessoalmente

O PODER DA IDENTIDADE | 301

exaustas e com suas utopias locais confrontando-se com as batalhas diárias contra o "patriarcalismo realmente existente".

Não obstante, como a maioria das feministas radicais jamais desistiu de seus valores básicos, elas encontraram abrigo nas organizações feministas liberais e nos enclaves que o feminismo conseguira erguer nas instituições de maior projeção na sociedade, principalmente nos meios acadêmicos (programas de estudos sobre a mulher), em fundações sem fins lucrativos e nas convenções de mulheres de associações profissionais. Essas organizações e instituições precisavam de apoio militante em sua tarefa, que se tornava cada vez mais difícil, quando começaram a deixar para trás os abusos dos direitos humanos mais óbvios e a penetrar em esferas mais controvertidas, tais como escolha quanto à reprodução, liberação sexual e progresso das mulheres sobre as áreas antes exclusivamente restritas aos homens. Pode-se, também, afirmar que as organizações liberais ajudaram o feminismo radical a sobreviver como movimento, enquanto a maioria dos movimentos de contracultura masculinos surgidos na década de 1960, com exceção dos ecológicos, acabaram se dissolvendo ou foram subjugados ideologicamente na década de 1980. Como resultado desse intrincado processo, as diferentes facetas do liberalismo e do radicalismo se entrelaçaram em suas práticas, assim como nas mentes da maior parte das mulheres que sustentam a causa e os valores feministas. Até mesmo o lesbianismo tornou-se um componente aceito pelo movimento, embora ainda suscitasse certa rejeição prudente por parte do feminismo tradicional (Betty Friedan era contra), conforme constatado pelas tensões dentro da NOW no final da década de 1980 após a "confissão" de bissexualidade da presidente da NOW, Patricia Ireland.

Entre meados de década de 1970 e meados da de 1990, outras diferenças foram se tornando mais relevantes para o movimento feminista à medida que este se desenvolvia, diversificava-se e procurava alcançar pelo menos as mentes da maioria das mulheres americanas. Por um lado, havia diferenças importantes quanto aos tipos de *organizações* feministas. Por outro, havia diferenças substanciais, segundo Nancy Whittier, entre as "gerações políticas" dentro do *movimento* feminista.[57]

Em termos de organizações, Spalter-Roth e Schreiber[58] propõem uma tipologia aplicável, de cunho empírico, que estabelece distinção entre:

1. Organizações nacionais, tais como a NOW ou a Coalizão de Mulheres Sindicalizadas, fundada em 1972, cuja principal exigência é a obtenção de direitos iguais. Essas organizações procuraram deliberadamente evitar uma linguagem feminista ao promover a causa das mulheres em todos os segmentos da sociedade, sacrificando princípios para poder aumentar a participação feminina nas instituições predominantemente masculinas.

Spalter-Roth e Schreiber concluem que "apesar das esperanças das líderes das organizações que queriam agradar tanto a liberais como a radicais, o uso de uma linguagem politicamente aceitável obscureceu as relações de dominação e de subordinação. Seus esforços podem ter falhado na tentativa de conscientizar as próprias mulheres que essas organizações esperavam representar e capacitar".[59]

2. Organizações prestadoras de serviços diretos, como a *Displaced Homemakers Network* (Rede de Donas de Casa Sem Lar) e a *National Coalition against Domestic Violence* (Coalizão Nacional Contra a Violência Doméstica). Trata-se predominantemente de redes de grupos locais, cujos programas recebem apoio do governo e de empresas. O maior problema é a contradição entre prestar assistência às mulheres e capacitá-las: geralmente a premência do problema tem precedência sobre objetivos a longo prazo, como conscientização e auto-organização política.

3. Organizações de defesa da mulher, administradas por profissionais e contando com o auxílio de especialistas, tais como a *Women's Legal Defense Fund* (Fundo para a Defesa Jurídica da Mulher), o *Center for Women Policy Studies* (Centro de Estudos das Políticas sobre a Mulher), o *Fund for Feminist Majority* (Fundo para Maioria Feminista, de apoio às mulheres em instituições políticas), o *National Institute for Women of Color* (Instituto Nacional das Mulheres Negras), ou o *National Committee for Pay Equity* (Comitê Nacional pela Igualdade de Salários). O desafio enfrentado por tais organizações é conseguir ampliar suas metas à medida que um número cada vez maior de mulheres ingressa no perímetro de influência do movimento e temas feministas se tornam mais diversificados, étnica, social e culturalmente.

Além das organizações principais, existem numerosas organizações locais de comunidades de mulheres, muitas originalmente ligadas ao feminismo radical mas que, com o passar do tempo, expandiram-se por trajetórias diversas. Clínicas alternativas de saúde da mulher, cooperativas de crédito, centros de treinamento, livrarias, restaurantes, creches, centros de prevenção da violência contra a mulher e de tratamento de suas consequências, grupos de teatro, grupos musicais, clubes de escritoras, estúdios de artistas e extensa gama de expressões culturais passaram por altos e baixos e, de modo geral, as que sobreviveram só o conseguiram restringindo seu caráter ideológico e integrando-se melhor na sociedade como um todo. Trata-se, na maioria, de organizações feministas que, por sua diversidade e flexibilidade, constituíram as redes de sustentação, emprestando sua experiência e fornecendo os materiais discursivos para que a cultura feminina pudesse emergir e solapar o patriarcalismo no seu mais forte reduto: a mente das mulheres.

O PODER DA IDENTIDADE

A outra grande diferenciação a ser feita para que se possa compreender a evolução do feminismo americano é o conceito de gerações políticas e microlegiões introduzido por Whittier. Em seu criterioso estudo sociológico sobre a evolução do feminismo radical americano em três décadas, ela demonstra tanto a continuidade do feminismo como a descontinuidade dos estilos feministas entre o início da década de 1970, os anos 1980 e os anos 1990:

> As gerações políticas são importantes para a continuidade do movimento social por três motivos. Primeiro, porque a identidade coletiva de uma geração política permanece consistente com o passar do tempo, como aconteceu com as mulheres que participaram do movimento feminista dos anos 1970. Segundo, mesmo quando os protestos diminuem, o movimento social continua a ter impacto se uma geração de veteranos do movimento leva seus elementos-chave para instituições societais e outros movimentos sociais. As instituições criadas e as inovações introduzidas por ativistas dentro desses outros cenários servem não só como os próprios agentes da mudança, mas também como recursos para o ressurgimento de uma futura onda de mobilização. Terceiro, um movimento social se transforma à medida que novos participantes ingressam no movimento e redefinem sua identidade coletiva. O ingresso contínuo de microlegiões a intervalos regulares produz mudanças graduais. Cada microlegião forma uma identidade coletiva moldada por seu próprio contexto, de modo que ativistas que ingressam durante o ressurgimento, crescimento, ápice e declínio do movimento diferem um do outro. Apesar das mudanças graduais que ocorrem continuamente nos movimentos sociais, as mudanças são claramente mais pronunciadas em determinados pontos. Nessas ocasiões, uma série de microlegiões converge em direção a uma geração política, à medida que suas similaridades excedem as diferenças em relação a uma outra série de microlegiões recém-ingressada e que forma uma segunda geração política... Assim, a passagem de movimentos sociais de uma geração política para outra torna-se de importância vital para a sobrevivência do movimento a longo prazo.[60]

Whittier demonstra, com base em seu estudo de caso de Columbus, Ohio, assim como pelo exame de evidências fornecidas por fontes secundárias, a persistência e renovação do movimento feminista, inclusive o feminismo radical, ao longo de três décadas, dos anos 1960 aos 1990. Sua argumentação apoia-se em diversas outras fontes.[61] Tudo indica que a "era pós-feminismo" não passou de manipulação interesseira de certas tendências de curto prazo, excessivamente destacada pelos meios de comunicação.[62] Mas Whittier também ressalta, e convincentemente, a profunda transformação do feminismo radical, causando por vezes considerável dificuldade no entendimento entre as gerações: "As recém-chegadas ao movimento feminista mobilizam-se para atingir objetivos feministas de modo diferente das ativistas de longa data, que às vezes consideram os esforços de suas sucessoras apolíticos ou mal direcionados... As recém-chegadas construíram para si um modelo diferente de feminista."[63] Como resultado dessas diferenças tão incisivas,

> torna-se doloroso para as feministas de longa data verem as recém-chegadas ao movimento rejeitarem suas crenças mais arraigadas ou mudarem as organizações que tanto lutaram para formar. Debates recentes dentro da comunidade feminista exacerbaram os sentimentos de muitas mulheres de que tanto elas quanto suas ideias eram vulneráveis a ataques. Particularmente na "guerra dos sexos", lésbicas sadomasoquistas, mulheres heterossexuais e outras afirmam que as mulheres devem ter o direito de agir com liberdade em relação a quaisquer desejos sexuais e acusaram as que pensavam de modo diferente de serem antissexo, "insossas" e puritanas.[64]

As principais diferenças entre as gerações políticas feministas não estão ligadas à antiga divisão entre liberais e radicais, uma vez que Whittier admite que tal definição ideológica perde a clareza de seus contornos na ação coletiva do movimento quando confrontada por forte reação patriarcal. Três questões diferentes, de certa forma inter-relacionadas, parecem interferir na comunicação entre veteranas e recém-chegadas ao movimento feminista radical. A primeira diz respeito ao grau de importância conquistado pelo lesbianismo no movimento feminista. Não que este estivesse ausente do feminismo radical em seus primórdios, ou seja, antagonizado por feministas radicais. Mas o estilo de vida das lésbicas e sua determinação em quebrar o molde das famílias heterossexuais, assim como os problemas táticos quanto a atingir as mulheres convencionais de trás das trincheiras de um movimento de fortes inclinações lesbianas, fez com que as integrantes heterossexuais do feminismo radical ficassem apreensivas quanto à visibilidade da facção lésbica. A segunda e mais contundente ruptura diz respeito à importância dada pelas novas gerações de feministas à expressão sexual em todas as suas formas. Isto inclui, por exemplo, a quebra do código da vestimenta feminista "clássica", que costumava evitar as armadilhas da feminilidade, para realçar a sensualidade e autoexpressão na maneira de as mulheres se apresentarem. Abrange também a aceitação de todas as manifestações da sexualidade feminina, inclusive a bissexualidade e a experimentação. A terceira ruptura é consequência das duas primeiras. Mais seguras de si e cada vez mais claramente separatistas com relação a seus valores culturais e políticos, as feministas mais jovens, particularmente as lésbicas, estão mais abertas do que as feministas radicais estavam em outros tempos para cooperar com os movimentos sociais masculinos e relacionarem-se com as organizações masculinas justamente porque se sentem menos ameaçadas por essas alianças pelo fato de já terem alcançado sua autonomia, quase sempre pelo separatismo. A principal aliança é entre lésbicas e gays (por exemplo na

Nação Gay), que compartilham a opressão exercida pela homofobia e unem-se em torno da defesa da liberação sexual e na crítica contra a família heterossexual e patriarcal. Whittier também relata que, apesar de suas diferenças, feministas radicais recentes e antigas têm os mesmos valores fundamentais e unem-se para travar as mesmas lutas.

Outras tensões internas no movimento feminista surgem precisamente na sua expansão por toda a gama de classes sociais e grupos étnicos dos Estados Unidos.[65] Enquanto as pioneiras que redescobriram o feminismo nos anos 1960 eram, em sua maioria, brancas, de classe média e alto nível educacional, nas três décadas seguintes os temas feministas focalizaram as lutas das mulheres afro-americanas, latinas e de outras minorias étnicas em suas respectivas comunidades. Por meio de sindicatos e organizações autônomas, operárias mobilizaram-se em torno de suas exigências, aproveitando-se da legitimidade outorgada às lutas feministas. O resultado foi uma diversificação cada vez maior do movimento feminista e certa falta de clareza quanto à autodefinição feminista. No entanto, de acordo com pesquisas de opinião, a partir de meados da década de 1980 a maioria das mulheres aderiu positivamente aos temas e causas feministas, justamente porque o feminismo não se associava a nenhuma posição ideológica.[66] O feminismo tornou-se a palavra (e o estandarte) comum contra todas as causas da opressão feminina e à qual cada mulher, ou categoria feminina, vincularia seus lemas e reivindicações.

Assim, por intermédio de uma variedade de práticas de autoidentificação, mulheres de diferentes origens e com objetivos diversos, porém compartilhando uma mesma fonte de opressão que as definia sob uma perspectiva externa a elas próprias, construíram para si uma identidade nova e coletiva: na realidade, foi isso que viabilizou o processo de transição das lutas femininas, transformando-as em movimento feminista. Conforme as palavras de Whittier: "Proponho definir o movimento das mulheres em termos da identidade coletiva a ele associada do que defini-lo em termos de organizações formais... O que torna essas organizações, redes e indivíduos parte de um movimento social é a sua fidelidade compartilhada a uma série de convicções, práticas e formas de identificação que constituem a identidade feminista coletiva."[67]

Serão essas perguntas e respostas, inspiradas na experiência americana, relevantes para o feminismo em outros países e culturas? Poderão as questões e as lutas das mulheres relacionarem-se de forma generalizada ao feminismo? Até que ponto a identidade coletiva, observando-se as mulheres sob uma perspectiva global, é realmente coletiva?

O feminismo é global?

Para antecipar uma resposta, ainda que superficial, a uma pergunta tão importante, precisamos distinguir várias áreas do mundo. No caso da Europa Ocidental, Canadá e Austrália, nota-se um movimento feminista bastante espalhado, distinto e multifacetado, ativo e expandindo-se na década de 1990, embora com intensidade e características diferentes. Na Grã-Bretanha, por exemplo, após passar por uma fase de declínio no início da década de 1980, causada em grande parte pela investida neoconservadora induzida pelo thatcherismo, as ideias e a causa feministas difundiram-se pela sociedade.[68] Por um lado, assim como nos Estados Unidos, as mulheres engajaram-se na luta pela igualdade e empenharam-se na conquista da autocapacitação no trabalho, serviços sociais, legislação e política. Por outro, a cultura feminista e a lesbiandade acentuavam a especificidade da mulher, dando origem a organizações feministas alternativas. A ênfase nas identidades singulares pode dar a impressão de que o movimento está fragmentado. No entanto, conforme Gabriele Griffin afirma:

> Acontece que muitos grupos feministas atribuem-se títulos que especificam certas identidades... Essa identificação dá impulso ao seu ativismo. Em determinado nível, o ativismo feminista baseado em políticas de identidade conduz à fragmentação que muitas feministas consideram típica do atual clima político e que supostamente contrasta diretamente com a homogeneidade, objetivo comum e mobilização em massa do Movimento (de Liberação) Feminista, tudo isso em letras maiúsculas. Para mim, este parece um mito, uma visão retrospectiva nostálgica de um feminismo próprio de uma era dourada que provavelmente nunca existiu. Organizações feministas que se mobilizam em torno de um único tema ou de uma única identidade, tão comuns na década de 1990, podem ter a desvantagem de seguir uma política extremamente localizada, mas essa mesma especificidade é uma garantia de especialização e de impacto, fruto de um esforço de grandes proporções claramente definido, exercido em determinada arena.[69]

Logo, organizações de um único tema podem trabalhar uma grande variedade de temas feministas, com mulheres participando em mais de uma organização. É esse entrelaçamento de indivíduos, organizações e campanhas atuando em rede que caracteriza um movimento feminista vital, flexível e diversificado.

Em todos os países da Europa, sem exceção, o feminismo está infiltrado nas instituições sociais e em uma infinidade de grupos, organizações e iniciativas que se alimentam reciprocamente, confrontam-se (às vezes com rispidez) e provocam um fluxo inesgotável de exigências, pressões e ideias sobre as condições, questões e cultura da mulher. De modo geral, assim como nos Estados Unidos e na Grã-Bretanha, o feminismo se fragmentou e não há uma única organização ou instituição que possa ter a pretensão de falar em nome da mulher. Em vez disso, uma linha transversal atravessa toda a sociedade, enfatizando os interesses e valores femininos, de convenções profissionais a expressões culturais e partidos políticos, muitos dos quais estabeleceram um número mínimo de mulheres em sua liderança (geralmente a norma, raras vezes cumprida, é de 25% do número total de líderes e suplentes, de modo que, na realidade, as mulheres fiquem sub-representadas em "apenas" 50%).

A situação das sociedades anteriormente estatistas é bastante peculiar.[70] Por um lado, os países estatistas ajudaram, ou forçaram, a incorporação total da mulher no mercado de trabalho remunerado, tendo oferecido oportunidades de educação e instituído vasta rede de serviços sociais e creches, embora durante longo tempo o aborto tivesse sido proibido e não houvesse disponibilidade de anticoncepcionais. As organizações feministas encontravam-se presentes em todas as esferas da sociedade, embora sob total controle do Partido Comunista. Por outro, a discriminação sexual e o patriarcalismo imperavam em toda a sociedade, nas instituições e na política. Como resultado, uma geração inteira de mulheres muito fortes cresceu ciente do seu potencial, mas tendo de lutar todos os dias para realizar ao menos parte desse potencial. Após a desintegração do comunismo soviético, o feminismo enfraqueceu como movimento organizado e, até o momento, está limitado a uns poucos círculos de intelectuais ocidentalizadas, enquanto as organizações protetoras da velha guarda estão desaparecendo. No entanto, na década de 1990, as mulheres se fazem cada vez mais presentes nas esferas públicas. Na Rússia, por exemplo, o Partido Feminista, embora bastante conservador em termos de postura política e integrantes, recebeu cerca de 8% dos votos nas eleições parlamentares de 1995 e um número considerável de mulheres estão começando a se tornar importantes figuras políticas. Há, na sociedade russa, um sentimento generalizado de que as mulheres poderiam desempenhar um papel decisivo na renovação das lideranças políticas do país. Em 1996, pela primeira vez na história da Rússia, uma mulher foi eleita governadora do território de Koryakiya. Além disso, a nova geração de mulheres, educada segundo os valores da igualdade e com espaço para se expressar pessoal e politicamente, está pronta para cristalizar sua autonomia individual na identidade e ação coletivas. É fácil prever um maior desenvolvimento do movimento feminista na Europa Oriental, *com suas próprias formas de expressão cultural e política.*

Na Ásia industrializada, o patriarcalismo ainda reina praticamente sem contestação, fato surpreendente no Japão, sociedade com alto índice de participação da mulher na força de trabalho, uma população feminina com nível educacional elevado e portentosa cadeia de movimentos sociais na década de 1960. Por meio de pressões exercidas por grupos feministas e pelo Partido Socialista, instituiu-se legislação, em 1986,[71] impondo limites à discriminação da mulher no trabalho. Mas, de modo geral, o feminismo limita-se aos círculos acadêmicos e mulheres profissionais ainda são acintosamente discriminadas. Os aspectos estruturais necessários para desencadear uma poderosa crítica feminista estão totalmente presentes no Japão, mas a ausência, até agora, de tal crítica em escala suficiente para causar impacto na sociedade demonstra claramente que a especificidade social (neste caso, a força da família patriarcal japonesa e o cumprimento por parte do homem japonês de seus deveres patriarcais) é que determina o desenvolvimento real de um movimento, independentemente de fontes estruturais de descontentamento. As mulheres coreanas são ainda mais submissas, embora tenham surgido recentemente os embriões de um movimento feminista.[72] A China ainda se encontra no limiar do contraditório modelo estatista, que apoia os direitos da "metade do paraíso" enquanto a mantém sob o controle da "metade do inferno". Entretanto, o desenvolvimento de um movimento feminista vigoroso em Taiwan a partir de fins da década de 1980 contraria a noção de que a submissão da mulher seja uma exigência da tradição patriarcal instituída pelo confucionismo (ver abaixo).[73]

Por todo o mundo considerado em desenvolvimento, a situação é complexa e até mesmo contraditória.[74] O feminismo como expressão ideológica ou política autônoma é claramente a "reserva ambiental" de uma minoria formada por mulheres intelectuais e profissionais, embora sua presença nos meios de comunicação amplie seu impacto muito além do número que elas representam. Além disso, em vários países, principalmente na Ásia, líderes do sexo feminino tornaram-se figuras de grande destaque na política (Índia, Paquistão, Bangladesh, Filipinas, Burma, quem sabe na Indonésia em futuro próximo), e elas passaram a representar os símbolos revigorantes da democracia e pelo desenvolvimento. Embora pertencer ao sexo feminino não seja garantia de feminismo e a maioria das mulheres envolvidas na vida política aja segundo a estrutura política patriarcal, seu impacto como modelo, principalmente para as jovens, e como forma de quebrar tabus da sociedade, não deve ser desprezado.

No entanto, o progresso mais importante a partir dos anos 1980 foi o extraordinário aumento no número de organizações de base popular, em sua maioria criadas e dirigidas por mulheres, nas áreas metropolitanas dos países em desenvolvimento. Essas organizações foram estimuladas por explosões demográficas urbanas, crises econômicas e políticas de austeridade ocorridas simultaneamente, que deixaram as pessoas, e particularmente as mulheres, frente a frente com o simples dilema entre lutar ou morrer. Com o crescimento da participação feminina no mercado de trabalho, tanto em novos setores como na economia informal urbana, essas organizações transformaram a condição, organização e conscientização das mulheres, como demonstrado, por exemplo, nos estudos conduzidos por Ruth Cardoso de Leite ou Maria da Gloria Gohn no Brasil, Alejandra Massolo no México, e Helena Useche na

Colômbia.[75] Esses esforços coletivos não resultaram apenas no desenvolvimento de organizações populares, causando impacto nas políticas e instituições, mas também no surgimento de uma nova identidade coletiva, na forma de mulheres capacitadas. Assim, Alejandra Massolo, ao concluir sua análise sobre os movimentos sociais femininos urbanos, observou:

> A subjetividade feminina quanto a experiências de luta é uma dimensão reveladora do processo de construção social de novas identidades coletivas através de conflitos urbanos. Os movimentos urbanos das décadas de 1970 e 1980 tornaram visíveis e perceptíveis as diferentes identidades coletivas de segmentos das classes populares. As mulheres faziam parte da produção social dessa nova identidade coletiva — partindo de suas bases territoriais diárias transformadas em bases para sua ação coletiva. Elas conferiram ao processo de construção da identidade coletiva a marca dos múltiplos significados, motivações e expectativas do gênero feminino, um conjunto complexo de significados encontrados nos movimentos urbanos, mesmo quando as questões de gênero não são explícitas e quando seus quadros constitutivos são mistos e os homens assumem a liderança.[76]

É essa presença maciça da mulher nas ações coletivas dos movimentos populares em todo o mundo e sua autoidentificação explícita como participantes de um todo que está transformando a conscientização das mulheres e seus papéis sociais, mesmo na ausência de uma ideologia feminista articulada.

Não obstante estar o feminismo presente em muitos países e as lutas e organizações feministas irromperem por todo o mundo, *o movimento feminista apresenta formas e orientações muito diferentes, dependendo dos contextos culturais, institucionais e políticos do local em que surgem.* O feminismo na *Grã-Bretanha,* por exemplo, foi marcado desde o início, em fins dos anos 1960, por uma relação íntima com sindicatos, o Partido Trabalhista, a esquerda socialista e, principalmente, com o Estado do bem-estar social.[77] Foi um movimento mais explícito politicamente — isto é, mais voltado para o Estado — do que o feminismo americano e mais diretamente ligado aos problemas diários das operárias. No entanto, em virtude de sua proximidade com a política esquerdista e o movimento trabalhista, foi vítima, durante a década de 1970, de lutas internas debilitantes entre diferentes tipos de feministas socialistas e radicais. Por exemplo, a popular campanha "Salários pelos Serviços Domésticos", em 1973, foi criticada por sua aceitação implícita da condição de subordinação das mulheres no lar, induzindo-as, potencialmente, a permanecer em suas clausuras domésticas. Essa ligação contraditória com as políticas trabalhistas e socialistas afetou o movimento propriamente dito. Conforme observado por Rowbotham:

Existe, provavelmente, certa dose de verdade no argumento de que a ênfase no apoio dos sindicatos — muito mais forte na Grã-Bretanha do que em movimentos feministas em outros países — teve influência sobre os termos com que a questão do aborto foi apresentada. As salas abafadas dos sindicatos dos trabalhadores não são os locais mais confortáveis para discursos eruditos sobre a multiplicidade do desejo feminino. Mas... creio que provavelmente tem mais a ver com uma evasão dentro do próprio movimento feminista. O movimento procurou evitar contrapor heterossexualidade e lesbiandade mas, nesse processo, o âmbito da autodefinição sexual ficou mais estreito e os discursos sobre o prazer heterossexual passaram para a defensiva.[78]

Decorrente, em parte, da relutância em encarar sua diversidade e por ter-se afastado da racionalidade estratégica da política tradicional, o feminismo britânico foi bastante debilitado pelo rolo compressor thatcheriano. Porém, assim que a nova geração de feministas sentiu-se livre de antigos vínculos com a política partidária e alianças trabalhistas, o movimento ressurgiu nos anos 1990, não só como feminismo e lesbiandade culturais, mas também por uma multiplicidade de expressões que incluem, embora não hegemonicamente, o feminismo socialista e o feminismo institucionalizado.

O *feminismo espanhol* foi ainda mais marcado pelo contexto político em que surgiu em meados da década de 1970, época do movimento democrático contra a ditadura franquista.[79] Quase todas as organizações feministas estavam ligadas à oposição antifranquista semiclandestina, tais como *Asociación de Mujeres Demócratas* (uma associação política) de inspiração comunista, e as *Asociaciones de Amas de Casa* (Associações de Donas de Casa, organizadas por território). Todas as tendências políticas, especialmente as de cunho revolucionário esquerdista, têm suas próprias "organizações em massa" femininas. Na *Catalunya* e no País Basco, as organizações femininas e as feministas refletiam as dissidências nacionais da política espanhola. Por volta do final da era franquista, no período de 1974 a 1977, grupos feministas autônomos começaram a despontar no clima de liberação cultural e política que caracterizou a Espanha na década de 1970. Um dos movimentos mais inovadores e influentes foi o *Frente de Liberación de la Mujer,* sediado em Madri. Contava com poucos membros (menos de cem ativistas), mas concentrou seus esforços nos meios de comunicação, utilizando sua rede de mulheres jornalistas, ganhando, assim, apoio popular aos discursos e exigências da mulher. Ergueu a bandeira do direito ao aborto, divórcio (ambos proibidos por lei naquela época na Espanha) e livre expressão para a sexualidade feminina, inclusive lesbiandade. Foi, antes de tudo, um movimento influenciado pelo feminismo cultural e pelas ideias francesas e italianas de *féminisme de la différence,* mas participou, também, das lutas políticas em defesa da democracia, juntamente com organizações femininas comunistas e socialistas. No entanto, com a instituição da democracia na Espanha em 1979 e a eleição do Partido Socialista em 1982, os movimentos feministas autônomos praticamente desapareceram, justamente em função de seu sucesso institucional e político. O divórcio foi legalizado em 1981 e o aborto, com restrições, em 1984. O Partido Socialista criou o *Instituto de la Mujer* no governo, que atuou como um *lobby* de feministas *vis-à-vis* o próprio governo. Muitas ativistas feministas, principalmente membros da *Frente de Liberación de la Mujer,* ingressaram no Partido Socialista e passaram a ocupar posições de liderança no Parlamento, na administração e, de forma mais limitada, no gabinete do governo. Uma das líderes feministas socialistas do movimento sindical, Matilde Fernandez, foi nomeada ministra do Bem-Estar Social e exerceu sua influência e forte determinação para fortalecer as causas feministas na segunda metade do regime socialista. Foi substituída em 1993 por Cristina Alberdi, outra veterana do movimento feminista e jurista de renome. Carmen Romero, primeira-dama do país e militante socialista de longa data, juntamente com seu marido, Felipe Gonzalez, foi eleita para o Parlamento e teve papel preponderante no processo de abolição do tradicional preconceito sexual do partido. Os estatutos do partido passaram a incluir um regulamento reservando às mulheres 25% das posições de liderança (promessa que não foi cumprida, embora o número de mulheres, tanto no partido como no governo, tenha aumentado).

Assim, por um lado, a influência do feminismo contribuiu para melhorar a condição legal, social e econômica da mulher espanhola, bem como facilitar a conquista de posições de destaque na política, nos negócios e na sociedade como um todo. Atitudes tradicionais de machismo perderam muito terreno nas novas gerações.[80] Em contrapartida, o movimento feminista praticamente desapareceu como movimento autônomo, esvaziando suas fileiras e concentrando-se totalmente na reforma institucional. Sobrou pouco espaço para o feminismo lésbico e para a ênfase na diferença e na sexualidade. O novo sentimento de tolerância na sociedade espanhola, porém, incentivou o crescimento de um novo feminismo nos anos 1990, mais voltado aos aspectos culturais e mais próximo das atuais tendências feministas prevalecentes na Grã-Bretanha ou na França, distanciando-se da política tradicional, exceto no País Basco, onde manteve ligações com o movimento separatista radical, que lhe foram bastante prejudiciais. Desse modo, o feminismo espanhol exemplifica tanto o potencial oferecido pelo uso da política e das instituições para melhorar a condição da mulher como a dificuldade em preservar um movimento social autônomo em condições de institucionalização bem-sucedida.

Nossa última exploração das variações do feminismo segundo o contexto social amplificado em que o movimento se desenvolve nos leva à Itália, onde supostamente aflorou, na década de 1970, o mais importante e inovador movimento feminista de massa de toda a Europa.[81] Conforme exposto por Bianca Beccalli: "Ao analisarmos o feminismo italiano, dois aspectos saltam-nos claramente à vista: a íntima associação entre o feminismo e a esquerda e o significado especial do entrelaçamento da igualdade com a diferença.[82] Na verdade, o feminismo italiano contemporâneo, assim como a maioria dos movimentos feministas ocidentais, foi gerado pelos grandes movimentos sociais que abalaram a Itália em fins da década de 1960 e início da de 1970. Mas, ao contrário de movimentos semelhantes em outros países, o movimento feminista italiano possuía uma corrente de influência nos sindicatos trabalhistas daquele país, sendo louvado e apoiado pelo Partido Comunista Italiano, o maior partido comunista fora da esfera soviética e com um número de membros superior ao de qualquer outro partido no país. Dessa forma, durante os anos 1970, as feministas italianas conseguiram popularizar seus temas em grandes setores femininos, inclusive entre as mulheres da classe operária. Exigências de cunho econômico e de igualdade misturavam-se a temas como liberação da mulher, críticas ao patriarcalismo e subversão à autoridade na família e na sociedade.

No entanto, o relacionamento entre feministas e a esquerda e, em particular, a esquerda revolucionária, não era fácil. Em dezembro de 1975, o *servizio d'ordine* (oficiais autonomeados) da *Lotta Continua,* a maior e mais radical organização de extrema esquerda, insistiu em proteger a manifestação das mulheres da organização em Roma, e quando as mulheres recusaram tal proteção, eles as espancaram, fazendo com que elas deixassem a *Lotta Continua,* o que culminou na sua própria dissolução meses mais tarde. A crescente autonomia da organização de inspiração comunista *Unione delle Donne Italiane* (UDI) em relação ao partido acabou conduzindo à autodissolução da UDI em 1978. E, contudo, houve muitos vínculos entre organizações de mulheres, sindicatos trabalhistas e partidos políticos de esquerda (com exceção dos socialistas) e grande receptividade dos líderes partidários e sindicalistas às questões femininas e até mesmo ao discurso feminista. Essa estreita cooperação resultou em uma das mais modernas legislações referentes à força de trabalho feminina em toda a Europa, incluindo também a legalização do divórcio (conquistado por plebiscito em 1974) e do aborto. Por longo tempo, na década de 1970, a colaboração política andou de mãos dadas com a proliferação de grupos de mulheres que hastearam bandeiras de autonomia feminina, diferenças culturais, sexualidade e lesbiandade como tendências separadas, porém interagindo com o universo político e as lutas de classe. E, no entanto,

[...] em fins da década de 1970, o feminismo encontrava-se em decadência e o início na década de 1980 viu o movimento praticamente desaparecer. O movimento perdeu visibilidade em meio às lutas políticas e ficou ainda mais fragmentado e distante à medida que as ativistas cada vez mais dirigiam seus esforços para projetos e experiências particulares, seja de natureza individual seja comunitária. Foi assim que o "novo" movimento feminista, seguindo o exemplo de outros "novos movimentos sociais" dos anos 1970, transformou-se em apenas mais uma forma de vida política.[83]

E por quê? Não vou usar as palavras de Beccalli em minha própria interpretação, embora não contradiga sua versão. Por um lado, as mulheres italianas conquistaram grandes reformas legais e econômicas, penetraram maciçamente na força de trabalho e nas instituições educacionais, abalando o preconceito sexual e, mais importante, o tradicional poder exercido em suas vidas pela Igreja Católica. Assim, as batalhas francas e diretas para as quais a esquerda, os sindicatos e as feministas convergiram foram ganhas, embora as vitórias nem sempre fossem exploradas ao máximo, como no caso da Lei da Igualdade que, conforme sustentado por Beccalli, ficou muito aquém do modelo britânico.

Ao mesmo tempo, o vínculo entre o movimento feminista e a esquerda induziu a crise do feminismo político juntamente com a crise da própria esquerda. A esquerda revolucionária, vivendo uma fantasia marxista/maoista (elaborada com inteligência e imaginação extraordinárias, tornando os paraísos artificiais ainda mais artificiais), desintegrou-se na segunda metade da década de 1970. O movimento trabalhista, embora não tivesse de enfrentar uma reação neoconservadora como na Grã-Bretanha e nos Estados Unidos, viu-se, na década de 1980, às voltas com as novas realidades da globalização e mudanças tecnológicas, sendo obrigado a aceitar as restrições impostas pela interdependência internacional do capitalismo italiano. A economia em rede, que tomou a Emilia Romagna como modelo, fez com que pequenas empresas italianas se tornassem dinâmicas e competitivas, porém ao preço de solapar o poder de barganha dos sindicatos concentrado nas grandes fábricas e no setor público. O Partido Comunista foi colocado de lado por uma frente anticomunista liderada pelo Partido Socialista. E o Partido Socialista usou as armas do poder para autofinanciar-se ilegalmente e comprar seu sonho de *sorpasso* (isto é, sobrepujar os comunistas por meio do voto popular): a justiça alcançou os socialistas antes que estes conseguissem alcançar os comunistas que, a essa altura, já haviam deixado de ser comunistas, tendo-se unido à Internacional Socialista.

Não é de se estranhar que as feministas italianas, por mais politizadas que fossem, tivessem ido para casa. Não a de seus maridos ou pais, mas para a Casa das Mulheres, para uma cultura feminina diferente e vital que, no final da década de 1980, reinventara o feminismo, enfatizando a *differenzia* sem esquecer a *egalita*. Luce Irigaray e Adrienne Rich substituíram Marx, Mao e Alexandra Kollontai como pontos de referência intelectual. Os novos grupos feministas, porém, continuaram na década de 1990 a aliar o discurso feminista às exigências das mulheres, principalmente nos governos locais controlados pela esquerda. Uma das campanhas mais inovadoras e ativas envolveu a reorganização do tempo, levando em consideração a jornada de trabalho e as horas em que lojas e serviços públicos permanecem abertos, para criar horários flexíveis, condizentes com a multiplicidade da vida feminina. Na década de 1990, apesar da ameaça política representada por Berlusconi e os neofascistas, que clamavam pela restauração dos valores familiares tradicionais, a subida ao poder de uma coalizão de centro-esquerda, incluindo o ex-comunista, atualmente socialista, *Partito Democratico di Sinistra* em 1996, abriu caminho para a reforma da inovação institucional. Dessa vez tendo como base um movimento feminista autônomo, descentralizado, que aprendeu as lições da "dança com os lobos".

Assim, o feminismo e as lutas travadas pela mulher têm vivido seus altos e baixos em toda a extensão da experiência humana nesse fim de milênio, sempre ressurgindo, sob novas formas, unindo-se cada vez mais a outras fontes de resistência à dominação, ao mesmo tempo que mantêm a tensão entre a institucionalização política e a autonomia cultural. Os contextos em que o feminismo se desenvolve moldam o movimento em uma série de formatos e discursos. Ainda assim, afirmo que um núcleo essencial (sim, eu disse essencial) de valores e metas que constituem identidade(s) difunde-se por toda a polifonia cultural do feminismo.

Feminismo: uma polifonia instigante[84]

A força e a vitalidade do movimento feminista estão na sua diversidade, no seu poder de adaptar-se às culturas e às idades. Logo, para podermos encontrar o núcleo da oposição fundamental e da transformação essencial compartilhado pelos vários movimentos, precisamos primeiro reconhecer essa diversidade. Para descobrir o que ocorre por trás de tamanha diversidade, proponho uma tipologia dos movimentos feministas baseada, por um lado, na observação, conforme referida nas fontes citadas; e, por outro, na categorização de Touraine dos movimentos sociais, apresentada no capítulo 2. O uso dessa tipologia não é descritivo, mas analítico. Ela não pretende especificar o perfil multifacetado do feminismo pelo de países e culturas nos anos 1990. Assim como todas as tipologias, esta também é reducionista, uma circunstância particularmente infeliz com relação às práticas feministas, uma vez que as mulheres têm reagido, justificadamente, contra a sua eterna classificação e rotulação, ao longo de todos os tempos, como objetos e não como sujeitos. E mais, movimentos feministas específicos, e as mulheres que fazem parte deles como indivíduos, transcendem essas e outras categorias, mesclando identidades, adversários e metas no estabelecimento da autodefinição de suas lutas e experiências. Além disso, algumas das categorias representam um segmento muito pequeno do movimento feminista, embora eu as considere relevantes para efeito de análise. Em todo o caso, convém considerar as diferenças apresentadas no quadro 4.1 como forma de abordar a diversidade dos movimentos feministas, passo imprescindível para podermos investigar o que eles têm em comum.

Quadro 4.1
Tipologia analítica dos movimentos feministas

Tipo	*Identidade*	*Adversário*	*Meta*
Direitos da mulher (liberal, socialista)	Mulheres como seres humanos	Estado patriarcal e/ou capitalismo patriarcal	Direitos iguais (inclusive direitos reprodutivos)
Feminismo cultural	Comunidade feminina	Instituições e valores patriarcais	Autonomia cultural
Feminismo essencialista (espiritualismo, ecofeminismo)	Modo feminino de ser	Modo masculino de ser	Liberdade matriarcal
Feminismo lésbico	Irmandade sexual / cultural	Heterossexualidade patriarcal	Abolição de gênero pelo separatismo
Identidades feministas específicas (étnicas, nacionais, autodefinidas: p. ex., feminista lésbica negra)	Identidade autoconstruída	Dominação cultural	Multiculturalismo destituído de gênero
Feminismo pragmático (operárias, autodefesa da comunidade, maternidade etc.)	Donas de casa / mulheres exploradas / agredidas	Capitalismo patriarcal	Sobrevivência / dignidade

Incluí nesses tipos, ao mesmo tempo, ações coletivas e discursos individuais sobre o feminismo porque, como afirmei acima, o movimento não se esgota em lutas de militantes. Trata-se também, às vezes fundamentalmente, de um discurso que subverte o lugar da mulher na história da humanidade, transformando assim o relacionamento historicamente predominante entre espaço e tempo, como sugerido por Irigaray:

> Os deuses, Deus, criaram primeiro o espaço... Deus seria o próprio tempo, exteriorizando-se em sua ação no espaço, em locais... O que seria invertido na diferença sexual? Onde o feminino é sentido como espaço, frequentemente com conotações de abismo e noite... enquanto o masculino é sentido como tempo. A transição para uma nova era requer mudanças em nossa percepção e concepção de tempo-espaço, a habitação de lugares, e de contêineres ou envelopes de identidade.[85]

Essa transição e mudanças estão ocorrendo por meio de uma série de revoltas, algumas das quais apresentadas no quadro 4.1, cujo conteúdo procurarei esclarecer.

A *defesa dos direitos da mulher* é o ponto crucial do feminismo. Todas as outras premissas incluem a afirmação básica das mulheres como seres humanos e não como bonecas, objetos, coisas, ou animais, nos termos da crítica feminista clássica. Nesse sentido, o feminismo é positivamente uma extensão do movimento pelos direitos humanos. Esse movimento é apresentado em duas versões, liberal e socialista, embora a inclusão dessas versões como variantes de um mesmo tipo possa parecer surpreendente em vista de sua profunda oposição ideológica. E são realmente bem diferentes mas, em termos de identidade, ambas defendem os direitos da mulher como sendo iguais aos dos homens. As duas versões diferem quanto à análise das raízes do patriarcalismo e em sua crença, ou descrença, quanto à possibilidade de reformar o capitalismo e atuar de acordo com as normas da democracia liberal ao mesmo tempo que conquistam a meta final, a igualdade. Ambas incluem os direitos econômicos e o de ter ou não filhos entre os direitos da mulher. E ambas consideram a conquista desses direitos como o objetivo do movimento, embora divergindo profundamente em suas táticas e linguagem. As feministas socialistas veem a luta contra o patriarcalismo como necessariamente ligada à substituição do capitalismo, enquanto o feminismo liberal aborda a transformação socioeconômica com mais ceticismo, concentrando seus esforços na promoção da causa feminina separadamente de outros objetivos.

O feminismo cultural tem por base a criação de instituições feministas alternativas, espaços de liberdade em meio à sociedade patriarcal cujas instituições e valores são vistos como o adversário do movimento. É, por vezes, associado ao "feminismo da diferença", embora não implique essencialismo. Começa pela dupla afirmação de que as mulheres são diferentes, principalmente em virtude de sua história diferencial, e somente poderão reconstruir sua identidade e encontrar os próprios caminhos a partir da construção de sua comunidade. Em muitos casos, isso implica vontade de separar-se dos homens, ou, pelo menos, das instituições por eles dominadas, mas não leva necessariamente à lesbiandade ou ao separatismo. Seu objetivo é conquistar autonomia cultural como base para a resistência, inspirando assim reivindicações femininas fundamentadas em valores alternativos, tais como a não competição, a não violência, a cooperação e a multidimensionalidade da experiência humana, conduzindo à nova identidade e cultura femininas capazes de induzir a transformação cultural da sociedade em geral.

O movimento de "conscientização", que marca as origens do feminismo radical, estava ligado ao feminismo cultural e deu origem a toda uma rede de organizações feministas e instituições que se tornaram espaços de liberdade, proteção, apoio e comunicação ilimitados entre as mulheres: livrarias, clínicas de saúde, cooperativas da mulher. Ao mesmo tempo que essas organizações prestavam serviços e se transformavam em ferramentas organizacionais para numerosas mobilizações em defesa dos direitos da mulher, geravam e difundiam uma cultura alternativa que fundamentou a especificidade dos valores femininos.

O *feminismo essencialista* vai além e proclama, simultaneamente, suas diferenças essenciais em relação ao homem, enraizadas na biologia e na história, assim como na superioridade moral e cultural da feminilidade como modo de vida. Conforme formulado por Fuss, "o essencialismo pode ser encontrado na feminilidade pura, original, na essência fêmea, fora dos limites do social e, portanto, não corrompida (embora, talvez, reprimida) pela ordem patriarcal".[86] Para Luce Irigaray, voz articulada e influente do feminismo essencialista, "somos mulheres por intermédio de nossos lábios".[87]

> Como posso dizer? Que temos sido mulheres desde o início. Não precisamos que eles nos façam mulheres, que nos rotulem, que nos santifiquem ou profanem. Isso sempre aconteceu, independentemente de seus esforços. E que a história, e as lendas deles, constituem o *loco* do nosso desterro... Suas propriedades são nosso exílio. Seu cerceamento, a morte do nosso amor. Suas palavras, a mordaça sobre nossos lábios... Portanto, não percamos tempo para inventar nossas próprias palavras. Para que em todos os lugares, e em todos os tempos, possamos sempre nos abraçar... Nossa força está justamente na fraqueza de nossa resistência. Já há muito tempo eles reconhecem o que nossa flexibilidade significa para seus próprios amplexos e impressões. Por que não nos divertimos nós mesmas? Melhor do que nos sujeitarmos a ser marcadas como gado. Melhor do que ficarmos fixas, estabilizadas, imobilizadas. Separadas... Podemos nos virar sem modelos, padrões e exemplos. Não nos demos ordens, imposições, proibições jamais. Que nossas ordens sejam sempre os apelos para que caminhemos, para que nos conduzamos, juntas. Não baixemos leis umas às outras, não moralizemos, nem façamos guerra.[88]

A liberação está "tornando a mulher 'consciente' de que o que ela sente em sua experiência pessoal é uma condição compartilhada por todas as mulheres, e que portanto essa experiência pode ser politizada".[89] Ao aceitar a especificidade de seu corpo, a mulher não se atém à biologia, pelo contrário, livra-se da definição dada pelo homem, que tem ignorado a sua verdadeira natureza. Na ordem masculina, as mulheres serão sempre aniquiladas porque são caracterizadas de fora de sua experiência primordial, corporal: seus corpos têm sido reinterpretados e suas experiências reformuladas por homens.[90] Somente com a reconstrução de suas identidades com base em sua especificidade biológica e cultural as mulheres conseguirão tornar-se elas mesmas.

Por exemplo, o ressurgimento do feminismo italiano no início da década de 1980 foi, de certo modo, marcado pela afirmação da diferença feminina e pela prioridade dada à reconstrução da identidade feminina baseada em sua especificidade biológica e cultural, conforme definido no popular panfleto *Piú donne che uomini* publicado pela Livraria da Mulher em Milão. O panfleto procurou abordar a incapacidade das mulheres de agir na esfera pública, enfatizando a necessidade de elas trabalharem a própria personalidade, determinada principalmente pela sua especificidade biológica. Teve grande repercussão entre as mulheres italianas.[91]

Uma outra corrente de essencialismo vincula a feminilidade à história e à cultura, restaurando o mito de uma idade de ouro matriarcal quando os valores femininos e a adoração à deusa garantiam a harmonia social.[92] Espiritualismo e ecofeminismo também se encontram entre as mais fortes manifestações do essencialismo, unindo biologia e história, natureza e cultura, na afirmação do surgimento de uma nova era criada em torno de valores femininos e sua integração à natureza.[93]

O essencialismo tem sofrido forte ataque no movimento feminista, tanto em questões políticas quanto a partir de perspectivas intelectuais opostas. Politicamente, argumenta-se,[94] as diferenças essenciais entre homens e mulheres colocam-se a favor dos valores tradicionais do patriarcalismo e justificam manter as mulheres em seus domínios privados, obviamente em posição inferior. Intelectualmente, feministas materialistas, como Christine Delphy e Monique Wittig, consideram que o sexo anatômico é construído socialmente.[95] Para elas, não é o gênero que cria a opressão; é a opressão que cria o gênero. A condição de mulher é uma categorização do homem e a única forma de liberação consiste em destituir a sociedade de gênero, abolindo a dicotomia homem/mulher.

E, no entanto, a afirmação da especificidade irredutível da mulher e a proposta de reconstrução da sociedade em torno dos valores femininos têm um apelo extraordinário nas mulheres e feministas e estabelecem um elo com as importantes tendências do espiritualismo e ecologismo radical característicos da era da informação.

O *feminismo lésbico* foi o componente dos movimentos feministas que mais cresceu, e de todos o mais militante, na última década nos países desenvolvidos (e não apenas nos Estados Unidos), não só em grande número de coletividades mas também como tema de convenções e como tendência nos movimentos feministas mais abrangentes. Certamente não pode ser assimilado como uma tendência sexual em particular. Adrienne Rich sugere o conceito de "*continuum* lesbiano" incluindo a gama das experiências femininas, marcado pela opressão das instituições indissociáveis do patriarcado e da heterossexualidade compulsória e pela resistência da mulher a tal opressão.[96] O Manifesto das Lésbicas Radicais Americanas de 1970 começa com a seguinte declaração: "O que vem a ser uma lésbica? A lésbica é a raiva contida de todas as mulheres, prestes a explodir."[97] Sob esse ponto de vista, a lesbiandade, como forma de separação, radical e consciente, das mulheres em relação aos homens, considerados como a fonte de sua opressão, é o discurso e a prática da libertação. Isso explica o sucesso da lesbiandade eletiva entre muitas mulheres como forma de expressar sua autonomia em relação ao mundo masculino de forma incondicional. Nas palavras de Monique Wittig:

> A recusa em tornar-se (ou continuar sendo) heterossexual sempre significou a recusa da pessoa em ser homem ou mulher, conscientemente ou não. Para uma lésbica isso é mais do que simplesmente se recusar a assumir o papel de "mulher". É recusar o poder econômico, ideológico e político do homem... Somos evadidas de nossa classe, da mesma forma que os escravos fugitivos evadiam-se da escravidão e tornavam-se cidadãos livres. Para nós essa libertação é uma necessidade vital; nossa sobrevivência exige que empenhemos todas as nossas forças para a destruição da classe feminina por meio da qual os homens apoderam-se de nós. *Isso somente poderá ser conquistado com a destruição da heterossexualidade* como sistema social baseado na opressão das mulheres pelo homem e que cria a doutrina da diferença entre os sexos para justificar essa opressão.[98]

Como a heterossexualidade é o principal adversário, o feminismo lésbico encontra no movimento gay um aliado potencial, ainda que ambivalente (ver abaixo).

O movimento feminista está se fragmentando cada vez mais em uma *multiplicidade de identidades feministas* que é, para muitas feministas, a sua principal definição. Como expliquei acima, isso não constitui uma fraqueza, sendo, ao contrário, a origem da força em uma sociedade caracterizada por redes flexíveis e alianças variáveis presentes na dinâmica de conflitos sociais e lutas pelo poder. Essas identidades são autoconstruídas, embora se utilizem frequentemente da etnia e, às vezes, da nacionalidade, para delimitar suas fronteiras. O feminismo negro, o feminismo mexicano-americano, o feminismo japonês, o feminismo lesbiano negro, e também o feminismo lesbiano sadomasoquista, ou autodefinições étnicas ou territoriais, como as Irmãs Negras de Southall na Inglaterra,[99] são apenas alguns exemplos das numerosas identidades autodefinidas pelas quais as mulheres se identificam no movimento.[100] Assim agindo, elas se opõem à padronização do feminismo, que veem como nova forma de dominação cultural em nada estranha à lógica patriarcal de imposição da classe oficial à diversidade das experiências femininas. Em certos casos, a autoidentidade começa com um pseudônimo, como no caso da escritora feminista negra *bell hooks:* "Escolhi o nome *bell hooks* porque é um sobrenome, porque soa forte. Durante toda a minha infância, esse nome foi usado com referência à memória de uma mulher forte, que dizia o que pensava... Adotar esse nome foi uma forma de unir minha voz ao legado ancestral das vozes femininas — do poder da mulher."[101] Assim, a autoconstrução da identidade não é a expressão de uma essência, mas uma afirmação de poder pela qual mulheres se mobilizam para mudar de como são para como querem ser. Reivindicar uma identidade é construir poder.

Escolhi propositadamente um tema controverso, *feminismo pragmático,* para me referir à mais ampla e profunda corrente das lutas femininas no mundo moderno, especialmente nos países em desenvolvimento, mas também entre mulheres da classe operária e organizações comunitárias em países industrializados. É claro que todas as feministas são pragmáticas, no sentido de que solapam a cada dia, e de muitas formas, as fundações do patriarcalismo, seja lutando pelos direitos da mulher, seja desmistificando o discurso patriarcal. É possível, porém, que muitas mulheres sejam feministas na prática embora não reconheçam o rótulo nem tenham consciência de que se opõem ao patriarcalismo. Assim, vemo-nos diante da seguinte pergunta: *pode o feminismo existir sem conscientização feminista?* Não serão, no mundo inteiro, as lutas e organizações de mulheres em defesa de suas famílias (principalmente seus filhos), suas vidas, seus empregos, seus abrigos, sua saúde, *sua dignidade,* uma forma pragmática de feminismo? Com toda a franqueza, não estou seguro em relação a esse ponto e meu trabalho entre as massas populares na América Latina, bem como as leituras sobre o que acontece em outras partes do mundo, contribui ainda mais para aprofundar minha ambivalência, de modo que o melhor que posso fazer é transmiti-la.[102]

Por um lado, adoto a norma clássica de que "não há classe sem conscientização de classe" e o princípio metodológico fundamental de que se deve definir os movimentos sociais de acordo com os valores e metas que expressam. Sob esse ponto de vista, a maioria esmagadora das lutas e das organizações feministas nos países em desenvolvimento e em outros não expressam a conscientização feminista e, mais importante, não oferecem oposição explícita ao patriarcalismo e à dominação masculina, seja em seus discursos, seja nas metas estabelecidas por seus movimentos. São raras as vezes em que questões de feminismo cultural, feminismo lesbiano ou liberação sexual se encontram presentes nos movimentos feministas comuns, embora não estejam totalmente ausentes como podemos verificar na reveladora experiência do movimento lésbico de Taiwan (ver p. 326). Entretanto, o feminismo explícito nos países em desenvolvimento ainda é, de modo geral, um movimento elitista. Esse fato representa uma separação fundamental entre o feminismo e as lutas feministas que apresentam, também, diferença entre os hemisférios norte e sul. O Fórum da Mulher organizado em 1995 pelas Nações Unidas em Pequim apresentou algumas provas dessa separação ampliadas e realçadas pelas partes interessadas, ou seja, a "Cruzada da Meia-Lua", formada pelo Vaticano e pelos países islâmicos, lutando lado a lado contra o feminismo e contra o direito da mulher de optar ou não por ter filhos.

Por outro lado, pela ação coletiva, mulheres em todo o mundo estão vinculando sua luta, e a opressão a que estão sujeitas, ao seu cotidiano. Elas percebem a mudança de sua condição na família em consequência de sua intervenção na esfera pública. Ouçamos as palavras de uma mulher gravadas por Helena Useche em uma favela de Bogotá e reportadas, diretamente das trincheiras de sua pesquisa social ativista, em suas histórias de mulheres:

> Nesses últimos anos as mulheres têm-se feito notar, e agora os homens nos respeitam. Isso acontece porque o companheiro não vê mais a mulher somente em casa, cozinhando, lavando, passando, mas como uma companheira, inclusive contribuindo financeiramente. Agora é raro vermos o marido dizendo para a mulher: eu trabalho e você fica em casa. Temos aqui também as soluções para os nossos problemas, como plantarmos jardins, ajudar outras mulheres, conscientizá-las das condições do povo. Antes, as mulheres não se interessavam por essas coisas. Agora, estamos preocupadas não só em sermos mães, mas em sabermos como fazer isso do jeito mais apropriado.[103]

Isso é feminismo? Talvez a questão gire em torno de tradução cultural. Não entre línguas ou continentes, mas entre experiências. Talvez o desenvolvimento paralelo das lutas e organizações femininas e dos discursos e debates feministas seja apenas um estágio do desenvolvimento histórico de um movimento, cuja existência global, plenamente desenvolvida, resulte da interação e *transformação recíprocas* de ambos os componentes.

Se o feminismo é tão diversificado a ponto de incluir nos movimentos mulheres que não se consideram feministas, chegando até mesmo a opor-se ao termo, será que faz sentido manter esta palavra (que afinal foi inventada por um homem, Charles Fourier) ou até mesmo reivindicar a existência de um movimento feminista? Apesar de tudo, acredito que sim, e por um motivo teórico primordial: em todos os tipos de feminismo, como apresentamos no quadro 4.1, *a tarefa fundamental do movimento, realizada por meio de lutas e discursos, é a de desconstruir a identidade feminina, destituindo as instituições sociais da marca de gênero.* Os direitos da mulher são reivindicados em seu nome como ser autônomo, independentemente do homem e do papel que lhe cabe sob o patriarcalismo. O feminismo cultural constrói a comunidade feminina para permitir a conscientização e reconstruir a personalidade. O essencialismo feminino afirma a especificidade irredutível da mulher e proclama seus valores autônomos superiores. Ao rejeitar a heterossexualidade, o feminismo lésbico destitui de significado a divisão sexual do ser, subjacente tanto no homem quanto na mulher. As múltiplas identidades femininas redefinem modos de ser com base nas experiências, vividas ou fantasiadas, das mulheres. Além disso, suas lutas pela sobrevivência e pela dignidade capacita-as, subvertendo desse modo a mulher patriarcalizada, que recebeu essa definição precisamente por causa da sua submissão. O feminismo dilui a dicotomia patriarcal homem/mulher na maneira como se manifesta, de formas diferentes e por caminhos diversos, nas instituições e práticas sociais. Agindo assim, o feminismo constrói não uma, mas muitas identidades, e cada uma delas, em suas existências autônomas, apodera-se de micropoderes na teia universal tecida pelas experiências adquiridas no decorrer da vida.

O PODER DO AMOR: MOVIMENTOS DE LIBERAÇÃO LÉSBICO E GAY[104]

> *Qualquer teoria sobre criação cultural ou política que se refira à lesbiandade como fenômeno marginal ou menos "natural", como simples "preferência sexual" ou como imagem refletida de relações heterossexuais ou homossexuais masculinas, é falha... Já é hora de apresentarmos uma crítica feminista da orientação heterossexual compulsória para as mulheres.*
>
> ADRIENNE RICH, "COMPULSORY HETEROSEXUALITY AND LESBIAN EXISTENCE", P. 229

> *Nosso movimento pode ter iniciado como a luta de uma minoria mas o que devemos agora tentar "liberar" é um aspecto das vidas pessoais de todos — a expressão sexual.*
>
> JOHN D'EMILIO, "CAPITALISM AND GAY IDENTITY", P. 474

O patriarcalismo exige heterossexualidade compulsória. A civilização, conforme conhecida historicamente, é baseada em tabus e repressão sexual. Segundo Foucault, a sexualidade é construída socialmente.[105] A regulamentação do desejo está subordinada às instituições sociais, canalizando assim a transgressão e organizando a dominação. Quando a epopeia da História é observada pelo lado oculto da experiência, nota-se a existência de uma espiral infinita entre desejo, repressão, sublimação, transgressão e castigo, responsável, em grande parte, pela paixão, realização e fracasso. Esse sistema coerente de dominação, que liga as artérias do Estado à pulsação da libido pela maternidade, paternidade e família, tem seu ponto fraco: a premissa heterossexual. Se essa premissa for questionada, todo o sistema desmorona: a relação entre o sexo controlado e a reprodução da espécie é posta em dúvida; a congregação de irmãs e a revolta das mulheres tornam-se possíveis pela extinção da separação por gênero do trabalho sexual que diverge as mulheres; e o vínculo masculino é uma ameaça à masculinidade, solapando a coerência cultural das instituições dominadas pelos homens.

Enquanto a História tem demonstrado permissividade quanto à homossexualidade masculina em algumas culturas, em particular na Grécia Antiga,[106] a lesbiandade tem sido fortemente reprimida em todos os tempos, não apesar mas sim por causa da resistência à heterossexualidade. Nas palavras de Adrienne Rich:

> O fato é que em todas as culturas e em todos os tempos, as mulheres assumiram o papel de uma existência independente, não heterossexual, ligada a mulheres até o limite possível dentro do seu contexto, muitas vezes acreditando que elas eram as "únicas" a agirem dessa forma. E elas o assumiram embora poucas tenham tido condições financeiras que lhes permitissem recusar o matrimônio, e as agressões contra mulheres solteiras tenham variado da calúnia e zombaria ao "ginecocídio" deliberado, com torturas e condenações à fogueira de milhões de viúvas e mulheres solteiras durante a caça às bruxas na Europa nos séculos XV, XVI e XVII.[107]

A homossexualidade masculina ficava, de modo geral, confinada no tempo e no espaço, "fazendo-se vistas grossas" aos impulsos da adolescência ou às expressões confinadas a contextos específicos (por exemplo, nas ordens religiosas da Igreja Católica). Como os homens sempre mantiveram seus privilégios de gênero, classe e raça, a repressão da homossexualidade era, e continua sendo, altamente seletiva socialmente. No entanto, a norma fundamental do patriarcalismo era, e continua sendo, a vida organizada em torno da família heterossexual, permitindo-se expressões ocasionais particulares de desejo dos homens por pessoas do mesmo sexo desde que mantidas nos becos escuros da sociedade.

Embora a resistência à heterossexualidade compulsória tenha existido em todos os tempos e culturas, foi apenas nas três últimas décadas que movimentos sociais em defesa dos direitos de lésbicas e gays e a afirmação da liberdade sexual explodiram no mundo inteiro, começando nos Estados Unidos em 1969–1970, espalhando-se depois pela Europa, para em seguida tomar conta de quase todo o planeta. Por que naqueles anos? Existem fatores comuns e elementos específicos de cada um desses dois movimentos distintos que explicam a ocasião e as circunstâncias de seu desenvolvimento.

A lesbiandade é, na verdade, um componente do movimento feminista, conforme exposto acima, embora as lésbicas geralmente formem alianças com os gays para lutar contra a dominação cultural por parte de mulheres heterossexuais. Quando a crítica feminista contra instituições que admitiam a separação por gênero terminou por corroer a ortodoxia patriarcal, o desafio às normas sexuais passou a ser a linha de raciocínio lógica para os setores do movimento feminista que queriam expressar suas identidades em todas as dimensões. Além disso, a identificação do homem como fonte de opressão tornou cada vez mais difícil para as mulheres manter um relacionamento emocional e sexual com seus "inimigos de classe", o que fez vir à tona a lesbiandade latente em muitas delas.

Quanto aos gays, três fatores contribuíram para que iniciassem um movimento: o clima de rebelião imbuído nos movimentos da década de 1960, quando a autoexpressão e o questionamento da autoridade deram às pessoas a possibilidade de pensar o impensável e agir de acordo com as ideias que surgissem, consequentemente permitindo "sair do armário"; o impacto do feminismo sobre o patriarcalismo, questionando a categoria mulher, logo questionando também a categoria homem, uma vez que essas categorias existem somente em sua dicotomia; por fim, a violência da repressão exercida por uma sociedade que abomina a homossexualidade e transformou em radicais até mesmo gays que só queriam viver em paz.[108]

Na minha opinião, três outros fatores contribuíram para o desenvolvimento extraordinário dos movimentos de liberação gay e lésbico tanto nos Estados Unidos como no restante do mundo. O primeiro deles é estrutural: a formação de uma economia informacional avançada nas maiores áreas metropolitanas fez surgir um mercado de trabalho diversificado e inovador e redes de negócios flexíveis, criando novos tipos de empregos para todos os níveis de habilidades, independentes das grandes organizações onde o comportamento individual podia ser controlado mais facilmente. O segundo fator foi a grande popularidade da liberação sexual como tema dos movimentos da década de 1960. Por exemplo, tendo sido testemunha ocular do movimento de maio de 1968 em Paris (eu era, na época, professor-assistente de sociologia da Universidade de Nanterre, onde o movimento teve início), posso afirmar que a liberação sexual e a autoexpressão foram os objetivos principais do movimento estudantil radical: o movimento, na realidade, começou como um protesto conjunto de moças e rapazes para obter livre acesso aos dormitórios da universidade. Erguida em torno da bandeira da liberação sexual que sustentava o moral diário do movimento tanto na França como nos Estados Unidos, a vontade utópica de libertar o desejo foi a grande força motivadora dos anos 1960, o grito de guerra de toda uma geração que percebeu a possibilidade de ter uma vida diferente. Mas, para ser liberação, a liberação sexual não pode ter limites. Assim, a liberação da sexualidade levou à rejeição da ditadura imposta pela heterossexualidade e, em muitos casos, à derrocada de todas as barreiras contra o desejo, abrindo o caminho para a exploração da transgressão como, por exemplo, a exercida no cada vez maior e ideologicamente articulado movimento sadomasoquista.

O terceiro fator que, a meu ver, induziu paralelamente os movimentos lésbico e gay é mais controverso. Refere-se à separação, física e psicológica, entre homens e mulheres provocada pelo desafio feminista ao patriarcalismo. Não quero com isso dizer que as mulheres se tornaram lésbicas e os homens se tornaram gays porque discutiam com seus parceiros heterossexuais. Na verdade, a homossexualidade tem sua existência e padrão de desenvolvimento independentes da heterossexualidade. E, no entanto, a profunda cisão acarretada pelo efeito conjunto do desafio feminista e da incapacidade da maioria dos homens de conviver com a perda de seus privilégios, fez surgir redes de apoio e amizades do mesmo sexo, criando um meio em que todos os tipos de desejo podiam se expressar mais facilmente.

Por fim, embora a liberação sexual esteja no âmago dos movimentos gay e lésbico, *os dois tipos de homossexualidade, masculina ou feminina, não podem ser definidos como preferências sexuais. São, fundamentalmente, identidades* e duas identidades distintas: lésbicas e homens gays. Essas identidades, como tal, não são inatas; elas não se originam de algum tipo de determinação biológica. Embora predisposições biológicas realmente existam, o desejo homossexual costuma misturar-se a outros impulsos e sentimentos (ver figura 4.10) de modo que o comportamento real, as fronteiras da interação social e a autoidentidade são cultural, social e politicamente construídas. Quanto às particularidades desse processo político de construção de identidade, refiro-me agora aos estudos de caso do movimento lesbiano em Taipé e da comunidade gay em São Francisco.

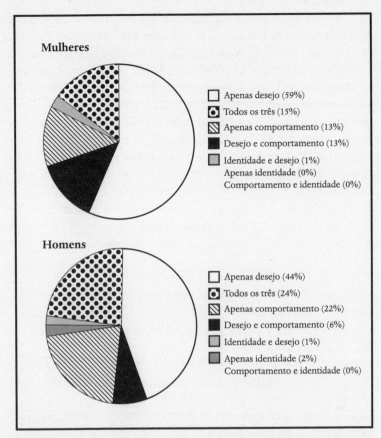

Figura 4.10. Inter-relação dos diferentes aspectos da sexualidade voltada para pessoas do mesmo sexo: com base em 150 mulheres (8,6% do total de 1.749) e 143 homens (10,1% do total de 1.410) que admitem ter na idade adulta aspectos da sexualidade voltados para o mesmo sexo.
Fonte: Laumann *et al.* (1994).

Feminismo, lesbiandade e liberação sexual em Taipé[109]

O movimento lésbico em Taipé, como aliás em quase todo o mundo, surgiu como componente do movimento feminista e assim continuou, embora nos anos 1990 tenha agido em conjunto com um movimento de liberação gay igualmente poderoso. O fato de tal movimento, de grande influência entre as jovens mulheres de Taipé, ter surgido em um contexto político beirando o autoritarismo e em meio a uma cultura profundamente patriarcal, demonstra claramente a quebra dos moldes tradicionais causada por tendências globais de políticas de identidade.

O movimento feminista de Taiwan teve início em 1972, incentivado por uma pioneira intelectual, Hsiu-lien Lu, que, ao voltar a Taipé depois de concluir seu mestrado nos Estados Unidos, organizou um grupo de mulheres, instalou "linhas diretas de proteção", e fundou a *Pioneer Publishing Company* para publicar livros com temas relacionados à mulher. O "novo feminismo" criado por Lu encontrava ressonância nos temas clássicos do feminismo liberal em combinação com a teoria da modernização do mercado de trabalho, questionando a discriminação sexual e o confinamento da mulher em certos papéis: "É preciso que as mulheres sejam primeiro seres humanos e só depois mulheres"; "as mulheres devem sair da cozinha"; "é necessário eliminar a discriminação contras as mulheres e deixar que o seu potencial se desenvolva". Ao mesmo tempo, ela enfatizava o caráter genuinamente chinês do seu movimento e opunha-se aos valores do feminismo ocidental, tais como a eliminação das diferenças de gênero, ou rejeição das vestimentas femininas. Para Lu, "as mulheres devem ser como são".

No final dos anos 1970, as feministas uniram-se ao movimento político de oposição e, após o levante de Kaoshiung em 1979, foram reprimidas, e Lu, presa. O movimento organizado não conseguiu resistir à repressão, mas as redes femininas sobreviveram e uma segunda onda de feminismo desenvolveu-se no início da década de 1980. Em 1982, um pequeno grupo de mulheres criou a revista *Awakening* (Despertar), uma publicação mensal dando voz às opiniões das mulheres e lutando pela obtenção de seus direitos. Em janeiro de 1987, centenas de mulheres foram às ruas de Taipé protestar contra a indústria do sexo na cidade. Em 1987, após a suspensão da lei marcial que subjugara a oposição em Taiwan durante décadas, a Fundação Despertar foi instituída formalmente e tornou-se o órgão coordenador das lutas feministas no país, misturando temas liberais e causas radicais, além de apoiar ampla gama de iniciativas feministas. No final da década de 1980, numerosos grupos feministas, tais como associações de mulheres divorciadas, donas de casa, grupos para tirar jovens da prostituição e outros tantos se formaram em um movimento espontâneo. A mídia começou a divulgar as atividades desses grupos, aumentando sua visibilidade e atraindo um número crescente de mulheres em Taipé, principalmente entre os grupos profissionais e com bom nível educacional.

Com o início da era democrática nos anos 1990 (o partido democrático de oposição elegeu-se para a prefeitura de Taipé), um movimento social de cunho cultural diversificado emergiu em Taipé. O movimento feminista cresceu tanto em número de membros quanto em influência, dividindo-se internamente entre sua luta pelos direitos da mulher, sua defesa das operárias e a expressão de novas identidades femininas, inclusive a lesbiandade. Os *campi* das universidades foram literalmente tomados pelas feministas. Em maio de 1995, a presidente do "grupo de estudos feministas" da Universidade Nacional de Taiwan (a mais importante do país) foi eleita presidente do corpo estudantil, derrotando tanto o candidato do partido do governo como os estudantes da oposição política. O apoio encontrado fora da universidade pelo movimento feminista entre as mulheres, em especial as casadas, da nova sociedade local, inspirou uma série de debates, principalmente relativos ao conceito de família, na época em que a "lei familiar" foi revisada pelo parlamento de Taiwan.

Foi nesse contexto de efervescência cultural e surgimento de teorias feministas que jovens feministas radicais começaram a discutir a lesbiandade em Taipé. A "Coletiva de Axis" difundiu ideias de feministas radicais e de teóricas lésbicas, tais como Audre Lorde, Adrienne Rich, Gayle Rubin e Christine Delphy, e traduziram alguns de seus textos para o chinês. Seguindo o conceito de Lorde de que "erotismo é poder", um novo campo de política de identidade foi criado em torno do corpo e da sexualidade da mulher. Juntamente com os grupos feministas nas universidades, formou-se, em 1990, o primeiro grupo explicitamente lésbico de Taiwan: "Entre Nós (*wo-men-chih-chien*)."

Em 22 de maio de 1994, feministas organizaram uma "parada contra o assédio sexual" nas ruas de Taipé, com cerca de 800 mulheres, estudantes na maioria, marchando das universidades até o centro da cidade. Durante a marcha, Ho — intelectual feminista que aprimorou o discurso da liberação sexual —, improvisou um *slogan*: "Quero orgasmo sexual, não assédio sexual!" repetido entusiasticamente pelas participantes da marcha, soando alto nas ruas da escandalizada Taipé patriarcal. Foi manchete dos principais jornais. A publicidade gerada pelo incidente suscitou um debate fundamental no movimento feminista. Como o movimento começava a ganhar legitimidade e aceitação, melhorando a condição da mulher e defendendo a igualdade dos gêneros, muitas feministas acharam inoportuno e potencialmente destrutivo identificar o feminismo com a liberação sexual perante a opinião pública. Algumas feministas chegaram a argumentar que a liberação sexual no Ocidente era uma armadilha para as mulheres e que, na realidade, trabalhava a favor dos homens. Sugeriram que seria melhor lutar pelo "direito à autonomia do corpo". Ho e outras feministas ligadas ao movimento lésbico argumentaram ser necessário tratar a liberação sexual por uma abordagem feminista, procurando, ao mesmo tempo, obter a emancipação da mulher e da sua sexualidade. A seu ver, a liberação sexual era a forma radical de questionar a cultura patriarcal, manifestada no controle sobre o corpo da mulher. O movimento feminista de liberação sexual que abarcava, embora não exclusivamente, forte componente lésbico, entrou em ação. Em 1995, os grupos de estudos feministas da Universidade de Taiwan, que na época se mobilizavam para eleger sua candidata à representação estudantil, começaram a exibir filmes pornográficos nos dormitórios femininos. Simultaneamente, um "festival erótico feminista pioneiro" foi organizado em várias universidades. As atividades dessas mulheres, a maioria bem jovem, foram alvo de muita publicidade pela mídia, o que chocou a sociedade de Taipé, preocupou as líderes feministas e foi tema de acirradas e cáusticas discussões por todo o movimento feminista.

Foi nesse clima de despertar do movimento feminista e de liberação sexual que os grupos de lésbicas e gays proliferaram, quebrando um tabu profundamente arraigado na cultura chinesa. Além disso, nos anos 1990, a marginalidade tradicional dos homossexuais em Taiwan foi reforçada pelo estigma da AIDS. Mesmo assim, após a criação do grupo lesbiano "Entre Nós", houve uma explosão de associações de lésbicas e gays, a maioria nas universidades: grupos de lésbicas como o "Entre Nós", ALN, "Lambda" (Universidade de Taiwan) e o "I Bao"; grupos de gays como o "Gay Chat", "NCA" e "Speak Out". Outros grupos de lésbicas e gays uniram forças: "Queer Workshop", "We Can" (Universidade de Chin-hua), DV8 (Faculdade de Sheshin), "Quist" (Universidade de Chong-yung), e assim por diante. Esses grupos criaram uma comunidade homossexual. Eles "se assumiram coletivamente" e reuniram sexualidade, prazer e política, redescobrindo que "o que é pessoal é político". Os bares foram os ambientes mais procurados para a informação, agregação, educação e, por último, estabelecimento das culturas gay e lésbica. Conforme escrito por Po: "Assim como os *pubs* foram fundamentais para a criação de uma classe operária britânica, em Taipé os bares gays têm papel preponderante na formação de comunidades urbanas de gays e lésbicas."[110]

E no entanto, na era da informação na qual Taiwan se encontra totalmente imersa, gays e lésbicas não se limitam aos bares. Usam amplamente a internet e BBSs como formas de contato, comunicação e integração. Criaram, também, "meios de comunicação alternativos", tais como estações de rádio piratas gays/ lésbicas. Além disso, em 1996, dois programas gays/lésbicos foram levados ao ar por estações de rádio tradicionais de Taipé.

Além da comunicação, formação de redes e autoexpressão, o movimento lésbico, por meio de forte aliança política com o movimento gay, tem-se manifestado em numerosas campanhas, protestos sociais e exigências políticas. A mobilização em torno da política da AIDS foi especialmente significativa. Por um lado, feministas, lésbicas e gays ganharam as ruas para protestar contra a responsabilização dos gays pelo governo como causadores da epidemia da AIDS. Por outro, como as mulheres heterossexuais formam o grupo em que o HIV mais prolifera na Ásia, o grupo feminista Despertar passou a considerar a questão como de sobrevivência da mulher. É certo que, em Taiwan, o maior grupo de mulheres infectadas pelo vírus HIV é formado por donas de casa, vítimas indefesas contra o hábito de seus maridos de frequentar prostitutas. Os grupos feministas de Taiwan agiram levando em conta a contradição das políticas para evitar a propagação da AIDS: como poderiam as mulheres evitar a contaminação por intermédio de seus maridos se não podiam controlar suas vidas sexuais? Ao expor a questão da liberação sexual e mostrar às mulheres que elas estavam se defrontando com uma opressão sexual mortal, o movimento anti-AIDS criado por feministas, lésbicas e gays desafiou fundamentalmente a estrutura patriarcal de dominação sexual.

Uma segunda linha de ação adotada pelos movimentos lésbico e gays inseridos em uma sociedade extremamente patriarcal foi a luta contra o estigma tradicional e a invisibilidade ante a imagem pública. Gays tiveram de lutar contra o estigma da anormalidade, lésbicas contra a invisibilidade. Para os dois grupos, vir a público tornou-se uma meta fundamental para ter acesso à vida social. As atividades culturais foram cruciais para atingir esse objetivo. Um festival de "cinema gay" realizado em 1992 foi o ponto de partida para a autoafirmação pública e coletiva. Gays e lésbicas lotaram os cinemas e os filmes foram apresentados com debates sobre a "teoria gay". A propósito, ativistas de Taiwan e Hong Kong traduziram para o chinês, de forma muito criativa, o termo "gay" como *tong-chir* que significa "camarada", de modo que "camarada" não mais se refere à fraternidade comunista mas, sim, à identidade gay. Começando com o festival de cinema, várias atividades culturais, sempre comunitárias e festivas, modificaram substancialmente a percepção das culturas lésbica e gay em Taiwan a ponto de, em 1996, o movimento sentir-se forte o suficiente para comemorar o Dia dos Namorados votando os dez principais "ídolos gays/ lésbicos" entre figuras proeminentes da sociedade, da política e do mundo dos espetáculos (verdade que nem todos os escolhidos ficaram muito felizes com sua popularidade junto a gays e lésbicas).

Em terceiro lugar, o que não é de surpreender, os movimentos de lésbicas e gays têm procurado obter controle do espaço público, simbolizado pela sua luta em torno do Novo Parque de Taipé, que juraram "recuperar". O parque, localizado perto do Palácio Presidencial, era um dos principais locais onde a comunidade gay se reunia e procurava parceiros sexuais. Em 1996, a nova administração municipal democrática planejava renovar a cidade, inclusive seus parques. Temerosos de perder seu "espaço liberado", lésbicas e gays pediram para participar do projeto na qualidade de grandes usuários do parque e organizaram-se pela rede "Linha de Frente do Espaço Gay", solicitando o direito de usar livremente o parque para suas atividades durante o dia, com a finalidade de escapar da sua condição de "comunidade que vive nas trevas".

A crescente influência e militância das lésbicas causou uma série de conflitos entre estas e o movimento feminista em geral, dos quais a revisão da lei familiar no Parlamento foi o principal. As lésbicas criticavam a proposta dos grupos feministas porque era baseada na família heterossexual, ignorando os direitos dos homossexuais. Assim, lésbicas e gays *mobilizaram-se ativamente para obter aprovação legal para os casamentos entre parceiros do mesmo sexo*, uma questão fundamental presente na maioria dos movimentos lésbicos e gays em todo o mundo, e que comentarei a seguir. O conflito propiciou muita reflexão e debates no movimento feminista, em particular na organização dominante, a

Fundação Despertar. As lésbicas criticavam a hipocrisia dos *slogans* feministas, tais como "mulheres amam mulheres", como expressões de solidariedade, mas ignorando a dimensão sexual desse amor. Em 1996, as lésbicas expuseram-se no movimento feminista, discutindo com veemência para ter seus direitos específicos reconhecidos e defendidos como parte legítima do movimento.

São muitos os aspectos que merecem ser destacados nessa exposição do movimento lésbico que se espalhou por Taipé. Um deles é ter abalado a solidez, tomada como premissa, do patriarcalismo e da heterossexualidade nas culturas inspiradas no confucionismo. Outro, é que se tratava de uma extensão do movimento feminista aliando-se, ao mesmo tempo, ao movimento de liberação gay em uma frente unida em defesa dos direitos da sexualidade em todas as suas manifestações. Mobilizou-se contra a AIDS, associando-a à submissão sexual das esposas. Serviu de elo com os mais modernos debates teóricos sobre feminismo e lesbiandade em todo o mundo, adaptando-os à cultura chinesa e às instituições sociais da Taiwan dos anos 1990. Utilizou toda uma série de expressões culturais para "assumir coletivamente a condição homossexual" e captar a atenção pública. Serviu-se intensivamente da internet e de meios alternativos de comunicação, tais como estação pirata. Aliou-se a movimentos sociais urbanos e lutas políticas locais. E aprofundou a crítica à família patriarcal, engajando-se em uma batalha judicial e cultural em defesa da noção de casamentos entre pessoas do mesmo sexo e famílias homossexuais. Fornecerei mais detalhes sobre esses temas ao apresentar um resumo do relacionamento entre os movimentos lesbiano e gay e o desafio que representam para o patriarcalismo.

Espaços de liberdade: a comunidade gay de São Francisco[111]

A Revolta de Stonewall, ocorrida em Greenwich Village, bairro de Nova York, em 27 de junho de 1969, quando centenas de gays lutaram contra policiais durante três dias em reação a mais uma incursão violenta no The Stonewall, um bar gay, é considerada o ponto de partida do movimento de liberação gay nos Estados Unidos. A partir daí, o movimento cresceu num ritmo extraordinário, principalmente nas principais áreas metropolitanas, à medida que os gays começaram a assumir sua condição, individual e coletivamente. Em 1969, havia cerca de 50 organizações em todo o país; em 1973, esse número já saltara para mais de 800. Enquanto Nova York e Los Angeles, por causa de seu tamanho, abrigavam as maiores populações gays, São Francisco foi o local de formação de uma comunidade gay visível, organizada e politizada que, nas duas décadas seguintes, transformou a cidade em seu espaço, sua cultura e sua política. Pelos meus cálculos (estimativos, pois, felizmente, não existem estatísticas oficiais sobre preferências sexuais), por volta de 1980 as populações gay e lésbica perfaziam cerca de 17% do número de residentes adultos da cidade (dos quais dois terços formados por gays) e, dado seu alto índice de comparecimento às urnas, chegavam a representar cerca de 30% do número de eleitores nas eleições locais. Minha estimativa é que nos anos 1990, apesar da dizimação causada pela epidemia da AIDS, as populações gay e lésbica de São Francisco cresceram, principalmente por causa do aumento no número de lésbicas, aumento da imigração de gays e consolidação de parcerias estáveis entre pessoas do mesmo sexo. O aspecto mais significativo foi que os gays se estabeleceram predominantemente em determinadas áreas da cidade, formando autênticas comunas, em que residências, negócios, propriedades, bares, restaurantes, cinemas, centros culturais, associações comunitárias, reuniões de rua e celebrações teceram uma malha de vida social e autonomia cultural: um espaço de liberdade.

Com base nesse espaço, gays e lésbicas organizaram-se politicamente, chegando a exercer influência considerável no governo local, inclusive no recrutamento de gays e lésbicas para integrarem pelo menos 10% da força policial. Essa concentração espacial é realmente uma marca da cultura gay em quase todas as cidades, embora nos anos 1990, em decorrência da maior tolerância e porque um número cada vez maior de gays assumiu sua homossexualidade, eles tenham-se espalhado por todas as áreas metropolitanas dos Estados Unidos, para horror dos conservadores homofóbicos.

São dois os motivos para essa concentração geográfica no estágio inicial da cultura gay: conseguir visibilidade e proteção. Como Harry Britt, líder político dos gays de São Francisco contou-me durante uma entrevista anos atrás: "Quando os gays estão dispersos, não são gays porque são invisíveis." O ato fundamental de liberação para os gays foi, e é, "aparecer", expressar publicamente sua identidade e sexualidade para, em seguida, ressocializarem-se. Mas, como é possível alguém ser abertamente gay no meio de uma sociedade hostil e violenta, cada vez mais insegura a respeito dos valores fundamentais da virilidade e do patriarcalismo? E como é possível aprender um novo comportamento, um novo código e uma nova cultura em um mundo onde a sexualidade está implícita na apresentação do eu de todos nós e a premissa geral é a heterossexualidade? Para poderem se expressar, os gays sempre se juntaram — nos tempos modernos em bares e lugares social e culturalmente marcados. Quando se conscientizaram e sentiram-se suficientemente fortes para "se assumirem" coletivamente, passaram a escolher lugares onde se sentiam seguros e podiam inventar novas vidas para si próprios. Os limites territoriais dos lugares selecionados tornaram-se as bases para o estabelecimento de instituições autônomas e a criação de uma autonomia cultural. Levine demonstrou a padronização sistemática das concentrações espaciais dos gays nas cidades americanas durante a década de 1970.[112] Enquanto ele, e outros, empregavam o termo "gueto", os militantes gays falam de "áreas liberadas": e existe realmente uma grande diferença entre guetos e áreas gays, já que as últimas são construídas deliberadamente pelos gays para criar a própria cidade dentro da estrutura da sociedade urbana em geral.

Por que São Francisco? Cidade instantânea, lugar de aventureiros atraídos pelo ouro e pela liberdade, São Francisco foi sempre um lugar de padrões morais regidos pela tolerância. A *Barbary Coast* costumava ser ponto de encontro de marinheiros, viajantes, pessoas de passagem, sonhadores, vigaristas, empreendedores, rebeldes, desviados — local de encontros casuais e de regras sociais pouco rígidas, onde a linha divisória entre o normal e o anormal era mal definida. Na década de 1920, porém, a cidade decidiu tornar-se respeitável, emergindo como a capital cultural da costa oeste dos Estados Unidos e desenvolvendo-se cheia de graça à sombra autoritária da Igreja Católica sustentada por suas legiões de operários irlandeses e italianos. Quando o movimento reformador atingiu a Prefeitura e a polícia na década de 1930, os "desviados" foram reprimidos e forçados a se esconder. Assim, as origens pioneiras de São Francisco como cidade livre não são suficientes para explicar seu destino de cenário para a liberação gay.

O principal ponto crítico foi a Segunda Guerra Mundial. São Francisco era o principal porto da costa do Pacífico. Cerca de 1,6 milhão de jovens, homens e mulheres, encontravam-se de passagem pela cidade: sós, longe de suas raízes, vivendo no limiar da morte e do sofrimento e, na maior parte do tempo, compartilhando esses sentimentos com companheiros do mesmo sexo, muitos descobriram, ou elegeram, sua homossexualidade. Muitos deles, expulsos desonrosamente da Marinha, desembarcaram em São Francisco, e, em vez de voltarem para casa levando consigo o estigma da homossexualidade, permaneceram na cidade no fim da guerra com milhares de outros gays. Reuniam-se em bares e formaram redes de apoio e solidariedade. A partir de fins da década de 1940, uma cultura gay começou a tomar forma. A transição dos bares para as ruas, no entanto, teve de esperar por mais de uma década, quando estilos de vida alternativos floresceram em São Francisco com a geração *beatnik*, em torno de círculos literários criados na livraria *City Lights*, com Ginsberg, Kerouac e os poetas da *Black Mountain*, entre outros. Essa cultura concentrou-se na região da antiga *Italian North Beach*, perto da zona de meretrício da rua Broadway. Os gays foram bem aceitos nesse ambiente tolerante e experimental. Quando a mídia focalizou a cultura *beatnik*, eles enfatizaram a presença difundida da homossexualidade como prova de seu desvio. Ao fazê-lo, proclamaram São Francisco como a meca dos gays, atraindo-os aos milhares de todos os cantos dos Estados Unidos. O governo respondeu por meio de repressão, o que levou à formação, em 1964, da Sociedade em Defesa dos Direitos Individuais, que protegia os gays, ligada à Tavern Guild, associação profissional de donos de bares gays e boêmios, na luta contra a ação policial.

Mais tarde, em fins da década, a cultura *hippie*, os movimentos sociais que foram organizados na área da Baía de São Francisco, principalmente em Berkeley e Oakland, e a emergência do movimento de liberação gay em todo o território americano induziram uma mudança qualitativa no desenvolvimento da comunidade gay de São Francisco, contando com o forte apoio de redes já estabelecidas historicamente. Em 1971, o movimento gay da Califórnia teve pela primeira vez força suficiente para organizar uma marcha sobre a capital, Sacramento, clamando pelos direitos dos gays. Ainda na década de 1970, uma comunidade gay floresceu em determinadas áreas de São Francisco, principalmente na região de Castro, onde foram adquiridas ou alugadas moradias em um bairro operário tradicional em decadência, reabilitado por lares gay, corretores de imóveis gays e empresas de reforma gays. Empresas dirigidas por gays também se instalaram na área. Evitando lugares mais espalhados e seguindo os bares e áreas de contracultura, os gays conseguiram, por volta dos anos 1970, concentrar-se em uma vizinhança que podiam chamar de sua. A figura 4.11 mostra, com base em minha pesquisa de campo, a expansão das áreas residenciais gay entre as décadas de 1950 e 1980.

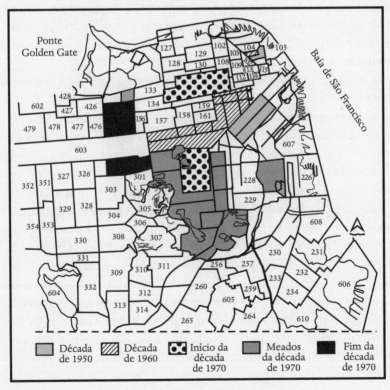

Figura 4.11. Áreas residenciais gays de São Francisco.
Fonte: Castells (1983).

No entanto, o crescimento da comunidade gay não foi puramente espontâneo. Resultou, também, de ação política deliberada, principalmente em decorrência do estímulo do histórico líder da comunidade gay de São Francisco, Harvey Milk. Formado pela Universidade Estadual de Nova York em Albany, não pôde ser professor ao ser expulso da Marinha por causa de sua homossexualidade. Como milhares de gays, foi para São Francisco em 1969. Após largar o emprego de analista financeiro, abriu um estabelecimento fotográfico, a Castro Camera, na rua Castro. Concebeu um plano para a transformação de uma simples comunidade gay em uma comunidade de negócios gays e daí para o poder. Persuadiu os "gays a comprar de gays", para que a rua Castro fosse mais do que um lugar de passagem, que se tornasse um espaço onde gays tivessem seus negócios, morassem e se divertissem. Consequentemente, se gays podiam comprar produtos de gays e viver como gays, podiam, também, votar gay. Em 1973, ele se candidatou a vereador da cidade de São Francisco, explicitamente como candidato gay. Obteve expressiva votação, mas não foi eleito. Retomou a tarefa de construir uma base política, fortalecendo os clubes políticos gays, aliando-se ao Partido Democrata e ampliando seu programa de forma a abranger questões ligadas às políticas urbanas da cidade, tais como o controle da especulação imobiliária.

Um acontecimento político mudou seu destino. Em 1975, um senador liberal pela Califórnia, George Moscone, foi eleito prefeito de São Francisco por margem estreita. Para assegurar o apoio da comunidade gay, a essa altura já bastante forte, Moscone nomeou Harvey Milk para um posto importante da administração. Pela primeira vez, um líder assumidamente gay tornava-se funcionário do governo da cidade. Mais ou menos na mesma época, o poderoso movimento distrital de São Francisco conseguiu a reforma da lei eleitoral estabelecendo o voto distrital para a Câmara Municipal. Em seguida, com base no território que a comunidade gay havia conquistado na região de Castro e que se tornou um distrito eleitoral, Harvey Milk foi eleito vereador em 1977. A partir de sua nova plataforma, ele mobilizou o poder gay em torno da cidade e do estado. Em 1978, uma moção conservadora foi posta em votação — se aprovada, faria com que homossexuais fossem proibidos de lecionar em escolas públicas da Califórnia. Os eleitores rejeitaram a proposta por 58% em toda a Califórnia e por 75% em São Francisco. Harvey Milk liderou a campanha utilizando com maestria os meios de comunicação. Em abril de 1978, a Câmara Municipal aprovou uma Portaria de Direitos dos Gays muito liberal. Nessa mesma ocasião, duas líderes da lesbiandade, Del Martin e Phyllis Lyon, funcionárias da

Prefeitura, receberam da cidade de São Francisco um certificado de honra ao mérito pelos serviços cívicos prestados — incluindo apoio às lésbicas — e por seus 25 anos vivendo juntas.

Essas, e outras conquistas homossexuais, eram mais do que a cultura homofóbica podia suportar. Em 27 de novembro de 1978, um vereador conservador, Dan White, ex-policial que havia feito campanha contra a tolerância aos "desvios sexuais", matou a tiros o prefeito George Moscone e Harvey Milk em seus escritórios na Prefeitura, entregando-se, depois, a seus ex-colegas da polícia. Durante o velório de Moscone e Milk formou-se uma das demonstrações políticas de maiores proporções já ocorridas em São Francisco: 20 mil pessoas portando velas marcharam em silêncio após ouvirem vários oradores incitando o movimento a prosseguir na luta seguindo o exemplo de Harvey Milk. E o movimento obedeceu. A nova prefeita, Dianne Feinstein, nomeou outro líder gay, Harry Britt, um socialista, para o lugar ocupado por Harvey Milk, mais tarde eleito vereador.

Durante toda a década seguinte, líderes gays e lésbicas aumentarem sua representação na Câmara Municipal constituída de 11 membros e, embora tenham perdido a eleição em 1992 para um prefeito conservador, tornaram-se novamente um componente de peso na coalizão que ajudou a eleger Willie Brown, veterano líder democrático negro, prefeito de São Francisco em 1996. Uma anedota sobre a campanha de 1996 ilustra bem o estado de perturbação em que a cultura homofóbica se encontrava em São Francisco, perdida na incerteza dos seus valores defendidos há tanto tempo. O prefeito em exercício, ex-chefe de polícia, talvez tenha perdido a reeleição por causa de um erro político grosseiro. De olho nas pesquisas e querendo cair nas graças do público gay, deixou-se fotografar nu dando uma entrevista embaixo do chuveiro a radiojornalistas nos mesmos trajes. A reação, tanto de eleitores gays como de heterossexuais que se sentiram ofendidos, enterrou definitivamente suas chances. O novo prefeito renovou o compromisso da cidade, compromisso esse que já completava duas décadas, de respeitar e aumentar os direitos e a cultura gays, celebrados em paradas e festivais várias vezes durante o ano.

A comunidade gay dos anos 1990, porém, não é a mesma da década de 1970 em virtude da epidemia da AIDS no início dos anos 1980.[113] Nos 15 anos seguintes, cerca de 15 mil pessoas morreram em São Francisco em consequência da AIDS e milhares de outras foram diagnosticadas como portadoras do vírus HIV. A reação da comunidade gay foi notável e São Francisco tornou-se, para o mundo inteiro, um modelo de organização, prevenção e ação política voltada para o controle da epidemia da AIDS, um perigo para a humanidade. Creio ser correto afirmar que o movimento gay

O PODER DA IDENTIDADE | 337

mais importante dos anos 1980 e 1990 é a ala gay do movimento anti-AIDS em suas diversas manifestações, das clínicas de saúde aos grupos militantes, como o ACT UP! Os primeiros esforços em São Francisco foram concentrados na ajuda aos doentes e na busca de meios para impedir a propagação da doença. Um amplo programa de educação da comunidade foi colocado em prática, ensinando e difundindo procedimentos de sexo seguro. Os resultados obtidos em pouco tempo foram excelentes. Nos anos 1990, tanto em São Francisco como na Califórnia em geral, a incidência de novos casos de AIDS é muito maior na população heterossexual em virtude do uso de drogas, prostituição e infecção de mulheres por homens desprecavidos, ao passo que entre a população gay, mais consciente e bem-organizada, o número de novos casos diminuiu significativamente. Prestou-se assistência aos doentes em todos os níveis, e o Hospital Geral de São Francisco foi o primeiro a instalar uma ala de atendimento permanente a casos de AIDS e organizar toda uma rede de voluntários para dar assistência e confortar doentes no hospital e em casa. A pressão de militantes para que as pesquisas fossem ampliadas, acelerando a aprovação de medicamentos experimentais assim que se tornassem disponíveis, rendeu bons resultados. A Universidade da Califórnia, atuando no Hospital de São Francisco, tornou-se um dos principais centros de pesquisa sobre a AIDS. Sob perspectiva mais ampla, a Conferência Mundial sobre a AIDS realizada em Vancouver em 1996 anunciou potenciais progressos no controle da doença e talvez a diminuição da sua letalidade no futuro.

No entanto, o mais importante esforço da comunidade gay em São Francisco, e em outros lugares também, talvez tenha sido a batalha cultural para desmistificar a AIDS, afastar o estigma e convencer o mundo de que a doença não era causada pela homossexualidade ou mesmo pela sexualidade de modo geral. O contato, inclusive contato sexual, mas também muitas outras formas de contato, é que seriam os mensageiros da morte, não a homossexualidade.[114] E o rompimento dessas redes e consequente controle da epidemia não foram uma questão de confinamento, mas de educação, organização e responsabilidade, contando com o apoio das instituições de saúde pública e da conscientização cívica. Que a comunidade gay, partindo de São Francisco, tenha conseguido vencer essa batalha árdua foi uma contribuição decisiva para a humanidade. Não só porque um novo crime contra a humanidade foi evitado quando o movimento conseguiu impedir que os portadores do HIV fossem identificados e mantidos em confinamento. O que estava fundamentalmente em jogo era a capacidade de o mundo olhar a AIDS diretamente em seus olhos horripilantes e encarar a epidemia em termos de vírus e não em termos de preconceitos e pesadelos. Chegamos muito perto, em todo o mundo, de considerar a AIDS como um merecido castigo divino contra a Nova Sodoma, o que nos teria impedido de tomar as medidas necessárias para evitar uma disseminação ainda mais ampla da doença até que fosse tarde demais para controlá-la. O fato de não termos chegado a esse ponto, de as sociedades terem compreendido em tempo que a AIDS não era uma doença homossexual e que toda a sociedade precisava lutar contra suas fontes e formas de disseminação, deveu-se em grande parte ao trabalho do movimento anti-AIDS organizado pelos gays, com seus pioneiros (muitos já perto da morte) na liberada cidade de São Francisco.

Ainda ligada à epidemia da AIDS, uma outra tendência surgiu entre a comunidade gay de São Francisco nos anos 1990. Os padrões de relacionamentos sexuais tornaram-se mais estáveis, em parte como sinal do envelhecimento e maturidade de alguns segmentos da comunidade e em parte como forma de canalizar a sexualidade para os padrões mais seguros do amor. O desejo de formar famílias com membros do mesmo sexo tornou-se uma das tendências mais fortes entre os gays e mais ainda entre as lésbicas. O conforto de um relacionamento monógamo e durável passou a ser o modelo predominante entre gays e lésbicas de meia-idade. Consequentemente, um novo movimento surgiu entre a comunidade homossexual, defendendo que tais relacionamentos estáveis fossem reconhecidos como famílias. Assim, seus membros procuraram obter certificados de parceria emitidos pelo governo local e estadual. Esses certificados garantiriam o direito aos benefícios conferidos pelo casamento. Além disso, a legalização de casamentos gays e lésbicos tornou-se uma das maiores exigências do movimento, fazendo que os conservadores caíssem em contradição por suas próprias palavras ao exaltar os valores familiares, uma vez que tais valores não tradicionais nem heterossexuais foram estendidos para formas de amor, deveres compartilhados e educação de filhos. O que começou como um movimento de liberação sexual completou sua cadeia evolutiva e agora persegue a família patriarcal como uma praga, atacando suas raízes heterossexuais e subvertendo sua exclusividade sobre os valores familiares.

Como toda ação gera uma reação, a relativa domesticação da sexualidade nas novas famílias de gays e lésbicas induziu, paralelamente, o desenvolvimento de culturas sexuais minoritárias (heterossexuais e homossexuais), tais como o movimento sadomasoquista e redes de escravos do sexo voluntários, um fenômeno marcante no cenário de São Francisco dos anos 1990, principalmente na área de *South of Market,* embora eu já tivesse identificado a importância dessa revolta cultural/pessoal em meu trabalho de campo há

20 anos. Os sadomasoquistas, cuja cultura inclui alguns intelectuais muito articulados, criticam os gays convencionais por tentarem definir novas normas do "socialmente aceitável", reproduzindo, assim, a lógica da dominação que oprimiu gays e lésbicas em todos os tempos. Para os sadomasoquistas, a jornada não tem fim. Assim, violência controlada, aceitação da humilhação, leilões de escravos, prazer pela dor, roupas de couro, emblemas nazistas, correntes e chicotes são mais que estímulos sexuais. São expressões culturais da necessidade de destruir quaisquer valores morais que a sociedade heterossexual lhes tenha legado, já que esses valores têm sido usados tradicionalmente para estigmatizar e reprimir a homossexualidade e a própria sexualidade. O considerável constrangimento que essa minoria cultural causa à maioria dos/das homossexuais é um sintoma de que abordam uma questão importante e bastante complicada.

Abandonada à própria sorte em seu gueto cultural, a comunidade gay não conseguirá levar a cabo a revolução sexual nem subverter o patriarcalismo, metas implícitas do movimento, mesmo sem apoio do crescente segmento de elites masculinas que consomem, em vez de produzir, o movimento gay. Alianças estratégicas com lésbicas e o movimento feminista de modo geral são condição imprescindível para a liberação gay. No entanto, gays são homens e sua socialização na qualidade de homens, e os privilégios de que gozam, principalmente se forem brancos e de classe média, restringem a sua total adesão à aliança contra o patriarcalismo. Por isso, o que vemos em São Francisco na década de 1990 é uma ruptura cada vez maior entre a aliança formada por gays radicais e lésbicas e uma elite gay respeitável estabelecida como grupo de interesse para defender os direitos de homens gays na condição de minoria tolerada inserida nas instituições do patriarcalismo. Se, no entanto, tal diversidade tem como se expressar em um movimento mais abrangente, dando às pessoas liberdade de escolher a quem amar, em oposição à norma heterossexual, é porque um dia Harvey Milk e outros pioneiros construíram uma comuna livre no Oeste.

Resumo: identidade sexual e a família patriarcal

Os movimentos lésbico e gay não são simples movimentos em defesa do direito humano básico de escolher a quem e como amar. São também expressões poderosas de identidade sexual e, portanto, de liberação sexual. Esses movimentos desafiam algumas das estruturas milenares sobre as quais as sociedades foram historicamente construídas: repressão sexual e heterossexualidade compulsória.

Quando lésbicas, vivendo em ambiente institucional tão repressivo e patriarcal quanto a cultura chinesa dominante em Taipé, conseguem expressar abertamente sua sexualidade e exigir a inclusão de casamentos entre pessoas do mesmo sexo no código de leis sobre a família, abre-se uma brecha fundamental no cadafalso institucional erguido para controlar o desejo. Se a comunidade gay é capaz de superar a estigmatização ignorante e ajudar a controlar a AIDS, isso significa que as sociedades conseguiram sair de sua própria escuridão e contemplar toda a diversidade da experiência humana sem preconceitos nem violência. E, se as campanhas eleitorais presidenciais, por enquanto apenas nos Estados Unidos, tiveram de, a contragosto, considerar o debate sobre os direitos dos gays, isso significa que o questionamento dos movimentos sociais quanto à heterossexualidade não pode mais ser ignorado ou simplesmente reprimido. No entanto, as forças da transformação desencadeadas pelos movimentos em busca da identidade sexual não podem se restringir à simples tolerância e ao respeito pelos direitos humanos. Elas põem em ação uma crítica corrosiva sobre o que é considerado sexualmente normal e sobre a família patriarcal. Este desafio é particularmente assustador para o patriarcalismo, porque ocorre em um momento da História em que a pesquisa biológica e as novas tecnologias da medicina permitem dissociar heterossexualidade, patriarcalismo e reprodução da espécie. Famílias constituídas por pessoas do mesmo sexo, que não desistem da perspectiva de criar filhos, são a mais clara expressão dessa possibilidade.

Por outro lado, o esmaecimento das fronteiras sexuais, desestruturando a família, sexualidade, o amor, gênero e poder, dá lugar a uma crítica cultural fundamental do mundo como o conhecemos. Por isso, o desenvolvimento futuro dos movimentos de liberação sexual não será fácil. Ao trocar a defesa dos direitos humanos pela reconstrução da sexualidade, da família e da personalidade, os movimentos tocam nos centros nervosos da repressão e da civilização, e serão pagos na mesma moeda. O horizonte que se abre à frente dos movimentos gay e lésbico é tumultuoso e a AIDS não será o único monstro aterrorizante da reação antissexual. Mesmo assim, se a experiência vivenciada no último quarto de século tiver algum valor indicativo para o futuro, o poder da identidade se reveste de mágica quando tocado pelo poder do amor.

Família, sexualidade e personalidade na crise do patriarcalismo[115]

Na sociedade que se separa e se divorcia, a família nuclear gera uma diversidade de laços de parentesco associados, por exemplo, às chamadas famílias recombinadas. No entanto, a natureza desses laços muda à medida que estão sujeitos a maior negociação do que outrora. As relações familiares costumavam ser tomadas como certas, na base da confiança; agora, a confiança precisa ser negociada, barganhada, e o compromisso assume as mesmas proporções que o existente nos relacionamentos sexuais.

Anthony Giddens, *The Transformation of Intimacy*, p. 96.

A família que encolheu drasticamente

A crise do patriarcalismo, induzida pela interação entre o capitalismo informacional e os movimentos sociais feministas e de identidade sexual, manifesta-se na crescente diversidade de parcerias entre indivíduos que querem compartilhar suas vidas e criar filhos. Para simplificar a exposição, minha ilustração desse ponto utiliza dados referentes aos Estados Unidos. Não quero, com isso, inferir que todos os países e culturas seguirão o mesmo caminho. Porém, uma vez que as tendências sociais, econômicas e tecnológicas subjacentes à crise do patriarcalismo encontram-se presentes em todo o mundo, parece plausível concluir que a maioria das sociedades terá de reconstruir, ou substituir, suas instituições patriarcais de acordo com as condições específicas de sua própria cultura e história. A discussão apresentada a seguir, baseada empiricamente nas tendências norte-americanas, tem como objetivo identificar mecanismos sociais que vinculam a crise da família patriarcal, e a transformação da identidade sexual, à redefinição social da vida familiar e, consequentemente, dos sistemas da personalidade.

O que está em jogo não é o desaparecimento da família, mas sua profunda diversificação e a mudança do seu sistema de poder. Na verdade, a maioria das pessoas continua a se casar: 90% dos norte-americanos casam-se ao longe de suas vidas. Quando se divorciam, 60% das mulheres e 75% dos homens tornam a se casar, em média dentro de três anos. Gays e lésbicas lutam pelo direito de casarem-se legalmente. No entanto, casamentos posteriores, frequência dos casos de coabitação e alto nível de divórcios (estabilizados em cerca de 50% de todos os casamentos) e de separação são fatores que se combinam para criar um

342 | Manuel Castells

perfil cada vez mais diverso de vidas em família e fora da família (as figuras 4.12a e 4.12b trazem um resumo das tendências gerais nos períodos de 1960 a 1990 e de 1970 a 1995). O número de "lares não constituídos por famílias" dobrou entre 1960 e 1995, passando de 15% para 29% do total de lares, incluindo lares de idosos que vivem sós, refletindo uma tendência democrática bem como uma mudança cultural. As mulheres respondem por dois terços dos lares de pessoas que vivem sós. Mais significativo é que a categoria arquetípica, "legalmente casados com filhos", caiu de 44,2% em 1960 para 25,5% dos lares em 1995. Assim, o "modelo" de família de núcleo patriarcal é uma realidade para pouco mais de um quarto dos lares norte-americanos. Stacey menciona fontes indicadoras de que, se considerarmos a versão mais tradicional do patriarcalismo, ou seja, lares de casais legalmente casados e com filhos em que o único provedor é o marido, enquanto a esposa se dedica ao lar em tempo integral, a proporção cai para 7% do número total de lares.[116]

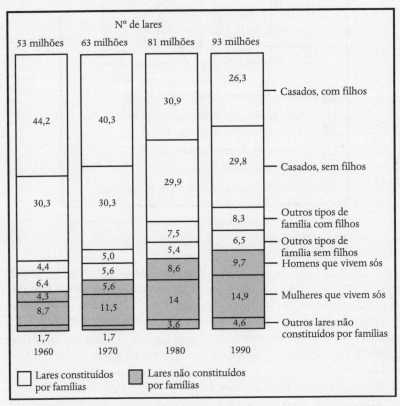

Figura 4.12a. Composição dos lares nos Estados Unidos, 1960–1990 (%) (filhos = próprios filhos com menos de 18 anos).
Fonte: US Bureau of the Census (1992a).

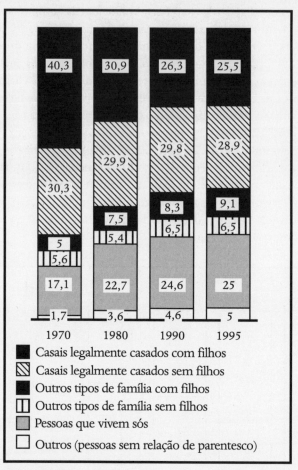

Figura 4.12b. Composição dos lares nos Estados Unidos, 1970-1995 (%).
Fonte: US Bureau of the Census (1996).

A vida dos filhos se transformou. Conforme ilustrado na figura 4.13, mais de uma quarta parte dos filhos não vivia com ambos os pais em 1990, quando em 1960 esse número não passava de 13%. De acordo com um estudo do Departamento de Recenseamento dos Estados Unidos, a proporção de crianças que viviam com seus pais biológicos em 1991 era de apenas 50,8%.[117] Outras fontes também estimam que "cerca de 50% de todas as crianças não vivem com ambos os pais".[118] O número de adoções aumentou substancialmente nas duas últimas décadas e 20 mil bebês nasceram por fertilização *in vitro*.[119] As *tendências*, todas apontando na direção do desaparecimento da família de núcleo patriarcal, são o que realmente importa: a proporção de crianças vivendo com apenas um dos pais dobrou entre 1970 e 1990, atingindo 25% do número total de crianças. Entre essas, a proporção dos que viviam com mães que nunca se casaram aumentou de 7% em 1970 para 31% em 1990. Lares onde vive apenas um genitor, a mãe, aumentaram em 90,5% na década de 1970 e mais 21,2% na de 80. Embora lares de apenas um genitor, neste caso o pai, tenham respondido por somente 3,1% do total em 1990, esse número tem aumentado em ritmo ainda mais rápido: 80,6% na década de 1970 e 87,2% na de 1980. O número de famílias encabeçadas por mulheres, sem a presença de um marido, aumentou de 11% do total em 1970 para 18% em 1994. O percentual de filhos que vivem apenas com a mãe dobrou entre 1970 e 1994, passando de 11% para 22%, enquanto a proporção de filhos que vivem apenas com o pai triplicou no mesmo período, passando de 1% para 3%.

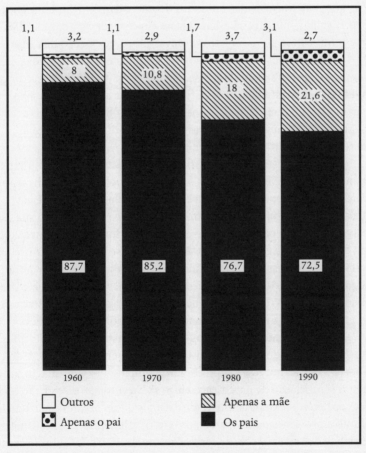

Figura 4.13. Lares de crianças com menos de 18 anos, por presença dos pais, nos Estados Unidos, 1960–1990 (distribuição em %).
Fonte: US Bureau of the Census (1992a).

Novos esquemas de vida têm-se multiplicado.[120] Em 1980, havia apenas 4 milhões de famílias recombinadas (incluindo filhos de casamentos anteriores); em 1990, esse número atingia 5 milhões. Em 1992, 25% das mulheres solteiras com mais de 18 anos tinham filhos; em 1993, havia 3,5 milhões de casais vivendo juntos sem estarem casados legalmente, dos quais 35% tinham filhos; o número de homens solteiros com filhos dobrou entre 1980 e 1992; em 1990, 1 milhão de crianças vivia com os avós (10% a mais do que em 1960), de um total de 3,5 milhões de crianças que compartilham seus lares com um dos avós. Casamentos precedidos por coabitação aumentaram de 8% no final da década de 1960 para 49% em meados da de 1980, e cerca de 50% dos casais que vivem juntos têm filhos.[121] Com a entrada maciça das mulheres na força de trabalho remunerada e seu papel indispensável no sustento da família, são poucas as crianças que podem gozar dos cuidados da mãe ou do pai em tempo integral. Em 1990, marido e mulher trabalhavam fora em cerca de 70% das famílias e 58% das mães com filhos pequenos trabalhavam fora. A criação dos filhos é um dos maiores problemas enfrentados pelas famílias e dois terços das crianças ficam em seus lares sob os cuidados de parentes e vizinhos,[122] acrescentando-se aqui ajudantes domésticos não registrados. Mulheres pobres que não podem pagar para que cuidem de seus filhos têm de escolher entre separar-se deles ou deixar de trabalhar fora, caindo assim na armadilha do seguro social, que poderá resultar na perda da guarda de seus filhos.[123]

Existem poucas estimativas confiáveis sobre lares e famílias de pessoas do mesmo sexo. Uma dessas poucas é a de Gonsioreck e Weinrich, segundo a qual cerca de 10% da população masculina dos Estados Unidos é gay, e entre 6 e 7% da população feminina é formada por lésbicas.[124] Segundo sua estimativa, cerca de 20% da população masculina gay já foi casada e entre 20 e 50% tiveram filhos. Muitas vezes lésbicas são mães, quase sempre em consequência de casamentos heterossexuais anteriores. Uma avaliação bastante abrangente indica que o número de crianças que vive com mães lésbicas varia entre 1,5 e 3,3 milhões. O número de crianças que vive com pai gay ou mãe lésbica situa-se entre 4 e 6 milhões.[125] Entre os lares não habitados por famílias, o maior crescimento verifica-se na categoria "outros lares não constituídos por famílias", que cresceu de 1,7% de todos os lares em 1970 para 5% em 1995. De acordo com o censo norte-americano, esse grupo engloba companheiros de quarto, amigos e indivíduos sem relação de parentesco entre si. Na verdade, esse grupo incluiria tanto casais heterossexuais como homossexuais que coabitam e não têm filhos.

Quanto a projeções para o futuro próximo, utilizando-se as estimativas da Universidade de Harvard sobre a formação dos lares no ano 2000 em comparação com o total de lares, o número de casais legalmente casados que têm filhos deverá cair ainda mais, passando de 31,5% em 1980 para 23,4% no ano 2000, enquanto lares habitados por um só indivíduo poderão aumentar de 22,6%

para 26,6% no ano 2000, superando estatisticamente o tipo de lar formado por casais legalmente casados, com filhos.[126] O número de pais ou mães solteiros aumentaria um pouco, passando de 7,7% para 8,7%. Casais legalmente casados sem filhos formariam os lares mais numerosos, porém não predominantes, permanecendo em cerca de 29,5% do número total em virtude da maior sobrevida de ambos os cônjuges, juntamente com a substituição de casais antes legalmente casados, com filhos, por um leque mais diversificado de tipos de lar. Na realidade, as projeções do que chamam de "outros lares", incluindo esquemas de vida variados, indicam que esse segmento deverá aumentar sua participação de 8,8% em 1980 para 11,8% no ano 2000. De modo geral, as estimativas e projeções da Universidade de Harvard indicam que, enquanto em 1960 75% de todos os lares dos Estados Unidos eram formados por casais legalmente casados e os lares não constituídos por famílias equivaliam a apenas 15% do total de lares, no ano 2000 os casais legalmente casados corresponderão a 53% e o número de lares não formados por famílias aumentará para 38%. O resultado dessa visualização estatística é um quadro de diversificação, de relacionamentos pessoais com fronteiras móveis, e um número cada vez maior de crianças está sendo criada em tipos de família que há apenas três décadas, um mero instante pelos padrões de tempo histórico, eram tidas como marginais e até mesmo inconcebíveis.[127]

Então, quais são esses novos esquemas de vida? Como vivem as pessoas agora, dentro e fora da família, nos limiares do patriarcalismo? Temos algum conhecimento do assunto em decorrência de pesquisas pioneiras realizadas por Stacey, Reigot e Spina, Susser e outros.[128] Nas palavras de Stacey:

> nas últimas três décadas de levante pós-industrial, homens e mulheres vêm reformulando a família americana de forma criativa. Têm retirado das cinzas e resíduos da família moderna uma gama diversificada, muitas vezes incongruente, de recursos culturais, políticos, econômicos e ideológicos, modelando esses recursos em novas estratégias de gênero e parentesco para enfrentar os desafios, encargos e oportunidades da era pós-industrial.[129]

O estudo qualitativo realizado por Reigot e Spina sobre novas formas de família[130] apresenta conclusões semelhantes. Não está emergindo nenhum tipo prevalecente de família, a regra é a diversidade. Alguns elementos, porém, nos parecem críticos para esses novos hábitos de vida: *redes de apoio, aumento do número de lares madrecêntricos, sucessão de parceiros e de padrões durante o ciclo de vida.* Redes de apoio, muitas vezes entre membros das famílias de casais divorciados, são uma nova e importante forma de socialização e divisão de responsabilidades, principalmente quando há filhos que precisam ser compartilhados e sustentados pelos dois pais quando ambos formam novos lares. Consequentemente, um estudo realizado sobre casais divorciados de classe

O PODER DA IDENTIDADE | 347

média dos subúrbios de São Francisco constatou que um terço mantém laços familiares com seus ex-esposos e respectivos parentes.[131] De acordo com estudos de caso relatados por Reigot e Spina, por Susser, e por Coleman e Ganong,[132] as redes de apoio às mulheres são essenciais para mães solteiras e as que trabalham em tempo integral. Conforme exposto por Stacey, "se existe uma crise de família, é uma crise de família masculina".[133] Além disso, como a maioria das pessoas continua tentando formar família apesar das decepções ou desajustes, padrastos, madrastas e uma série de relacionamentos acabam constituindo a norma. Por causa tanto das experiências de vida quanto da complexidade dos lares, os arranjos familiares, com distribuição de papéis e responsabilidades, não mais se ajustam às rotinas tradicionais: precisam ser negociados. Portanto, após observarem a grande incidência de casos de rompimento da família, Coleman e Ganong concluem: "Será o fim da família? A resposta é não. Entretanto, muitos de nós teremos uma vida familiar nova e mais complexa. Nessas novas famílias, papéis, regras e responsabilidades não mais serão garantidos como é de praxe nas famílias mais tradicionais e terão de ser negociados."[134]

Dessa forma, o patriarcalismo está totalmente eliminado nos casos, cada vez mais numerosos, de lares encabeçados por mulheres, e corre sério risco de extinção na maioria dos outros lares em virtude das negociações e condições impostas por mulheres e filhos. Além disso, há um outro tipo de lar em crescimento, com possibilidade de chegar rapidamente a 40% — os lares não formados por uma família, fazendo com que a família patriarcal perca seu sentido como instituição para grande parte da sociedade, não obstante sua gigantesca presença como mito.

Sob tais condições, o que acontece com o processo de socialização dos filhos, subjacente à divisão da sociedade por gênero e, portanto, à reprodução do próprio patriarcalismo?

A reprodução da figura materna em relação à não reprodução do patriarcalismo

Não há espaço no escopo deste capítulo para descrever os detalhes de registros empíricos complexos, diversificados e controversos, dos quais a maioria se encontra oculta nas fichas médicas de psicólogos infantis, sobre a transformação por que passou a socialização da família no novo ambiente familiar. Creio, porém, que algumas hipóteses podem ser formuladas com base na clássica obra da psicanalista feminista Nancy Chodorow. Em seu livro, *Reproduction of Mothering,* Chodorow apresentou um modelo psicanalítico simples, elegante e consistente da produção/reprodução do gênero, modelo esse aperfeiçoado e complementado em obras posteriores.[135] Embora sua teoria dê margem a controvérsias e a psicanálise não seja a única abordagem a esclarecer as mudanças de personalidade ocorridas em decorrência da crise do patriarcalismo, ela fornece, a meu ver, um excelente ponto inicial para a teorização de tais mudanças. Resumirei primeiro o modelo de Chodorow usando suas palavras para, em seguida, desenvolver as implicações desse modelo de personalidade e gênero nas condições impostas pela crise do patriarcalismo. Segundo Chodorow, a reprodução da figura materna é o ponto central da reprodução do gênero. Acontece por meio de um processo psicológico social e estruturalmente induzido, não sendo produto nem da biologia nem do treinamento institucional para o papel a ser assumido. Em suas palavras:

> Mulheres, na qualidade de mães, geram filhas com capacidade maternal e o desejo de elas próprias tornarem-se mães. Tal capacidade e necessidade são inerentes, desenvolvendo-se a partir do relacionamento mãe-filha. Em contrapartida, as mulheres como mães (e homens como não mães) geram filhos homens cuja capacidade e necessidade de criar filhos têm sido sistematicamente reduzidas e reprimidas. Este fato prepara os homens para seu futuro papel afetivo na família e para a sua função considerada primordial, a participação no mundo impessoal e extrafamiliar representado pelo trabalho e pela vida pública. A divisão sexual e familiar do trabalho em que mulheres nutrem e envolvem-se mais em relacionamentos interpessoais e afetivos do que os homens produz em filhas e filhos uma divisão de capacidades psicológicas que os leva a reproduzir essa divisão sexual e familiar do trabalho... As mulheres têm a responsabilidade suprema de criar os filhos dentro e fora da família; elas, em sua maioria, querem ser mães e sentem-se gratificadas nesse papel; e apesar de todos os conflitos e contradições, têm sido bem-sucedidas nessa função.[136]

Esse modelo de reprodução gera um impacto extraordinário na sexualidade e, consequentemente, na personalidade e vida familiar: "Em virtude do fato de que mulheres são mães, o desenvolvimento do objeto da escolha heterossexual não é igual para homens e mulheres."[137] Meninos têm na mãe seu principal objeto de amor na infância e, por causa desse tabu fundamental, precisam passar pelo clássico processo de separação e resolução do seu complexo de Édipo, reprimindo o vínculo com suas mães. Quando se tornam adultos, os homens estão prontos para achar uma relação com alguém *como* suas mães (grafado em itálico por Chodorow). Para as meninas, é diferente:

> Sendo seu primeiro amor uma mulher, a menina, para seguir a *orientação heterossexual correta*,[138] precisa transferir seu primeiro objeto de escolha para o pai e para os homens... Para as meninas, assim como para os meninos, são as mães o primeiro objeto de amor. Como resultado, o ambiente estrutural interno da heterossexualidade feminina é diferente da masculina. Quando o

O PODER DA IDENTIDADE | 349

pai se torna uma figura primária importante para a menina, o faz no contexto de um triângulo de relacionamento bissexual... Portanto, para as meninas, não ocorre uma mudança absoluta de objeto, tampouco uma ligação exclusiva com o pai... As implicações são duas. Primeiro, a natureza do relacionamento heterossexual não é a mesma para meninos e meninas. A maioria das meninas livra-se do seu Complexo de Édipo inclinando-se para o pai, e para os homens em geral, como principais objetos *eróticos*, mas é óbvio que os homens tendem a ocupar uma posição *emocionalmente* secundária, ou pelo menos igual, em comparação com a primazia e exclusividade dos laços edipianos que o menino mantém com a mãe e com as mulheres. Segundo... as mulheres, de acordo com Deutsch, praticam os relacionamentos heterossexuais em um contexto triangular, no qual os homens não são objetos exclusivos para elas. A implicação dessa sua afirmativa é confirmada por análises interculturais de estruturas familiares e relações entre os sexos, que sugere que a intimidade conjugal é exceção e não a regra.[139]

De fato, os homens tendem a apaixonar-se romanticamente, enquanto as mulheres, em decorrência de sua dependência econômica e sistema afetivo dirigido às mulheres, relacionam-se com os homens de forma mais calculada, em que o acesso a recursos tem importância vital,[140] conforme evidenciado no estudo intercultural desenvolvido por Buss sobre as estratégias de acasalamento humano.[141] Prossigamos, porém, com o raciocínio de Chodorow:

[As mulheres] não obstante sua tendência a tornarem-se e continuarem eroticamente heterossexuais [Castells: embora as exceções à regra aumentem a cada dia], estão sendo estimuladas, tanto pelas dificuldades do homem em relação ao amor quanto por sua própria relação histórica com suas mães, a procurar amor e gratificação emocional em outros contextos. Uma maneira de satisfazer essas necessidades é pela criação e manutenção de relações pessoais importantes com outras mulheres... Para muitas, porém, as relações afetivas profundas em relação a outras mulheres não acontecem de forma rotineira, no dia a dia. Os relacionamentos lésbicos tendem a recriar a ligação mãe-filha, mas a maioria das mulheres é heterossexual... Existe uma segunda alternativa. Por causa da situação triangular e da assimetria emocional de sua criação familiar, o relacionamento da mulher com o homem *requer* uma terceira pessoa na estrutura psíquica, já que esta foi originalmente estabelecida de forma triangular... Nesse sentido, o filho completa para a mulher o seu triângulo relacional.[142]

É fato que "as mulheres desejam e precisam do relacionamento primário com os filhos".[143] Já para os homens, mais uma vez, é diferente, em razão de sua ligação primordial com a mãe e, mais tarde, com sua figura de mãe: "Para os homens, contrariamente, o relacionamento heterossexual apenas recria a antiga ligação com a mãe; *um filho o interrompe* [destacado por mim]. Os homens, além do mais, não se definem em relacionamentos e chegam a eliminar sua capacidade de relacionamento e reprimir suas necessidades nesse sentido. Isso os prepara para participar do mundo alienado do trabalho que nega o afeto, mas não para satisfazer as necessidades de intimidade e relacionamentos primários da mulher."[144] Assim, "a indisponibilidade emocional do homem e o compromisso heterossexual menos exclusivo da mulher ajudam a conservar a mulher no papel de mãe". Finalmente,

> (...) os aspectos institucionalizados da estrutura familiar e as relações sociais de reprodução repetem-se. Um exame psicanalítico demonstra que a capacidade e os compromissos maternais da mulher e a capacidade e desejos psicológicos gerais que formam a base das suas emoções são desenvolvidos na personalidade feminina. Por ser criada pela mãe, a mulher cresce com capacidade e necessidades relacionais, assim como a definição psicológica de relacionamentos intrapessoais que as comprometem com a maternidade. Já os homens, como são criados por mulheres, não têm esse compromisso nem essa necessidade. Mulheres são mães de filhas que ao crescerem se tornam mães.[145]

O modelo apresentado por Chodorow tem sido duramente criticado, principalmente por lésbicas teóricas e materialistas feministas, e injustamente acusado de reduzir a importância da homossexualidade, firmar o patriarcalismo e predeterminar o comportamento individual. Isso não é verdade. A própria Chodorow tornou seu ponto de vista bem claro: "Sustento — contra qualquer generalização — que homens e mulheres amam de tantas maneiras quanto o número de homens e mulheres."[146] E aprimorou sua análise enfatizando que "diferenciação não é distinção nem separação, mas uma maneira especial de ligar-se aos outros".[147] O problema das mulheres, diz ela, e eu concordo, não é afirmar sua identidade feminina e sim identificar-se com uma identidade socialmente desvalorizada sob o jugo do patriarcalismo. O que Chodorow analisa não é um eterno processo biológico de especificidade entre homem/mulher, mas sim um mecanismo fundamental de reprodução do gênero e, portanto, da identidade, sexualidade e personalidade *sob as condições do patriarcalismo e de heterossexualidade,* como tem sempre deixado bem claro.

Pergunto, então, se esse modelo institucional/psicanalítico pode ajudar-nos a compreender o que acontece quando a família patriarcal se desintegra. Vou tentar associar minhas observações sobre novas formas de famílias e hábitos de vida à teoria de Chodorow.[148] Sob a clássica condição patriarcal/heterossexual, em processo de extinção, mulheres heterossexuais dedicam-se basicamente a quatro tipos de objetivos: filhos, como objeto de seu instinto maternal; redes de relações femininas, como sua principal fonte de apoio emocional; homens, como objetos eróticos; e homens, como provedores da família. Nas condições atuais, no caso da maior parte das famílias, o quarto objeto não mais atua como provedor exclusivo. As mulheres pagam alto preço em termos de trabalho e tornam-se mais pobres em troca de sua independência econômica ou para manter o seu papel indispensável de provedoras da família, mas, de modo geral, a base econômica do patriarcalismo familiar encontra-se corroída e a maioria dos homens precisa da renda percebida pela mulher para usufruir de um estilo de vida decente. Como os homens sempre tiveram papel secundário como objeto de apoio emocional, ficam relegados a seu papel de objeto erótico que, como fonte de interesse para a mulher, encontra-se em franco declínio nesses tempos de desenvolvimento global de redes de apoio femininas (incluindo manifestações de afeto em um "*continuum* lésbico") em decorrência também do maior interesse das mulheres em combinar a maternidade com a vida profissional.

Assim, o primeiro estilo de vida resultante da crise do patriarcalismo que corresponde à lógica do modelo de Chodorow é a formação de famílias constituídas por mãe e filhos, contando com o apoio das redes femininas. Nessas "comunas de mulheres e crianças" as heterossexuais recebem, de quando em quando, a visita de homens, em uma sucessão de parcerias que deixam para trás outros filhos e maiores motivos para o separatismo. Quando as mães envelhecem, as filhas se tornam mães, dando continuidade ao sistema. As mães tornam-se avós, reforçando as redes de apoio, tanto em relação a suas próprias filhas e netos como em relação às filhas e netos de outros lares em rede. Este não é um modelo separatista mas, sim, um modelo autossuficiente centrado na mulher, em que os homens vêm e vão. O principal problema do modelo centrado na mulher, como Barbara Ehrenreich já havia mencionado anos atrás,[149] é a sua frágil base econômica. Cuidados com as crianças, serviços sociais, educação das mulheres e oportunidades de trabalho são os elos faltantes para que esse modelo se torne uma comuna feminina autossuficiente em escala societal.

Embora os homens tenham, socialmente, privilégios maiores, sua situação pessoal é mais complicada.[150] Com o declínio de seu poder de barganha econômico, já não conseguem impor disciplina à família, recusando-se a fornecer recursos financeiros. A não ser que se empenhem em assumir seus papéis de pais em igualdade de condições, não poderão alterar os mecanismos básicos pelos quais suas filhas são produzidas como mães e eles mesmos produzidos como indivíduos que desejam mulheres/mães *para si próprios*. Assim, o homem continua a procurar *a* mulher, como objeto do seu amor, não só erótico mas também emocional, assim como seu salva-vidas e, não devemos esquecer, como uma útil empregada doméstica. Com menos filhos, mulheres trabalhando, homens ganhando menos em empregos menos seguros e com as ideias feministas circulando por todos os lugares, eles se encontram face a face com numerosas opções e, se esta análise estiver correta, nenhuma é a propagação da família patriarcal.

A primeira opção é a *separação*, "a fuga do compromisso",[151] e realmente constatamos essa tendência nas estatísticas. O narcisismo consumista pode ajudar, principalmente quando se é mais jovem. Homens, porém, não se dão bem em formação de redes, solidariedade e aptidões relacionais, uma característica também explicada pela teoria de Chodorow. Os vínculos masculinos constituem prática comum nas sociedades patriarcais tradicionais. Mas, pelo que me recordo de minha experiência espanhola (antiga e recente), as reuniões sociais "só de homens" sustentam-se na suposição de que as famílias/mulheres estão esperando em casa. É somente com base em uma estrutura estável de dominação que satisfaz suas necessidades fundamentais de afeição que os homens conseguem se divertir juntos, geralmente falando sobre mulheres, exibindo-se para elas e vangloriando-se com suas experiências. As *peñas*[152] masculinas silenciam e tornam-se deprimentes quando as mulheres se vão, com a celebração transformada, de repente, em mortalhas bêbadas do poder masculino. É fato comprovado que na maioria das sociedades, homens solteiros que vivem sós têm menos saúde e vida mais curta, além de verificarem-se entre eles maiores taxas de suicídio e depressão do que entre os casados. Com as mulheres que se divorciam ou se separam acontece exatamente o contrário, apesar dos frequentes, se bem que curtos, períodos de depressão pós-divórcio.

A segunda opção é a homossexualidade. Parece que a homossexualidade está se expandindo entre os homens cuja predisposição permite outras formas de expressão sexual mas que, pelos privilégios do patriarcalismo, tenham optado por evitar o estigma da homossexualidade. A homossexualidade aumenta as chances de redes de apoio, das quais os homens geralmente não dispõem. Facilita, também, parcerias em termos iguais ou negociadas, já que as normas sociais não determinam papéis preponderantes no casal. É possível, portanto, que as famílias gays representem o meio experimental da igualdade na vida cotidiana.

Para a maioria dos homens, no entanto, a melhor solução e a mais estável a longo prazo é a *renegociação do contrato da família heterossexual*. Isso inclui compartilhar o trabalho doméstico, parceria econômica e sexual e, acima de tudo, *responsabilidade pelos filhos totalmente compartilhada*. Essa última condição é crítica para os homens porque apenas sob tais circunstâncias será possível alterar o "efeito Chodorow" e as mulheres poderão ser produzidas não apenas como mães, mas como mulheres que desejam os homens, e os homens poderão ser criados não só como amantes de mulheres, mas também como pais de filhos. De fato, a não ser que esse mecanismo seja revertido, a simples reforma do sistema econômico e de poder na família não poderá perdurar como uma condição satisfatória para os homens uma vez que, como ainda anseiam *pela* mulher como *seu* objeto do amor exclusivo, e as mulheres precisam cada vez menos deles, sua rendição condicional na família nuclear reformada é impregnada de ressentimento. Assim, além da negociação individual na família reformada, a possibilidade de reconstruírem-se famílias heterossexuais viáveis no futuro está na subversão do gênero pela revolução da paternidade, conforme Chodorow sugerira desde o princípio. Sem me envolver em novos detalhes estatísticos, quero apenas frisar que, embora grandes progressos tenham sido conquistados nesse sentido,[153] a paternidade e a maternidade em termos iguais ainda têm longo caminho a percorrer e seu ritmo é mais lento do que o crescimento do separatismo, tanto para homens como para mulheres.

As principais vítimas dessa transição cultural são os filhos, cada vez mais negligenciados nas atuais condições da crise familiar. Sua situação poderá piorar, seja porque as mulheres ficam com seus filhos em condições materiais precárias, seja porque elas, em busca de autonomia e sobrevivência pessoal, começam a negligenciá-los da mesma forma que os homens. Considerando que o auxílio do Estado do bem-estar social vem minguando, homens e mulheres têm de resolver, eles próprios, os problemas dos filhos, ao mesmo tempo que perdem o controle sobre suas vidas. O crescimento dramático no número de casos de menores molestados observado em numerosas sociedades, principalmente nos Estados Unidos, pode bem ser uma expressão do estado de confusão e perplexidade das pessoas com relação às suas vidas familiares. Ao fazer essa afirmação, certamente não estou endossando o argumento neoconservador que culpa o feminismo, ou a liberação sexual, pelo drama dos filhos. Estou simplesmente destacando uma questão vital em nossa sociedade, que precisa ser abordada sem preconceitos ideológicos: os filhos estão sendo extremamente negligenciados, conforme constatado e bem documentado por cientistas sociais e jornalistas.[154] A solução não está na volta, impossível, da família patriarcal obsoleta e opressiva. A reconstrução da família em condições de igualdade e a responsabilidade das instituições públicas, assegurando apoio material e psicológico para as crianças, são as medidas cabíveis para alterar o curso que hoje conduz à destruição em massa da psique humana, implícita na vida instável de milhões de crianças.

Identidade corporal: a (re)construção da sexualidade

Há uma revolução sexual em processo de formação, mas não a anunciada e desejada pelos movimentos sociais das décadas de 1960 e 1970, não obstante esses movimentos terem sido fatores importantes para a revolução sexual atual. Essa revolução *caracteriza-se pela desvinculação do casamento, da família, da heterossexualidade e da expressão sexual* (ou do desejo, como prefiro chamar). Esses quatro fatores, unidos sob a égide do patriarcalismo moderno nos dois últimos séculos, estão agora conquistando autonomia, como demonstrado neste capítulo. Segundo observado por Giddens:

Superficialmente, o casamento heterossexual parece manter sua posição central na ordem social. Na verdade, essa instituição vem sendo bastante debilitada pelo avanço do relacionamento puro e da sexualidade plástica. Se até agora o casamento ortodoxo não é visto por todos como apenas mais um estilo de vida entre tantos outros, como de fato já se tornou, isto se deve em parte à complicada mistura de atração e repulsa que o desenvolvimento psíquico de cada sexo cria em relação ao outro... Alguns casamentos podem ainda ser contratados, ou mantidos, principalmente com o objetivo de gerar, ou criar, filhos. No entanto... quase todos os casamentos heterossexuais (e muitas ligações homossexuais) que não se aproximam do relacionamento puro, quando não caem na dependência mútua, costumam evoluir em duas direções. Uma delas é uma versão do casamento por companheirismo. O nível de envolvimento sexual do casal é baixo, mas a relação contém certa dose de igualdade e simpatia mútua... A outra direção é um casamento utilizado como base doméstica para ambos os parceiros, com apenas um modesto envolvimento emocional de um pelo outro.[155]

Em ambos os casos, a sexualidade está dissociada do casamento. Isso já era realidade para a maioria das mulheres em todos os tempos,[156] mas a afirmação da sexualidade feminina, da homossexualidade de homens e mulheres e da sexualidade eletiva tornam a distância entre o desejo das pessoas e a família cada vez maior. Esse fato não se traduz em liberação sexual, mas, para a maioria da população, assustada com as consequências da infidelidade (pela qual agora também os homens têm de pagar) e, nos anos 1980 e 1990, pela epidemia da AIDS, a consequência é pobreza sexual, senão miséria. Pelo menos é o que se deduz da mais abrangente pesquisa empírica sobre o comportamento sexual nos Estados Unidos, realizada em 1992 com base em representativa amostra nacional.[157] Cerca de 35,5% dos homens informaram que mantinham relações sexuais algumas vezes por mês e 27,4% algumas vezes por ano ou nenhuma vez. No caso das mulheres, as proporções foram de 37,2% e 29,7%, respectivamente. Apenas 7,7% dos homens e 6,7% das mulheres afirmaram ter relações sexuais quatro ou mais vezes por semana e, mesmo na faixa etária dos 18 aos 24 anos (em que se encontra o grupo de indivíduos mais ativos sexualmente), a percentagem de alta frequência de relações sexuais não passa de 12,4% tanto para homens como para mulheres. As taxas de alta atividade sexual (mais de quatro vezes por semana) são ligeiramente mais baixas para pessoas casadas do que para a população em geral (7,3% no caso dos homens e 6,6% no das mulheres). Esses dados confirmam também a defasagem entre os sexos quanto aos orgasmos: 75% dos encontros sexuais para os homens, apenas 29% para as mulheres, embora a diferença seja menor em relação ao "prazer".[158] O número de parceiros sexuais nos últimos 12 meses demonstra um leque limitado de parcerias sexuais para a maioria da população: 66,7% dos homens e

74,7% das mulheres tiveram apenas um parceiro; e 9,9% e 13,6%, respectivamente, não tiveram nenhum. Portanto, os Estados Unidos do início dos anos 1990 não são palco de nenhuma grande revolução sexual.

Entretanto, sob a superfície de tranquilidade sexual, a rica base de dados desse estudo realizado pela Universidade de Chicago revela crescente autonomia da expressão sexual, notadamente entre os mais jovens. Por exemplo, nas últimas quatro décadas, a primeira relação sexual vem ocorrendo cada vez mais cedo: apesar da AIDS, os adolescentes estão mais ativos sexualmente do que nunca. Em segundo lugar, morar junto antes do casamento passou a ser a regra, não a exceção. Adultos tendem cada vez mais a formar parcerias sexuais fora do casamento. Cerca de metade dos casos de coabitação termina no prazo de um ano, com 40% transformando-se em casamento, dos quais 50% terminarão em divórcio, dois terços dos quais em outros casamentos cuja possibilidade de terminar em divórcio é ainda maior do que a média de todos os casamentos. É essa diminuição do desejo resultante de sucessivos esforços para associá-lo a esquemas de vida que parece caracterizar os Estados Unidos dos anos 1990.

Por outro lado, a "sexualidade consumista" parece estar em alta, embora os indicadores sejam um tanto indiretos. Laumann *et al.* analisam a sua amostra em termos de preferência sexual normativa conforme a clássica distinção entre a sexualidade tradicional (para fins de procriação), relacional (por companheirismo) e recreativa (para fins de prazer sexual). Destacam, também, um tipo "libertário-recreativo" mais próximo das imagens de liberação sexual pop ou, nas palavras de Giddens, da "sexualidade plástica". Ao analisarem suas amostras por principais regiões dos Estados Unidos, descobriram que 25,5% da amostra na Nova Inglaterra e 22,2% na região do Pacífico poderiam ser classificadas na categoria "libertária-recreativa": esses números significam cerca de um quarto da população em algumas das áreas formadoras da maior parte das tendências culturais do país.

Um indicador significativo da crescente autonomia sexual como atividade voltada ao prazer é a prática do sexo oral que, gostaria de lembrar, é classificada como sodomia e expressamente proibida por lei em 24 estados americanos, embora o seu cumprimento seja duvidoso. A figura 4.14 apresenta a ocorrência de sexo oral por grupo estatístico, ou seja, a proporção de homens e mulheres que já praticaram cunilíngua ou felação por época de nascimento. Comentando esses dados, Laumann *et al.* afirmam que:

> A tendência global revela o que podemos chamar, se não de revolução, de uma rápida mudança nas técnicas sexuais. A diferença de experiência em sexo oral ao longo da vida entre os participantes da pesquisa nascidos entre 1933 e 1942 e os nascidos após 1943 é abissal. A proporção de homens que praticaram sexo oral no decorrer de suas vidas aumenta de 62% para os

nascidos entre 1933–1937 para 90% entre os nascidos no período de 1948 a 1952... A evolução temporal das técnicas sexuais parece ter acompanhado as mudanças culturais ocorridas em fins da década de 1950, mudanças que atingiram o ápice entre meados e fins da década seguinte, *quando chegaram perto do ponto de saturação da população. Os índices mais baixos observados entre os participantes mais jovens da nossa pesquisa não significam necessariamente uma redução da prática de sexo oral; esses grupos simplesmente ainda não se dedicam a relacionamentos sexuais em que o sexo oral se tenha tornado uma prática provável, se não regular.*[159]

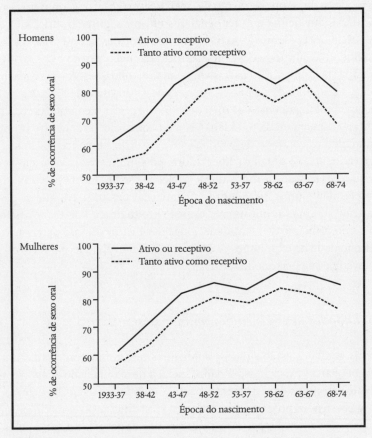

Figura 4.14. Ocorrência de sexo oral no decorrer da vida, por época de nascimento: homens e mulheres.
Fonte: Laumann *et al.* (1994).

Com relação ao exposto, entre 75% e 80% das mulheres das últimas faixas etárias também já praticaram sexo oral e sua ocorrência entre os grupos mais jovens é maior do que entre os homens. Laumann *et al.* também reportam ampla incidência de autoerotismo (associada a níveis elevados de atividades sexuais com parceiros) e de masturbação, que não é bem uma atividade nova mas que é praticada por dois terços dos homens e mais de 40% das mulheres.

Assim, se em vez de observarmos o comportamento sexual do ponto de vista da parceria heterossexual repetitiva, adotarmos uma abordagem mais "pervertida", notaremos que os dados revelam uma história diferente, uma história de consumismo, experimentação e erotismo no processo de deserção do quarto conjugal e de procura de novas formas de expressão, embora, ao mesmo tempo, os cuidados para evitar a AIDS tenham sido intensificados. Como esses novos modelos de comportamento são mais visíveis entre os grupos mais jovens e nas cidades que definem as tendências, sinto-me seguro ao vaticinar que se, quando, e onde a epidemia da AIDS estiver sob controle, haverá uma, duas, três, muitas Sodomas surgindo das fantasias liberadas pela crise do patriarcalismo e estimuladas pela cultura do narcisismo. Em tais condições, como sugerido por Giddens, a sexualidade torna-se propriedade do indivíduo.[160] Onde Foucault percebeu o prolongamento dos instrumentos do poder na questão sexualmente elaborada/interpretada, Giddens vê, e eu concordo, a luta entre o poder e a identidade nesse campo de batalha que é o corpo humano.[161] Não se trata, necessariamente, de uma luta libertadora, pois muitas vezes o desejo surge a partir da transgressão, de modo que a "sociedade sexualmente liberada" torna--se simplesmente um supermercado de fantasias pessoais, em que as pessoas se consumirão umas às outras em vez de se produzirem. Porém, ao assumir o corpo como princípio de identidade, longe das instituições do patriarcalismo, a multiplicidade de expressões sexuais capacita o indivíduo para a árdua (re) construção de sua personalidade.[162]

Personalidades flexíveis em um mundo pós-patriarcal

As novas gerações estão sendo socializadas fora do padrão tradicional da família patriarcal e expostas, já na infância, à necessidade de adaptarem-se a ambientes estranhos e aos diferentes papéis exercidos pelos adultos. Em termos sociológicos, o novo processo de socialização restringe de certo modo as normas institucionais da família patriarcal e diversifica os papéis exercidos pelos seus membros. Em seu exame perspicaz dessa questão, Hage e Powers constatam que, como resultado desses processos, novas personalidades vêm à tona, mais complexas, menos seguras de si, porém mais capazes de se adaptarem aos papéis em mudança constante dentro dos contextos sociais, uma vez que seus mecanismos de adaptação são acionados por novas experiências desde a mais tenra idade.[163] A crescente individualização dos relacionamentos internos da família tende a enfatizar a importância das exigências pessoais para além das regras institucionais. A sexualidade, portanto, torna-se, em relação aos valores sociais, uma necessidade pessoal que não precisa ser canalizada e institucionalizada no seio da família. Com a maioria da população adulta e um terço das crianças vivendo fora dos limites da família nuclear tradicional, e com o constante crescimento dessas duas proporções, a construção do desejo se dá cada vez mais nas relações interpessoais fora do contexto da família tradicional: torna-se uma expressão do eu. A socialização de adolescentes sob esses novos padrões culturais conduz a patamares de liberdade sexual mais elevados do que os atingidos pelas gerações anteriores, incluindo aquelas que viveram nos liberais anos 1960, apesar da ameaça representada pela epidemia da AIDS.

Vimos que a revolta das mulheres contra sua condição, induzida e permitida pela sua entrada maciça na força de trabalho informacional, e os movimentos sociais de identidade sexual passaram a questionar a família de núcleo patriarcal. Essa crise tomou a forma de uma separação cada vez maior entre as diferentes dimensões antes mantidas unidas sob a mesma instituição: relações interpessoais entre o casal; o trabalho de cada membro da família; a associação econômica entre os membros da família; a realização do trabalho doméstico: a criação dos filhos; sexualidade; apoio emocional. A dificuldade em ter de lidar com todos esses papéis simultaneamente, quando não mais se encontram fixados em uma estrutura formal institucionalizada como a família patriarcal, explica a dificuldade em manter-se relacionamentos sociais estáveis dentro de um lar cuja base é a família. Para que as famílias possam sobreviver, é necessário que se estabeleçam novas formas institucionalizadas de relacionamento social de acordo com as modificações ocorridas no relacionamento entre os gêneros.

Ao mesmo tempo, a mudança tecnológica ocorrida na reprodução biológica permite dissociar a reprodução da espécie das funções sociais e pessoais da família. A possibilidade de reprodução *in vitro*, bancos de esperma, barrigas de aluguel, bebês projetados geneticamente abrem toda uma área de experimentos sociais que a sociedade tentará reprimir a todo o custo por causa da potencial ameaça às nossas estruturas morais e legais. E, no entanto, o próprio fato de que é possível às mulheres terem filhos sem ao menos conhecerem o pai, ou que homens, mesmo depois de mortos, possam usar barrigas de aluguel para gerarem seus filhos, rompe a relação fundamental entre biologia e sociedade na reprodução da espécie humana, separando a socialização do ato de gerar filhos. Sob tais condições históricas, famílias e estilos de vida passam por processos de redefinição ainda obscuros.

Como a família e a sexualidade são fatores determinantes dos sistemas da personalidade, o questionamento das estruturas familiares conhecidas e a revelação da sexualidade projetada pessoalmente criam a possibilidade de novos tipos de personalidade que mal começamos a perceber. Segundo Hage e Powers, a principal habilidade necessária para corresponder como indivíduos às mudanças que estão ocorrendo na sociedade é a de dedicar-se à "definição de um papel", que consideram como "o microprocesso vital da sociedade pós--industrial".[164] Embora eu concorde plenamente com essa análise extremamente perceptiva, acrescentarei uma hipótese complementar para o entendimento dos sistemas de personalidade emergentes. Leal às minhas inclinações psicanalíticas, penso que o reconhecimento franco do desejo pessoal, insinuado na cultura emergente de nossa sociedade, conduzirá à mesma aberração que a institucio-nalização do desejo. Como o desejo costuma, com frequência, ser associado à transgressão, o reconhecimento da sexualidade fora da família produziria uma tensão social extrema. Isso porque, enquanto a transgressão era meramente uma expressão da sexualidade manifestada fora dos limites da família, a socie-dade conseguia lidar facilmente com ela, canalizando-as por meio de situações codificadas e contextos organizados, como prostituição, homossexualidade reservada ou assédio sexual admitido: era esse o mundo da sexualidade que Foucault considerava normal. Agora tudo isso mudou. Se a família patriarcal já não mais se encontra aqui para ser traída, a transgressão terá de ser um ato individual contra a sociedade. A função de para-choque exercida pela família não existe mais, o que abre caminho para a expressão do desejo na forma de violência inútil. Por mais bem-vindo que seja como agente liberador, o colapso da família patriarcal (a única em existência historicamente) está se rendendo à normalização da sexualidade (filmes pornô passados na televisão durante o horário nobre) e a propagação da violência irracional por toda a sociedade por becos escuros do desejo selvagem, ou seja, a perversão.

A liberação com relação à família leva ao confronto do eu com a opressão infligida a si próprio. A fuga em direção a uma sociedade aberta e em rede levará à ansiedade individual e à violência social, até que novas formas de coexistência e responsabilidade compartilhada sejam encontradas, unindo homens, mulheres e crianças na família reconstruída, isto é, uma família formada em condições de igualdade, mais adequada a mulheres liberadas, crianças bem informadas e homens indecisos.

Será o fim do patriarcalismo?

As lutas contínuas internas do patriarcalismo e em torno dele não permitem antever claramente o horizonte histórico. Repito mais uma vez que na História não há direcionamento predeterminado. Não estamos marchando em triunfo pelas avenidas da nossa liberação e, se imaginamos que estamos, faríamos me-lhor se observássemos para onde esses caminhos gloriosos conduzem. A vida passa pela vida sem nenhum senso de direção e, sabemos bem, é cheia de sur-presas. A restauração fundamentalista, colocando novamente o patriarcalismo sob a proteção da lei divina, pode muito bem reverter o processo de corrosão da família patriarcal, induzido acidentalmente pelo capitalismo informacional e perseguido intencionalmente pelos movimentos sociais culturais. A reação causada pela intolerância aos homossexuais poderá revogar o reconhecimento dos seus direitos, conforme evidenciado pela votação maciça no Congresso dos Estados Unidos em julho de 1996, que declarou ser a heterossexualidade um pré-requisito para o casamento legal. Além disso, o patriarcalismo dá sinais no mundo inteiro de que ainda está vivo e passando bem, apesar dos sintomas de crise que procurei salientar neste capítulo. Entretanto, a própria intensidade das reações em defesa do patriarcalismo, como o observado no movimento religioso fundamentalista cuja força vem crescendo em vários países, é sinal da intensidade dos desafios antipatriarcais. Valores antes considerados eternos, naturais, e até mesmo de inspiração divina, agora precisam ser defendidos à força nas trincheiras de seu último bastião e perdem legitimidade na mente das pessoas.

A habilidade, ou inabilidade, dos movimentos sociais feministas e de afirmação da identidade sexual para institucionalizar seus valores dependerá, essencialmente, de suas relações com o Estado, sempre o último refúgio do patriarcalismo ao longo da História. No entanto, as fortes exigências dos movimentos sociais, seus ataques às instituições de dominação em suas próprias raízes, ocorrem exatamente no momento em que o próprio Estado se encontra envolvido em uma crise estrutural desencadeada pela contradição entre a globalização do seu futuro e a identificação do seu passado.

Notas

1. Akhmatova (1985: 84).
2. Rowbotham (1974).
3. Castells (1983).
4. Mitchell (1966).
5. Saltzman-Chafetz (1995).
6. Em 1995, a taxa de natalidade na União Europeia foi a mais baixa em tempos de paz ocorrida no século XX: o número de nascimentos foi superior ao de óbitos em apenas 290 mil. Na Alemanha e na Itália o número de óbitos foi maior do que o de nascimentos. A população da Europa Oriental decresceu mais ainda, principalmente na Rússia (*The Economist*, 19 de novembro de 1996).
7. Stacey (1990).
8. Ver Nações Unidas (1970–1995, 1995); Saboulin e Thave (1993); Valdes e Gomariz (1993); Cho e Yada (1994); OECD (1994b); Alberdi (1995); Bruce *et al.* (1995); De Vos (1995); Mason e Jensen (1995).

9. Bruce *et al.* (1995).
10. Bruce *et al.* (1995).
11. Alberdi (1995).
12. Goode (1993).
13. Blossfeld (1995).
14. Alberdi (1995).
15. Nações Unidas (1991).
16. Alberdi (1995); Bruce *et al.* (1995).
17. Alberdi (1995).
18. Leal *et al.* (1996).
19. Tsuya e Mason (1995).
20. Cabre (1990); Cabre e Domingo (1992).
21. Alberdi (1995).
22. Pinelli (1995: 88).
23. Leal *et al.* (1996).
24. Tsuya e Mason (1995).
25. Gelb e Lief-Palley (1994).
26. Kahne e Giele (1992); Mason e Jensen (1995).
27. Nações Unidas (1995).
28. Kahne e Giele (1992); Rubin e Riney (1994).
29. Ver Blumstein e Schwartz (1983); Cobble (1993); OCDE (1993–1995, 1994a, b, 1995); Mason e Jensen (1995); Nações Unidas (1995).
30. Nações Unidas (1991).
31. Salaff (1981, 1988).
32. Standing (1990).
33. Portes *et al* (1989).
34. Spitz (1988); Kahne e Giele (1992); OCDE (1994b).
35. Salaff (1981).
36. Nações Unidas (1991).
37. Cobble (1993).
38. Kim (1993).
39. Nações Unidas (1995).
40. Susser (1997).
41. Thurman e Trah (1990); Duffy e Pupo (1992).
42. Michelson (1985).
43. Servon e Castells (1996).
44. Rowbotham (1974, 1992); Kolodny (1984); Spivak (1990); Massolo (1992).
45. Mansbridge (1995: 29).
46. Butler (1990); Chodorow (1994); Whittier (1995).
47. Mansbridge (1995:29).
48. Para obter excelente análise da evolução e transformação do movimento feminista americano nas três últimas décadas, ver Whittier (1995); para obter uma visão geral das organizações feministas na América ver Ferree e Martin (1995); para obter uma coleção bem-organizada e comentada do discurso feminista americano

a partir dos anos 1960, ver Schneir (1994). Outras fontes utilizadas em minha análise são citadas especificamente no texto.

49. Rupp e Taylor (1987).
50. Barnett (1995).
51. Evans (1979).
52. Reproduzido na obra de Schneir (1994: 96).
53. Reproduzido na obra de Schneir (1994: 127).
54. Ver Strobel (1995) para obter análise da ascensão e queda de uma das mais dinâmicas e influentes organizações feministas socialistas, a *Chicago Women's Liberation Union* (*CWLU*).
55. Ferree e Hess (1994); Ferree e Martin (1995); Mansbridge (1995); Spalter-Roth e Schreiber (1995); Whittier (1995).
56. Eisenstein (1981/1993).
57. Whittier (1995).
58. Spalter-Roth e Schreiber (1995: 106–8).
59. Spalter-Roth e Schreiber (1995: 119).
60. Whittier (1995: 254–6).
61. Buechler (1990); Staggenborg (1991); Ferree e Hess (1994); Ferree e Martin (1995).
62. Faludi (1991); Schneir (1994).
63. Whittier (1995: 243).
64. Whittier (1995: 239).
65. Morgen (1988); Matthews (1989); Blum (1991); Barnett (1995); Pardo (1995).
66. Stacey (1990); Whittier (1995).
67. Whittier (1995: 23–4).
68. Brown (1992); Campbell (1992); Griffin (1995); Hester *et al.* (1995).
69. Griffin (1995: 4).
70. Funk e Mueller (1993).
71. Gelb e Lief-Palley (1994).
72. Po (1996).
73. Po (1996).
74. Kahne e Giele (1992); Massolo (1992); Grupo Feminista Caipora (1993); Jaquette (1994); Kuppers (1994); Blumberg *et al.* (1995).
75. Cardoso Leite de (1983); Gohn (1991); Espinosa e Useche (1992); Massolo (1992).
76. Massolo (1992: 338); traduzido para o inglês por Castells.
77. Rowbotham (1989).
78. Rowbotham (1989: 81).
79. Meu entendimento do feminismo espanhol é fruto de observação e experiência pessoais e diretas, assim como de conversas com muitas mulheres que tiveram papel significativo no movimento. Quero agradecer às mulheres com as quais eu mais aprendi, particularmente Marina Subirats, Françoise Sabbah, Marisa Goni, Matilde Fernandez, Carlota Bustelo, Carmen Martinez-Ten, Cristina Alberdi e Carmen Romero. Obviamente, a responsabilidade pelas análises e informações aqui apresentadas é exclusivamente minha.
80. Alonso Zaldivar e Castells (1992).

81. Meu entendimento do movimento feminista italiano resulta, em grande parte, de minha amizade e conversações mantidas com Laura Balbo, assim como de observação pessoal de movimentos sociais em Milão, Turim, Veneza, Roma e Nápoles durante toda a década de 1970. Para obter análises mais recentes, ver a excelente visão geral do movimento apresentada por Bianca Beccalli (1994). Para obter informações sobre a formação do movimento e seu desenvolvimento durante os anos 1970, consulte Ergas (1985) e Birnbaum (1986).

82. Beccalli (1994: 109).

83. Beccalli (1994: 86).

84. Ao avaliar os principais temas do movimento feminista, não poderei fazer justiça à riqueza do debate feminista, nem conseguirei pesquisar, mesmo se soubesse como, toda a extensão das teorias e posições disponíveis para a compreensão das fontes de opressão da mulher e dos caminhos da liberação. Meu sumário analítico aqui visa ao objetivo teórico deste livro: interpretar a interação entre os movimentos sociais que reivindicam a primazia da identidade e a sociedade em rede como sendo a nova estrutura da dominação na era da informação. Se essa renúncia soa como defensiva, é porque realmente é.

85. Irigaray (1984/1993: 7).

86. Fuss (1989: 2).

87. Irigaray (1977/1985: 210).

88. Irigaray (1977/ 1985: 215–7).

89. Irigaray (1977/1985: 164).

90. Fuss (1989).

91. Beccalli (1994).

92. Merchant (1980).

93. Spretnak (1982); Epstein (1991).

94. Beccalli (1994).

95. Delphy (1984); Wittig (1992).

96. Rich (1980/1993).

97. Reproduzido na obra de Schneir (1994: 162).

98. Wittig (1992: 13–20); grifado por Castells.

99. Griffin (1995: 79).

100. Whittier (1995); Jarrett-Macauley (1996).

101. hooks (1989: 161)

102. Esta questão tem sido bastante debatida por historiadoras feministas. O que classifico como "feminismo prático" assemelha-se ao que tais historiadoras denominam de "feminismo social"; ver Offen (1988); Cott (1989).

103. Espinosa e Useche (1992: 48); traduzido para o inglês por Castells.

104. A análise ora apresentada não inclui o estudo das *questões* e *valores* gays e lésbicos, nem de sua relação com as instituições sociais. Ela enfoca os *movimentos* gay e lésbico e seu impacto no patriarcalismo pela liberação sexual. Para ser mais específico, apresentarei dois estudos de caso, um para cada movimento. Discutirei, por um lado, o surgimento de um grande movimento lésbico em Taipé nos anos 1990, e sua interação com o movimento feminista e com o movimento gay.

Trata-se de um esforço deliberado de minha parte para afastar-me um pouco dos cenários de liberação lésbica nos Estados Unidos e na Europa Ocidental e enfatizar a crescente influência da lesbiandade em culturas fortemente patriarcais, como a chinesa. Por outro lado, farei uma análise sucinta da formação e desenvolvimento da comunidade gay em São Francisco, provavelmente uma das mais influentes e visíveis das comunidades e movimentos gays em todo o mundo. Minha apresentação do movimento lésbico em Taipé baseia-se principalmente em um excelente estudo realizado por uma aluna minha no curso de doutorado em Berkeley, Lan-chih Po, que é também militante ativa do movimento feminista de Taipé (Po, 1996). Para melhor entendimento do cenário de Taipé usei, além do meu conhecimento pessoal, minhas relações em Taiwan. Registro aqui meu agradecimento a You-tien Hsing e Chu-joe Hsia. Com relação a São Francisco, utilizei meu estudo de campo realizado no início dos anos 1980 com a colaboração de Karen Murphy (Castells e Murphy, 1982; Castells, 1983: 138–72), acrescentando observações sobre acontecimentos recentes. Não cabe aqui uma análise da extensa literatura sobre questões gays e lésbicas. Para ter uma visão acadêmica da bibliografia em inglês, ver a excelente obra *Lesbian and Gay Studies Reader*, editada por Abelove *et al.* (1993).

105. Foucault (1976, 1984a, b).
106. Halperin *et al.* (1990).
107. Rich (1980/1993: 230).
108. D'Emilio (1983).
109. Minha análise do movimento lésbico de Taipé segue o estudo realizado por Lan--chih Po (1996). Além de suas observações, seu trabalho baseia-se nos documentos (escritos em chinês) de uma Conferência sobre "Novos Mapas do Desejo: Literatura, Cultura e Orientação Sexual" realizada em 20 de abril de 1996 na Universidade Nacional de Taiwan, Taipé, e na edição especial da revista *Awakening* (1995: nº 158–61) sobre as relações entre o feminismo e o lesbiandade.
110. Po (1996: 20).
111. Sobre fontes de consulta e métodos utilizados no meu estudo sobre a comunidade gay de São Francisco, ver Castells (1983), em particular o Anexo Metodológico, pp. 355–62.
112. Levine (1979).
113. Para obter informações sobre o relacionamento entre o movimento gay, a luta contra a AIDS e as reações da sociedade, ver Coates *et al.* (1988); Mass (1990); Heller (1992); Price e Hsu (1992); Herek e Greene (1995); Lloyd e Kuselewickz (1995).
114. Castells (1992c).
115. Os dados apresentados nesta seção foram obtidos do Departamento de Recenseamento dos Estados Unidos e de *The World Almanac and Book of Facts* (1996), exceto se houver outra indicação. Os dados foram retirados das seguintes publicações do Departamento de Recenseamento dos Estados Unidos: *US Department of Commerce, Economics and Statistics Administration, Bureau of the Census* (1989, 1991, 1992a-d).
116. Stacey (1990: 28).

117. Departamento de Recenseamento dos Estados Unidos (1994).
118. Buss (1994: 168).
119. Reigot e Spina (1996: 238).
120. Reigot e Spina (1996).
121. Coleman e Ganong (1993: 113).
122. Farnsworth Riche (1996).
123. Susser (1991).
124. Gonsioreck e Weinrich (1991). O limiar de 10% de homossexualidade da população em geral é um mito demográfico inspirado pela leitura superficial do Relatório Kinsey, que já tem cinquenta anos (e que, na verdade, referia-se a homens brancos norte-americanos). Conforme exposto por Laumann *et al.* (1994), com o apoio de forte base empírica, não há uma fronteira clara da homossexualidade que possa ser relacionada a um impulso biológico distinto. O alcance do comportamento homossexual, em suas diversas manifestações, evolui de acordo com normas culturais e contextos sociais. Para mais informações sobre o assunto, ver Laumann *et al.* (1994: 283–320).
125. Reigot e Spina (1996: 116).
126. Masnick e Ardle (1994); Masnick e Kim (1995).
127. De acordo com dados citados por Ehrenreich (1983: 20), em 1957, 53% dos norte-americanos pensavam que pessoas solteiras eram "doentes", "imorais" ou "neuróticas", e apenas 37% as viam com "neutralidade". Em 1976, apenas 33% tinham atitudes negativas com relação a quem não se casava e 15% aprovavam pessoas que permaneciam solteiras.
128. Stacey (1990); Susser (1991, 1996); Reigot e Spina (1996); consulte também Bartholet (1990); Gonsioreck e Weinrich (1991); Brubaker (1993); Rubin e Riney (1994); Fitzpatrick e Vangelisti (1995).
129. Stacey (1990: 16).
130. Reigot e Spina (1996).
131. Citado em Stacey (1990: 254).
132. Coleman e Ganong (1993); Reigot e Spina (1996); Susser (1996).
133. Stacey (1990: 269).
134. Coleman e Ganong (1993: 127).
135. Chodorow (1989, 1994).
136. Chodorow (1978: 7).
137. Chodorow (1978: 191).
138. Adrienne Rich (1980) criticou Chodorow por não ter enfatizado a potencial tendência lésbica de muitas mulheres, conforme sua teoria. No meu ponto de vista, essa critica é injusta, uma vez que o *"continuum* lesbiano" de Rich ocorre no contexto da heterossexualidade institucionalizada. O que Chodorow explica é de que forma o ininterrupto elo mãe/filha é canalizado para as instituições do casamento heterossexual, do qual esse próprio elo se origina. É essencial que o psicanalista, assim como o sociólogo, mantenham a devida distância entre a análise e a advocacia.
139. Chodorow (1978: 192–3).

140. É claro que a literatura mundial, assim como nossa experiência pessoal, está repleta de exemplos de mulheres que abandonam tudo por causa do amor. Penso, porém, que isso não passa de uma manifestação do domínio ideológico exercido pelo modelo patriarcal e que raramente resiste à experiência real do relacionamento. Por isso representa material tão bom para romances!

141. Buss (1994).

142. Chodorow (1978: 201).

143. Chodorow (1978: 203).

144. Chodorow (1978: 207).

145. Chodorow (1978: 209).

146. Chodorow (1994: 71).

147. Chodorow (1989: 107).

148. Devo lembrar ao leitor que Chodorow é, antes de mais nada, uma psicanalista que desenvolve sua teoria *com base em evidências clínicas*. Portanto, esta utilização de sua cautelosa abordagem psicanalítica para tecer minhas impetuosas generalizações sociológicas ultrapassa as fronteiras normalmente exploradas pela autora e é feita, naturalmente, sob minha exclusiva responsabilidade.

149. Ehrenreich (1983).

150. Ehrenreich (1983); Astrachan (1986); Keen (1991).

151. Ehrenreich (1983).

152. *Peña* é uma instituição medieval espanhola, originalmente restrita aos homens e ainda hoje controlada por eles, que costumava reunir/reúne os jovens da aldeia ou arredores para preparar as festividades religiosas/folclóricas anuais. Serve como uma rede socializadora em que todos se reúnem para beber e se divertir. Entre as *peñas* mais famosas, as de São Firmino, em Pamplona, merecem destaque. A palavra *peña* significa rocha sólida. As *peñas* representam a solidez dos vínculos masculinos.

153. Shapiro *et al.* (1995).

154. Susser (1996).

155. Giddens (1992: 154–5).

156. Buss (1994).

157. Laumann *et al.* (1994).

158. Laumann *et al.* (1994: 116).

159. Laumann *et al.* (1994: 103–4); grafado em itálico por Castells.

160. Giddens (1992: 175).

161. Giddens (1992: 31).

162. Grosz (1995).

163. Hage e Powers (1992).

164. Hage e Powers (1992).

5

GLOBALIZAÇÃO, IDENTIFICAÇÃO E O ESTADO: UM ESTADO EM REDE OU UM ESTADO DESTITUÍDO DE PODER?

"Uma característica específica do Estado capitalista", escreveu Nicos Poulantzas em 1978, "é que ele absorve o tempo e o espaço sociais, estabelece as matrizes de tempo e espaço e monopoliza a organização do tempo e do espaço que se transformam, por meio da ação do Estado, em redes de dominação e poder. Desse modo, a nação moderna é um produto do Estado."[1] Esse conceito não mais se aplica aos dias de hoje. O controle do Estado sobre o tempo e o espaço vem sendo sobrepujado pelos fluxos globais de capital, produtos, serviços, tecnologia, comunicação e informação. A apreensão do tempo histórico pelo Estado mediante a apropriação da tradição e a (re)construção da identidade nacional passou a enfrentar o desafio imposto pelas identidades múltiplas definidas por sujeitos autônomos. A tentativa de o Estado reafirmar seu poder na arena global pelo desenvolvimento de instituições supranacionais acaba comprometendo ainda mais sua soberania. E os esforços do Estado para restaurar sua legitimidade por meio da descentralização do poder administrativo, delegando-o às esferas regionais e locais, estimulam as tendências centrífugas ao trazer os cidadãos para a órbita do governo, aumentando, porém, a indiferença destes em relação ao Estado-Nação. Assim, enquanto o capitalismo global prospera e as ideologias nacionalistas demonstram seu vigor em todo o mundo, o Estado-Nação, cuja formação está historicamente situada na Idade Moderna, parece estar perdendo seu poder, mas não — e essa distinção é essencial — *sua influência.*[2] No presente capítulo, procurarei explicar as razões e analisar as possíveis consequências dessa tendência fundamental.

O crescente desafio à soberania dos Estados em todo o mundo parece advir da incapacidade de o Estado-Nação moderno navegar por águas tempestuosas e desconhecidas entre o poder das redes globais e o desafio imposto por identidades singulares.[3] Entretanto, a própria existência desses desafios acionou inúmeras respostas estratégicas do Estado-Nação. Essas respostas são moldadas pelas relações de poder existentes dentro e em torno das instituições políticas.

Dessa maneira, o que observamos nos primeiros anos do século XXI é, simultaneamente, a crise do Estado-Nação da era moderna e o retorno do Estado sob novas formas organizacionais, novos procedimentos de tomada de poder e novos princípios de legitimidade. Esse é o argumento que será apresentado neste capítulo.

A GLOBALIZAÇÃO E O ESTADO

A capacidade instrumental do Estado-Nação é decisivamente enfraquecida pela globalização de atividades econômicas centrais, pela globalização da mídia e da comunicação eletrônica, pela globalização do crime, pela globalização do protesto social e pela globalização da rebelião na forma de terrorismo transnacional.[4] Eu analisei os protestos sociais e as rebeliões violentas contra a globalização nos capítulos anteriores. Aqui, vou focar em outros desafios globais para o Estado-Nação.

O núcleo transnacional das economias nacionais

A interdependência dos mercados financeiro e monetário em todo o mundo, operando como um todo em tempo real, estabelece o elo entre as diferentes unidades monetárias nacionais. As transações cambiais constantes envolvendo dólares, ienes e euros fazem com que a coordenação sistêmica entre essas moedas seja a única medida capaz de manter um certo grau de estabilidade no mercado monetário, e consequentemente nos investimentos e no comércio globais. Todas as demais moedas do mundo se tornaram ligadas, para todos os efeitos práticos, a esse triângulo de riqueza. Se a taxa de câmbio é sistemicamente interdependente, o mesmo ocorre, ou ocorrerá, com as políticas monetárias. E se as políticas monetárias são, de algum modo, harmonizadas em nível supranacional, também o são, ou serão, as taxas de juros internacionais e, em última análise, as políticas orçamentárias. A consequência disso é que os Estados-Nação tomados individualmente estão perdendo e efetivamente perderão o controle sobre componentes fundamentais de suas políticas econômicas.[5] Na verdade, isso já aconteceu nos países em desenvolvimento nos anos 1980 e nos países europeus no início dos anos 1990. Barbara Stallings demonstrou de que modo as políticas econômicas dos países em desenvolvimento foram determinadas na década de 1980 pelas pressões internacionais, na medida em que instituições financeiras internacionais e grandes bancos privados tomaram medidas de estabilização das economias em desenvolvimento como condição básica para o investimento e o comércio internacionais.[6] Na União Europeia, o Banco Central Europeu determina a política monetária e as taxas de juros principais, de forma que a autonomia orçamentária dos Estados-Nação seja limitada à alocação de seus recursos entre os diferentes itens do orçamento dentro dos parâmetros de equilíbrio macroeconômico impostos pelas autoridades monetárias independentes e monitoradas pela Comissão Europeia. O Reino Unido e a Suécia, ainda que tenham sua própria moeda, são, de fato, dependentes da política monetária geral da União Europeia e sua adesão à Zona do Euro foi simplesmente uma questão de momento político.

A política econômica japonesa é essencialmente determinada pela relação entre a balança comercial e a taxa de câmbio dos Estados Unidos. No caso dos Estados Unidos, economia mais autossuficiente do mundo, eles só puderam continuar assim, apesar de um grande déficit comercial nos anos 1980, por terem financiado os altos gastos do governo com um empréstimo feito do capital estrangeiro, em grande medida. Embora o rápido crescimento da nova economia na década de 1990 tenha transformado o déficit orçamentário substancial que se seguiu a esse empréstimo em um superávit financeiro na administração Clinton, em 2002–2003 a situação mudou. A crise econômica, os gastos militares e com segurança e as isenções fiscais de uma administração conservadora levaram a um novo desiquilíbrio orçamentário, tornando a América mais uma vez diretamente dependente do empréstimo de capital para compensar seu duplo déficit no comércio externo e no orçamento federal. Pode-se argumentar que o grau de liberdade das políticas econômicas dos governos americanos foi drasticamente reduzido desde a década de 1990, com sua política orçamentária presa entre créditos automáticos herdados do passado e a alta mobilidade do capital experimentada no presente, que será provavelmente ainda maior no futuro.[7]

Além disso, os mercados financeiros globais estão amplamente fora do controle de qualquer governo individual, inclusive dos Estados Unidos. A valorização financeira de moedas e títulos nesses mercados globais é influenciada por informações turbulentas de origens variadas em interação nas redes globais de informação e valorização, conforme documentei no volume I, capítulo 2. Consequentemente, as políticas econômicas nacionais passaram a ser altamente condicionadas pelos mercados financeiros livremente regulados e pouco controlados, reduzindo, assim, a autonomia dos governos na política econômica.[8]

A dificuldade cada vez maior do controle exercido pelos governos sobre a economia (tendência vista com entusiasmo por alguns economistas) é acentuada pela crescente transnacionalização da produção, não apenas pelo impacto causado pelas empresas multinacionais, mas principalmente pelas redes integradas de produção e comércio dessas empresas.[9] A consequência é a capacidade cada vez mais reduzida de os governos assegurarem em seus próprios territórios a base produtiva para a geração de receita. À medida que as empresas e indivíduos com grandes fortunas vão descobrindo paraísos fiscais em todo o mundo, e a contabilização do valor agregado em um sistema internacional de produção se torna cada vez mais onerosa, surge uma nova crise fiscal no Estado, expressão de uma contradição crescente entre a internacionalização do investimento, produção e consumo, por um lado, e a base nacional dos sistemas tributários, por outro.[10] Será por acaso que os países mais ricos do mundo, em termos de renda *per capita*, são Luxemburgo e Suíça? É bem provável que um dos últimos bastiões do Estado-Nação esteja sendo disputado no ciberespaço contábil entre autoridades fiscais diligentes e advogados transnacionais altamente qualificados.

Avaliação estatística da nova crise fiscal do Estado na economia global

Nesse ponto da presente análise, parece-me interessante examinar a evolução das finanças dos governos em tempos de franca globalização das economias nacionais entre 1980 e o início dos anos 1990. A fim de delimitar o grau de complexidade da análise, selecionei seis países: as três maiores economias de mercado do mundo (EUA, Japão e Alemanha); a mais aberta das maiores economias europeias (Reino Unido); outro país europeu, a Espanha, que, embora sustente a posição de oitava maior economia de mercado do mundo, encontra-se em um nível de desenvolvimento econômico/tecnológico inferior ao dos países do G-7; e uma das mais importantes economias do mundo recentemente industrializado, a Índia. Com base nos dados estatísticos compilados e analisados por Sandra Moog, as tabelas 5.1 e 5.2 foram elaboradas com o objetivo de fornecer uma visão geral sobre alguns dos principais indicadores da atividade econômico-financeira dos governos, relativa ao processo de internacionalização das economias. Não me estenderei em um estudo detalhado desses dados. Em vez disso, utilizarei essas tabelas para ampliar e tornar mais específica minha argumentação sobre o Estado e a globalização apresentada nas páginas anteriores.

Tabela 5.1

Internacionalização da economia e das finanças públicas: índices de variação, 1980–1993 (e índices de 1993, salvo outras indicações)

	Estados Unidos	Reino Unido	Alemanha	Japão	Espanha	Índia
Dívida externa / PIB (%)	104,2	31,8	538,5	0	1.006,7	-25,3
	(9,8)	(5,8/1992)	(16,6)	(0,3/1991)	(10,5)	(5,9)
Dívida externa / reservas monetárias (%)	20,1	44,7	325,3 (p)	9,9	674,5	-16,5
	(998,6)	(168,1/1992)	(368,4) (p)	(12,2/1991)	(121,6)	(149,4)
Dívida externa / exportações (%)	133	50,5	590,8	9,5	795,5	-55,6
	(134)	(32,2/1992)	(75,3)	(2,36/1990)	(79,7)	(70,7)
Dívida pública externa / gastos públicos (%)	92,2	17,4	423,5 (p)	–	586,8	-40,7
	(41,7)	(13,5/1992)	(44,5) (p)		(36,4)	(35,4)
Empréstimos líquidos de fontes externas contraídos pelo governo / gastos públicos (%)	203	787,5	223,4	–	–	10,3
	(6,12)	(14,2/1992)	(15,2)			(4,3)
Investimento direto no exterior /investimentos internos (%)	52,8	44,4	52,2	57,1	183,3	
	(5,5)	(17,9)	(3,5)	(1,1)	(2,8)	
Investimento estrangeiro direto / investimentos internos (%)	-35,5	-8,9	-50	–	236,7	–
	(2)	(10,2)	(0,1)		(8,6)	

(p) dados preliminares

Nota: Para números e maiores informações sobre as fontes e métodos de cálculo, consulte o Apêndice Metodológico.

Fontes: Dados compilados e organizados por Sandra Moog a partir das seguintes fontes: *Government Finance Statistics Yearbook,* vol. 18 (Washington D.C.: FMI, 1994); *International Financial Statistics Yearbook,* vol. 48 (Washington D.C.: FMI, 1995); *The Europa World Yearbook* (Londres: Europa Publications, 1982, 1985, 1995); *National Accounts: Detailed Tables, 1980–1992,* vol. 2 (Paris, OCDE, 1994); *OCDE Economic Outlook,* vol. 58 (Paris: OCDE, 1995); *World Tables, 1994* (The World Bank, Baltimore: The Johns Hopkins University Press, 1994).

Tabela 5.2
Papel do governo na economia e nas finanças públicas: índices de variação, 1980–1992 (e índices de 1992, salvo outras indicações)

	Estados Unidos	Reino Unido	Alemanha	Japão	Espanha	Índia
Despesas governamentais / PIB (%)	9,1	13,1	19,7	–	49,4	29,3 (p)
	(24)	(43,2)	(36,4)		(25,1)	17,2 (p)
Transferência de impostos governamentais / PIB (%)	-15,6	8	11,6 (p)	18,2	64,2	17,3 (p)
	(10,8)	(27)	(13,5) (p)	(13/1990)	(17,4/1991)	(11,2) (p)
Déficit do setor público administrativo / PIB (%)	42,9	8,7	44,4	-78,6	16,2	-20 (p)
	(4)	(5)	(2,6)	(1,5/1990)	(4,3)	(5,2) (p)
Dívida pública / PIB (%)	91,9	-26	78,1	30,1	160,8	28,2 (p)
	(52,2)	(34,1)	(28,5)	(53,2/1990)	(39,9)	(52,8) (p)
Emprego na administração pública / Total de empregos %	-4,7	-3,1	-0,6	-20,9	–	–
	(16,2)	(22,2)	(16,4)	(7,2)		
Capital governamental Formação / formação bruta de capital fixo %	21,2	–	-7	–	–	–
	(16)		(27,9)			
Consumo governamental / consumo privado	-6,9	-2,7	-8,1	66,3	33,8	40,2
	(27,2)	(34,5)	(32,7)	(16,3)	(26,9)	(18,5)

(p) dados preliminares

Nota: Para figuras e detalhes sobre fontes e métodos de cálculo, por favor, veja o Apêndice Metodológico.

Fontes: Dados compilados e organizados por Sandra Moog a partir das seguintes fontes: *Government Finance Statistics Yearbook*, vol. 18 (Washington D.C.: FMI, 1994); *The Europa World Yearbook* (Londres: Europa Publications, 1982, 1985, 1995); *National Accounts: Detailed Tables, 1980–1992*, vol. 2 (Paris: OCDE, 1994); *OECD Economic Outlook*, vol. 58 (Paris: OCDE, 1995); *World Tables, 1994* (The World Bank, Baltimore: The Johns Hopkins University Press, 1994).

Primeiramente, examinemos o grupo dos quatro países (EUA, Reino Unido, Alemanha e Espanha) que, de modo geral, parecem comportar-se de acordo com características semelhantes, embora apresentem diferenças que serão destacadas mais adiante. Os gastos públicos desses países aumentaram, e atualmente representam de 25 a 40% do PIB. O funcionalismo público teve seus quadros reduzidos. A parcela de consumo do setor público diminuiu nos três primeiros países do grupo, tendo aumentado na Espanha. A percentagem de formação de capital do governo aumentou nos EUA e diminuiu na Alemanha. A receita tributária do governo central diminuiu nos EUA e aumentou nos demais países, notadamente na Espanha. O déficit público cresceu, principalmente nos EUA e na Alemanha. A dívida pública diminuiu no Reino Unido, embora corresponda ainda a cerca de 34% do PIB, apresentando grande crescimento na Espanha, Alemanha e EUA, onde representava 52,2% do PIB em 1992. O financiamento do déficit público obrigou os quatro países a aumentar, em alguns casos de forma substancial, seu grau de dependência de dívidas e empréstimos externos. Os índices de dívida externa e empréstimos líquidos contraídos pelos governos em relação ao PIB, às reservas monetárias dos bancos centrais, aos gastos públicos e às exportações demonstram, em linhas gerais, *uma dependência crescente dos governos em relação aos mercados de capital globais no período analisado*. Assim, no caso dos Estados Unidos, a dívida externa em relação ao PIB duplicou entre 1980 e 1993; em relação às reservas monetárias, apresentou um aumento de 20% e, em 1993, correspondia a quase 10 vezes o total das reservas monetárias; em relação às exportações, teve um aumento de 133%; e em relação aos gastos públicos, praticamente dobrou, atingindo 41,7% do total dos gastos. Quanto aos empréstimos líquidos de fontes externas contraídos pelo governo dos Estados Unidos, o aumento nos últimos 14 anos foi de assustadores 456%, o que provocou um aumento de 203% no índice em relação aos gastos públicos, atingindo cerca de 6% do total dos gastos públicos. Considerando que os investimentos diretos norte-americanos no exterior, proporcionalmente aos investimentos internos, aumentaram 52,8%, enquanto o ingresso de investimentos estrangeiros diretos no país, também em proporção aos investimentos internos norte-americanos, sofreram redução de 35,5%, pode-se depreender que o governo federal dos EUA tem-se tornado bastante dependente dos mercados de capital globais e dos empréstimos externos.

A história é um pouco diferente nos casos do Reino Unido, Alemanha e Espanha, porém as tendências são semelhantes. É importante observar que, enquanto o Reino Unido parece ter uma dependência menor, a Alemanha apresenta um grau de dependência do capital externo cada vez maior, crescendo em ritmo bem mais acelerado que o verificado nos Estados Unidos, conforme demonstram diversos indicadores: dívida pública externa sobre o PIB (aumento de 538,5%), sobre reservas monetárias (aumento de 325,3%) e sobre exportações (aumento de 590,8%). O volume de empréstimos líquidos externos contraídos pelo governo alemão em 1993 atingiu níveis correspondentes a mais de 15% do total dos gastos públicos, e sua dívida externa equivale a 44,5% dos gastos públicos, em ambos os casos uma percentagem superior à dos Estados Unidos. Dessa forma, apesar dos excelentes resultados das exportações do país na década de 1980, a Alemanha, ao contrário do Japão, fez com que o nível de dependência internacional de seu Estado nacional aumentasse substancialmente.

Curiosamente, a Índia, embora tenha aumentado o volume de gastos públicos, consumo e endividamento, parece ser bem menos dependente do fator dívida externa. Na verdade, todos os seus indicadores de dependência financeira demonstram um crescimento negativo no período, à exceção do índice de empréstimo externo do governo sobre os gastos públicos, que ainda vem se mantendo em níveis moderados. Um sensível aumento na participação da receita tributária no PIB pode ser apontado apenas como parte da explicação, complementada principalmente pela grande aceleração da taxa de crescimento econômico da Índia durante a última década. Vale lembrar, contudo, que, embora o índice de variação dos indicadores da dependência financeira do governo na Índia tenha sido negativo no período, o grau de dependência ainda continua bastante elevado (a dívida externa pública representa mais de 70% das exportações e quase 150% das reservas monetárias).

A exemplo do que ocorre normalmente, o caso do Japão é diferente. O governo japonês não foi afetado pelo volume de empréstimos externos nos anos 1980. Seu déficit orçamentário sobre o PIB é, de longe, o mais baixo, apresentando um decréscimo substancial durante o período 1980–1993. Por outro lado, o consumo do setor público aumentou, tendo o mesmo acontecido com a dívida pública, e o Japão apresentou um índice bastante semelhante ao dos EUA na relação dívida pública/PIB (mais de 50%). Esses dados indicam que as finanças do governo japonês, ao contrário dos demais países, dependem basicamente dos empréstimos internos. Isso também reflete a maior competitividade da economia japonesa e os superávits consideráveis da balança comercial e de pagamentos acumulados pelo país. Assim, o Estado japonês tem uma autonomia bem maior que a de outros Estados em comparação ao restante do mundo, apesar de a economia japonesa depender muito mais do desempenho comercial, uma vez que o capital japonês financia seu governo com as receitas geradas por sua alta competitividade no mercado mundial. Assim, o que parece ser uma exceção à regra da dependência por parte dos governos e do déficit público crescente, não é. As grandes empresas japonesas apresentam bom desempenho na economia mundial, e sua competitividade financia o Estado, cujo nível de consumo cresceu muito mais rapidamente do que em qualquer um dos países analisados. O Estado japonês apresenta um grau de dependência financeira de segunda ordem em relação às movimentações da economia internacional, o que é viabilizado por empréstimos de bancos japoneses que prosperam com o sistema *keiretsu*.

Três grandes tendências podem ser destacadas no que concerne aos argumentos discutidos neste capítulo:

1. Apesar de uma intervenção menor do Estado na economia, principalmente em termos de criação de empregos diretos e regulamentação, o Estado ainda desempenha importante papel econômico que exige financiamentos complementares provenientes de outras fontes que não a arrecadação de impostos, gerando maiores passivos financeiros, exceção aberta ao Reino Unido (ver figura 5.1).

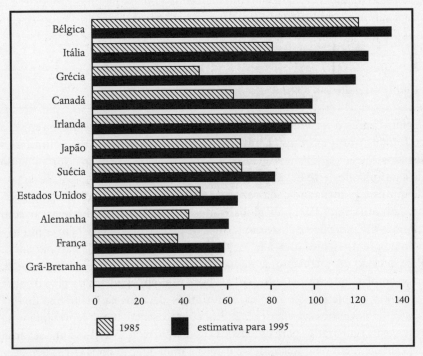

Figura 5.1. Passivo financeiro bruto do governo (% do PIB).
Fonte: OECD, elaborado pelo *The Economist* (20 de janeiro de 1996).

2. Os empréstimos contraídos pelos governos, com a grande exceção do Japão, têm criado uma relação de dependência cada vez maior de empréstimos externos, a ponto de superar as reservas monetárias dos bancos centrais bem como o desempenho das exportações. Isso reflete um fenômeno bem mais amplo que aponta para uma diferença cada vez maior na velocidade de crescimento dos mercados financeiros globais, bastante superior em relação ao crescimento do comércio global.

3. O Estado japonês tem obtido sucesso na manutenção de sua autonomia fiscal em relação ao capital externo. No entanto, tem atingido esse objetivo mediante empréstimos de fontes internas, financiados pelos lucros das grandes empresas japonesas gerados por práticas protecionistas e pelo desempenho obtido nas exportações, a tal ponto que a economia e o Estado japoneses tornaram-se altamente dependentes de superávits comerciais e da reciclagem de lucros em solo japonês. Tais condições criaram a "bolha econômica" do fim da década de 1980 e, posteriormente, quando a bolha estourou, levaram à recessão do início dos anos 1990.

Acima de tudo, a inter-relação das economias nacionais bem como a dependência das finanças dos governos dos mercados globais e empréstimos externos propiciaram as condições para uma crise fiscal internacional do Estado-Nação, não poupando nem mesmo os Estados-Nação mais ricos e poderosos.

A globalização e o Estado do bem-estar social

A globalização da produção e do investimento também representa uma ameaça ao *Estado do bem-estar social,* um dos principais componentes das políticas dos Estados-Nação dos últimos 50 anos, e provavelmente o principal sustentáculo da legitimidade desse Estado nos países industrializados.[11] Isso se deve ao fato de que está se tornando cada vez mais contraditória a ideia de que empresas possam atuar em mercados globalizados e integrados, tendo de arcar com grandes diferenciais de custo em termos de benefícios sociais, bem como trabalhar com diferentes níveis de regulamentação que variam de país para país. Essa questão não ocorre somente na relação entre os hemisférios norte e sul, mas também entre os países da OCDE: por exemplo, os custos de mão de obra referentes a benefícios sociais são muito mais elevados na Alemanha do que nos Estados Unidos (ver figura 5.2). Em compensação, o que representa uma vantagem comparativa para os Estados Unidos em relação à Alemanha se torna desvantagem em relação ao México, após a implantação do NAFTA. Uma vez que as empresas, por meio da tecnologia da informação, têm condições de se estabelecer em diferentes locais e manter-se integradas a redes e mercados de produção global (ver volume I, capítulo 6), acabam desencadeando uma espiral descendente em termos de concorrência nos custos sociais.

No passado, os limites dessa "competitividade negativa" eram considerados sob dois aspectos: por um lado, as diferenças de qualidade e produtividade entre os países protegeram os trabalhadores das economias mais desenvolvidas comparativamente a seus concorrentes menos desenvolvidos; por outro, pressões internas induziram ao protecionismo, de modo que o preço dos produtos importados fosse majorado por tarifas alfandegárias, fazendo com que a vantagem comparativa de produtos provenientes do exterior desaparecesse. Ambos os limites estão se diluindo. A nova Organização Mundial de Comércio está desenvolvendo um sistema de fiscalização com o objetivo de detectar e aplicar sanções às barreiras impostas ao livre comércio. Embora o impacto real desses controles seja condicionado à política de comércio internacional, parece que, a menos que ocorra uma enorme reversão no processo de integração econômica global, o protecionismo explícito e em larga escala estará cada vez mais exposto à retaliação por parte de outros países. Quanto às diferenças nos níveis de qualidade e produtividade, um estudo realizado por Harley Shaiken sobre as indústrias automobilísticas norte-americanas no México demonstrou a rápida equiparação do nível de produtividade dos trabalhadores mexicanos com o dos trabalhadores norte-americanos em cerca de 18 meses. Processos semelhantes têm sido observados na Ásia.[12] E (os europeus devem ser lembrados disso) a produtividade da mão de obra norte-americana ainda é a mais alta do mundo, anulando, portanto, a possível vantagem competitiva europeia que permitiria um Estado do bem-estar social ainda generoso.

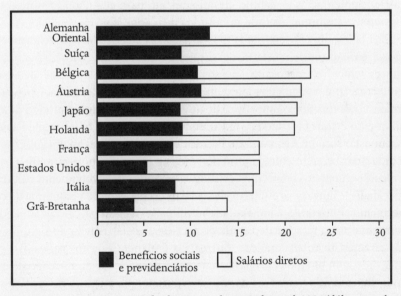

Figura 5.2. Custos com mão de obra na produção industrial, 1994 (dólares por hora).
Fonte: Swedish Employers' Federation, elaborado pelo *The Economist* (27 de janeiro de 1996).

Para economias em que os principais mercados de capital, bens e serviços estejam cada vez mais integrados a uma escala global, há pouco espaço para diferenças muito gritantes em termos de benefícios sociais entre Estados com níveis de produtividade da mão de obra e qualidade da produção relativamente semelhantes. Somente um contrato social global (que diminua as diferenças, sem necessariamente equalizar as condições sociais e de trabalho), juntamente com acordos internacionais de tarifação, seria capaz de impedir a derrocada dos maiores Estados do bem-estar social. Contudo, devido ao fato de que na nova economia global, liberalizada e integrada em rede, a realização de um contrato social de tamanha abrangência é muito pouco provável, tais Estados vêm sendo reduzidos ao mais baixo denominador comum, que se mantém numa espiral descendente contínua.[13]

Assim, um componente fundamental da legitimidade e estabilidade do Estado-Nação está desaparecendo, não só na Europa, mas em todo o mundo, desde Estados de nível intermediário em termos de bem-estar social, como o Chile ou o México, até os remanescentes do estatismo na Rússia, China ou Índia, passando pelo Estado do bem-estar social implantado nos Estados Unidos a partir das lutas sociais dos anos 1960. Como escreve Habermas: "Os problemas econômicos das sociedades de bem-estar social podem ser explicados com base na mudança estrutural do sistema econômico mundial a que chamamos de globalização. Essa mudança reduz o espaço de ação dos Estados-Nação tão drasticamente que as possibilidades que restam para eles não são suficientes para resistir aos impactos indesejáveis dos mercados transnacionais."[14]

Há, porém, uma relação ainda mais complexa entre produtividade, competitividade e Estado de bem-estar social surgindo nas economias que têm por base o conhecimento. De acordo com o nosso estudo do modelo finlandês de sociedade da informação, a Finlândia foi capaz, na segunda metade da década de 1990, de se tornar a economia mais competitiva do mundo e de aumentar sua produtividade mais rápido do que os Estados Unidos, enquanto preservava o seu amplo Estado de bem-estar social.[15] Além disso, o Estado de bem-estar social foi um fator chave na indução do crescimento da produtividade na Finlândia, pois garantiu a base de recursos humanos em termos de educação, saúde, desenvolvimento cultural, capacidade de inovação e estabilidade social para essa avançada economia do conhecimento. Entretanto, a Finlândia (e outros países da Europa, como a Holanda) prosseguiu com a reforma do Estado de bem-estar social, reduzindo algumas de suas características burocráticas. Ademais, a Finlândia e outros países fizeram um acordo com os sindicatos para aumentar a flexibilidade no mercado de trabalho em troca da preservação da rede de segurança por parte do governo. Esses países também estabeleceram uma conexão entre o Estado de bem-estar social e a economia ao incentivar a educação superior, bem como o investimento em pesquisa e desenvolvimento, em forte cooperação com a indústria. Logo, o Estado de bem-estar social finlandês do século XXI não é exatamente o Estado de bem--estar social escandinavo tradicional, embora resguarde o princípio fundamental da ampla proteção social para todos os cidadãos.

Dessa maneira, o que observamos é o surgimento de dois modelos altamente contrastantes: um, o modelo americano de economia do conhecimento, que utiliza a importação massiva de mão de obra qualificada (mais de 200 mil engenheiros e cientistas por ano na década de 1990) como fonte de produtividade e inovação; e outro, o finlandês e, em certa medida, o norte europeu, que é um modelo de investimento em capital humano interno e melhoria dos padrões de vida que fortalece as fontes sociais de produtividade na nova economia do conhecimento. Em ambos os casos, o que fica claro é que o Estado de bem-estar social, de modo a sobreviver numa economia globalizada interdependente, precisa estar conectado ao crescimento de produtividade para criar um círculo virtuoso a partir de uma retroalimentação contínua entre investimento social e crescimento econômico. Por outro lado, o declínio da formação de capital humano torna as economias tanto não competitivas (por causa da baixa produtividade) quanto dependentes de mão de obra estrangeira qualificada.

Resumidamente, se os aumentos de produtividade numa dada economia são pequenos, seu Estado de bem-estar social não consegue suportar as pressões da concorrência no contexto global. Somente pela elevação da produtividade e pela qualidade da produção baseada no conhecimento e no processamento de informações que economias avançadas conseguem intensificar sua competitividade e arcar com padrões de vida mais altos. As formas específicas de formação de capital humano para sustentar a economia do conhecimento determinam o modelo de desenvolvimento de cada economia.[16] Quanto mais uma sociedade depende da mobilidade do capital e da imigração para produzir mão de obra do conhecimento, menor é o papel do Estado. Em contrapartida, a dependência do Estado de bem-estar social e de políticas de desenvolvimento estratégico focadas no aumento da produtividade e da competitividade exige um papel mais ativo do Estado. Essa é, no entanto, uma nova forma de intervenção estatal que indica, por um lado, a ligação entre o bem-estar da sociedade e a geração de riqueza na economia, e, por outro, a capacidade do Estado de posicionar sua economia na rede global de competição e cooperação. Logo, o papel econômico do Estado continua a ser significativo, mas o que surge é um tipo de Estado de bem-estar social muito diferente e um tipo de estratégia competitiva também muito diferente, ambos baseados na capacidade de gerar e aplicar conhecimento e informação por meios distintos. O Estado sobrevive por conectar a nação ao contexto global e ajustar as políticas internas aos imperativos das pressões globais da concorrência. Entretanto, esse ajuste acontece por linhas diferentes de ação, dependendo da cultura, das instituições e da política de cada sociedade.[17]

Dessa maneira, o Estado-Nação é cada vez mais incapaz de controlar a política monetária, decidir sobre seu orçamento, organizar a produção e o mercado, coletar seus impostos corporativos e honrar suas obrigações referentes ao fornecimento dos benefícios sociais, a não ser que isso assegure a competitividade de sua economia em um contexto global. Ele perdeu grande parte de seu poder econômico soberano, embora ainda tenha alguma capacidade regulatória e um relativo controle sobre seus subordinados. Ademais, ele conserva sua capacidade como um ator estratégico para influenciar as condições subjacentes à performance de sua economia. Isso faz com que o Estado se torne interdependente numa rede mais ampla de processos econômicos fora de seu controle.

Redes globais de comunicação, audiências locais, incertezas sobre regulamentações

As perspectivas de regulamentação e controle nacionais são igualmente desfavoráveis em outra esfera de poder de importância fundamental para o Estado: a mídia e as comunicações. O controle sobre informações e entretenimento e, por meio dele, sobre opiniões e imagens, historicamente tem sido o instrumento de sustentação do poder do Estado, aperfeiçoado na era da mídia.[18] Nesse contexto, o Estado-Nação enfrenta três grandes desafios inter-relacionados: globalização e não exclusividade da propriedade; flexibilidade e capacidade de penetração da tecnologia; e autonomia e diversidade da mídia (ver volume I, capítulo 5). Na realidade, já sucumbiu a tais desafios na maioria dos países.[19]

Até o início da década de 1980, com exceção, principalmente, dos Estados Unidos, a maior parte das redes de televisão em todo o mundo era controlada pelo governo, e estações de rádio e jornais dependiam de possíveis restrições por parte das autoridades, mesmo em países democráticos. Até mesmo nos Estados Unidos, a Comissão Federal de Comunicações exercia rigoroso controle sobre a mídia eletrônica, nem sempre isenta de tendências voltadas a interesses específicos,[20] e as três maiores redes de televisão monopolizavam 90% da audiência, sendo capazes de influenciar, se não formar, a própria opinião pública. Tudo isso mudou em apenas uma década,[21] e essa transformação foi gerida pela tecnologia. A diversificação dos meios de comunicação, a integração de toda a mídia em um hipertexto digital, abrindo caminho para a mídia interativa, e a impossibilidade de exercer controle sobre satélites que emitem sinais de comunicação além das fronteiras ou sobre a comunicação via computador por meio da linha telefônica, acabaram destruindo as tradicionais bases de defesa da regulamentação. A explosão das telecomunicações e o desenvolvimento dos sistemas de transmissão a cabo viabilizaram o surgimento de um poder de transmissão e difusão de informações sem precedentes. Essa tendência não escapou aos olhos das empresas, que não deixaram de aproveitar a oportunidade oferecida. Realizaram-se megafusões e mobilizaram-se capitais em todo o mundo para que se pudesse participar do setor de comunicações, setor esse capaz de estabelecer elos de poder nas esferas econômicas, culturais e políticas.[22] Os governos nacionais passaram a sofrer enormes pressões na década de 1980, sob diversas formas:[23] a opinião pública e a imprensa escrita clamaram pela liberdade e diversidade na mídia; veículos de comunicação estatais em dificuldades financeiras foram adquiridos pela iniciativa privada; colunistas fizeram a apologia da comunicação irrestrita; promessas de condescendência política, se não apoio, foram feitas a quase todos os que estavam no poder ou tivessem chances de ocupar um cargo importante no futuro próximo; e, ainda, benefícios pessoais foram concedidos às autoridades com poder de liberação de programas para adultos. A política simbólica, assemelhando a liberalização da mídia à modernização tecnológica, desempenhou papel fundamental em fazer com que a opinião das elites se inclinasse a favor do novo sistema de comunicações.[24]

Há muito poucos países no mundo, com exceção da China, Cingapura e o mundo islâmico fundamentalista, em que a estrutura institucional e comercial da mídia não tenha passado por mudanças drásticas entre meados da década de 1980 e meados dos anos 1990.[25] As estações de rádio e televisão foram privatizadas em larga escala e as redes oficiais que permaneceram tornaram-se praticamente idênticas às redes da iniciativa privada, pois tiveram de vincular sua programação aos índices de audiência e/ou às receitas provenientes dos comerciais.[26] Os jornais concentraram-se em grandes consórcios, muitas vezes com o apoio de grupos financeiros. E, mais importante, a mídia passou a ser global, contando com capital, talentos, tecnologia e envolvimento de grandes empresas em todo o mundo, fora do alcance dos Estados-Nação.

Isso não quer dizer que os Estados não tenham mais nenhuma participação na mídia. Os governos ainda detêm controle de meios de comunicação importantes, ações de capital e influência sobre ampla gama de organizações do mundo das comunicações. Além disso, as empresas têm o cuidado de não hostilizar os controladores de mercados em potencial: quando o *Star Channel* de Murdoch foi censurado pelo governo chinês em razão de suas visões liberais sobre a política do país, o canal passou a cumprir as exigências recém-impostas pelo governo, retirando os serviços de notícias da BBC da programação do canal desenvolvida para a China, e investindo recursos em uma edição *on-line* do *People's Daily*, um dos maiores jornais em circulação no país. Contudo, ainda que os governos tenham influência sobre a mídia, boa parte de seu poder já foi perdida, salvo os casos em que os veículos de comunicação estão sob controle de Estados autoritários. Além disso, a mídia precisa conquistar sua independência por ser este um componente básico de credibilidade — não só perante a opinião pública, mas diante da pluralidade dos detentores do poder e dos anunciantes, pois a publicidade é a base econômica da mídia. Se um determinado veículo de comunicação inclina-se explicitamente a uma opção política ou evita de modo sistemático certos tipos de informação, limitará seu público a um segmento relativamente pequeno, dificilmente conseguirá obter lucros no mercado e não refletirá nenhum tipo de apelo aos interesses dos diversos grupos de tendências políticas variadas. Por outro lado, quanto mais autonomia, abrangência e credibilidade o veículo de comunicação tiver, tanto mais atrairá informações, anunciantes e consumidores das mais diversas tendências. Independência e profissionalismo não são apenas ideologias gratificantes para a mídia: tais conceitos se transformam em um grande negócio, por vezes incluindo a possibilidade de vender a independência por um bom preço caso surja a oportunidade.

Uma vez reconhecida a independência dos veículos de comunicação, uma vez demonstrada a aquiescência do Estado-Nação quanto a esse atributo da mídia como prova essencial de seu caráter democrático, o círculo se fecha: qualquer tentativa de cerceamento da liberdade da mídia trará um custo político elevado, pois os cidadãos, não necessariamente exigentes no que se refere à exatidão da notícia, defendem fervorosamente o privilégio de receber informações de fontes não relacionadas ao Estado. Por essa razão, até mesmo os Estados autoritários estão perdendo a batalha da mídia na era da informação. A capacidade de difundir imagens e informações via satélite, pelo videocassete ou pela internet aumentou de forma avassaladora, a ponto de tornar qualquer tentativa de censura de notícias cada vez mais ineficaz nos principais centros urbanos dos países autoritários, precisamente nos locais em que vivem as elites alternativas e de alto nível educacional.[27] Além disso, considerando que os governos de todo o mundo também pretendem "tornar-se globais" e a mídia global é a sua ferramenta de acesso, não raro eles acabam optando por sistemas de comunicação interativos que, mesmo se operados com cautela e de forma calculada, acabam comprometendo os controles sobre a comunicação.

Paralelamente à globalização da mídia, tem-se verificado em diversos países um crescimento extraordinário da mídia local, principalmente nos casos do rádio e da TV a cabo, graças a novas tecnologias de comunicação, tais como rateio de custos de transmissão via satélite.[28] A maior parte desses meios locais de comunicação, que muitas vezes compartilham a programação, estabeleceu um forte vínculo com audiências populares específicas, passando por cima das visões padronizadas da mídia de massa. Dessa forma, tais meios escapam às formas tradicionais de controle (diretas ou indiretas) criadas pelos Estados--Nação em relação às redes de televisão e principais jornais. A autonomia cada vez maior da mídia local e regional, mediante o uso de tecnologias de comunicação flexíveis, reflete uma tendência tão importante quanto a globalização da mídia no tocante à influência sobre as atitudes do público em geral. Essas duas tendências são convergentes sob vários aspectos, com a concessão de acesso das grandes empresas da mídia a nichos de mercado desde que elas aceitem a especificidade das audiências construída ao redor da mídia local.[29] Além disso, a globalização da comunicação de mídia não necessariamente significa domínio cultural por parte da mídia ocidental, embora esse seja geralmente o caso no início do século XXI. A crescente influência da Al Jazeera (rede de televisão internacional de língua árabe criada pelo Emirado do Qatar) ilustra o fato de que todos os interesses políticos e as culturas visam influenciar e manipular a informação e a opinião pública no mundo inteiro: esse é fluxo de retorno do local ao global. O novo padrão de interação entre mídia e Estado é caracterizado pela tensão entre globalização e identificação, conforme demonstrado por Anshu Chatterjee em sua tese de doutorado sobre a globalização customizada da mídia indiana na década de 1990.[30]

A comunicação via computador também foge ao controle do Estado-Nação, abrindo as portas a uma nova era de comunicação extraterritorial.[31] A maioria dos governos parece estar aterrorizada diante dessa perspectiva. Em janeiro de 1996, o ministro da Tecnologia da Informação da França anunciou a intenção de seu governo de propor à União Europeia uma série de medidas de proibição do livre acesso à internet. O evento que deu origem a tal plano de censura tecnológica engendrado pelo mesmo país que difundiu os ideais revolucionários de liberdade na Europa, bem como a Minitel, foi a última batalha de Mitterrand. Após sua morte, um livro publicado pelo seu médico revelou que o ex-primeiro--ministro desenvolvera câncer de próstata durante os 14 anos de seu mandato. A pedido da família de Mitterrand, o livro foi retirado de circulação na França, mas podia ser lido na internet. A indignação do governo francês foi bem além desse assunto em particular. Houvera uma demonstração clara de que atualmente as decisões do governo ou dos tribunais sobre o acesso a informações jamais poderiam ser efetivadas. E a compreensão de que o controle sobre as informações vinha sendo, desde bem antes do advento da era da informação, o sustentáculo do poder do Estado.[32] Iniciativas semelhantes foram tomadas praticamente ao mesmo tempo pelos governos da China, Alemanha e EUA, com respeito a uma série de questões que variavam desde informações de cunho político e financeiro na China até pornografia infantil nos Estados Unidos.[33]

O cerne da questão eram os fluxos de informação transnacionais que dificultam a tomada de medidas judiciais contra a fonte da informação mesmo quando esta é identificada. Ainda se encontram em discussão as possibilidades técnicas reais de bloquear o acesso à internet sem que para isso seja necessário excluir da rede um país inteiro. Parece que a censura e aplicação de penalidades *ex post facto,* bem como recursos auto-operacionais de triagem e seleção de informações, são alternativas mais viáveis do que o bloqueio da comunicação. Contudo, mesmo que medidas externas de triagem e seleção de informações entrem em vigor, isso causará o encolhimento da rede, comprometendo o acesso a informações de grande valia e limitando a extensão e o alcance da interatividade. Como se não bastasse, para viabilizar uma redução seletiva da rede, todos os

O PODER DA IDENTIDADE | 385

países conectados teriam de chegar a um consenso quanto aos tópicos a serem excluídos, para em seguida estabelecer um sistema de monitoramento conjunto cuja constitucionalidade certamente seria contestada nos países democráticos. De fato, em junho de 1996, nos Estados Unidos, um acórdão do tribunal federal na Pensilvânia julgou inconstitucional a maioria dos pontos abordados em uma nova legislação federal que pretendia regulamentar o tipo de material pornográfico veiculado na internet. Em uma sentença categórica, os três juízes deliberaram o seguinte: "Do mesmo modo que a força da internet advém do caos, também a força de nossa liberdade depende do caos e da multiplicidade das vozes proveniente da liberdade de expressão, direito assegurado pela Primeira Emenda da Constituição."[34] Portanto, nos próximos anos, os Estados-Nação estarão lutando para controlar as informações que circulam nas redes de telecomunicações interconectadas de forma global. Estou convencido de que esta é uma batalha perdida. E com essa derrota, sobrevirá a perda de um dos principais sustentáculos do poder do Estado.[35] De modo geral, a globalização/localização da mídia e da comunicação eletrônica equivale à desnacionalização e desestatização da informação, duas tendências que, por ora, são indissociáveis.

Um mundo sem lei?

A globalização do crime também subverte o Estado-Nação, transformando procedimentos de governo de forma profunda, e deixando o Estado, em muitos casos, efetivamente de mãos atadas. Essa é uma tendência fundamental facilmente reconhecida, de consequências também facilmente ignoradas.[36] Um capítulo inteiro desta obra (volume III, capítulo 3) é dedicado à análise de uma das mais importantes tendências do mundo de hoje, e totalmente distinta de outras, se comparada a períodos históricos anteriores. No entanto faz-se necessário, nesse ponto de minha argumentação, examinar essa tendência para melhor compreensão da atual crise do Estado-Nação. A novidade não é o maior grau de penetração do crime e seu impacto na política. A novidade é a conexão global do crime organizado, condicionando relações internacionais, tanto econômicas como políticas, à escala e ao dinamismo da economia do crime. A novidade é o profundo envolvimento e a desestabilização dos Estados-Nação em uma série de contextos submetidos à influência do crime transnacional.

Embora o tráfico de drogas seja o ramo de atividade mais significativo da nova economia do crime, todos os tipos de tráfico são praticados por esse sistema "subterrâneo" cujo poder se estende por todo o mundo: armas, tecnologia, materiais radioativos, obras de arte, seres humanos, órgãos humanos, assassinos mercenários e contrabando dos mais diversos produtos de e para qualquer parte do mundo estão todos interligados pela grande matriz de todos os atos ilícitos — a lavagem de dinheiro. Sem ela, a economia do crime não seria global tampouco altamente lucrativa. Por meio da lavagem de dinheiro, a economia do crime está diretamente conectada aos mercados financeiros globais, dos quais pode ser considerado um componente de porte significativo e fonte inesgotável de especulação. Segundo a Conferência da ONU sobre a Economia do Crime em Escala Global, realizada em Nápoles em outubro de 1994,[37] estimativas razoáveis fixariam o total dos recursos anuais provenientes de fontes ilegais e "lavados" no sistema financeiro global em cerca de US$ 750 bilhões. Esses fluxos de capital precisam ser processados com mobilidade e flexibilidade maiores que as normalmente evidenciadas no processamento de recursos originados por qualquer outro ramo de atividade, pois é justamente seu giro constante que impede o rastreamento pelos órgãos de regulamentação competentes.

O impacto causado por essas tendências aos Estados-Nação pode ser observado sob três principais aspectos:

1. Em muitos casos, toda a estrutura do Estado, não raro incluindo as mais altas esferas de poder, está entremeada de vínculos criminosos, pela corrupção, ameaças ou financiamento ilegal da política, causando enormes estragos na conduta das questões públicas.
2. Para vários países, as relações internacionais entre os Estados-Nação passou a ser condicionada, em diversos níveis, pelo sucesso ou insucesso da cooperação na luta contra a economia do crime. Até o momento, o caso mais notório pode ser verificado nas relações entre os Estados Unidos e alguns países da América Latina (Colômbia, Bolívia, México, Paraguai, Panamá); contudo, esse tipo de fenômeno vem ocorrendo com maior frequência à medida que a economia do crime se diversifica (por exemplo, a preocupação da Alemanha com o tráfico de material radioativo organizado pela máfia russa, ou os temores por parte do governo russo em relação ao envolvimento crescente da máfia siciliana e dos cartéis colombianos com a *Mafiya* russa).
3. A importância crescente dos fluxos de capital de origem criminosa torna-se um meio fundamental de estímulo ou desestabilização da economia de países inteiros, a ponto de impedir o desenvolvimento de uma política econômica adequada em muitos países e regiões sem que se leve em conta esse fator altamente imprevisível.

Costumava-se pensar que os governos nacionais profundamente afetados pela "ciranda" da economia do crime limitavam-se invariavelmente aos principais suspeitos, como a Itália e a Colômbia. Isso já não acontece. A importância do fenômeno, seu alcance global, as dimensões de sua riqueza e influência e seus sólidos vínculos com o mercado financeiro internacional tornaram as relações entre o crime e a corrupção política uma característica que pode ser identificada em muitos dos principais países do mundo. Por exemplo, a Yakuza, a máfia japonesa, recentemente internacionalizou seus contatos. E as ligações declaradas, ou um pouco mais veladas, entre a Yakuza e alguns líderes do governo japonês são bem conhecidas, a ponto de o Ministério da Construção Civil do Japão ter sido considerado por muito tempo o principal meio de se trocar contratos de licitação para construção de obras públicas por generosas contribuições de empresas patrocinadas pela Yakuza ao Partido Liberal Democrata — um sistema não de todo diferente dos programas de desenvolvimento *Mezzogiorno* da democracia-cristã italiana em relação à máfia. Ou ainda, quando em 1996 sucessivas crises no sistema bancário abalaram o Japão, resultando no não pagamento de empréstimos de centenas de bilhões de dólares, sérias suspeitas foram levantadas quanto ao papel desempenhado pela Yakuza em forçar os bancos a conceder tais empréstimos, o que inclui o assassinato de dois banqueiros.[38]

Em outro contexto, a suspeita de infiltração de membros de organizações criminosas russas em várias esferas do governo de um dos Estados mais poderosos do mundo, incluindo as forças armadas, é uma tendência preocupante. A onda de escândalos políticos, que abalaram os governos em todo o mundo nos anos 1990 (um assunto a ser abordado no capítulo 6), também não deixa de estar relacionada, em muitos casos, à luta contínua pelo poder entre as estruturas do crime organizado global e as estruturas dos Estados-Nação. Além disso, mesmo os principais governos do mundo, que se julgam relativamente imunes à penetração do crime em seus mais altos escalões, acabam sofrendo os reflexos das manobras políticas do crime organizado. Por exemplo, quando a economia mexicana entrou em colapso em 1994–1995, apesar do volume maciço de empréstimos concedidos pelos Estados Unidos, por causa de uma crise política provocada, em parte, conforme demonstrarei adiante, por traficantes de drogas que se infiltraram nas mais altas esferas do partido do governo no México, o dólar sofreu uma queda vertiginosa, e o marco alemão disparou, desestabilizando o sistema monetário europeu em virtude do receio dos investidores de que o déficit público norte-americano explodisse como resultado dos esforços para salvar o México de um colapso econômico total. Nesse emaranhado formado por crime, dinheiro e poder, não há lugar seguro para ninguém. Ou, ainda, nesse sentido, não há instituições nacionais seguras para ninguém.

Portanto, a globalização, em suas diversas facetas, acaba comprometendo a autonomia e a capacidade de decisão do Estado-Nação. E isso ocorre justamente no momento em que o exercício do poder do Estado no cenário internacional também fica à mercê das limitações do multilateralismo no âmbito da defesa, da política externa e das políticas governamentais globais, tais como a política ambiental.

O Estado-Nação na era do multilateralismo

O período pós-Guerra Fria é caracterizado por uma interdependência multilateral cada vez maior entre os Estados-Nação.[39] Isso se deve basicamente a três fatores: a dissolução, ou afrouxamento, dos blocos militares alinhados às duas superpotências; o enorme impacto das novas tecnologias sobre a indústria bélica; e a percepção social do caráter global de grandes desafios que se impõem à humanidade em decorrência do aumento dos conhecimentos e do volume de informações, como é o caso da segurança ambiental.

Com o desaparecimento da União Soviética, e independentemente da existência de futuros impasses entre a Rússia, a China e a OTAN, o principal mecanismo de desestabilização das relações estratégicas para a maior parte dos Estados-Nação alinhados às duas superpotências também desapareceu.[40] Embora a OTAN continue a existir como uma aliança ocidental liderada pelos Estados Unidos, suas funções vêm passando por um processo de redefinição na segunda metade da década de 1990 no sentido de desempenhar tarefas voltadas à segurança de um grupo maior de nações, em regime de cooperação, sempre que possível, com a ONU. A nova noção de segurança global, coletiva,[41] que surgiu pela primeira vez durante a Guerra do Golfo para fazer face ao perigo comum do corte de fornecimento de petróleo do Oriente Médio, implica uma relação de simbiose entre as forças militares mais bem-preparadas e aparelhadas (os exércitos profissionais dos EUA e do Reino Unido), os financiadores das operações (Japão, Alemanha e os príncipes árabes, em primeiro lugar) e a retórica do discurso em defesa do mundo civilizado. A tentativa deliberada dessa aliança firmada na OTAN de envolver a Rússia nas operações conjuntas, como as realizadas na Bósnia, constitui um indicativo da transformação das alianças militares, não mais fundamentadas na hegemonia das superpotências, mas, sim, na participação em uma vigilância conjunta de uma ordem mundial abalada, visando evitar possíveis e imprevisíveis ameaças ao sistema. O novo sistema de segurança está sendo construído, basicamente, para defesa contra a ação de bárbaros externos, cujos nomes mudam o tempo todo, visto que o eixo do mal apontado por George W. Bush em 2001 exibe uma simetria variável, de acordo com os caprichos da política externa americana.[42] Ao adotar tal procedimento, os Estados-Nação, inclusive os mais poderosos, veem-se capturados em um emaranhado de interesses e negociações que assume formas diferentes para cada questão a ser abordada ou inimigo a ser confrontado.[43]

O não estabelecimento de uma política externa com geometria variável se traduz na crescente incapacidade de qualquer Estado agir por si próprio na arena internacional. Conforme escreve Joseph Nye: "Para alcançar o que eles querem, a maior parte dos países, inclusive os Estados Unidos, acham que devem coordenar suas atividades. A ação unilateral apenas não consegue produzir os resultados ideais naqueles que são problemas inerentemente multilaterais."[44]

O PODER DA IDENTIDADE | 389

De fato, o caráter global dos principais problemas relativos à humanidade, seja ele aquecimento global, crise ambiental global, epidemia global, crime global, instabilidade financeira global ou terror global, coloca a política externa, em princípio, numa estrutura multilateral.[45] Entretanto, a tendência no sentido do multilateralismo está sendo combatida pelo esforço de alguns Estados que visam manter sua soberania e usar seu poder para moldar o multilateralismo de acordo com seus interesses unilaterais.

O principal desafio do multilateralismo vem dos Estados Unidos, em especial após o 11 de Setembro,[46] pois os EUA são a única superpotência militar, bem como a segunda maior economia do mundo, e ainda são o principal centro de produção de conhecimento e de inovação tecnológica. O unilateralismo americano, manifesto na política ambiental, nas negociações comerciais e, acima de tudo, no fazer guerra, introduz uma contradição fundamental no sistema internacional. Embora os problemas sejam interdependentes, sua administração é perturbada pelo prolongamento deliberado do unilateralismo americano, que impõe sua "potência coercitiva" — *hard power* — mesmo pagando o preço do esgotamento de seu "poder brando" — *soft power* — (constituído pela influência cultural) e, em última análise, desestabilizando as interações multilaterais das quais o equilíbrio do mundo depende. Como essa é uma questão chave para nossa análise da transformação do Estado no contexto da globalização, falarei sobre isso a seguir, após analisar alguns fatores adicionais que são componentes essenciais da transformação das relações entre Estados.

A grande velocidade das mudanças na tecnologia militar também compromete a capacidade de autonomia do Estado-Nação.[47] Hoje, o armamento bélico depende essencialmente da eletrônica e da tecnologia das comunicações, como foi evidenciado na Guerra do Golfo, Guerra dos Balcãs, do Afeganistão e a Guerra no Iraque. A devastação que pode ser causada a distância por meio de mísseis e ataques aéreos pode desbaratar um exército de proporções consideráveis em questão de horas, principalmente se as defesas deste forem "cegadas" pela utilização de recursos eletrônicos, e se os alvos tiverem sido identificados por satélite e processados por computadores situados a milhares de quilômetros de distância para direcionar os disparos com extrema precisão nessa guerra invisível. A guerra convencional depende, como sempre dependeu, da tecnologia. A diferença existente nos dias de hoje é, por um lado, a velocidade das mudanças tecnológicas, tornando as armas obsoletas em um curto espaço de tempo.[48] Isso faz que o armamento bélico tenha de ser constantemente atualizado, caso se tenha a pretensão de manter exércitos realmente capazes de lutar contra outros exércitos, em vez de utilizá-los meramente para manter o controle sobre o próprio povo, como ainda é a regra para boa parte da humanidade. Exércitos equipados com armas de poucos recursos tecnológicos não são verdadeiramente exércitos, mas, sim, forças policiais disfarçadas.

Por outro lado, a própria natureza da nova tecnologia militar requer a manutenção de um exército profissional em que são transmitidos conhecimentos avançados aos combatentes para que possam fazer uso de armas semiautomáticas e sistemas de comunicação. Isso representa uma vantagem significativa para os países com alto nível de tecnologia, independentemente do contingente de suas forças armadas, como no caso de Israel ou Cingapura. Em virtude do papel fundamental da tecnologia nessa área, Estados-Nação ainda desejosos de manter sua capacidade de exercer a violência tornam-se dependentes, em caráter permanente, dos fornecedores de tecnologia, não só em termos de equipamentos, mas também de recursos humanos. Tal dependência, no entanto, deve ser encarada como um aspecto inserido no contexto de diversificação cada vez maior do armamento bélico convencional, à medida que países vão passando por processos de industrialização e a tecnologia vai se difundindo.[49] Dessa forma, o Brasil ou Israel podem ser bons fornecedores de armamento bélico avançado. França, Reino Unido, Alemanha, Itália e China aumentaram sua participação, juntamente com os Estados Unidos e a Rússia, como fornecedores dos exércitos de todo o mundo.

Um sistema cada vez mais complexo de cooperação e concorrência está surgindo, no qual, por exemplo, a China adquire caças modernos da Rússia e tecnologia de comunicações dos Estados Unidos, e a França vende mísseis a quem possa interessar, incluindo serviços de pós-venda nas áreas de treinamento e manutenção. Além disso, o mercado negro global de armamentos, de qualquer tipo, tem proliferado, possibilitando a difusão de toda e qualquer tecnologia recém-desenvolvida, desde "Stingers" até "Patriots", desde gases que afetam o sistema nervoso até aparelhos eletrônicos desenvolvidos para despistar o inimigo. Como consequência, ao contrário de outros períodos históricos, não há um único Estado que seja autossuficiente na produção de armas, com exceção dos Estados Unidos (uma vez que atualmente a Rússia é tecnologicamente dependente da microeletrônica e das comunicações). Uma vez que os Estados-Nação não conseguem controlar as fontes para fornecimento de equipamentos de ponta, eles se mantêm permanentemente dependentes, no exercício potencial da sua possibilidade de fazer guerra, não dos EUA, mas de redes diversas de fornecimento global. O fato de os Estados Unidos serem tecnologicamente autossuficientes dá a eles o título de única verdadeira superpotência.

A evolução tecnológica acrescenta uma nova reviravolta nas relações internacionais para uma dialética entre multimaterialismo e o unilateralismo. A industrialização de novas regiões do mundo, a difusão do conhecimento científico e tecnológico e o comércio ilegal generalizado têm contribuído para a proliferação dos armamentos nucleares, químicos e biológicos.[50] Assim, embora os Estados-Nação sejam cada vez mais dependentes do uso de tecnologia de ponta na guerra convencional, podem ter acesso ao que chamaria de "tecnologias de veto", isto é, armas de destruição em massa que, pelo simples fato de existirem, são capazes de impedir a vitória de um Estado mais poderoso. O "equilíbrio do terror" global encontra-se em processo de descentralização, transformando-se em vários "pontos de equilíbrio de terror local". De um lado, essa tendência obriga as grandes potências a envidarem esforços multilaterais conjuntos no sentido de impedir o acesso a essas armas por parte de novos países, forças políticas ou grupos terroristas. Por outro lado, uma vez que alguns países passam a exercer controle sobre essas armas, o sistema de segurança global é forçado a interferir no processo e auxiliar no estabelecimento de um equilíbrio entre o poder de destruição em diferentes regiões do mundo para evitar perigosos confrontos locais.[51] Passa a existir uma complexa rede de diferentes níveis de poder de destruição, em que as forças se controlam mutuamente mediante acordos *ad hoc* e processos negociados de desarmamento e desistência do desenvolvimento de programas nucleares. Num emaranhado como esse, nenhum Estado-Nação, nem mesmo os Estados Unidos, é inteiramente livre, pois um erro de cálculo ou excessos na demonstração da superioridade bélica pode desencadear uma hecatombe nuclear ou bacteriológica em uma determinada região. A humanidade terá de conviver por um longo tempo com os monstros de destruição que criamos, seja para uma aniquilação "padronizada", em massa, seja para uma carnificina dirigida, em nível local. Diante de tais circunstâncias, a tarefa mais importante dos Estados-Nação (e não apenas das superpotências, como na Guerra Fria) tem sido limitar o exercício do próprio poderio militar, enfraquecendo sua *raison d'être* original.

Os Estados-Nação também enfrentam os limites de sua legitimidade e, em última análise, de seu poder, quando se discute a administração global do meio ambiente do planeta.[52] Graças à informatização cada vez maior, a ciência e a tecnologia têm ampliado conhecimentos de uma forma sem precedentes sobre a degradação da natureza e suas consequências para a nossa espécie. Em relação a esse aspecto, conforme demonstrado no capítulo 3, o movimento ambientalista vem despertando a consciência ecológica de sociedades em todo o mundo, exercendo grandes pressões sobre a responsabilidade dos governos de conter o avanço em direção à catástrofe. Contudo, os Estados-Nação nada podem fazer se agirem isoladamente no que diz respeito a questões como o aquecimento global, a camada de ozônio, o desmatamento, a poluição dos recursos hídricos, o desaparecimento da vida marinha e muitas outras do gênero. Os esforços para que os Estados atuem em regime de cooperação muitas vezes assumem a forma de eventos que se resumem a demonstrações internacionais e a uma retórica solene do que propriamente à implantação efetiva de programas de ação conjunta. Como afirmam Lipschutz e Coca ao concluírem sua pesquisa global sobre políticas ambientais conjuntas:

A possibilidade de uma direção hegemônica ou do surgimento de um órgão coordenador central parece bastante remota no que concerne às questões ambientais. A probabilidade de coordenação multilateral efetiva parece igualmente pequena, devido a grandes incertezas sobre o custo-benefício envolvido no gerenciamento e proteção do meio ambiente. A essas barreiras e condicionantes aliam-se uma série de fatores que decorrem da própria natureza do Estado: a evidente incapacidade de os governos exercerem controle sobre os processos destrutivos, a falta de diretrizes políticas efetivas e a importância da extração de recursos fundamentais (causando portanto a destruição do meio ambiente) para a manutenção de alianças básicas entre Estado e sociedade.[53]

Isso não ocorre necessariamente por causa da ignorância ou má-fé da parte dos governos, mas porque todos os Estados-Nação continuam agindo em defesa de seus próprios interesses, ou dos interesses das bases políticas mais importantes.[54] Os estudos conduzidos por Nuria Castells sobre a negociação e a implementação de tratados ambientais internacionais, tanto com Peter Nijkamp quanto com Jeroen Van de Berg, demonstram como os interesses dos Estados, em especial daqueles que chegam antes à definição de política ambiental, definem a agenda para os atrasados.[55] Assim, o multilateralismo torna-se um fórum de debate e uma arena de negociações e não uma ferramenta para o exercício da responsabilidade coletiva. Segundo a lógica de "deslocamento da crise" de Habermas, "a grande contradição econômico-ambiental global", conforme argumenta Hay, "desloca-se no nível do Estado-Nação".[56] Essa teimosia estruturalmente induzida demonstrada pelos Estados-Nação paradoxalmente leva ao enfraquecimento de tais Estados como instituições políticas viáveis,[57] à medida que cidadãos em todo o mundo se apercebem da incapacidade desses aparatos onerosos e tremendamente ineficientes para lidar com os desafios mais importantes impostos diante da humanidade. No intuito de superar sua crescente irrelevância, os Estados-Nação estão se agrupando, cada vez mais, em direção a uma nova forma de governo supranacional.

A GOVERNANÇA GLOBAL E AS REDES DOS ESTADOS-NAÇÃO

"Se buscarmos uma razão concisa e objetiva para o novo ânimo insuflado na proposta de integração europeia de meados da década de 1980", conforme apontado por Streeck e Schmitter, "esta pode ser encontrada como o resultado de uma combinação entre dois grandes interesses — o das empresas europeias de grande porte, esforçando-se para superar sensíveis vantagens competitivas dos capitais japoneses e norte-americanos, e o das elites do Estado, procurando restaurar ao menos parte de sua soberania política gradativamente perdida em nível nacional em decorrência de uma interdependência internacional crescente."[58] Em ambos os casos, em termos de interesses empresariais e políticos, o que se buscava não era uma relação de supranacionalidade, mas sim a reconstrução do poder do Estado com base na nação em um nível mais elevado, nível este que viabiliza, até certo ponto, o controle dos fluxos globais de riqueza, informações e poder. A formação da União Europeia (conforme argumentarei no volume III) não foi um processo de construção do Estado federativo europeu no futuro, mas, sim, a formação de um cartel político, o cartel de Bruxelas, em que os Estados--Nação ainda podem obter, coletivamente, algum nível de soberania dissociada da nova desordem global, para em seguida compartilhar com seus membros dos benefícios gerados, segundo normas negociadas ininterruptamente. É por isso que, em vez de estarmos ingressando na era da supranacionalidade e de uma forma de governo global, estamos testemunhando o surgimento do Super Estado-Nação, ou seja, de um Estado que expressa, dentro de uma geometria variável, os interesses agregados de suas bases políticas.[59]

Argumento semelhante também pode ser aplicado à pluralidade das instituições internacionais que compartilham a administração da economia, da segurança, do desenvolvimento e do meio ambiente.[60] A Organização Mundial de Comércio foi criada para compatibilizar o livre comércio com certas restrições comerciais em um mecanismo ininterrupto de controle e negociação. A ONU vem lutando para estabelecer seu novo e duplo papel de força policial legitimada pela defesa da paz e dos direitos humanos, e de centro da mídia mundial, prestando-se como sede de conferências globais semestrais sobre as principais questões que afligem a humanidade: meio ambiente, controle populacional, exclusão social, a mulher, as cidades, e outros. O G-7 autoproclamou-se supervisor da economia global, permitindo que a Rússia assistisse ao andamento dos trabalhos "pela janela", com o propósito de eventuais contratempos, e orientando o Fundo Monetário Internacional e o Banco Mundial a manterem os mercados financeiros e as moedas dentro de certas regras, tanto em níveis global como local. A OTAN pós-Guerra Fria perdeu sua posição como núcleo de uma força militar confiável no policiamento da desordem no novo mundo; no entanto, os EUA e o Reino Unido reconstruíram pontualmente essa capacidade de polícia em torno de seu poderio militar, estendendo suas redes de vigilância e intervenção aos quatro cantos do mundo. O NAFTA vem buscando estimular a integração econômica do hemisfério ocidental, com a incorporação do Chile desmentindo sua rotulação. O Mercosul, por outro lado, vem confirmando sua independência na América do Sul por meio de aumentos significativos no volume de transações comerciais com a Europa em relação aos Estados Unidos. Além disso, diversas instituições de cooperação internacional do Pacífico vêm tentando formar uma comunidade de interesses econômicos, superando um sentimento de desconfiança histórica entre os principais países da Ásia (Japão, China, Coreia, Rússia). Países em todo o mundo estão se valendo de antigas instituições, tais como a Asean ou a Organização da Unidade Africana, ou recorrendo até mesmo a instituições pós-coloniais, tais como a Commonwealth ou o sistema cooperativo francês, como plataformas para a realização de empreendimentos conjuntos visando a uma série de objetivos que dificilmente seriam alcançados por Estados-Nação que atuassem isoladamente.

A maior parte das análises desse processo crescente de internacionalização das políticas do Estado parece questionar a viabilidade do estabelecimento de um governo global com soberania totalmente compartilhada, apesar da lógica consistente desse conceito. Em vez disso, normalmente considera-se o governo global como sendo a convergência negociada de interesses e políticas dos governos nacionais.[61] Os Estados-Nação e suas elites são muito apegados a seus privilégios para abrir mão de sua soberania, a não ser que possam fazê-lo a troco da promessa de retornos palpáveis. De acordo com pesquisas de opinião, é muito pouco provável, num futuro próximo, que a maioria dos cidadãos de um determinado país aceite a integração total a um Estado federativo supranacional.[62] A experiência norte-americana de formação de uma nação federativa é tão específica historicamente que, apesar de sua força apelativa, dificilmente pode ser adotada como modelo para os federalistas do final do milênio em outras regiões do mundo.

Como se não bastasse, a incapacidade cada vez maior de os Estados tratarem de problemas globais que causam impacto na opinião pública (com questões que variam do destino das baleias à tortura de dissidentes políticos em todo o mundo) leva as sociedades civis a assumirem gradativamente as responsabilidades da cidadania global.[63] Assim, Anistia Internacional, Greenpeace, Médicos Sem Fronteiras, Oxfam e tantas outras organizações não governamentais transformaram-se em uma força de grande importância na conjuntura internacional dos anos 1990, muitas vezes promovendo maior captação de recursos, atuando com melhor desempenho e tendo sua legitimidade bem mais reconhecida que iniciativas internacionais patrocinadas pelos governos. A "privatização" do humanitarismo global vem minando lentamente um dos últimos princípios lógicos que justificam a necessidade da existência do Estado-Nação.[64]

Em suma, temos testemunhado, simultaneamente, um processo irreversível de soberania compartilhada na abordagem das principais questões de ordem econômica, ambiental e de segurança e o entrincheiramento dos Estados-Nação como os componentes básicos desse complexo emaranhado de instituições políticas.[65] Entretanto, o resultado desse processo não é o fortalecimento dos Estados-Nação, mas sim a erosão sistêmica de seu poder em troca de sua durabilidade. Isso acontece, em primeiro lugar, porque os processos ininterruptos de conflitos, alianças e negociações tornam as instituições internacionais cada vez mais ineficientes, de modo que a maior parte de sua energia política é consumida no processo e não no produto, o que reduz substancialmente a capacidade de intervenção dos Estados, de um lado, incapazes de agir por conta própria e, de outro, paralisados nas tentativas de agir coletivamente. Além disso, as instituições internacionais, em parte para escapar desse estado de paralisia, em parte por causa da lógica inerente a qualquer aparato burocrático, tendem a adquirir vida própria. Ao fazê-lo, definem suas áreas de atuação de uma forma que tende a superar o poder de seus Estados de origem, instituindo portanto uma burocracia global *de facto*. Por exemplo, é essencialmente errônea, conforme argumentam os críticos de esquerda, a ideia de que o Fundo Monetário Internacional é um agente do imperialismo norte-americano e, para todos os efeitos, de qualquer tipo de imperialismo. O FMI é um agente de si mesmo, impelido principalmente pela ideologia da ortodoxia econômica neoclássica, bem como pela convicção de ser um marco de referência e racionalidade em um mundo perigoso, construído a partir de expectativas completamente irracionais. A frieza, que pessoalmente testemunhei, com que os tecnocratas do FMI ajudaram a destruir a sociedade russa nos momentos mais críticos de transição no período 1992–1995 nada tem a ver com a dominação capitalista. Trata-se, como foi no caso da África e da América Latina, de um compromisso sólido, honesto e ideológico de ministrar lições de racionalidade financeira a todos os povos do mundo, como se fosse a única base confiável sobre a qual se deve construir uma nova sociedade. Cantando vitória na Guerra Fria do capitalismo desenfreado (uma afronta histórica aos intensos combates da social-democracia contra o comunismo soviético), os especialistas do FMI não agem sob orientação dos governos que os indicam, ou dos cidadãos que os sustentam, mas como cirurgiões autoproclamados capazes de remover com grande habilidade os remanescentes dos controles políticos sobre as forças de mercado.

Joseph Stiglitz, vencedor do Prêmio Nobel de Economia em 2001, e ex-economista chefe do Banco Mundial, ofereceu uma análise documentada e minuciosamente comentada do viés ideológico das políticas do FMI e de sua responsabilidade no agravamento da crise econômica global na década de 1990, que impôs, dessa forma, privações desnecessárias a milhões de pessoas pelo mundo.[66] É verdade, no entanto, que a capacidade do FMI em traduzir sua ideologia econômica em uma política econômica imposta sobre vários países deriva do serviço que essas políticas garantem aos interesses de empresas multinacionais, bancos internacionais e grandes nações ocidentais, em especial os Estados Unidos. Não é acidental que o pensamento econômico comum a grande parte das reformas realizadas na década passado tenha sido rotulada de "o Consenso de Washington", fazendo referência à localização das sedes tanto do FMI/Banco Mundial quanto do governo dos EUA. É esse consenso que tem sido fundamentalmente desafiado pelos cidadãos do mundo todo, que sentem, em suas vidas, o amplo impacto dessas instituições globais que ignoram seus Estados-Nação obsoletos (ver capítulo 2). A reação popular contra a dominação unilateral por parte do FMI e das instituições econômicas internacionais se traduz em uma nova situação política no mundo, especialmente na América Latina. De fato, nos primeiros anos deste século, várias eleições e vários movimentos sociais do Brasil e da Argentina ao Equador e Peru pareciam indicar o fim da hegemonia ideológica do neoliberalismo.[67]

Desse modo, o papel cada vez mais relevante assumido por instituições internacionais e consórcios supranacionais nas políticas mundiais não pode ser equiparado à falência do Estado-Nação. No entanto, o preço pago pelos Estados-Nação por sua sobrevivência como nós das redes dos Estados é o declínio da sua soberania.

Identidades, governos locais e a desconstrução do Estado-Nação

No dia 25 de dezembro de 1632, o grão-duque de Olivares escreveu uma carta a seu rei, Filipe IV:

> É de suma importância em vosso Reinado que Vossa Majestade vos torneis Rei da Espanha; quero dizer, Majestade, que não vos deveis contentar com o título de Rei de Portugal, Aragão, Valência e Conde de Barcelona, mas deveis arquitetar em segredo um plano para submeter tais reinos dos quais a Espanha é constituída aos costumes e às leis de Castela, sem que haja diferenciação quanto à forma das fronteiras, postos alfandegários, poder de convocar as Cortes de Castela, Aragão e Portugal sempre que vos parecer desejável, e de nomear ministros das diferentes nações, sem quaisquer restrições... E se Vossa Majestade conseguir tal intento, sereis o príncipe mais poderoso do mundo.[68]

O rei agiu de acordo com essas orientações, desencadeando um processo que acabou resultando na Revolta dos Ceifeiros na *Catalunya*, a insurreição contra o imposto sobre o sal no País Basco e a rebelião em Portugal que culminou na independência daquele país. Ao mesmo tempo, contudo, o rei lançava as bases do Estado-Nação espanhol moderno e centralizado, embora o fizesse sob condições tão precárias que provocaram levantes, repressões, guerras civis, terrorismo e instabilidade institucional durante quase três séculos.[69] Apesar de o Estado espanhol, até o ano de 1977, ter sido um caso extremo de imposição de homogeneidade, a maioria dos Estados-Nação, e principalmente o Estado revolucionário francês, foi instituída com base na negação das identidades histórico-culturais de seus elementos constitutivos em prol da identidade que melhor atendesse aos interesses dos grupos sociais dominantes quando da origem do Estado. Conforme exposto no capítulo 1, o Estado, e não a nação (definida culturalmente, territorialmente ou ambos), deu origem ao Estado--Nação na Idade Moderna.[70] Uma vez estabelecida a nação, efetivamente sob controle territorial de um determinado Estado, a história compartilhada de ambos induzia à formação de vínculos socioculturais entre seus membros, bem como à união de interesses econômicos e políticos. No entanto, a representação desproporcional dos interesses sociais, culturas e territórios do Estado-Nação descaracterizou as instituições nacionais em função dos interesses das elites que deram origem a esse Estado e de sua política de alianças, abrindo caminho para crises institucionais sempre que identidades subjugadas historicamente ou revividas pela ideologia viam-se em condições de se mobilizar pela renegociação do contrato histórico nacional.[71]

A estrutura do Estado-Nação é diferenciada do ponto de vista territorial, e tal distinção, com poderes compartilhados ou não compartilhados, manifesta-se por meio de alianças e confrontos de interesses sociais, culturas, regiões e nacionalidades que integram o Estado. Conforme já analisado em outra ocasião,[72] a diferenciação territorial das instituições do Estado explica, pelo menos em parte, o aparente mistério de por que os Estados muitas vezes serem governados em benefício dos interesses de uma minoria, embora não estejam necessariamente fundamentados na repressão. Aos grupos sociais subordinados, bem como às minorias culturais, nacionais e regionais, é assegurado o acesso ao poder nos níveis administrativos mais inferiores dos próprios territórios habitados por esses grupos. Surge desse modo uma estrutura bastante complexa na relação Estado, classes sociais, grupos sociais e identidades presentes na sociedade civil. Em cada uma das comunidades e regiões, as alianças sociais e sua expressão política são específicas, correspondentes às relações de poder local/regional, à história do território e à sua conjuntura econômica.

Tal distinção entre alianças de poder de acordo com as diversas regiões e comunidades constitui um mecanismo essencial sobretudo para a manutenção do equilíbrio entre os interesses das várias elites que se beneficiam coletivamente das políticas do Estado, embora o façam em diferentes proporções, dimensões e territórios.[73] Os membros mais notáveis de um determinado local ou região negociam o poder sobre seu território oferecendo em troca sua obediência às estruturas de dominação em nível nacional, em que os interesses das elites nacionais ou globais são mais poderosos. Tais membros atuam como intermediários entre as sociedades locais e o Estado nacional: assumem ao mesmo tempo o papel de agentes políticos e chefes locais. Uma vez que os acordos firmados entre atores sociais no âmbito do governo local muitas vezes não correspondem às alianças políticas estabelecidas entre os diversos interesses sociais em nível nacional, o sistema local de poder não se desenvolve facilmente de acordo com ideologias partidárias estritas, mesmo no caso das democracias europeias, eminentemente partidárias. Não raro, as alianças sociais locais e regionais refletem acordos *ad hoc,* firmados em torno de lideranças locais. Portanto, os governos locais e regionais representam, simultaneamente, a manifestação do poder do Estado descentralizado, o ponto de contato mais próximo entre o Estado e a sociedade civil e a expressão de identidades culturais que, embora hegemônicas em determinado território, são incorporadas, de forma bem esparsa, às elites dominantes do Estado-Nação.[74]

No capítulo 1, sustentei a ideia de que a crescente diversificação e fragmentação dos interesses sociais na sociedade em rede resultam na agregação de tais interesses sob a forma de identidades (re)construídas. Assim, múltiplas identidades submetem ao Estado-Nação as reivindicações, exigências e desafios da sociedade civil. A incapacidade cada vez mais acentuada de o Estado-Nação atender *simultaneamente* a essa ampla gama de exigências leva ao que Habermas denomina "crise de legitimação",[75] ou, segundo a análise de Richard Sennett, à "decadência do homem público",[76] a figura que representa as bases da cidadania democrática. Para superar tal crise de legitimação, os Estados descentralizam parte de seu poder em favor de instituições políticas locais e regionais. Essa transferência de poder decorre de duas tendências convergentes. De um lado, dada a diferenciação territorial entre as instituições do Estado, as identidades das minorias regionais e nacionais conseguem se manifestar com maior desenvoltura em níveis local e regional. Por outro lado, os governos nacionais tendem a concentrar-se na administração dos desafios impostos pela globalização da riqueza, da comunicação e do poder, permitindo, portanto, que escalões inferiores do governo assumam a responsabilidade pelas relações com a sociedade tratando das questões do dia a dia, com o objetivo de reconstruir sua legitimidade por meio da descentralização do poder. Contudo, uma vez instaurado tal processo de descentralização, os governos locais e regionais podem tomar iniciativas em nome de suas respectivas populações, e até mesmo elaborar estratégias de desenvolvimento distintas do sistema global, o que faz com que concorram diretamente com os próprios Estados centrais.

Essas dinâmicas são evidentes mundo afora. Pippa Norris analisou a autodefinição de povo quanto à sua identidade nacional baseando-se na estruturação que fez dos dados da *World Values Survey* de 1990–1991 e 1995–1997.[77] Ela mostra que, de maneira geral, a hipótese da ascensão do cosmopolitismo, entendido como o sentimento de ser um cidadão do mundo, na era da globalização não é amparada por nenhuma evidência. Apenas 15% das pessoas entrevistadas sentem a relação com seu continente ou com o mundo como sendo sua identidade primária. Além disso, apenas 2% são cosmopolitas puros; ou seja, indicam exclusivamente uma identidade continental/mundial. 38% dos entrevistados consideram a nação como sua primeira fonte de identidade territorial, mas a identidade territorial primária mais amplamente difundida é a local/regional; ou seja, é escolhida em primeiro lugar por 47% dos entrevistados. Nas gerações mais jovens, há uma proporção maior daqueles que se sentem cidadãos do mundo, chegando a 21% para o grupo mais novo. Mas mesmo para esse grupo etário, 44% dos que foram entrevistados escolheram sua região ou localidade como sua identidade territorial primária.[78] A identidade local/regional é especialmente forte no sudoeste europeu (64% selecionou local/regional como sua identidade primária, a maior incidência no mundo) e no noroeste europeu (62%), enquanto que na América do Norte (41%) e no Oriente Médio (39%) ela ocupa o lugar mais baixo. Na verdade, para essas duas regiões, a nação parece ser a primeira fonte de identidade territorial (43% e 49%). Regionalistas/localistas puros, isto é, aqueles que se identificam apenas com sua localidade ou região, representam aproximadamente 20% dos entrevistados, um número dez vezes maior que os cosmopolitas puros. Há, entretanto, uma tendência no sentido do aumento do cosmopolitismo entre os grupos mais jovens, mais educados e mais ricos da população, embora essa tendência seja sufocada pela persistência das localidades, regiões e, em menor medida, nações, como fontes primárias de identidade territorial no imaginário da maior parte das pessoas, em especial daquelas deixadas de fora dos benefícios da globalização.

O vínculo das pessoas mundo afora com o seu ambiente espacial e cultural tem um peso considerável sobre a política e as instituições de cada país. Nos Estados Unidos, a crescente desconfiança no governo federal ainda caminha lado a lado com o ressurgimento de governos locais e estaduais como focos da atenção pública. De fato, de acordo com pesquisas de opinião realizadas em meados da década de 1990,[79] esse reposicionamento do governo proporciona a oportunidade mais imediata de recuperação da legitimação da política, seja sob a forma de populismo ultraconservador, como é o caso do movimento pelos "direitos dos condados" ou do renascido Partido Republicano, construindo sua hegemonia com base nos ataques ao governo federal.[80]

Na União Europeia, embora importantes áreas de soberania tenham sido transferidas para Bruxelas, a responsabilidade por muitos problemas relacionados à vida cotidiana dos cidadãos foi passada para as mãos dos governos regionais e locais, inclusive, na maioria dos países, os setores da educação, ação social, cultura, habitação, meio ambiente e instalações e melhorias urbanas.[81] Além disso, cidades e regiões em toda a Europa associaram-se em torno de redes institucionais que fogem ao controle dos Estados nacionais, constituindo um dos mais eficientes *lobbies* capazes de atuar simultaneamente às instituições europeias e seus respectivos governos nacionais. Como se não bastasse, as cidades e regiões participam ativamente de negociações diretas com empresas multinacionais, transformando-se nos agentes mais importantes das políticas de desenvolvimento econômico, uma vez que as ações dos governos nacionais estão condicionadas às regulamentações da UE.[82]

Na América Latina, a reestruturação da política do governo central para superar a crise dos anos 1980 imprimiu novo ritmo aos governos municipais e estaduais, cujo papel fora até então limitado pelo acentuado grau de dependência do governo nacional, com a importante exceção do Brasil. Os governos locais, estaduais e regionais do México, Brasil, Bolívia, Equador, Argentina e Chile beneficiaram-se da descentralização do poder e dos recursos nos anos 1980 e 1990, empreendendo uma série de reformas sociais e econômicas que vêm transformando a geografia institucional da América Latina. Esses governos não só foram capazes de compartilhar do poder do Estado-Nação, mas tiveram condições, sobretudo, de lançar as bases de uma nova legitimidade política em prol do Estado local.[83]

Atualmente, a China vivencia um processo de transformação similar, tendo Xangai e Guandong à frente no controle das principais vias de acesso à economia global, com muitas cidades e províncias em todo o país estruturando as próprias relações com o novo sistema de mercado. Embora aparentemente Pequim detenha com mão de ferro o controle político do país, na realidade o poder do Partido Comunista Chinês depende de um delicado equilíbrio de poder e distribuição de riqueza compartilhados entre as elites nacionais, provinciais e locais. É bem provável que esse acordo central/provincial/local do Estado chinês seja o principal mecanismo de garantia para uma transição ordenada do estatismo para o capitalismo.[84] Situação semelhante pode ser observada na Rússia do pós-comunismo. A manutenção do equilíbrio de poder entre Moscou e as elites locais e regionais tem sido fundamental para a relativa estabilidade do Estado russo em meio a uma economia caótica, bem como para a relação entre o governo federal e os "generais do petróleo" da porção ocidental da Sibéria quanto à divisão dos lucros e do poder; ou ainda entre as elites moscovitas e as elites locais tanto na Rússia europeia quanto no Extremo Oriente.[85] Por outro lado, no momento em que as exigências da identidade nacional não foram devidamente reconhecidas, e mesmo mal administradas, como na Chechênia, sobreveio a guerra, que passou a ser uma das maiores responsáveis pelo desvio de percurso da transição russa.[86]

Assim, da glória de Barcelona à agonia de Grozny, a identidade territorial e os governos locais/regionais têm-se transformado em forças decisivas no destino dos cidadãos, nas relações entre Estado e sociedade, e na reestruturação dos Estados-Nação. Uma pesquisa sobre evidências comparativas no processo de descentralização política parece confirmar o dito popular segundo o qual os governos nacionais na era da informação são muito pequenos para lidar com as forças globais, no entanto, muito grandes para administrar a vida das pessoas.[87]

O PODER DA IDENTIDADE | 401

A IDENTIFICAÇÃO DO ESTADO

A institucionalização seletiva da identidade no Estado causa um impacto indireto muito importante na dinâmica geral do Estado e da sociedade. Na verdade, nem todas as identidades têm condições de encontrar refúgio nas instituições dos governos locais e regionais. Uma das funções da diferenciação territorial adotadas pelo Estado é manter o princípio da igualdade universal, ao mesmo tempo coordenando a aplicação desse princípio sob forma de desigualdade segregada. Trata-se do diferente e do desigual em relação à norma que subjaz, por exemplo, à sólida autonomia dos governos locais dos Estados Unidos.[88] A concentração das populações de baixa renda e das minorias étnicas nas cidades centrais norte-americanas ou *banlieues* franceses tende a confinar os problemas sociais a uma perspectiva espacial, causando uma redução nos níveis de recursos públicos disponíveis precisamente por manter a autonomia local. A autonomia local/regional dá maior força às elites e às identidades dominantes nos próprios territórios, em detrimento dos grupos sociais não representados nessas instituições governamentais autônomas, ou ainda, relegados a guetos e marginalizados.[89]

Nessas condições, podem ocorrer dois processos diferentes. Por um lado, as identidades com tendências assimilativas utilizam seu controle das instituições regionais para ampliar a base social e demográfica de sua identidade. Por outro lado, sociedades locais entrincheiradas em uma posição defensiva transformam suas instituições autônomas em mecanismos de exclusão. Um exemplo do primeiro desses processos é a democrática Catalunha: administrada por catalães e em catalão, embora nos anos 1990 a maioria da população adulta não tenha nascido na Catalunha, pois a taxa de natalidade de mulheres genuinamente catalãs tem sido tradicionalmente mais baixa que as taxas de renovação da população. Dessa maneira, em 2002, uma pesquisa com parcela representativa da população catalã descobriu que apenas 58,5% das pessoas com mais de 29 anos nasceram na Catalunha, em contraste com os 92,6% no caso dos que têm entre 15 e 29 anos.[90] Mesmo assim, o processo de integração cultural e a assimilação social dos imigrantes do sul da Espanha são relativamente tranquilos, de modo que seus filhos são, do ponto de vista cultural, catalães e inteiramente bilíngues (ver capítulo 1), embora seja necessário observar o futuro dos meros imigrantes vindos de países desenvolvidos. Importante observar nesse exemplo de que forma uma determinada identidade cultural/nacional, para ser catalã, utiliza o controle do Estado local/regional para sobreviver como identidade, tanto pela melhoria das bases de negociação com o Estado-Nação espanhol, como mediante a influência sobre as instituições regionais/locais para integrar os não catalães, transformando-os assim em catalães, e reproduzindo a própria Catalunha por meio de famílias que a adotaram como sua nação.

Um cenário totalmente distinto surge quando as identidades e os interesses predominantes nas *instituições* locais rejeitam a noção de integração, como no caso de comunidades etnicamente divididas. Com certa frequência, como resposta à rejeição da cultura oficial, os excluídos assumem uma postura de orgulho por haverem adquirido tal identidade, como ocorre em muitas comunidades de latinos nas cidades norte-americanas, ou ainda com os jovens *beurs* dos guetos da África do Norte francesa.[91] Essas minorias étnicas excluídas não se dirigem aos poderes locais, mas apelam ao Estado nacional para ter seus direitos reconhecidos e interesses representados, em um nível que excede a competência dos governos locais/estaduais e lhes oferece oposição, como se pode observar no caso das minorias norte-americanas que exigem programas de "ação afirmativa" como forma de compensação de séculos de discriminação social e institucional. Contudo, para sobreviver à crise de legitimação que atravessa em relação à "maioria", o Estado-Nação tem transferido poderes e recursos em escala cada vez maior aos governos locais e regionais. Com isso, vai se tornando cada vez mais inapto para a tarefa de equalizar os interesses das diversas identidades e grupos sociais nele representados. Consequentemente, crescentes pressões sociais ameaçam o equilíbrio da nação inteira. A incapacidade cada vez maior demonstrada pelo Estado-Nação de responder a tais pressões, dada a descentralização de seu poder, continua comprometendo a legitimação de seu papel de protetor e representante das minorias discriminadas. Ato contínuo, tais minorias procuram refúgio em suas comunidades locais, em estruturas não governamentais autossuficientes.[92] Portanto, um processo iniciado como uma tentativa de recuperação da legitimidade do Estado mediante a transferência de poder do âmbito nacional para o âmbito local pode acabar agravando ainda mais a crise de legitimação do Estado-Nação, bem como a tribalização da sociedade em comunidades construídas a partir de identidades primárias, conforme demonstrado no capítulo 1.

Em última análise, nos casos em que o Estado-Nação não representa uma identidade importante ou não abre espaço para uma coalizão de interesses sociais fundamentados em uma identidade (re)construída, uma força social/política definida por uma determinada identidade (étnica, territorial, religiosa) pode assumir o controle do Estado, a fim de transformá-lo na expressão exclusiva dessa identidade. Esse é o processo de formação dos Estados fundamentalistas, tais como a República Islâmica do Irã, ou como as instituições de governança americana apresentadas pela Coalizão Cristã na década de 1990, ou ainda a ascensão do fundamentalismo hindu nos governos da Índia, tanto na esfera federal quanto na de estados-chave, como Gujarate.[93]

À primeira vista, talvez possa parecer que o fundamentalismo tenha dado novo ânimo ao Estado-Nação, em uma versão histórica atualizada. Contudo, o que temos na verdade é a mais profunda manifestação de derrocada do

Estado-Nação. Conforme analisado no capítulo 1, a expressão do Islã não é, nem pode ser, o Estado-Nação (uma instituição secular), mas, sim, a *umma,* ou comunidade de fiéis. A *umma* é, por definição, um conceito transnacional, que visa estender-se a todo o universo. Também esse é o caso da Igreja Católica, um movimento transnacional e fundamentalista que busca a conversão de todo o planeta para o único e verdadeiro Deus, valendo-se quando possível do apoio do Estado. Sob essa perspectiva, um Estado fundamentalista não é um Estado--Nação, tanto na relação com o mundo como com a sociedade que ocupa o território nacional. *Vis-à-vis* o mundo, o Estado fundamentalista tem de fazer articulações, formando alianças com os aparatos de outros fiéis, Estados ou não, com o objetivo de expandir sua crença e adaptar as instituições nacionais, internacionais e locais aos princípios da fé: o projeto fundamentalista é caracterizado por uma teocracia global, não um Estado nacional estabelecido em bases religiosas. Diante de uma sociedade definida territorialmente, o Estado fundamentalista não pretende representar os interesses de todos os cidadãos e de todas as identidades que vivem naquele território, mas ajudá-los, com suas identidades diversas, a encontrar a verdade de Deus, a única verdade. Portanto, o Estado fundamentalista, embora se manifeste como a última expressão de poder absoluto dos Estados, o faz mediante a negação da legitimação e da permanência do Estado-Nação.

Assim, a atual dança da morte entre identidades, nações e Estados deixa, de um lado, Estados-Nação historicamente esvaziados, vagando nos mares dos fluxos globais de poder, e, de outro, identidades fundamentais, retraídas em suas comunidades ou mobilizadas na captura incondicional de um Estado-Nação cercado por todos os lados; em meio a essa turbulência, o Estado-Nação local luta com todas as forças para reconstruir sua legitimação e instrumentalidade, navegando em redes transnacionais e integrando sociedades civis locais.

O RETORNO AO ESTADO

Como poderia o Estado ser impotente na era global e na sociedade em rede? Não estaríamos testemunhando, em vez disso, um surto de violência e repressão pelo mundo? Não estaria a privacidade enfrentando as maiores ameaças da história da humanidade por causa da onipresença das novas tecnologias da informação? Não teria o Grande Irmão chegado, como previu Orwell, por volta de 1984? Como poderia o Estado ser impotente enquanto dominava uma capacidade tecnológica formidável e controlava um volume de informação sem precedentes?[94] Não seria a guerra mundial contra o terror global e a reivindicação unilateral de superpotência soberana por parte dos Estados Unidos, nos primeiros anos do século XXI, uma manifestação surpreendente do retorno do Estado-Nação como local primário de poder? Essas são questões fundamentais que requerem atenção cuidadosa. Tratarei delas em ordem sequencial.

Estado, violência e vigilância: *do Grande Irmão às irmãzinhas*

Essas questões essenciais, e usuais, mesclam evidência contraditória com teoria confusa. Apesar disso, tratá-las é central para o entendimento da crise do Estado. Antes de mais nada, o imaginário a respeito do Grande Irmão deve ser empiricamente dispensado, uma vez que ele se refere à conexão entre nossas sociedades e a profecia orwelliana. De fato, George Orwell poderia muito bem estar certo, mediante o objeto de sua profecia, o stalinismo, não ao Estado capitalista liberal, se a história política e a tecnologia tivessem seguido uma trajetória diferente no último meio século, algo que certamente estava dentro do reino da possibilidade. Mas o estadismo se desintegrou ao entrar em contato com as novas tecnologias da informação, em vez de adquirir a capacidade de dominá-las (ver volume III); e as novas tecnologias da informação desencadearam o poder das redes e da descentralização, na realidade enfraquecendo a lógica centralizadora das instruções unilaterais e da vigilância vertical burocrática (ver volume I). Nossas sociedades não são prisões organizadas, mas selvas caóticas.

Entretanto, novas e poderosas tecnologias da informação poderiam mesmo ser colocadas a serviço da vigilância, do controle e da repressão pelos aparados do Estado (polícia, recolhimento de impostos, censura, supressão de dissidência política e coisas do tipo), mas elas também poderiam ser utilizadas pelos cidadãos para aumentar seu controle sobre o Estado, ao legitimamente acessar informação em bancos de dados públicos, interagir com seus representantes políticos *on-line*, assistir sessões políticas ao vivo e, finalmente, comentar ao vivo sobre elas.[95] Além disso, novas tecnologias podem habilitar os cidadãos a gravarem eventos, gerando, dessa maneira, provas visuais dos abusos, como no caso das organizações ambientalistas globais que distribuem câmeras de vídeo para grupos locais mundo afora para que reportem crimes ambientais, consequentemente colocando pressão sobre aqueles que cometem essas violações ecológicas.

O que o poder da tecnologia faz é amplificar extraordinariamente as tendências inerentes às estruturas sociais e instituições: as sociedades opressoras podem ser tanto mais com as novas ferramentas de vigilância, enquanto sociedades democráticas e participativas, ao fazer uso do poder da tecnologia, podem aumentar sua abertura e sua representatividade ao distribuir mais o poder político. Consequentemente, o impacto direto das novas tecnologias da informação sobre o poder e o Estado é uma questão empírica, em relação à qual o registro é diverso. Mas uma tendência mais profunda e mais fundamental está em processo, que na verdade enfraquece o poder do Estado-Nação: o aumento da difusão tanto da capacidade de vigilância quanto do potencial para violência fora das instituições do Estado e além das fronteiras da nação.

Relatos da ameaça crescente à privacidade diz respeito menos ao Estado como tal do que às organizações empresariais e redes de informação privada, ou burocracias públicas que seguem sua própria lógica como instrumento em vez de agir em nome do governo. Os Estados, através da história, coletaram informações de seus cidadãos, muito frequentemente por meios brutais rudimentares, porém eficientes. Sem dúvida, computadores mudaram qualitativamente a habilidade de cruzar informações, combinando dados sobre seguridade social, saúde, carteiras de identidade, residência e emprego. No entanto, com a limitada exceção dos países anglo-saxões, alicerçados numa tradição libertária (atualmente sob ameaça), pessoas do mundo todo, da Suíça democrática à China comunista, passaram suas vidas dependendo de arquivos com informações de residência, trabalho e todas as outras esferas de sua relação com o governo. Por outro lado, se é verdade que o trabalho da polícia foi facilitado pelas novas tecnologias, ele também se tornou extraordinariamente complexo pela sofisticação similar, e às vezes superior, do crime organizado no uso dessas novas tecnologias (por exemplo, para interferência nas comunicações policiais, estabelecimento de conexões eletronicamente, acesso a registros de computadores e assim por diante).

A questão real é outra: trata-se da reunião de informações sobre indivíduos por parte de empresas e organizações de todos os tipos, bem como da criação de um mercado para essas informações. O cartão de crédito, mais do que a carteira de identidade, está acabando com a privacidade. Esse é o instrumento através do qual a vida das pessoas pode ser descrita, analisada e orientada para fins de mercado (ou de chantagem). Além disso, a noção do cartão de crédito como vida em registro público deve ser estendida a uma variedade de ofertas de empresas, que vão de programas de divulgação frequentes até serviços ao consumidor de todos os tipos possíveis e propostas de adesão a associações diversas. *Em vez de um "Grande Irmão" opressor, trata-se de uma miríade de "irmãzinhas" lisonjeiras que invadiram todos os campos das nossas vidas e, assim, se relacionam com cada um de nós no âmbito pessoal por saberem quem somos.* O que os computadores fazem, na verdade, é tornar possível a reunião, o processamento e o uso para fins específicos de uma massa de informação individualizada, de forma que nosso nome pode ser impresso, ou a oferta pode ser personalizada, ou um anúncio pode ser enviado ou difundido para milhões de indivíduos. Ou, em um exemplo revelador da nova lógica tecnológica, o V-chip permite que famílias programem a censura de acordo com um sistema de códigos que serão também implantados nos sinais de televisão emitidos das estações. Ao fazê-lo, o chip descentraliza a vigilância em vez de centralizar o controle.

David Lyon, em seus livros esclarecedores sobre o assunto, insistiu no desenvolvimento crítico dessa extensão da vigilância muito além dos limites do Estado.[96] O que ele chama de "o olho eletrônico" é, na verdade, uma "sociedade" de vigilância, não um "Estado de vigilância". Trata-se, afinal, do cerne da teoria dos micropoderes de Foucault, embora ele tenha confundido muitos de seus leitores superficiais ao chamar de "Estado" o que, na verdade, em seu próprio ponto de vista é "o sistema"; ou seja, a rede de fontes de poder em vários domínios da vida social, inclusive o poder na família. Se, na tradição weberiana, restringimos o conceito de Estado ao conjunto de instituições que possuem o monopólio legítimo dos meios de violência, e o de Estado-Nação à delimitação territorial de tal poder,[97] poderia parecer que estamos testemunhando de fato a difusão do poder de vigilância e de violência (simbólica e física) na sociedade como um todo.

Essa tendência é ainda mais clara na nova relação entre Estado e mídia. Dada a crescente independência financeira e legal da mídia, a melhoria dos recursos tecnológicos coloca em suas mãos o poder de espiar o Estado, e assim fazê-lo em nome da sociedade e/ou de grupos de interesses específicos (ver capítulo 6). Quando, em 1991, uma estação de rádio espanhola gravou a conversa telefônica de dois oficiais socialistas, a transmissão de suas considerações críticas sobre o primeiro-ministro socialista desencadeou uma crise política. Ou quando o príncipe Charles e sua amiga se divertiram pelo telefone em elaborações pós-modernas sobre os absorventes internos da Tampax e assuntos relacionados, a publicação em tabloides dessas conversas estremeceu a Coroa britânica. Com certeza, as revelações, ou fofocas, da mídia sempre foram uma ameaça para o Estado e uma defesa para os cidadãos. Porém, as novas tecnologias e o novo sistema de mídia aumentaram exponencialmente a vulnerabilidade do Estado a ela e, consequentemente, às empresas e à sociedade de maneira geral. Em termos historicamente relativos, o Estado de hoje é mais vigiado que vigilante.

Além disso, embora o Estado-Nação mantenha o potencial de violência,[98] ele tem perdido seu monopólio porque seus principais desafiantes estão tomando a forma tanto de redes transnacionais de terrorismo quanto de grupos comunitários que recorrem a violência suicida. No primeiro caso, o caráter global do terrorismo (policial, criminal ou ambos) e de suas redes de fornecimento de informação, armas e verbas requer uma cooperação sistêmica entre a polícia dos Estados-Nação, de modo que a unidade operacional seja cada vez mais uma força policial transnacional.[99] No segundo caso, quando grupos comunitários, ou gangues locais, renunciam à sua filiação ao Estado-Nação, o Estado se torna progressivamente mais vulnerável à violência ancorada à estrutura social de sua sociedade, como se os Estados tivessem de estar permanentemente envolvidos no combate à guerrilha.[100] Em consequência, a contradição que o Estado enfrenta: se não usar violência, ele se dissipa como Estado; se usar, numa frequência quase permanente, parte substancial de seus recursos e de sua legitimidade vai desaparecer porque isso pressuporia um estado de emergência sem fim. Assim, o Estado apenas pode prosseguir com uma violência duradoura desse tipo quando e se a sobrevivência da nação, ou do Estado-Nação, estiver em jogo. Por causa da relutância cada vez maior das sociedades em apoiar o uso permanente da violência, exceto em situações extremas, o Estado tem dificuldades de recorrer a ela, de fato, numa escala ampla o bastante para ser eficiente. Isso leva ao enfraquecimento de sua capacidade de utilizá-la com frequência e, consequentemente, à perda gradual de seu privilégio como o detentor dos meios de violência. Entretanto, quando uma situação de emergência surge, o Estado volta à sua rotina histórica de ser repositório da violência e guardião da segurança, com seus meios de poder substancialmente potencializados pelas tecnologias da informação e da comunicação.

Desse modo, o potencial de vigilância é distribuído na sociedade, o monopólio da violência é desafiado por redes transnacionais não estatais e a capacidade de reprimir rebeliões é corroída pelo comunitarianismo e o tribalismo endêmicos. Embora o Estado-Nação ainda pareça imponente em seu lustroso uniforme, e os corpos e almas das pessoas ainda sejam rotineiramente torturados pelo mundo, o fluxo de informação dispensa e, às vezes, devasta o Estado; guerras terroristas cruzam fronteiras nacionais; e guerras comunais por território exaurem a patrulha da lei e da ordem. O Estado ainda depende da violência e da vigilância, mas ele não tem mais o monopólio sobre elas, nem pode exercê-las a partir dos seus limites nacionais.

É para responder a esses desafios que o Estado em rede aparece no palco histórico. Analisei nas páginas anteriores a lógica e o funcionamento do Estado em rede. Devo acrescer aqui a observação do retorno do Estado na forma da superpotência americana.

Unilateralismo americano e a nova geopolítica

O colapso da União Soviética deixou os Estados Unidos como a única superpotência militar do mundo. O governo americano usou sua posição favorável para manipular o mundo de acordo com seus interesses nacionais. Ao refletir sobre o registro histórico, duvido se qualquer outra superpotência teria feito diferente. Os Estados Unidos impuseram suas perspectivas sobre as políticas econômicas globais, usando os dois braços principais da governança econômica global: as reuniões do G-8 e o FMI. Conforme escreve Stiglitz, ao se referir à Rússia, conquanto sugira uma orientação política mais ampla: "O FMI é uma instituição política... As políticas do FMI eram intimamente vinculadas às perspectivas políticas da administração Clinton."[101] Apesar disso, dado o caráter global das questões a serem enfrentadas, durante a década de 1990 os Estados Unidos se uniram à tendência mundial em direção a um sistema multilateral de administração internacional, ainda que sob a forma de um multilateralismo assimétrico; ou seja, mantendo, na prática, um poder de veto sobre as políticas comuns.

A posição mudou sob a administração Bush, mesmo antes do 11 de Setembro. Os EUA se estabeleceram, nas palavras de Javier Solana, como o último Estado--Nação soberano. No momento em que países do mundo inteiro estavam se dedicando a criar instituições de governança global para tratar questões globais e para gerenciar os bens públicos globais, o governo dos EUA mantinha sua atitude unilateral em áreas tão diversas quanto meio ambiente (em especial sua recusa em ratificar o protocolo de Kyoto), causas humanitárias (a recusa em assinar o tratado para banir minas antipessoais) ou justiça global (a recusa em aceitar a jurisdição da Corte Penal Internacional).[102]

No entanto, os Estados Unidos, apesar de seu poderio militar, do tamanho e do dinamismo de sua economia e de sua superioridade tecnológica, estão enredados numa teia de interações econômicas, políticas, culturais e ambientais que os colocam em situação de interdependência com o mundo: argumento elaborado por Joseph Nye a partir da perspectiva dos interesses nacionais americanos.[103] Na verdade, a noção de uma economia "americana" é ilusória na era das redes de produção global e de mercados financeiros interdependentes. As empresas multinacionais americanas são organizadas em redes globais de produção e gerenciamento, e uma parcela substancial da atividade econômica e do emprego nos Estados Unidos depende de investimento e do mercado estrangeiro. A ciência e a tecnologia americanas dependem amplamente do talento estrangeiro: estudantes de fora respondem por 50% dos títulos de doutorados em ciências e engenharia concedidos pelas universidades americanas, e a maior parte deles fica nos Estados Unidos para trabalhar. Indústrias de alta tecnologia não teriam crescido na década de 1990 sem importar mais de 200 mil engenheiros e cientistas por ano. Além do mais, na década passada, mais de um terço das novas empresas criadas no Vale do Silício eram chefiadas por um engenheiro chinês ou indiano; somem-se a isso as inúmeras outras empresas comandadas por executivos de nacionalidades diversas.[104]

A segurança global para os Estados Unidos, de crime a drogas a terrorismo, continua a ser dependente da cooperação de governos do mundo todo. E aquilo que Nye e outros chamam de "poder brando" (ou seja, o poder projetado através da influência cultural/ideológica) depende da capacidade de os produtos culturais americanos se misturarem a outras culturas sem serem impostos coercitivamente. É por isso que, apesar da perspectiva política unilateral da administração dos EUA, ao longo da década de 1990 houve uma tendência estrutural em direção à prática da governança compartilhada.[105] Compartilhar

O PODER DA IDENTIDADE | 409

não significa ausência de relações de poder. A governança global por parte do Estado em rede ainda é um processo marcado por relações assimétricas, nem todos os nós são iguais e cada agente ainda busca o próprio interesse em vez do bem comum. Entretanto, em face de conflitos políticos, crise econômica e protestos sociais resultantes do processo de globalização, uma prática provisória de governança global de fato estava aparecendo por volta de 2001.

Então, o 11 de Setembro mudou tudo: menos por causa do desafio da ameaça terrorista, grave como é, do que por conta da mudança qualitativa na política dos Estados Unidos. Dados o peso e a influência do Estado americano no sistema internacional, sua nova configuração política, externa e interna, mudou a administração política do mundo como um todo. Por que aconteceu dessa forma? Quais são os princípios desse novo unilateralismo? E quais são as suas consequências observáveis?

A razão para a América ter reagido dando prioridade absoluta à sua segurança nacional é porque, pela primeira vez em sua jovem história, ela se sentiu vulnerável. O novo tipo de inimigo era muito mais insidioso e difícil de conter que a União Soviética ou, nesse sentido, qualquer outra potência nacional que pudesse ser equiparada e, em última análise, derrotada pelos recursos tecnológicos e econômicos americanos. Além disso, o povo americano se sentiu pessoalmente ameaçado por uma ameaça invisível, cujo perfil sombrio alimentou uma paranoia coletiva, exatamente o que os terroristas queriam que acontecesse. Desse sentimento coletivo de insegurança surgiu o apoio político às políticas de segurança. A segurança nacional se tornou a preocupação primordial do país e o princípio capital do governo, tanto nos assuntos internos quanto externos. Baseada nessas premissas, uma equipe política conservadora, que vinha defendendo o unilateralismo na política externa e o pleno exercício do poder americano muito antes do 11 de Setembro, pôde impor suas ideias. Richard Perle era o intelectual orgânico dessa equipe, Wolfowitz o estrategista, Rumsfeld o operador e Cheney o testa de ferro político. O presidente Bush, entendendo a defesa dos Estados Unidos como sua tarefa moral e seu trunfo político, assumiu completamente essa estratégia, que refletia as perspectivas do *lobby* pró-israelense na política externa, alinhada à posição de Sharon na defesa intransigente do ocidente contra os perigos de um mundo ingovernável no Oriente Médio e além.

Os componentes dessa estratégia podem ser resumidos conforme segue. Primeiro, proteger os Estados Unidos. Contra os mísseis, tecnologia; contra o terrorismo individual, um sistema de segurança interna abrangente que envolve o monitoramento de estrangeiros e a concessão de amplos poderes de vigilância às agências federais, consolidadas em um novo Departamento de Segurança Interna. Segundo, agir radicalmente contra qualquer base de ataques terroristas, tanto para suprimir o risco quanto para intimidar os países que possam abrigar terroristas no futuro. A guerra do Afeganistão foi a primeira expressão dessa política. Terceiro, realizar ações preventivas contra qualquer fonte potencial de desenvolvimento de armas de destruição em massa que não possa ser domada por influência direta. Isso levou à guerra do Iraque, embora se estenda potencialmente a todos os países que sejam considerados parte do suposto "eixo do mal" (Coreia do Norte, Irã e uma longa lista de possíveis suspeitos, dependendo das áreas da política externa americana e da geopolítica do terrorismo futuramente). Quarto, o envolvimento em uma guerra global incessante contra as redes terroristas globais. Quinto, que é um subproduto interessante, assegurar os interesses americanos e os interesses do capitalismo global em áreas estratégicas cruciais no mundo. Isso inclui aumentar o controle sobre os recursos de petróleo e gás, o que parcialmente explica o interesse em apoderar-se do Iraque e em fazer uso do Afeganistão como uma rota controlada para os gasodutos da Ásia Central. Sexto, apoiar Israel, independentemente das políticas israelenses, a todo custo, tanto por razões internas quanto geopolíticas. Sétimo, usar o protecionismo econômico e o unilateralismo ambiental quando necessário para salvaguardar os interesses econômicos americanos. Oitavo, manter a soberania do Estado-Nação americano. Isso implica, num mundo interdependente constituído por redes globais, fazer valer os interesses americanos nas trocas que acontecem nessas redes.

Ainda que esse projeto político tenha uma forte coerência interna e seja provável que receba o apoio da opinião pública americana no curto prazo, quão viável ele é? E quais são suas consequências para o mundo como um todo e, consequentemente, para a evolução do Estado numa sociedade em rede? Já que minha proposta nestas páginas é estritamente analítica, e que não é um dos princípios deste livro me aventurar em previsões, não especularei sobre desdobramentos futuros. No entanto, vou apresentar na argumentação os resultados da minha observação do primeiro estágio da implementação dessa política nos anos de 2001–2003.

A política de segurança da administração Bush/Cheney é baseada em três princípios. Novas tecnologias militares, cujo quase monopólio é das forças armadas dos EUA, que tornam possível derrotar qualquer inimigo em um curto período de tempo e ao menor custo para os americanos. Mesmo considerando a necessidade de acionar tropas terrestres e de sofrer algumas perdas, a nova estratégia militar é baseada na capacidade de fazer guerras curtas com exércitos profissionais, sendo que a maior parte das pessoas voltam para casa sem sentir as consequências das guerras e permanecem mobilizadas por trás do patriotismo de seus defensores, morrendo por uma causa justa. Esse tipo de guerra permite aos EUA finalmente superar os limites impostos pelo sentimento público no período final das Guerra do Vietnã — limites que foram suprimidos com a Guerra do Golfo e ainda mais com as guerras do Afeganistão e do Iraque.[106]

Segundo, uma situação de emergência permanente no âmbito interno, similar àquela posta em prática em Israel, vai minimizar o risco de ataques terroristas em solo americano. Além disso, a eventualidade de tais ataques vai alimentar o apoio do povo americano à prioridade dada à segurança e à seguridade, de modo que, contando com esse suporte e com o poderio americano, no longo prazo o mundo se tornará um lugar mais seguro. Afinal de contas, na visão dos grupos conservadores americanos, a determinação da América já enterrou, em apenas meio século, o nazismo alemão, o imperialismo japonês e o comunismo soviético, saindo mais forte de cada desafio.

O terceiro princípio é o moral-ético. Líderes políticos conservadores americanos estão convencidos de estarem salvando o mundo e a América, assim como de que alguns países (em especial na Europa) são irresponsáveis ou aventureiros cínicos. Em qualquer um dos casos, nas palavras de Richard Perle, são irrelevantes. Nesse contexto, a América deveria assumir sua responsabilidade e sua liderança sem hesitar. Outras potências, como Rússia e China especialmente, são mais respeitadas. A elas os Estados Unidos oferecem um acordo: ajudem na defesa dos EUA nesse período difícil e terão um lugar de destaque no mundo que está sendo reformulado, um mundo de governança global sob a hegemonia dos Estados Unidos, Estado em rede global constituído pelos interesses do último Estado-Nação soberano.

A coerência dessa estratégia deve ser confrontada na medida de sua viabilidade. Nos anos de 2001–2003, a primeira fase de sua implementação aconteceu sem maiores problemas. O regime Talibã foi obliterado em algumas semanas com baixas mínimas para os EUA, o Afeganistão se tornou um protetorado americano, centenas de prisioneiros foram postos em custódia sem supervisão internacional, nenhum ataque terrorista aconteceu nos EUA ou em qualquer outra nação ocidental, com a exceção significativa do ataque checheno a um teatro em Moscou. Uma coalizão global contra o terror foi formada em torno dos Estados Unidos, em parte devido à onda de solidariedade sincera que muitos países demonstraram em relação às vítimas dos ataques bárbaros de 11 de Setembro. A Lei Patriótica e a Lei de Segurança Nacional receberam apoio bipartidário impressionante no Congresso americano e, embora houvesse um movimento significativo de protesto contra a guerra do Iraque, a maior parte da opinião pública americana continuava a apoiar o ataque preventivo contra iraquianos mesmo na ausência de apoio das Nações Unidas. Além disso, o controle direto do Iraque, com a segunda maior reserva petrolífera do mundo, deixou os EUA com as mãos livres para lidar de maneira mais conclusiva com o relacionamento sombrio que existe entre as elites árabes e a al-Qaeda. Obviamente, a guerra com o Iraque foi um divisor de águas que conduziu a uma nova era geopolítica.

A Guerra do Iraque e as suas consequências

Da perspectiva militar, a guerra de 2003 no Iraque foi uma demonstração impressionante da superioridade tecnológica das forças armadas dos EUA e de seus aliados britânicos. Em três semanas, um exército e uma milícia reconhecidamente enfraquecidos foram aniquilados ou dissolvidos, com parca resistência em Bagdá — e nenhuma no Norte contra um pequeno contingente das forças especiais e guerrilhas curdas. O essencial, é claro, foi o poder aéreo esmagador, que tornou qualquer resistência de linha de frente impossível. No entanto, ainda mais importante foram as eficazes redes de comunicação conectando, em tempo real, uma multiplicidade de unidades de ataque, das forças especiais em solo aos aviões de combate e bombardeiros B52, chegando aos velozes tanques blindados equipados com engrenagem eletrônica superior.

O longo empenho de duas décadas no desenvolvimento de nova tecnologia militar e estratégia para superar as limitações da Guerra do Vietnã acabou valendo a pena. As forças americanas estão agora na condição de destruir qualquer exército convencional do mundo tendo baixas proporcionalmente ínfimas. Naturalmente, enfrentar o Iraque após anos de embargo é mais fácil do que o Irã e muito mais fácil do que qualquer outro país importante que venha a se tornar, no longo prazo, um adversário futuro. Embora a essência da declaração ainda se aplique: assim como a conquista do Oeste americano foi altamente facilitada pela superioridade dos rifles Winchester sobre arcos e flechas, as guerras típicas do século XXI serão determinadas pelos tipos de tecnologias que hoje estão quase exclusivamente nas mãos dos EUA e de Israel — além disso, a nova política militar americana é baseada na continuação desse empenho tecnológico para se manter na vanguarda político-militar.

Sob tais condições, apenas o terrorismo e a guerrilha podem confrontar os Estados Unidos em termos militares. Ambos pressupõem a disposição para morrer por uma causa, o que estava obviamente ausente no caso do Iraque, com exceção de um pequeno núcleo de criminosos relacionados ao ditador. Mas mesmo no caso do Talibã, mais ideologicamente motivado, sua determinação não era suficiente para se equiparar ao poderio tecnológico americano. Então, cá estamos no momento histórico da implementação da "guerra instantânea", conforme analisada no volume I (capítulo 7) desta trilogia. Não que a violência possa ser limitada a alguns dias ou semanas ou meses — na verdade, é bem provável que esse tipo de "guerra instantânea" provoque múltiplas formas de violência por longos períodos de tempo. Embora isso não signifique que a guerra nos moldes tradicionais das guerras convencionais entre exércitos possa ser limitada a um ataque rápido e extraordinariamente violento no qual o equilíbrio de poder esteja pré-determinado por tecnologia (em especial pelas tecnologias da comunicação), equipamento (em especial pelo poder aéreo) e a capacidade humana de utilizá-los (que depende de inteligência apurada, assim como de pessoal militar especializado).

O desempenho americano na gestão da informação a fim de manipular a opinião pública na Guerra do Iraque foi também aprimorado em relação ao que foi na primeira Guerra do Golfo. Esse foi, é claro, o erro crítico na gestão da Guerra do Vietnã, que, em última análise, foi perdida nos campos e solos americanos. Na primeira Guerra do Golfo, a manipulação aberta da informação e o apagão dos noticiários acabaram por esconder a guerra e, assim, limitaram o estrago a uma perspectiva de morte e destruição, sem conseguir oferecer uma virada positiva para a história. Na campanha do Iraque, houve uma mistura engenhosa de jornalismo embarcado (equivalente a censura assumida) e ameaças à segurança pessoal de jornalistas independentes (resultando na morte de 20 jornalistas, na maior parte dos casos assassinados por armas americanas/britânicas, e na restrição da capacidade de muitos outros fazerem a cobertura). Essa política de manipulação da opinião pública em favor da guerra foi particularmente eficiente nos EUA, onde havia poucas fontes alternativas de informação audiovisual para a grande mídia americana, que tinha, de maneira geral, aceitado o jornalismo embarcado. Na Europa, e no mundo como um todo, transmissões da Al Jazeera, da TV Abu Dhabi e de inúmeras redes europeias forneceram uma fonte de informação muito mais diversificada. Apesar disso, houve uma prioridade óbvia na manipulação da opinião pública sobre a guerra nos Estados Unidos e, nesse caso, a administração Bush venceu a guerra de propaganda, outro sucesso fundamental na preparação do país para o prosseguimento da nova política de segurança.

Tendo construído a vitória no Iraque, a administração Bush reafirmou seu desenho geopolítico de controle defensivo do mundo através de ataques preventivos ou da ameaça de realizá-los. Ameaças imediatas à Síria e ao Irã foram feitas horas depois da tomada de controle de Bagdá. A crise com a Coreia do Norte entrou numa fase aguda. Além disso, o presidente Bush incluiu em seu discurso de vitória a bordo do porta-aviões *Abraham Lincoln* o comprometimento em dar continuidade à guerra global contra o terrorismo e em destruir cada pessoa, organização ou país que estivesse associado ao terrorismo contra os Estados Unidos — ou (minhas palavras) estivesse sob suspeita disso. Dessa forma, a consequência mais visível da guerra do Iraque foi a confirmação das possibilidades e do sucesso do unilateralismo baseado na superioridade tecnológico-militar.

A administração Bush sabe que o mundo é ainda mais complexo, em especial no Oriente Médio. Então, um novo "roteiro" para a criação do Estado palestino e para a paz entre Israel e os palestinos foi proposto logo após a guerra. No entanto, Israel não parecia estar pronto para abrandar suas operações punitivas ou desistir de territórios ilegalmente ocupados; por outro lado, os palestinos extremistas, em especial o Hamas (organização fundamentalista originalmente apoiada pelos serviços secretos israelenses para enfraquecer Arafat), pareciam querer continuar com sua prática de terrorismo indiscriminado. Assim, a dificuldade da política americana/britânica em impor um acordo baseado no enfraquecimento árabe vai contra a experiência histórica ou a evidência política recente.

Além disso, a ocupação do Iraque projetou uma sombra ameaçadora sobre a estabilidade do Oriente Médio e do mundo. Na verdade, a razão histórica para que os EUA e o ocidente (inclusive com uma visita pessoal de Rumsfeld em 1983 para armar o Iraque contra o Irã) apoiassem Saddam Hussein era a possibilidade de usar seu regime secular como um baluarte contra a expansão do islamismo e, em especial, contra a militância xiita, uma vez que ela constitui mais de 60% da população iraquiana. Agora, parece que voltamos à primeira peça desse complicado quebra-cabeça. A primeira onda de expressão popular no Iraque após a queda de Saddam foi principalmente organizada em torno de dois temas principais: rejeição à presença americana no Iraque e apoio ao islã, ambos em suas formas xiitas e sunitas. A isso se deveria somar um posicionamento pró-americano por parte dos curdos no Norte, sinalizando uma contradição potencialmente explosiva, já que os curdos estão em busca de independência e que eles são a principal preocupação da Turquia, país no qual um partido islâmico está no governo e que precisa acalmar uma opinião pública esmagadoramente antiamericana. A recusa dos EUA em deixar o poder para as Nações Unidas no Iraque pós-guerra reforçou seu firme unilateralismo, mas também deixou os Estados Unidos e seus aliados sozinhos para confrontar a turbulência extraordinária que venha a surgir no Iraque, bem como nessa região como um todo, no despertar de uma ocupação prolongada sem apoio internacional e sem base institucional local.

Talvez o impacto mais permanente da Guerra do Iraque seja o questionamento do sistema internacional de governança constituído em consequência da Segunda Guerra Mundial, centrado nas Nações Unidas. O afastamento da ONU, uma vez que a maior parte do Conselho de Segurança resistiu à decisão unilateral dos EUA, assim como a criação de uma "coalizão dos dispostos" em torno da concepção de política externa americana, criou uma nova situação geopolítica. Em todas as áreas do mundo, os EUA começaram a construir coalizações específicas em torno de seus interesses, assim como no período da Guerra Fria, mas dessa vez sem uma potência fazendo o contraponto e sem a justificativa ideológica da resistência ao expansionismo soviético. A primeira vítima foi a União Europeia, pois França e Alemanha começaram a estabelecer uma defesa e uma política de segurança autônomas após Rumsfeld ter feito a distinção oficial entre a "velha Europa" e a "nova Europa", e depois de os EUA terem se envolvido em políticas de retaliação contra a França. Entretanto, a "nova

Europa" incluía países como Espanha, em que a opinião pública era 90% contra a política de seu governo, de modo que o posicionamento pró-Bush do governo espanhol era incerto. Na verdade, se olharmos para a opinião pública na Europa durante a Guerra do Iraque e logo a seguir (que, na democracia, é um bom indicador das tendências políticas para as próximas eleições), a "nova Europa" poderia ser resumida a Reino Unido (já que a alternativa conservadora a Blair também seria pró-americana), Dinamarca e aos recém-chegados da Europa Oriental, que são estruturalmente pró-americanos por causa de seus medos históricos. Isso não era o suficiente para inclinar a União Europeia no sentido dos EUA, mas já era o bastante para prejudicar e enfraquecer decisivamente a UE como ator político autônomo no cenário internacional.

De maneira similar, o unilateralismo americano, expresso na retaliação contra o México pela posição independente de Fox sobre a guerra, estava, na América Latina, criando uma grande divergência com um país profundamente imbricado com os Estados Unidos; provocando o distanciamento nas relações com o Chile e o Brasil; desestabilizando a Venezuela e a Bolívia; intensificando a guerra na Colômbia; e, no momento em que escrevo, movendo-se em direção a um confronto perigoso com Cuba, ao aproveitar a janela de oportunidade concedida por um Castro errático, metamorfoseado em um velho ditador sanguinário. Na Ásia, a Coreia do Norte decidiu tomar a iniciativa do confronto antes que sua vez chegasse, declarando ter posse de armas nucleares em funcionamento e forçando a China e a Coreia do Sul a virem em seu resgate, finalmente sendo responsáveis por sua segurança. Ao mesmo tempo, também provocou apelos nacionalistas no Japão pela criação de medidas de autodefesa nuclear. E, é claro, no mundo islâmico, a ideologia e as táticas de bin Laden foram justificadas, já que nenhuma outra forma de confronto seria eficaz contra os EUA e Israel. A probabilidade de haver alguma manifestação terrorista contra os EUA e o ocidente, em formas cada vez mais cruéis, passou a crescer, ao contrário do que se poderia esperar, em virtude da guerra do Iraque. Sua provável ocorrência alimenta a política americana de guerra global ao terror, induzindo, assim, uma espiral de violência e de desestabilização em escala mundial. E isso está ocorrendo numa conjuntura histórica em que o mundo se tornou completamente interdependente, mas está perdendo suas instituições e seus processos de governança global em andamento nos últimos anos do século XX.

As consequências do unilateralismo americano

As consequências observáveis do unilateralismo geopolítico americano são consideráveis. Antes de mais nada, há uma erosão significativa do suposto "poder brando" na maior parte das regiões do mundo. Embora os filmes de

Hollywood e o rock continuem a ser influentes, dado que são parte fundamental da cultura global, pesquisas de opinião mostram um crescente desconforto em relação à América, visto que as pessoas têm alguma dificuldade em diferenciar entre o governo dos EUA e os seus eleitores. Esse desconforto se torna hostilidade franca em países islâmicos, na América Latina e na África. Na Europa, tanto ocidental quanto oriental, as pessoas ainda se sentem atraídas pela América, mas grande parte da opinião pública se indigna contra sua política unilateral. Os obstáculos crescentes para imigração e estudo na América também estão restringindo um canal fundamental da influência americana no mundo. A difusão de novas tecnologias em outros países (p. ex. em telefonia móvel e internet sem fio) tem reduzido a liderança tecnológica americana sobre o resto do mundo; além disso, os países estão mais relutantes em ficar presos a fontes de tecnologia americanas. Em outras palavras, o pleno exercício da "potência coercitiva" por um longo período de tempo, ainda que sob as condições de uma ameaça terrorista global, está enfraquecendo severamente o "poder brando" americano por conta das modalidades de exercício de seu poderio militar.

Na frente interna, a previsão orwelliana recebeu, pela primeira vez, alguns sinais de realização nos Estados Unidos sob a nova agência de informação estabelecida pela Lei de Segurança Nacional. Isso precisamente porque, pela primeira vez, o "Grande Irmão" recebeu autorização para criar um sistema de vigilância baseado nas "irmãzinhas", o que significa a possibilidade de compilar uma base de dados com o número de identificação social* de cada pessoa residente nos Estados Unidos, integrando todos os registros eletrônicos em um mesmo arquivo, inclusive registros comerciais e transações privadas, bem como quaisquer outros registros sob vigilância eletrônica. Embora a existência de um judiciário independente e a proteção da constituição forneçam uma linha de defesa contra uma administração de segurança excessivamente zelosa, fica claro que os Estados Unidos entraram num período de crise das liberdades civis. A dimensão psicológica desse encolhimento da liberdade é ainda mais importante do que casos individuais de abuso aos direitos humanos. É o sentimento de suspeita, de controle, de guarda contra a intromissão do povo por parte do próprio governo que corrói o último vínculo de legitimidade entre os cidadãos e o Estado, ficando este encarregado de policiar e de proteger a segurança individual, seu papel mais antigo na história e, também, sua manifestação mais perigosa.

Em terceiro lugar, talvez as consequências mais significativas do unilateralismo americano estejam sendo observadas precisamente na área cujos desequilíbrios se destinavam a enfrentar: a segurança geopolítica. A política

---

* "Social Security Number" é uma espécie de CPF (*N. do T.*).

unilateral de ataques preventivos como forma de reforçar a segurança cria incentivos para que qualquer país que queira preservar sua autonomia (ou sua entrega autônoma de soberania) se arme antes de entrar para a lista negra da superpotência. No caso extremo, a Coreia do Norte claramente tirou vantagem da janela de oportunidade criada pelo foco dos EUA no Iraque para avançar no seu programa nuclear, seja como meio de dissuasão, seja como moeda de troca poderosa no sentido de garantir sua segurança internacionalmente. O Irã, outro membro do "eixo do mal" de Bush, de modo mais discreto, aprimorou seu programa nuclear com ajuda da Rússia e da China. A Coreia do Norte e o Paquistão fizeram cooperações em tecnologia militar, numa troca de tecnologia para produção de mísseis coreanos e peças por tecnologia nuclear e componentes paquistaneses. Outros países, com menor capacidade ou com ambições mais modestas, se dedicaram a obter a capacidade de fazer uma guerra bacteriológica, mais fácil de esconder até o momento em que seja preciso utilizá-la como dissuasora. De fato, já era muito tarde para o Iraque; mas, para o resto do mundo, a política de ataques preventivos gerou um poderoso incentivo para prevenir a prevenção.

A lógica dos EUA para a política de prevenção é a de que os serviços de inteligência estejam aptos a detectar quaisquer novos acontecimentos e, então, possam agir antes que novas potencialidades sejam incorporadas. Entretanto, dado o fracasso retumbante dos serviços de inteligência americanos em impedir que terroristas amadores explodissem Nova York, é improvável que eles pudessem sistematicamente erradicar a proliferação a tempo. Além disso, já existe uma ampla difusão das armas de destruição em massa por países que não estão sob o rígido controle dos Estados Unidos. Esse é o caso, é claro, de Rússia, China e Índia, além de França e Reino Unido, bem como de Israel, que está sob controle, em alguma medida. No entanto, esse também é o caso do Paquistão, onde o controle do comando pró-americano do exército é bem frouxo. Em outras palavras, o desarmamento assimétrico de armas de destruição em massa, unilateralmente imposto, está levando à proliferação crescente desse tipo de arma. As tentativas de corrigir erros de controle e vigilância mediante uma série de ataques preventivos deixou o mundo em um estado de instabilidade sistêmica.

Por outro lado, embora a al-Qaeda e outras redes terroristas tenham sofrido perdas devastadoras no primeiro período de guerra global contra o terror, elas não foram erradicadas; além disso, redes similares vêm surgindo de vários conflitos, uma vez que as questões políticas, culturais e econômicas na raiz desses confrontos não são tratadas. Em um contexto de governança global compartilhada, a política unilateral de policiamento do mundo simplesmente exacerba esses conflitos, como a guerra sem fim entre israelenses e palestinos tragicamente demonstrou. Dessa maneira, a guerra ao terror alimenta a guerra terrorista, numa espiral de destruição que se soma à instabilidade global.

Além disso, a integração das Nações Unidas e de outras instituições de governança global ao sistema dominado pelo unilateralismo americano está destruindo gradualmente a legitimidade e a eficiência dos únicos instrumentos disponíveis para a gestão das questões e dos bens comuns globais.[107] Isso acontece porque, se as Nações Unidas seguirem as iniciativas dos Estados Unidos, sem muito controle sobre o resultado, ela vai ser apenas uma instância legitimadora do domínio americano. Se, em vez disso, a ONU tentar restringir os superpoderes americanos, ela pode perder sua capacidade de estabilizar conflitos globais — começando pela perda do potencial militar, pois nesse ponto ela depende fortemente do apoio logístico dos EUA. Para garantir, Kofi Annan tentou chegar a um meio-termo na integração dos EUA a um sistema consultivo multilateral, auxiliado pela voz da moderação na administração americana, Colin Powell. Porém, a margem de manobra era muito pequena no momento em que essa abordagem sensível teve de enfrentar as perspectivas estratégicas e a vontade messiânica dos unilateralistas da administração Bush.

Então, o retorno do Estado-Nação, em sua manifestação mais tradicional, como detentor do monopólio da violência, aconteceu desafiando a lógica histórica. Nadando contra a corrente das dinâmicas estruturais, evoluiu rumo a um novo mundo de redes globais. Esse mundo requer um sistema de governança global, gradualmente implementado pelos processos e formas emergentes do Estado em rede, não pela reencenação dos impérios do passado. Apesar disso, a história não é estruturalmente pré-determinada. Ela é criada e vivida pela ação humana. O retorno do Estado foi resultado de uma coincidência histórica: a chegada à presidência dos EUA de uma equipe política estrangeira conservadora para auxiliar um presidente inexperiente, eleito pelo voto minoritário de um eleitorado que compreendia apenas um pouco mais da metade dos eleitores americanos, numa eleição contestada e decidida em favor do presidente por votação de 5 a 4 na Suprema Corte Americana. Apesar dessa frágil base de legitimidade política, o 11 de Setembro criou a oportunidade para esse pequeno, porém decisivo, grupo de políticos mudar o curso da história, ao induzir o retorno do último Estado soberano em potencial em um mundo e em uma época constituídos por redes interdependentes. Dessa forma, em vez de um Estado em rede que aprendesse a atuar na governança global, estamos testemunhando o desdobramento da contradição entre o último grito imperial e o primeiro mundo verdadeiramente independente.

O PODER DA IDENTIDADE | 419

A crise do Estado-Nação, o Estado em rede e a teoria do Estado

Em seu artigo seminal sobre democracia, Estado-Nação e sistema global, David Held faz uma síntese de sua análise afirmando que

> a ordem internacional dos dias de hoje caracteriza-se pela persistência do sistema do Estado soberano e o desenvolvimento de estruturas múltiplas de autoridade. Existem sérias objeções quanto a esse sistema híbrido. Fica aberta a questão sobre a real capacidade de o sistema oferecer soluções aos problemas fundamentais do pensamento político moderno, que se tem ocupado, entre outras coisas, da lógica e dos princípios da ordem e da tolerância, da democracia e da responsabilidade, e do governo legitimado.[108]

Embora o autor prossiga sua análise buscando oferecer a própria alternativa otimista para um novo processo de legitimação do Estado em sua reencarnação pós-nacional, os poderosos argumentos contra a continuidade da soberania do Estado que expõe nas páginas anteriores explicam sua hesitante conclusão: "Há bons motivos para adotar uma postura otimista — e também pessimista — sobre os resultados."[109] Nesse contexto, não tenho certeza quanto ao significado dos termos "otimista" e "pessimista". Particularmente não tenho compaixão por Estados-Nação modernos que mobilizaram seu povo em torno de carnificinas no século mais sangrento da história da humanidade — o século XX.[110] Mas isso é questão de opinião. *O que realmente importa é que o novo sistema de poder é caracterizado,* e nesse sentido concordo com David Held, *pela pluralidade das fontes de autoridade (e acrescentaria, de poder), sendo o Estado-Nação apenas uma dessas fontes.* De fato, essa parece ter sido mais regra do que exceção, sob a perspectiva histórica. Conforme argumenta Spruyt, o Estado-Nação moderno enfrentou uma série de "concorrentes" (Cidades-Estado, pactos comerciais, impérios),[111] como também, acrescentaria, alianças militares e diplomáticas que não desapareceram, mas coexistiram com o Estado-Nação ao longo de seu desenvolvimento durante a Idade Moderna. O que parece estar surgindo atualmente, contudo, pelas razões expostas no presente capítulo, é a descentralização do Estado-Nação numa esfera de soberania compartilhada que caracteriza o cenário político do mundo de hoje, embora com uma contradição maior, conforme argumentei anteriormente, introduzida pela tentativa americana de unilateralismo soberano.

Hirst e Thompson, cuja crítica vigorosa de visões simplistas da globalização ressalta a relevância continuada do Estado-Nação, reconhecem, não obstante, o novo papel do Estado:

As formas emergentes de administração dos mercados internacionais bem como de outros processos econômicos envolvem a participação dos principais governos nacionais, porém assumindo um novo papel: os Estados passam a funcionar menos como entidades "soberanas" e mais como componentes de uma "forma de governo" internacional. As funções centrais do Estado-Nação serão conferir legitimidade aos mecanismos de administração supra e subnacional e assegurar a responsabilidade desses mecanismos.[112]

Além da complexa relação com as mais variadas formas de expressão de poder/representação política, o Estado-Nação vem sendo cada vez mais submetido a uma concorrência mais sutil e problemática de fontes de poder indefinidas e, às vezes, indefiníveis. Trata-se de redes de capital, produção, comunicação, crime, instituições internacionais, aparatos militares supranacionais, organizações não governamentais, religiões transnacionais, movimentos de opinião pública e movimentos sociais de todos os tipos, incluindo movimentos terroristas. Em um nível abaixo do Estado, há as comunidades, tribos, localidades, cultos e gangues.

Assim, embora os Estados-Nação realmente continuem a existir, dentro de um futuro previsível, eles são, e cada vez mais serão, *nós de uma rede de poder mais abrangente*. Os Estados-Nação frequentemente terão de confrontar-se com outros fluxos de poder na rede, que se contrapõem diretamente ao exercício de sua autoridade, a exemplo do que ocorre atualmente com os bancos centrais sempre que essas instituições têm a ilusão de conter as corridas dos mercados globais contra uma determinada moeda. Ou, ainda, quando os Estados-Nação, sozinhos ou atuando em conjunto, decidem erradicar a produção, tráfico ou consumo de drogas, uma batalha em que têm saído derrotados repetidas vezes durante as duas últimas décadas por toda a parte, exceto em Cingapura (com todas as implicações decorrentes dessa vitória). Os Estados-Nação perdem sua soberania porque o próprio conceito de soberania, desde Bodin, implica ser inviável perder "um pouco" de soberania: era esta precisamente a tradicional *casus belli*. Os Estados-Nação podem reter seu poder de decisão, porém, uma vez parte de uma rede de poderes e contrapoderes, tornam-se, por si mesmos, desprovidos de poder: passam a depender de um sistema mais amplo de exercício de autoridade e influência, a partir de múltiplas fontes. Tal afirmação, coerente, creio eu, com as observações e análises apresentadas neste capítulo, resulta em graves consequências para a teoria e a prática do Estado.

Durante décadas, a teoria do Estado tem sido dominada pelo debate entre institucionalismo, pluralismo e instrumentalismo em suas diferentes versões.[113] Dentro da tradição weberiana, os institucionalistas atêm-se à autonomia das instituições do Estado, segundo a lógica interna de um determinado Estado sempre que os ventos da história lançam suas sementes em um território que constitui sua base nacional. Os pluralistas, por sua vez, descrevem a estrutura e evolução do Estado como frutos de uma série de influências sobre a infindável (re)formação do Estado, de acordo com a dinâmica de uma sociedade civil plural, em uma validação constante de um processo constitucional.

Já os seguidores do instrumentalismo, marxismo ou historicismo veem o Estado como a expressão de atores sociais que, em defesa de seus interesses, conquistam o poder de dominação, sem que haja a contestação do Estado propriamente dito ("o comitê executivo da burguesia") ou como resultado de lutas, alianças e transigências. Contudo, conforme sustentado por Giddens, Guehenno e Held, em todas as escolas de pensamento, *a relação entre o Estado e a sociedade, e portanto a teoria do Estado, está contemplada no contexto da nação, tendo o Estado-Nação como sua estrutura de referência.* O que acontece quando, conforme formulado por Held, a "comunidade nacional" deixa de ser a "comunidade de maior destaque" como estrutura de referência?[114] E de que maneira podemos pensar a respeito de interesses sociais diversificados, não nacionais, representados no Estado, ou lutando por ele? Considerá-los como o mundo inteiro? Mas a unidade de medida relevante para os fluxos de capital não é a mesma que a da mão de obra, movimentos sociais ou identidades culturais. De que forma conciliar os interesses e valores expressos, nos âmbitos global e local, em uma geometria variável, na estrutura e nas políticas do Estado-Nação?

Portanto, *do ponto de vista teórico,* devemos reconstruir as categorias para compreender as relações de poder sem pressupor a intersecção necessária entre nação e Estado, quer dizer, separando identidade de instrumentalidade. As novas relações de poder, além da esfera do Estado-Nação destituído de poder, devem ser entendidas como a capacidade de exercer controle sobre redes instrumentais globais com base em identidades específicas, ou então sob a perspectiva das redes globais, de subjugar identidades para a realização de metas instrumentais transnacionais. O controle exercido pelo Estado-Nação, de uma maneira ou de outra, torna-se apenas um meio, entre tantos outros, de assegurar poder, isto é, a capacidade de impor um determinado anseio/interesse/valor, independentemente de consenso. Nesse contexto, a teoria do poder supera a teoria do Estado, conceito sobre o qual discorrerei na conclusão deste volume.

Desse modo, a teoria do Estado deve ser reformulada para compreender a prática do Estado em rede no contexto daquilo que Habermas conceituou como constelação pós-nacional. A questão-chave é que as relações de poder, embora não sejam limitadas ao Estado, continuam a ser a essência da prática do Estado, em todas as suas formas. Logo, ainda que a vida nas redes traga problemas de coordenação e compatibilidade entre as instituições e os atores que são os nós de cada rede, nós devemos também responder pela manifestação das relações de poder nesse novo ambiente organizacional.

Para entender a dinâmica do Estado, nós devemos analisá-lo em sua relação com a sociedade. Ademais, na minha conceituação, essa relação tem que ser especificada para incluir a diferenciação territorial do Estado em diversos níveis: nacional, regional e local, como defendi acima. Cada nível territorial do Estado expressa a aliança de interesses sociais e valores específicos que, juntos, constituem o que Gramsci chamou de "bloco de poder", subjacente ao real poder institucionalizado no Estado.[115] Esse bloco de poder não necessariamente tem de incluir os atores sociais que detêm o poder na sociedade. Na verdade, nas sociedades contemporâneas, os interesses e valores dominantes são representados pelos políticos profissionais. Sabemos que eles são representantes desses interesses por causa da forma pela qual agem nas instituições políticas, vinculando-se aos eleitorados que os apoiam com votos e com recursos financeiros e corporativos para suas campanhas. É verdade que há sempre exceções, como no caso de Berlusconi, que chegou ao poder em nome dos próprios interesses empresariais, usando o poder da própria mídia. Mas, mesmo nesses casos, o que tornou seu acesso ao governo possível foi o bloco de poder de interesses econômicos e valores sociais que se agregaram à sua coalizão política. Líderes políticos são empreendedores institucionais que apostam seu destino em certos produtos (temas simbólicos, decisões políticas) e em certos mercados (eleitorados).

Esse bloco de poder não é monolítico: ele resulta de um esquema complexo de alianças e acordos sociais que podem, às vezes, contemplar interesses ou valores sociais que não são dominantes na sociedade (p. ex. os trabalhistas ou ambientalistas), mas que têm um papel secundário na aliança em troca do avanço de alguns elementos de sua agenda específica. O conceito complexo, conquanto necessário de se apresentar aqui, a fim de que se possa entender a dinâmica do Estado, é o da diferenciação territorial da relação entre o bloco de poder e o Estado, nos termos já apresentados neste capítulo. O bloco de poder em âmbito nacional não é reproduzido no âmbito de cada localidade ou região. Mesmo que os atores políticos às vezes pertençam ao mesmo partido, eles podem, na prática, representar interesses e valores diferentes daquelas apoiados por seu partido em âmbito nacional.

Esse conceito da diferenciação territorial do Estado em sua relação com o bloco de poder permite que a consideremos em um nível mais elevado de complexidade nas redes de governança constituídas acima do Estado-Nação. Da mesma forma que o Estado local expressa, simultaneamente, relações de poder locais e seu poder institucionalizado em âmbito nacional, o Estado-Nação inserido no Estado em rede global representa o bloco de poder específico de sua sociedade nacional, embora esteja subordinado à lógica dominante de interesses expressos pelo bloco de poder global — uma realidade mais complexa e dinâmica.

Apesar disso, o Estado, em qualquer âmbito, não expressa exclusiva e diretamente os interesses e valores do bloco de poder. Isso porque o Estado tem interesses próprios e sua própria inércia histórica: suas elites administrativas fazem cumprir próprios interesses e valores. Além disso, instituições do estado foram historicamente produzidas como cristalizações de blocos de poder e de lutas sociais na evolução particular de cada estado, carregando as marcas de um processo conflituoso. Ademais, em contraste à abordagem instrumentalista do Estado, para entender a complexidade de sua política precisamos levar em conta a relação dialética entre dominação e legitimação; e entre desenvolvimento e redistribuição. Permita-me elaborar melhor essa proposição analítica.

Estados são organizações (sistemas de meios orientados a certos fins) cujo desempenho é manipulado pelos interesses e valores que institucionalizaram sua dominação no processo histórico. No entanto, os Estados também visam representar os interesses de sua população, assim legitimando a capacidade de administrar suas vidas. Dessa maneira, o equilíbrio correto entre dominação e legitimação determina a estabilidade política das instituições do Estado, frequentemente através de atores políticos oscilantes no governo, dentro dos limites da garantia da dominação dos interesses estruturais institucionalizados no Estado (p. ex. a dominação das relações de mercado em um Estado construído em torno de princípios capitalistas). Mesmo em regimes não democráticos, o princípio de legitimação deve estar presente na prática do Estado, pelo menos para um segmento da sociedade, ou para alguns valores compartilhados (p. ex. a defesa da nação enquanto comunidade simbólica). Por outro lado, para o Estado ter acesso aos recursos dos quais sua existência depende, ela também desempenha um papel-chave no incentivo ao desenvolvimento e na regulação à redistribuição. Processo de desenvolvimento se refere ao crescimento da riqueza material da sociedade através do aumento na produtividade. Redistribuição se refere à alocação de recursos entre diferentes grupos, organizações e instituições, seguindo os valores e interesses estabelecidos nessas instituições e reforçados pelo Estado.

Esse modelo analítico simples vê o Estado como o sistema institucional que medeia e gere a relação dual entre dominação e legitimação, bem como entre desenvolvimento e redistribuição, sob a influência de conflitos e negociações entre diferentes atores sociais. Esse conjunto de relações é territorialmente diferenciado, de forma que cada instituição do Estado em cada localidade ou região expressa, simultaneamente, a dinâmica da sociedade local e regional (inclusive os interesses nacionais e transnacionais efetivamente presentes na localidade ou na região), assim como o conjunto geral de relações presentes no Estado-Nação. A hierarquia de autoridade entre o Estado-Nação e o estado local garante a dominação no último nível do conjunto nacional de relações entre o bloco de poder e o Estado, acima da configuração local do bloco de poder.

A geometria variável do Estado, constituída em torno do posicionamento de vários blocos de poder nos quatro processos — de dominação, legitimação, desenvolvimento e redistribuição —, continua a operar no âmbito supranacional da prática de governança global. Quando o Estado, dentro do Estado em rede, se liga a outros Estados, ou a fragmentos de Estados, ou a associações de Estados, essa mediação entre os quatro termos da relação entre Estado e sociedade não desaparece, mas se redefine. Cada Estado individual tem que realizar essas quatro funções em relação a sua própria sociedade. Essa execução, no entanto, depende daquilo que o Estado faz *vis-à-vis* aos nós da rede geral, a partir da qual os recursos são obtidos e graças a que a dominação é garantida. Logo, a prática real do Estado em rede é caracterizada pela tensão entre três processos que estão interligados nas políticas do Estado: como Estados individuais se relacionam com seus eleitorados, ao representar seus apreciados interesses no Estado em rede; como eles garantem o equilíbrio e o poder do Estado em rede ao qual pertencem, já que esse Estado em rede fornece a plataforma operacional que assegura a eficiência do Estado em um sistema globalizado; e como eles avançam em seus interesses específicos *vis-à-vis* a outros Estados em sua rede compartilhada.

O Estado, nesse espaço político tridimensional, deve continuar a desempenhar as quatro diferentes funções que propus. Isso é o que constitui a realidade da governança global. Como Jacquet *et al.* explicam, nós pensamos em termos de governança como a indicação do ato de governar sem governo. O processo de governança é formal e informal simultaneamente, ele se relaciona a procedimentos e a entendimentos mútuos mais que a legislações, embora também induza um conjunto de legislações e instituições compartilhadas. Ele é, em último nível, "um aparato da produção de normas e intervenções públicas", ou ainda, na definição de Pascal Lamy, "o conjunto de transações pelas quais regras coletivas são elaboradas, decididas, legitimadas, implementadas e controladas".[116]

Entretanto, no meu ponto de vista, nós ainda temos que conceituar como as relações de poder operam nesse processo de governança global. Temos que dar conta de como operam as relações de poder dentro do Estado, entre os Estados e suas sociedades, e entre os Estados em sua rede compartilhada. A análise das relações de poder nesse contexto só pode ser feita de maneira empírica, relacionando-se a políticas específicas e a formas específicas de estabelecimento de redes. A inutilidade da estrutura conceitual proposta acima deve ser julgada na prática de tal análise.

O que podemos dizer, no entanto, é que o sistema político de tomada de decisão fundado no Estado em rede é caracterizado por níveis de complexidade e de incertezas mais altas. Logo, as estratégias políticas adotadas pelo Estado aumentam sua autonomia relativa *vis-à-vis* aos interesses que eles deveriam representar. A ação prevalece sobre a estrutura. Entretanto, a estrutura (a sociedade em rede global) determina os parâmetros que moldam o campo de ação para os atores estratégicos. Isso é expresso, por exemplo, pelo conceito de bens comuns que os economistas ambientalistas propõem para enfatizar os interesses comuns de, entre outras questões, preservar o planeta de um processo irreversível de aquecimento global de longo prazo.[117] Ou, ainda, evitar epidemias globais, como a AIDS, a síndrome respiratória aguda grave (SARS), entre outras.

Poderíamos usar uma perspectiva similar em outros domínios, por exemplo, na regulação dos mercados financeiros globais, no sentido de preservar o bem comum da estabilidade financeira e da previsibilidade de investimento. Ou para proteger o mundo do crime e do terror globais. Ou para preservar a paz. Ou para erradicar a fome. Ou para garantir respeito aos direitos humanos globais. Entretanto, ampliei deliberadamente o sentido de bens públicos comuns para ilustrar que a interpretação do que é um bem público pode ser influenciado por interesses específicos. Em outras palavras, a definição do que exatamente constitui um bem público, que se torna o objetivo compartilhado de um Estado em rede, é em si uma relação de poder. Quando dizemos que a luta contra o terrorismo global é um bem comum, isso quer dizer que os palestinos (ou as guerrilhas colombianas) devem se abster de qualquer ato violento independentemente de suas condições de opressão? Quando afirmamos a universalidade dos direitos humanos, isso quer dizer que todas as transgressões deveriam ser punidas pela comunidade internacional? E quem é a comunidade internacional? Esse é o ponto que quero frisar: a definição de objetivos para a governança global na ausência de instituições governamentais globais legítimas depende das relações de poder expressas no Estado em rede.

Essa complexidade assimétrica do Estado em rede apresenta a máxima distância entre dominação e legitimação na prática de cada Estado. Para assegurar a prevalência de seus interesses específicos, bem como dos interesses dominantes que ele representa em sua própria sociedade, o Estado, de maneira geral, dificilmente vai se voltar à representação de seu eleitorado. Ele deve assumir os interesses do Estado em rede geral e, consequentemente, deve respeitar o domínio dos interesses mais fortes nessa rede, como condição para ser um de seus nós. Por outro lado, dentro do Estado em rede, há alianças formadas com a finalidade de impor condições a outros nós da rede. Por exemplo, a conservação ambiental, um bem comum evidente, é utilizada com frequência pelos Estados ricos e desenvolvidos para justificar seu protecionismo, apesar das regras supostamente comuns de livre comércio para todos os membros da OMC. Outro exemplo: do ponto de vista das empresas multinacionais, amplamente compartilhado pelos Estados do G-8, os direitos à propriedade intelectual são um fato fundamental no desenvolvimento da economia do conhecimento, mas, ao mesmo tempo, sua aplicação estrita se torna um grande obstáculo para a redistribuição de riqueza no planeta. Em outra instância das relações de poder: se o unilateralismo dos Estados Unidos impuser sua estratégia militar para garantir a dominação de seus interesses nacionais, bem como sua legitimidade sobre o próprio povo, ele diminui a legitimidade desses Estados em suas sociedades e, em última análise, pode ameaçar a estabilidade do frágil Estado em rede construído ao longo do tempo para compartilhar a governança em um mundo globalizado administrado pelos Estados-Nação.

Dessa forma, por fim, a estabilidade do Estado em rede depende de que se assuma a perda da soberania individual para cada nó da rede, incluindo os nós mais dominantes. A afirmação de direitos soberanos por parte de alguns nós, como uma emenda especial à constituição informal do Estado em rede, é, no fim das contas, contraditória em relação à sua existência. A crise do Estado em rede se desdobraria, então, numa crise da própria governança global, já que Estados-Nação individuais outra vez se retrairiam em defesa de seus interesses específicos, a serem negociados caso a caso, contexto a contexto, com outros Estados e atores políticos.

É uma questão em aberto se o mundo globalizado pode ser governado por um grupo de interesses nacionais díspares. É por isso que muitos teóricos políticos respeitados, com Jürgen Habermas e Ulrich Beck na dianteira desse debate, consideram indispensável a transição de nossa sociedade para um sistema cosmopolita de governo, começando pelo Estado federal europeu, que é o passo mais viável. Um governo cosmopolita desse tipo não é um governo mundial. Um governo cosmopolita, nos termos de Ulrich Beck, é um tipo diferente de Estado.[118] Como ele diz, paradoxalmente, a fim de satisfazer seus interesses nacionais, os Estados-Nação devem se desnacionalizar para, então, se internacionalizar. Assim sendo, eles quebram o molde do Estado-Nação baseado na assimilação da soberania e da autonomia. Em seu ponto de vista, se a soberania for entendida como a capacidade de determinado país influenciar nos problemas mundiais em nome de seus cidadãos, então somente por meio do envolvimento em cooperação internacional, por meio do estabelecimento de redes, os Estados podem se tornar verdadeiramente soberanos na sociedade de risco global. Consequentemente, a soberania real somente pode ser acumulada a partir da perda de autonomia. A institucionalização do Estado em rede numa forma cosmopolita de governo poderia ser, então, uma forma de declaração coletiva de soberania ao preço da redução da autonomia.

Entretanto, conforme tanto Habermas quanto Beck reconhecem, esse sistema cosmopolita de governança somente poderia resultar da ascensão de uma cultura cosmopolita nas sociedades civis pelo mundo. Habermas escreve: "A mudança de perspectiva de 'relações internacionais' para uma política interna mundial não pode ser esperada dos governos a não ser que as pessoas recompensem essa transformação de consciência."[119] Dados da opinião pública, na Europa e em toda parte, apontam para a direção oposta, começando pela ampla reluctância dos europeus em abrir mão da soberania nacional. O unilateralismo americano nada completamente contra essa visão de reunir economia, sociedade e meio ambiente globalizados com uma consciência cosmopolita, assim como com a de um governo cosmopolita. Na verdade, o que observamos no início do século XXI é a crescente disjunção entre a globalização das questões, a autoidentificação dos povos e a afirmação dos interesses nacionais no campo relutantemente compartilhado do Estado em rede informal.

Conclusão: o Rei do Universo, Sun Tzu,
e a crise da democracia

Resumidamente, a unidade operativa real da administração política em um mundo globalizado é o Estado em rede formado por Estados-Nação, instituições internacionais, associações dos Estados-Nação, governos regionais e locais e organizações não governamentais. É esse Estado em rede que negocia, gerencia e decide as questões globais, nacionais e locais. Esse Estado em rede expressa relações de poder entre seus diferentes componentes e dentro dos blocos de poder subjacentes a cada nível do Estado. Nem todos os nós da rede são iguais, da mesma forma como seus interesses divergem, se unificam ou conflitam, dependendo das questões e dos contextos. Além disso, sob certas circunstâncias, um dos componentes da rede (p. ex. o Estado americano no início do século XXI) pode decidir impor seus interesses à rede toda, usando sua habilidade organizacional superior. Embora seja improvável que ele possa prevalecer sistematicamente (se acontecer, a rede poderia ser substituída por uma cadeia global de comando), sua lógica unilateral desestabiliza o equilíbrio delicado entre cooperação e competição no qual o Estado em rede é baseado. Em última análise, o unilateralismo quebra o Estado em rede em redes diferentes e introduz uma lógica do confronto entre elas. Consequentemente, em termos analíticos, a realidade do Estado na sociedade em rede requer o entendimento tanto do estabelecimento de redes quanto da dominação; assim, tanto da prática de governança global compartilhada quanto das novas formas de se fazer guerra.

Então, o Estado-Nação vai definhar no que diz respeito à prática histórica? Em resposta a essa pergunta, Martin Carnoy emitiu um sonoro não.[120] Ele argumenta, e eu concordo com ele, que a competitividade nacional ainda é uma atribuição das políticas nacionais e que a atratividade de multinacionais estrangeiras por parte das economias é uma atribuição das condições econômicas locais; que multinacionais dependem fortemente de seus Estados natais para proteção direta ou indireta; e que as políticas nacionais de capital humano são essenciais para a produtividade das unidades econômicas localizadas em um território nacional. Apoiando esse argumento, Hirst e Thompson mostram que, se, além da relação entre empresas multinacionais e o Estado, nós incluirmos o amplo leque de políticas através das quais o Estado-Nação pode usar seus poderes regulatórios para facilitar ou bloquear o movimento de capital, trabalho, informação e produtos, fica claro que, a essa altura da história, o desaparecimento do Estado-Nação é uma falácia.[121]

Contudo, na década passada, os Estados-Nação têm-se transformado de sujeitos soberanos em atores estratégicos, defendendo seus interesses e os interesses que se espera que representem em um sistema global de interação, dentro de uma soberania sistemicamente compartilhada. Eles exercem influência considerável, mas raramente detêm poder por si, isto é, de forma isolada das macroforças supranacionais e dos microprocessos subnacionais. Além disso, ao atuar estrategicamente na arena internacional, estão sujeitos a um tremendo desgaste interno. Por um lado, para estimular a produtividade e a competitividade de suas economias, precisam estabelecer uma estreita aliança com os interesses econômicos internacionais e obedecer a regras globais que favoreçam os fluxos de capital, enquanto rogam às suas sociedades que aguardem pacientemente pelos benefícios gradativos advindos da engenhosidade corporativa. Também, para serem considerados bons cidadãos de uma ordem mundial multilateral, os Estados-Nação têm de atuar em regime de cooperação mútua, aceitando a "hierarquia" da geopolítica e contribuindo diligentemente com o combate a nações renegadas e agentes possíveis causadores de desordem, independentemente das verdadeiras aspirações dos próprios cidadãos, normalmente provincianos. Por outro lado, porém, os Estados-Nação sobrevivem à inércia histórica pelo comunalismo defensivo das nações e das pessoas em seus territórios, recorrendo a esse último refúgio para não serem tragados pelo redemoinho dos fluxos globais. Portanto, quanto mais os Estados enfatizam o comunalismo, tanto menor é sua eficácia participante de um sistema global de poder compartilhado. Quanto mais triunfam no cenário internacional, em parceria direta com os agentes da globalização, menos representam suas bases políticas nacionais. Quando dão prioridade exclusiva a seus interesses nacionais, como é o caso com os superpoderosos americanos, acabam por desestabilizar as redes das quais dependem para a própria sobrevivência e bem-estar. A política do fim do milênio, praticamente no mundo todo, está profundamente marcada por essa contradição.

Em função disso, parece bastante provável que os Estados-Nação estejam assumindo a condição de Rei do Universo de Saint-Exupéry, com controle absoluto sobre o nascer e o pôr do sol do Leste. A menos que forcem um novo nascer do sol vindo do Oeste, com uma explosão nuclear. Mas, ao mesmo tempo, enquanto perdem sua soberania, esses mesmos Estados, em todas as suas formas, surgem como participantes ativos de um mundo puramente estratégico, exatamente como o descrito na *Arte da guerra*, de Sun Tzu, há 2.500 anos:

É mister que o general se conserve calado, para garantir o sigilo. Que seja digno e justo, para manter a ordem. Deve imbuir-se do talento de confundir seus oficiais e soldados por meio de ações e relatórios falsos, para assim mantê-los na mais completa ignorância. Ao modificar suas táticas e alterar os planos, deixará o inimigo desprovido de conhecimentos precisos. Com a constante mudança das bases de seu exército e a opção por caminhos tortuosos, impedirá que o inimigo adivinhe seus verdadeiros objetivos. Nos momentos críticos, o líder de um exército age como aquele que, após ter escalado as paredes de um forte, joga fora as escadas.[122]

Dessa forma, os Estados destituídos de poder ainda podem sair vitoriosos, ampliando sua influência, desde que "joguem fora" as escadas de suas nações, encontrando assim novos rumos na crise da democracia.

Notas

1. Poulantzas (1978: 109); traduzido para o inglês por Castells.
2. Tilly (1975); Giddens (1985); Held (1991, 1993); Sklair (1991); Camilleri e Falk (1992); Guehenno (1993); Horsman e Marshall (1994); Touraine (1994); Calderon *et al.* (1996); Habermas (1998); Nye e Donahue (2002); Calderon (2203).
3. A análise da crise do Estado-Nação pressupõe uma definição, bem como uma teoria, do Estado-Nação. Contudo, considerando que meu trabalho referente a essa questão foi realizado com base em teorias sociológicas já bem desenvolvidas, a partir de diversas fontes, remeterei o leitor à definição de Estado-Nação elaborada por Anthony Giddens em sua obra *The Nation-State and Violence* (1985: 121): "O Estado-Nação, que existe inserido em um complexo de outros Estados-Nação, consiste em um conjunto de formas institucionais de governo, que mantém monopólio administrativo sobre um determinado território demarcado (por fronteiras), autoridade assegurada por lei, e controle direto sobre os meios de violência nos planos externo e interno." Entretanto, nas palavras de Giddens, "somente nos Estados-Nação modernos pode o aparato do Estado reivindicar para si próprio e efetivamente obter o monopólio dos meios de violência, e somente em Estados dessa natureza o alcance administrativo do aparato de governo corresponde de forma direta aos limites territoriais sobre os quais tal reivindicação é realizada" (p. 18). Com efeito, conforme argumenta o autor, "um Estado-Nação é um repositório de poder, o principal repositório de poder da era moderna" (p. 120). Sendo assim, o que acontece, e de que forma devemos conceitualizar esse Estado, num momento em que as fronteiras estão desaparecendo e os próprios repositórios de poder estão sendo envolvidos por outras forças? Minha investigação começa, para efeito de continuidade teórica, no ponto em que o Estado-Nação, segundo o conceito de Giddens, parece estar sendo superado pelas transformações históricas.

4. Para uma definição e análise da globalização, segundo meu entendimento, ver volume I, capítulo 2. Para uma crítica bastante elucidativa de visões simplistas sobre a globalização, ver Hirst e Thompson (1996). Não raro tem-se argumentado que a globalização não é um fenômeno novo, tendo ocorrido em diversos períodos históricos, principalmente com a expansão do capitalismo no fim do século XIX. Talvez essa ideia seja plausível, embora não esteja convencido de que a nova infraestrutura com base na tecnologia da informação não tenha introduzido uma mudança qualitativa em termos sociais e econômicos ao viabilizar a realização de processos globais em tempo real. Contudo, não contesto essa linha de argumentação: isso não diz respeito à minha investigação. Nesse trabalho, procuro analisar e explicar nossa sociedade no fim do século XX, considerando sua enorme variedade de contextos culturais, econômicos e políticos. Assim, minha contribuição intelectual deve ser avaliada dentro de seus próprios argumentos, referente aos processos contemporâneos conforme observados e teorizados nos três volumes da obra. Sem dúvida, seria extremamente benéfica para o pensamento acadêmico a elaboração de um estudo histórico-comparativo que contrastasse os processos atuais de interação entre tecnologia, globalização da economia e comunicações, política e instituições políticas com a experiência de uma transformação semelhante no passado. Alimento esperanças de que essa tarefa seja assumida por colegas, especialmente por historiadores, e terei enorme prazer em efetuar as devidas correções em minhas afirmações teóricas de natureza genérica, tomando por base as implicações de tal estudo. Por ora, as poucas tentativas que venho tendo a oportunidade de observar não dedicam a devida atenção, creio eu, aos processos radicalmente novos nas áreas de tecnologia, finanças, produção, comunicações e política, porque embora tais tentativas possam estar corretas no tocante a registros históricos, não deixam inteiramente claras as razões pelas quais os processos de mudança atuais são realmente uma mera repetição de experiências passadas, pois não vão além da justificativa apresentada sob a visão rasteira de que não há nada de novo sob o sol.

5. Moreau Deffarges (1993); Orstrom Moller (1995); Cohen (1996); Frankel (2000); Aglieta (2002); Wyplosz (2002).

6. Stallings (1992).

7. Chesnais (1994); Nunnenkamp *et al.* (1994).

8. Hutton e Giddens (2000).

9. Buckley (1994).

10. Guehenno (1993).

11. Wilensky (1975); Janowitz (1976); Navarro (1994, 1995); Castells (1996).

12. Shaiken (1990); Rodgers (1994).

13. Sengenberger e Campbell (1994); Navarro (1995); Castells (1996).

14. Habermas (1998/2000: 730); traduzido por Castells.

15. Castells e Himanen (2002).

16. Carnoy (2000).

17. Castells (2004).

18. Mattelart (1991).

19. Blumenfield (1994); Brenner (1994); Chong (1994); Graf (1995).
20. Cohen (1986).
21. Doyle (1992); Irving *et al.* (1994); Negroponte (1995); Scott *et al.* (1995); Campo Vidal (1996); Norris (2000b).
22. MacDonald (1990); Volkmer (1999); Goteau e Haynes (2001).
23. Gerbner *et al.* (1993); Campo Vidal (1996); Goteau e Haynes (2000).
24. Vedel e Dutton (1990).
25. MacDonald (1990); Doyle (1992); Perez-Tabernero *et al.* (1993); Dentsu Institute for Human Studies (1994); Schiller (1999).
26. Perez-Tabernero *et al.* (1993).
27. Ho e Zaheer (2000); Prince (2002); Qiu e Chan (2003).
28. Goteau e Hoynes (2000).
29. Levin (1987); Abramson *et al.* (1988); Scheer (1994); Spragen (1995); Fallows (1996); Chatterjee (2002); Volkmer (2003).
30. Chatterjee (2002).
31. Kahn (1994); *Financial Technology International Bulletin* (1995); Kuttner (1995); Ubois (1995); Mansell (2002).
32. Couch (1990).
33. Berman e Weitzner (1995); Faison (1996); Lewis (1996a).
34. Citado por Lewis (1996b).
35. Castells (2001).
36. Arrieta *et al.* (1991); Roth e Frey (1992); Smith (1993); Lodato (1994); Sterling (1994); Golden (1995); Handelman (1995); Johnson (1995); WuDunn (1996); Gootenberg (1999).
37. Conselho Socioeconômico das Nações Unidas (1994).
38. WuDunn (1996).
39. Baylis e Rengger (1992); McGrew *et al.* (1992); Falk (1995); Orstrom Moller (1995); Alonso Zaldívar (1996); Keohane and Nye (2000).
40. Alonso Zaldívar (1996); McGrew (1992b).
41. McGrew (1992a); Mokhtari (1994).
42. Rosenau (1990); Berdal (1993); Guehenno (1993); Castells e Serra (2003).
43. Keohane (2002).
44. Nye (2002: 105)
45. Frankel (1988); McGrew *et al.* (1992); Jacquet *et al.* (2002)
46. Castells e Serra (2003).
47. McInnes (1992).
48. McInnes e Sheffield (1988); Grier (1995); Arquilla e Rondfeldt (2001).
49. McGrew (1992b).
50. McGrew (1992b); Kaldor (1999).
51. Daniel e Hayes (1995); Nye (2002).
52. Rowlands (1992); Vogler (1992); Morin e Kern (1993); Wapner (1995); Hempel (1996); Bureau *et al* (2002).
53. Lipschutz e Coca (1993: 332).
54. Castells, N. (1999).

55. Nijkamp e Castells, N. (2001); Van de Berg e Castells, N. (2003).
56. Hay (1994: 87).
57. Severino e Tubiana (2002).
58. Streeck e Schmitter (1991: 148).
59. Orstrom Moller (1995).
60. Berdal (1993); Rochester (1993); Bachr e Gordenker (1994); Dunaher (1994); Falk (1995): Kraus e Knight (1995); Panorama Global do FMI/Banco Mundial (1995); Jacquet *et al* (2002).
61. Comissão da Organização das Nações Unidas sobre o Governo em Nível Mundial (1995).
62. Orstrom Moller (1995).
63. Anheier *et al* (2001).
64. Guehenno (1993); Rubert de Ventos (1994); Falk (1995); Anheier *et al* (2001).
65. Jacquet *et al* (2002).
66. Stiglitz (2002).
67. Calderon (2003).
68. Citado por Elliott e de la Pena (1978: 95); traduzido para o inglês por Elliott.
69. Alonso Zaldívar e Castells (1992).
70. Norman (1940); Halperin Donghi (1969); Tilly (1975); Gellner (1983); Giddens (1985); Rubert de Ventos (1994).
71. Hobsbawm (1990); Blas Guerrero (1994).
72. Castells (1981).
73. Dulong (1978); Tarrow (1978); Garcia de Cortazar (2001); Carmial (2002).
74. Gremion (1976); Ferraresi e Kemeny (1977); Rokkan e Urwin (1982); Borja (1988); Ziccardi (1995); Borja e Castells (1996).
75. Habermas (1973).
76. Sennett (1978).
77. Norris (2000a).
78. Nesta pesquisa, identificação territorial baseada em nacionalidades sob um Estado guarda-chuva, como Catalúnia e Quebec, estão incluídos como "identidade regional".
79. Roper Center of Public Opinion and Polling (1995).
80. Balz e Brownstein (1996).
81. Orstrom Moller (1995).
82. Borja *et al.* (1992); Goldsmith (1993); Graham (1995).
83. Ziccardi (1991, 1995); Laserna (1992).
84. Cheung (1994); Li (1995); Hsing (1996).
85. Kiselyova e Castells (1997); Castells e Kiselyova (2000).
86. Khazanov (1995); Bonnell e Breslauer (2001).
87. Borja e Castells (1996).
88. Blakely e Goldsmith (1993).
89. Smith (1991).
90. Castells *et al* (2002).
91. Sanchez-Jankowski (1991); Wieviorka (1993); Hogedorn (1998).

92. Wacquant (1994); Trend (1996).
93. Jambar (1992).
94. Burnham (1983); Lyon (1994, 2001).
95. Anthes (1993); Betts (1995); Gleason (1995).
96. Lyon (1994, 2003).
97. Giddens (1985).
98. Tilly (1995).
99. Fooner (1989).
100. Wieviorka (1988).
101. Stiglitz (2002: 222).
102. Jacquet *et al* (2002); Serra (2003).
103. Nye (2002).
104. Saxenian (2003).
105. Keohane (2002).
106. Kaldon (1999).
107. Castells e Serra (2003).
108. Held (1991: 161).
109. Held (1991: 167).
110. Tilly (1995).
111. Spruyt (1994).
112. Hirst e Thompson (1996: 171).
113. Carnoy (1984); Carnoy e Castells (2001).
114. Held (1991: 142–3).
115. Gramsci (1975); Buci-Glucksmann (1978); Carnoy e Castells (2001).
116. Citado por Jacquet *et al* (2002: 13).
117. Severino e Tubiana (2002).
118. Beck (2003).
119. Habermas (1998/2001: 145).
120. Carnoy (1993: 88).
121. Hirst e Thompson (1996).
122. Sun Tzu (c. 505–496 a.C., 1988: 131–3).

6

A POLÍTICA INFORMACIONAL
E A CRISE DA DEMOCRACIA

INTRODUÇÃO: A POLÍTICA DA SOCIEDADE

*O poder costumava ficar nas mãos de príncipes, oligarquias e
elites dominantes; era definido como a capacidade de impor
a vontade de um ou de alguns sobre os demais, alterando o
comportamento destes. Essa imagem do poder não mais reflete
nossa realidade. O poder está em toda parte e em lugar nenhum:
está na produção em série, nos fluxos financeiros, nos estilos de
vida, nos hospitais, nas escolas, na televisão, nas imagens, nas
mensagens, nas tecnologias... Uma vez que o mundo dos objetos
já foge à nossa vontade, nossa identidade passa a ser definida
não mais pelo que fazemos, mas pelo que somos, deixando
nossas sociedades mais próximas da experiência das chamadas
sociedades tradicionais, que viviam em busca de equilíbrio,
não de progresso. Essa condição é a principal indagação ao
pensamento e à ação da política: de que forma restabelecer os
laços entre o espaço excessivamente aberto da economia e o
mundo excessivamente fechado e fragmentado das culturas?...
A questão fundamental não reside na tomada do poder, mas
sim na recriação da sociedade, na reinvenção da prática
política, na prevenção de um conflito cego entre a abertura
dos mercados e a clausura das comunidades, na superação
do desmembramento de sociedades em que se aumente a
distância entre os incluídos e os excluídos.*

ALAN TOURAINE, *LETTRE À LIONEL*, PP. 36–8, 42;
TRADUZIDO PARA O INGLÊS POR CASTELLS

A indefinição atual das fronteiras do Estado-Nação implica dificuldades para a
definição de cidadania. A ausência de um centro de poder bem-definido dilui
o controle social e pulveriza os desafios a serem enfrentados pela política. O

avanço do comunalismo, em suas diferentes formas, debilita o princípio de representatividade política no qual está baseada a política democrática. A crescente incapacidade de o Estado exercer controle sobre os fluxos de capital e de garantir a lei e a ordem compromete sua importância para o cidadão médio. O enfoque nas instituições locais de governo amplia a distância entre mecanismos de controle político e administração de problemas globais. O esvaziamento do contrato social entre capital, trabalho e Estado envia todos de volta para casa para lutar por seus interesses individuais, dependendo para isso única e exclusivamente de suas próprias forças. Nas palavras de Guehenno:

> A democracia liberal era fundamentada por dois postulados, que atualmente vêm sendo questionados: a existência de uma esfera política, fonte do consenso social e de interesse geral; e a existência de atores dotados de energia própria, que exerciam seus direitos e manifestavam seus poderes antes mesmo de a sociedade os terem constituído como sujeitos autônomos. Nos dias de hoje, em vez de sujeitos autônomos, há apenas situações efêmeras, que servem de base para a formação de alianças provisórias sustentadas por forças mobilizadas conforme as necessidades de um dado momento. Em vez de um espaço político, fonte de solidariedade coletiva, existem apenas percepções predominantes, tão efêmeras quanto os interesses que as manipulam. Há, simultaneamente, uma atomização e homogeneização. Uma sociedade incessantemente fragmentada, sem memória nem solidariedade, que recupera sua unidade tão somente pela sucessão de imagens que a mídia lhe devolve toda semana. Uma sociedade desprovida de cidadãos e, em última análise, uma não sociedade. Essa crise não se trata — como gostariam os europeus, na esperança de escapar dela — da crise de um modelo específico, o norte-americano. Certamente que os Estados Unidos constituem um exemplo extremo da lógica do conflito de interesses que faz desaparecer a ideia de um interesse comum; além disso, o grau de sofisticação do gerenciamento de percepções coletivas alcançado nos Estados Unidos não tem paralelo em nenhum outro país da Europa. Considerando, entretanto, que casos extremos nos ajudam a compreender situações de meio-termo, a crise nos Estados Unidos nos revela nosso futuro.[1]

A transformação da política e dos processos democráticos na sociedade em rede ocorre de maneira ainda mais profunda que a apresentada nessas análises, pois, aos processos citados acima, acrescentaria ainda, como um dos principais fatores responsáveis por essa transformação, as consequências diretas das novas tecnologias da informação no debate político e nas estratégias de busca de poder. Essa dimensão tecnológica interage com as tendências mais abrangentes, características da sociedade em rede, como também com as reações comunais aos processos dominantes criados a partir dessa estrutura social. Exerce ainda poderosa influência sobre essa transformação, levando ao que chamo de *política informacional*. Assim, embora Bobbio esteja correto em apontar as diferenças recorrentes entre a direita e a esquerda política em todo o mundo (sobretudo quanto a seu modo de abordagem totalmente divergente do conceito de igualdade social),[2] a direita, a esquerda e o centro precisam direcionar seus projetos e estratégias por um meio tecnológico semelhante se realmente tiverem a pretensão de atingir a sociedade, dessa forma assegurando o apoio de um número suficiente de cidadãos para ganhar acesso ao Estado. Sustento que tal uso compartilhado da tecnologia propicia a criação de novas regras do jogo que, no contexto das transformações sociais, culturais e políticas apresentadas nesta obra, afetam profundamente a essência da política. O ponto principal dessa questão é que a mídia eletrônica (não só o rádio e a televisão, mas todas as formas de comunicação, tais como o jornal e a internet) passou a se tornar o espaço privilegiado da política.[3] Não que toda a política possa ser reduzida a imagens, sons ou manipulações simbólicas. Contudo, sem a mídia, não há meios de adquirir ou exercer poder. Portanto, todos acabam entrando no mesmo jogo, embora não da mesma forma ou com o mesmo propósito.

Para fins de maior clareza, cabe-me advertir ao leitor, desde o início da presente análise, dos riscos de duas versões simplistas e errôneas da tese segundo a qual a mídia eletrônica domina a política. Por um lado, argumenta-se que a mídia impõe suas opções políticas à opinião pública. Isso não acontece porque, conforme discutirei a seguir, as mídias são extremamente diversas. Suas relações com a política e a ideologia são altamente complexas e indiretas, embora com exceções óbvias, cuja frequência depende de países, períodos e meios específicos de comunicação. Com efeito, em muitos casos, as campanhas promovidas pela mídia podem também defender a opinião pública contra o estabelecimento político, como ocorreu no caso Watergate nos Estados Unidos, ou na Itália dos anos 1990, quando a maior parte da mídia apoiou a iniciativa do poder judiciário contra a corrupção existente nos partidos políticos tradicionais e contra Silvio Berlusconi, não obstante o fato de Berlusconi ser proprietário de três canais nacionais de televisão. Por outro lado, muitas vezes se considera a opinião pública como receptora passiva de mensagens, facilmente suscetível a manipulações. Mais uma vez, essa tese é refutada pela experiência prática. Conforme apresentado no volume I, capítulo 5, há um processo de interação de mão dupla entre a mídia e sua audiência no tocante ao impacto real das mensagens, que são distorcidas, apropriadas e eventualmente subvertidas pelo público. No contexto norte-americano, a análise de Page e Shapiro sobre as atitudes dos cidadãos em relação a questões políticas vistas sob uma perspectiva de longo prazo demonstra a independência e o bom senso da opinião pública coletiva na maioria dos casos.[4] Acima de tudo, os meios de comunicação têm suas raízes na sociedade, e seu grau de interação com o processo político é muito indefinido, visto que depende do contexto, das estratégias dos atores políticos e de interações específicas entre uma série de aspectos sociais, culturais e políticos.

O PODER DA IDENTIDADE | 437

Ao destacar o papel crucial da mídia eletrônica na política contemporânea, estou querendo dizer algo diferente da tese acima. Afirmo que, em virtude dos efeitos convergentes da crise dos sistemas políticos tradicionais e do grau de penetrabilidade bem maior dos novos meios de comunicação, a comunicação e as informações políticas são capturadas essencialmente no espaço da mídia. Tudo o que fica de fora do alcance da mídia assume a condição de marginalidade política. O que acontece nesse espaço político dominado pela mídia não é determinado por ela: trata-se de um processo social e político aberto. Contudo, a lógica e a organização da mídia eletrônica enquadram e estruturam a política. Com base em alguns fatos e o auxílio de diversos exemplos interculturais, sustentarei a ideia de que tal "inserção" da política por sua "captura" no espaço da mídia (tendência característica da era da informação) causa um impacto não só nas eleições, mas na organização política, processos decisórios e métodos de governo, em última análise alterando a natureza da relação entre Estado e sociedade. E em função de os sistemas políticos atuais ainda estarem baseados em formas organizacionais e estratégias políticas da era industrial, tornaram-se politicamente obsoletos, tendo sua autonomia negada pelos fluxos de informação dos quais dependem. Esta é uma das principais fontes da crise da democracia na era da informação.

A fim de explorar os contornos dessa crise, farei uso de dados e exemplos de vários países. Os Estados Unidos são a democracia que primeiro atingiu esse estágio tecnológico, tendo um sistema político bastante aberto e não estruturado, que por isso expressa mais adequadamente a tendência atual desse processo. Entretanto, certamente rejeitarei a ideia de que o "modelo norte-americano" deva ser seguido por outros países. Nada é mais enraizado e específico na história dos povos do que instituições e atores políticos. Porém, da mesma forma que os hábitos e procedimentos democráticos originados na Inglaterra, Estados Unidos e França foram difundidos em todo o mundo nos últimos dois séculos, argumentarei que a política informacional, do modo como é praticada nos Estados Unidos (por exemplo, mediante a influência predominante da televisão, o marketing político computadorizado, pesquisas de opinião instantâneas como instrumento de orientação política, destruição da imagem pessoal como estratégia política etc.) parece ser bom indicador do que ainda está por vir, considerando-se todas as variantes culturais/institucionais. Para ampliar o escopo de minha análise, discutirei também exemplos de processos políticos recentes no Reino Unido, Rússia, Espanha, Itália, Japão e, num esforço para incluir novas democracias em países menos desenvolvidos, atentarei também para o caso da Bolívia. Tomando por referência tais observações, procurarei relacionar processos de transformação social, institucional e tecnológica ocorridos nas bases da crise da democracia verificada na sociedade em rede. Concluindo, buscarei explorar as novas possibilidades de "democracia informacional".

A MÍDIA COMO ESPAÇO PARA A POLÍTICA NA ERA DA INFORMAÇÃO

A mídia e a política: a conexão dos cidadãos

Antes de partir para a análise empírica em minha argumentação, devo apresentar minha tese. No contexto da política democrática, o acesso a instituições do Estado depende da obtenção da maioria dos votos dos cidadãos. Nas sociedades contemporâneas, as pessoas recebem informações e formam sua própria opinião política essencialmente por intermédio da mídia, e principalmente da televisão (tabelas 6.1 e 6.2). Além disso, ao menos nos Estados Unidos, a televisão é a fonte de informações de maior credibilidade, credibilidade esta que tem aumentado ao longo do tempo (figura 6.1). Assim, para atuar sobre as mentes e vontades das pessoas, opções políticas conflitantes, incorporadas pelos partidos e candidatos, utilizam a mídia como seu principal veículo de comunicação, influência e persuasão.

Tabela 6.1
Fontes de notícias nos EUA, 1993–2002 (%)

Data	Televisão	Jornais	Rádio	Revistas	Internet	Outros
Janeiro 1993	83	52	17	5	n.a.	1
Janeiro 1994	83	51	15	10	n.a.	5
Setembro 1995	82	63	20	10	n.a.	1
Janeiro 1996	88	61	25	8	n.a.	2
Janeiro 1999	82	42	18	4	6	2
Outubro 1999	80	48	19	5	11	2
Fevereiro 2001	76	40	16	4	10	2
Setembro 2001	74	45	18	6	13	1
Janeiro 2002	82	42	21	3	14	2

Nota: A pergunta foi: "Como você busca ficar informado das notícias de seu país e internacionais? Através da televisão, do rádio, de revistas ou internet?" (Duas respostas permitidas).
Fonte: Centro de Pesquisa Pew para a População e a Imprensa (vários anos).

Tabela 6.2
Fontes de informações políticas dos moradores da cidade
de Cochabamba, Bolívia, 1996

Fonte de informações	Percentual de entrevistados que declararam ser a principal fonte de informações	Percentual de entrevistados que manifestaram sua preferência pela fonte de informações
Jornais	32	8,7
Rádio	43,3	15,7
Televisão	51,7	46
Outros	4,7	–

Fonte: Pesquisa sobre fontes de informações dos moradores da cidade de Cochabamba, Centro de Estudios de la Realidad Económica y Social, Cochabamba, 1996.

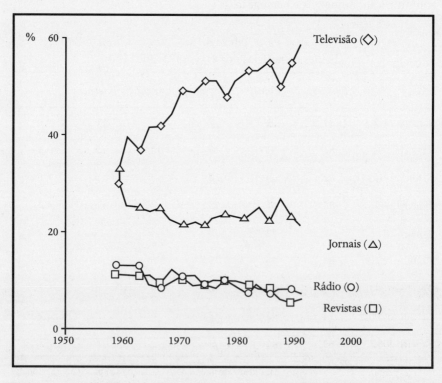

Figura 6.1. Credibilidade das fontes de notícias nos EUA, 1959-1991.
Fonte: Roper Organization, *America's Watching: Public Attitudes toward Television* (Nova York, 1991).

Com isso, desde que os meios de comunicação mantenham relativa autonomia em relação ao poder político, os atores políticos acabam tendo de obedecer às regras e sujeitar-se aos recursos tecnológicos e interesses da mídia. A política passa a ser inserida na mídia.[5] E porque o governo depende de reeleições, ou eleições para um posto mais elevado, o próprio governo fica também dependente da avaliação diária do impacto potencial de suas decisões sobre a opinião pública, mensurado por meio de pesquisas de opinião, grupos de teste e análises de imagens. Além disso, em um mundo cada vez mais saturado de informações, as mensagens mais eficientes são também as mais simples e mais ambivalentes, de modo a permitir que as pessoas arrisquem suas projeções. As imagens encaixam-se melhor nesse tipo de caracterização de mensagem. Os meios de comunicação audiovisual são as principais fontes de alimentação da mente das pessoas, pois estão relacionados às questões de natureza pública.

Mas quem é a mídia? Qual é a fonte de sua autonomia política? E de que maneira a política é nela inserida? Nas sociedades democráticas, os principais meios de comunicação são representados, essencialmente, por grupos empresariais, cada vez mais concentrados e globalmente interconectados, embora sejam, ao mesmo tempo, altamente diversificados e com as atenções voltadas para mercados segmentados (ver capítulo 5, e volume I, capítulo 5). Desde a década passada, a estratégia de atuação das emissoras estatais de rádio e televisão passou a acompanhar as práticas adotadas pela mídia da iniciativa privada para conseguir sobreviver no mercado global, tornando-se igualmente dependentes dos índices de audiência.[6] Bons índices de audiência são fundamentais porque a principal fonte de renda da mídia é a publicidade.[7] Altos índices de audiência exigem um meio de comunicação atraente e, no caso de notícias, credibilidade. Sem credibilidade, as notícias não têm valor algum, seja em termos de dinheiro, seja de poder. A credibilidade exige certo distanciamento diante das opções políticas, dentro dos parâmetros de valores políticos e morais básicos. Nessa mesma linha de raciocínio, somente uma posição independente permite que essa independência seja eventualmente discutida em função de um apoio político declarado, cedido com oportunismo, ou de um acordo financeiro secreto em troca de apoio pela difusão ou supressão de determinadas informações.

Tal autonomia da mídia, fundada em interesses comerciais, também se adapta perfeitamente à ideologia da profissão e à legitimidade e ao respeito dos jornalistas. Eles simplesmente relatam os fatos, não tomam partido. Informar é o que importa, as análises das notícias precisam ser documentadas, as opiniões devem seguir normas rigorosas, e o distanciamento é a regra básica. Tal vínculo duplo de independência, tanto das empresas quanto dos profissionais, é reiterado pelo fato de que, no mundo da mídia, a concorrência é uma constante, mesmo considerando que, cada vez mais, haja uma concorrência entre oligopólios.[8] Basta uma pequena perda de credibilidade de uma rede de TV ou jornal para que a concorrência abocanhe a fatia de mercado pertencente ao meio de comunicação afetado. Assim, por um lado, a mídia precisa manter-se suficientemente próxima da política e do governo, para ter acesso às informações, beneficiar-se das regulamentações para a imprensa e, como ocorre em diversos países, gozar de subsídios consideráveis. Por outro lado, deve também assumir uma posição suficientemente neutra ou distanciada para preservar sua credibilidade, atuando como intermediária entre cidadãos e partidos na produção e consumo de fluxos de informação e imagens, nas bases da formação da opinião pública, das eleições e dos processos decisórios na política.

Uma vez capturada a política no espaço da mídia, os próprios atores políticos fecham o círculo da política da mídia ao promoverem ações basicamente voltadas para os meios de comunicação: por exemplo, deixando vazar informações para comunicar com "indevida" antecedência a agenda política ou pessoal de determinadas personalidades. Isso resulta inevitavelmente em outros "vazamentos" que contradizem os primeiros, fazendo da mídia o campo de batalha no qual forças e personalidades políticas, bem como grupos responsáveis por exercer pressões políticas, tentam enfraquecer-se mutuamente, para se beneficiar nas pesquisas de opinião, nas cabines eleitorais, nas eleições parlamentares e nas decisões do governo.

Naturalmente que a política em função da mídia não impede a existência de outras formas de atividade política. Campanhas de bases populares demonstraram sua força nos últimos anos, como evidenciado pela Coalizão Cristã nos Estados Unidos, pelo Partido Verde na Alemanha, pelo Partido Comunista na Rússia ou pelo Partido dos Trabalhadores no Brasil. Comícios e manifestações são ainda verdadeiros rituais nas campanhas políticas organizadas na Espanha, França, Itália e México. Além disso, os candidatos têm de viajar, marcar presença em eventos, apertar a mão dos eleitores, participar de palestras, beijar criancinhas (com cuidado), dirigir-se aos estudantes, policiais e todos os grupos étnicos possíveis. Contudo, à exceção de atividades destinadas a angariar fundos, o principal alvo dessas diversas formas de política "corpo a corpo" é fazer as pessoas, ou sua mensagem, aparecerem na mídia, entrarem no horário nobre nos noticiários de TV, programas de rádio ou artigos de algum jornal influente. Nas campanhas políticas na Espanha (e imagino que em outros países também), os principais candidatos, ao falarem em público em um determinado evento, são advertidos por uma luz vermelha em seus microcomputadores no momento em que há cobertura de TV ao vivo (durante um ou dois minutos), para que possam mudar automaticamente seu discurso para um tópico previamente preparado, independentemente do que estiverem dizendo aos espectadores *in loco*. Nas campanhas eleitorais norte-americanas, comícios em pequenas cidades, reuniões em escolas e paradas de um determinado candidato durante sua trajetória de ônibus, trem ou avião são planejados de acordo com os locais e ocasiões em que possa haver cobertura de imprensa. Animadores e assessores ficam de prontidão e tomam todas as providências para possibilitar uma boa cobertura de seus candidatos.

Devo, entretanto, reiterar minha posição: afirmar que a mídia é o espaço da política não quer dizer que a televisão determina as decisões tomadas pelas pessoas, ou ainda que a capacidade de gastar dinheiro em publicidade na TV ou manipular imagens seja, por si só, um fator decisivo para o sucesso. Em todos os países, e principalmente nos Estados Unidos, são encontrados numerosos exemplos em que o uso de inserções publicitárias na TV não foi suficiente para eleger um candidato, ou, ao contrário, em que um desempenho medíocre nos veículos de comunicação não pode impedir a vitória do candidato (muito embora também haja diversos casos do efeito altamente favorável da televisão para lançar e sustentar a imagem de um político: por exemplo, Ronald Reagan e Ross Perot nos Estados Unidos, Felipe González na Espanha, Berlusconi na Itália, Jirinovsky na Rússia em 1993 e Aoshima em Tóquio em 1995 e, mais recentemente, Pim Fortuyn na Holanda em 2002). No Brasil dos anos 1990, Fernando Collor de Mello foi eleito presidente praticamente do nada em função de seu brilhante desempenho na televisão; no entanto, o povo foi às ruas para forçar seu *impeachment* assim que ficou público e notório que ele era um corrupto que estava pilhando o Estado. Três anos mais tarde, Fernando Henrique Cardoso, não propriamente inabilidoso na televisão, mas obviamente avesso aos chamarizes da mídia, foi eleito presidente pela esmagadora maioria dos eleitores porque, como ministro da Fazenda, foi capaz de controlar a hiperinflação pela primeira vez em décadas, ainda que contasse com o apoio da Rede Globo para sua candidatura. E, em 2002, o líder político da esquerda brasileira, Lula, foi eleito com um número esmagador de votos, apesar do apoio que seu oponente possuía da grande mídia.

Nem a televisão nem quaisquer outros meios de comunicação determinam resultados políticos por si próprios, justamente porque a política da mídia representa um espaço contraditório, em que atuam diferentes atores e estratégias, com diversas técnicas e resultados distintos, o que por vezes resulta em consequências inesperadas. A *midiacracia* não entra em choque com a democracia — ou melhor, nem tanto — porque sua natureza é tão plural e competitiva quanto o sistema político. Além disso, se considerarmos o sistema existente num momento anterior a essa realidade, constituído por uma democracia dominada por um único partido, e em que organizações partidárias praticamente isoladas da maioria dos cidadãos eram totalmente responsáveis pelos programas políticos e decisões quanto às candidaturas a serem lançadas, pode-se inferir qual desses sistemas oferece maior quantidade de informações aos cidadãos, pelo menos se excluirmos os tempos míticos das assembleias das comunidades de vilarejos.

Entretanto, *o ponto crítico é que, sem a presença ativa da mídia, as propostas políticas ou os candidatos não têm nenhuma chance de obter uma ampla base de apoio*. A política da mídia não se aplica a todas as formas de fazer política, mas todas as formas de política têm necessariamente de passar pela mídia para influenciar o processo decisório. Desse modo, *a política está essencialmente inserida, em termos de substância, organização, processo e liderança, na lógica inerente do sistema dos veículos de comunicação, especialmente na nova mídia eletrônica*. Para compreender o modo como exatamente ocorre tal inserção, será interessante tecer alguns comentários sobre a evolução da política da mídia, começando pela experiência norte-americana durante as últimas três décadas.

A política showbiz e o marketing político: o modelo norte-americano

A transformação vivenciada pela política norte-americana durante as três últimas décadas do século passado decorreu de três processos inter-relacionados: (a) o declínio dos partidos políticos, bem como do papel por eles representado na escolha de candidatos; (b) o surgimento de um complexo sistema de veículos de comunicação, ancorado pela televisão, mas com grande diversidade de meios de comunicação flexíveis, interconectados via eletrônica; e (c) o desenvolvimento do marketing político, por meio da realização constante de pesquisas de opinião, de sistemas em que há integração entre as pesquisas de opinião e o ato de fazer política, da capacidade de difusão da mídia, das malas-diretas por computador, de bancos de dados de centrais telefônicas e de ajustes, em tempo real, de candidatos e temas ao "formato" que aumente as chances de vitória.[9]

Embora a transformação do sistema político norte-americano tenha raízes profundas em tendências socioculturais, as manifestações mais diretas de tais transformações foram as reformas eleitorais do Comitê McGovern-Frazer em resposta à Convenção Nacional Democrática de 1968, quando os correligionários do partido indicaram Humprey como candidato à presidência, derrotando Eugene McCarthy, que tinha maior respaldo popular. De acordo com o sistema implantado na ocasião, elegia-se a maioria dos delegados para a convenção por eleições primárias entre os candidatos presidenciais.[10] Assim, enquanto na década de 1950, 40% dos delegados eram escolhidos por esse método, nos anos 1990 essa proporção chegou a 80%.[11] Além disso, uma série de reformas relativas às formas de captação dos fundos de campanha obrigou os candidatos a depender mais de suas habilidades para angariar fundos, do contato direto com a sociedade, e muito menos do apoio do partido. Cidadãos e grupos de interesse em geral empurraram as organizações político-partidárias para os bastidores da política norte-americana.[12] Ambas as tendências reforçaram o papel da mídia de maneira extraordinária: os veículos de comunicação passaram a ocupar a posição privilegiada de intermediários entre os candidatos e o público, exercendo influência decisiva nas eleições presidenciais primárias, bem como nas eleições para o Congresso e os governos estaduais. Em virtude do fato de a publicidade e as campanhas orientadas à mídia exigirem grandes dispêndios, os candidatos veem-se forçados a depender de doadores de fundos de campanha do setor privado e comitês de mobilização política externos ao sistema partidário.[13]

O papel político desempenhado pela mídia desenvolveu-se consideravelmente nas últimas três décadas, tanto do ponto de vista tecnológico quanto organizacional. Segundo especialistas, a grande mudança na relação entre a mídia, as pesquisas e a política ocorreu durante a campanha de John Kennedy em 1960.[14] Pela primeira vez na história da política norte-americana, Kennedy não só apostou praticamente tudo em pesquisas e estratégia televisiva, como teve sua vitória amplamente atribuída ao seu desempenho no debate televisionado com Nixon (o primeiro do gênero), que ele dominou, enquanto os ouvintes do mesmo debate, só que pelo rádio, apontaram Nixon como vencedor.[15] Após esses acontecimentos, a televisão transformou-se no principal recurso a ser considerado na agenda política dos candidatos norte-americanos. Embora jornais influentes como o *The New York Times* ou *The Washington Post* sejam algumas das principais fontes de reportagens de cunho investigativo e agentes formadores de opinião, apenas os eventos divulgados pela televisão conseguem alcançar uma audiência suficientemente representativa para fixar ou reverter tendências da opinião pública. Assim, a televisão, os jornais e o rádio funcionam como um sistema integrado, em que os jornais relatam o evento e elaboram análises, a televisão o digere e divulga ao grande público, e o rádio oferece a oportunidade de participação do cidadão, além de abrir espaço a debates político-partidários direcionados sobre as questões levantadas pela televisão.[16]

Esse papel político, cada vez mais central, desempenhado pela televisão resulta em dois fatores importantes. Primeiro, os gastos dos políticos com a televisão aumentaram drasticamente: no início dos anos 1960, cerca de 9% dos orçamentos das campanhas políticas nacionais eram destinados à publicidade na TV, ao passo que, nos anos 1990, essa proporção chegou a 25% de orçamentos bem mais vultosos; em 1990, estima-se que US$ 203 milhões tenham sido empregados em publicidade na TV para fins políticos;[17] em 1994, US$ 350 milhões foram gastos em propaganda política na televisão.[18] As cifras das eleições de 1996 provavelmente superaram os US$ 800 milhões e, em 2000, passou a marca de um bilhão. Segundo, eventos políticos de grande repercussão promovidos por assessores de candidatos têm-se tornado um fator essencial para as campanhas, bem como a obtenção de apoio, ou oposição, às decisões dos governos. O que realmente importa não é tanto o evento originariamente objeto de reportagem, mas sim o debate provocado por ele, a forma como esse debate é conduzido, quem são os participantes envolvidos e por quanto tempo o assunto se mantém "no circuito". A vitória, e não justificativas ou esclarecimentos, é a grande meta. Por exemplo, em 1993–1994, após meses de calorosas discussões sobre a proposta de Clinton para reforma dos planos de saúde, que ocuparam posição de destaque na mídia, as pesquisas de opinião indicaram que os norte-americanos estavam confusos e incertos tanto sobre o conteúdo da proposta quanto sobre os argumentos sustentados nas críticas ao plano. E o que isso importa? O que o fogo cruzado da polêmica gerada pela mídia e alimentada pelas companhias de seguro, associações médicas e indústria farmacêutica conseguiu fazer foi acabar com a proposta antes mesmo que fosse submetida à votação no Congresso, eliminando qualquer possibilidade de discussão por parte dos cidadãos.[19] A mídia vem se tornando a arena das principais batalhas políticas.

A tecnologia está transformando o papel político da mídia, não só pelo efeito causado nos veículos de comunicação propriamente ditos, mas também pela integração do sistema da mídia em tempo real e com o marketing político.[20] Desde o final da década de 1960, a introdução de computadores na tabulação das pesquisas resultou no aparecimento do conceito de "pesquisas com fins estratégicos", que consiste na realização de testes de diferentes estratégias políticas em grupos previamente definidos de potenciais eleitores, com o objetivo de alterar a estratégia, a forma e mesmo o conteúdo da mensagem política ao longo da campanha.[21] Nas duas décadas subsequentes, pesquisadores como Patrick Caddell, Peter Harter e Robert Teeter exerceram influência decisiva na estratégia de campanha, tendo se tornado os principais intermediários entre os candidatos, os cidadãos e os veículos de comunicação. Aliados aos formadores de imagem e aos profissionais de propaganda política, organizaram campanhas, desenvolveram temas, plataformas e *personas* políticas mediante a obtenção de *feedback* das tendências identificadas pelas pesquisas e vice-versa.[22] À medida que a tecnologia acelerou o processo de reportagem na mídia, agilizando e flexibilizando os sistemas de informação, os efeitos do *feedback* e dos eventos políticos de grande repercussão passaram a fazer parte do cotidiano, de modo que nos mais altos escalões, a começar pela Casa Branca, estrategistas de comunicação fazem reuniões todas as manhãs para "tomar o pulso" da nação, ficando de prontidão para intervir em tempo real, chegando até mesmo a alterar mensagens e cronogramas de programação entre a manhã e a tarde, dependendo das reportagens exibidas nas principais fontes de informação (CNN, redes de TV, jornais matutinos de grande circulação).[23]

O fato de os próprios meios de comunicação terem condições de aparecer com furos de reportagem a qualquer momento, por estarem em atividade 24 horas por dia, significa que os "guerreiros" da comunicação precisam permanecer em alerta constante, codificando e traduzindo qualquer decisão política para a linguagem da política da mídia, e avaliando os respectivos efeitos por meio de pesquisas e grupos de teste. Os pesquisadores e os formadores de imagem tornaram-se atores políticos fundamentais, capazes de criar e destruir presidentes, senadores, congressistas e governadores por uma combinação entre tecnologia da informação, "midialogia", habilidade política e uma boa dose de atrevimento. E mesmo quando estão enganados, por exemplo, quanto aos resultados de suas pesquisas, ainda assim são influentes, pois seus erros alteram o curso das tendências políticas, como, por exemplo, no caso das primárias do Partido Republicano em New Hampshire em 1996, em que erros nas pesquisas prejudicaram o desempenho de Forbes ao avaliar seus votos diante de previsões equivocadas de avanço de sua candidatura nas pesquisas alguns dias antes da votação.[24]

À medida que a mídia foi diversificando e descentralizando seu campo de atuação ao longo da década de 1990, sua influência nas atitudes e nos comportamentos políticos tornou-se ainda mais ampla.[25] As redes locais de televisão a cabo e os programas de entrevistas com a participação dos ouvintes no rádio conquistaram audiências dirigidas, permitindo que os políticos visualizassem melhor o alvo de sua mensagem, e também que grupos de interesse e eleitores partidários de determinada ideologia tivessem maiores condições de expor seus argumentos sem passar pelo crivo da grande mídia. Os videocassetes tornaram-se ferramentas essenciais para a distribuição de mensagens em vídeo durante eventos comunitários, e também nas residências, por meio de mala direta. A cobertura 24 horas por dia da C-Span e CNN abriu espaço para a divulgação instantânea de pacotes de notícias e informações sobre política. Por exemplo, o líder republicano Newt Gingrich conseguiu que a C-Span televisionasse um contundente discurso antiliberal no Congresso, sem correr o risco de gerar um clima hostil pois, fora do foco das câmeras, a plenária do Congresso estava completamente vazia. A transmissão de mensagens a determinadas áreas ou grupos sociais por redes locais vem fragmentando a política nacional e reduzindo a influência das grandes redes de televisão, conquistando uma fatia ainda maior de formas de expressão política no universo da mídia eletrônica. Além disso, em meados dos anos 1990 a internet tornou-se um veículo de propaganda de campanha, de fóruns de debate controlados, e também um meio de inter-

O PODER DA IDENTIDADE | 447

conexão para eleitores e simpatizantes.[26] Não raro, programas ou anúncios de televisão fornecem um endereço da internet para fins de consulta ou discussão de ideias, ao mesmo tempo que a comunicação computadorizada volta-se para certos eventos divulgados pela mídia ou uma determinada propaganda política visando estabelecer uma linha eletrônica direta para cidadãos eventualmente interessados.

Ao incorporar a política a seu ambiente eletrônico, a mídia delimita espaços para processos, imagens e resultados, independentemente do verdadeiro propósito ou da eficiência de mensagens específicas. Não que o meio seja a mensagem, pois realmente existem diferenças entre opções políticas, e essas diferenças são importantes. Mas ao ingressar no espaço da mídia, os projetos políticos, e os próprios políticos, são moldados de formas bastante específicas.[27] E de que formas?

A fim de compreender a inserção da política na lógica dos meios de comunicação, devemos atentar para os *princípios fundamentais que regem a mídia informativa: a corrida em busca de maiores índices de audiência, em concorrência direta com o entretenimento; e o necessário distanciamento da política, para conquistar credibilidade.* Isso se traduz nas tradicionais premissas para uma boa cobertura de notícias, conforme identificado por Gitlin: "As notícias devem estar voltadas ao evento, não às condições a ele subjacentes; na pessoa, não no grupo; no conflito, não no consenso; no fato que 'antecipa a história', não naquele que a explica."[28] Somente as "más notícias", referentes a conflitos, cenas dramáticas, acordos ilícitos ou comportamentos questionáveis são notícias interessantes. Considerando que as notícias são cada vez mais submetidas à concorrência dos programas de entretenimento ou de eventos esportivos, o mesmo acontece com sua lógica. Ela exige cenas dramáticas, suspense, conflito, rivalidades, ganância, decepções, vencedores e vencidos e, se possível, sexo e violência. Seguindo o ritmo, e a linguagem, da mídia esportiva, fala-se sobre a "corrida política" como um jogo incessante de ambições, manobras, estratégias e planos para desarticulá-las, com a ajuda de informantes internos e pesquisas de opinião constantemente realizadas pelos próprios veículos de comunicação. A mídia vem dando cada vez menos atenção ao que os políticos têm a dizer: o tempo médio de inserção de trechos de entrevista com políticos encolheu de 42 segundos em 1968 para menos de 10 segundos em 1992.[29] A atitude distanciada da mídia transforma-se em cinismo quando literalmente tudo é interpretado como puro jogo estratégico. O noticiário fornece material para essas análises, contando porém com o auxílio de programas criados em torno de jornalistas especializados em certas áreas (como o programa *Crossfire* da CNN), de comportamento altamente contestador, rudes e agressivos, que naturalmente acabam sorrindo e cumprimentando seus interlocutores no final, mostrando que tudo não passa de um programa de entretenimento. Por outro lado, conforme argumenta James Fallows, as análises políticas sucintas, rápidas e penetrantes por parte de jornalistas televisivos cada vez mais populares causam impacto direto na cobertura dos eventos nos noticiários de TV e mesmo nos jornais.[30] Em outras palavras, afirmações de profissionais da mídia sobre política transformam-se em acontecimentos políticos por si próprios, e a cada semana são proclamados os vencedores e os vencidos na corrida política. Nos termos de Sandra Moog:

> Atualmente os eventos divulgados nas notícias tendem a diluir-se em meras discussões sobre as reações do público à mais recente cobertura de imprensa. Quem são os vencedores e os vencidos, quais personalidades estão com os índices de popularidade em alta ou em baixa, como consequência de eventos políticos do mês, da semana ou do dia anterior. A realização frequente de pesquisas de opinião pelas agências de notícias permite esse tipo de hiperreflexividade ao fornecer uma base supostamente objetiva para especulações dos jornalistas sobre os impactos das ações políticas e as respectivas reações da imprensa a tais ações, mediante a avaliação popular de diversos políticos.[31]

Um outro poderoso tipo de cobertura dos acontecimentos políticos diz respeito à personalização dos eventos.[32] Os políticos, e não a política, são os atores do drama. E por terem a oportunidade de mudar seus programas de governo à medida que navegam nas águas da política, o que permanece na mente das pessoas como a principal fonte da prática política são as motivações e as imagens pessoais dos políticos. Portanto, questões referentes ao personagem assumem a vanguarda da agenda política, uma vez que o emissor transforma-se na própria mensagem.

A estruturação das notícias políticas estende-se à estruturação da própria política, à medida que estrategistas jogam na mídia e com a mídia com o objetivo de influenciar os eleitores. Em virtude do fato de que somente notícias ruins são consideradas notícias, a propaganda política está concentrada em mensagens negativas, visando destruir as propostas dos adversários, ao mesmo tempo que se discorre sobre o próprio programa de governo em linhas bastante gerais. Com efeito, estudos demonstram que a probabilidade de reter mensagens negativas e, com elas, influenciar a opinião política, é bem maior.[33] Além disso, em função de a política ser personalizada em um mundo de criação de imagens e novelas de TV, a destruição da personagem torna-se a mais poderosa das armas.[34] Projetos políticos, propostas de governo e carreiras políticas podem ser prejudicados ou até mesmo arrasados pela revelação de algum tipo de comportamento inadequado (o caso Watergate de Nixon marcou o início dessa nova era); pela invasão da privacidade de indivíduos que tenham adotado um comportamento diferente do aceito pelos padrões morais, e da dissimulação

O PODER DA IDENTIDADE | 449

dessas informações (Bill Clinton); ou pelo acúmulo de uma série de acusações, boatos e insinuações, revezando-se uns após os outros na mídia, assim que o impacto de um deles começa a diminuir (Felipe González e Hillary Clinton). Em alguns casos, alegações infundadas resultam em consequências drásticas para o indivíduo, tais como o suicídio do político vítima de tais alegações (por exemplo, o socialista Pierre Beregovoy, ministro da Fazenda da França, em 1993). Portanto, o monitoramento diário de ataques, contra-ataques ou ameaças pessoais, com as respectivas alegações, torna-se uma peça fundamental da vida política. De fato, durante a campanha presidencial de 1992, os assessores de Clinton forçaram os republicanos a desviar as atenções do caso extraconjugal do candidato, ameaçando-os de levar a fundo a história do suposto envolvimento de Bush com uma ex-funcionária da Casa Branca; eles haviam encontrado outra Jennifer.[35] Os estrategistas da comunicação e os porta-vozes realmente estão no centro da política informacional.

A restrição crescente da exposição da mídia ao conteúdo das propostas políticas (com exceção da mídia segmentada, não dirigida à comunicação de massa; por exemplo, as redes públicas de televisão ou longas reportagens de jornais) resulta em uma simplificação extrema das mensagens políticas. Plataformas políticas complexas são submetidas a um escrutínio para a seleção de algumas questões que serão merecedoras de destaque, a fim de serem apresentadas a uma vasta audiência, em termos dicotômicos: antiaborto ou direito de escolha à prática do aborto; defesa dos direitos dos gays ou ataque direto a eles; previdência social e déficit orçamentário *versus* equilíbrio nas contas do governo e desmantelamento do Medicaid. A política de referendo imita os programas de jogos e brincadeiras na televisão, em que a "buzina" eleitoral anuncia vencedores e vencidos e "campainhas" pré-eleitorais (representadas por pesquisas) dão sinais de advertência. Imagens, mensagens codificadas e competição política entre heróis e vilões (que trocam de papéis de tempos em tempos) em um mundo de paixões frustradas, ambições secretas e traições: assim funciona a política norte-americana inserida na mídia eletrônica, transformada em virtualidade política real, determinando o acesso ao Estado. Será que esse "modelo americano" poderia ser o prenúncio de uma tendência política mais ampla, caracterizando a era da informação?

Estará a política europeia passando por um processo de "americanização"?

Não e sim. Não, porque os sistemas políticos europeus se fiam bem mais nos partidos políticos, de longa tradição e bem estabelecidos, e com raízes consideráveis em suas respectivas histórias, culturas e sociedades. Não, porque as culturas nacionais desempenham um papel importante, e o que é considerado admissível nos Estados Unidos seria inadmissível na maioria dos países europeus, e provavelmente voltaria contra o possível autor da agressão: por exemplo, era de pleno conhecimento dos círculos políticos franceses que o falecido presidente François Mitterrand há muito tempo mantinha um caso extraconjugal, do qual tinha uma filha. Apesar de ser um homem de muitos inimigos, isso jamais foi usado contra ele e, caso fosse, a maior parte dos cidadãos desaprovaria a invasão de privacidade do presidente (a mídia do Reino Unido fica no meio-termo entre a dos Estados Unidos e a da maioria dos países europeus no que diz respeito à vida íntima de líderes políticos). Além disso, até o final da década de 1980, um grande número das redes de televisão europeias era de controle estatal, de modo que o acesso político à televisão estava sujeito a regulamentações e, ainda hoje, a propaganda política paga é proibida. Mesmo com a liberalização e a privatização das redes de televisão, ainda existem diferenças significativas tanto na mídia quanto em sua relação com os sistemas políticos entre Estados Unidos e Europa.[36]

Em contrapartida, embora candidatos e programas sejam escolhidos pelos partidos, a mídia tornou-se tão importante na Europa quanto nos Estados Unidos em termos de influência na decisão do resultado de embates políticos.[37] Os veículos de comunicação de modo geral (e particularmente a televisão) constituem a principal fonte de informações políticas e opiniões para o grande público, e os mais importantes atributos da política informacional, conforme identificados no caso dos EUA, também caracterizam a política europeia: simplificação das mensagens, serviços profissionais de propaganda e pesquisas de opinião empregadas como ferramentas de uso político, personalização de opções, propaganda negativa contra os adversários como estratégia predominante, vazamento de informações destrutivas como arma política, formação de imagem e controle da divulgação de informações políticas como mecanismos essenciais para se chegar ao poder, e mantê-lo. Vamos rever brevemente algumas evidências comparativas.

No Reino Unido dos anos 1980, a televisão era a principal fonte de notícias políticas para 58% da população: esse número aumentou para 80% na década de 1990,[38] seguido pelos jornais, com 20%. Entretanto, propaganda política paga na TV é prática ilegal na Grã-Bretanha, sendo que os partidos têm direito a um horário eleitoral gratuito no período que antecede as eleições e durante a campanha. A desregulamentação, privatização e multiplicação das fontes de informação televisiva têm desviado as atenções do público, anteriormente voltadas à propaganda política formal, para as reportagens políticas.[39] Os comentários sobre a propaganda apresentada pelos partidos em programas regulares têm-se tornado mais influentes do que a própria propaganda. Por exemplo, em 1992, o Partido Trabalhista transmitiu uma reportagem sobre Jennifer, uma garota que

O PODER DA IDENTIDADE | 451

teve de esperar um ano para ser submetida a uma cirurgia de ouvido por causa da crise no sistema de saúde. Quando sua verdadeira identidade (que deveria ser mantida em segredo) foi revelada, a principal questão passou a ser a incapacidade demonstrada pelo Partido Trabalhista de preservar a confidencialidade de informações, comprometendo assim a confiança nos seus líderes caso chegassem ao poder.[40] A publicidade negativa, principalmente vinda dos *tories* (conservadores), veio à baila durante a campanha de 1992, desempenhando importante papel na vitória destes últimos.[41]

O apelo aos recursos de constantes pesquisas de opinião, mala direta direcionada a um público específico, utilização de serviços especializados de propaganda e agências de relações públicas, eventos e discursos orientados à formação da imagem e pequenas inserções de entrevistas de políticos na televisão, informes publicitários elaborados por profissionais de propaganda política, contando com atores e fotomontagens, e um enfoque muito mais direcionado à imagem do que à política propriamente dita, constituem, na década de 1990, a principal matéria-prima da qual se faz a política britânica, tanto quanto nos EUA.[42] A personalização da política tem longa tradição na Grã-Bretanha, com líderes de presença marcante, tais como Winston Churchill, Harold Wilson ou Margaret Thatcher. Contudo, a nova onda de personalizações não está relacionada a líderes históricos e carismáticos, mas, sim, a qualquer candidato ao cargo de primeiro-ministro. Diante desse quadro, em 1987, o Partido Trabalhista concentrou os esforços de campanha no casal "jovem e glamouroso", Neil e Glenys Kinnock, transformando a maior parte do espaço reservado ao programa eleitoral do partido em uma biografia televisiva intitulada *Kinnock,* produzida por Hugh Hudson, o mesmo diretor de *Carruagens de fogo.*[43] Em 1992, dois em cada cinco programas dos conservadores falavam da figura de John Major (*Major — a Trajetória,* produzido por Schlesinger, diretor de *Perdidos na noite,* destacando a ascensão de Major a partir de Brixton, um bairro operário).[44] A personalização leva à destruição da personagem como parte de uma estratégia política, e este também é o caso da história política recente da Grã-Bretanha: durante a campanha de 1992, Kinnock foi alvo de ataques da imprensa *tory* (cujas histórias foram selecionadas pelos noticiários de TV), que variaram de supostas ligações com a máfia até sua vida íntima (o famoso "caso Boyo"). Paddy Ashdown, o líder liberal democrata, sofreu ataques em que aspectos relacionados à sua vida sexual foram divulgados ao público. E embora Axford *et al.* sugiram que após as eleições de 1992 a mídia britânica pareceu impor limites ao uso de "golpes baixos", essa nova disciplina não parece ter poupado a Família Real.[45] Em 2002, o prestígio de Tony Blair, ainda no auge do seu poder, foi manchado pela campanha de um tabloide por conta dos negócios supostamente nebulosos de sua esposa.

Do mesmo modo, o advento da democracia russa também refletiu a introdução do estilo norte-americano, isto é, campanhas políticas voltadas à televisão desde as eleições parlamentares de dezembro de 1993.[46] Nas decisivas eleições presidenciais de 1996, Yeltsin conseguiu reassumir o controle do eleitorado que, por puro desespero, parecia inclinado a dar o voto a Zyuganov, nas últimas semanas da campanha, pelo uso de artilharia pesada na mídia, da mala direta computadorizada (fato inédito na Rússia), pela realização de pesquisas dirigidas e propaganda segmentada. A campanha de Yeltsin soube combinar novas e antigas estratégias de utilização da mídia, porém, em ambos os casos, o principal instrumento utilizado foi a televisão. Por um lado, os canais de TV estatais e privados aliaram-se a Yeltsin utilizando notícias e programas como veículos de propaganda anticomunista, inclusive a exibição de diversos filmes sobre os horrores do stalinismo na última semana que precedeu as eleições. Por outro, a propaganda política de Yeltsin foi cuidadosamente planejada. Uma agência de assessoria política, a "Niccolò M" (M de Maquiavel), desempenhou papel fundamental na elaboração de uma estratégia da mídia em que Yeltsin aparecia nos jornais diários da TV enquanto sua propaganda concentrava-se exclusivamente em indivíduos do povo (conheço pessoalmente um deles) justificando sua preferência por Yeltsin. As entrevistas, de curta duração, sempre terminavam com as expressões "Acredito, adoro, espero", seguidas da assinatura de Yeltsin, sua única "presença" na propaganda. Yekaterina Yegorova, diretora da Niccolò M, compreendera que "a ideia por trás dessa ausência era de que Yeltsin, como presidente, aparece tanto na TV (no noticiário do dia a dia) que, se também aparecesse na propaganda, deixaria o povo cansado de ver sua imagem".[47] Assim, a "personalização ausente", combinando diferentes formas de mensagens da mídia, torna-se uma estratégia nova e sutil em um mundo saturado de propaganda audiovisual.

Alguns consultores políticos republicanos também deram sua contribuição à campanha de Yeltsin por meio de recursos tecnológicos empregados na política (embora o fizessem em escala bem menor que a alardeada por eles próprios), assim como diversos especialistas políticos e da mídia, lançando a Rússia na era da política informacional antes mesmo que tivesse tempo de se tornar uma sociedade da informação. Funcionou: em posição desfavorável em termos de poder, recursos financeiros e estratégia de campanha, os comunistas apostaram na ampla mobilização das bases populares, uma forma demasiado primitiva de contra-atacar a aliança formada pela televisão, rádio e principais jornais que se uniram em torno de Yeltsin. Embora outros fatores tenham exercido considerável influência nas eleições russas (rejeição ao comunismo, receio de desordem, demagogia de campanha, hábeis decisões presidenciais de última hora, principalmente em relação à Chechênia, a convocação de Lebed para o governo Yeltsin antes do segundo turno), o novo e o velho sistema político mediram forças, e o resultado foi a vitória incontestável de Yeltsin, após resultados desfavoráveis nas pesquisas de quatro meses anteriores à votação. De modo a pagar por essa onerosa campanha, Yeltsin precisou de financiamento dos oligarcas russos, que receberam em troca um estoque de ações preferenciais de alguns dos ativos mais valiosos que têm sido privatizados pelo Estado russo.

A democracia espanhola também soube assimilar rapidamente as novas técnicas da política informacional.[48] Nas eleições gerais de 1982, a habilidade no uso da mídia e das estratégias de personalização em torno da figura de um líder extraordinário, Felipe González, levou os socialistas (PSOE) a uma vitória sem precedentes nas urnas. Posteriormente, em 1986 e 1989, os socialistas de González foram reeleitos por duas vezes com maioria, logrando também vencer sob as condições mais adversas um referendo nacional em 1985 para que a Espanha se tornasse membro da OTAN. Além dos próprios méritos do partido socialista, três fatores contribuíram para o predomínio político do partido durante a década de 1980: a personalidade carismática de Felipe González e sua presença marcante na mídia, especialmente na televisão, tanto em debates frente a frente com seus adversários e entrevistas a jornalistas, como em eventos políticos televisionados; a sofisticação tecnológica dos estrategistas políticos socialistas que, pela primeira vez na Espanha, trabalharam com grupos de pesquisa, pesquisas de opinião em base constante, análise/design de imagens e contextualização de temas no tempo e no espaço, dentro de uma estratégia de propaganda política coerente e sustentada que não parou logo após o dia das eleições; e, finalmente, o monopólio do governo sobre a televisão, dando vantagens claras à situação até que incessantes críticas da oposição às reportagens da TV, bem como às convicções democráticas de González, levaram à liberalização e privatização parcial da televisão durante os anos 1990.

E foi justamente a derrota na batalha da mídia na década de 1990 o primeiro fator responsável pela queda do governo socialista na Espanha em 1993, mais tarde (1996) levando ao poder um governo de centro-direita. Na próxima seção, farei uma análise dos escândalos e da corrupção na política como instrumentos essenciais para a estratégia da política informacional, valendo-me mais uma vez desse exemplo, bastante elucidativo, fornecido pela Espanha contemporânea. Contudo, é importante frisar, embora se tenha discutido a possível introdução do modelo político norte-americano na Europa, que a Espanha contemporânea não deixava nada a desejar em relação aos Estados Unidos no tocante a técnicas políticas que fazem uso da mídia, destruição de personagens e ciclos formados por pesquisas de opinião, transmissão de programas e desempenho alternado de papéis.

Ainda que de modo menos dramático (afinal, a Espanha é um país de lances altamente dramáticos), a política na maioria das democracias europeias acabou sendo dominada por processos semelhantes. Assim, observadores na França

454 | MANUEL CASTELLS

rebelaram-se contra a *"telecracia"*,[49] enquanto outros destacam o surgimento da "democracia virtual".[50] A repentina ascensão ao poder de Silvio Berlusconi na Itália esteve diretamente relacionada ao novo papel desempenhado pela mídia na política italiana.[51] Uma análise comparativa de outros países europeus nos anos 1990[52] aponta para uma fase complexa de transição em que a mídia assume a condição de principal instrumento de difusão de informações enquanto os partidos políticos se encontram desaparelhados, desprovidos de recursos financeiros e sujeitos à rigorosa regulamentação, tendo dificuldades de adaptação ao novo ambiente tecnológico. Como resultado desse processo, parece que, de modo geral, os partidos políticos mantêm sua autonomia em relação à mídia, com o apoio do Estado. Contudo, dado o acesso restrito dos partidos à mídia, cada vez mais as pessoas formam opiniões políticas a partir de fontes externas ao sistema político, ampliando a distância entre partidos e cidadãos.[53] Mesmo que fatores como instituições, cultura e história tornem a política europeia altamente específica, a tecnologia, globalização e sociedade em rede incitam os atores e instituições políticas a entrarem na política informacional vinculada ao uso de recursos tecnológicos. Afirmo ser esta uma nova tendência histórica que afeta, em ondas sucessivas, o mundo inteiro, muito embora isso ocorra sob condições históricas específicas que apresentam numerosas variações em termos de concorrência e conduta políticas. A Bolívia fornece uma excelente oportunidade para colocarmos tal hipótese à prova.

O populismo eletrônico da Bolívia: compadre Palenque e a chegada do Jach'a Uru[54]

Se tivéssemos de apontar o país do mundo com a maior capacidade de oferecer resistência à globalização da cultura e defender a adoção da política de bases populares, a Bolívia seria um forte candidato. A identidade indígena do país está vivamente presente na memória coletiva de sua população (não obstante o fato de que 67% se considerem *mestizos*), e os idiomas *aymara* e *quechua* são falados em todo o país. O nacionalismo é a principal ideologia defendida por todos os partidos políticos. Desde a revolução de 1952, os sindicatos dos mineiros e camponeses bolivianos figuram entre os atores sociais mais conscientes, organizados e militantes da América Latina. O maior partido nacionalista-populista, o *Movimiento Nacionalista Revolucionario*, tem assumido e deixado o poder durante as últimas quatro décadas, ainda ocupando a presidência em 2003, com o apoio dos nacionalistas de esquerda do *Movimiento Bolivia Libre,* bem como do movimento (indígena) catarista. As tensões sociais e a militância política no país resultaram em sucessivos golpes militares, nem sempre desaprovados pela embaixada dos EUA, até que essa atitude do governo norte-americano foi alterada quando se revelou o envolvimento explícito de militares de alta patente no tráfico de drogas no final da década de 1970 e houve uma mudança da política dos EUA pelo governo Carter, facilitando a restauração de uma democracia estável em 1982, com a subida ao poder de uma coalizão de esquerda.

Desde então, embora as tensões sociais tenham aumentado em decorrência de políticas de ajuste estrutural introduzidas pelo MNR em 1985 (que mais tarde seriam adotadas por outros governos), a democracia parece estar fundada em bases sólidas. Desenvolveram-se embates políticos mais acirrados, com a formação, cisão e reconstituição de partidos, e o estabelecimento das mais inusitadas alianças políticas em busca do poder. Dessa forma, a mobilização social e a política democrática mantiveram-se, e mantêm-se até hoje, vivas na Bolívia, aparentemente deixando pouco espaço para a transformação do cenário político por meio de uma versão andina de política informacional. E no entanto, desde 1989, a política de La Paz — El Alto (a capital boliviana e as comunidades dos arredores) tem sido dominada por um movimento político organizado em torno de Carlos Palenque, ex-artista da música folclórica boliviana, de origem humilde, que se tornou apresentador de rádio e TV, sendo em seguida proprietário de uma rede de veículos de comunicação (a RTP, *Radio Televisión Popular),* e finalmente o líder do movimento *Conciencia de Patria* (Condepa), fundado em 21 de setembro de 1988 em Tihuanaco, a antiga capital da civilização *aymara.* Embora essa história possa parecer familiar aos conhecedores da velha tradição populista da América Latina, na verdade assume facetas incomuns, complexas e reveladoras.

A saga de Palenque iniciou-se em 1968 quando ele, juntamente com *Los Caminantes,* seu grupo de música folclórica, criaram um programa de rádio que gradativamente estabeleceu um contato direto com a audiência, pelo uso de uma linguagem popular, misturando espanhol e *aymara,* o que abriu um canal de comunicação para as pessoas de segmentos urbanos menos favorecidos, pois elas não se sentiam intimidadas pelo costumeiro formalismo dos veículos de comunicação. Em 1978, ele começou a apresentar um programa de televisão, no qual proporcionava às pessoas um meio de dar voz a suas reclamações. Apresentou-se como *compadre* de sua audiência, dirigindo-se a seus interlocutores como *compadres* e *comadres,* dessa forma nivelando o plano da comunicação e introduzindo um meio de referir-se a uma comunidade fundamental, com profundas tradições *aymara* e católica.[55] Em 1980, ele conseguiu comprar a Rádio Metropolitana, e mais tarde o Canal 4, uma estação de TV localizada em La Paz. Em pouco tempo as emissoras obtiveram os maiores índices de audiência da região de La Paz, mantendo a liderança até o presente momento (1996): 25% dos ouvintes de rádio declararam ouvir exclusivamente a Metropolitana.

Há cinco elementos fundamentais presentes na estratégia de comunicação adotada por Palenque. O primeiro é a personalização dos programas, tendo *compadres* e *comadres* bastante apelativos, representantes de diversas bases políticas, como a *comadre* Remedios Loza, uma mulher comum *(muller de pollera)*, um tipo humano jamais visto na TV, apesar de refletir a imagem fiel das famílias de classes mais populares da região de La Paz; o *compadre* Paco, mais próximo da classe média; ou ainda sua mulher, Monica Medina de Palenque, ex-bailarina de dança flamenca, assumindo o papel de mulher com grande experiência de vida, sempre fazendo os comentários mais pertinentes. A personalização da interação com a audiência não termina simplesmente nos programas ao vivo, mas estende-se à boa parte da programação. Por exemplo, enquanto o Canal 4 transmite as mesmas novelas latino-americanas que prendem a atenção de toda a comunidade falante de espanhol, o *compadre* Palenque e seus companheiros fazem comentários sobre os acontecimentos e desventuras dos personagens durante os diversos episódios, interagindo com sua audiência ao relacionar a história da novela à vida cotidiana dos *pacenos*. Segundo, o enfoque na mulher, principalmente nas mulheres das classes sociais mais baixas, e a posição de destaque dada à mulher nos programas. Terceiro, uma relação direta com os anseios e alegrias das pessoas, por meio de programas como o *Sábado do Povo*, transmitido ao vivo com a participação de centenas de pessoas de localidades urbanas; ou A *Tribuna do Povo*, em que as pessoas fazem denúncias ao vivo sobre os abusos aos quais são submetidas por quem quer que seja. Quarto, uma predisposição a dar ouvidos às reclamações das pessoas, deixando aberto um canal de comunicação dos lamentos que nascem da dolorosa integração entre a vida rural e indígena na caótica periferia de La Paz. Quinto, a referência religiosa, em que a esperança é legitimada como a vontade de Deus, com a promessa da chegada do *Jach'a Uru*, o dia em que, segundo a tradição *aymara*, todo o sofrimento terá fim.

Entretanto, para Palenque, o caminho da fama não foi fácil. Por causa das suas duras críticas ao governo, a rede RTP foi fechada duas vezes, em junho e novembro de 1988, sob pretexto de haver realizado uma entrevista de rádio com um dos chefões do tráfico de drogas. Protestos da população, e uma decisão do Supremo Tribunal do país, fizeram com que a rede fosse reaberta meses depois. A resposta de Palenque veio com a criação de um partido (Condepa) e sua candidatura à presidência. Nas primeiras eleições das quais tomou parte, em maio de 1989, o Condepa tornou-se o quarto maior partido nacional e o mais votado na capital. Nas eleições municipais, conquistou a prefeitura de El Alto (quarta maior área urbana da Bolívia) e ingressou na Câmara Municipal de La Paz. Nas eleições seguintes, Monica Medina de Palenque elegeu-se prefeita de La Paz, cargo que mantinha até 1996. O Condepa também marca presença no Congresso Nacional: entre outros deputados, a *comadre* Remedios desempenhou um papel fundamental na aprovação de leis em defesa da mulher. Apesar do populismo manifesto, o Condepa não assumiu uma postura de confronto direto com as várias forças políticas no país. Em 1989, seus votos ajudaram a eleger no Congresso o presidente Jaime Paz Zamora, a despeito do terceiro lugar conquistado pelo candidato no pleito popular. E quando um novo presidente do MNR, Sanchez de Losada, foi eleito em 1993, o Condepa, embora não participasse do governo, colaborou para a aprovação de diversos projetos no legislativo.[56]

O sucesso do *compadre* Palenque não ocorreu em um vazio social. Ele não tinha apenas um veículo de comunicação, mas sim uma mensagem bem direcionada a transmitir, que parecia se ajustar perfeitamente à experiência real das massas urbanas de La Paz. Palenque apelou para a identidade cultural dos migrantes recém-chegados a La Paz, pelo uso da linguagem, pela posição de destaque dada às tradições *aymara*, pela referência constante aos costumes populares e à religião. Diante das políticas de ajuste econômico e integração à economia global, expôs o sofrimento diário de trabalhadores desempregados e dos miseráveis vivendo na região metropolitana das cidades, bem como os abusos a eles impostos sob o pretexto da racionalidade econômica. O *compadre* Palenque tornou-se a voz dos que não tinham direito à palavra. Usando a mídia como plataforma, e ao mesmo tempo criando vínculos com as instituições locais em que o Condepa marcava presença, desenvolveu uma série de programas sociais, sendo que um deles, muito bem-sucedido, destinava-se a auxiliar a recolocação de operários da indústria desempregados em decorrência da reestruturação econômica e das privatizações.

Refutando o imperativo categórico da globalização, o *compadre* Palenque propôs (embora em termos bastante vagos) um modelo de "desenvolvimento endógeno", com base nos recursos próprios da Bolívia e no espírito comunitário da população. Portanto, a influência do Condepa não se limita apenas à manipulação da mídia: seus temas tratam do sofrimento real do povo em La Paz, e sua linguagem é capaz de estabelecer uma comunicação direta com a identidade cultural e local das camadas populares em La Paz e El Alto (a ponto de o movimento, de modo geral, continuar atuando em nível local, permitindo a alguns analistas falarem de um "*ayllu* metropolitano").[57] No entanto, caso não contasse com o poder da mídia ou uma estratégia de comunicação sensível às necessidades de sua audiência, capaz de combinar programas de entretenimento no rádio e na TV com um espaço em que a população manifesta suas queixas, estabelecendo uma relação de confiança e carisma entre os apresentadores e a audiência, o Condepa estaria condenado a exercer um papel de importância menor, a exemplo do que ocorreu com outros movimentos populistas na Bolívia, tais como o *Unidad Cívica Solidaridad* liderado por Max Fernandez. Na realidade, pesquisas revelam que, em 1996, os bolivianos confiam mais na mídia do que nos políticos (tabela 6.3).

Tabela 6.3

Opinião dos cidadãos bolivianos sobre quais instituições representam seus interesses

Instituição	Opinião favorável (%)
Congresso Nacional	3,5
Partidos políticos	3,4
Presidente	3,3
Prefeito	6,9
Organizações comunitárias	11,3
Sindicato	12,6
Mídia de massa	23,4

Nota: Respostas à pergunta: "Você acha que essas instituições representam seus interesses?" (porcentagem sobre o total de entrevistados; amostra em nível nacional).
Fonte: Vários autores (1996).

Assim, a política da mídia não precisa ser necessariamente monopólio de grupos de interesse influentes ou de partidos políticos já bem estabelecidos que utilizam o poder da tecnologia com o objetivo de aperfeiçoar a tecnologia do poder. Conforme a ascensão do *compadre* Palenque parece sugerir, o comunalismo com base na identidade e nos movimentos integrados por pessoas de classes sociais mais baixas, por vezes sob a forma de tradições religiosas milenares, pode ganhar acesso à política pela mídia. Com isso, outros atores políticos são forçados a fazer o mesmo jogo (como no caso da Bolívia dos anos 1990), contribuindo para a inserção gradativa da política no espaço da mídia, muito embora isso ocorra de acordo com características específicas respeitantes às tradições culturais, situação econômica e dinâmica política da Bolívia.

Além disso, apesar da orientação comunitária do Condepa, identificamos no caso de *compadre* Palenque um série de características não destoantes das linhas mais gerais da política informacional, conforme descrito anteriormente: personalização exacerbada da liderança; simplificação das mensagens em termos dicotômicos, isto é, o bem e o mal; preeminência dos valores morais e religiosos como parâmetro para a vida pública e pessoal dos indivíduos; importância decisiva da linguagem, imagens e símbolos transmitidos pelos veículos de comunicação para efeito de mobilização e decisão política; volatilidade das preferências do público, perdido em um mundo que parece estar fugindo do controle; dificuldade de adaptar essas novas expressões políticas a categorias políticas tradicionais (a ponto de alguns analistas bolivianos referirem-se ao surgimento de uma "política informal", paralela à "economia informal" já existente);[58] e, em última análise, observamos também, entre os *compadres* e *comadres,* uma relação de dependência de sua capacidade financeira de sustentar a política da mídia, criando um círculo fechado (ou vicioso) entre o poder, a mídia e o dinheiro. Embora a "ressurreição de um *ayllu* metropolitano"[59] seja uma demonstração dos limites impostos à globalização, é pela ocupação do espaço de fluxos da mídia que as culturas tradicionais e os interesses populares reiteram seu poder. Desse modo, conseguem sobreviver, submetendo-se contudo a uma transformação, ingressando em um novo mundo de imagens e de sons, de *charangos* modulados via eletrônica, condores preservados em seu meio ambiente e o *Jach'a Uru* previsto no *script* da televisão.

A POLÍTICA INFORMACIONAL EM AÇÃO: A POLÍTICA DO ESCÂNDALO[60]

Na última década, sistemas políticos foram abalados em todo o mundo e líderes políticos tiveram sua imagem destruída, em uma sequência ininterrupta de escândalos. Em alguns casos, partidos políticos solidamente instalados no poder por cerca de meio século entraram em colapso, levando consigo na derrocada o regime político que construíram de acordo com os próprios interesses. Exemplos importantes dessa evolução incluem: os democratas cristãos italianos, que literalmente se desintegraram nos anos 1990; os democratas cristãos alemães, cujo líder respeitado, Helmut Kohl, foi forçado a renunciar após ter admitido receber financiamento ilegal em seu partido, estimulando o declínio do partido conservador depois de um longo período de hegemonia incontestei; o Partido Liberal Democrata (PLD) japonês, que sofreu um racha e perdeu o poder, pela primeira vez, em 1993, embora tenha sobrevivido politicamente, ainda governando por meio de coalizões ou em minoria; ou o Partido Congressista da Índia que, após ter conduzido a maior democracia do mundo durante 44 dos mais de 48 anos desde a independência do país, sofreu uma derrota humilhante, impingida pelos nacionalistas hindus nas eleições de 1996 em seguida a um grande escândalo envolvendo o líder do partido Narasimha Rao, aparentemente colocando um ponto final em um sistema político erigido em torno de um domínio incontesto dos sucessores de Nehru.

O presidente Clinton sobreviveu a uma tentativa deliberada de *impeachment* como consequência de suas mentiras públicas a respeito do seu caso sexual escandaloso. Seu conturbado segundo mandato abriu caminho para a eleição de George W. Bush em uma eleição ferozmente contestada, no fim das contas decidida pela Suprema Corte Americana por 5 votos a 4. À exceção das democracias escandinavas e de alguns pequenos países, não me lembro de nenhum país da América do Norte, América Latina, Europa Ocidental e Oriental, Ásia ou África, em que grandes escândalos políticos, com consequências graves, e por vezes drásticas, não tenham estourado nos últimos anos.[61]

Em alguns casos, esses escândalos dizem respeito à moral de um determinado líder (normalmente referentes a um comportamento sexual inadequado ou a problemas de alcoolismo). Contudo, na maioria das vezes, a principal questão é a corrupção política, conforme a definição de Carl Friedrich: "Sempre que uma autoridade é acusada de agir indevidamente, isto é, sempre que um funcionário ou oficial de gabinete, em troca de dinheiro ou outro tipo de compensação não permitida de acordo com a lei, é induzido a atuar em favor daquele que lhe fornece a compensação e consequentemente prejudica o bem público e seus interesses."[62] Em alguns casos, oficiais do governo simplesmente embolsaram o dinheiro, sem ao menos ter de sair do país com ele. Ou assim quiseram crer. Do presidente Roh, da Coreia do Sul, a Collor de Mello, do Brasil, e de alguns membros das Forças Armadas da Rússia, ou ainda do Congresso norte-americano, a membros de alto escalão dos governos socialistas da Espanha e da França, uma série interminável de escândalos políticos relacionados à corrupção tornou-se a atração principal do cotidiano da vida pública em todo o mundo nos anos 1990 e continuaram no século XXI.

E por quê? Será que os sistemas políticos de hoje são os mais corruptos da História? Tenho minhas dúvidas. O uso e abuso de poder em benefício pessoal constitui uma das características classificadas como "da natureza humana", se é que tal conceito realmente existe.[63] Este é precisamente um dos motivos pelos quais se inventou a democracia, que se tornou a forma de governo mais desejável, se não a ideal. Nos bastidores, nas circunstâncias em que o controle das informações é exercido pelo Estado, as elites políticas, tanto nos tempos antigos como atuais, apressaram-se em criar seus sistemas de "tributação" personalizados, incidentes sobre sujeitos e grupos de interesse, tendo como principais diferenças o grau de arbitrariedade existente dos subornos e a disfunção variável de contribuições escusas para a condução de assuntos de natureza pública. Assim, à primeira vista, as denúncias de corrupção podem ser consideradas um bom indicador de uma sociedade democrática e de liberdade de imprensa.[64]

Por exemplo, sob a ditadura de Franco a Espanha sofreu com os verdadeiros saques ao país pela camarilha do ditador, a começar pelas famosas visitas de Franco às joalherias, cujos proprietários jamais ousavam mandar a conta para Vossa Excelência. Nenhum observador sério seria capaz de afirmar que a corrupção política na Espanha foi maior durante os governos socialistas da década de 1980 do que sob o regime franquista.[65] E no entanto, se durante a ditadura a corrupção era simplesmente assunto corriqueiro em rodas de amigos fiéis, nos anos 1990 a vida política da democracia espanhola foi profundamente marcada por revelações e alegações de corrupção no governo e atos ilícitos. Além disso,

O PODER DA IDENTIDADE | 461

em países como os Estados Unidos, com longa tradição democrática e liberdade de imprensa, a incidência de divulgação da corrupção política, conforme noticiado pelos meios de comunicação, tem seus altos e baixos, sem que haja uma tendência bem definida no longo prazo, conforme evidenciado na figura 6.2 elaborada por Fackler e Lin ao longo dos últimos cem anos.[66] Há, contudo, um aumento bem mais evidente da divulgação da corrupção política na época do caso Watergate de Nixon, precisamente o acontecimento que despertou a atenção de jornalistas e políticos para a possibilidade de derrubar o mais poderoso gabinete do planeta pela obtenção e difusão de informações devastadoras.

O estudo histórico de King sobre a corrupção política na Grã-Bretanha do século XIX[67] demonstra a penetrabilidade desse fenômeno, culminando na aprovação da Lei Reformista de 1867, destinada a coibir tais práticas à medida que a democracia se consolidava. Boussiou, por sua vez, relata que em 1890 a imprensa japonesa denunciou uma fraude eleitoral generalizada na época, em que se declarava, no jornal *Asahi,* que "quem quer que compre o resultado dessas eleições estará à venda assim que for eleito".[68] Em uma análise bastante elucidativa, Barker demonstra que quando atos ilícitos cometidos por políticos não fornecem munição necessária para desaboná-los, outros tipos de comportamento (por exemplo, o sexual) transformam-se em matéria-prima para o escândalo político.[69] Assim, com base na série internacional de escândalos políticos compilada por Longman,[70] calcula-se que a proporção entre escândalos políticos oriundos de atos ilícitos e os originários de atos não ilícitos em todos os países (73:27) seja relativamente próxima à existente nos Estados Unidos e na França, mas bastante diversa do Reino Unido (41:59), de modo que o sexo e a espionagem se tornam na Grã-Bretanha o equivalente funcional da fraude e do suborno em outros países.

Desde 1995, uma ONG muito respeitada, a Transparência Internacional, elabora um índice de corrupção por país que nos permite comparar uns com os outros, bem como a evolução da corrupção (ou seja, da corrupção política) em cada um deles. Por um lado, os relatórios elaborados pela Transparência Internacional mostram a corrupção política difundida mundo afora, inclusive na maior parte das democracias ocidentais. Por outro, não há uma tendência ascendente geral que possa ser detectada no período em que os dados comparáveis foram coletados; ou seja, entre 1995 e 2002. Por exemplo, os EUA (número 16 no ranking dos menos corruptos, com Israel) permanecem estáveis; o Japão e o Reino Unido melhoraram um pouco; a Alemanha e a França se tornaram menos limpas, enquanto a Itália e a Espanha se tornaram menos sujas. Em outras palavras, não parece haver um aumento na corrupção política nem no âmbito mundial, nem em países individuais. A corrupção e a sua percepção sobem e descem como consequência de inúmeras circunstâncias relacionadas, fundamentalmente, à força das instituições públicas e ao nível do bem-estar social: não surpreende que as democracias escandinavas ainda ocupem o topo na escala de governos limpos. Por outro lado, quanto mais pobre for um país e mais fraca a legitimidade das instituições do Estado, mais alto será o risco de corrupção. A corrupção *per se* parece ser menos relevante que os escândalos (isto é, que a corrupção ou má conduta efetivamente divulgadas) e seu respectivo impacto político.[71]

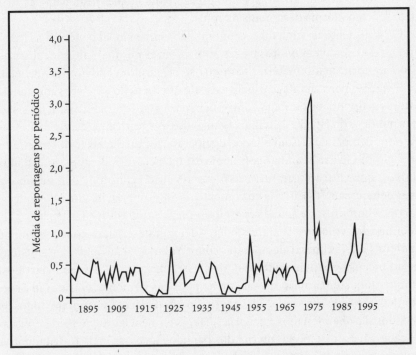

Figura 6.2. Média de reportagens sobre casos de corrupção por periódico nos EUA, 1890–1992.
Fonte: Fackler e Lin (1995).

Diante dessas circunstâncias, por que deveria haver mais corrupção justamente agora? Se é pouco provável a ideia de que a corrupção vive seu ponto alto na história, por que ela está sendo alardeada em toda a mídia, e por que motivos afeta sistemas e atores políticos dos anos 1990 de forma tão devastadora? Há uma série de fatores estruturais e tendências macropolíticas que têm enfraquecido os sistemas políticos, tornando-os mais vulneráveis à atmosfera caótica criada na opinião pública. A acirrada concorrência na política bem como a luta para influenciar a ampla faixa intermediária do espectro político do eleitorado turvaram quase por completo os tons ideológicos, pois os partidos/coalizões, uma vez asseguradas suas principais bases de apoio, fazem enormes esforços para usurpar, tanto quanto possível, os temas e as posturas políticas de seus adversários. Como consequência, passa a haver uma certa indefinição quanto às posições políticas de cada partido, como também a tendência de os cidadãos sensibilizarem-se mais com a confiabilidade dos partidos e dos candidatos do que propriamente com as opiniões professadas sobre os diferentes assuntos de interesse. A personalização da política também procura concentrar a atenção nos líderes e em seu caráter, abrindo espaço para ataques justamente às suas virtudes como forma de conquistar votos.

O surgimento de uma forte economia do crime global penetrou as instituições do Estado em muitos países, muitas vezes nos mais altos escalões do governo, fornecendo material para que se crie um escândalo e se utilizem informações para chantagear políticos, até que estes possam ser subjugados. Fatores geopolíticos também contribuem para esse processo: assim, os sistemas políticos do Japão e da Itália, organizados, respectivamente, em torno dos partidos democrata cristão e liberal democrata, foram estabelecidos na esteira da Segunda Guerra Mundial, com apoio e influência consideráveis dos Estados Unidos, que visavam garantir um posto avançado contra o comunismo em duas democracias essenciais no contexto da Guerra Fria, justamente onde os partidos comunista e socialista tinham força expressiva.[72] Os tradicionais e conhecidos vínculos de alguns líderes democrata-cristãos com a máfia,[73] e de alguns líderes liberal-democratas com a Yakuza,[74] não opuseram resistência ao incansável apoio de forças internas e internacionais a esses partidos, porquanto a substituição dessas forças políticas demonstrava ser uma manobra demasiado arriscada. No cenário do pós-Guerra Fria, porém, todos os partidos são abandonados à própria sorte, às tendências do mercado político de cada país; a disciplina interna dos partidos torna-se mais restrita, pois a concorrência política acirrada pode ser mais bem sustentada financeiramente na ausência de um inimigo externo. Guehenno sugere também que, em um mundo de Estados-Nação em declínio e compromissos ideológicos incertos, as recompensas de estar no poder não são mais distintas das oferecidas pela sociedade como um todo, isto é, em última análise, dinheiro, como principal meio de realização de projetos pessoais ou organizacionais, de usufruir dos prazeres da vida a prover o sustento da família, ou ainda contribuir para causas humanitárias.[75]

Todos esses fatores reunidos parecem contribuir para tornar os sistemas políticos vulneráveis à corrupção. Contudo, há alguma coisa a mais, algo que, em minha opinião, transforma a natureza dos sistemas políticos nas sociedades contemporâneas. Como escreve Thompson: "Escândalos são disputas sobre o poder simbólico nas quais reputação e confiança estão em jogo"; além disso, na era da informação, o poder simbólico — ou seja, a capacidade de moldar as mentes das pessoas — é a fonte fundamental de poder.[76] *Afirmo que a política do escândalo é uma das opções entre as armas para embates e competições no campo da política informacional.* Tal argumentação pode ser sustentada nos seguintes termos. A política tem sido, de maneira geral, inserida no espaço da mídia. A mídia vem se tornando mais poderosa do que nunca, do ponto de vista tecnológico, financeiro e político. Seu alcance global, bem como a formação de redes, permite que os meios de comunicação escapem de controles políticos restritos. Sua capacidade de realizar reportagens investigativas e sua relativa autonomia em relação ao poder político, transformam os veículos de comunicação na principal fonte de informações e de formação de opinião para a sociedade em geral. Para atingir a sociedade, partidos e candidatos precisam agir pela mídia. Não que a mídia seja o Quarto Poder: é, na verdade, o campo de batalha pelo poder. A política da mídia é uma atividade cada vez mais dispendiosa, encarecida ainda mais pela parafernália da política informacional: realização de pesquisas, publicidade, marketing, análises, construção de imagem e processamento de informações. Os atuais sistemas institucionais de captação de recursos adotados na política não dão conta do recado. Os atores políticos estão com problemas crônicos de caixa de campanha, e a diferença entre as despesas e as contribuições aos partidos permitidas por lei tem aumentado em escala exponencial, e continua a aumentar.[77] Portanto, após esgotar todos os meios legais, contribuições pessoais e transações comerciais, os partidos e os políticos normalmente recorrem à única fonte real de recursos: contribuições "por debaixo do pano" de empresários e grupos de interesse, obviamente em troca de futuras medidas governamentais a favor desses interesses.[78] *Essa é a matriz da corrupção política sistêmica, a partir da qual se desenvolve uma rede oculta de empresários e intermediários.*

Uma vez generalizada a corrupção, e depois de um pequeno grupo de pessoas darem sua parcela de contribuição aos canais de recursos de campanha, todos os envolvidos na política e na mídia sabem (ou pensam que sabem) que, se fizerem um exame mais minucioso, ou demorado, informações capazes de desabonar imagens podem ser encontradas praticamente em qualquer pessoa. Assim, começa a caça a tais informações por assessores políticos que se municiam de armas de ataque ou defesa; por jornalistas, no cumprimento de sua função de repórteres investigadores, em busca de material para conquistar maior audiência e aumentar as vendas; pelos *freelancers* e foras da lei, procurando informações que possam ser utilizadas para potenciais chantagens, ou vendidas a quem possa interessar. De fato, a maior parte da publicidade negativa divulgada pela mídia resulta de informações que vazam das próprias fontes políticas, ou de interesses corporativos associados.

Uma vez estabelecido o mercado de informações políticas destrutivas, se não há quantidade suficiente de evidências claras, então podem aparecer alegações, insinuações e mesmo invenções, dependendo, naturalmente, da ética individual dos políticos, jornalistas e da mídia. A estratégia adotada pela política do escândalo não visa necessariamente a um único e decisivo golpe na base de um escândalo. Em vez disso, reflete o fluxo ininterrupto de diversos escândalos de diferentes tipos, e com diversos níveis de probabilidade, desde informações fidedignas acerca de um pequeno incidente a alegações altamente comprometedoras sobre uma questão de grande importância, que tecem a teia em que as ambições políticas são estranguladas e os sonhos políticos, subjugados — a não ser que se faça um acordo, e a informação seja reabsorvida pelo sistema. O que vale é o impacto final sobre a opinião pública, a partir do acúmulo de diversas visões.[79] Como diz o velho ditado russo: "Não consigo me lembrar se ela roubou um casaco ou se um casaco lhe foi roubado."

O estágio superior da política do escândalo é o inquérito judicial ou parlamentar, que resulta em indiciamentos e, com frequência cada vez maior, à prisão de líderes políticos.[80] Juízes, promotores e membros de comissões de inquérito entram em uma relação de simbiose com a mídia. Protegem-na (assegurando a independência dos veículos de comunicação) e ao mesmo tempo a alimentam com "vazamentos" de informações, cuidadosamente calculados. Em troca, são protegidos pela mídia, tornam-se heróis e, às vezes, políticos bem-sucedidos apoiados pelos meios de comunicação. Juntos, lutam pela democracia e por um governo transparente, controlam os excessos dos políticos e, em última análise, arrebatam o poder do processo político, disseminando-o à sociedade. Ao fazê-lo, podem também tirar a legitimidade de partidos, dos políticos, da política e até mesmo da democracia em sua versão atual.[81]

A política do escândalo, do modo como tem sido praticada nos anos 1990 contra o partido socialista espanhol, fornece um exemplo interessante dessa análise. Depois da vitória socialista nas eleições gerais da Espanha em 1989 (a terceira consecutiva), uma coalizão de bastidores formada por determinados grupos de interesse decidiu que era hora de colocar à prova a incontestável hegemonia dos socialistas na vida política da Espanha, hegemonia esta que, de acordo com os prognósticos, poderia perdurar até o século XXI.[82] Arquivos políticos bombásticos foram vazados, descobertos, manipulados ou inventados, e publicados pela imprensa. Devido à autocensura dos principais jornais espanhóis (*El Pais, El Periodico, La Vanguardia*), a maior parte dos potenciais "escândalos" antissocialistas foi publicada pela primeira vez no *El Mundo*, um jornal de alto nível profissional fundado em 1990. A partir daí, tabloides semanais e apresentadores de programas de rádio (principalmente da estação de rádio pertencente à Igreja Católica) bombardearam a audiência até que os demais meios de comunicação, inclusive a televisão, também transformaram essas informações em notícia. Os escândalos começaram a ser revelados em janeiro de 1990, com informações sobre o irmão do então vice-presidente que estaria supostamente vendendo sua influência política a vários empresários. A despeito do fato de que os deslizes desse corrupto de importância menor não representavam muita coisa, e de os tribunais terem livrado o vice-presidente de qualquer impropriedade, o "caso" circulou nas manchetes da imprensa espanhola por quase dois anos, o que acabou levando à renúncia do vice-presidente, o influente "segundo homem" do partido socialista, que se recusou a condenar publicamente seu irmão.

Tão logo o escândalo começou a esfriar, iniciou-se uma nova campanha, dessa vez concentrada nos recursos obtidos ilegalmente pelo partido, após um dos tesoureiros ter-se afastado do cargo e prestado declarações à imprensa, aparentemente por motivos de vingança pessoal. Abriu-se um inquérito judicial, culminando no indiciamento de alguns líderes socialistas. No momento em que, apesar de todas essas acusações, o partido socialista ainda detinha número suficiente de cadeiras para formar um governo nas eleições de 1993, acelerou-se o *ritmo* da política do escândalo e das ações nos tribunais: levantaram-se suspeitas de fraude, jogo de influências e sonegação fiscal que teriam sido cometidas pelo superintendente do Banco da Espanha; o primeiro diretor civil da lendária Guarda Civil Espanhola foi apanhado em flagrante pedindo suborno, fugiu do país, foi preso em Bangcoc e enviado a uma prisão na Espanha, em uma sequência de acontecimentos situada entre o aventureiro e o burlesco; em um caso mais grave, um oficial ressentido da inteligência militar espanhola "vazou" documentos que comprovavam a existência de "escuta" das conversas de líderes espanhóis, inclusive o rei; e ainda, para completar o desmoronamento da moral pública, ex-agentes especiais da polícia espanhola que, presos por terem sido responsáveis por assassinatos na "guerra suja" declarada durante a década de 1980 contra terroristas bascos (emulando a tática adotada por Thatcher contra o IRA), viraram a casaca, ficando contra o governo, e envolveram na conspiração o próprio ministro do Interior e várias autoridades governamentais do alto escalão. Um papel fundamental nesse processo político foi o exercido pelos juízes espanhóis, que envidaram todos os esforços possíveis para concretizar qualquer possibilidade, por mínima que fosse, para causar constrangimentos ao partido socialista. Felipe González, então, executou o que foi considerada uma manobra brilhante: recrutou o mais famoso desses zelosos juízes como membro independente da legenda do partido socialista nas eleições de 1993, indicando-o para assumir um alto posto no Ministério da Justiça. Foi um desastre: seja porque o posto não tenha sido suficientemente elevado (versão socialista), seja porque o juiz tenha ficado desapontado com o que viu (sua própria versão), o magistrado deixou o governo, passando a abraçar de vez uma militância implacável contra qualquer deslize que viesse a ser cometido pelos mais altos escalões do governo socialista. Após a abertura de inquéritos parlamentares e judiciais, alguns deles resultando em indiciamentos, outros desaparecendo em virtude da falta de provas concretas, os escândalos políticos viraram manchetes diárias dos jornais espanhóis por cerca de cinco anos, o que literalmente paralisou a ação do governo, destruiu uma série de personalidades políticas e do mundo dos negócios e abalou a mais poderosa força política da Espanha. Os socialistas acabaram sendo derrotados em 1996 e novamente em 2000.

De que forma e por quais motivos ocorreu tamanha onda antissocialista articulada pelo poder judiciário e pela mídia na Espanha são questões complexas cujas respostas ainda não foram levadas a público. Por que e de que maneira essa barreira antissocialista judicial/midiática se estabeleceu na Espanha é uma questão complexa que não foi completamente trazida a público até agora, embora alguns dos participantes na conspiração tenham declarado publicamente que ela de fato ocorreu. De qualquer maneira, houve uma combinação de diversos fatores que acabaram por fortalecer-se mutuamente: o levantamento ilegal de recursos pelo partido socialista, que envolveu vários membros da liderança partidária na formação de uma rede de negócios escusos; corrupção e ações ilícitas de diversos membros de altos postos do governo socialista, e de muitos líderes locais do partido; a revolta de certos grupos contra o governo (alguns homens de negócio de destaque, inclusive um magnata do mercado financeiro expropriado pelos socialistas; algumas forças ultraconservadoras; provavelmente alguns membros da ala integrista da Igreja Católica; certos grupos de interesses específicos; jornalistas descontentes que se sentiam marginalizados pelo poder socialista); as lutas internas do partido socialista, em que informações eram "vazadas" por diversos líderes, uns contra os outros, para abalar a credibilidade dos adversários aos olhos de Felipe González, líder absoluto acima desses conflitos; a luta entre dois grandes grupos financeiros, um dos quais representante da tradicional elite financeira espanhola, simpatizante da equipe econômica do governo socialista, o outro organizado em torno de um elemento externo que tentava fazer incursões ao sistema e estabelecer alianças com algumas facções socialistas contra outras do próprio partido; uma batalha entre grupos da mídia, disputando cabeça a cabeça o controle do novo sistema de comunicações da Espanha; vinganças pessoais, como a do editor do mais militante jornal antissocialista, convencido de que perdera o emprego em decorrência de pressões do governo; e uma opinião mais complexa e difusa no mundo da mídia, bem como nas demais esferas da vida política na Espanha, segundo a qual a hegemonia dos socialistas era excessiva, e a arrogância de alguns líderes socialistas intolerável, de modo que elites sociais bem informadas foram impelidas a reagir e colocar à mostra a verdadeira face dos socialistas a um eleitorado que, em sua maioria, foi fiel ao partido durante quatro eleições consecutivas.

Assim, em última análise, e independentemente de motivação pessoal ou interesses empresariais específicos, a mídia reiterou seu poder coletivamente e, aliada ao poder judiciário, certificou-se de que a classe política espanhola, inclusive os conservadores (Partido Popular), havia aprendido a lição para o futuro. Embora seja inegável a existência de um comportamento ilícito e um nível significativo de corrupção no governo e partido socialistas, o que realmente importa para efeito de análise é a utilização da política do escândalo na mídia e pela mídia como uma das principais armas dos atores políticos, interesses empresariais e grupos sociais no combate mútuo entre eles. Com isso, transformaram para sempre a política espanhola, tornando-a dependente da mídia. A principal lição aprendida pelo vitorioso partido conservador foi que o controle da mídia era crucial para a manutenção do poder. Dessa forma, o governo Aznar, de 1996–2004, além de controlar as redes de televisão pertencentes ao governo, usou a companhia telefônica para comprar uma das duas redes de televisão privadas, assim conquistando influência decisiva sobre a outra. Essa prática também envolveu colocar jornalistas proeminentes independentes na lista negra, a fim de garantir que eles não tivessem acesso às redes de TV; desse modo, gerou pressão legal e financeira incessante para influenciar os grupos de mídia que não estavam sob seu domínio. Em um país em que as pesquisas de opinião mostram que o eleitorado está situado em um espectro político de centro-esquerda, as políticas de mídia passaram a ser o meio essencial para manutenção dos conservadores no poder.

Uma das características essenciais da política do escândalo é que todos os atores políticos que a praticam acabam caindo na armadilha do sistema, não raro invertendo papéis: o caçador de hoje é a caça de amanhã. Um desses casos que merece destaque é a aventura política de Berlusconi na Itália: os fatos são conhecidos: ele colocou suas três redes privadas de TV a serviço de uma campanha devastadora contra o corrupto sistema político italiano.[83] Em seguida, em apenas três meses, criou um "partido" *ad hoc (Forza Italia!,* batizado em função do grito de guerra dos torcedores da seleção italiana de futebol) e, aliado ao partido neofascista e à Liga Lombarda, venceu as eleições gerais de 1994 e tornou-se primeiro-ministro. O controle do governo, em tese, assegurou-lhe autoridade sobre as três outras redes de TV, de controle estatal. Contudo, a autonomia da mídia e dos jornalistas foi amplamente defendida. A despeito da presença ostensiva de Berlusconi nos meios de comunicação (jornais, revistas e televisão), tão logo se tornou primeiro--ministro, o poder judiciário e a mídia, novamente juntos, lançaram um ataque generalizado sobre as fraudes financeiras e esquemas de suborno do premiê italiano, prejudicando seus negócios e levando alguns de seus associados aos tribunais, indiciando o próprio Berlusconi e, por fim, maculando sua imagem a ponto de o Parlamento derrubar seu governo. Então, em 1996, o eleitorado rejeitou Berlusconi, dando seu voto à coalizão de centro-esquerda, *Il Ulivo,* cujo principal integrante, o ex-comunista, atual socialista, Partito Democratico della Sinistra, não houvera ainda sido membro do governo nacional, logrando assim salvar a reputação do partido. No entanto, o império midiático de Berlusconi foi outra vez fundamental ao aproveitar a oportunidade dada pelos rachas e disputas entre a esquerda italiana. Ele serviu também para levar *il Cavaliere* novamente ao governo, aliado ao ex-partido fascista e xenófobo, a Liga Norte, em 2001. Berlusconi, então, usou seu controle sobre o parlamento ao tentar subjugar os dois bastiões da independência da sociedade civil: o judiciário e a mídia. Entretanto, no momento em que escrevo, em 2003, Berlusconi está outra vez no meio de um processo judicial, tendo um de seus principais colaboradores sido acusado de subornar juízes, e estando ele próprio sob suspeita de operações ilegais. Assim segue essa moderna versão da *commedia dell'arte.*

Talvez a maior lição extraída de tais desdobramentos na política italiana seja que uma influência esmagadora da iniciativa privada na mídia não é sinônimo de controle político na política informacional. O sistema da mídia, com suas relações de simbiose com as instituições judiciárias e de promotoria existentes no governo democrático, estabelece o próprio passo, recebendo sinais de todo o espectro do sistema político para transformá-lo em artigos de venda e influência, independentemente da origem ou destino dos respectivos efeitos políticos. Mas, nessa relação complexa, as forças políticas também têm suas cartas na manga: agir sobre a mídia por meio legais e construir a própria defesa contra o judiciário a partir da manipulação do sistema legal (votando pela própria imunidade). Desse modo, os políticos tentam reestabelecer sua perda de autonomia *vis-à-vis* aos mecanismos de poder simbólico. Eles só podem fazer isso reduzindo a autonomia da mídia em relação ao Estado, provocando, assim, sua falta de credibilidade e, em última análise, convidando a sociedade a encontrar formas alternativas de expressão e de comunicação como, por exemplo, a internet.

O sistema político passa a ser engolfado pelo fluxo turbulento e ininterrupto das reportagens, vazamentos de informações e escândalos divulgados pelos meios de comunicação. Sem sombra de dúvida, alguns dos mais ousados estrategistas políticos tentam domar a fera, enfronhando-se no segmento da mídia, mediante o estabelecimento de alianças, alvos e períodos mais adequados para ataques políticos. Foi justamente essa a tentativa de Berlusconi. Seu destino foi semelhante ao dos especuladores do mercado financeiro que fingiam saber o curso da navegação nas águas imprevisíveis dos mercados financeiros globais. Na política do escândalo, como também em outros domínios da sociedade em rede, o poder dos fluxos supera os fluxos do poder.

A CRISE DA DEMOCRACIA

Consideremos em conjunto as linhas de argumentação apontadas até aqui referentes à transformação do Estado-Nação e do processo político nas sociedades contemporâneas. Uma vez unidas sob uma perspectiva histórica, essas linhas revelam a crise da democracia exatamente como a conhecemos no século passado.[84]

O Estado-Nação, responsável por definir o domínio, os procedimentos e o objeto da cidadania, perdeu boa parte de sua soberania, abalada pela dinâmica dos fluxos globais e das redes de riqueza, informação e poder transorganizacionais. Um componente essencial dessa crise de legitimidade consiste na incapacidade de o Estado cumprir com seus compromissos como Estado do bem-estar social, dada a integração da produção e do consumo em um sistema globalmente interdependente, e os respectivos processos de reestruturação do capitalismo. De fato, o Estado do bem-estar social, em suas diferentes manifestações, condicionadas à história de cada sociedade, constituiu uma das principais fontes de legitimidade política na reconstituição das instituições governamentais após a Grande Depressão dos anos 1930 e a Segunda Guerra Mundial.[85] A rejeição do keynesianismo e o declínio do movimento trabalhista podem agravar o processo de perda da soberania do Estado-Nação em virtude do enfraquecimento de sua legitimidade.

A (re)construção de significado político com base em identidades específicas contesta o próprio conceito de cidadania. A única opção que restou ao Estado foi transferir sua legitimidade, anteriormente fundada na representação da vontade do povo e na garantia do bem-estar social, para a defesa de uma identidade coletiva a partir de sua identificação com o comunalismo mediante a exclusão de outros valores e identidades de grupos minoritários. É essa a verdadeira fonte de origem de Estados fundamentalistas justificados pelo nacionalismo, etnia, território ou religião, que parecem surgir das crises de legitimidade política existentes nos dias de hoje. Defendo a ideia de que tais Estados não poderão, e efetivamente não irão, sustentar a democracia (isto é, a democracia liberal), pelo fato de que os princípios básicos de representação entre os dois sistemas (cidadania nacional, identidade única) são essencialmente contraditórios.

À crise de legitimidade do Estado-Nação acrescente-se a falta de credibilidade do sistema político, fundamentado na concorrência aberta entre partidos. Capturado na arena da mídia, reduzido a lideranças personalizadas, dependente de sofisticados recursos de manipulação tecnológica, induzido a práticas ilícitas para obtenção de fundos de campanha, conduzido pela política do escândalo, o sistema partidário vem perdendo seu apelo e confiabilidade e, para todos os efeitos, é considerado um resquício burocrático destituído de fé pública.[86]

Como resultado desses três processos convergentes e interativos, a opinião pública, juntamente com as expressões individuais e coletivas dos cidadãos, demonstra profunda e crescente rejeição aos partidos, aos políticos e à política profissional. Assim, nos Estados Unidos, de acordo com uma pesquisa realizada em setembro de 1994 pelo *Times Mirror Center,* "Em milhares de entrevistas com eleitores norte-americanos em meados de 1994, não é possível identificar nenhuma tendência bem definida no pensamento político do povo a não ser a frustração com o sistema atual e uma enorme receptividade a soluções e apelos políticos alternativos".[87] Em 1994, 82% dos entrevistados em uma pesquisa nacional não acreditavam que o governo representasse seus interesses (contra 72% em 1980), e 72% consideravam que na verdade o governo defendia grupos de interesse (sendo que 68% identificaram tais grupos como de interesses empresariais): nessa mesma linha, pesquisa realizada em 1995 revelou que 68% dos entrevistados diziam não haver muitas diferenças entre republicanos e democratas, e 82% desejavam que um novo partido pudesse ser criado.[88] Em 1998, 39% das pessoas na Califórnia, e nos Estados Unidos como um todo, achavam que "bastante gente no governo é desonesta", e 70% na Califórnia e 63% nos EUA acreditavam que "o governo é administrado por alguns grandes interesseiros". Algo como 54% das pessoas na Califórnia e 60% nos EUA concordavam com a afirmação de que "funcionários públicos não ligam para o que pessoas como eu pensam".[89]

Examinemos comparativamente algumas pesquisas de opinião política da década passada. A World Values Survey, conduzida pelo Instituto de Pesquisa Social da Universidade de Michigan, sob direção de Ronald Inglehart, é uma das melhores fontes para analisar a opinião política mundialmente.[90] Usando esses e outros dados, elaboramos as figuras 6.3 a 6.5, que mostra o nível e a evolução das atitudes públicas em relação ao governo e ao sistema político de países selecionados. Em todos esses países, mais de dois terços dos cidadãos têm pouca ou nenhuma confiança nos partidos políticos. A figura 6.5 mostra as respostas à questão clássica das pesquisas políticas: a proporção de cidadãos que pensa que "seu país é administrado por alguns grandes interesseiros que só cuidam de si mesmos". De 1997 a 2000, em todos os países considerados, mais de 53% das pessoas entrevistadas tinham essa opinião; nos Estados Unidos, 63,2%, e na Finlândia, frequentemente considerada um modelo de democracia, 72,5%.

Outras pesquisas, conduzidas em âmbito mundial, encontram tendências similares de insatisfação política. Em 1999, a Gallup International Millennium Survey, conduzida pela Assembleia do Milênio das Nações Unidas, descobriu que 62,1% das 57 mil pessoas entrevistadas em sessenta países acreditavam que seus países não eram governados pela vontade do povo. Quando solicitados a selecionar um termo que melhor descrevesse sua percepção do governo, as principais escolhas eram "corrupto" e "burocrático". A pesquisa alega representar os pontos de vista de 1,25 bilhão de pessoas (ver figura 6.6).[91]

Em 2002, a empresa Gallup conduziu uma pesquisa similar, dessa vez encomendada pelo Fórum Econômico Mundial, que foi feita com 36 mil pessoas de 47 países e seis continentes, considerada representativa de 1,4 bilhão de cidadãos. Novamente, mais de dois terços dos cidadãos acreditavam que seus países não eram governados pela vontade do povo; essa era a opinião de 52% dos cidadãos na América do Norte e de 61% dos cidadãos na União Europeia (ver figura 6.7). A mesma pesquisa identificou pouca ou nenhuma confiança na capacidade do parlamento em agir no melhor interesse da sociedade por parte de 51% dos cidadãos do mundo todo, sendo esse ponto de vista sustentado por 59% das pessoas na União Europeia. Entretanto, nesse quesito, a América do Norte se posicionou melhor, com apenas 22% dos cidadãos expressando essa visão.

Quando perguntados sobre as instituições aptas a agir no melhor interesse da sociedade, forças armadas, ONGs, instituições educacionais, Nações Unidas, instituições religiosas, polícia e instituições de saúde vêm no topo, desfrutando da confiança da maior parte dos cidadãos. Enquanto, por outro lado, empresas e parlamentos globais têm a confiança da minoria dos cidadãos, com os governos no meio da escala de confiança (ver figura 6.8).[92]

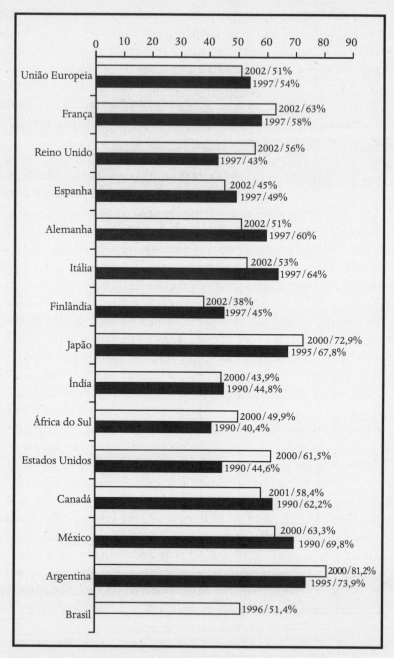

Figura 6.3. Porcentagem de cidadãos que expressam pouca ou nenhuma confiança no governo de seus países (ano e porcentagem indicados na figura).
Fonte: Nevitte (2003: 387–412); *Eurobarometer* 1997 e 2002 (França, Reino Unido, Espanha, Alemanha, Itália e Finlândia), elaborado por Esteve Ollé.

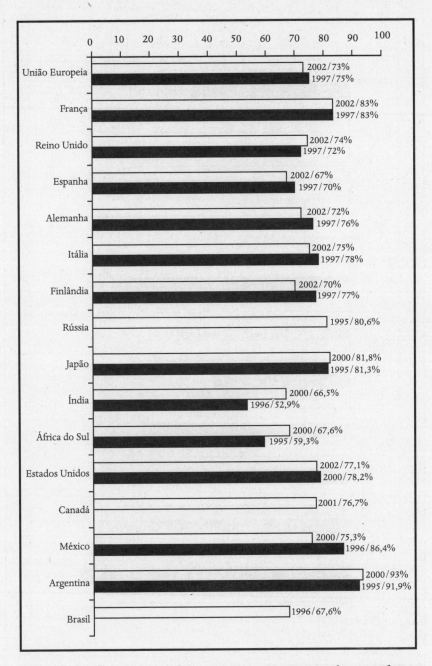

Figura 6.4. Porcentagem de cidadãos que expressam pouca ou nenhuma confiança nos partidos políticos de seus países (ano e porcentagem indicados na figura).
Fonte: Nevitte (2003: 387–412); *Eurobarometer* 1997 e 2002 (França, Reino Unido, Espanha, Alemanha, Itália e Finlândia), elaborado por Esteve Ollé.

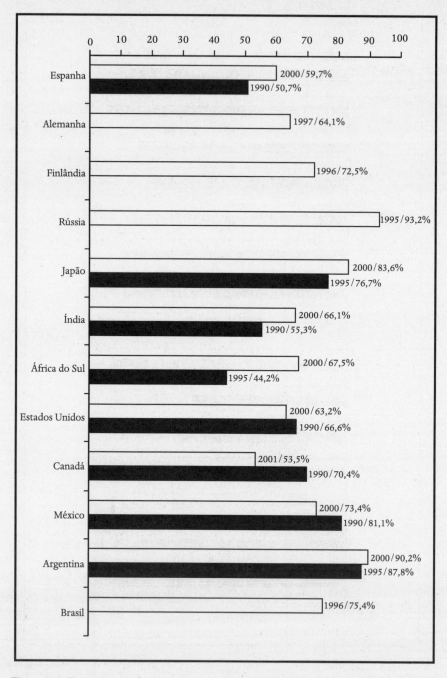

Figura 6.5. Porcentagem de pessoas que expressam a opinião de que seu país é dirigido por grandes interesses privados (ano e porcentagem indicados na figura).
Fonte: Nevitte (2003: 387–412); Elaborado por Esteve Ollé.

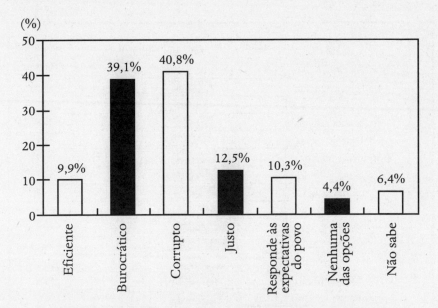

Figura 6.6. Percepção do governo por cidadãos de 60 países (1999).
Fonte: Gallup International Millennium Survey (1999), compilado por Esteve Ollé.

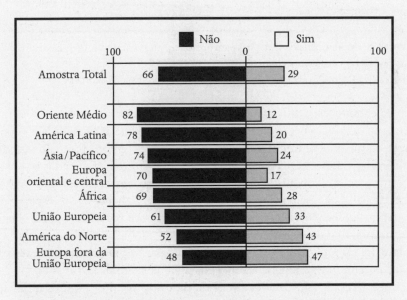

Figura 6.7. Porcentagem de cidadãos em 47 países que acreditam que seu país é governado pela vontade do povo (2002).
Fonte: Gallup International Millennium Survey (1999), compilado por Esteve Ollé.

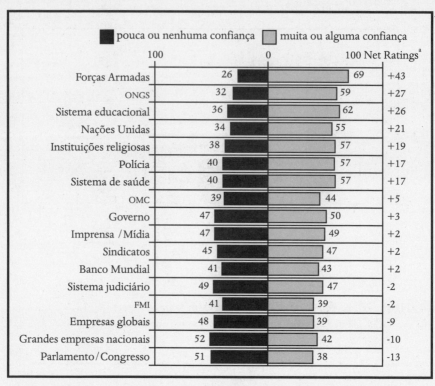

Figura 6.8. Confiança nas instituições para operar segundo o interesse da sociedade (2002).
[a] Net rating = % de confiança menos % de desconfiança.
Fonte: Gallup International Millennium Survey (2002), compilado por Esteve Ollé.

No entanto, esse ceticismo em relação aos principais partidos e à política de modo geral não necessariamente implica dizer que as pessoas não votam mais, ou que não se importam com a democracia. Em boa parte do mundo, vale lembrar que se chegou à democracia há pouco, após tremendos esforços, em um processo conquistado com sangue, suor e lágrimas, de forma que as pessoas não estão nem um pouco interessadas em abandonar as esperanças no regime democrático. Na verdade, quando o povo percebe a oportunidade de participar de uma ação política importante, mobiliza-se com entusiasmo, como, por exemplo, durante a eleição de Lula para a presidência do Brasil em 2002. Mesmo nas democracias mais tradicionais, em que os resultados das eleições livres têm sido praticados há mais de dois séculos (exceto para metade da população, isto é, as mulheres), a participação política tem seus altos e baixos. As pessoas não vão às urnas com muita frequência nos Estados Unidos (51,2% nas eleições presidenciais de 2000, 49% em 1996, 54% em 1992, 51% em 1984 comparados a 68% em 1968), mas os índices de participação mantêm-se sempre elevados (entre 65% e 80%) na França, Itália, Espanha, Alemanha até 2002 e na maioria dos países europeus (tabela 6.4). Contudo, os europeus não confiam em seus políticos mais que o fazem os norte-americanos em seu país.[93] Parece apropriado atribuir a excepcionalidade norte-americana antes ao individualismo que ao desinteresse pela política.[94]

Tabela 6.4
Índice de comparecimento nas eleições nacionais:
números recentes comparados às décadas de 1970 e 1980 (%).

| | Anos 1970-1980 | | Anos 1990 | | |
	Média da participação dos eleitores	Extensão da participação dos eleitores	1990 (1ª eleição)	1990 (2ª eleição)	Anos 2000
Alemanha	88,6	84,3–91,1	79,1 (1994)	80,2 (1998)	79,1 (2002)
Espanha	73,9	70,6–77	77,3 (1993)	86 (1994)	68,7 (2000)
Estados Unidos	55,2	52,8–57,1	55,9 (1992)	49 (1996)	51,2 (2000)
França (1ª votação)	82,2	81,1–84,2	78,4 (1995)	71,4 (1997)	71,6 (2002)
Itália	91,4	89 –93,2	86,4 (1992)	82,7 (1996)	81,2 (2001)
Japão	71,2	67,9–74,6	67,3 (1993)	59,6 (1996)	62,5 (2000)
Reino Unido	74,8	72,2–78,9	75,8 (1992)	77,4 (1996)	59,2 (2001)

Nota: Dados das eleições presidenciais nos Estado Unidos e na França; todos os outros dados são da Câmara Baixa do Parlamento. O voto na Itália é obrigatório.
Fontes: Anos 1970 e 1980: *The International Almanac of Electoral History* (3ª edição revista, Thomas T. Mackie e Richard Rose, Washington, D.C.: Macmillan Press, 1991); eleições recentes: *The Statesman's Yearbook 1994 – 1995, 1995 – 1996* e *1997 – 1998, 2003* (Barry Turner ed., Londres: Macmillan, 1998, 2002); *The Societies of Europe: Elections in Western Europe since 1815* (Daniele Camarani, Londres: Macmillan, 2000); www.elysee.fr (Présidence de la République Official website, França). Organizado por Sandra Moog e Esteve Ollé.

Não obstante, podem-se identificar manifestações de crescente alienação política em todo o mundo, à medida que as pessoas percebem a incapacidade de o Estado solucionar seus problemas, e vivenciam o instrumentalismo cínico praticado por políticos profissionais. Uma dessas manifestações é o apoio cada vez maior a uma série de forças "terceiras", ou a partidos regionais, pois, na maioria dos sistemas políticos, a batalha final para se chegar ao poder executivo

O PODER DA IDENTIDADE | 479

nacional é travada entre dois candidatos, representantes de grandes coalizões. Portanto, votar em um terceiro candidato passa a ser um voto de protesto contra o sistema político como um todo, e talvez uma tentativa de ajudar a construir uma alternativa diferente, muitas vezes em bases locais ou regionais. Esteve Ollé, Sandra Moog e eu elaboramos um demonstrativo do índice de votação dos principais partidos de algumas das maiores democracias do mundo em diferentes continentes, avaliando a evolução de cada um deles durante as décadas de 1980 e 1990 e 2002.[95]

Conforme mostrado na Figura 6.9, a tendência geral parece confirmar a queda na proporção de votos em favor dos partidos dominantes até meados da década de 1990. Entretanto, sistemas políticos são sistemas vivos: quando confrontados com uma crise, eles se reconfiguram para aumentar sua capacidade de absorver as pressões dos cidadãos. Foi o que aconteceu nas democracias analisadas aqui. Na Itália, em 1994, o velho sistema político, dominado pela Democracia Cristã e suas alianças, desmoronou, ao perder sua legitimidade por causa de corrupção, clientelismo e ineficiência. Conforme discutido anteriormente, Berlusconi, empreendedor político e magnata das comunicações, construiu uma coalizão política diferente, venceu as eleições no curto prazo, e criou uma nova base de poder para os grupos de interesse dominantes no longo prazo. Logo, sua coalizão era considerada estranha antes das eleições de 1994, mas se tornou um ator político prevalente dali em diante. Na Alemanha, a queda do voto tradicional abriu caminho em direção ao governo para a principal expressão da ameaça política na sociedade, o partido Os Verdes. Assim, após sua entrada no governo ao fim das eleições de 1998, partidos dominantes (inclusive, agora, o recém-respeitável Os Verdes) reverteram a tendência de queda. O Japão, onde o longo domínio pelo Partido Liberal Democrata entrou numa crise catastrófica em 1993, também teve sucesso em reinventar uma coalizão conservadora, ao reunir vários dissidentes do antigo PLD, todos com nova roupagem, novo discurso e alguns novos líderes. Na Espanha, a queda do domínio socialista foi compensada pela capacidade do partido Conservador em absorver inúmeros partidos conservadores regionais. Isso, combinado com a mobilização do eleitorado contra a clara corrupção dos socialistas, além da abstenção de uma boa quantidade de eleitores socialistas, aumentou a porcentagem de votos em favor dos partidos dominantes, embora tenha ficado ainda abaixo da de 1982. Nos EUA, o fenômeno da saída de Ross Perot trouxe o sistema de volta ao seu normal — ou seja, ao forte controle bipartidário da política nacional — ao preço de um baixo nível de participação eleitoral. O Reino Unido, sistema político também fechado institucionalmente num monopólio de poder bipartidário, teve uma pequena queda no voto em favor dos partidos dominantes, indo de 95,4% em 1983 para 90,7% em 2001. A França, por outro lado, fracassou em incorporar o voto anti-institucional à política dominante, apesar da aliança governamental liderada pelos socialistas com os comunistas e com os verdes. Como resultado, o voto de protesto nas eleições presidenciais de 2002 colocou o candidato fascista na segunda posição no primeiro turno, dado que a esquerda se desintegrou e a tendência no sentido da rejeição aos partidos dominantes alcançou o nível de 45% dos eleitores, que escolheram candidatos de fora do sistema.

Resumidamente, nós percebemos uma tendência de descontentamento em relação aos partidos dominantes que leva a uma crise política no sistema de integração institucional, apesar dos mecanismos internos para manter o sistema sob o controle dos partidos institucionalizados. Quando esses controles não funcionam mais, o sistema se abre a novos componentes, canalizando, assim, a pressão política. Entretanto, a cada reconfiguração, o risco de descontentamento aumenta caso os protestos que iniciaram a crise não sejam considerados. Quando e se os cidadãos se sentem frustrados, eles se voltam para formas não institucionais de política. Isso é o que a importante análise comparativa de Inglehart e Catterberg mostra. Usando dados da World Values Survey, eles mensuraram os indicadores empíricos das principais medidas desafiadoras, fora do sistema institucional, mostrando seu aumento na última década em dezessete democracias estabelecidas.[96] Nas novas democracias, na América Latina ou no Leste Europeu, após a mudança de regime, e tendo as pessoas experimentado a democracia, houve uma queda da ação política durante os anos que se seguiram imediatamente a essa mudança, estimulando o que eles chamam de crise pós-lua de mel ao apoio democrático.

Essas observações apontam para uma conclusão geral: há, mundialmente, uma tensão crescente entre participação política, demandas sociais e capacidade de resposta das instituições democráticas. As expressões concretas dessa tensão variam em cada país, dependendo do nível de desenvolvimento, das instituições políticas e do seu ciclo político. Além disso, a tendência geral é a erosão da capacidade do sistema político-democrático em processar as demandas sociais e avaliar as mudanças. Embora a maior parte das pessoas não veja alternativa à democracia como sistema de governo, uma crescente maioria de cidadãos não sente que a democracia vá ajudá-los muito a resolver as questões que os afligem cotidianamente.

Como consequência desses desdobramentos, nós não testemunhamos, em termos gerais, a retirada das pessoas da cena política, mas a penetração do sistema político por parte de políticos simbólicos, mobilizações de pauta única, localismo, políticas de referendo e, acima de tudo, apoio específico a lideranças individualizadas. Com os partidos políticos desaparecendo, os salvadores entram em cena. Isso introduz imprevisibilidade sistêmica. Pode acabar sendo a regeneração da política, como se pretendeu no Brasil sob o governo Lula em 2003. Ou pode acabar em uma explosão demagógica, desintegrando as institui-

O PODER DA IDENTIDADE | 481

ções políticas, comprometendo a estabilidade mundial ou encetando um novo ataque à razão. Ou, ainda, pode favorecer o retorno de um Estado democrático autoritário que se aproveite da oportunidade de insegurança global para se impor como o último reduto de segurança, assim como algumas tendências parecem indicar ser o caso dos Estados Unidos em 2003.

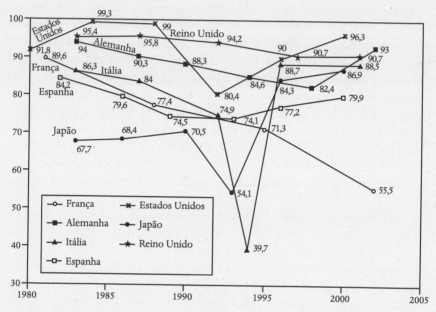

Figura 6.9. Índice de apoio aos principais partidos durante as eleições nacionais, 1980–2002 (os números para os EUA e França referem-se às eleições presidenciais; os demais referem-se à câmara baixa do Parlamento).
Fonte: Veja o Apêndice Metodológico para figura e fontes compiladas e elaboradas por Esteve Ollé.

Seja qual for o futuro, o que a observação do presente parece indicar é que, sob diversas formas, e por uma série de processos que abordei neste capítulo e nos anteriores, temos testemunhado a fragmentação do Estado, a imprevisibilidade do sistema político e a singularização da política. É provável que a liberdade política ainda possa existir, uma vez que as pessoas continuarão a lutar por ela. No entanto, a democracia política, nos moldes das revoluções liberais do século XVIII e do modo como foi difundida em todo o mundo no século XX, transformou-se num vazio. Não que tenha sido apenas uma "democracia formal": a democracia vive justamente com base nessas "formas", tais como o sufrágio universal e secreto e o respeito às liberdades civis.[97] Porém, as novas condições institucionais, culturais e tecnológicas do exercício democrático tornaram obsoletos o sistema partidário existente e o atual regime de concorrência política como mecanismos adequados de representatividade política na sociedade em rede. As pessoas sabem disso e sentem isso, contudo também sabem, em sua memória coletiva, o quão importante é evitar que tiranos ocupem a lacuna da política democrática. Os cidadãos continuam sendo cidadãos, mas não sabem ao certo a qual cidade pertencem, nem a quem pertence essa cidade.

Conclusão: a reconstrução da democracia?

Essas são palavras realmente alarmantes. Seria tentador neste momento aproveitar a oportunidade para apresentar ao leitor meu modelo de democracia informacional. Não se preocupe. Por motivos que esclarecerei na conclusão geral desta obra (no volume III), não me permiti fazer uso de prescrições normativas e admoestações políticas. Contudo, somente para fazer justiça à esperança política, encerrarei este capítulo com um comentário sobre alternativas para a reconstrução da democracia, *do modo como elas se manifestam na observação das práticas das sociedades na virada do milênio*. Independentemente de minhas opiniões pessoais sobre a propriedade de tais alternativas. Considerando que, felizmente, são numerosos e diversificados os embriões da nova política democrática em todo o mundo, estarei limitado a tecer comentários sobre três tendências que considero bastante relevantes para o futuro da política informacional.

A primeira delas é a recriação do Estado local. Em várias sociedades em todo o mundo, a democracia local, por motivos expostos no capítulo 5, parece estar florescendo, ao menos em termos relativos à democracia política nacional. Isso ocorre principalmente quando governos regionais e locais passam a atuar em conjunto, e estendem seu raio de ação buscando a descentralização nas comunidades e a participação dos cidadãos. No momento em que os meios eletrônicos (comunicação mediada por computador ou estações locais de rádio e televisão) também são empregados no intuito de aumentar a participação e o número de consultas feitas pelos cidadãos (por exemplo, em Barcelona, Estocolmo, Lyon ou Bolonha), novas tecnologias contribuem para maior participação no governo local. Experiências de autogestão local, como a desenvolvida na cidade de Porto Alegre, demonstram a possibilidade de reconstruir vínculos de representação política para *compartilhar* (se não controlar) os desafios impostos pela globalização econômica e pela imprevisibilidade política. Há limites óbvios a tal localismo, pois tal processo acentua a fragmentação do Estado-Nação. Estritamente em termos de observação, as mais poderosas tendências de legitimação da democracia durante os anos 1990 estão acontecendo, no mundo todo, em nível local.[98]

Uma segunda perspectiva muito discutida na literatura[99] e na mídia[100] é a oportunidade oferecida pela comunicação eletrônica de aprimorar formas de participação política e comunicação horizontal entre os cidadãos. Com efeito, o acesso *on-line* a informações e a comunicação mediada por computador facilitam a difusão e a recuperação de informações, proporcionando interação e realização de debates em um fórum eletrônico independente, capaz de escapar do controle da mídia. Referendos sobre uma ampla gama de questões podem ser uma ferramenta muito útil quando utilizados com cuidado, sem cair na estrutura simplista da política de referendos. Acima de tudo, tais referendos asseguram aos cidadãos o direito de formar, como vêm fazendo atualmente, as próprias constelações políticas e ideológicas, passando ao largo de estruturas políticas já estabelecidas, criando portanto um campo político flexível e adaptável.

Sérias críticas, no entanto, podem ser e efetivamente têm sido endereçadas às perspectivas de uma democracia eletrônica.[101] Por um lado, caso essa variante de política democrática se instaure como importante instrumento de debate, representação e decisão, certamente institucionalizaria uma forma de "democracia ateniense", tanto em nível nacional como internacional. Quer dizer, enquanto uma elite relativamente pequena, afluente e de bom nível educacional de alguns países e cidades teria acesso a uma extraordinária ferramenta de informação e participação política, realmente capaz de reforçar o exercício da cidadania, as massas excluídas e desprovidas de educação em todo o mundo e nos diferentes países permaneceriam à margem da nova ordem democrática, a exemplo dos escravos e bárbaros nos primórdios da democracia na Grécia Antiga. Em contrapartida, a volatilidade desse meio de comunicação poderia incorrer na intensificação da "política de *showbiz*", com a predominância de mitos e modismos, uma vez sobrepujado o poder de racionalização dos partidos e instituições pelos fluxos de tendências políticas ora convergentes, ora divergentes. Em outras palavras, a política *on-line* poderia exaltar a individualização da política e da sociedade, a tal ponto que a integração, o consenso e a criação de instituições iriam se tornar metas perigosamente difíceis de serem atingidas.

A fim de explorar a matéria, meus alunos do curso de pós-graduação em Sociologia da Sociedade da Informação em Berkeley fizeram algumas observações *on-line* na internet no outono de 1996. Os resultados de suas análises indicam algumas tendências interessantes. Klinenberg e Perrin observaram que, nas primárias dos republicanos nas eleições presidenciais de 1996, o uso da internet desempenhou um importante papel na difusão das informações sobre os candidatos (Dole), bem como na busca de apoio (Buchanan) e recursos de campanha (todos os candidatos).[102] Contudo, os canais de comunicação foram monitorados e submetidos a rigoroso controle, transformando-se na verdade em sistemas de comunicação de mão única, mais poderosos e com maior flexibilidade que a televisão, mas não mais abertos à participação dos cidadãos. Talvez esse quadro venha a ser alterado no futuro, mas parece que a lógica da política informacional restringe a abertura do sistema, pois os candidatos precisam manter controle sobre as mensagens em suas redes, para não terem de assumir responsabilidade por determinadas posições ou declarações que sejam prejudiciais ou que não atinjam o eleitorado como desejado. Controle político rigoroso e abertura nos meios de comunicação eletrônica parecem ser mutuamente excludentes dentro do sistema atual. Assim, enquanto os procedimentos políticos forem controlados por partidos e campanhas organizadas, a participação dos cidadãos via eletrônica será relegada a segundo plano na política informacional, pois isso diz respeito a eleições formais e à tomada de decisões.

Entretanto, Steve Bartz no movimento ambientalista, e Matthew Zook no movimento das milícias norte-americanas, encontraram na internet um meio de capacitação de grupos populares, na qualidade de instrumento de informação, comunicação e organização.[103] Além disso, a análise apresentada no capítulo 2 sobre o movimento antiglobalização mostra como a internet pode contribuir para ampliar a autonomia dos cidadãos na organização e na mobilização em torno de questões que não são propriamente processadas no sistema institucional. Tem-se a impressão de que é na esfera da política simbólica e na organização de mobilizações em torno de um único tema realizadas por grupos e indivíduos externos ao sistema político "principal", que a nova comunicação eletrônica poderá produzir efeitos mais drásticos. Não há como avaliar com clareza o impacto de tais processos na democracia. Por um lado, permitir mobilizações em torno de um único tema que ignoram a política formal pode minar ainda mais as instituições democráticas. Por outro lado, se a representação política e os responsáveis pela tomada de decisão tiverem condições de estabelecer uma relação com essas novas fontes de contribuição de cidadãos interessados na política, sem que o processo fique restrito a uma elite tecnologicamente capacitada, um novo modelo de sociedade civil pode ser reconstruído, possibilitando a popularização da democracia, via eletrônica.

O desenvolvimento da política simbólica bem como da mobilização política em torno de causas "não políticas", via eletrônica ou por outros meios, é a terceira tendência que poderia integrar o processo de reconstrução da democracia na sociedade em rede. Causas humanitárias, tais como as defendidas pela Anistia Internacional, Médicos Sem Fronteiras, Greenpeace, Oxfam, Food First, e milhares e milhares de grupos ativistas locais e globais e organizações não governamentais em todo o mundo, constituem o fator de mobilização mais poderoso e proativo na política informacional.[104] Tais mobilizações são organizadas em função de temas objeto de amplo consenso, não necessariamente alinhados a este ou aquele partido político. Na realidade, em termos de postura oficial, a maioria dos partidos aparentemente apoia a maior parte dessas causas. E a maioria das organizações humanitárias abstém-se de prestar apoio a um determinado partido, exceto em casos de questões específicas em determinados períodos. Usualmente, essas mobilizações estão no meio-termo entre movimentos sociais e ações políticas, pois fazem seu apelo diretamente aos cidadãos, pedindo às pessoas que exerçam pressão sobre instituições do governo ou empresas privadas que possam ter um papel importante no tratamento da questão defendida pela mobilização. Em outros momentos, apelam diretamente para a solidariedade das pessoas. Em última análise, o objetivo das mobilizações é atuar no processo político, isto é, influenciar a gestão da sociedade pelos representantes dessa sociedade. No entanto, não necessariamente, e na realidade não com muita frequência, utilizam os canais de representação política e de tomada de decisões mediante, por exemplo, a eleição de seus candidatos para algum cargo no governo. Tais formas de mobilização política, que podem ser definidas como sendo causas voltadas a temas específicos e política não partidária, parecem estar ganhando legitimidade em todas as sociedades, e condicionando as regras e os resultados da concorrência política formal. Recuperam a legitimidade do interesse pelas questões públicas nas mentes e nas vidas das pessoas. Atingem esse objetivo ao introduzir novos processos e novas questões políticas, agravando a crise da democracia liberal clássica e ao mesmo tempo estimulando o surgimento do que ainda está para ser revelado: a democracia informacional.

Notas

1. Guehenno (1993: 46); traduzido para o inglês por Castells.
2. Bobbio (1994).
3. Volkmer (1999, 2003).
4. Page e Shapiro (1992); Norris (2000b).
5. Edwards e Wood (1999); Groteau e Hoynes (2000: 229–6); Miller e Krosnick (2000); White *et al* (2002).
6. Perez-Tabernero *et al*. (1993).
7. MacDonald (1990).
8. Volkmer (2003).
9. Abramson *et al*. (1988); Patterson (1993); Roberts e McCombs (1994); Balz e Brownstein (1996).
10. Patterson (1993; 30–3).
11. Ansolabehere *et al*. (1993: 75).
12. Magleby e Nelson (1990).
13. Garber (1984, 1996); Gunlicks (1993).
14. Jacobs e Shapiro (1995).
15. Ansolabehere *et al*. (1993: 73).

16. Friedland (1996).
17. Ansolabehere *et al.* (1993: 89).
18. Freeman (1994).
19. Fallows (1996).
20. D. West (1993).
21. Moore (1992: 128–9).
22. Mayer (1994).
23. Fallows (1996).
24. Mundy (1996).
25. Garber (1996); Hacker (1996).
26. Klinenberg e Perrin (1996); Dutton (1999); Docter *et al* (1999); Norris (2000b); Castells (2001); Kamarck e Nye (2002).
27. Patterson (1993); Balz e Brownstein (1996); Fallows (1996).
28. Gitlin (1980: 28).
29. Patterson (1993: 74).
30. Fallows (1996).
31. Moog (1996: 20).
32. Ansolabehere *et al.* (1993); Fallows (1996).
33. Ansolabehere e Iyengar (1995).
34. Garramore *et al.* (1990); Fallows (1996).
35. Swan (1992).
36. Siune e Truetzschler (1992); Kaid e Holtz-Bacha (1995).
37. Guehenno (1993); Kaid e Holtz-Bacha (1995).
38. Moog (1996).
39. Berry (1992).
40. Scammell e Semetko (1995).
41. Berry (1992); Scammell e Semetko (1995).
42. Axford *et al.* (1992); Philo (1993); Franklin (1994).
43. Philo (1993: 411).
44. Scammell e Semetko (1995: 35).
45. Axford *et al.* (1992).
46. Hughes (1994); White *et al* (2002).
47. *Moscow Times* (1996: 1).
48. Alonso Zaldivar e Castells (1992).
49. *Esprit* (1994: 3–4).
50. Scheer (1994).
51. Di Marco (1994); Santoni Rugiu (1994); Walter (1994).
52. Kaid e Holz-Bacha (1995).
53. Di Marco (1993).
54. Devo agradecimentos a Fernando Calderon, em La Paz, e a Roberto Laserna, em Cochabamba, pela ajuda na elaboração desta seção sobre a política da mídia na Bolívia. A presente análise está fundamentada nos seguintes estudos realizados por pesquisadores bolivianos: Mesa (1986); Archondo (1991); Contreras Basnipeiro (1991); Saravia e Sandoval (1991); Laserna (1992); Albo (1993); Mayorga

(1993); Perez Iribarne (1993a, b); Ardaya e Verdesoto (1994); Calderon e Laserna (1994); Bilbao La Vieja Diaz *et al.* (1996); Szmukler (1996).

55. *Compadre* e *comadre* são termos que designam membros integrantes da comunidade. Essas expressões reúnem elementos da tradição *aymara* e católica (por exemplo, padrinhos e madrinhas de batismo). Em tais condições, espera-se dos *compadres* e *comadres* compreender, contribuir, compartilhar e assumir uma relação de reciprocidade.

56. Em 1997, *compadre* Palenque passou por uma crise matrimonial que terminou em divórcio com sua mulher, a ex-prefeita de La Paz. Logo após o divórcio, Carlos Palenque morreu, vítima de um ataque cardíaco. Seu movimento seguiu em frente, liderado pela *comadre* Remedios.

57. De acordo com a tradição *aymara*, *Ayllu* é a forma tradicional de comunidade cultural/ territorial.

58. Ardaya e Verdesoto (1994).

59. Archondo (1991).

60. Esta seção baseia-se, em parte, na leitura dos principais jornais e revistas de diferentes países, bem como no meu conhecimento prévio a respeito de alguns eventos. Considero desnecessário fornecer referências detalhadas acerca de fatos que são de domínio público. Para um panorama internacional de escândalos na política, vale consultar Longman (1990), *Political Scandals and Causes Célèbres since 1945*. Uma obra comparativa bastante erudita sobre esse tópico é Heidenheimer *et al.* (1989). Análises históricas da política do escândalo podem ser encontradas em Fackler e Lin (1995) como também em Ross (1988). Uma análise recente dos escândalos no Congresso nos Estados Unidos é apresentada em Balz e Brownstein (1996; 27ff). Para uma bibliografia comentada sobre a corrupção na política norte-americana, consulte Johansen (1990). Outras fontes utilizadas nesta seção são as seguintes: King (1984); Markovits e Silverstein (1988a); Bellers (1989); Ebbinghausen e Neckel (1989); Bouissou (1991); Morris (1991); Sabato (1991); Barker (1992); *CQ Researcher* (1992); Meny (1992); Phillips (1992); Swan (1992); Tranfaglia (1992); Barber (1993); Buckler (1993); DeLeon (1993); Grubbe (1993); Roman (1993); *Esprit* (1994); Gumbel (1994); Walter (1994); Arlachi (1995); Fackler e Lin (1995); Garcia Cotarelo (1995); Johnson (1995); Sechi (1995); Thompson (1995).

61. Heidenheimer *et al.* (1989); Longman (1990); Garment (1991); *CQ Researcher* (1992); Meny (1992); Grubbe (1993); Roman (1993); Gumbel (1994); Walter (1994); D. F. Thompson (1995); Thompson (2000); Rose-Ackerman (1999).

62. Friedrich (1966: 74).

63. Leys (1989).

64. Markovits e Silverstein (1988).

65. Alonso Zaldivar e Castells (1992).

66. Fackler e Lin (1995).

67. King (1989).

68. Bouissou (1991: 84).

69. Barker (1992).

70. Longman (1990).
71. Lowi (1988); Hodess (2001).
72. Johnson (1995).
73. Tranfaglia (1992). Em 2002, um tribunal italiano condenou Andreotti, eminente figura dos democratas cristãos italianos por mais de três décadas, por participação no assassinato de um jornalista que tinha feito uma denúncia sobre sua possível cooperação com a máfia. Ao veredito ainda cabia apelo sob recurso no momento da escrita.
74. Bouissou (1991); Johnson (1995).
75. Guehenno (1993).
76. Thompson (2000: 244).
77. Weinberg (1991); Freeman (1994); Pattie *et al.* (1995).
78. Meny (1992).
79. Barker (1992); *CQ Researcher* (1992).
80. Garment (1991); Garcia Cotarelo (1995); Thompson (1995).
81. Bellers (1989); Arlachi (1995); Garcia Cotarelo (1995); Fallows (1996); Thomson (2000); Adsera *et al* (2001).
82. Cacho (1994); Garcia Cotarelo (1995); *Temas* (1995).
83. Walter (1994).
84. Minc (1993); Guehenno (1993); Patterson (1993); Ginsborg (1994); Touraine (1995b); Katznelson (1996); Weisberg (1996); Nye *et al* (1997); Pharr e Putnam (2000); Calderon (2003); Inglehart (2003).
85. Navarro (1995).
86. D. M. West (1993); Anderson e Comiller (1994); Mouffe (1995); Navarro (1995); Salvati (1995); Balz e Brownstein (1996); Wattenberg (1996); Dupin (2002).
87. Citado por Balz e Brownstein (1996: 28).
88. Citado por Navarro (1995: 55).
89. Baldassare (2000).
90. Inglehart (2003); Nevitte (2003).
91. Gallup International Millennium Survey (1999).
92. Gallup International Millennium Survey (2002).
93. *Eurobarometer* (vários anos); Castells *et al* (2002); Dupin (2002); Gallup International Millennium Survey (2002).
94. Lipset (1996).
95. Sobre fontes, definições e métodos de cálculo, consulte o Apêndice Metodológico.
96. Inglehart e Catterberg (2003).
97. Katznelson (1996).
98. Cooke (1994); Graham (1995); Ziccardi (1995); Borja e Castells (1996).
99. Ganley (1991); Castells (2001).
100. *The Economist* (1995a).
101. *High Level Experts Group* (1996).
102. Klinenberg e Perrin (1996).
103. Bartz (1996); Zook (1996).
104. Guehenno (1993).

CONCLUSÃO: A TRANSFORMAÇÃO SOCIAL NA SOCIEDADE EM REDE

Às portas da era da informação, uma crise de legitimidade tem esvaziado de sentido e de função as instituições da era industrial. Sobrepujado pelas redes globais de riqueza, poder e informação, o Estado-Nação moderno vem perdendo boa parte de sua soberania. Ao tentar intervir estrategicamente nesse cenário global, o Estado perde sua capacidade de representar suas bases políticas estabelecidas no território. Em um mundo regido pelo multilateralismo, a divisão entre Estados e nações, entre a política de representação e a política de intervenção, desorganiza a unidade de medida política sobre a qual a democracia liberal foi construída e passou a ser exercida nos últimos dois séculos. A privatização de empresas públicas e a queda do Estado do bem-estar social, embora tenham aliviado as sociedades de parte de seu fardo burocrático, fazem piorar as condições de vida da maioria dos cidadãos, rompem o contrato social histórico entre capital, trabalho e Estado e usurpam grande parte da rede de seguridade social, viga mestra da legitimidade do governo na visão de pessoas comuns.

Dividido pela internacionalização da produção e das finanças, incapaz de adaptar-se à formação de redes entre empresas e individualização do trabalho, e desafiado pela degeneração do emprego, o movimento trabalhista perde sua força como fonte de coesão social e representação dos trabalhadores. Não chega a desaparecer, no entanto, torna-se basicamente um agente político integrado à esfera das instituições públicas. As principais igrejas, praticando uma forma de religião secularizada dependente ora do Estado, ora do mercado, perdem muito de sua capacidade de impor normas de conduta em troca de conforto espiritual e da venda de um lote no céu. A contestação do patriarcalismo e a crise da família patriarcal perturbam a sequência ordenada de transmissão de códigos culturais de geração em geração e abalam os alicerces da segurança pessoal, obrigando homens, mulheres e crianças a encontrar novas formas de viver. As ideologias políticas que emanam das instituições e organizações dos mais diversos setores, desde o liberalismo democrático, baseado no Estado--Nação, ao socialismo, fundado no trabalho, encontram-se destituídas de significado real dentro do novo contexto social. Consequentemente, perdem seu apelo e, na tentativa de sobreviver, submetem-se a incessantes adaptações, estando sempre um passo atrás da nova sociedade, como bandeiras desbotadas de guerras já esquecidas.

Como resultado desses processos convergentes, as *fontes* do que denomino, no capítulo 1, *identidades legitimadoras,* simplesmente secaram. As instituições e organizações da sociedade civil construídas em torno do Estado democrático e do contrato social entre capital e trabalho transformaram-se, de modo geral, em estruturas vazias, cada vez menos aptas a manter um vínculo com as vidas e os valores das pessoas na maioria das sociedades. Trágica ironia o fato de que, num momento em que a maioria dos países do mundo finalmente conquistou o acesso às instituições da democracia liberal (em minha opinião, a base de toda democracia), tais instituições encontram-se tão distantes da estrutura e de processos realmente importantes que acabam parecendo, para a maioria das pessoas, um sorriso de sarcasmo estampado na nova face da história. Nesta virada de milênio, o rei e a rainha, o Estado e a sociedade civil estão todos nus, e seus filhos-cidadãos estão vagando em busca de proteção por vários lares adotivos.

A dissolução das identidades compartilhadas, sinônimo da dissolução da sociedade como sistema social relevante, muito provavelmente reflete a atual situação de nosso tempo. Nada nos parece dizer que novas identidades têm de surgir, novos movimentos sociais têm de recriar a sociedade e novas instituições serão reconstruídas no sentido de *lendemains qui chantent.* À primeira vista, estamos testemunhando o surgimento de um mundo exclusivamente constituído de mercados, redes, indivíduos e organizações estratégicas, aparentemente governado por modelos de "expectativas racionais" (a nova e influente teoria econômica), a não ser quando tais "indivíduos racionais" subitamente atiram em seus vizinhos, estupram uma garotinha ou lançam gás venenoso no metrô. Nesse novo mundo, identidades não são necessárias: instintos básicos, lutas pelo poder, cálculos estratégicos centrados em si próprios e, em nível macrossocial, "características indicativas de uma dinâmica bárbara e nômade, de um elemento dionisíaco que ameaça invadir todas as fronteiras e tornar problemáticas as normas internacionais político-jurídicas e civilizacionais".[1] Um mundo cujo contraponto poderia ser, a exemplo do que temos visto em diversos países, uma tentativa de reafirmação nacionalista pelos remanescentes das estruturas do Estado, abandonando toda e qualquer pretensão à legitimidade e voltando atrás na História para agarrar-se ao princípio do poder pelo poder, por vezes envolto em uma retórica nacionalista. Nos domínios pelos quais navegamos nos dois primeiros volumes desta trilogia, identificamos as sementes de uma sociedade cuja *Weltanschauung* estaria cindida entre a velha lógica de *Macht* e uma nova lógica de *Selbstanschauung.*[2]

Contudo, observamos também o surgimento de poderosas identidades de resistência, que se retraem para seus "paraísos comunais" e recusam-se a ser apanhadas de roldão pelos fluxos globais e individualismo radical. Tais identidades constroem suas comunas em torno dos valores tradicionais de Deus, da nação e da família, guardando os limites de suas trincheiras por meio de emblemas étnicos e defesas territoriais. As identidades de resistência não estão restritas a valores tradicionais. Podem também ser construídas por movimentos sociais ativistas, ou ao redor deles, que optam por estabelecer sua autonomia na própria resistência comunal, uma vez que não têm força suficiente para tomar de assalto as instituições opressoras às quais se opõem. É este, comumente, o caso do movimento feminista, criando espaços para mulheres nos quais uma nova consciência antipatriarcal pode surgir; e certamente o caso dos movimentos de liberação sexual, cujos espaços de liberdades, desde bares a vizinhanças, constituem elementos essenciais de autorreconhecimento. Mesmo o movimento ambientalista, cujo horizonte último é o cosmológico, não raro parte dos "quintais" e de pequenas comunidades em todo o mundo, protegendo espaços antes de lançar-se à conquista do tempo.

Assim, as identidades de resistência estão tão difundidas na sociedade em rede quanto os projetos individualistas resultantes da dissolução de identidades anteriormente legitimadoras que normalmente constituíam a sociedade civil da era industrial. Essas identidades resistem e raramente se comunicam. Não se comunicam com o Estado, salvo para lutar e negociar em nome de seus interesses/valores específicos. Raramente se comunicam entre si por serem construídas com base em princípios profundamente distintos, determinantes dos "incluídos" e dos "excluídos". E em virtude do fato de a lógica comunal ser essencial à sua sobrevivência, autodefinições individuais não são bem-vindas. Assim, de um lado, as elites globais dominantes que habitam o espaço de fluxos tendem a ser formadas por indivíduos sem identidades específicas ("cidadãos do mundo"); ao passo que, de outro lado, as pessoas que resistem à privação de seus direitos econômicos, culturais e políticos tendem a se sentir atraídas pela identidade comunal.

Nesse contexto, devemos ainda acrescentar mais uma camada à dinâmica social da sociedade em rede. Com aparatos do Estado, redes globais e indivíduos centrados em si próprios, existem também comunidades formadas a partir da *identidade de resistência*. Entretanto, todos esses elementos não são capazes de coexistir pacificamente, uma vez que suas respectivas lógicas os excluem mutuamente.

Assim, a principal questão passa a ser o surgimento de *identidades de projeto* (ver capítulo 1), potencialmente capazes de reconstruir uma nova sociedade civil e, enfim, um novo Estado. Sobre esse assunto, não serei prescritivo, tampouco profético, mas, em vez disso, farei uma análise dos resultados provisórios de minhas observações acerca de movimentos sociais e processos políticos. Minha análise não descarta a possibilidade de que movimentos sociais bastante distintos dos apresentados aqui podem exercer um papel fundamental na formação da sociedade do futuro. No entanto, no nascimento do século XXI, não pude identificar seus indícios.

Novas *identidades de projeto* não parecem surgir de identidades anteriores presentes na sociedade civil da era industrial, mas, sim, a partir de um desenvolvimento das atuais *identidades de resistência*. Creio que haja motivos teóricos, bem como argumentos empíricos, para tal trajetória na formação de novos sujeitos históricos. Todavia, antes de propor algumas ideias sobre o assunto, cabe-me esclarecer como as identidades de projeto podem surgir a partir das identidades de resistência aqui consideradas.

O fato de que uma comunidade é construída em torno de uma identidade de resistência não significa que resultará necessariamente em uma identidade de projeto. Pode muito bem permanecer na condição de comunidade defensiva. Ou, ainda, pode tornar-se um grupo de interesse, e aderir à lógica da barganha generalizada, predominante na sociedade em rede. Em outros casos, identidades de resistência podem redundar em identidades de projeto, voltadas à transformação da sociedade como um todo, dando continuidade aos valores da resistência comunal oferecida aos interesses dominantes sustentados pelos fluxos globais de capital, poder e informação.

As comunidades religiosas podem se transformar em movimentos religiosos fundamentalistas que pretendem recuperar a moral da sociedade, restabelecendo os valores eternos de Deus e abarcando todo o mundo, ou ao menos as áreas adjacentes, em uma comunidade de fiéis, fundando assim uma nova sociedade.

A trajetória do nacionalismo na era da informação é mais difícil de ser determinada, como se pode depreender a partir da observação de acontecimentos recentes. Por um lado, o nacionalismo pode levar a um entrincheiramento em torno de um Estado-Nação reconstruído, recuperando sua legitimidade em nome da Nação, e não do Estado. Por outro, pode sobrepujar o Estado-Nação moderno, no momento em que reconhece nações que vão além do conceito de Estado, e constrói redes multilaterais de instituições políticas em uma geometria variável de soberania compartilhada.

A etnia, embora seja um ingrediente essencial tanto de opressão como de libertação, geralmente parece estar inserida em algum tipo de comprometimento com outras identidades comunais (religiosas, nacionais, territoriais) em vez de fomentar, por si própria, resistência ou novos projetos.

A identidade territorial está na base dos governos locais e regionais que despontam no mundo todo como atores importantes tanto em termos de representação como de intervenção, por estarem mais bem posicionados para se ajustarem às incessantes variações dos fluxos globais. A reinvenção da Cidade-Estado é uma característica proeminente dessa nova era de globalização, uma vez que, no início da Idade Moderna, o conceito de tal cidade estava relacionado ao desenvolvimento de uma economia internacional mercantil.

As comunidades femininas, bem como os espaços de liberdade da identidade sexual, projetam-se na sociedade como um todo ao minar o patriarcalismo e reconstruir a família a partir de uma base nova e igualitária, que implica o desaparecimento das relações marcadas pelo gênero nas instituições sociais, em oposição ao capitalismo e ao Estado patriarcais.

O ambientalismo parte da defesa do meio ambiente de uma determinada área e da saúde e do bem-estar dos indivíduos ali residentes para um projeto ecológico de integração entre a humanidade e a natureza, com base na identidade sociobiológica das espécies, partindo da premissa de significado cosmológico da humanidade.

Tais projetos de identidade surgem a partir da resistência da comunidade e não da reconstrução das instituições da sociedade civil, pois a crise verificada nessas instituições, aliada ao surgimento das identidades de resistência, origina-se precisamente das novas características da sociedade em rede, que abalam as primeiras e incitam o aparecimento das segundas. Os principais elementos constitutivos da estrutura social na era da informação, a saber, globalização, reestruturação do capitalismo, formação de redes organizacionais, cultura da virtualidade real e primazia da tecnologia a serviço da tecnologia, são justamente as causas da crise do Estado e da sociedade civil desenvolvidos nos moldes da era industrial. Representam também as forças contra as quais se organiza a resistência comunal, com novos projetos de identidade possivelmente surgindo em torno desses focos de resistência. A resistência e os projetos contradizem a lógica dominante da sociedade em rede ao entrar em lutas defensivas e ofensivas, tendo como cenário três campos fundamentais dessa nova estrutura social: espaço, tempo e tecnologia.

As comunidades de resistência defendem seu espaço e seus lugares diante da lógica estrutural desprovida de lugar no espaço de fluxos que caracteriza a dominação social na Era da Informação (volume I, capítulo 6). Elas reivindicam sua memória histórica e/ou defendem a permanência de seus valores contra a dissolução da história no tempo intemporal e a celebração do efêmero pela cultura da virtualidade real (volume I, capítulo 7). Lançam mão da tecnologia da informação para permitir a comunicação horizontal entre as pessoas, e a oração da comunidade, ao mesmo tempo refutando a nova idolatria da tecnologia e preservando valores transcendentais diante da lógica desconstrutiva de redes de computadores, regidas por normas próprias.

Os ecologistas defendem o controle sobre as formas de utilização do espaço, tanto em benefício das pessoas como da natureza, contra a lógica abstrata e não natural do espaço de fluxos. Eles antecipam a visão cosmológica do tempo glacial, integrando a espécie humana a seu ambiente evolucionista, e rejeitam a invalidação do tempo pelo rompimento das sequências, uma lógica inerente ao tempo intemporal (volume I, capítulo 7). E, finalmente, apoiam o uso da ciência e da tecnologia para a vida, opondo-se ao predomínio da ciência e da tecnologia sobre a vida.

As feministas e os movimentos de identidade sexual defendem o controle de seus espaços mais imediatos, isto é, seus corpos, contra sua dissolução no espaço de fluxos, influenciados pelo patriarcalismo, em que imagens reconstruídas da mulher e fetiches de sexualidade diluem seu caráter humano e negam sua identidade. Da mesma forma, lutam pelo controle de seu tempo, visto que a lógica intemporal da sociedade em rede acumula papéis e funções a serem desempenhados pelas mulheres sem adaptar suas novas vidas à nova noção de tempo, de modo que um tempo alienado passa a ser a expressão mais concreta da missão de ser uma mulher liberada dentro de uma organização social não liberada. Os movimentos feminista e de identidade sexual também pretendem utilizar a tecnologia para conquistar mais direitos (por exemplo, seu direito à procriação e ao controle sobre o próprio corpo), contra os meios patriarcais de utilização da ciência e tecnologia, manifestados, por exemplo, na submissão da mulher a rituais e crendices médicas totalmente arbitrários; ou quando houve, temporariamente, falta de vontade da parte de algumas instituições científicas em se lutar contra a AIDS durante o tempo em que foi considerada uma doença contraída exclusivamente por homossexuais. No momento em que a humanidade atinge a fronteira tecnológica do controle social sobre a reprodução biológica das espécies, uma batalha fundamental vem sendo travada entre o corpo como identidade autônoma e o corpo como objeto social. É por essa razão que a política de identidade começa a partir de nossos corpos.

Assim, a lógica dominante da sociedade em rede lança seus próprios desafios, na forma de identidades de resistência comunais e de identidades de projeto que podem eventualmente surgir desses espaços, *sob determinadas circunstâncias, e por meio de processos específicos a cada contexto institucional e cultural.* A dinâmica de contradição daí recorrente está no cerne do processo histórico pelo qual uma nova estrutura social e a "carne e os ossos" de nossas sociedades estão sendo constituídas. E onde fica o poder dentro dessa estrutura social? E o que é o poder sob tais condições históricas?

O poder, como já tivemos a oportunidade de observar, e conforme demonstrado, até certo ponto, neste volume e no volume I da trilogia, não mais se concentra nas instituições (o Estado), organizações (empresas capitalistas) ou mecanismos simbólicos de controle (mídia corporativa, igrejas). Ao contrário, está difundido nas redes globais de riqueza, poder, informações e imagens, que circulam e passam por transmutações em um sistema de geometria variável e geografia desmaterializada. No entanto, o poder não desaparece. *O poder ainda governa a sociedade; ainda nos molda e exerce domínio sobre nós.* Não só pelo fato de que aparatos de diferentes tipos ainda se mostram capazes de disciplinar os corpos e silenciar as mentes. Essa forma de poder é, ao mesmo tempo, eterna e evanescente. Eterna porque os seres humanos são, e sempre serão, predadores. Contudo, na forma que existe atualmente, o poder está desaparecendo gradativamente: o exercício desse poder revela-se cada vez mais ineficaz para os interesses que pretende servir. Os Estados podem atirar, porém, diante do perfil de seus inimigos, e do paradeiro dos que os contestam e desafiam, cada vez mais indefinidos, tendem a atirar para todos os lados, correndo o risco de atirar em si mesmos ao longo do processo.

A nova forma de poder reside nos códigos da informação e nas imagens de representação em torno das quais as sociedades organizam suas instituições e as pessoas constroem suas vidas e decidem o seu comportamento. Esse poder encontra-se na mente das pessoas. Por isso o poder na era da informação é a um só tempo identificável e difuso. Sabemos o que ele é, mas não podemos tê-lo, porque o poder é uma função de uma batalha ininterrupta pelos códigos culturais da sociedade. Quem, ou o que quer que vença a batalha das mentes das pessoas sairá vitorioso, pois aparatos rígidos e poderosos não serão capazes de acompanhar, em um prazo razoável, mentes mobilizadas em torno do poder detido por redes flexíveis e alternativas. Tais vitórias podem ser efêmeras, pois a turbulência dos fluxos de informação manterá os códigos em constante movimento. Por isso as identidades são tão importantes e, em última análise, tão poderosas nessa estrutura de poder em constante mutação — porquanto constroem interesses, valores e projetos, com base na experiência, e recusam-se a ser dissolvidas estabelecendo uma relação específica entre natureza, história, geografia e cultura. As identidades fixam as bases de seu poder em algumas áreas da estrutura social e, a partir daí, organizam sua resistência ou seus ataques na luta informacional pelos códigos culturais que constroem o comportamento e, consequentemente, novas instituições.

Diante dessas circunstâncias, quem são os sujeitos da era da informação? Já temos conhecimento, ou pelo menos uma ideia, das fontes a partir das quais tais sujeitos podem surgir. Também diria que é bem provável que saibamos de onde eles certamente não viriam. Por exemplo, o movimento trabalhista parece estar historicamente ultrapassado. Não que vá desaparecer por completo (embora esteja esmaecendo em boa parte do mundo) ou perder totalmente sua importância. Na realidade, sindicatos são influentes atores políticos em diversos países. E em muitos casos constituem as principais, ou únicas ferramentas de que dispõem os trabalhadores para defender-se dos abusos do capital e do Estado. Entretanto, tendo em vista os elementos estruturais e processos históricos que procurei transmitir nos dois primeiros volumes da trilogia, o movimento trabalhista não parece estar preparado para gerar, por si próprio, uma identidade de projeto capaz de reconstruir o controle social e as instituições sociais na era da informação. Sem dúvida, militantes do movimento trabalhista farão parte de uma nova dinâmica social transformadora. Já não posso dizer o mesmo com tanta certeza sobre os sindicatos.

Os partidos políticos também já esgotaram seu potencial como agentes autônomos de transformação social, apanhados na lógica da política informacional, e com sua principal plataforma, as instituições do Estado-Nação, perdendo grande parte de sua importância. Trata-se ainda, entretanto, de instrumentos essenciais para o processamento das reivindicações da sociedade, encabeçados pelos movimentos sociais, nas esferas políticas nacionais, internacionais e supranacionais. De fato, enquanto cabe aos movimentos sociais fornecer os novos códigos nos quais as sociedades podem ser repensadas e restabelecidas, alguns partidos políticos (talvez sob novas roupagens informacionais) ainda atuam como agentes cruciais da institucionalização da transformação social. São bem mais agentes de grande influência do que propriamente inovadores políticos.

Portanto, os movimentos sociais que surgem a partir da resistência comunal à globalização, reestruturação do capitalismo, formação de redes organizacionais, informacionalismo desenfreado e patriarcalismo — a saber, por enquanto, ecologistas, feministas, fundamentalistas religiosos, nacionalistas, localistas e o vasto movimento democrático que emerge como coalizão para justiça global contra a globalização capitalista — representam os sujeitos potenciais da era da informação. De que formas se manifestarão? Minha análise aqui é necessariamente mais especulativa, embora sinta-me obrigado a sugerir algumas hipóteses, fundadas tanto quanto possível nas observações apresentadas neste volume.

Os agentes que dão voz a projetos de identidades que visam à transformação de códigos culturais precisam ser mobilizadores de símbolos. Devem atuar sobre a cultura da virtualidade real que delimita a comunicação na sociedade em rede, subvertendo-a em função de valores alternativos e introduzindo códigos que surgem de projetos de identidade autônomos. Verifiquei a existência de dois principais tipos de agentes potenciais. Chamarei o primeiro deles de *os Profetas*. Trata-se de personalidades simbólicas cujo papel não implica exercer a função de líderes carismáticos ou estrategistas extremamente perspicazes, mas sim emprestar uma face (ou uma máscara) a uma insurreição simbólica, de modo que possam falar em nome dos rebeldes. Assim, os rebeldes sem meios de expressão passam a ter uma voz que fala por eles, garantindo à sua identidade o acesso ao campo das lutas simbólicas além de uma chance de tomar o poder — nas mentes das pessoas. Esse é o caso, obviamente, do subcomandante Marcos, o líder dos zapatistas do México. E também do *compadre* Palenque na região de La Paz-El Alto. Ou ainda de Asahara, o guru do culto japonês de tendências assassinas. Além desses exemplos, para destacar a diversidade de expressão desses oráculos em potencial, podemos citar também o líder nacionalista catalão, Jordi Pujol, cuja moderação, racionalidade e habilidade como estrategista

498 | MANUEL CASTELLS

muitas vezes oculta sua paciência e determinação em inserir a *Catalunya* como uma nação entre as demais nações europeias, fazendo uso da palavra em nome dessa nação, e reconstruindo uma identidade carolíngia para ela. Ele pode ser a voz de uma nova forma de nacionalismo, original e destituída de um Estado na Europa informacional.

Em um exemplo diferente, a consciência ecológica não raro é representada por cantores de rock que gozam de grande popularidade, como Sting em sua campanha para salvar a Amazônia; ou por estrelas de cinema, como Brigitte Bardot, comprometida com uma cruzada em defesa dos direitos dos animais. Um tipo distinto de profeta poderia ser até mesmo o neoluddista *unabomber* nos Estados Unidos, agregando a tradição anarquista à defesa violenta da natureza essencial contra os males da tecnologia. Nos movimentos fundamentalistas islâmicos ou cristãos, diversos líderes religiosos (não citarei nomes) assumem um papel de liderança semelhante na interpretação dos textos sagrados, reafirmando a verdade de Deus na esperança de que Sua palavra alcançará e tocará os corações e almas de possíveis convertidos. Quando o fundamentalismo religioso se choca violentamente com a lógica dominante do sistema global, surgem os líderes messiânicos, assim como foi bin Laden. Os movimentos pelos direitos humanos muitas vezes também dependem da atuação de personalidades simbólicas e radicais, como é o caso da tradição instaurada pelos dissidentes russos, historicamente representada por Sakharov, e expressa na década de 1990 por Sergei Kovalov.

Optei deliberadamente por misturar os estilos em meus exemplos para demonstrar que existem "bons" e "maus" profetas, dependendo das preferências individuais, inclusive a minha. Contudo, todos eles são profetas no sentido de que indicam o caminho, sustentam os valores e atuam como emissores de símbolos, transformando-se eles próprios em símbolos, de forma tal que a mensagem se torna indissociável de seu emissor. Momentos de transição histórica, frequentemente articulados no cerne de instituições decadentes e modelos políticos desgastados, têm sempre sido a época mais propícia ao aparecimento dos profetas. E essa noção se aplica ainda mais à transição para a era da informação, isto é, uma estrutura social organizada em torno de fluxos de informação e manipulação de símbolos.

Entretanto, o segundo e *principal agente* identificado em nossa jornada pelos campos povoados por movimentos sociais consiste em *uma forma de organização e intervenção descentralizada e integrada em rede, característica dos novos movimentos sociais,* refletindo a lógica de dominação da formação de redes na sociedade informacional e reagindo a ela. Claramente, é esse o caso do movimento ambientalista, construído em torno de redes nacionais e internacionais de atividade descentralizada. Também demonstrei ser este o caso dos movimentos feministas, dos rebeldes contrários à nova ordem global e dos movimentos religiosos fundamentalistas. Essas redes fazem mais do que simplesmente organizar atividades e compartilhar informações. *Elas representam os verdadeiros produtores e distribuidores de códigos culturais.* Não só pela rede, mas em suas múltiplas formas de intercâmbio e interação. Seu impacto sobre a sociedade raramente advém de uma estratégia altamente articulada, comandada por um determinado núcleo. Suas campanhas mais bem-sucedidas, suas iniciativas mais surpreendentes, normalmente resultam de "turbulências" existentes na rede interativa de comunicação em múltiplos níveis — que se pode verificar, por exemplo, na produção de uma "cultura verde" por parte de um fórum universal em que se compartilham experiências de preservação da natureza e, ao mesmo tempo, sobrevivência ao capitalismo. Ou, ainda, na derrocada do patriarcalismo como produto da troca de experiências entre mulheres em grupos, revistas, livrarias, filmes, clínicas e redes de apoio à criação dos filhos, destinadas ao público feminino. Ou até mesmo o declínio da cultura hegemônica da ideologia neoliberal.

Tal caráter sutil e descentralizado das *redes de mudança social* dificulta a percepção e identificação de novos projetos de identidade que vêm surgindo. Pelo fato de que nossa visão histórica de mudança social esteve sempre condicionada a batalhões bem ordenados, estandartes coloridos e proclamações calculadas, ficamos perdidos ao nos confrontarmos com a penetração bastante sutil de mudanças simbólicas de dimensões cada vez maiores, processadas por redes multiformes, distantes das cúpulas de poder. São nesses recônditos da sociedade, seja em redes eletrônicas alternativas, seja em redes populares de resistência comunitária, que tenho notado a presença dos embriões de uma nova sociedade, germinados nos campos da história pelo poder da identidade.

Continua...

Notas

1. Panarin (1994: 37).
2. *Macht* = poder; *Weltanschauung* = visão de mundo centrada na cultura; *Selbstanschauung* (neologismo proposto) = visão de mundo centrada em si próprio.

Apêndice metodológico

Apêndice às tabelas 5.1 e 5.2

Os índices e taxas de variação apresentados nas tabelas 5.1 e 5.2 foram calculados com base em dados obtidos a partir de diversas fontes estatísticas. As tabelas a seguir foram organizadas de modo a demonstrar os números reais utilizados nos cálculos, bem como os índices e taxas de variação apurados com base nesses dados. Nas linhas em que estão apresentados dados originais, as fontes foram citadas na coluna da direita, com as seguintes abreviações:

GFSY = *Government Finance Statistics Yearbook,* vol. 18 (Washington D.C.: FMI, 1988, 1990, 1994)

IFSY = *International Financial Statistics Yearbook,* vol. 48 (Washington D.C.: FMI, 1995)

EWY = *The Europa World Yearbook* (Londres: Europa Publications, 1982, 1985, 1995)

OECDNA = *National Accounts: Detailed Tables, 1980–1992,* vol. 2 (Paris: OCDE, 1994)

WT = *World Tables, 1994* (Banco Mundial, Baltimore: The Johns Hopkins University Press, 1994).

Para cada país, a tabela 5.1A fornece informações, cálculos e fontes de consulta referentes à tabela 5.1, e a tabela 5.2A fornece os mesmos tipos de informação para a tabela 5.2.

Algumas definições e explicações sobre os cálculos efetuados estão relacionadas a seguir. Para definições completas sobre todas as categorias apresentadas nessas tabelas e descrições sobre as fontes de consulta originais e métodos adotados para os cálculos, ver apêndices aos materiais de consulta.

Taxas de câmbio = médias do período entre as taxas de câmbio de mercado e taxas de câmbio oficiais.

Reservas monetárias = reservas, exceto ouro, segundo avaliação do país.

Exportações	=	produtos de exportação, FOB.
Dívida externa	=	distinta da dívida interna de acordo com o local de residência do financiador, sempre que possível; caso contrário, de acordo com a unidade monetária em que os instrumentos de dívida estão denominados.
Investimento interno	=	cálculo obtido multiplicando-se os dados de cada país constantes da tabela mundial do IFSY, "Investimento em relação ao PIB (%)" pelo PIB do país. O investimento compreende Formação de Capital Fixo Bruto e Aumento nas Ações.

A letra (p) indica dados preliminares.

A letra (f) indica dados definitivos.

O sinal * indica que houve alteração nos métodos de cálculo em relação aos números apurados em anos anteriores.

As tabelas 5.1 e 5.2 e estes apêndices foram compilados e elaborados por Sandra Moog.

Internacionalização da economia e das finanças públicas (em bilhões de marcos alemães, salvo indicação em contrário)

	1980	1991	1992	1993	1994	Taxa de variação 1980–1993 (%)	Fonte
Taxa cambial média (marcos alemães por US$)	1.817,7	1.659,5	1.561,7	1.653,3	1.622,8		IFSY'95
PIB (marcos)	1.47	2.647,6	2.813	2.853,7	2.977,7		IFSY'95
(1990 marcos)	(1.942,40)	(2.548,60)	(2.593,50)	(2.549,50)	(2.608,30)		IFSY'95
Dívida externa do gov.	38,05	243,21	311,73*	472,87(p)			IFSY'95
Dívida externa do gov. / PIB (%)	2,6	9,2	28,5	16,6		583,5	
Crédito externo líquido do gov.	20,84	45,05	68,52*	161,14(p)			
Total de reservas cambiais menos ouro (em milhões de US$)	48.592	63.001	90.967	77.640	77.363		IFSY'95
Total de reservas cambiais menos ouro (em bilhões de marcos)	88,33	104,55	121,25	128,36	125,54		
Dívida externa do gov. / reservas cambiais (%)	43,1	232,6	257,1	368,4		325,3(p)	
Exportações	350.33	665.81	658.47	628.39	677.81		IFSY'95
Dívida externa do gov. / exportações (%)	10,9	36,5	47,3	75,3		590,8	
Despesas públicas	447.54	860.74	1.022.95*	1.062.38(p)			IFSY'95

	1980	1991	1992	1993	1994	Taxa de variação 1980–1993 (%)	Fonte
Dívida externa do gov. / despesas públicas (%)	8,5	28,3	30,5	44,5		423,5(p)	
Crédito externo líquido do gov. / despesas públicas (%)	4,7	5,2	6,7	15,2		223,4	
Investimento interno (formação bruta de capital fixo + crescimento dos estoques)	367,73	680,43	706,06	684,89	738,47		IFSY'95
Investimento estrangeiro direto no exterior (em bilhões de US$)	4.7	23.72	19.67	14.48	14.65		IFSY'95
Investimento estrangeiro direto no exterior (em bilhões de marcos)	8.54	39.36	30.72	23.94	23.77		IFSY'95
Investimento estrangeiro direto no exterior / investimento interno (%)	2,3	5,8	4,4	3,5	3,2	52,2	
Influxo de investimento estrangeiro direto (em bilhões de US$)	0,33	4,07	2,44	0,32	-3,02		IFSY'95
Influxo de investimento estrangeiro direto (em bilhões de marcos)	0,6	6,75	3,81	0,53	-4,9		
Influxo de investimento estrangeiro direto / investimento interno (%)	0,2	1	0,5	0,1	-0,7	-50	

Alemanha: Tabela 5.2A
Papel do governo na economia e nas finanças públicas (em bilhões de marcos alemães, salvo indicação em contrário)

	1980	1991	1992	1993	1994	Taxa de variação 1980–1992 (%)	Fonte
PIB	1.470,2	2.647,6	2.813	2.853,7	2.977,7		IFSY'95
Despesas públicas	447.54	860.74	1.002,95*	1.062,38(p)			IFSY'95
Despesas públicas / PIB (%)	30,4	32,5	36,4	37,2(p)		19,7	
Receitas tributárias (gov. central orçam.)	177.54	351.74	378.82(p)*				GFSY'90,'94
Receitas tributárias / PIB (%)	12,1	13,3	13,5(p)			11,6(p)	
Déficit orçamentário do gov.	-26,91	-62,29	-73,1*	-75,56(p)			IFSY'95
Déficit orçamentário do gov. / PIB (%)	1,8	2,3	2,6	2,6		44,4	
Déficit gov.	235.77	680.81	801.57	902.52(p)			IFSY'95
Dívida pública / PIB (%)	16	25,7	28,5	31,6		78,1	
Emprego gov. (empregados em milhares)	3.929	4.307	4.340				OECDNA'92
Emprego total	23.818	26.183	26.432				OECDNA'92
Emprego gov. / emprego total (%)	16,5	16,5	16,4			-0,6	
Consumo gov.	298	466,5	502,9	508,5	520,2		IFSY'95
Consumo privado	837	1.448,8	1.536,3	1.588,9	1.644,5		IFSY'95
Consumo gov. / consumo privado (%)	35,6	32,2	32,7	32	31,6	-8,1	
Despesas de capital do gov.	101,52	175,92	197,72	199,51			EWY'85,'95
Formação bruta de capital fixo	337,98	652,07	709,22	705,71			EWY'85,'95
Despesas de capital do gov. / formação bruta de capital fixo (%)	30	27	27,9	28,3		-7	

Índia: Tabela 5.1A

Internacionalização da economia e das finanças públicas (em bilhões de rupias, salvo indicação em contrário)

	1980	1991	1992	1993	1994	Taxa de variação 1980–1993 (%)	Fonte
Taxa cambial média (rupias por US$)	8.659	22.724	25.918	30.493	31.374		IFSY'95
PIB (rupias)	1.360,1	6.160,6	7.028,3	7.863,6			IFSY'95
(1990 rupias)	(3.031,6)	(5.381,3)	(5.629,1)	(5.824,6)			
Dívida externa do governo	107,6	369,5	412,2(p)	464,5(f)			IFSY'95
Dívida externa do gov. / PIB (%)	7,9	6	5,3(p)	5,9(p)		-25,3	
Crédito externo líquido do gov.	7	54,2	46,8	55,8			
Total de reservas cambiais menos ouro (em milhões de US$)	6.944	3.627	5.757	10.199	19.698		IFSY'95
Total de reservas cambiais menos ouro (em bilhões de rupias)	60,13	82,42	149,21	311	618,01		
Dívida externa do gov. / reservas cambiais (%)	178,9	448,3	276,3(p)	149,4(p)		-16,5	
Exportações	67,52	401,23	508,71	656,89	785,94		IFSY'95
Dívida externa do gov. / exportações (%)	159,4	92,1	81(p)	70,7(f)		-55,6	
Despesas públicas	180,3	1.050,5	1.209,6(p)	1.310,7(f)			IFSY'95
Dívida externa do gov. / despesas públicas (%)	59,7	35,2	34,1(p)	35,4(f)		-40,7	
Crédito externo líquido do gov. / despesas	3,9	5,2	3,9	4,3		10,3	
Investimento interno (formação bruta de capital fixo + crescimento dos estoques)	284,26	1.410,78	1.637,59	1.674,95			IFSY'95

Papel do governo na economia e nas finanças públicas (em bilhões de rupias, salvo indicação em contrário)

	1980	1991	1992	1993	1994	Taxa de variação 1980–1993 (%)	Fonte
PIB	1.360,1	6.160,6	7.028,3	7.863,6			IFSY'95
Despesas públicas	180,3	1.050,5	1.209,6(p)	1.310,7(f)			IFSY'95
Despesas públicas / PIB (%)	13,3	17,1	17,2(p)	16,7(f)		29,3(p)	
Receitas tributárias (governo central orçamento)	132,7	673,6	787,8(p)	848,7(f)			GFSY'90,'94
Receitas tributárias / PIB (%)	9,8	10,9	11,2(p)	10,8(f)		17,3(p)	
Déficit orçamentário do governo	-88,6	-358,2	-366,5(p)	-372			IFSY'95
Déficit orçamentário do governo / PIB	6,5	5,8	5,2(p)	4,7		-20(p)	
Dívida pública	561	3.312	3.714(p)	4.136,6(f)			IFSY'95
Dívida pública / PIB (%)	41,2	53,8	52,8(p)	52,6		28,2(p)	
Consumo governo	130,8	694,6	785,9	910,5			IFSY'95
Consumo privado	992,9	3.848	4.245,6	4.795,9			IFSY'95
Consumo governo / consumo privado (%)	13,2	18,1	18,5	19		40,2	
Formação bruta de capital fixo	262,8	1.367,8	1.511,8	1.643,8			EWY'85,'95

Japão: Tabela 5.1A

Internacionalização da economia e das finanças públicas (em bilhões de ienes, salvo indicação em contrário)

	1980	1991	1992	1993	1994	Taxa de variação 1980–1993 (%)	Fonte
Taxa cambial média (ienes por US$)	226,74	134,71	126,65	111,20	102,21		IFSY'95
PIB (ienes)	240.176	451.297	463.145	465.972	469.240		IFSY'95
(1990 ienes)	(271.500)	(422.720)	(428.210)				(WT'94)
Dívida externa do gov.	621	1.186 ('90)					IFSY'95
Dívida externa do gov. / PIB (%)	0,3	0,3				0 ('90)	
Total de reservas cambiais menos ouro (em milhões de US$)	24.636	72.059	71.623	98.524	125.860		IFSY'95
Total de reservas cambiais menos ouro (em bilhões de ienes)	5.586	9.707.1	9.071,1	10.956	12.864		
Dívida externa do governo/reservas cambiais (%)	11,1	12,2				9,9 ('90)	
Exportações	29.382	42.359	43.011	40.200	40.470		IFSY'95
Dívida externa do governo / exportações (%)	2,1	2,3 ('90)				9,5 ('90)	
Despesas públicas	44.137						IFSY'95

	1980	1991	1992	1993	1994	Taxa de variação 1980–1993 (%)	Fonte
Dívida externa do governo / despesas públicas (%)	1,4						
Investimento interno (formação bruta de capital fixo + crescimento dos estoques)	77.337	146.672	144.038	139.326	135.610		IFSY'95
Investimento estrangeiro direto no exterior (em bilhões de US$)	2,39	30,74	17,24	13,74	17,97		IFSY'95
Investimento estrangeiro direto no exterior (em bilhões de ienes)	541,91	4.140,99	2.183,45	1.527,89	1.836,71		
Investimento estrangeiro direto no exterior / investimento interno (%)	0,7	2,8	1,5	1,1	1,4	57,1	
Influxo de investimento estrangeiro direto (em bilhões de US$)	0,28	1,37	2,72	0,1	0,89		IFSY'95
Influxo de investimento estrangeiro direto (em bilhões de ienes)	63,49	184,55	344,49	11,12	90,97		
Influxo de investimento estrangeiro direto / investimento interno (%)	0,08	0,13	0,23	0,01	0,07	(erratic)	

Japão: Tabela 5.2A

Papel do governo na economia e nas finanças públicas (em bilhões de ienes, salvo indicação em contrário)

	1980	1991	1992	1993	1994	Taxa de variação 1980–1992 (%)	Fonte
PIB	240.176	451.297	463.145	465.972	469.240		IFSY'95
Despesas públicas	44.137						IFSY'95
Despesas públicas / PIB (%)	0,18						
Receitas tributárias (gov. central orçam.)	26.392	58.730 ('90)					GFSY'90,'94
Receitas tributárias / PIB (%)	11	13 ('90)				18,2 ('90)	
Déficit orçamentário do governo	16.872	6.781 ('90)					
Déficit orçamentário do governo / PIB	7	1,5				-78,6 ('90)	
Dívida pública	98.149	239.932 ('90)					IFSY'95
Dívida pública / PIB (%)	40,9	53,2 ('90)				30,1 ('90)	
Emprego gov. (empregados em milhares)	43.070	54.185	55.381				OCEDNA'92
Emprego total	3.911	3.960	3.975				OCEDNA'92
Emprego governo / emprego total (%)	9,1	7,3	7,2			-20,9	
Consumo governo	23.568	41.232	43.258	44.666	46.108		IFSY'95
Consumo privado	240.176	255.084	264.824	270.919	277.677		IFSY'95
Consumo governo / consumo privado (%)	9,8	16,2	16,3	16,5	16,6	66,3	
Formação bruta de capital fixo	75.420	143.429	142.999	141.322			EWY'85,'95

Internacionalização da economia e das finanças públicas (em bilhões de pesetas, salvo indicação em contrário)

	1980	1991	1992	1993	1994	Taxa de variação 1980–1993 (%)	Fonte
Taxa cambial média (pesetas por US$)	71,7	103,91	102,38	127,26	133,96		IFSY'95
PIB (pesetas)	15,168	54,901	59,002	60,904	64,673		IFSY'95
(1990 pesetas)	(37,305)	(51,269)	(51,625)	(51,054)	(52,064)		
Dívida externa do governo	133,6	2.968,8	3.259,9	6.364,6	5.893		IFSY'95
Dívida externa do governo / PIB (%)	0,9	5,4	5,5	10,5	9,1	1,006.7	
Crédito externo líquido do gov.		1.775	124,2	2.712,9	462,4		
Total de reservas cambiais menos ouro (em milhões de US$)	11.863	65.822	45.504	41.045	41.569		IFSY'95
Total de reservas cambiais menos ouro (em bilhões de pesetas)	850,60	6.839,56	4.658,7	5.233,39	5.568,58		
Dívida externa do governo / reservas cambiais (%)	15,7	43,4	70	121,6	105,8	674,5	
Exportações	1.493,2	6.225,7	6.605,7	7.982,3	9.795,2		IFSY'95
Dívida externa do governo / exportações (%)	8,9	47,7	49,3	79,7	60,2	795,5	
Despesas públicas	2.522,7	13.102,1	14.835,5	17.503	17.034		IFSY'95

	1980	1991	1992	1993	1994	Taxa de variação 1980–1993 (%)	Fonte
Dívida externa do gov. / despesas públicas (%)	5,3	22,7	22	36,4	34,6	586,8	
Crédito externo líquido do gov. / despesas públicas (%)		13,5	0,9	15,5	2,7		
Investimento interno (formação bruta de capital fixo + crescimento dos estoques)	3.518,98	13.505,65	13.393,45	12.119,90	12.740,85		IFSY'95
Investimento estrangeiro direto no exterior (em milhões de US$)	311	4.442	2.192	2.652	4.170		IFSY'95
Investimento estrangeiro direto no exterior (em bilhões de pesetas)	22,3	461,57	224,42	337,49	558,61		
Investimento estrangeiro direto no exterior / investimento interno (%)	0,6	3,4	1,7	2,8	4,4	183,3	
Influxo de investimento estrangeiro direto (em milhões de US$)	1.493	12.493	13.276	8.144	9.700		IFSY'95
Influxo de investimento estrangeiro direto (em bilhões de pesetas)	107,05	1.298,15	1.359,20	1.306,41	1.299,41		
Influxo de investimento estrangeiro direto / investimento interno (%)	3	9,6	10,1	8,6	10,2	236,7	

Espanha: Tabela 5.2A
Papel do governo na economia e nas finanças públicas (em bilhões de pesetas, salvo indicação em contrário)

	1980	1991	1992	1993	1994	Taxa de variação 1980–1992 (%)	Fonte
PIB	15.168	54.901	59.002	60.904	64.673		IFSY'95
Despesas públicas	2.552,7	13.102,1	14.835,5	17.503	17.034		IFSY'95
Despesas públicas / PIB (%)	16,8	23,9	25,1	28,7	26,3	49,4	
Receitas tributárias (gov. central orçam.)	1.602,4	9.530,6					GFSY'90,'94
Receitas tributárias / PIB (%)	10,6	17,4				64,2 ('91)	
Déficit orçamentário do gov.	-555,8	-1,758	-2.523,5	-4.221,4	-4.943,9		IFSY'95
Déficit orçamentário do gov. / PIB (%)	3,7	3,2	4,3	6,9	7,6	16,2	
Dívida pública	2.316,7	20.837,3	23.552,7	28.708,9	34.448		IFSY'95
Dívida pública / PIB (%)	15,3	38	39,9	47,1	53,3	160,8	
Emprego gov. (empregados em milhares)		2.041	2.084				OECDNA'92
Emprego total		9.789	9.616				OECDNA'92
Emprego gov. / emprego total (%)		20,8	21,7				
Consumo governo	2.008	8.882	10.027	10.669	10.992		IFSY'95
Consumo privado	9.992	34.244	37.220	38.511	40.854		IFSY'95
Consumo gov. / consumo privado (%)	20,1	25,9	26,9	27,7	26,9	33,8	
Formação bruta de capital fixo	3.368	13.041	12.859	12.040	12.709		IFSY'95

Reino Unido: Tabela 5.1A
Internacionalização da economia e das finanças públicas (em bilhões de libras esterlinas, salvo indicação em contrário)

	1980	1991	1992	1993	1994	Taxa de variação 1980–1993 (%)	Fonte
Taxa cambial média (libras por US$)	0,4299	0,5652	0,5664	0,6658	0,6529		IFSY'95
PIB (libras)	231,7	575,32	597,24	630,71	668,87		IFSY'95
(1990 libras)	(423,49)	(423,49)	(537,45)	(549,59)	(570,72)		
Dívida externa do governo	10,14	28,45	34,89				IFSY'95
Dívida externa do governo / PIB (%)	4,4	4,9	5,8			31,8 ('92)	
Crédito externo líquido do gov.	1,43	5,5	4,71				
Total de reservas cambiais menos ouro (em bilhões de US$)	20,65	41,89	36,64	36,78	41,01		IFSY'95
Total de reservas cambiais menos ouro (em bilhões de libras)	8,73	23,68	20,75	24,49	26,78		
Dívida externa do governo / reservas cambiais (%)	116,2	120,1	168,1			44,7 ('92)	
Exportações	47,36	104,88	108,51	120,94	133,03		IFSY'95
Dívida externa do governo / exportações (%)	21,4	27,1	32,2			50,5 ('92)	
Despesas públicas	88,48	229,15	257,89				GSFY'90,'94
Dívida externa do gov. / despesas públicas (%)	11,5	12,4	13,5			17,4 ('92)	

	1980	1991	1992	1993	1994	Taxa de variação 1980–1993 (%)	Fonte
Crédito externo líquido do gov. / despesas públicas (%)	1,6	18,3	14,2			787,5 ('92)	
Investimento interno (formação bruta de capital fixo + crescimento dos estoques)	38,94	92,63	91,97	95,24	103,67		IFSY'95
Investimento estrangeiro direto no exterior (em milhões de US$)	11,23	16,4	19,35	25,64	29,95		IFSY'95
Investimento estrangeiro direto no exterior (em bilhões de libras)	4,83	9,27	10,96	17,07	19,55		
Investimento estrangeiro direto no exterior / investimento interno (%)	12,4	10	11,9	17,9	18,9	44,4	
Influxo de investimento estrangeiro direto (em milhões de US$)	10,12	16,6	16,49	14,56	10,94		IFSY'95
Influxo de investimento estrangeiro direto (em bilhões de libras)	4,35	9,08	9,34	9,69	7,14		
Influxo de investimento estrangeiro direto / investimento interno (%)	11,2	9,8	10,2	10,2	6,9	-8,9	

Reino Unido: Tabela 5.2A
Papel do governo na economia e nas finanças públicas (em bilhões de libras esterlinas, salvo indicação em contrário)

	1980	1991	1992	1993	1994	*Taxa de variação* 1980–1992 (%)	Fonte
PIB libras	231,7	575,32	597,24	630,71	668,87		IFSY'95
(1999 libras)	(423,49)	(540,31)	(537,45)	(549,59)	(570,72)		
Despesas públicas	88,48	229,15	257,89				GSFY'90','94
Despesas públicas / PIB (%)	38,2	39,8	43,2			13,1	
Receitas tributárias (governo central orçamento)	58,04	159,87	161,21				GSFY'90','94
Receitas tributárias / PIB (%)	25	27,8	27			8	
Déficit orçamentário do governo	-10,73	-5,69	-30				IFSY'95
Déficit orçamentário do governo / PIB	4,6	1	5			8,7	
Dívida pública	106,75	189,65	203,51				IFSY'95
Dívida pública / PIB (%)	46,1	33	34,1			-26	
Emprego gov. (empregados em milhares)	5.349	5.129	4.915				OECDNA'92
Emprego total	23.314	22.559	22.138				OECDNA'92

	1980	1991	1992	1993	1994	Taxa de variação 1980–1992 (%)	Fonte
Emprego gov. / emprego total (%)	22,9	22,7	22,2			-3,1	
Consumo governo	49,98	124,11	131,88	137,97	144,08		IFSY'95
Consumo privado	138,56	364,97	381,72	405,45	428,08		IFSY'95
Consumo governo / consumo privado (%)	36,1	34	34,5	34		-2,7	
Despesas de capital do governo		20,23	20,08	19,64			EWY'95
Formação bruta de capital fixo		41,79	45,99	49,56			EWY'95
Despesas de capital do gov. / formação bruta de capital fixo (%)	48,4	43,7	39,6				

Estados Unidos: Tabela 5.1A
Internacionalização da economia e das finanças públicas (em bilhões de dólares, salvo indicação em contrário)

	1980	1991	1992	1993	1994	Taxa de variação 1980–1993 (%)	Fonte
PIB (dólares)	2.708,10	5.722,90	6.020,20	6.343,30	6.738,40		IFSY'95
(1990 dólares)	(4.275,60)	(5.458,30)	(5.673,50)	(5.813,20)	(6.050,40)		
Dívida externa do governo	129,7	491,7	549,7	622,6			IFSY'95
Dívida externa do governo / PIB (%)	4,8	8,6	9,1	9,8		104,2	
Crédito externo líquido do governo	0,2	68,8	57,6	91,4			IFSY'95
Total de reservas cambiais menos ouro	15,6	66,66	60,27	62,35	63,28		IFSY'95
Dívida externa do governo / reservas cambiais (%)	831,4	737,6	912,1	998,6		20,1	
Exportações	225,57	421,73	448,16	464,77	512,52		IFSY'95
Dívida externa do governo / exportações (%)	57,5	116,6	122,7	134		133	
Despesas públicas	596,6	1.429,10	1.445,10	1.492,40			IFSY'95
Dívida externa do governo / despesas públicas (%)	21,7	34,4	38	41,7		92,2	

	1980	1991	1992	1993	1994	Taxa de variação 1980–1993 (%)	Fonte
Crédito externo líquido do governo / despesas públicas (%)	0,03	4,8	4	6,12		203	
Investimento interno (formação bruta de capital fixo + crescimento dos estoques)	541,62	875,6	939,15	1.052,99	1.246,60		IFSY'95
Investimento estrangeiro direto no exterior	19,23	31,3	41,01	57,87	58,44		IFSY'95
Investimento estrangeiro direto no exterior / investimento interno (%)	3,6	3,6	4,4	5,5	4,7	52,8	
Influxo de investimento estrangeiro direto	16,93	26,09	9,89	21,37	60,07		IFSY'95
Influxo de investimento estrangeiro direto / investimento interno (%)	3,1	3	1,1	2	4,8	-35,5	

Estados Unidos: Tabela 5.2A
Papel do governo na economia e nas finanças públicas (em bilhões de dólares, salvo indicação em contrário)

	1980	1991	1992	1993	1994	Taxa de variação 1980–1992 (%)	Fonte
PIB	2.708,10	5.722,90	6.020,20	6.343,30	6.738,40		IFSY'95
Despesas públicas	596,6	1.429,10	1.445,10	1.492,4			IFSY'95
Despesas públicas / PIB (%)	22	25	24	23,5		9,1	
Receitas tributárias (governo central orçamento)	346,83	635,54	651	706,79			GFSY'88,'94
Receitas tributárias / PIB (%)	12,8	11,8	10,8	11,1		-15,6	
Déficit orçamentário do governo	-76,2	-272,5	-289,3	-254,10			IFSY'95
Déficit orçamentário do governo / PIB	2,8	4,8	4			42,9	
Dívida pública	737,7	2.845	3.142,4	3.391,9			IFSY'95
Dívida pública / PIB (%)	27,2	49,7	52,2	53,5		91,9	
Emprego gov. (empregados em milhares)	14.890	16.893	16.799				OECDNA'92
Emprego total	87.401	103.499	103.637				OECDNA'92

	1980	1991	1992	1993	1994	Taxa de variação 1980–1992 (%)	Fonte
Emprego governo / emprego total (%)	17	16,3	16,2			-4,7	
Consumo e investimento governo	507,1	1.099,3	1.125,3	1.148,4	1.175,3		IFSY'95
Consumo privado	1.748,1	3.906,4	4.136,9	4.378,2	4.628,4		IFSY'95
Consumo governo / consumo privado (%)	29	28,1	27,2	26,2	25,4	-6,9	
Consumo gov. / consumo privado (%)	72,7	139,6	150,6	155,1	160,8		IFSY'95
Formação bruta de capital fixo	549,8	876,5	938,9	1.037,1	1.193,7		IFSY'95
Despesas de capital do governo / formação bruta de capital fixo (%)	13,2	15,9	16	15	13,5	21,2	

APÊNDICE À FIGURA 6.9:
APOIO AOS PRINCIPAIS PARTIDOS DURANTE AS ELEIÇÕES NACIONAIS — 1980-2002

As percentagens apresentadas na figura 6.9 foram calculadas com base nos resultados eleitorais obtidos para a câmara baixa do parlamento, à exceção dos Estados Unidos e França, em que foram utilizados os dados referentes às eleições presidenciais. O critério adotado para classificar os partidos como "principais" foi o fato de terem participado do governo. Partidos eram considerados dominantes se tivessem servido ao governo ou sido o principal partido de oposição anteriormente ao momento específico da eleição. Se um partido cumprisse essas condições, seria considerado dominante para o resto dos anos. Partidos que sofriam subdivisões e coalisões eram considerados como tendo a mesma base histórica que os partidos originais.

Sobre fontes de consulta, ver última linha da tabela para cada um dos países a seguir. Todos os dados são provenientes de uma das seguintes referências:

EWY   =   *The Europa World Yearbook* (Londres: Europa Publications, 1982-2002)

SY   =   *Statesman's Yearbook* (org. Brian Hunter, Nova York: St Martin's Press, 1994-1995, 1995-1996)

Elysee   =   www.elysee.fr (estatísticas, em francês, do website oficial da Présidence de la République)

FRO   =   www.bundeswahlleiter (estatísticas, em alemão, do website oficial do Federal Returning)

Soumu = www.soumu.go.jp (estatísticas, em japonês, do website oficial do Ministério da Administração, Políticas Internas, Correios e Telecomunicações do Japão)

Congreso = www.congreso.es (estatísticas, em espanhol, do website oficial do Congresso de los Diputados da Espanha)

Todos os números indicados nas tabelas correspondem a valores percentuais.

França — Primeiro turno de votação para eleição presidencial

	1981 (1ª votação)	1988 (1ª votação)	1995 (1ª votação)	2002 (1ª votação)
Partidos dominantes				
Jacques Chirac (RPR)	18	20	20,8	19,9
Outro do RPR			18,6	
Democracia Liberal (DL)				3,9
UDF	28,3	16,5		6,8
François Mitterrand (PS)	25,8	34,1		
Lionel Jospin (PS)			23,3	16,2
MRG	2,2			
Comunistas (PCF)	15,3	6,8	8,6	3,4
Os Verdes				5,3
Outros partidos				
Luta Operária (LO)	2,3	2	5,3	5,7
LCR				4,3
Outro de extrema esquerda	1,1	2,5		8,1
Jean-Marie Le Pen (FN)		14,4	15	16,9
Outro de extrema direita	3		5	3,5
Os Verdes		3,8	3,3	
Outros ecologistas	3,9			1,9
Outros				4,2
Total de votos para os partidos dominantes	89,6	77,4	71,3	55,5
Fonte	Elysee	Elysee	Elysee	Elysee

Alemanha — Votação para o Bundestag (Parlamento Federal)

	1983	1987	1990	1994	1998	2002
Partidos dominantes						
CDU/CSU	48,8	44,2	43,8	41,5	35,2	38,5
Partido Social-Democrata (SPD)	38,2	37	33,5	36,4	40,9	38,5
Partido Democrático Liberal (FDP)	7	9,1	11	6,9	6,3	7,4
Os Verdes (+ Aliança 90 em 1990, 1994, 1998, 2002)						8,6
Outros partidos						
Comunistas (DKP)	0,2					
Partido do Socialismo Democrático (PDS) (Ex-Partido Comunista da Rep. Democrática Alemã)			2,4	4,4	5,1	4
Partido Republicano			1,2	1,9	1,8	0,6
Partido Nacional Democrático (NDP)	0,2	0,6				
Os Verdes (+ Aliança 90 em 1990, 1994, 1998, 2002)	5,6	8,3	5	7,3	6,7	
Partido Democrático Ecológico (ODP)		0,3				
Partido das Mulheres		0,2				
Outros		0,3	2,1	1,7	4	2,4
Total de votos para partidos dominantes	94	90,3	88,3	84,8	82,4	93
Fonte	EWY–84	EWY–88	EWY–92	EWY–95	EWY–99	FRO

Itália — Votação para a Câmara dos Deputados

	1983	1987	1992	1994	1996*	2001*
Partidos dominantes						
Republicanos (PRI)	5,1	3,7	4,4			
Liberais (PLI)	2,9	2,1	2,8			
Democracia Cristã (DC)	32,9	34,3	29,7			
Partido Popular Italiano (PPI)				11,1	6,8	
União dos Democratas-Cristãos e de Centro					5,8	3,2
Socialistas Democráticos (PSDI)	4,1	3	2,7			
Socialistas (PSI)	11,4	14,3	13,6	2,2		
Partido Comunista (PCI)	29,9	26,6				
Partido Democrático de Esquerda (PDS) (ex-comunistas)			16,1	20,4	21,1	16,6
Partido da Refundação Comunista (ex-comunistas)			5,6	6	8,6	5
Força Itália!					20,6	29,4
Liga Norte					10,1	3,9
Aliança Nacional					15,7	12
O Girassol (Federação dos Verdes + Social Democratas Italianos)						2,2
A Margarida (PPI + RI + União dos Dem. pela Europa)						14,5
Outros partidos						
Força Itália!				21		
Aliança Nacional				13,5		
Renovação Italiana (RI)					4,3	

	1983	1987	1992	1994	1996*	2001*
Movimento Social Italiano (MSI)	6,8	5,9	5,4			
Radicais da Democracia	1,5	1,7				
Radicais (PR)	2,2	2,6				
Partidos regionais						
Liga Norte			8,7	8,4		
Sul Tirolês	0,5					
Volkspartei						
A Rede			1,9	1,9		
Patto Segni				4,6		
Aliança Democrática				1,2		
Novo Partido Socialista Italiano						0,9
Lista di Pietro						3,9
Democracia Europeia						2,4
Lista Bonino						2,3
Movimento Social dos Tricolores						
Flama						0,4
Verdes		2,5	2,8	2,7	2,5	
Outros	2,7	3,3	6,3	7	4,5	1,6
Total de votos para os partidos dominantes	86,3	84	74,9	39,7	88,7	88,5
Fonte	EWY–84	EWY–88	SY–94–5	EWY–95	EWY–97	EWY–02

---

* Os números se referem às cadeiras conquistadas por representação proporcional.

Japão — Votação para a Câmara dos Representantes

	1983	1986	1990	1993	1996*	2000*
Partidos dominantes						
Liberal Democrático (LDP)	45,8	49,4	46,1	36,6	32,8	28,3
Novo Clube Liberal (unifica-se ao LDP em 1986)	2,4	1,8				
Sakigake				2,1	1,1	
Socialistas (JSP) (torna-se Partido Social-Democrata do Japão em 1991)	19,5	17,2	24,4	15,4	6,4	9,4
Partido Nova Fronteira (Komeito + JNP + JRP + DSP + SDL, integra-se ao DPJ após 1998)					28	
Partido Democrático do Japão (DPJ)					16	25,2
Novo Komeito						13
Partido Liberal						11
Outros partidos						
Partido Social-Democrata (DSP)	7,3	6,5	4,8	3,5		
Partido Progressista			0,4			
Komeito (Novo Komeito após 1998)	10,1	9,4	8	8,1		
Partido Novo Japonês (JNP)				8,1		

	1983	1986	1990	1993	1996*	2000*
Soc. Dem. Fed. (SDF) (+ Partido Un. Soc. Dem. em 1993)	0,7	0,8	0,9	0,7		
Comunistas (JCP)	9,3	8,8	8	7,7	13,1	11,2
Partido da Renovação Japonês				10,1		
Independente	4,9	5,8	7,3	6,9		
Outros	0,1	0,2	0,1	0,2	2,6	1,9
Total de votos para os partidos dominantes	67,7	68,4	70,5	54,1	84,3	86,9
Fonte	EWY–86	EWY–88	EWY–90	EWY–95	Soumu	Soumu

* Os números se referem às cadeiras conquistadas por representação proporcional.

Espanha — Votação para o Congresso dos Deputados

	1982	1986	1989	1993	1996	2000
Partidos dominantes em toda a Espanha						
ADP + PDP (+ PL em 88 = CP)	26,5	26,1				
Partido Popular (AP → PP em 1989)			26,5	35	39,2	45,2
União de Centro Democrático (UCD)	6,5					
Centro Democrático e Social (CDS)	2,9	9,2	8			
Partido Socialista Operário Espanhol (PSOE)	48,3	44,3	40	39,1	38	34,7
Partidos dominantes regionalistas e nacionalistas						
Partido Nacionalista Basco (PNV)	1,9	1,5	1,2	1,3	1,3	1,6
Convergência e União (CiU)	3,7	5	5	5	4,6	4,3
Outros partidos						
Partido Comunista Espanhol (PCE)	3,3					

	1982	1986	1989	1993	1996	2000
Esquerda Unida (IU)		3,8	8	8,1	9,5	5,5
Outros partidos regionalistas e nacionalistas	2,9	3,6	5,4	5,3	5,3	5,5
Outros	4,1	6,3	6,1	6	2,2	3,2
Total de votos para os partidos dominantes em toda a Espanha	84,2	79,6	74,5	74,1	77,2	79,9
Fonte	Congresso	Congresso	Congresso	Congresso	Congresso	Congresso

Reino Unido — Votação para a Câmara dos Comuns

	1983	1987	1992	1997	2001
Partidos dominantes em todo o Reino Unido					
Conservadores	42,4	42,3	41,9	30,7	31,7
Liberais (+ Soc. Dem.)	25,4	22,6	17,9	16,8	18,3
Partido Trabalhista	27,6	30,9	34,4	43,2	40,7
Partidos dominantes regionalistas e nacionalistas					
Partido Nacional Escocês	1,1	1,3	1,9	2	1,8
Partido Unionista Popular do Ulster	0,1				
Partido Unionista Ulster	0,8			0,8	0,8
Partido Unionista Democrático	0,5			0,3	0,7
(Todos os 3)		1,2	1,2		
Plaid Cymru (Partido Nacionalista Galês)	0,4	0,4	0,5	0,5	0,7
Outros partidos					
Partido Soc. e Dem. Trabalhista	0,4	0,5	0,5	0,6	0,6
Sinn Féin	0,3	0,3		0,4	0,7
Outros	1	0,5	1,8	4,7	4
Total de votos para os partidos dominantes em todo o Reino Unido	95,4	95,8	94,2	90,7	90,7
Fonte	EWY–86	EWY–90	EWY–95	EWY–98	EWY–02

Estados Unidos — Votação popular para Presidente

	1980	1984	1988	1992	1996	2000
Partidos dominantes						
Democratas	41	40,5	45,6	42,9	49,2	48,4
Republicanos	50,8	58,8	53,4	37,5	40,7	47,9
Outros						
John Anderson	6,6					
Ross Perot				18,9	8,4	
Ralph Nader						2,7
Outros	1,6	0,7	1	0,8	1,71	1
Total de votos para os partidos dominantes	91,8	99,3	99	80,4	89,9	96,3
Fonte	EWY–81	EWY–88	EWY–90	EWY–94	EWY–97	EWY–02

Resumo dos sumários dos volumes I e III

Volume I: *A sociedade em rede*

Prólogo: A Rede e o Ser

1. A revolução da tecnologia da informação
2. A nova economia: Informacionalismo, globalização, funcionamento em rede
3. A empresa em rede: A cultura, as instituições e as organizações da economia informacional
4. A transformação do trabalho e do mercado de trabalho: Trabalhadores ativos na rede, desempregados e trabalhadores com jornada flexível
5. A cultura da virtualidade real: A integração da comunicação eletrônica, o fim da audiência de massa e o surgimento de redes interativas
6. O espaço de fluxos
7. O limiar do eterno: Tempo intemporal

Conclusão: A sociedade em rede

Volume III: *Fim de milênio*

Tempo de Mudança

1. A crise do estatismo industrial e o colapso da União Soviética
2. O surgimento do Quarto Mundo: Capitalismo informacional, pobreza e exclusão social
3. A conexão perversa: A economia do crime global
4. Desenvolvimento e crise na região do Pacífico asiático: A globalização e o Estado
5. A unificação da Europa: Globalização, identidade e o Estado em rede

Conclusão: Depreendendo nosso mundo

Bibliografia

Abdel Majed, Nash'at Hamid (2001) "Al-Afghan Al-Arab, Muhawalah lil-Ta'rif" (www.islamonline.net/arabic/famous/2001/1o/article2-b.shtml).

Abelove, Henry, Barale, Michele Aina e Halperin, David M. (orgs.) (1993) *The Lesbian and Gay Studies Reader*, Nova York: Routledge.

Abramson, Jeffrey B., Artertone, F. Christopher e Orren, Cary R. (1988) *The Electronic Commonwealth: The Impact of the New Media Technologies in Democratic Politics*, Nova York: Basic Books.

Adler, Margot (1979) *Drawing Down the Moon: Witches, Druids, Goddess-worshippers, and Other Pagans in America Today*, Boston: Beacon.

Adsera, Alicia, Boix, Carles, and Payne, Mark (2001) "Are you being served? Political accountability and quality of government" revised, unpublished version of a paper presented at the Performance of Democracies Workshop, Harvard University, Department of Government, Cambridge, MA, 25 de outubro, 2000.

Aglietta, Michel (2002) *La monnaie entre violence et confiance*. Paris: O. Jacob.

Aguirre, Pedro *et al.* (1995) *Una reforma electoral para la democracia. Argumentos para el consenso*. México: Instituto de Estudios para la transición democrática.

Aguirre, Pedro *et al.* (1995) *Una reforma electoral para la democracia. Argumentos para el consenso*, México: Instituto de Estudios para la transición democrática.

Akhmatova, Anna (1985) *Selected Poems*, trad. D.M. Thomas, Londres: Penguin.

Al-Azmeh, Aziz (1993) *Islams and Modernities*, Londres: Verso.

Alberdi, Ines (org.) (1995) *Informe sobre la situación de la familia en España*, Madri: Ministerio de Asuntos Sociales.

Albo, Xavier (1993) *Y de Kataristas a MNRistas? La soprendente y audaz alianza entre Aymaras y neoliberales en Bolivia*, La Paz: CEDOIN-UNITAS.

Alexander, Herbert E. (1992) *Financing Politics. Money, Elections, and Political Reform*, Washington, D.C.: CQ Press.

Al-Hayat (2001) Sunday October 21, issue no. 14098.

Allen, Thomas B. (1987) *Guardian of the Wild. The Story of the National Wildlife Federation, 1936–1986*, Bloomington, Ind.: Indiana. University Press.

Alley, Kelly D. *et al.* (1995) "The historical transformation of a grassroots environmental group", *Human Organization*, 54 (4): 410–6.

Alonso Zaldívar, Carlos (1996) *Variaciones sobre un mundo en cambio*. Madri: Alianza Editorial.

_____ e Castells, Manuel (1992) *España fin de siglo*, Madri: Alianza Editorial.

Al-Sayyad, Nezar and Castells, Manuel (orgs.) (2002) *Muslim Europe or Euro-Islam Politics, Culture, and Citizenship in the Age of Globalization*. Nova York: Lexington Books.

Al-Zhawahiri, Muhammad Rabi (1999) *Al-Hasad al-Murr: al-Ikhwan al-Muslimun fi sittin aman*. Amman, Jordan: Dar al-Bayariq.

Ammerman, Nancy (1987) *Bible Believers: Fundamentalits in the Modern World*, New Brunswick, NJ: Rutgers University Press.

Anderson, Benedict (1983) *Imagined Communities: Reflections on the Origin and Spread of Nationalism*, Londres: Verso (consultado *in* sua 2ª edição, 1991).

Anderson, P. e Comiller, P. (orgs.) (1994) *Mapping the West European Left*, Londres: Verso.

Anheier, Helmut, Glasius, Marlies, and Kaldor, Mary (orgs.) (2001) *Global Civil Society 2001*. Oxford: Oxford University Press.

Ansolabehere, Stephen e Iyengar, Shanto (1994) "Riding the wave and claiming ownership over issues: the joint effects of advertising and news coverage in campaigns", *Public Opinion Quarterly*, 58: 335–57.

––––––– *et al.* (1993) *The Media Game: American Politics in the Television Age*, Nova York: Macmillan.

Anthes, Gary H. (1993) "Government ties to Internet expand citizens' access to data", *Computerworld*, 27 (34): 77.

Anti-Defamation League (1994) *Armed and Dangerous*, Nova York: Anti-Defamation League of B'nai B'rith.

Anti-Defamation League (1995) *Special Report: Paranoia as Patriotism: Far-Right Influence on the Militia Movement*, Nova York: Anti-Defamation League of B'nai B'rith.

Aoyama, Yoshinobu (1991) *Riso Shakai: kyosanto sengen kara shinri'e* (*A Sociedade Ideal: do Manifesto Comunista à Verdade*), Tóquio: AUM Press.

Appiah, Kwame Anthony e Gates, Henry Louis, Jr (orgs.) (1995) *Identities*, Chicago: The University of Chicago Press.

Archondo, Rafael (1991) *Compadres al microfono: la resurreccion metropolitana del ayllu*, La Paz: Hisbol.

Ardaya, Gloria e Verdesoto, Luís (1994) *Racionalidades democráticas en construcción*, La Paz: ILDIS.

Arlachi, Pino (1995) "The Mafia, Cosa Nostra, and Italian institutions" in Sechi (ed.), pp. 153–63.

Arlachi, Pino (1995) "Militia of Montana meeting at the Maltby Community Center", *World Wide Web*, site MOM, 11 de fevereiro.

Armstrong, David (1995) "Cyberhoax!", *Columbia Journalism Review*, setembro/outubro.

Arquilla, John e Rondfeldt, David (1993) "Cyberwar is coming!", *Comparative Strategy*, 12 (2): 141–65.

––––––– e ––––––– (2001) *Networks and Netwars*. Santa Monica, CA: Rand Corporation.

Arrieta, Carlos G. *et al.* (1991) *Narcotráfico en Colombia. Dimensiones políticas, económicas, jurídicas e internacionales*, Bogotá: Tercer Mundo Editores.

Arsenault, Amelia and Castells, Manuel (2008) "The structure and dynamics of global multi-media business networks" *International Journal of Communication*, 2: 707–48.

Asahara, Shoko (1994) *Metsubo no Hi (O dia do juízo final)*, Tóquio: AUM Press.

_____ (1995) *Hi Izuru Kuni Wazawai Chikashi (As catástrofes se aproximam da nação como o sol nascente)*, Tóquio: AUM Press.

Astrachan, Anthony (1986) *How Men Feel: Their Response to Women's Demands for Equality and Power*, Garden City, NY: Anchor Press/Doubleday.

Athanasiou, Tom (1996) *Divided Planet: The Ecology of Rich and Poor*, Boston: Little, Brown.

Aust, Stefan e Schnibben, Cordt (orgs.) (2002) *11 de Septiembre: Historia de un ataque terrorista* (Tradução espanhola do original alemão).

Awakening (1995) Edição especial, nº. 158-1961, Taipé (em chinês).

Axford, Barrie *et al.* (1992) "Image management, stunts, and dirty tricks: the marketing of political brands in television campaigns". *Media, Culture, and Society*, 14 (4): 637-51.

Azevedo, Milton (org.) (1991) *Contemporary Catalonia in Spain and Europe*, Berkeley: University of California, Gaspar de Portola Catalonian Studies Program.

Bachr, Peter R. e Gordenker, Leon (1994) *The UN in the 1990s*, Nova York: St Martin's Press.

Badie, Bertrand (1992) *L'etat importe: essai sur l'occidentalisation de l'ordre politique*, Paris: Fayard.

Bakhash, Shaul (1990) "The Islamic Republic of Iran, 1979-1989", *Middle East Focus*, 12(3): 8-12, 27.

Baldassare, Mark (2000) *California in the New Millennium: The Changing Social and Political Landscape*. Berkeley, CA: University of California Press.

Balta, Paul (org.) (1991) *Islam: Civilisations et societés*. Paris: Editions du Rocher.

Balz, Dan e Brownstein, Ronald (1996) *Storming the Gates: Protest Politics and the Republican Revival*, Boston: Little, Brown.

Barber, Benjamin R. (1993) "Letter from America, September 1993: the rise of Clinton, the fall of democrats, the scandal of the media", *Government and Opposition*, 28 (4): 433-43.

_____ (1995) *Jihad vs. McWorld*. Nova York: Basic Books.

Barker, Anthony (1992) *The Upturned Stone: Political Scandals in Twenty Democracies and their Investigation Process*. Colchester: University of Essex, Essex Papers in Politics and Government.

Barnett, Bernice McNair (1995) "Black women's collectivist movement organizations: their struggles during the 'doldrums'", *in* Ferree e Martin (orgs.), pp. 199-222.

Barrett, David, Kurian, George J. e Johnson, Todd M. (2001) *World Christian Encyclopedia: A Comparative Survey of Churches and Religion in the Modern World*. 2 vols., Oxford: Oxford University Press.

Barone, Michael e Ujifusa, Grant (1995) *The Almanac of American Politics 1996*, Washington: National Journal.

Barron, Bruce e Shupe, Anson (1992) "Reasons for growing popularity of Christian reconstructionism: the determination to attain dominion", *in* Misztal e Shupe (orgs.), pp. 83-96.

Bartholet, E. (1990) *Family Bonds, Adoption and the Politics of Parenting*, Nova York: Houghton Mifflin.

Bartz, Steve (1996) "Environmental organizations and evolving information technologies", Berkeley: University of California, Department of Sociology, trabalho não publicado para seminário do SOC 290.2, maio.

Baylis, John e Rengger, N.J. (orgs.) (1992) *Dilemmas of World Politics. International Issues in a Changing World*, Oxford: Clarendon Press.

Beccalli, Bianca (1994) "The modern women's movement in Italy", *New Left Review*, 204, março/abril: 86–112.

Beck, Ulrich (2003) "Las instituciones de gobernanza mundial en la sociedad global de riesgo," in Castells e Serra (orgs.), pp. 53–66.

Bellah, Robert N., Sullivan, William M., Swidler, Ann e Tipton, Steven M. (1985) *Habits of the Heart. Individualism and Commitment in American Life*, Berkeley: University of California Press (citado na edição da *Perennial Library* de Harper e Row, Nova York, 1986).

Bellers, Jurgen (org.) (1989) *Politische Korruption*, Munster: Lit.

Bennett, David H. (1995) *The Party of Fear: the American Far Right from Nativism to the Militia Movement*, Nova York: Vintage Books.

Bennett, William J. (1994) *The Index of Leading Cultural Indicators: Facts and Figures on the State of American Society*, Nova York: Touchstone.

Berdal, Mats R. (1993) *Whither UN Peacekeeping?: An Analysis of the Changing Military Requirements of Un Peacekeeping with Proposals for its Enhancement*, Londres: Brassey's for International Institute of Strategic Studies.

Bergen, Peter L. (2001) *Holy War, Inc.: Inside the Secret World of Osama bin Laden*. Nova York: The Free.

Berins Collier, Ruth (1992) *The Contradictory Alliance. State-Labor Relationships and Regime Changes in Mexico*, Berkeley: University of California, International and Area Studies.

Berlet, Chips e Lyons, Matthew N. (1995) "Militia nation", *The Progressive*, junho.

Berman, Jerry e Weitzner, Daniel J. (1995) "Abundance and user control: renewing the democratic heart of the First Amendment in the age of interactive media". *Yale Law Journal*, 104 (7) 1619–37.

Bernard, Jessie (1987) *The Female World from a Global Perspective*, Bloomington, Ind.: Indiana University Press.

Berry, Sebastian (1992) "Party strategy and the media: the failure of Labour's 1991 election campaign", *Parliamentary Affairs*, 45 (4): 565–81.

Betts, Mitch (1995) "The politicizing of cyberspace", *Computerworld*, 29 (3): 20.

Bilbao La Vieja Diaz, Antonio, Perez de Rada, Ernesto e Asturizaga, Ramiro (1996) "CONDEPA movimiento patriótico", La Paz: Naciones Unidas/CIDES, monografia de pesquisa não publicada.

Birnbaum, Lúcia Chiavola (1986) *Liberazione della donna: Feminism in Italy*, Middletown, Conn.: Wesleyan University Press.

Black, Gordon S. e Black, Benjamin D. (1994) *The Politics of American Discontent: How a New Party Can Make Democracy Work Again*, Nova York: John Wiley and Sons.

Blakely, Edward e Goldsmith, William (1993) *Separate Societies: Poverty and Inequality in American Cities*, Philadelphia: Temple University Press.

Blas Guerrero, Andres (1994) *Nacionalismos y naciones en Europa*, Madri: Alianza Editorial.

Blossfeld, Hans-Peter (ed.) (1995) *The New Role of Women: Family Formation in Modern Societies*, Boulder, Colo.: Westview Press.

Blum, Linda (1991) *Between Feminism and Labor: The Politics of the Comparable Worth Movement*, Berkeley: University of California Press.

Blumberg, Rae Lesser, Rakowski, Cathy A. Tinker, Irene e Monteon, Michael (orgs.) (1995) *EnGENDERing Wealth and Well-being*. Boulder, Colo.: Westview Press.

Blumenfield, Seth D. (1994) "Developing the global information infrastructure", *Federal Communications Law Journal*, 47 (2): 193–6.

Blumstein, Philip e Schwartz, Pepper (1983) *American Couples: Money, Work, Sex*, Nova York: William Morrow.

Boardman, Robert (1994) *Post-socialist World Orders: Russia, China, and the UN system*, Nova York: St Martin's Press.

Bobbio, Norberto (1994) *Destra e sinistra: ragioni e significati di una distinzione política*, Roma: Donzelli editore.

Bonnell, Victoria e Breslauer, George (orgs.) (2001) *Russia at the End of the Twentieth Century*. Boulder, CO: Westview Press.

Borja, Jordi (1988) *Estado y ciudad*, Barcelona: Promociones y Publicaciones Universitárias.

—————— e Castells, Manuel (1996) *Local and Global: The Management of Cities in the Information Age*, Londres: Earthscan.

—————— et al. (1992) *Estratégia de desarrollo e internacionalizacion de las ciudades europeas: las redes de ciudades*, Barcelona: Consultores Europeos Asociados, Relatório de Pesquisa.

Bouissou, Jean-Marie (1991) "Corruption à la Japonaise", *L'Historie*, 142, março: 84–7.

Bramwell, Anna (1989) *Ecology in the 20th Century: A History*, New Haven: Yale University Press.

—————— (1994) *The Fading of the Greens: The Decline of Environmental Politics in the West*, New Haven: Yale University Press.

Brenner, Daniel (1994) "In search of the multimedia grail", *Federal Communications Law Journal*, 47 (2), pp: 197–203.

Brisard, Jean-Charles and Dasquie, Guillaume (2002) *Forbidden Truth: US–Taliban Secret Oil Diplomacy and the Failed Hunt for Bin Laden*. Nova York: Thunderer's Mouth Press / Nation Books.

Broadcasting & Cable (1995) "Top of the week", maio.

Brown, Helen (1992) *Women Organising*, Londres: Routledge.

Brown, Michael (1993) "Earth worship or black magic?" *The Amicus Journal*, 14 (4): 32–4.

Brubaker, Timothy H. (org.) (1993) *Family Relations: Challenges for the Future*, Newbury Park, Calif.: Sage.

Bruce, Judith, Lloyd, Cynthia B. e Leonard, Ann (1995) *Families in Focus: New Perspectives of Mothers, Fathers, and Children*, Nova York: Population Council.

Brulle, Robert J. (1996) "Environmental discourse and social movement organizations: a historical and rhetorical perspective on the development of US environmental organizations", *Sociological Inquiry*, 66 (1): 58–83.

Buci-Glucksmann, Christine (1978) *Gramsci et l'état*, Paris: Grasset.

Buckler, Steve (1993) *Dirty Hands: the Problem of Political Morality*, Brookfield: Averbury.

Buckley, Peter (org.) (1994) *Cooperative Forms of Transnational Corporation Activity*, Londres e Nova York: Routledge.

Buechler, Steven M. (1990) *Women's Movement in the United States*, Brunswick, NJ: Rutgers University Press.

Buli, Hedley (1977) *The Anarchical Society*, Londres: Macmillan.

Bureau, Dominique, *et al.* (2002) "Gouvernance mondiale et environnement" in Jacquet *et al.* (orgs.), pp. 449-62.

Burgat, François e Dowell, William (1993) *The Islamic Movement in North Africa*, Austin, Texas: University of Texas Center for Middle Eastern Studies.

Burnham, David (1983) *The Rise of the Computer State*, Nova York: Vintage.

Business Week (1995a) "The future of money", 12 de junho.

Business Week (1995b) "Hot money", 20 de março.

Business Week (1995c) "Mexico: Salinas is fast becoming a dirty word", 25 de dezembro: 54-5.

Business Week (1995d) "The new populism", março.

Business Week (1995e) "Power to the states", agosto: 49-56.

Buss, David M. (1994) *The Evolution of Desire: Strategies of Human Mating*, Nova York: Basic Books.

Butler, Judith (1990) *Gender Trouble: Feminism and the Subversion of Identity*, Nova York: Routledge.

Cabre, Anna (1990) "Es compatible la protección de la familia con la liberación de la mujer?", *in* Instituto de la Mujer (org.), *Mujer y Demografia*, Madri: Ministerio de Asuntos Sociales.

———— e Domingo, Antonio (1992) "La Europa después de Maastrich: reflexiones desde la demografia", *Revista de Economia*, 13: 63-9.

Cacho, Jesus (1994) *MC: un intruso en el laberinto de los elegidos*, Madri: Temas de hoy.

Caipora Women's Group (1993) *Women in Brazil*, Londres: Latin American Bureau.

Calabrese, Andrew e Borchert, Mark (1996) "Prospects for electronic democracy in the United States: rethinking communication and social policy". *Media, Culture, and Society*, 18: 249-68.

Calderon, Fernando (1995) *Movimientos sociales y política*, México: Siglo XXI.

———— (org.) (2003) *Es sostenible la globalización en America Latina?* México: Fondo de Cultura Economica.

———— e Laserna, Roberto (1994) *Paradojas de la modernidad*, La Paz: Fundación Milênio.

———— *et al.* (1996) *Esa esquiva modernidad: desarrollo, ciudadania y cultura en America Latina y el Caribe*, Caracas: Nueva Sociedad/Unesco.

Calhoun, Craig (org.) (1994) *Social Theory and the Politics of Identity*. Oxford: Blackwell.

Camilleri, J.A. e Falk, K. (1992) *The End of Sovereignty*, Aldershot: Edward Elgar.

Caminal, Miquel (2002) *El federalismo pluralista: del federalismo nacional al federalismo plurinacional*. Barcelona: Paidos.

Campbell, B. (1992) "Feminist politics after Thatcher", *in* H. Hinds, *et al.* (orgs.) *Working Out: New Directions for Women's Studies*, Londres: Taylor e Francis: 13–7.

Campbell, Collin e Rockman, Bert A. (orgs.) (1995) *The Clinton Presidency: First Appraisals*, Chatham, NJ: Chatham House.

Campo Vidal, Manuel (1996) *La transición audiovisual*, Barcelona: B Ediciones.

Cardoso, Ruth Leite (1983) "Movimentos sociais urbanos: balanço crítico", *in Sociedade e política no Brasil pós-64*, São Paulo: Brasiliense.

———— (2002) Interventión in the seminar on "America Latina en la Era de la Información" organizado em Santa Cruz, Bolívia, Março (anotações realizadas em seminário pela autora).

Carnoy, Martin (1984) *The State and Political Theory*, Princeton, NJ: Princeton University Press.

———— (1993) "Multinationals in a changing world economy: whither the nation-state?", *in* Carnoy *et al.* (orgs.), pp. 45–96.

———— (1994) *Faded Dreams: The Politics and Economics of Race in America*, Nova York: Cambridge University Press.

———— (2000) *Sustaining the New Economy: Work, Family and Community in the Information Age*. Cambridge, MA: Harvard University Press.

———— e Castells, Manuel (2001) "Globalization, the knowledge society, and the network state: Poulantzas at the millenium" *Global Networks*, 1 (1): 1–8.

———— Castells, Manuel, Cohen, Stephen S. e Cardoso, Fernando H. (1993) *The New Global Economy in the Information Age*, University Park, PA: Penn State University Press.

Carre, Olivier (1984) *Mystique et politique: Lecture revolutionnaire du Coran by Sayyed Qutb*, Paris: Éditions du Cerf-Presses de la Foundation Nationale des Sciences Politiques.

Carrère d'Encausse, Hélène (1987) *Le grand defi: Bolcheviks et nations, 1917–1930*, Paris: Flammarion.

———— (1993) *The End of the Soviet Empire: The Triumph of Nations*, Nova York: Basic Books (*edição original francesa 1991*).

Castells, Manuel (1981) "Local government, urban crisis, and political change", *in Political Power and Social Theory: A Research Annual*, Greenwich, CT: JAI Press, 2, pp. 1–20.

———— (1983) *The City and the Grassroots: A Cross-cultural Theory of Urban Social Movements*, Berkeley: University of California Press, e Londres: Edward Arnold.

———— (1992a) "Four Asian tigers with a dragon head: a comparative analysis of the state, economy, and society in the Asian Pacific rim", *in* Appelbaum, Richard, e Henderson, Jeffrey (orgs.) *States and Development in the Asian Pacific Rim*, Newbury Park, CA: Sage, pp. 33–70.

———— (1992b) *La nueva revolución rusa*, Madri: Sistema.

———— (1992c) "Las redes sociales del SIDA." Trabalho apresentado no Simpósio de Ciências Sociais, Congresso Mundial de Pesquisas sobre a AIDS, Madri, maio de 1992.

———— (1996) "El futuro del estado del bienestar en la sociedad informacional", *Sistema*, 131, março: 35–53.

O PODER DA IDENTIDADE | 543

_____ (2001) *The Internet Galaxy*. Oxford: Oxford University Press.

_____ (2004) *Comparative Studies on the Network Society*. London: Edward Elgar.

_____ (2007) "The new public sphere: global civil society, communication networks and global governance", *Annals of the American Academy of Political and Social Science*, março.

_____ (2009) *Communication Power*. Oxford: Oxford University Press.

_____ e Himanen, Pekka (2002) *The Information Society and the Welfare State: The Finnish Model*. Oxford: Oxford University Press.

_____ e Kiselyova, Emma (2000) "Russian federalism and Siberian regionalism, 1990 –2000" City, 4 (2): 175–98.

_____ e Murphy, Karen (1982) "Cultural identity and urban structure: the spatial organization of San Francisco's gay community", *in* Fainstein. Norman I., e Fainstein, Susan S. (orgs.) *Urban Policy Under Capitalism*, Urban Affairs Annual Reviews, vol. 22, Beverly Hills, Calif.: Sage 237–60.

_____ e Subirats, Marina (2007) *Mujeres y Hombres: ¿Un Amor Imposible?* Madrid: Alianza.

_____ e Tubella, Imma (2007) *Projecte Internet Catalunya*. Barcelona: Internet Interdisciplinary Institute, Universitat Oberta de Catalunya, Research Report, 10 vols. Disponível em: http:// www.uoc.edu/in3/pic/esp.

_____ e Serra, Narcis (orgs.) (2003) *Guerra y paz en el siglo XXI: una perspectiva europea*. Barcelona: Tusquets.

_____, Yazawa, Shujiro e Kiselyova, Emma (1996) "Insurgents against the global order: a comparative analysis of the Zapatistas in Mexico, the American Militia and Japan's Aum Shinrikyo", *Berkeley Journal of Sociology*, 40: 21–60.

_____, *et al.* (2002) "La societat xarxa a Catalunya" research monograph of the Internet Interdisciplinary Unit, Universitat Oberta de Catalunya. Disponível em: www.uoc.edu.

Castells, Nuria (no prelo na época de elaboração deste livro) "Environmental policies and international agreements in the European Union: a comparative analysis", Amsterdam: University of Amsterdam, Economics Department, tese de doutorado não publicada.

Chatterjee, Anshu (2002) "Global media and cultural identity: the globalization and identification of Indian television, 1985–2002". Tese de doutorado em Estudos Asiáticos (não publicada), University of California, Berkeley, CA.

Chatterjee, Partha (1993) *The Nation and its Fragments: Colonial and Postcolonial Histories*, Princeton, NJ: Princeton University Press.

Chesnais, François (1994) *La mondialisation du capital*, Paris: Syros.

Cheung, Peter T.Y. (1994) "Relations between the central government and Guandong", *in* Y.M. Yeung e David K.Y. Chu (orgs.), *Guandong: Survey of a Province Undergoing Rapid Change*, Hong Kong: The Chinese University Press, pp. 19–51.

Chiriboga, Manuel (2003) "Sociedad civil global: movimientos indígenas y el Internet" in Calderon (org.).

Cho, Lee-Jay e Yada, Moto (orgs.) (1994) *Tradition and Change in the Asian Family*, Honolulu: University of Hawaii Press.

544 | MANUEL CASTELLS

Chodorow, Nancy (1978) *The Reproduction of Mothering: Psychoanalysis and the Sociology of Gender*, Berkeley: University of California Press.

_____ (1989) *Feminism and Psychoanalytical Theory*, New Haven: Yale University Press.

_____ (1994) *Feminities, Masculinities, Sexualities: Freud and Beyond*, Lexington, Ky: University Press of Kentucky.

Chong, Rachelle (1994) "Trends in communication and other musings on our future", *Federal Communications Law Journal*, 47 (2): 213-9.

Choueri, Youssef M. (1993) *Il fondamentalismo islâmico: Origine storiche e basi sociali*, Bologna: Il Mulino.

Coalition for Human Dignity (1995) *Against the New World Order: the American Militia Movement*, Portland, Oregon: Coalition for Human Dignity Publications.

Coates, Thomas J. *et al.* (1988) *Changes in Sex Behavior of Gay and Bisexual Men since the Beginning of the AIDS Epidemics*, São Francisco: University of California, Center for AIDS Prevention Studies.

Cobble, Dorothy S. (org.) (1993) *Women and Unions: Forging a Partnership*, Nova York: International Labour Review Press.

Cockburn, Alexander (2000) *5 Days that Shook the World: Seattle and Beyond*. London: Verso.

Cohen, Jeffrey E. (1986) "The dynamics of the 'revolving door' on the FCC", *American Journal of Political Science*, 30 (4).

Cohen, Roger (1996) "Global forces batter politics", *The New York Times*, domingo, 17 de novembro, s. 4: 1-4.

Cohen, Stephen (1993) "Geo-economics: lessons from America's mistakes", *in* Carnoy *et al.* (orgs.) pp. 97-148.

Coleman, Marilyn e Ganong, Lawrence H. (1993) "Families and marital disruption", *in* Brubaker (org.), pp. 112-28.

Coleman, William E. Jr e Coleman, William E. Sr (1993) *A Rhetoric of the People: the German Greens and the New Politics*, Westport, Conn.: Praeger.

Collective Author (1996) *La seguridad humana en Bolivia: percepciones politicas, sociales y economicas de los bolivianos de hoy*. La Paz: PRONAGOB-PNUD-ULDIS.

Collier, George A. (1995) *Restructuring Ethnicity in Chiapas and the World*, Stanford University, Department of Anthropology, trabalho de pesquisa (publicado em espanhol *in* Nash *et al.* (orgs.), pp. 7-20).

_____ e Lowery Quaratiello, Elizabeth (1994) *Basta! Land and the Zapatista Rebellion in Chiapas*, Oakland, CA: Food First Books.

Conquest, Robert (org.) (1967) *Soviet Nationalities Policy in Practice*, Nova York: Praeger.

Contreras Basnipiero, Adalid (1991) "Médios multiples, pocas voces: inventario de los medios de comunicacion de masas en Bolivia", *Revista UNITAS*, pp. 61-105.

Cook, Maria Elena *et al.* (orgs.) (1994) *The Politics of Economic Restructuring: State-society Relations and Regime Change in México*, La Jolla: University of California at San Diego, Center of US-Mexican Studies.

Cooke, Philip (1994) *The Cooperative Advantage of Regions*, Cardiff: University of Wales, Centre for Advanced Studies.

O PODER DA IDENTIDADE | 545

Cooper, Jerry (1995) *The Militia and the National Guard in America since Colonial Times: a Research Guide*, Westport, Conn.: Greenwood Press.

Cooper, Marc (1995) "Montana's mother of all militias", *The Nation*, 22 de maio.

Corn, David (1995) "Playing with fire", *The Nation*, 15 de maio.

Costain, W. Douglas e Costain, Anne N. (1992) "The political strategies of social movements: a comparison of the women's and environmental movements", *in Congress and the Presidency*, 19 (1): 1–27.

Cott, Nancy (1989) "What's in a name? The limits of 'social feminism'; or, expanding the vocabulary of women's history", *Journal of American History*, 76: 809–29.

Couch, Carl J. (1990) "Mass communications and state structures", *The Social Science Journal*, 27, (2): 111–28.

CQ Researcher (1992) Edição especial: "Politicians and privacy", 2 (15), 17 de abril.

Croteau, David and Hoynes, William (2000) Media/Society: Industries, Images, and Audiences, 2nd ed. Thousand Oaks, CA: Pine Forge Press.

———— e ———— (2001) The Business of Media: Corporate Media and the Public Interest. Thousand Oaks, CA: Pine Forge Press.

Dalton, Russell J. (1994) *The Green Rainbow: Environmental Groups in Western Europe*, New Haven: Yale University Press.

———— e Kuechler, Manfred (1990) *Challenging the Political Order: New Social and Political Movements in Western Democracies*, Cambridge: Polity Press.

Danaher, Kevin and Burbach, Roger (2001) *Globalize This! The Battle against the World Trade Organization and Corporate Rule.* Philadelphia: Common Courage Press.

Daniel, Donald e Hayes, Bradd (orgs.) (1995) *Beyond Traditional Peacekeeping*, Nova York: St Martin 's Press.

Davidson, Osha Grey (1993) *Under Fire: the NRA and the Battle for Gun Control*, Nova York: Henry Holt.

Davis, John (org.) (1991) *The Earth First! Reader*, Salt Lake City: Peregrine Smith Books.

Dees, Morris e Corcoran, James (1996) *Gathering Storm: America's Militia Network*, Nova York: Harper-Collins.

Dekmejian, R. Hrair (1995) *Islam in Revolution: Fundamentalism in the Arab World*, Syracuse, NY: Syracuse University Press.

Delcroix, Catherine (1995) "Algériennes et Égyptiennes: enjeux et sujets de sociétés en crise", *in* Dubet e Wieviorka (orgs.), pp. 257–72.

DeLeon, Peter (1993) *Thinking about Political Corruption*, Armonk, NY: M.E. Sharpe.

Delphy, Christine (org.) (1984) *Particularisme et universalisme*, Paris: Nouvelles Questions Feministes, nº. 17/17/18.

D'Emilio, John (1980/1993) "Capitalism and gay identity", *in* Abelove *et al.* (orgs.), pp. 467–76.

———— (1983) *Sexual Politics, Sexual Communities: the Making of a Homosexual Minority in the United States, 1940–1970*, Chicago: University of Chicago Press.

DeMont, John (1991) "Frontline fighters", *Mclean's*, 104 (50): 46–7.

Dentsu Institute for Human Studies (1994) *Media in Japan*, Tóquio: DataFlow International.

Deutsch, Karl (1953) *Nationalism and Social Communication: an Inquiry into the Foundations of Nationality* (consulta com base na edição de 1996, Cambridge, Mass.: MIT Press).

De Vos, Susan (1995) *Household Composition in Latin America*, Nova York: Plenum Press.

Diamond, Irene e Orenstein, Gloria (1990) *Reweaving the World: the Emergence of Ecofeminism*, São Francisco: Sierra Club Books.

Diani, Mario (1995) *Green Networks: a Structural Analysis of the Italian Environmental Movement*, Edinburgh: Edinburgh University Press.

Dickens, Peter (1990) "Science, social science and environmental issues: Ecological movements as the recovery of human nature", trabalho elaborado para a reunião da Associação Britânica para o Progresso da Ciência, Universidade de Swansea, agosto.

Dietz, Thomas e Kalof, Linda (1992) "Environmentalism among nation-states", *Social Indicators Research*, 26: 353–66.

Di Marco, Sabina (1993) "Se la televisione guarda a sinistra", *Ponte*, 49 (7): 869–78.

_____ (1994) "La televisione, la politica e il cavaliere", *Ponte*, 50 (2): 9–11.

Dionne, E.J. (1996) *They Only Look Dead: Why Progressives Will Dominate the Next Political Era*, Nova York: Simon e Schuster.

Dobson, Andrew (1990) *Green Political Thought: an Introduction*, Londres: Unwin Hyman.

_____ (org.) (1991) *The Green Reader: Essays toward a Sustainable Society*, São Francisco: Mercury House.

Docter, Sharon, Dutton, William H., and Elberse, Anita (1999) "An American democracy network: factors shaping the future of on-line political campaigns" *in* Stephen Coleman *et al.* (orgs.), *Parliament in the Age of the Internet*, pp. 173–90. Oxford: Oxford University Press.

Doyle, Marc (1992) *The Future of Television: a Global Overview of Programming, Advertising, Technology and Growth*, Lincolnwood, 111.: NTC Business Books.

Drew, Christopher (1995) "Japanese sect tried to buy US arms, technology, Senator says", *New York Times*, 31 de outubro: A5.

Dubet, François, e Wieviorka, Michel (orgs.) (1995) *Penser le sujet*, Paris: Fayard.

Duffy, Ann e Pupo, Norene (orgs.) (1992) *Part-time Paradox: Connecting Gender, Work and Family*, Toronto: The Canadian Publishers.

Dulong, Rene (1978) *Les regions, Vetat et la societé locale*. Paris: Presses Universitaires de France.

Dunaher, Kevm (org.) (1994) *50 Years is Enough: the Case against the World Bank and the IMF*, Boston: South End Press.

Dupin, Eric (2002) *Sortir la gauche de coma*. Paris: Flammarion.

Dutton, William H. (1999) *Society on the Line: Information Politics in the Digital Age*. Nova York: Oxford University Press.

Ebbinghausen, Rolf e Neckel, Sighard (orgs.) (1989) *Anatomie des politischen Skandals*, Frankfurt: Suhrkamp.

Edwards, George C. and Wood, B. Dan (1999) "Who influences whom? The President, Congress, and the media" *The American Political Science Review*, 93 (2): 327–44.

Ehrenreich, Barbara (1983) *The Hearts of Men: American Dreams and the Flight from Commitment*, Garden City, NY: Anchor Press/Doubleday.

Eisenstein, Zillah R. (1981/1993) *The Radical Future of Liberal Feminism*, Boston: Northeastern University Press.

Ejército Zapatista de Liberación Nacional (1994) *Documentos y comunicados*, México: Ediciones Era (com prefácio de Antônio Garcia de Leon e notas de Elena Poniatowska e Carlos Monsivais).

———/ Subcomandante Marcos (1995) *Chiapas: del dolor a la esperanza*, Madri: Los libros de la catarata.

Eley, Geoff, e Suny, Ronald Grigor (orgs.) (1996) *Becoming National: a Reader*, Nova York: Oxford University Press.

Elliott, J.H. e de la Pena, J.F. (1978) *Memoriales y cartas del Conde-Duque de Olivares*, Madri: Alfaguara.

Epstein, Barbara (1991) *Political Protest and Cultural Revolution: Nonviolent Direct Action in the 1970s and 1980s*, Berkeley: University of California Press.

——— (1995) "Grassroots environmentalism and strategies for social change", *New Political Science*, 32: 1–24.

Ergas, Yasmine (1985) *Nelle maglie della politica: femminismo, instituzione e politiche sociale nell'Italia degli anni settanta*, Milão: Feltrinelli.

Espinosa, Maria e Useche, Helena (1992) *Abriendo camino: historias de mujeres*, Bogotá: FUNDAC.

Esposito, John L. (1990) *The Iranian Revolution: its Global Impact*, Miami: Florida International University Press.

Esprit (1994) "Editorial: face à la télécratie", 5: 3–4.

Etzioni, Amitai (1993) *The Spirit of Community: Rights, Responsibilities, and the Communitarian Agenda*, Nova York: Crown.

Evans, Sara (1979) *Personal Politics: the Roots of Women's Liberation in Civil Rights Movement and the New Left*, Nova York: Knopf.

Eyerman, Ron e Jamison, Andrew (1989) "Environmental knowledge as an organizational weapon: the case of Greenpeace", *Social Science Information*, 28 (1): 99–119.

Fackler, Tim e Lin, Tse-Min (1995) "Political corruption and presidential elections, 1929–1992", *The Journal of Politics*, 57 (4): 971–93.

Faison, Seth (1996) "Chinese cruise Internet, wary of watchdogs", *New York Times*, 5 de fevereiro, p. AI.

Falk, Richard (1995) *On Humane Governance: Towards a New Global Politics*, University Park, PA: Pennsylvania State University Press.

Fallows, James (1996) *Breaking the News: How the Media Undermine American Democracy*, Nova York: Pantheon.

Faludi, Susan (1991) *Backlash: the Undeclared War on American Women*, Nova York: Crown.

Farnsworth Riche, Martha (1996) "How America is changing — the view from the Census Bureau, 1995", *in The World Almanac and Book of Facts*, 1996: 382–83.

Fassin, Didier (1996) "Exclusions, underclass, marginalidad: figures contemporaines de la pauvreté urbaine en France, aux Etats-Unis et en Amérique Latine", *Revue Française de Sociologie*, 37: 37–75.

Ferraresi, Franco e Kemeny, Pietro (1977) *Classi sociali e politica urbana*, Roma: Officina Edizioni.

Ferrater Mora, Josep (1960) *Les formes de la vida catalana*, Barcelona: Editorial Selecta.

Ferree, Myra Marx e Hess, Beth B. (1994) *Controversy and Coalition: the New Feminist Movement across Three Decades of Change*, Nova York: Maxwell Macmillan.

_____·e Martin, Patrícia Yancey (orgs.) (1995) *Feminist Organizations: Harvest of the Women's Movement*, Filadélfia: Temple University Press.

Ferrer i Girones, F. (1985) *La persecucio politica de la llengua catalana*, Barcelona: Edicions 62.

Financial Technology International Bulletin (1995) "A lawless frontier", 12 (12): 10.

Fischer, Claude S. (1982) *To Dwell among Friends: Personal Networks in Town and City*, Chicago: University of Chicago Press.

_____· *et al.* (1995) *Inequality by Design*, Princeton, NJ, Princeton University Press.

Fisher, Robert e Kling, Joseph (orgs.) (1993) *Mobilizing the Community: Local Politics in the Era of the Global City*, Thousand Oaks, CA: Sage.

Fitzpatrick, Mary Anne e Vangelisti, Anita L. (orgs.) (1995) *Explaining Family Interactions*, Thousand Oaks, CA: Sage.

Fooner, Michael (1989) *Interpol: Issues in World Crime and International Criminal Justice*, Nova York: Plenum Press.

Foucault, Michel (1976) *La volonté de savior: histoire de la sexualité*, vol. I, Paris: Gallimard.

_____· (1984a) *L'usage des plaisirs: histoire de la sexualité*, vol. II, Paris: NRF.

_____· (1984b) *Le souci de soi: histoire de la sexualité*, vol. III, Paris: NRF.

Frankel. J. (1988) *International Relations in a Changing World*, Oxford: Oxford University Press.

_____· (2000) "Globalization of the economy" *in* Nye and Donahue (orgs.), pp. 45–71.

Frankland. E. Gene (1995) "The rise, fall, and recovery of Die Grunen", *in* Richardson e Rootes (orgs.), pp. 23–44.

Franklin, Bob (1994) *Packaging Politics: Political Communications in Britain's Media Democracy*, Londres: Edward Arnold.

Franquet, Rosa e Larregola, Gemma (eds.) (1999) *Comunicar a l'era digital*. Barcelona: Societat Catalana de Comunicació.

Freeman, Michael (1994) "Polis set spending record", *Mediaweek*, 4 (44): 6.

Friedland, Lewis A. (1996) "Electronic democracy and the new citizenship", *Media, Culture, and Society*, 18: 185–211.

Friedrich, Carl J. (1966) "Political pathology", *Political Quarterly*, 37: 74.

Fujita, Shoichi (1995) *AUM Shinrikyo Jiken [The Incidents of AUM Shinrikyo]*, Tóquio: Asahi- Shinbunsha.

Funk, Nanette e Mueller, Magda (orgs.) (1993) *Gender Politics and Post-Communism: Reflections from Eastern Europe and the Former Soviet Union*, Nova York: Routledge.

Fuss, Diana (1989) *Essentially Speaking: Feminism, Nature and Difference*, Londres: Routledge.

Galdon, Gemma (2002) *Mundo S. A. Voces contra la globalización*. Barcelona: La Tempestad.

Gallup International Millennium Survey (1999) Disponível em: http://www.gallup-
-international.com/survey5.htm.

———— (2002) Voice of the People Survey conducted by Gallup International and
Environics International for the World Economic Forum. Disponível em: www.
voice-of-the-people. net/ContentFiles/docs/VOP_Trust_Survey.pdf.

Gallup Poll Monthly (1995) April, 355: 2.

Ganley, Gladys G. (1991) "Power to the people via personal electronic media", *The
Washington Quarterly*, abr–jun: 5–22.

Gans, Herbert J. (1995) *The War against the Poor: the Underclass and Anti-poverty
Policy*, Nova York: Basic Books.

Garaudy, Roger (1990) *Integrismes*, Paris: Belfont.

Garber, Doris A. (1984) *Mass Media in American Politics*, 2ª ed., Washington D.C.:
CQ Press.

———— (1996) "The new media and politics — what does the future hold?", *Political
Science and Politics*, 29 (1): 33–6.

Garcia de Cortazar, Fernando (ed.) (2001) *El estado de las autonomias en el siglo XXI:
cierre o apertura indefinida*. Madrid: Fundación para el Análisis y los Estudios
Sociales.

Garcia Cotarelo, Ramon (1995) *La conspiración*, Barcelona: Ediciones B.

Garcia de Leon, Antonio (1985) *Resistencia y utopia: memorial de agravios y cronica
de revueltas y profecias acaecidas en la provincia de Chiapas durante los ultimos
quinientos anos de su historia*, vol 2, México: Ediciones Era.

Garcia-Ramon, Maria Dolors e Nogue-Font, Joan (1994) "Nationalism and geography
in Catalonia", *in* Hooson (org.), pp. 197–211.

Garment, Suzanne (1991) *Scandal: the Culture of Mistrust in American Politics*, Nova
York: New York Times Books.

Garramone, Gina M. *et al.* (1990) "Effects of negative political advertising on the
political process", *Journal of Broadcasting and Electronic Media*, 34 (3): 299–311.

Gates, Henry Louis, Jr (1996) "Parable of the talents", *in* Gates e West (orgs.), pp. 1–52.

———— e West, Cornel (orgs.) (1996) *The Future of the Race*. Nova York: Alfred Knopf.

———— and West, Cornel (orgs.) (1996) *The Future of the Race*, Nova York: Alfred Knopf.

Gelb, Joyce e Lief-Palley, Marian (orgs.) (1994) *Women of Japan and Korea: Continuity
and Change*, Filadélfia: Temple University Press.

Gellner, Ernest (1983) *Nations and Nationalism*, Ithaca, NY: Cornell University Press
(originalmente publicado pela Blackwell, Oxford).

Gerami, Shahin (1996) *Women and Fundamentalism: Islam and Christianity*, Nova
York: Garland.

Gerbner, George, Mowlana, Hamid e Nordenstreng, Kaarle (orgs.) (1993) *The Global
Media Debate: its Rise, Fali, and Renewal*, Norwood, NJ: Ablex.

Giddens, Anthony (1985) *A Contemporary Critique of Historical Materialism*, vol. II:
The Nation-State and Violence, Berkeley: University of California Press.

———— (1991) *Modernity and Self-Identity: Self and Society in the Late Modern Age*,
Cambridge: Polity Press.

_____ (1992) *The Transformation of Intimacy: Sexuality, Love and Eroticism in Modern Societies*, Stanford: Stanford University Press.

Gil, Jorge *et al.* (1993) "La red de poder mexicana: el caso de Miguel Aleman", *Revista Mexicana de Sociologia*, 3/95: 103–120.

Ginsborg, Paul (org.) (1994) *Stato dell'Italia*, Milão: Il Saggiatore.

Giroux, Henry A. (1996) *Fugitive Cultures: Race, Violence and Youth*, Nova York: Routledge.

Gitlin, Todd (1980) *The Whole World is Watching: Mass Media in the Making and Unmaking of the New Left*, Berkeley: University of California Press.

Gleason, Nancy (1995) "Freenets: cities open the electronic door", *Government Finance Review*, 11 (4): 54–5.

Godard, Francis (org.) (1996) *Villes*, edição especial de *Le Courrier du CNRS*, Paris: Centre National de la Recherche Scientique.

Gohn, Maria da Gloria (1991) *Movimentos sociais e luta pela moradia*, São Paulo: Edições Loyola.

Golden, Tim (1995) "A cocaine trail in Mexico points to official corruption", *New York Times*, 19 de abril, pp. 1, 8.

Goldsmith, M. (1993) "The Europeanisation of local government", *Urban Studies*, 30: 683–99.

Gole, Nilufer (1995) "L'émergence du sujet islamique", *in* Dubet e Wieviorka (orgs.), pp. 221–34.

Gonsioreck, J.C. e Weinrich, J.D. (1991) *Homosexuality: Research Implications for Public Policy*, Newbury Park, C.A.: Sage.

Goode, William J. (1993) *World Changes in Divorce Patterns*, New Haven: Yale University Press.

Gootenberg, Paul (1999) Cocaine: *Global Histories*. London: Routledge.

Gottlieb, Robert (1993) *Forcing the Spring: the Transformation of the American Environmental Movement*, Washington D.C.: Island Press.

Graf, James E. (1995) "Global information infrastructure first principies", *Telecommunications*, 29 (1): 72–3.

Graham, Stephen (1995) "From urban competition to urban collaboration? The development of interurban telematic networks", *Environment and Planning C: Government and Policy*, 13: 503–24.

Gramsci, Antonio (1975) *Quaderni del carcere*. Turin: Einaudi.

Granberg, A. (1993) "The national and regional commodity markets in the USSR: trends and contradictions in the transition period", *Papers in Regional Science*, 72: 1.

_____ e Spehl, H. (1989) *Regionale Wirstchaftspolitik in der UdSSR und der BRD*, Relatório apresentado ao Quarto Seminário de Desenvolvimento Regional Soviético--Alemão-Ocidental, Kiev, 1–10 de outubro de 1989.

Greenberg, Stanley B. (1995) *Middle Class Dreams: The Politics of Power of the New American Majority*, Nova York: Times Books.

Gremion, Pierre (1976) *Le pouvoir périphérique*, Paris: Seuil.

Grier, Peter (1995) "Preparing for the 21st century information war", *Government Executive*, 28 (8): 130–2.

Griffin, Gabriele (org.) (1995) *Feminist Activism in the 1990s*. Londres: Francis and Taylor.

———— *et al.* (orgs.) (1994) *Stirring It: Challenges for Feminism*, Londres: Francis and Taylor.

Grosz, Elizabeth (1995) *Space, Time, and Perversion*, Londres: Routledge.

Grubbe, Peter (1993) *Selbstbedienungsladen: vom Verfall der Demokratischen Moral*, Wuppertal: Hammer.

Guehenno Jean Marie (1993) *La fin de la democratie*, Paris; Flammarion. Consulta à tradução para o espanhol, Barcelona: Paidos. 1995 (as citações foram traduzidas para o inglês por Castells).

Gumbel, Andrew (1994) "French deception", *New Statesman and Society*, 1, 328:24.

Gunaratna, Rohan (2002) *Inside al-Qaeda: Global Network of Terror*. Nova York: Columbia University Press.

Gunlicks Arthur B. (org.) (1993) *Campaign and Party Finance in North America and Western Europe*, Boulder, Colo.: Westview Press.

Habermas, Jurgen (1973) *Legitimation Crisis*, Boston: Beacon Press.

———— (1998) *Die postnationale Konstellation*. Frankfurt: Suhrkamp (citado da tradução espanhola, Barcelona, Paidos, 2000).

Hacker, Kenneth L. (1996) "Missing links and the evolution of electronic democratization", *Media, Culture and Society*, 18: 213–323.

Hadden, Jeffrey e Shupe, Hanson (1989) *Fundamentalism and Secularization Reconsidered*, Nova York: Paragon House.

Hage, Jerald, e Powers, Charles (1992) *Postindustrial Lives: Roles and Relationships in the 21st Century*, Londres: Sage.

Hagedorn, John M. (1998) *People and Folks: Gangs, Crime, and the Underclass in a Rustbelt City*, 2nd ed. Chicago: Lakeview Press.

Halperin. David M., Winkler, John J. e Zeitlin, Froma I. (orgs.) (1990) *Before Sexuality: the Construction of Erotic Experience in the Ancient Greek World*, Princeton, NJ: Princeton University Press.

Halperin Donghi, Túlio (1969) *Historia contemporanea de America Latina*, Madri: Alianza Editorial.

Handelman, Stephen (1995) *Comrade Criminal: Russia's New Mafiya*, New Haven: Yale University Press.

Hay, Colin (1994) "Environmental security and state legitimacy", *Capitalism, Nature, Socialism*, 1: 83–98.

Heard, Alex (1995) "The road to Oklahoma City", *The New* Republic, 15 de maio.

Heidenheimer, Arnold J., Johnston, Michael e LeVine, Victor T. (orgs.) (1989) *Political Corruption: a Handbook*, New Brunswick, NJ: Transaction.

Held, David (1991) "Democracy, the nation-state and the global system", *Economy and Society*, 20 (2): 138–72.

———— (org.) (1993) *Prospects for Democracy*, Cambridge: Polity Press.

Heller, Karen S. (1992) "Silence equals death: discourses on AIDS and identity in the gay press, 1981–1986", tese de doutorado não publicada, São Francisco: University of California.

Helvarg, David (1995) "The anti-enviro connection", *The Nation*, 22 de maio.

Hempel, Lamont C. (1996) *Environmental Governance: the Global Challenge*, Washington D.C.: Island Press.

Herek, Gregory M. e Greene, Beverly (orgs.) (1995) *HIV, Identity and Community: the HIV Epidemics*, Thousand Oaks, CA: Sage.

Hernandez Navarro, Luis (1995) *Chiapas: la guerra y la paz*, México: ADN Editores.

Hester, Marianne, Kelly, Liz and Radford, Jill (1995) *Women, Violence, and Male Power: Feminist Activism, Research and Practice*, Filadélfia: Open University Press.

Hicks, L. Edward (1994) *Sometimes in the Wrong, but Never in Doubt: George S. Benson and the Education of the New Religious Right*, Knoxville: University of Tennessee Press.

High Level Experts Group (1996) *The Information Society in Europe*, relatório apresentado à Comissão Europeia, Bruxelas: Comission of the European Union.

Himmelfarb, Gertrude (1995) *The De-moralization of Society: from Victorian Virtues to Modern Values*, Nova York: Alfred Knopf.

Hiro, Dilip (1989) *Holy Wars: The Rise of Islamic Fundamentalism*, Nova York: Routledge.

Hirst, Paul e Thompson, Grahame (1996) *Globalization in Question: the International Economy and the Possibilities of Governance*, Cambridge: Polity Press.

Hiskett, Mervyn (1992) *Some to Mecca Turn to Pray: Islamic Values in the Modern World*. St Albans: Claridge Press.

Ho, K.C. e Zaheer, Barber (2000) *Sites of Resistance: Charting the Alternative and Marginal Websites in Singapore*. Singapore: National University of Singapore.

Hobsbawm, Eric J. (1990) *Nations and Nationalism since 1780*, Cambridge: Cambridge University Press.

_____ (1992) *Naciones y nacionalismo desde 1780*. Barcelona: Critica (versão revista e ampliada da publicação original em inglês de 1990).

_____ (1994) *The Age of Extremes: a History of the World, 1914–1991*, Nova York: Pantheon Books.

Hochschild, Jennifer L. (1995) *Facing up to the American Dream: Race, Class, and the Soul of the Nation*, Princeton, NJ: Princeton University Press.

Hodess, Robin (org.), com Banfield, Jessie e Wolfe, Toby (2001) "Global corruption report" Transparency International (baixado da internet).

Holliman, Jonathan (1990) "Environmentalism with a global scope", *Japan Quarterly*, julho-setembro: 284–90.

hooks, Bell (1989) *Talking Back: Thinking Feminist, Thinking Black*, Boston: South End Press.

_____ (1990) *Yearning: Race, Gender, and Cultural Politics*, Boston: South End Press.

_____ (1993) *Sisters of the Yaw: Black Women and Self-Recovery*, Boston: South End Press.

Hooson, David (1994a) "Ex-Soviet identities and the return of geography", *in* Hooson (org.) pp. 134–40.

_____ (org.) (1994b) *Geography and National Identity*, Oxford: Blackwell.

Horsman, M. e Marshall, A. (1994) *After the Nation State*, Nova York: Harper-Collins.

Horton, Tom (1991) "The green giant", *Rolling Stone*, 5 de setembro: 43–112.

O PODER DA IDENTIDADE | 553

Hsia, Chu-joe (1996) Comunicação pessoal.

Hsing, You-tien (1996) *Making Capitalism in China: the Taiwan Connection*, Nova York: Oxford University Press.

Hughes, James (1994) "The 'Americanization' of Russian politics: Russia's first television election, December 1993", *The Journal of Communist Studies and Transition Politics*, 10 (2): 125–50.

Hulsberg, Werner (1988) *The German Greens: a Social and Political Profile*, Londres: Verso.

Hunter, Robert (1979) *Warriors of the Rainbow: a Chronicle of the Greenpeace Movement*, Nova York: Holt, Rinehart and Winston.

————. "Issues, candidate image and priming: the use of private polis in Kennedy's 1960 presidential campaign", *American Political Science Review*, 88 (3): 527–40

Hutton, Will e Giddens, Anthony (orgs.) (2000) *On the Edge: Living with Global Capitalism*. London: Jonathan Cape.

Inglehart, Ronald (org.) (2003) *Mass Values and Social Change: Findings from the Values Surveys*. Leiden: Brill Academic.

———— e Catterberg, Gabriela (2003) "Trends in political action: the developmental trend and the post-honeymoon decline" *International Journal of Comparative Sociology*, Spring.

Inoguchi, Takashi (1993) "Japanese politics in transition: a theoretical review", *Government and Opposition*, 28 (4): 443–55.

Irigaray, Luce (1977/1985) *Ce sexe qui n'en est pas un*, consulta à versão em inglês (1985), Ithaca, NY: Cornell University Press.

———— (1984/1993) *Éthique de la différence sexuelle*, consulta à versão em inglês (1993), Ithaca, NY: Cornell University Press.

Irving, Larry *et al.* (1994) "Steps towards a global information infrastructure", *Federal Communications Law Journal*, 47 (2): 271–9.

Ivins, Molly (1995) "Fertilizer of hate", *The Progressive*, junho.

Jacobs, Lawrence R. e Shapiro, Robert Y. (1995) "The rise of presidential polling: the Nixon White House in historical perspective", *Public Opinion Quarterly*, 59: 163–95.

Jacquard, Roland (2002) *In the Name of Osama bin Laden: Global Terrorism and the bin Laden Brotherhood*. Durham, NC: Duke University Press (tradução atualizada da versão francesa de 2001), Paris: Jean Picollec Editeur.

Jacquet, Pierre, Pisani-Ferry, Jean e Tubiana, Laurence (orgs.) (2002) *Gouvernance mondiale*. Paris: Conseil d'Analyse Economique, La Documentation Française.

Jambar, Avni (2002) "Globalization, identity, and the state: religious fundamentalism and urban riots in Ahmedabad" Berkeley, CA: University of California, trabalho de seminário não publicado para CP 229.

Janowitz, Morris (1976) *Social Control of the Welfare State*, Chicago: University of Chicago Press.

Jaquette, Jane S. (org.) (1994) *The Women's Movement in Latin America. Participation and Democracy*. Boulder, Colo.: Westview Press.

Jarrett-Macauley, Delia (org.) (1996) *Reconstructing Womanhood, Reconstructing Feminism: Writings on Black Women*, Londres: Routledge.

Jelen, Ted (org.) (1989) *Religion and Political Behavior in America*, Nova York: Praeger.

_____ (1991) *The Political Mobilization of Religious Belief*, Nova York: Praeger.

Johansen, Elaine R. (1990) *Political Corruption: Scope and Resources: an Annotated Bibliography*, Nova York: Garland.

Johnson, Chalmers (1982) *MITI and the Japanese Miracle*, Stanford, Stanford University Press.

_____ (1995) *Japan: Who Governs? The Rise of the Developmental State*, Nova York: W. W. Norton.

Johnston, R.J., Knight, David e Kofman, Eleanore (orgs.) (1988) *Nationalism, Self--determination, and Political Geography*, Londres: Croom Helm.

Jordan, June (1995) "In the land of white supremacy", *The Progressive*, junho.

Judge, David, Stokes, Gerry e Wolman, Hall (1995) *Theories of Urban Politics*, Thousand Oaks, CA: Sage.

Juergensmayer, Mark (1993) *The New Cold War? Religious Fundamentalism Confronts the Secular State*, Berkeley: University of California Press.

_____ (2000) *Terror in the Mind of God: The Global Rise of Religious Violence*. Berkeley, CA: University of California Press.

Juris, Jeff (2003) "Transnational activism and the cultural logic of networking". Tese de doutorado (não publicada), University of California, Berkeley, CA.

Jutglar, Antoni (1966) *Eis burgesos catalans*, Barcelona: Fontanella.

Kagan, Robert (2007) *Of Paradise and Power: America and Europe in the New World Order*. Nova York: Vintage.

Kahn, Robert E. (1994) "The role of government in the evolution of the Internet", *Communications of the ACM*, 37 (8): 15–9.

Kahne, Hilda e Giele, Janet Z. (orgs.) (1992) *Women's Work and Women's Lives: The Continuing Struggle Worldwide*, Boulder, Colo.: Westvie2w Press.

Kaid, Lynda Lee e Holtz-Bacha, Christina (orgs.) (1995) *Political Advertising in Western Democracies*, Thousand Oaks, CA: Sage.

Kaldor, Mary (1999/2001) *New and Old Wars: Organized Violence in a Global Era*. Lido na tradução espanhola, Barcelona: Tusquets (2001).

Kamarck, Elaine Ciulla and Nye, Joseph, Jr (2002) *Governance.com: Democracy in the Information Age*. Washington, D.C.: Brookings Institution Press.

Kaminiecki, Sheldon (org.) (1993) *Environmental Politics in the International Arena: Movements, Parties, Organizations, Policy*, Albany: State University of New York Press.

Kanagy, Conrad L. *et al.* (1994) "Surging environmentalisms: changing public opinion or changing publics", *Social Science Quarterly*, 75 (4): 804–19.

Katznelson, Ira (1996) *Liberalism's Crooked Circle: Letters to Adam Michnik*, Princeton, NJ: Princeton University Press.

Kazin, Michael (1995) *The Populist Persuasion: an American History*, Nova York: Basic Books.

Keating, Michael (1995) *Nations against the State: the New Politics of Nationalism in Quebec, Catalonia, and Scotland*, Nova York: St Martin's Press.

O PODER DA IDENTIDADE | 555

Keen, Sam (1991) *Fire in the Belly: on Being a Man*, Nova York: Bantam Books.

Kelly, Petra (1994) *Thinking Green: Essays on Environmentalism, Feminism, and Non-violence*, Berkeley: Parallax Press.

Kepel, Gilles (1995) "Entre société et communauté: les musulmans au Royaume-Uni et en France aujourd'hui", *in* Dubet e Wieviorka (orgs.), pp. 273–88.

––––––– (2002) *Jihad: The Trail of Political Islam*. Cambridge, MA: Harvard University Press (edição americana atualizada do original do ano de 2000).

Khazanov, Anatoly M. (1995) *After the USSR: Ethnicity, Nationalism, and Politics in the Commonwealth of Independent States*, Madison: University of Wisconsin Press.

Khosrokhavar, Farhad (1995) "Le quasi-individu: de la néo-communauté à la nécro-communauté", *in* Dubet e Wieviorka (orgs.), pp. 235–56.

Khoury, Philip e Kostiner, Joseph (orgs.) (1990) *Tribes and State Formation in the Middle East*, Berkeley: University of California Press.

Kim, Marlene (1993) "Comments", *in* Cobble (org.), pp. 85–92.

King, Anthony (1984) "Sex, money and power: political scandals in Britain and the United States", Colchester, University of Essex, Essex Papers in Politics and Government.

King, Joseph P. (1989) "Socioeconomic development and corrupt campaign practices in England", *in* Heidenheimer *et al.* (orgs.), pp. 233–50.

Kiselyova, Emma e Castells, Manuel (1997) *The New Russian Federalism in Siberia and the Far East*, Berkeley: University of California, Center for Eastern European and Slavic Studies/Center for German and European Studies, trabalho de pesquisa.

Klanwatch/Militia Task Force (KMTF) (1996) *False Patriots. The Threat from Anti-government Extremists*, Montgomery, Alabama: Southern Poverty Law Center.

Klein, Naomi e Levy, Debra Ann (2002) *Fences and Windows: Dispatches from the Front Line of the Globalization Debate*. Nova York: Picador.

Klinenberg, Eric e Perrin, Andrew (1996) "Symbolic politics in the Information Age: the 1996 presidential campaign in cyberspace", Berkeley: University of California, Department of Sociology, trabalho de pesquisa para Soc 290.2, não publicado.

Kolodny, Annette (1984) *The Land before Her: Fantasy and Experience of the American Frontiers, 1630–1860*, Chapel Hill: University of North Carolina Press.

Kozlov, Viktor (1988) *The Peoples of the Soviet Union*, Bloomington, Ind.: Indiana University Press.

Kraus, K. e Knight, A. (1995) *State, Society, and the UN System: Changing Perspectives on Multilateralism*, Nova York: United Nations University Press.

Kuppers, Gary (org.) (1994) *Compañeras: Voices from the Latin American Women's Movement*, Londres: Latin American Bureau.

Kuttner, Robert (1995) "The net as free-market utopia? Think again", *Business Week*, 4 de setembro, p. 24.

Lamberts-Bendroth, Margaret (1993) *Fundamentalism and Gender: 1875 to Present*, New Haven. CT: Yale University Press.

Langguth, Gerd (1984) *The Green Factor in German Politics: from Protest Movement to Political Party*, Boulder, Colo.: Westview Press.

Lasch, Christopher (1980) *The Culture of Narcissism*, Londres: Abacus.

Laserna, Roberto (1992) *Productores de democracia: actores sociales y procesos políticos*, Cochabamba: Centro de Estúdios de la Realidad Economica y Social.

Lash, Scott e Urry, John (1994) *Economies of Signs and Space*. Londres: Sage.

Laumann, Edward O. *et al.* (1994) *The Social Organization of Sexuality: Sexual Practices in the United States*, Chicago: University of Chicago Press.

L'Avenc: Revista d'Historia (1996) Edição especial: "Catalunya-Espanya", nº 200, fevereiro.

Lavrakas, Paul J. *et al* (orgs.) (1995) *Presidential Polis and the New Media*, Boulder, Colo.: Westview Press.

Lawton, Kim A. (1989) "Whatever happened to the Religious Right?", *Christianity Today*, 15 de dezembro: 44.

Leal, Jesus *et al.* (1996) *Família y vivienda en España*, Madri: Universidad Autónoma de Madrid, Instituto de Sociologia, relatório de pesquisa.

Lechner, Frank, J. (1991) "Religion, law, and global order", *in* Robertson e Garrett (orgs.), pp. 263–80.

Lesthaeghe, R. (1995) "The second demographic transition in Western countries: an interpretation", *in* Mason e Jensen (orgs.), pp. 17–62.

Levin, Murray B. (1987) *Talk Radio and the American Dream*, Lexington, MA: Heath.

Levine, Martin (1979) "Gay ghetto", *in* Martin Levine (org.), *Gay Men*, Nova York: Harper and Row.

Lewis, Bernard (1988) *The Political Language of Islam*, Chicago: University of Chicago Press.

Lewis, Peter H. (1996a) "Judge temporarily blocks law that bars indecency on Internet", *New York Times*, 16 de fevereiro, pp. Cl-Cl6.

_____ (1996b) "Judges turn back law to regulate Internet decency", *New York Times*, 13 de junho, p. A1.

Leys, Colin (1989) "What is the problem about corruption?", *in* Heidenheimer *et al.* (orgs.), pp. 51–66.

L'Histoire (1993) Dossiê especial "Argent, politique et corruption: 1789–1993", maio, 166: 48 ff.

Li, Zhilan (1995) "Shangai, Guandong ruheyu zhongyang zhouxuan (De que forma Xangai e Guandong negociam com o governo central?)", *The Nineties Monthly*, dezembro, 311: 36–9.

Lienesch, Michael (1993) *Redeeming America: Piety and Politics in the New Christian Right*, Chapel Hill: University of North Carolina Press.

Lipschutz, Ronnie D. e Coca, Ken (1993) "The implications of global ecological interdependence", *in* Ronnie D. Lipschutz e Ken Coca (orgs.), *The State and Social Power in Global Environmental Politics*, Nova York: Columbia University Press.

Lipset, Seymour M. (1996) *American Exceptionalism: a Double-edged Sword*, Nova York: Norton.

_____ and Raab, Earl (1978) *The Politics of Unreason: Right-wing Extremism in America, 1790–1970*, Nova York: Harper and Row.

Lloyd, Gary A. e Kuselewickz J. (orgs.) (1995) *HIV Disease: Lesbians, Gays, and the Social Services*, Nova York: Haworth Press.

Lodato, Saverio (1994) *Quindici anni di Mafia*, Milão: Biblioteca Universale Rizzoli.

Longman (1990) *Political Scandals and Causes Célèbres since 1945*, Londres: Longman's International Reference Compendium.

Lowi, Theodore J. (1988) "Foreword", *in* Markovits e Silverstew (orgs.), pp. vii-xii.

Luecke, Hanna (1993) *Islamischer Fundamentalismus — Rueckfall ins Mittelalter oder Wegbereiter der Moderne?*, Berlim: Klaus Schwarz Verlag.

Lyday, Corbin (org.) (1994) *Ethnicity, Federalism and Democratic Transition in Russia: A Conference Report*, relatório de conferência patrocinada pelo Programa Berkeley- -Stanford de Estudos sobre a União Soviética e pós-União Soviética realizada *in* Berkeley de 11 a 17 de novembro de 1993.

Lyon, David (1994) *The Electronic Eye: the Rise of Surveillance Society*, Cambridge: Polity Press.

—— (2001) "Surveillance after September 11", *Sociological Review Online*, 6 (3) (www.socresonline.org.uk/6/3/lyon/html).

—— (org.) (2003) *Surveillance as Social Sorting: Privacy, Risk, and Digital Discrimination*. London: Routledge.

MacDonald, Greg (1990) *The Emergence of Multimedia Conglomerates*, Genebra: ILO, Programa Multinacional de Empresas, Papel de Trabalho 70.

McDonogh, Gary W. (org.) (1986) *Conflict in Catalonia*, Gainsville: University of Florida Press.

McGrew, Anthony G. (1992a) "Global politics in a transitional era", *in* McGrew *et al.* (orgs.), pp. 312-30.

—— (1992b) "Military technology and the dynamics of global militarization", *in* McGrew *et al.* (orgs.), pp. 83-117.

——, Lewis, Paul G., *et al.* (1992) *Global Politics: Globalization and the Nation State*, Cambridge: Polity Press.

McInnes, Colm (1992) "Technology and modern warfare", *in* Baylis e Rengger (orgs.), pp. 130-58.

—— e Sheffield, G. D. (orgs.) (1988) *Warfare in the 20th Century: Theory and Practice*, Londres: Unwin Hyman.

McLaughlin, Andrew (1993) *Regarding Nature: Industrialism and Deep Ecology*, Albany: State University of New York Press.

Macy, Joanna (1991) *World as Lover, World as Self*, Berkeley: Parallax Press.

Magleby, David B. e Nelson, Candice J. (1990) *The Money Chase: Congressional Campaign Finance Reform*, Washington D.C.: Brookings Institution.

Maheu, Louis (1995) "Les mouvements sociaux: plaidoyer pour une sociologie de l'ambivalence", *in* Dubet e Wieviorka (orgs.), pp. 313-34.

Mainichi Shinbun (1995), 1º de maio.

Manes, Christopher (1990) *Green Rage: Radical Environmentalism and the Unmaking of Civilization*, Boston: Little, Brown.

Mansbridge, Jane (1995) "What is the feminist movement?", *in* Ferree e Martin (orgs.), pp. 27-34.

Mansell, Robin (org.) (2002) *Inside the Communication Revolution: Evolving Patterns of Social and Technical Interaction*. Oxford: Oxford University Press.

Markovits, Andrei S. e Silverstein, Mark (orgs.) (1988a) *The Politics of Scandal: Power and Process in Liberal Democracies*, Nova York: Holmes and Meier.

_____ e _____ (1988b) "Power and process in liberal democracies", *in* Markovits e Silverstein (orgs.), pp. 15–37.

Marquez, Enrique (1995) *Por qué perdió Camacho*, México: Oceano.

Marsden, George M. (1980) *Fundamentalism and American Culture: the Shaping of the 20th Century Evangelicalism, 1870–1925*, Nova York: Oxford University Press.

Martinez Torres, Maria Elena (1994) "The Zapatista rebellion and identity", Berkeley: University of California, Programa de Estudos Latino-Americanos, trabalho de pesquisa (não publicado).

_____ (1996) "Networking global civil society: the Zapatista movement. The first informational guerrilla", Berkeley: University of California, seminário para CP 229 (não publicado).

Marty, Martin E. (1988) "Fundamentalism as a social phenomenon", *Bulletin of the American Academy of Arts and Sciences*, 42: 15–29.

_____ e Appleby, Scott (orgs.) (1991) *Fundamentalisms Observed*, Chicago: University of Chicago Press.

Masnick, George, S. e Ardle, Nancy M. (1994) *Revised US Households Projections: New Methods and New Assumptions*, Cambridge, Mass.: Harvard University, Graduate School of Design / John F. Kennedy School of Government, Joint Center for Housing Studies, série de papéis de trabalho.

_____ e Kim, Joshua M. (1995) *The Decline of Demand: Housing's Next Generation*, Cambridge, Mass.: Harvard University, Joint Center for Housing Studies, série de papéis de trabalho.

Mason, Karen O. e Jensen, An-Magritt (1995) *Gender and Family Change in Industrialized Countries*, Nova York: Oxford University Press.

Mass, Lawrence (1990) *Dialogues of the Sexual Revolution*, Nova York: Haworth Press.

Massolo, Alejandra (1992) *Por amor y coraje: Mujeres en movimientos urbanos de la Ciudad de Mexico*, México: El Colégio de Mexico.

Mattelart, Armand (1991) *La communication-monde: histoire des ideés et des stratégies*, Paris: La Découverte.

Matthews, Nancy A. (1989) "Surmounting a legacy: the expansion of racial diversity in a local anti-rape movement", *Gender and Society*, 3: 519–33.

Maxwell, Joe e Tapia, Andres (1995) "Guns and Bibies", *Christianity Today*, 39 (7): 34.

Mayer, William G. (1994) "The polis — poli trends: the rise of the new media", *Public Opinion Quarterly*, 58: 124–46.

Mayorga, Fernando (1993) *Discurso y política en Bolívia*, La Paz, ILDIS-CERES.

Mejía, Barquera, Fernando *et al.* (1985) *Televisa: el quinto poder*, México: Claves Latinoamericanas.

Melchett, Peter (1995) "The fruits of passion", *New Statesman and Society*, 28 de abril: 37–8.

Melucci, Alberto (1995) "Individualisation et globalisation: au-delà de la modernité?", *in* Dubet e Wieviorka (orgs.), pp. 433–48.

Meny, Yves (1992) *Le corruption de la Republique*, Paris: Fayard.

Merchant, Carolyn (1980) *The Death of Nature: Women, Ecology, and the Scientific Revolution*, Nova York: Harper and Row.

Mesa, Carlos D. (1986) "Como se fabrica un presidente", *in Cuarto Intermedio*, pp. 4–23.

Meyer, David S., Whittier, Nancy e Robnett, Belinda (orgs.) (2002) *Social Movements: Identity, Culture and the State*. Nova York: Oxford University Press.

Michelson, William (1985) *From Sun to Sun: Daily Obligations and Community Structure in the Lives of Employed Women and their Families*, Totowa, NJ: Rowman e Allanheld.

Mikulsky, D.V. (1992) *Ideologicheskaya kontseptsiya Islamskoi partii vozrozhdeniya* (Conceito Ideológico do Partido da Renovação Islâmica), Moscou: Fundo Gorbachev.

Miller, Joanne M. e Krosnick, Jon A. (2000) "News media impact on the ingredients of presidential evaluations: politically knowledgeable citizens are guided by a trusted source", *American Journal of Political Science*, 44 (2): 301–15.

Minc, Alain (1993) *Le nouveau Moyen Âge*, Paris: Gallimard.

Misztal, Bronislaw e Shupe, Anson (1992a) "Making sense of the global revival of fundamentalism", *in* Bronislaw e Shupe (orgs.), pp. 3–9.

———— e ———— (orgs.) (1992b) *Religion and Politics in Comparative Perspective: Revival of Religious Fundamentalism in East and West*, Westport, Conn.: Praeger.

Mitchell, Juliet (1966) "Women: the longest revolution", *New Left Review*, 40, novembro/dezembro.

Miyadai, Shinji (1995) *Owarinaki Nichijo oflkiro* (Viva no Cotidiano sem Fim), Tóquio: Chikuma-Shobo.

Moen, Matthew C. (1992) *The Transformation of the Christian Right*, Tuscaloosa: University of Alabama Press.

———— e Gustafson, Lowell S. (orgs.) (1992) *The Religious Challenge to the State*, Filadélfia: Temple University Press.

Mokhtari, Fariborz (org.) (1994) *Peacemaking, Peacekeeping and Colaition Warfare: the Future of the UN*, Washington D.C.: National Defense University.

Monereo, Manuel e Riera, Miguel (2002) *Porto Alegre: otro mundo es posible*. Barcelona: El Viejo Top.

Monnier, Alain e de Guibert-Lantoine, Catherine (1993) "La conjoncture démographique: l'Europe et les pays développés d'outre-mer", *Population*, 48 (4): 1043–67.

Moog, Sandra (1995) "To the root: the mobilization of the culture concept in the development of radical environmental thought", Berkeley: University of California, Department of Anthropology, Seminário para Anthro. 250X (não publicado).

———— (1996) "Electronic media and informational politics in America", Berkeley: University of California, Department of Sociology, trabalho de pesquisa para Soc 290.2 (não publicado).

Moore, David W. (1992) *The Superpollsters: How They Measure and Manipulate Public Opinion in America*, Nova York: Four Walls Eight Windows.

Moreau Deffarges, Philippe (1993) *La mondialisation: vers la fin des frontières?*, Paris: Dunod.

Moreno Toscano, Alejandra (1996) *Turbulencia politica: causas y razones del 94*, México: Oceano.

Morgen, Sandra (1988) "The dream of diversity, the dilemmas of difference: race and class contradictions in a feminist health clinic" *in* J. Sole (org.), *Anthropology for the Nineties*, Nova York: Free Press.

Morin, Edgar e Kern, Anne B. (1993) *Terre-Patrie*, Paris: Seuil.

Morris, Stephen D. (1991) *Corruption and Politics in Contemporary Mexico*, Toscaloosa: The University of Alabama Press.

Moscow Times (1996) "Style beats substance in ad campaigns." 30 de maio, p. 1.

Moser, Leo (1985) *The Chinese Mosaic: the Peoples and Provinces of China*, Londres: Westview Press.

Mouffe, Chantal (1995) "The end of politics and the rise of the radical right", *Dissent*, Set.-Nov.: 488.

Mundy, Alicia (1996) "Taking a poli on polis", *Media Week*, 6 (8): 17–20.

Murray, Charles e Herrnstein, Richard (1994) *The Bell Curve: Intelligence and Class Structure in American Life*, Nova York: Free Press.

Nair, Sami (1996) "La crisis argelina", *in Claves*, 14–17 de abril.

Nakazawa, Shinichi *et al.* (1995) "AUM Jiken to wa Nandatta no ka (O AUM foi um incidente?)", *in Kokoku Hihyo*, junho.

Nash, June *et al.* (1995) *La explosión de comunidades en Chiapas*, Copenhague: Grupo de Trabalho Internacional sobre Questões Indianas, Documento IWGIA n°. 16.

The Nation (1995) "Editorial" May 15.

Navarro, Vicente (1994) *The Politics of Health Policy: The US Reforms, 1980–1994*, Oxford: Blackwell.

———— (1995) "Gobernabilidad, desigualdad y estado dei bienestar. La situación en Estados Unidos y su relevancia para Europa", Barcelona: Trabalho apresentado no Simpósio Internacional sobre Governabilidade, Desigualdade e Políticas Sociais, organizado pelo Institut d'Estudis Sociais Avancats, 23–25 de novembro (não publicado).

———— (org.) (2002) *The Political Economy of Social Inequalities*. Amityville, NY: Baywood.

Negri, Toni, *et al.* (2002) *On Fire: The Battle of Genoa and the Anticapitalist Movement*. One/Off Press.

Negroponte, Nicholas (1995) *Being Digital*, Nova York: Alfred Knopy.

Nevitte, Neil (2003) "Authority orientations and political support: a cross-national analysis of satisfaction with governments and democracy", *in* Inglehart (org.), pp. 387–412.

Nijkamp, Peter and Castells, Nuria (2001) "Transboundary environmental problems in the EU: lessons from air pollution policies", *Journal of Environmental Law and Policy*, 4: 501–17.

Norman, E. Herbert (1940) *Japan's Emergence as a Modern State: Political and Economic Problems of the Meiji Period*, Nova York: Institute of Pacific Relations.

Norris, Pippa (2000a) "Global governance and cosmopolitan citizens" in Nye and Donahue (orgs.), pp. 155–77.

Nunnenkamp, Peter *et al.* (1994) *Globalisation of Production and Markets*, Tubingen: Kieler Studien, J.C.B. Mohr.

_____ (2000b) *A Virtuous Circle: Political Communications in Postindustrial Societies*. Cambridge: Cambridge University Press.

Nye, Joseph S. (2002) *The Paradox of American Power*. Oxford: Oxford University Press.

_____ and Donahue, John D. (orgs.) (2000) *Governance in a Globalizing World*. Washington, D.C.: Brookings Institution.

_____, Zelikow, Philip, and King, David (orgs.) (1997) *Why People Don't Trust Government*. Cambridge, MA: Harvard University Press.

O'Brien, Robert, Scholte, Anne Marie, Aart, Jan e Williams, Mary (2000) *Contesting Global Governance: Multilateral Economic Institutions and Global Social Movements*. Cambridge: Cambridge University Press.

OCDE (1993–1995) *Employment Outlook*, Paris: OCDE.

_____ (1994a) *The OECD Jobs Study*, Paris: OCDE.

_____ (1994b) *Women and Structural Change: New Perspectives*, Paris: OCDE

_____ (1995) *Labour Force Statistics*, Paris: OCDE.

Offen, Karen (1988) "Defining feminism: a comparative historical approach", *Signs*, 14 (11): 119–57.

Ohama, Itsuro (1995) "AUM toiu Danso (A AUM como tentativa de desligamento da seita da história)" *in Seiron*, julho.

Orr, Robert M. (1985) "Home-grown terrorism plagues both the US and Japan", *Tokyo Business*, julho.

Orstrom Moller, J. (1995) *The Future European Model: Economic Internationalization and Cultural Decentralization*, Westport, Conn.: Praeger.

Osawa, Masachi (1995), "AUM wa Naze Sarm ni Hashitakka (Por que a AUM usou sarin?)?", *in Gendai*, outubro.

Ostertag, Bob (1991) "Greenpeace takes over the world", *Mother Jones*, março-abril: 32–87.

Oumlil, Ali (1992) *Islam et etat national*, Casablanca: Editions Le Fennec.

Perspectiva do FMI e do Banco Mundial (1995) *A Meeting of a Multinational Group of Parliamentarians Involved in Oversight of the IMF and the World Bank*, Washington, D.C.: US Government Printing Office.

Pagano, Michael A. and Bowman, Ann O'M. (1995) "The state of American federalism, 1994–1995" *Publius: The Journal of Federalism*, 25 (3): 1–21.

Page, Benjamin I. e Shapiro, Robert Y. (1992) *The Rational Public: Fifty Years of Trends in American's Policy Preferences*, Chicago: University of Chicago Press.

Panarin, Alexander S. (1994) "Rossia v evrazii: geopolitisichie vyzovy i tsivilizatsionnye otvety", Voprosy filosofii, 12: 19–31 (consultado a partir da publicação *Russian Social Science Review: A Journal of Translations*, maio-junho de 1996: 35–53).

Pardo Mary (1995) "Doing it for the kids: Mexican American community activists, border feminists?", *in* Ferree e Martin (orgs.), pp. 356–71.

Partido Revolucionário Institucional (1994) *La reforma del PRI y el cambio democrático en Mexico*, México: Editorial Limusa.

Patterson, T.E. (1993) *Out of Order: How the Decline of the Political Parties and the Growing Power of the News Media Undermine the American Way of Electing Presidents*, Nova York: Alfred Knopf.

Pattie, Charles *et al.* (1995) "Winning the local vote: the effectiveness of contituency campaign spending in Great Britain, 1983–1992", *American Political Science Review*, 89 (4): 969–85.

Perez-Argote, Alfonso (org.) (1989) *Sociologia del nacionalismo*, Vitoria: Argitarapen Zerbitzua Euskai Herriko Unibertsitatea.

Perez Fernandez dei Castillo, German *et al.* (1995) *La voz de los votos: un analisis critico de Ias elecciones de 1994*, México: Miguel Angel Porrua Grupo Editorial.

Perez Iribarne, Eduardo (1993a) *La opinion publica al poder*, La Paz: Empresa Encuestas y Estúdios.

———— (1993b) "La television imposible", *Fe y Pueblo*, 3: 67–84.

Perez-Tabernero, Alfonso *et al.* (1993) *Concentración de la comunicación en Europa: empresa comercial e interes publico*, Barcelona: Generalitat de Catalunya, Centre d'investigació de la Comunicació.

Pharr, Susan and Putnam, Robert (orgs.) (2000) *Disaffected Democracies: What's Troubling the Trilateral Countries?*, Princeton, NJ: Princeton University Press.

Phillips, Andrew (1992) "Pocketbook politics: Britain's Tories face a tough fight against Labour Party rivais in an April election", *Maclean's*, 105 (12): 22–5.

Philo, Greg (1993) "Political advertising, popular belief and the 1992 British general election", *Media, Culture, and Society*, 15 (3): 407–18.

Pi, Ramon (org.) (1996) *Jordi Pujol: Cataluña, España*, Madri: Espasa Hoy.

Pinelli, Antonella (1995) "Women's condition, low fertility, and emerging union patterns in Europe", *in* Manson e Jensen (orgs.), pp. 82–104.

Pipes, Richard (1954) *The Formation of the Soviet Union: Communism and Nationalism, 1917–1923*, Cambridge, Mass.: Harvard University Press.

Piscatori, James (1986) *Islam in a World of Nation-States*, Cambridge: Cambridge University Press.

Pi-Sunyer, Oriol (1991) "Catalan politics and the Spanish democracy: the matter of cultural sovereignty", *in* Azevedo (org.), pp. 1–20.

Plant, Judith (1991) "Ecofeminism", *in* Dobson (org.), pp. 100–4.

Po, Lan-chih (1996) "Feminism, identity, and women's movements: theoretical debates and a case study in Taiwan", Berkeley: University of California, Department of City and Regional Planning, trabalho de pesquisa (não publicado).

Poguntke, Thomas (1993) *Alternative Politics: the German Green Party*, Edimburgo: Edinburgh University Press.

Pollith, Katha (1995) "Subject to debate", *The Nation*, 260 (22): 784.

Porrit, Jonathan (1994) *Seeing Green: the Politics of Ecology Explained*, Oxford: Blackwell.

Portes, Alejandro *et al.* (orgs.) (1989) *The Informal Economy*, Baltimore: Johns Hopkins University Press.

Poulantzas, Nicos (1978) *L'état, le pouvoir, le socialisme*. Paris: Presses Universitaires de France — Politiques.

O PODER DA IDENTIDADE | 563

Prat de la Riba, Enric (1906) *La nacionalitat catalana*, Barcelona: Edicions 62, republicados em 1978.

Price, Monroe E. (2002) *Media and Sovereignty: The Global Information Revolution and its Challenge to State Power*. Cambridge, MA: MIT Press.

Price, Vincent e Hsu, Mei-Ling (1992) "Public opinion about AIDS policies: the role of misinformation and attitudes towards homosexuals", *Public Opinion Quarterly*, 56 (1).

The Progressive (1995) "The far right is upon us," junho.

Puiggene i Riera, Ariadna *et al.* (1991) "Official language policies in contemporary Catalonia", *in* Azevedo (org.), pp. 30–49.

Putnam, Robert (1995) "Bowling alone: America's declining social capital", *Journal of Democracy*, 6 (1): 65–78.

Qiu, Jack Linchuan and Chan, Joseph Man (2003) "China Internet studies: a review of the field," in Monroe Price and Helen Nissembaum (orgs.), *The Academy and the Internet: New Directions in Information Scholarship*. London: Sage.

Qtub, Sayyid (n.d./1970s) *Maalim fi al-Tariq*. Cairo: Dar al-Shuruq.

Rashid, Ahmed (2001) *Taliban: Islam, Oil and the New Game in Central Asia*, 2nd edn. London: I. B. Tauris.

Reigot, Betty Polisar e Spina, Rita K. (1996) *Beyond the Traditional Family. Voices of Diversity*, Nova York: Springer Verlag.

Rich, Adrienne (1980/1993) "Compulsory heterosexuality and lesbian existence", *in* Abelove *et al.* (orgs.), pp. 227–54.

Richardson, Dick e Rootes, Chris (orgs.) (1995) *The Green Challenge: The Development of Green Parties in Europe*, Londres: Routledge.

Riechmann, Jorge e Fernandez Buey, Francisco (1994) *Redes que dan libertad: introducción a los nuevos movimientos sociales*, Barcelona: Paidos.

Riesebrodt, Martin (1993) *Pious Passion: the Emergence of Modern Fundamentalism in the United States and Iran*, Berkeley: University of California Press.

Roberts, Marilyn e McCombs, Maxwell (1994) "Agenda setting and political advertising: origins of the news agenda", *Political Communication*, 11: 249–62.

Robertson, Roland e Garrett, William R. (orgs.) (1991) *Religion and Global order*, Nova York: Paragon House.

Rochester, J. Martin (1993) *Waiting for the Millenium: the UN and the Future of World Order*, Columbia, SC: University of South Carolina Press.

Rodgers, Gerry (org.) (1994) *Workers, Institutions and Economic Growth in Asia*, Genebra: International Institute of Labour Studies.

Rojas, Rosa (1995) *Chiapas: la paz violenta*, México: Ediciones La Jornada.

Rokkan, Stem e Urwin, Derek W. (orgs.) (1982) *The Politics of Territorial Identity*, Londres: Sage.

Roman, Joel (1993) "La gauche, le pouvoir, les médias: àpropos du suicide de Pierre Beregovoy", *Esprit*, 6: 143–6.

Rondfeldt, David (1995) "The battle for the mind of Mexico", publicado em versão eletrônica em junho de 1995 na home page da RAND Corporation. Disponível no seguinte endereço: http:// www.eco.utexas.edu/homepages/faculty/cleaver/chiapas95/netawars.

Roper Center of Public Opinion and Polling (1995) "How much govermment, at what level?: change and persistence in American ideas", *The Public Perspective*, 6 (3).

Rose-Ackerman, Susan (1999) *Corruption and Government: Causes, Consequences and Reform*. Nova York: Cambridge University Press.

Rosenau, J. (1990) *Turbulence in World Politics*, Londres: Harvester Wheatsheaf.

Ross, Loretta J. (1995) "Saying it with a gun", *The Progressive*, junho.

Ross, Shelley (1988) *Fali from Grace: Sex, Scandal, and Corruption in American Politics from 1702 to present*, Nova York: Ballantine.

Roth, Jurgen e Frey, Marc (1992) *Die Verbrecher Holding: das vereinte Europa im Griffder Mafia*. Piper and Co. (consulta à versão em espanhol, Madri: Anaya/Mario Muchnik, 1995).

Rovira i Virgili, A. (1988) *Catalunya: Espanya*, Barcelona: Edicións de la Magrana (originalmente publicado em 1912).

Rowbotham, Sheila (1974) *Hidden from History: Rediscovering Women in History from the 17th Century to the Present*, Nova York: Pantheon Books.

_____ (1989) *The Past is Before Us: Feminism and Action since the 1960s*, Londres: Pandora.

_____ (1992) *Women in Movement: Feminism and Social Action*, Nova York: Routledge.

Rowlands, Ian H. (1992) "Environmental issues and world politics", *in* Baylis e Rengger (orgs.), pp. 287–309.

Rubert de Ventos, Xavier (1994) *Nacionalismos: el laberinto de la identidad*, Madri: Espasa-Calpe.

Rubin, Rose M. e Riney, Rose (1994) *Working Wives and Dual-earner Families*, Westport, Conn.: Praeger.

Ruiz-Cabanas, Miguel (1993) "La campana permanente de Mexico: costos, benefícios y consecuencia", *in* Smith (org.), pp. 207–20.

Rupp, Leila J. e Taylor, Verta (1987) *Survival in the Doldrums: the American Women's Rights Movement, 1945 to the 1960s*, Nova York: Oxford University Press.

Sabato, Larry J. (1991) *Feeding Fretizy: How Attack Journalism has Transformed American Politics*, Nova York: Free Press.

Saboulin, Michel e Thave, Suzanne (1993) "La vie en couple marié: un modèle qui s'affaiblit", *in* INSEE, *La société française: donnés sociales*, Paris: INSEE.

Said, Edward W. (1979) *Orientalism*. Nova York: Vintage Books.

Salaff, Janet (1981) *Working Daughters of Hong Kong*, Cambridge: Cambridge University Press.

_____ (1988) *State and Family in Singapore: Restructuring a Developing Society*, Ithaca: Cornell University Press.

_____ (1992) "Women, family and the state in Hong Kong, Taiwan and Singapore", *in* Richard Appelbaum e Jeffrey Henderson (orgs.), *States and Development in the Asian Pacific Rim*, Newbury Park, CA: Sage Publications.

Salmin, A. M. (1992) *SNG: Sostoyanie i perspektivy razvitiya*. Moscou: Fundo Gorbachev.

Salrach, Josep M. (1996) "Catalunya, Castella i Espanya vistes per si mateixes a l'edad mitjana", *L'Avenc*, 200: 30–7.

Saltzman-Chafetz, Janet (1995) "Chicken or egg? A theory of relationship between feminist movements and family change", *in* Mason e Jensen (orgs.), pp. 63–81.

Salvati, Michele (1995) "Italy's fateful choices", *New Left Review*, 213: 79–96.

Sanchez, Magaly e Pedrazzini, Yves (1996) *Los malandros: la culture de Vurgence chez les jeunes des quartiers populaires de Caracas*, Paris: Fondation Humanisme et Developpement.

Sanchez-Jankowski, Martin (1991) *Islands in the Street: Gangs and American Urban Society*, Berkeley: University of California Press.

Santoni Rugiu, Antonio (1994) "La bisciopedagogia". *Ponte*, 50 (2): 20–5.

Saravia, Joaquin e Sandoval, Godofredo (1991) *Jach'a Uru: la esperanza de un pueblo?*, La Paz: CEP-ILDIS.

Savigear, Peter (1992) "The United States: superpower in decline?", *in* Baylis e Rengger (orgs.), pp. 334–53.

Saxenian, Anna Lee (2003) *Global Networks of Immigrant Entrepreneurs in High Technology Industries*. Cambridge: Cambridge University Press.

Scammell, Margaret e Semetko, Holli A. (1995) "Political advertising on television: the British experience", *in* Kaid e Holtz-Bacha (orgs.), pp. 19–43.

Scanlan, J. (org.) (1990) *Surviving the Blues: Growing up in the Thatcher Decade*, Londres: Virago.

Scarce, Rik (1990) *Eco-warriors: Understanding the Radical Environmental Movement*, Chicago: Noble Press.

Schaeffer, Francis (1982) *Time for Anger: the Myth of Neutrality*, Westchester, 111.: Crossway Books.

Scharf, Thomas (1994) *The German Greens: Challenging the Consensus*. Oxford: Berg.

Scheer, Leo (1994) *La democratie virtuelle*. Paris: Flammarion.

Scheff, Thomas (1994) "Emotions and identity: a theory of ethnic nationalism", *in* Calhoun (org.), pp. 277–303.

Schiller, Dan (1999) *Digital Capitalism: Networking the Global Market System*. Cambridge, MA: MIT Press.

Schlesinger, Philip (1991) "Media, the political order and national identity", *Media, Culture, and Society*, 13: 297–308.

Schneir, Miriam (org.) (1994) *Feminism in our Time: The Essential Writings, World War II to the Present*, Nova York: Vintage Books.

Scott, Allen (1995) *From Silicon Valley to Hollywood: Growth and Development of the Multimedia Industry in California*, Los Angeles, UCLAs Lewis Center for Regional Policy Studies, Papel de Trabalho nr. 13, novembro de 1995.

Scott, Beardsley *et al.* (1995) "The great European multimedia gamble", *McKinsey Quarterly*, 3: 142–61.

Sechi, Salvatore (org.) (1995) *Deconstructing Italy: Italy in the Nineties*, Berkeley: University of California, International and Area Studies, Série Pesquisa.

Sengenberger, Werner e Campbell, Duncan (orgs.) (1994) *Creating Economic Opportunities: The Role of Labour Standards in Industrial Restructuring*, Genebra: ILO, International Institute of Labour Studies.

Sennett, Richard (1978) *The Fall of Public Man*, Nova York: Vintage Books.

———— (1980) *Authority*, Nova York: Alfred Knopf.

Serra, Narcis (2003) "Europa y el nuevo sistema internacional", *in* Castells e Serra (orgs.), pp. 179–200.

Servon, Lisa e Castells, Manuel (1996) *The Feminist City: a Plural Blueprint*. Berkeley: University of California, Institute of Urban and Regional Development, Papel de Trabalho.

Severino, Jean-Michel and Tubiana, Laurence (2002) "La question des biens publics globaux", *in* Jacquet *et al*. (orgs.), pp. 349–74.

Shabecoff, Philip (1993) *A Fierce Green Fire: The American Environmental Movement*, Nova York: Hill and Wang.

Shaiken, Harley (1990) *Mexico in the Global Economy: High technology and Work Organization in Export Industries*, La Jolla, CA: University of California at San Diego, Center for US-Mexican Studies.

Shapiro, Jerrold L. *et al*. (1995) *Becoming a Father: Contemporary Social, Developmental, and Clinical Perspectives*, Nova York: Springer Verlag.

Sheps, Sheldon (1995) "Militia — History and Law FAQ", World Wide Web, setembro.

Shimazono, Susumu (1995) *Aum Shinrikyo no Kiseki* (A trajetória da Verdade Suprema), Tóquio: Iwanami-Shoten.

Simpson, John H. (1992) "Fundamentalism in America revisited: the fading of modernity as a source of symbolic capital", *in* Misztal e Shupe (orgs.), pp. 10–27.

Singh, Tejpal (1982) *The Soviet Federal State: Theory, Formation and Development*, Nova Delhi: Sterling.

Sisk, Timothy D. (1992) *Islam and Democracy: Religion, Politics, and Power in the Middle East*, Washington D.C.: United States Institute of Peace Press.

Siune, Karen e Truetzschler, Wolfgang (orgs.) (1992) *Dynamics of Media Politics. Broadcast and Electronic Media in Western Europe*, Londres: Sage.

Sklair, Leslie (1991) *The Sociology of the Global System*, Londres: Harvester/Wheatsheaf.

Slezkine, Yuri (1994) "The USSR as a communal apartment, or how a Socialist state promoted ethnic particularism", *Slavic Review*, 53 (2): 414–52.

Smith, Anthony D. (1986) *The Ethnic Origins of Nations*, Oxford: Blackwell.

———— (1989) "The origins of nations", *Ethnic and Racial Studies*, 12 (3): 340–67 (citação de Eley e Suny (orgs.) (1996), p. 125).

Smith, Michael P. (1991) *City, State and Market: The Political Economy of Urban Society*, Oxford: Blackwell.

Smith, Peter H. (org.) (1993) *El combate a las drogas en America*, México: Fondo de Cultura Economica.

Sole-Tura, Jordi (1967) *Catalanisme i revolutió burgesa: la sintesi de Prat de la Riba*, Barcelona: Edicions 62.

Spalter-Roth, Roberta e Schreiber, Ronnee (1995) "Outsiderissues and insidertactics: strategic tensions in the women's policy network during the 1980s", *in* Ferree e Martin (orgs.), pp. 105–27.

Spence, Jonathan D. (1996) *God's Chinese Son: the Taiping Heavenly Kingdom of Hong Xiuquian*, Nova York: Norton.

Spitz, Glenna (1988) "Women's employment and family relations: a review", *Journal of Marriage and the Family*, 50: 595–618.

Spivak, Gayatri Chakravorty (1990) *The Postcolonial Critique*: *Interviews, Strategies, Dialogues* (org. por Sarah Harasym), Nova York: Routledge.

Spragen, William C. (1995) *Electronic Magazines*: *Soft News Programs on Network Television*, Westport, Conn.: Praeger.

Spretnak, Charlene (org.) (1982) *The Politics of Women's Spirituality*: *Essays on the Rise of Spiritual Power within the Women's Movement*, Nova York: Anchor.

Spruyt, Hendrik (1994) *The Sovereign State and its Competitors*, Princeton, NJ: Princeton University Press.

Stacey, Judith (1990) *Brave New Families*: *Stories of Domestic Upheaval in Late Twentieth Century America*, Nova York: Basic Books.

Staggenborg, Susan (1991) *The Pro-choice Movement*, Nova York: Oxford University Press.

Stallings, Barbara (1992) "International influence on economic policy: debt, stabilization, and structural reform", *in* Stephan Haggard e Robert Kaufman (orgs.), *The Politics of Economic Adjustment*, Princeton, NJ: Princeton University Press, pp. 41–88.

Standing, Guy (1990) "Global feminization through flexible labor", *World Development*, 17 (7): 1077–96.

Stanley, Harold W. e Niemi, Richard G. (1992) *Vital Statistics on American Politics*, 3a ed., Washington D.C.: CQ Press.

Starovoytova, Galina (1994) "Lecture at the Center for Slavic and East European Studies", University of California at Berkeley, 23 de fevereiro.

Stebelsky, Igor (1994) "National identity of Ukraine", *in* Hooson (org.) pp. 233–48.

Sterling, Claire (1994) *Thieves' World*: *the Threat of the New Global Network of Organized Crime*, Nova York: Simon and Schuster.

Stern, Kenneth S. (1996) *A Force upon the Plain*: *the American Militia Movement and the Politics of Hate*, Nova York: Simon and Schuster.

Stevens, Mark (1995) "Big boys will be cow boys", *The New York Times Sunday Magazine*, 19 de novembro: 72–9.

Stiglitz, Joseph (2002) *Globalization and its Discontents*. Nova York: W. W. Norton (citado a partir da tradução catalã. Barcelona: Editorial Empuries).

Streeck, Wolfgang e Schmitter, Philippe C. (1991) "From national corporatism to transnational pluralism: organized interests in the single European market", *Politics and Society*, 19 (2), pp. 133–63.

Strobel, Margaret (1995) "Organizational learning in the Chicago Women's Liberation Union", *in* Ferree e Martin (orgs.), pp. 145–64.

Summers, Lawrence (1995) "Ten lessons to learn", *The Economist*, 23 de dezembro, pp. 46–8.

Sun Tzu (c.505–496 a.C.) *On the Art of War*, trad. com notas de Lionel Giles. Cingapura: Graham Brash; 1988 (publicado pela primeira vez em inglês em 1910).

Suny, Ronald Grigor (1993) *The Revenge of the Past*: *Nationalism, Revolution, and the Collapse of the Soviet Union*, Stanford: Stanford University Press.

Susser, Ida (1982) *Norman Street*: *Poverty and Politics in an Urban Neighborhood*, Nova York: Oxford University Press.

———— (1991) "The separation of mothers and children", *in* John Mollenkopf e Manuel Castells (orgs.), *Dual City*: *Restructuring New York*, Nova York: Russell Sage. pp. 207–24.

_____ (1996) "The construction of poverty and homelessness in US cities", *Annual Reviews of Anthropology*, 25: 411–35.

_____ (1997) "The flexible woman: re-gendering labor in the informational society", *Critique of Anthropology*.

Swan, Jon (1992) "Jennifer", *Columbia Journalism Review* 31 (4): 36.

Szasz, Andrew (1994) *Eco Populism: Toxic Waste and the Movement for Environmental Justice*, Minneapolis: University of Minnesota Press.

Szmukler, Monica (1996) *Politicas urbanas y democracia: la ciudad de La Paz entre 1985 y 1995*, Santiago de Chile: ILADES.

Tanaka, Martin (1995) "La participación política de los sectores populares en América Latina", *Revista Mexicana de Sociologia*, 3: 41–65.

Tarrow, Sydney (1978) *Between Center and Periphery*, New Haven, Conn.: Yale University Press.

Tello Diaz, Carlos (1995) *La rebelión de las cañadas*, México: Cal y Arena.

Temas (1995) edição especial "Prensa y poder", 5: 18–50.

The Economist (1994) "Feeling for the future: special survey of television", 12 de fevereiro.

_____ (1995a) "The future of democracy", 17 de junho: 13–4.

_____ (1995b) "The Mexican connection", 26 de dezembro 39–40.

_____ (1995c) "Mexico: the long haul", 26 de agosto: 17–9.

_____ (1996) "Satellite TV in Asia: a little local interference", 3 de fevereiro.

The New Republic (1995a) "An American darkness", 15 de maio.

_____ (1995b) "TRB from Washington", 15 de maio.

The New York Times (1995) "Where cotton'sking, trouble reigns", 9 de outubro A6.

The New York Times Sunday (1995a) "The rich: a special issue", 19 de novembro.

_____ (1995b) "The unending search for demons in the American imagination", 23 de julho: 7.

Thompson, Dennis F. (1995) *Ethics in Congress: from Individual to Institutional Corruption*, Washington D.C.: The Brookings Institution.

Thurman, Joseph E., e Trah, Gabriele (1990) "Part-time work in international perspective", *International Labour Review*, 129 (1): 23–40.

Thurow, Lester (1992) *Head to Head: the Coming Economic Battle between Japan, Europe, and the United States*, Nova York: Murrow.

Tibi, Bassam (1988) *The Crisis of Modern Islam: a Pre-industrial Culture in the Scientific- technological Age*, Salt Lake City: Utah University Press.

_____ (1992a) *Die fundamentalische Herausforderung: der Islam und die Weltpolitik*, Munique: Beck Press.

_____ (1992b) *Religious Fundamentalism and Ethnicity in the Crisis of the Nation-state in the Middle-East: Superordinate Islamic and Pan-Arabic Identities and Subornidate Ethnic and Sectarian Identities*, Berkeley: University of California, Center for German and European Studies, trabalho em andamento.

Tilly, Charles (org.) (1975) *The Formation of Nation States in Western Europe*, Ann Arbor: University of Michigan Press.

_____ (1995) "State-incited violence. 1900–1999", *Political Power and Social Theory*, 9: 161–79.

Time (1995) "Hell raiser: a Huey Long for the 90s: Pat Buchanan wields the most lethal weapon in Campaign 96: scapegoat politics", 6 de novembro.

Tirado, Ricardo e Luna, Matilde (1995) "El Consejo Coordinador Empresarial de Mexico: de la unidad contra el reformismo a la unidad para el Tratado de Libre Comercio (1975–1993)", *Revista Mexicana de Sociologia*, 4: 27–60.

Toner, Robin (1996) "Coming home from the revolution", *The New York Times*, domingo, 10 de novembro, s. 4:1.

Tonry, Michael (1995) *Malign Neglect: Race, Crime, and Punishment in America*, Nova York: Oxford University Press.

Touraine, Alain (1965) *Sociologie de l'action*. Paris: Seuil.

———— (1966) *La conscience ouvrière*, Paris: Seuil.

———— (1988) *La parole et la sang: politique et société en Amérique Latine*, Paris: Odile Jacob.

———— (1992) *Critique de la modernité*, Paris: Fayard.

———— (1994) *Qu'est-ce que la démocratie?* Paris: Fayard.

———— (1995a) "La formation du sujet", *in* Dubet e Wieviorka (orgs.), pp. 21–46.

———— (1995b) *Lettre à Lionel, Michel, Jacques, Martine, Bernard, Dominique... et vous*, Paris, Fayard.

———— *et al.* (1996) *Le grand refus: reflexions sur la grève de décembre 1995*, Paris: Fayard.

Tranfaglia, Nicola (1992) *Mafia, Política e Affari, 1943–1991*, Roma: Laterza.

Trejo Delarbre, Raul (1994a) *Chiapas: la comunicacion enmascarada. Los médios y el pasamontanas*, México: Diana.

———— (org.) (1994b) *Chiapas: La guerra de las ideas*, México: Diana.

Trend, David (org.) (1996) *Radical Democracy: Identity, Citizenship, and the State*, Nova York e Londres: Routledge.

Trias, Eugênio (1996) "Entrevista: el modelo catalan puede ser muy util para Europa", *El Mundo*, 30 de junho: 32.

Tsuya, Noriko O. e Mason, Karen O.(1995) "Changing gender roles and below-replacement fertility in Japan", *in* Mason e Jensen (orgs.), pp. 139–67.

Twinning, David T. (1993) *The New Eurasia: a Cuide to the Republics of the Former Soviet Union*, Westport, Conn.: Praeger.

Ubois, Jeff (1995) "Legitimate government has its limits", *Midrange Systems*, 8 (22): 28.

United Nations (1970–1995) *Demographic Yearbook*, diversos anos, Nova York: United Nations.

———— (1995) *Women in a Changing Global Economy: 1994 World Survey on the Role of Women in Development*, Nova York: United Nations.

United Nations Commission on Global Governance (1995) *Report of the Commission*, Nova York: United Nations.

United Nations, Economic and Social Council (1994) "Problems and Dangers Posed by Organized Transnational Crime in the Various Regions of the World", documento base para a Conferência Ministerial Mundial sobre Crime Organizado Transnacional, Nápoles, 21–23 de novembro (não publicado).

US Bureau of the Census (1994) *Diverse Living Arrangements of Children*. Washington D.C.: US Bureau of the Census.

US Bureau of the Census (1996) *Composition of American Households*, Washington D.C.: Department of Commerce, Bureau of the Census.

US Department of Commerce, Economics and Statistics Administration, Bureau of the Census, Relatórios sobre a População Atual, Washington D.C.: Bureau of the Census:

_____ (1989) *Singleness in America: Single Parents and their Children, Married-couple Families with their Children.*

_____ (1991) *Population Profile of the United States, 1991*, Série P23, nr. 173.

_____ (1992a) *Households, Families, and Children: a 30-Year Perspective*, P23–181.

_____ (1992b) *When Households Continue, Discontinue, and Form* de Donald J. Hernandez, P23, nr. 179.

_____ (1992c) *Marriage, Divorce, and Remarriage in the 1990s*, de Arthur J. Norton e Louisa F. Miller, P23–180.

_____ (1992d) *Population Trends in the 1980s*, P-23, nr. 175.

Vajrayana Sacca (1994), agosto, nr. 1, Tóquio: Aum Press.

Valdes, Teresa e Gomariz, Enrique (1993) *Mujeres latinoamericanas en cifras*, Madri: Ministério de Asuntos Sociales, Instituto de la Mujer.

Van de Berg, Jeroen and Castells, Nuria (2003) "International coordination of environmental policies and multilateral environmental agreements," *in* K. J. Button e D. A. Henschen (orgs.), *Handbook of Transportation and Environment*. Amsterdam: Elsevier.

Vedel, Thierry e Dutton, William H. (1990) "New media politics: shaping cable television policy in France", *Media, Culture, and Society*, 12 (4): 491–524.

Vicens Vives, Jaume (1959) *Historia social y económica de España y América*, Barcelona: Ariel.

_____ and Llorens, Montserrat (1958) *Industriais i Politics dei Segle XIX*, Barcelona: Editorial Teide.

Vilar, Pierre (1964) *Catalunya dins l'Espanya Moderna*, Barcelona: Ediciones 62.

_____ org. (1987–1990) *Historia de Catalunya*, Barcelona: ediciones 62, 8 vols.

Vogler, John (1992) "Regimes and the global commons: space, atmosphere and oceans" in McGrew *et al.* (orgs.), pp. 118–37.

Volkmer, Ingrid (1999) *News in the Global Sphere: A Study of CNN and its Impact on Global Communication*. Luton: Luton University Press.

_____ (2003) "The global network society and the global public sphere" *Journal of Development*, 46: 9–16.

Wacquant, Loïc J.D. (1994) "the new urban color line: the state and fate of the ghetto in postfordist America", *in* Calhoun (org.), pp. 231–76.

Walter, David (1994) "Winner takes ali: the incredible rise — and could it be fali — of Silvio Berlusconi", *Contents*, 23 (4/5): 18–24.

Walton, John and Seddon, David (1994*) Free Markets and Food Riots: The Politics of Global Adjustment*. Oxford: Blackwell.

Wapner, Paul (1995) "Politics beyond the state: environmental activism and world civic politics", *World Politics*, abril: 311–40.

_____ (1996) *Environmental Activism and World Civic Politics*, Albany, NY: State University of New York Press.

Wattenberg, Martin (1996) *The Decline of American Political Parties: 1952-1994*. Cambridge, MA: Cambridge University Press.

Weinberg, Steve (1991) "Following the money", *Columbia Journalism Review*, 30 (2): 49-51.

Weisberg, Jacob (1996) *In Defense of Government: the Fali and Rise of Public Trust*, Nova York: Scribner.

Wellman, Barry (1979) "The community question", *American Journal of Sociology*, 84: 1201-31.

Welton, Neva and Wolf, Linda (2001) *Global Uprising: Confronting the Tyrannies of the 21st Century. Stories from a Generation of Activists*. Gabriola Island, BC: New Society Publishers.

Wepin Store (1995), "Michigan Militia T-shirt", World Wide Web, West El Paso Information Network.

West, Cornel (1993) *Race Matters*, Boston: Beacon Press.

———— (1996) "Black strivings in a twilight civilization", *in* Gates e West (orgs.), pp. 53-112.

West, Darrell M. (1993) *Air Wars: Television Advertising in Election Campaigns, 1952-1992*, Washington D.C.: CQ Press.

Whisker, James B. (1992) *The Militia*, Lewiston, NY: E. Mellen Press.

White, Stephen, McAllister, Ian e Oates, Sarah (2002) "Was it Russian public television that won it?" Press/Politics, 7 (2): 17-33.

Whittier, Nancy (1995) *Feminist Generations: the Persistence of the Radical Women's Movement*, Filadélfia: Temple University Press.

Wideman, Daniel J. e Preston. Rohan B. (orgs.) (1995) *Soulfires: Young Black Men on Love and Violence*, Nova York; Penguin.

Wiesenthal, Helmut (1993) *Realism in Green Politics: Social Movements and Ecological Reform in Germany*, org. por John Ferris, Manchester: Manchester University Press.

Wieviorka, Michel (1988) *Sociétés et terrorisme*, Paris: Fayard.

———— (1993) *La democratie à l'épreuve: nationalisme, populisme, ethnicité*, Paris: La Decouverte.

Wilcox, Clyde (1992) *God's Warriors: the Christian Right in the 20th century America*, Baltimore: Johns Hopkins University Press.

Wilensky, Harold (1975) *The Welfare State and Equality: Structural and Ideological Roots of Public Expenditures*, Berkeley: University of California Press.

Williams, Lance e Winokour, Scott (1995) "Militia extremists defend their views", *San Francisco Examiner*, 23 de abril.

Wilson, William Julius (1987) *The Truly Disadvantaged: the Inner City, the Underclass, and Public Policy*, Chicago: University of Chicago Press.

Winerip, Michael (1996) "An American place: the paramilitary movement: Ohio case typifies the tensions between Militia groups and law", *The New York Times*, 23 de junho, p. Al.

Wittig, Monique (1992) *The Straight Mind*, Boston: Beacon Press.

Woldenberg, Jose (1995) *Violencia y politica*, México: Cal y Arena.

Woodward, Bob (1994) *The Agenda: Inside the Clinton White House*, Nova York: Simon and Schuster.

World Almanac Books (1996) *The World Almanac of Books and Facts, 1996.* Nova York: Funk and Wagnalls.

WuDunn, Sheryl (1996) "Uproar over a debt crisis: does Japan's mob bear part of the blame?", *The New York Times*, 14 de fevereiro, p. C1.

Wyplosz, Charles (2002) "L'économie en avance sur les institutions", in Jacquet *et al.* (orgs.), pp. 301–12.

Yazawa, Shujiro (1997) *Japanese Social Movements since World War II*, Boston: Beacon Press.

Yoshino, Kosaku (1992) *Cultural Nationalism in Contemporary Japan*, Londres: Routledge.

Zaller, John e Hunt, Mark (1994) "The rise and fall of candidate Perot: unmediated versus mediated politics, part I", *Political Communication*, 11: 357–90.

Zaretsky, Eli (1994) "Identity theory, identity politics: psychoanalysis, marxism, post--structuralism", *in* Calhoun (org.), pp. 198–215.

Zeskind, Leonard (1986) *The Christian Identity Movement: Analyzing its Theological Rationalization for Racist and Anti-semitic Violence*, Atlanta, GA: National Council of the Churches of the Christ in the USA, Center for Democratic Renewal.

Ziccardi, Alicia (org.) (1991) *Ciudades y gobiernos locales en la América Latina de los noventa*, Mexico: Miguel Angel Porrua Grupo Editorial.

––––––– (org.) (1995) *La tarea de gobernar: gobiernos locales y demandas ciudadanas*, México: Miguel Angel Porrua Grupo Editorial.

Ziegler, Jean (2002) *Les nouveaux maîtres du monde et ceux qui leur résistent.* Paris: Fayard.

Zisk, Betty H. (1992) *The Politics of Transformation: Local Activism in the Peace and Environmental Movements*, Westport, Conn.: Praeger.

Zook, Matthew (1996) "The unorganized militia network: conspiracies, computers, and community", Berkeley: University of California, Department of Sociology, trabalho de seminário para SOC 290.2 (não publicado).

ÍNDICE REMISSIVO

Os números de página em itálico referem-se a informações constantes em figuras ou tabelas.

Abelove, Henry, (n104)
aborto, 73, 308, 311–313, 450
Abramson, Jeffrey B., 360 (n23), 412 (n6)
ação afirmativa, 83, 101, 103, 106, 148, 403
Adler, Margot, 245 (n7, 12)
adoções, 344
África: atividade econômica, *279*; dissolução do casamento *257*; lares encabeçados por mulheres, *264*; nascimentos fora do casamento *262*; taxas de fertilidade, *271, ver também* países considerados separadamente
Afro-americanos: classe média, 103; família, 105; identidade, 60, 68, 103–109; liderança política, 104; movimentos sociopolíticos, 105; mulheres, 260, 299, 306; pobreza, 104; taxa de encarceramento, 104; *ver também* Estados Unidos
Aguirre, Pedro, 537
AIDS, 300–333, 337–339, 341, 355, 356, 358, 359, 365 (n113), 426, 496
Akhmatova, Anna, 249, 361 (n1)
Al-Azmeh, Aziz, 64, 117 (n24), 118 (n27)
al Banna, Hassan, 62, 63
Alberdi, Cristina, 312, 363 (n79)
Alberdi, Ines, *258, 270,* 361 (n8, 11, 14, 16, 17, 21)
Albo, Xavier, 487 (n54)
Alemanha: atividade econômica, *278*; atividade econômica da mulher, *280, 283*; autônomos, *294*; casamento, *256, 257, 259*; divórcio, *255*; eleições, *479,480,*

526; emprego de meio expediente, *292, 293, 296*; finanças públicas, Tabela 5.1A e 5.2A; governo e economia, 375, 376, 385; internacionalização da economia, *291*; lares, *264, 266–268*; mão de obra, *285, 286*; participação de homens e mulheres na força de trabalho, *274, 276,* 290; participação feminina no setor de serviços, *281*; Partido Verde, 232– 234, 247 (n15), 442; taxa de natalidade, 361 (n6); taxas de fertilidade, *270*
alienação, 57, 156, 197,214, 479
Allen, Thomas B. 247 (n3)
Alley, Kelly D., 247 (n2)
Alonso Zaldívar, Carlos, 363 (n80), 432 (n39), 433 (n69), 487 (n48), 488 (n65), 523
ambientalismo: como movimento proativo, 50, 216, 223–225; comunidades locais, 227, 229, 232, 237, 239, 240; e a ecologia, 225, 226, 229–235, 238, 239; e ciência, 235, 236; em ação/na mídia, 231, 235, 238, 241, 242; e política, 232, 243, 244; Estados-Nação, 232, 240; identidade/inimigo/objetivo, 239, 240, 495, impacto do, 229, 244; internet/World Wide Web, 242, 243; justiça, 245, 246; legitimidade, 241; NAFTA, 242; tipos 225, *226,* 227, 229, 231.
América do Norte, 199, 225, 232, 236, 266, *267, 271, 275,* 400, 461, 473; *ver também* Canadá; Estados Unidos

América Latina: atividade econômica, *279*; dissolução do casamento, *257*; lares encabeçados por mulheres, *264*; nascimentos fora do casamento, *262*; política do governo, 401; taxas de fertilidade, *271*; *ver também* países considerados separadamente

American Academy of Arts and Sciences, 60

Ammerman, Nancy, 118 (n56)

anarcossindicalistas, 95

anarquia: ecologia, 235–237, 242, 499

Anderson, Benedict, 117 (n7), 119 (n80)

Anderson, P., 489 (n86)

Angelou, Maya, 49

Ansolabehere, Stephen, 486 (n11, 15), 487 (n17, 32, 33)

Anthes, Gary H., 434 (n95)

antiaborto, 73, 11 (n55), 139, 149, 450

anticoncepcionais, 250, 308

Aoyama, Yoshinobu, 219 (n40)

Appiah, Kwame Anthony, 120 (n133)

Appleby, Scott, 117 (n17 e 19)

apocalipse, 152, 156, 157, 159, *212*

aquecimento global, 20, 65, 223, 390, 392, 426

Arábia Saudita, 62, 67, 69, 161, 162, 164–168, 170, 171, 174, 176, 177, 179–182

Arafat, Yasser, 68, 415

Archondo, Rafael, 487 (n54), 488 (n59)

Ardaya, Gloria, 488 (n54, n58)

Ardle, Nancy M., 366 (n126)

Argélia: atividade econômica, *279*; atividade econômica da mulher, *280*; fundamentalismo islâmico, 62–64, 66–68, 169, 170; índices de casamento, *259*

Argentina: atividade econômica, *278*; atividade econômica da mulher, *280*; índices de casamento, *259*

Arlachi, Pino, 488 (n60), 489 (n81)

armas, 129, 133, 136–141, 149, 155, 158, 164–166, 188, 189, 192, 213, 219 (n20), 220 (n49), 386, 390–392, 407, 411, 414, 418

Armênia, 87

Armond, Paul, 218 (n18)

Armstrong, David, 218 (n18)

Arquilla, John, 217 (n6), 218 (n17), 220 (n49), 221 (n66), 432 (n48)

Arrieta, Carlos, 432 (n36)

Asahara, Shoko, 152–155, 157, 219 (n40), 498

ASEAN, 395

Ásia: atividade econômica, *278, 279*; dissolução do casamento, *257*; lares encabeçados por mulheres, *264*; nascimentos fora do casamento, *262*; patriarcalismo, 308, 309; taxas de fertilidade, *271*; *ver também* países considerados separadamente

Associação Internacional de Sociologia, 216 (n2)

Associated Electronic Network News, 1450

Astrachan, Anthony, 367 (n150)

assumidos, gays, 330, 332, 333

Athanasiou, Tom, 247 (n30)

atitude "Não no meu quintal", 112, *226*, 228, 237

Audubon Society, 226, 235

Aum Shinrikyo, 13, 124; atentado com gás no metrô, 152, 155; crenças e metodologia, 155, 156; e a sociedade japonesa, 156–159; e libertação, 127–128; identidade/adversário/objetivo, *212*; origens, 152–154

Austrália: autônomos, *294*; lares, *264, 267*; emprego de meio expediente, *292*; participação de homens e mulheres na força de trabalho, *274*; participação feminina no setor de serviços, *281*

Áustria: autônomos, *294*; emprego de meio expediente, *292*; lares, *267*; mão de obra, *379*; mulheres que nunca se casaram, *261*; participação de homens e mulheres na força de trabalho, *274*; participação feminina no setor de serviços, *281*; taxas de fertilidade, *270*

atentado a bomba em Oklahoma, 138, 139, 145, 214

atores sociais, 19, 20, 32, 33, 36, 54–56, 58, 63, 66, 110, 111, 115, 194, 196, 202, 208, 215, 398, 422–424, 455 autoconhecimento, 54,

autodeterminação, 79, 83, 86

autoerotismo, 358

autoidentidade, 58, 321, 326

autossacrifício, 70, 242

autonomia, local/regional, 402

autônomos, 291, *294*

autoridade, 55, 75, 140, 144, 182, 201, 203, 249, 253, 289, 297, 313, 325, 420, 421, 424, 430; *ver também* relações de poder

avós, 22, 346, 352

Axford, Barrie, 452, 487 (n 42, n45)

Ayad, Mohamed, *265*

Azerbaidjão, 84, 85, 87

Azevedo, Milton, 120 (n118)

Bachr, Peter R., 433 (n60)

Badie, Bertrand, 119 (n89)

Bakhash, Shaul, 118 (n39)

Balbo, Laura, 364 (n81)

Balta, Paul, 117 (n23), 118 (n45)

Balz, Dan, 433 (n80), 486 (n9), 487 (n27), 488 (n60), 489 (n86, n87)

Banco Mundial, 195, 394, 396, 433

Barber, Benjamin R., 488 (n60)

Bardot, Brigitte, 499

Barker, Anthony, 462, 488 (n60, n69), 489 (n79)

Barnett, Bernice McNair, 363 (n50, n65)

Barone, Michael, 539

Barron, Bruce, 118 (n60)

Bartholet, E., 366 (n128)

Bartz, Steve, 247 (n26), 485, 489 (n103)

Bauer, Catherine, 235

Baylis, John, 432 (n39)

Beccalli, Bianca, 313, 314, 364 (n81, n82, n83, n91, n94)

Bielo-Rússia, 86

Bélgica: autônomos, *294*; emprego de meio expediente, 292; lares, 267; mão de obra, 379; ocupações exercidas por mulheres, *286*; participação de homens e mulheres na força de trabalho, *274*; participação feminina no setor de serviços, *281*; passivo financeiro

do governo, *377*; primeiros casamentos, *258*; taxas de fertilidade, *270*

Bellah, Robert N., 114, 121 (n163)

Bellers, Jurgen, 488 (n60), 489 (n81)

Bennett, David H., 218 (n18)

Bennett, William J., 540

Berdal, Mats R., 432 (n42), 433 (n60)

Berins Collier, Ruth, 540

Berlet, Chips, 141, 218 (n18), 219 (n23, n25)

Berlusconi, primeiro-ministro, 315, 423, 437, 443, 455, 469– 471, 480

Berman, Jercy, 432 (n33)

Berry, Sebastian, 487 (n39, n41)

Betts, Mitch, 434 (n95)

Bilbao La Vieja Diaz, Antonio, 488 (n54)

Birnbaum, Lúcia Chiavola, 364 (n81)

bissexualidade, 302, 305, 350

Black, Gordon S. e Benjamin D., 540

Blakely, Edward, 103, 120 (n136), 433 (n88)

Blanc, Ann K., *261*

Blas Guerrero, Andres, 119 (n87), 433 (n71)

Blossfeld, Hans-Peter, 362 (n13)

Blum, Linda, 363 (n65)

Blumberg, Rae Lesser, 363 (n74)

Blumenfield, Seth D., 432 (n19)

Blumstein, Philip, 362 (n29)

Boardman, Robert,

Bobbio, Norberto, 436, 486 (n2)

Bodin, Jean, 421

boletins informativos, 145

Bolívia: fontes de notícias, *440*; massas urbanas; mulheres; nacionalismo, 19; política da mídia, 455–459,

Bookchin, Murray, 235

Borja, Jordi, 121 (n157), 247 (n30), 433 (n74, n82, n87), 489 (n98)

Bouissou, Jean-Marie, 488 (n60, n66), 489 (n74)

Bowman, Ann O'M., 562

Bramwell, Anna, 236, 247 (n17, n19, n20)

Brasil: atividade econômica, *279*; atividade econômica da mulher, *280*; eleições, 478; governo local, 199; índices de casamento, *259*; lares encabeçados

O PODER DA IDENTIDADE | 577

por mulheres, *265*; mídia e política, 442, 443

Brenner, Daniel, 432 (n19)

Bretanha: atividade econômica, *278*; atividade econômica da mulher, *280*; autônomos, *295*; divórcio, *255*; eleições, *479, 482, 532*; emprego de meio expediente, *293*; feminismo, 307, 310–312; governo e economia, *373, 514*; índices de casamento, *259*; índice de emprego, *277*; lares, *264, 267, 268*; líder político, 452; mão de obra, *284, 379*; ocupações exercidas por mulheres, *284;* participação de homens e mulheres na força de trabalho, *275;* participação feminina no setor de serviços, *281*; política e mídia, 451; taxas de fertilidade, *270*; televisão; *ver também* Inglaterra e País de Gales

Britt, Harry, 333, 337

Broadcasting and Cable, 218 (n18)

Brower, David, 227

Brown, Helen, 363 (n68)

Brownstein, Ronald, 433 (n80), 486 (n9), 487 (n27), 488 (n60), 489 (n86, n87)

Brubaker, Timothy H., 366 (n128)

Bruce, Judith, *255, 257, 261, 262, 264, 265,* 361 (n8), 362 (n9, n10, n16)

Brulle, Robert J., 247 (n2), (n29)

Buci-Glucksmann, Christine, 117 (n9), 434

Buckler, Steve, 488 (n60)

Buckley, Peter, 431 (n9)

Buechler, Steven M., 363 (n61)

Buli, Hedley, 542

Burgat, François, 118 (n37 e 42)

Burkina Faso, lares encabeçados por mulheres em, *265*

Bumham, David, 434 (n94), 542

Burns, Ailsa, *264*

Business Week, 218 (n18)

Buss, David M., 350, 366 (n118), 267 (n141, n156)

Butler, Judith, 362 (n46)

Cabre, Anna, 269, 362 (n20)

Cacho, Jesus, 489 (n82)

Calderon, Fernando, 38, 42, 121 (n157), 217 (n3), 221 (n68, n74), 430 (n2), 433 (n67), 487 (n54), 489 (n84)

Calhoun, Craig, 54, 56, 117 (n3, n8)

Camacho, Manuel, 128, 217 (n6)

Camilleri, J. A., 430 (n2)

campanhas populares, 300, 301, 307, 310, 315, 330, 336, 442

campanha "Salários pelos Serviços Domésticos", 310

Campbell, B., 363 (n68)

Campbell, Colin, 543

Campbell, Duncan, 431 (n13)

Campo Vidal, Manuel, 432 (n21, n23)

Canadá: atividade econômica, *278*; autônomos, *294*; divórcio, *255*; emprego de meio expediente, *292*; federalismo, 81; índices de casamento, *259*; índice de emprego, *276*; lares, *267*; mão de obra, *286*; nascimentos fora do casamento, *262*; ocupações exercidas por mulheres, *283*; participação de homens e mulheres na força de trabalho, *274*; participação feminina no setor de serviços, *281*; passivos financeiros do governo, *377*

capital humano, 381, 428

capitalismo, 28, 29, 32, 35, 49, 50, 62, 65, 110, 123, 132, 150, 201, 202, 206, 210, 212, 215, 216, 236, 238, 240, 300, 314, 316, 317, 342, 361, 369, 396, 401, 411, 431, 471, 495, 498, 500,

Cardoso, Fernando Henrique, 38, 443

Cardoso, Ruth Leite, 31, 38, 196, 221 (n70), 309, 363 (n75)

Caribe: dissolução do casamento, *257*; lares encabeçados por mulheres, *264*; nascimentos fora do casamento, *262*; *ver também* países considerados separadamente

Carnoy, Martin, 38, 42, 106, 120 (n136), 121 (n142), 428, 431 (n16), 434 (n113, n115, n120)

Carre, Oliver, 118 (n26)

Carrère d'Encausse, Hèléne, 82, 87, 119 (n96, n97, n100), 120 (n105, n106, n107, n110)

578 | MANUEL CASTELLS

caridade, 178, 180

casamento: após coabitação, 256, 266, 267, 272, 342, 346, 356; curvas de sobrevivência, 256; dissolução, *255–257*; entre pessoas do mesmo sexo, 332, 333, 339, 341, 346; idade quando do primeiro, *258, 263*; mulheres com trabalho remunerado, 250, 273, 297; na Europa, 257, 266, *267*; na sociedade, 22, 253–260, *262, 263*, 266, *267*, 269, 272, 291, 331, 332, 339, 341, 342, 346, 354–356, 361, 366 (n138); redução no número, 257; sem filhos, 347; sexualidade, 72, 115; taxas, 254, *255*

casamentos posteriores, 342

Carson, Rachel, 235

cartões de crédito, 406

Castells, Manuel, 23, 24, 26, 27, 29–31, 33, 39, 117 (n12), 118 (n53), 119 (n79), 120 (n106, n113, n122, n123), 121 (n155, n156, n157, n160), 217 (n3, n7, n9), 218 (n10), 219 (n46), 247 (n30), *335*, 350, 361 (n3), 362 (n43), 363 (n76, n80), 364 (n98, n103), 365 (n104, n111, n114), 367 (n159), 430 (n1), 431 (n11, n13, n14, n15, n17), 432 (n35, n42, n46, n54), 433 (n55, n69, n72, n74, n85, n87, n90), 434 (n107, n113, n115), 435, 486 (n1), 487 (n26, n48), 488 (n65), 489 (n93, n98, n99)

Castells, Nuria, 393

Catalunha: autonomia, 94–99; elites, 99; história, 92–96; identidade, 97–99, 402; idioma, 92, 94, 98; industrialização, 93, 94, 97; movimentos feministas, 311; nacionalismo, 99; na condição de quase Estado nacional, 78, 81; repressão, 94, 95

causas humanitárias, 409, 464, 485

censura, 213, 384, 385, 405, 406, 414

Chatterjee, Anshu, 385, 432 (n29, n30)

Chatterjee, Partha, 79, 119 (n87, n90)

Chechênia, 18, 68, 84, 85, 87, 89, 164, 166, 185, 186, 401, 453

Chesnais, François, 431 (n7)

Cheung, Peter T. Y., 433 (n84)

China: atividade econômica, *278*; feminismo, 309, 328, 330; mídia, 383, 385; poder compartilhado, 401; Rebelião de Taipé, 252, 326–332, 341, 364 (n104), 365 (n109); segurança coletiva, 389, 392

Chipre, mudanças na família e formação dos lares no, *267*

Cho, Lee-Jay, 361 (n8)

Chodorow, Nancy, 348–354, 362 (n46), 366 (n135–n139), 367 (n142–n148)

Chong, Rachelle, 432 (n19)

Choueri, Youssef M., 117 (n23), 118 (n26, n27)

Coalizão Cristã, 71, 73, 139, 141, 150, 403, 442

cristianismo, 13, 14, 53, 72, 73, 75; *ver também* Igreja Católica

Citizen's Clearinghouse for Hazardous Wastes, 228

cidadania: e Estado, 24, 57, 435, 471, 472; e nacionalismo, 101; global, 395; legitimidade, 399, 471; política, 399; tecnologia da informação, 484;

ciência e ambientalismo, 155

classe média, 67, 74, 103–107, 112, 133, 199, 229, 233, 306, 340, 457

classe social, 98, 103, 108, 150, 306, 398, 457, 459

Clinton, Bill, 27, 71, 140, 167, 371, 408, 446, 450, 460

coabitação, 256, *266, 267*, 272, 342, 346, 356

Coalition for Human Dignity, 218 (n18)

coalizão *Wise Use*, 139, 144

Coates, Thomas, J., 365 (n113)

Cobble, Dorothy S., 362 (n29, 37)

Coca, Ken, 392, 432 (n53)

Cohen, Jeffrey E., 432 (n20)

Cohen, Roger, 431 (n5)

Cohen, Stephen, 42

Cole, Edward L., 119 (n65)

Coleman, Marilyn, 348, 366 (n121, n132, n134)

Coleman, William E. Jr. e William E., Sr., 247 (n19)

O PODER DA IDENTIDADE | 579

Collier, George A., 132, 217 (n6), 218 (n10)

Colômbia: ação coletiva, 309; dissolução do casamento, *257*; lares encabeçados por mulheres, *264*; mulheres que nunca se casaram, *260*

Comiller, P., 486 (n86)

Comissão Europeia *O mercado de trabalho na Europa*, *296*

comunalismo, 112, 114, 117, 141, 429, 436, 459, 471

Comunidade de Estados Independentes, 81, 87; *ver também* Rússia; União Soviética (ex)

comunidade virtual, 157

comunidades: construção de identidades, 55–57, 59, 60; culturais, 17, 80, 99, 100, 102, 116; femininas, 298, 305, 316, 323, 495; gay, 326, 331, 332, 335–341, 365 (n104, n111);

comunidades femininas, 298, 316, 323, 495

Conquest, Robert, 119 (n100)

Conselho Europeu, *167*

conservacionistas, 227, 235

Conservation International, 242

consumismo, 237, 358

contrabando, 129, 386

Contreras Basnipeiro, Adalid, 487 (n54)

Cook, Maria Elena, 545

Cooke, Philip, 489 (n98)

Cooper, Jerry, 218 (n18), 219 (n26)

Cooper, Marc, 219 (n35)

Corão, 62–64, 188 (n31)

Corcoran, James, 218 (n18)

Coreia: atividade econômica, *278*; feminismo, 309; índices de casamento, *259*; lares encabeçados por mulheres, *265*

corrupção, 27, 67, 126, 133, 135, 137, 147, 192, 210, 387, 388, 437, 443, 454, 461–465, 467– 469, 473, 480, 488

Costa Rica, lares encabeçados por mulheres em, *265*

Costain, W. Douglas e Anne N., 247 (n25)

Cott, Nancy, 364 (n102)

Couch, Carl J., 432 (n32)

CQ Researcher, 488 (n60, n61), 489 (n79)

credibilidade do sistema político, 472

crianças, cuidados, 103, 344–347, 352, 354

crime globalizado, 370, 386–390, 464

crise fiscal, economia global, 372, 378

cultura: comunas, 57, 109, 114–117; comunidade, 80, 99, 102, 488 (n57); da urgência, 113; do desespero, 158; e sexualidade, 333; identidade, 35, 60, 62, 64, 70, 79, 80, 84, 100, 108, 110, 137, 216, 235, 402, 458; nacionalismo, 80, 115; verde, 240, 241, 500

cultura hippie, 335

curso de pós-graduação em Sociologia da Sociedade da Informação, 484

Dalton, Russell J., 217 (n3), 247 (n2, n27)

Daniel, Donald, 432 (n51)

Davidson, Osha Grey, 546

Davis, John, 247 (n7, n8, n9)

Dees, Morris, 218 (n18)

defensores da ecologia, 196, 226, 238, 239

Dekmejian, R. Hrair, 117 (n23), 118 (n27, n37, n43)

Delcroix, Catherine, 118 (n31)

DeLeon, Peter, 488, 546

Delphy, Christine, 319, 329, 364 (n95)

D'Emilio, John, 323, 365 (n108)

democracia, 11–13, 15, 25, 27, 28, 36, 50, 57, 68, 70, 85, 86, 90, 95, 98, 109, 125, 132, 137, 206, 211, 212, 218 (n10), 228, 233, 234, 237, 309, 312, 317, 388, 399, 416, 420, 428, 430, 435, 436, 438, 443, 453–456, 460–464, 466, 471–473, 478, 480–486, 491, 492

democracia eletrônica, 484

democracia liberal, 28, 317, 436, 472, 486, 491, 492, *525*

DeMont, John, 247 (n13)

Dentsu Institute for Human Studies, 432 (n25)

Departamento de Recenseamento dos Estados Unidos, 344, 365 (n115), 366 (n117)

desejo, personalidade, 57, 326, 359–360

desemprego, 68, 234, 266, 272, 289

desespero, 14, 49, 158, 453
desenvolvimento sustentável, 239
determinismo biológico, 193
Deutsch, Karl, 80, 119 (n94), 350
De Vos, Susan, 361 (n8)
Diamond, Irene, 247 (n22)
Diani, Mario, 247 (n2, n27), 547
Dickens, Peter, 247 (n19), 547
Di Marco, Sabina, 487 (n51, n53), 547
Dinamarca: autônomos, *294*; divórcio, *255*; emprego de meio expediente, *292*; índice de emprego, *276*; lares, *266, 268*; participação de homens e mulheres na força de trabalho, *274*; participação feminina no setor de serviços, *281*; primeiros casamentos, *258*; taxa de fertilidade, *270*
Dionne, E.J., 547
direitos civis, 103, 105, 299
direitos iguais, 22, 299–302, 316
dívida, internacional, 199, *373–376*
direitos da mulher, 56, 148, 151, 299, *316*–318, 321–323, 328
distribuição de renda, 65, 107
divórcio, 72, 75, *253–257*, 272, 311–313, 342, 353, 356, 488 (n56)
Dobson, Andrew, 247 (n7, n19), 547
dominação: 29, 55–57,; dos homens sobre as mulheres, 22, 230, 231, 249, 250, 252, 253, 272, 297–300, 303, 315, 316, 321, 324, 325, 331,; institucional, 35–37, 111, 116, 124, 126, 132, 194, 196, 205, 211, 235, 237, 246, 340, 353, 361, 364 (n84), 369, 398, 422, 424–427, 495, 499; *ver também* relações de poder
Domingo, Antonio, 362 (n20), 542
Dowell, William, 118 (n37, n42), 542
Doyle, Marc, 432 (n21, n25), 547
Drew, Christopher, 219 (n40, n43)
Du Bois, William Edward, 107, 108
Dubet, François, 217 (n3), 547
Duffy, Ann, 362 (n41), 547
Dulong, Rene, 433 (n73), 547

Dunaher, Kevin, 433 (n60), 547
Dutton, William H., 432 (n24), 487 (n26), 547

Earth First!, 197, *226*, 227, 229, 230
Ebbinghausen, Rolf, 488 (n60), 547
ecofeminismo, *226*, 229–231, 239, 316, 319
ecologistas e conservacionistas, 227
ecologia: espaço/ tempo, 112, 224, 235–241; Estado-Nação, 232; localidade, 236, 237; representantes famosos, 227; tempo glacial, 238, 239, 241, 495; *ver* ecologia profunda
ecologia profunda, 226, 229–231, 238, 239; economia: internacionalização, 76, 372, *373*, 491, *503, 504, 506, 508, 509, 511, 512, 514, 515, 518*; global, 19, 29, 91, 100, 103, 126, 147, 216, 251, 372, 380, 381, 394, 401, 458; governos e, *374, 505, 507, 510, 513, 516, 520*; todas as tabelas;
Economist, 361 (n6), *377, 379*, 489 (n100), 547, 568
educação: acesso da mulher à, 250, 251, 299, 308, 314; economia da informação, 104; raça, 104, 106, 130, 137
Egito: atividade econômica, *279*; atividade econômica da mulher, *280*; dissolução do casamento, *257*; divórcio, *255*; índices de casamento, *259*; Islã, 16, 62, 64, 66, 67, 166, 170; mudanças na família e formação dos lares no, *255, 257*, 261; mulheres que nunca se casaram, *261*
Ehrenreich, Barbara, 352, 366 (n127) 367 (n150, n151), 548
Eisenstein, Zillah R., 301, 363 (n56), 548
Ejército Zapatista de Liberación Nacional, 127, 216 (n1), 217 (n8), 548
eleições, 68, 71, 95, 96, 133, 136, 154, 233, 243, 308, 333, 397, 416, 438, 441, 442, 444–446, 451–454, 457, 460, 462, 466, 467, 469, 478–482, 484, 485, 523
Eley, Geoff, 78, 119 (n86, n87), 548
elites: globais, 79, 194, 195, 197, 208, 398, 493; intelectuais, 83, 234, 243, 384, 469, 484, 485; México, 138; políticas, 19, 87, 90, 104, 461

O PODER DA IDENTIDADE | 581

Elliott, J.H., 433 (n68), 548
encarceramento, EUA, 104, 105
entidades de classe, 56, 81, 112, 290
episódio de Waco, 139, 140, 146, 219
Epstein, Barbara, 217 (n3), 228, 247 (n5, n6, n7, n12, n19, n25, n29), 364 (n93), 548
Equador: dissolução do casamento, *257*; lares encabeçados por mulheres, *264*; mulheres que nunca se casaram, *260*
era da informação: comunidades culturais, 100, 116; formação de redes gays/lésbicas, 330, 353; nações na, 100-102, 166, 216, 384, 385, 401, 438, 491, 494, 495, 497-499
Ergas, Yasmine, 364 (n81), 548
escândalo político, 26, 27, 36, 233, 388, 454, 460-469, 471, 472, 488 (n60)
Escandinávia: lares, *266*; taxas de fertilidade, 269; *ver também* países considerados separadamente
escatologia, 70, 75
Espanha: autônomos, *294*; emprego de meio expediente, *292*; e a Catalunha, 95, 97; eleições, 466, *479, 482, 531*; Estado-Nação, 17, 98, 397, 402; estrutura familiar, 266, 272; feminismo, 311, 312, 363 (n79); governo e economia, *373, 513*; Guerra Civil, 95; índice de casamento, *259*; índice de emprego, *276*; internacionalização da economia, *511*; lares, *267, 268*; machismo, 312; mão de obra, *284, 287*; mídia, 443, 454, 468, 469; mulheres que nunca se casaram, *261*; ocupações exercidas por mulheres, *284*; participação de homens e mulheres na força de trabalho, *274*; participação feminina no setor de serviços, *281*; primeiros casamentos, *258*; política, 95-97, 442, 454, 466, 480, *531, 532*; taxa de crescimento do nível de emprego — homens e mulheres, *276*; taxas de fertilidade, *270*; taxas de natalidade,; *ver também* Catalunha
espaço: e tempo, 49, 55, 59, 115, 224, 238, 239, 317, 369; identidades, 112, 113,

115,; para os gays, 331, 333; para as lésbicas, 312, 333
espiritualismo, 159, 231, *316*, 319, 320
Esposito, John L., 118 (n39), 548
Esprit, 487 (n49), 488 (n60), 548
Estado do bem-estar social, 112, 228, 234, 269, 310, 312, 354, 378-381, 471, 491
Estado-Nação,: alianças locais, 93, 389, 393, 396, 398, 399, 420, 423; crime global, 464; desconstrução, 116, 216, 397, 483; e ecologistas, 232; em crise, 36, 67, 68, 116, 370, 386, 388, 393, 420, 430 (n3); e nacionalismo, 77-80, 99; governo federal dos EUA, 147; identidade, 80; islâmico, 65, 69; legitimidade, 67, 380, 401, 403, 404, 421, 472; meio ambiente, 244, 392, 393; México, 380, 387; PRI, 132, 136, 210; mídia, 50, 384, 385; novo papel, 420, 421; plurinacional, 19, 82, 100, 101; soberania, 369, 411, 427, 471; super, 394; teoria do Estado, 420-422, 430 (n3); territorial, 163, 398, 423; União Soviética (ex), 68, 82-84, 86-88, 90; violência, 191, 406, 408, 419
Estados fundamentalistas, 13, 16, 17, 22, 60-62, 64-69, 71, 160, 161, 166, 167, 177, 182, 183, 189, 191-194, 208, 383, 403, 404, 471
Estados plurinacionais, 82, 100, 101
Estado: e Nação, 376, 398, 403, 404; globalização, 11, 17-19, 23, 24, 29, 37, 50, 65, 67, 76, 192, 370, 372, 378, 380, 382, 388, 390, 420; identidade, 35, 77, 78, 80-82, 84, 86-88, 90, 91, 101, 135, 369, 399, 401; mídia, 50, 192, 382-386, 407; redes, 187; tempo/espaço, 236-238; *ver também* Estado-Nação
Estatísticas da ONU: *Anuário Demográfico, 255*; *Países menos desenvolvidos, 257, 261, 262*
Estados Unidos: agentes federais, 139-141; atividade econômica, *278*; atividade econômica da mulher, *280*; autônomos, *294*; bem-estar social, 112, 380; comportamento sexual, 355; comuni-

582 | MANUEL CASTELLS

cações, 382, 391; corrupção, *463;* crise de legitimidade, 472; cultura negra, 105; divórcio, *255;* eleições, *479, 482, 534;* emprego de meio expediente, *292;* encarceramento, 104, 105; etnia, 103, 263, 269; família, 75, 105, 151, 263, 269, 272, 273, *282,* 342–344, 347, 354; feminismo, 299, 304, 310; fontes de notícias, *439, 440;* fundamentalismo cristão, 70, 72–76, 149, 210; governo e economia, *373, 518–521;* governo federal, 75, 140, 210, 212, 375; identidade nacional, 78,; imigração, 103, 333, 417; índices de casamento, *259;* índice de emprego, *276;* lares, *264, 267, 268;* leis de direito ao porte de armas, 149; liberação gay, 325, 332, 334, 335, 340; mão de obra, *285, 287, 379;* Marcha de Um Milhão de Homens, 108; mídia, 22, 75, 145, 146, 148, 382, 414, 437, 439, 443, 445–447, 451; movimentos sociais, 197, 214, 298, 299, 304, 305, 335, 341, 342, 361; mulheres que nunca se casaram, *261;* nascimentos fora do casamento, *262;* ocupações exercidas por mulheres, *283;* padrão de vida, 151, 230; participação de homens e mulheres na força de trabalho, *274;*, participação feminina no setor de serviços, *281;* patriarcalismo, 75, 76, 148, 230, 254, 269, 297, 298, 333, 339, 340, 342, 344, 347; política, 15, 126, 150, 189, 415, 416, 444, 445, 450, 488 (n60); populismo de direita, 146, 150; privacidade, 140, 449; produtores/parasitas, 147; raça, 103, 106, 107, 263; religião, 15, 74, 75, 139, 141, 149; sentimento contrário ao governo federal, 142, 147; taxas de fertilidade, 269, *271,* 272; tecnologia militar, 191, 390, 391, 413; tributação, 195, 375, *520; ver também* milícias; Patriotas; São Francisco

etnia,; como elemento unificador, 14, 19, 79; comunidades divididas, 20, 87, 88, 115, 403; feminismo, 303, 306, *316,* 320, 320,; fragmentada, 100, 109;

identidade, 14, 19 60, 89, 132, 494; redes, 102, 169, 172; na União Soviética, 83–86, 90; *ver também* raça

Etzioni, Amitai, 57, 109, 117 (n10), 121 (n154), 548

Eurobarometer, 474, 475, 489 (n93)

Europa: "Americanização da política", 450, 451, 454; casamento, 22; feminismo, 298, 307, 308, 313, 325; índice de emprego, *277;* mudanças na família e formação dos lares na, 257, 266, *267;* mulher na força de trabalho, *275;* nascimentos fora do casamento, *262;* taxas de fertilidade, *271; ver também* países considerados separadamente

evangélicos, 15, 53, 71, 72, 74, 141, 148; *ver também* fundamentalistas cristãos

Evans, Sara, 363 (n51), 548

exclusão, resistência à, 57, 68, 70, 107, 133, 174, 192, 394

expectativas racionais, 492

Eyerman, Ron, 247 (n13, 14), 548

Fackler, Tim, 462, *463,* 488 (n60, n66), 548

Faison, Seth, 432 (n33), 548

Falk, Richard, 430 (n2), 432 (n39) 433 (n60, n64), 548

Fallows, James, 432 (n29), 449, 487 (n19), 489 (n81) 548

falta de moradia, 245

Faludi, Susan, 363 (n62), 548

Falwell, Jerry, 71

família: afro-americana, 105,; diversidade, 339, 341–343; do mesmo sexo, 252, 305, 331, 332, 339, 346; institucionalizada, 249, 351, 359; filhos negligenciados, 354; nuclear, 22, 253, 254, 342, 353, 359; papel do homem, 64, 76, 250; patriarcal, 56, 73, 75, 115, 249, 251, 253, 254, 269, 272, 298, 309, 332, 339–344, 348, 351, 352, 354, 358, 359–361, 491; personalidade, 72; pobreza, 105, 151; recombinadas, 346; transformações, 22, 342, 347; *ver também* lares

Farnsworth Riche, Martha, 366 (n122), 549

Feinstein, Dianne, 337

feminismo: ambientalismo, 226, 229–231, 239, 316, 319; campanha "Salários pelos Serviços Domésticos", 310; código de vestimenta, 305, 328; diferença/igualdade, 23, 298, 300, 301, 307, 313, 317, 329; direitos da mulher, 56, 148, 151, 299, 316–318, 321–323, 328; diferenças entre as gerações, 22; 304, 305, 308, 311, 312; e lesbianismo, 312, 316, 320–323, 327; em Taiwan, 322, 328–332; espaço/tempo, 239; globalização, 250, 252, 289, 297, 306, 307, 322, 352; identidade, 252, 298, 306, 307, 309, 310, 315–321, 323, 325, 328, 342, 351; mídia, 328, 329, 334; na academia, 302, 309; patriarcalismo, 249, 251, 252, 298, 301–303, 305, 306, 309, 313, 316–319, 321, 323, 325, 326, 340; transformação da mulher, 249, 251, 252, 317 feminismo cultural, 311, 316–318, 322, 323

feminismo essencialista, 316, 318

feminismo prático, 364 (n102)

feminismo social, 364 (n102)

feminismo socialista, 301, 311

Fernandez, Matilde, 312, 363 (n79)

Fernandez, Max, 458

Femandez Buey, Francisco, 217 (n3), 247 (n19), 564

Ferraresi, Franco, 433 (n74), 549

Ferrater Mora, Josep, 99, 120 (n130), 549

Ferree, Myra Marx, 362 (n48), 363 (n55, n61), 549

Ferrer i Girones, F., 120 (n 119), 549

Filipe IV, rei de Portugal, 94, 397

Filipinas, lares encabeçados por mulheres nas, 265

Financial Technology International Bulletin, 432 (n31), 549

Finlândia: autônomos, 294; emprego de meio expediente, 292; índice de emprego, 276; lares, 266, 268; mão de obra, 287; participação de homens e mulheres na força de trabalho, 274;

participação feminina no setor de serviços, 281; ocupações exercidas pela mulher, 287; taxas de fertilidade, 270

Fischer, Claude S., 109, 121 (n153), 549

Fisher, Robert, 121 (n157), 549

Fitzpatrick, Mary Anne, 366 (n128), 549

Food first, 242, 485

Fooner, Michael, 434 (n99), 549

força de trabalho, participação da mulher na, 249, 281, 291, 313

Foreman, Dave, 227, 230

fornecedores de armamentos, 391

Foucault, Michel, 22, 57, 324, 358, 360, 365 (n105), 407, 549

Fourier, Charles, 322

França: anarquismo, 188, 212, 242; atividade econômica, 278; atividade econômica da mulher, 280; autônomos, 294; divórcio, 255; eleições, 479, 482, 525; emprego de meio expediente, 292; índices de casamento, 259; lares, 264, 267, 268; mão de obra, 379; mídia, 385, 454; mulheres que nunca se casaram, 261; participação de homens e mulheres na força de trabalho, 274,; participação feminina no setor de serviços, 281; política, 450, 454, 462, 474, 475, 479, 480, 482, 525; primeiros casamentos, 258; taxas de fertilidade, 270

Frankel, J., 431 (n5), 432 (n45), 549

Frankland, E., Gene, 247 (n15), 549

Franklin, Bob, 487 (n42), 549

Freeman, Michael, 487 (n 18), 489 (n77), 549

Frey, Marc, 432 (n36), 565

Friedan, Betty, 299, 302

Friedland, Lewis A., 487 (n16), 549

Friedrich, Carl J., 461, 488 (n62), 549

Fujita, Shoichi, 219 (n40), 549

fundamentalismo; cristão, 15, 61, 70, 72–76, 118 (n55), 142, 148, 149, 210; identidade, 68, 71, 72, 75; islâmico, 14, 36, 37, 61–66, 68–70, 72, 87, 116, 160, 161, 166, 178, 179, 208, 499

Fundo Monetário Internacional, 75, 140, 148, 194, 195, 200, 221 (n68), 373, 374, 394, 396, 397, 408, 433 (n60), 501, 562

Funk, Nanette, 363 (n70), 550

Fuss, Diana, 318, 364 (n86, n90)

Gage-Brandon, J. Anastasia, *265*

Gallup Poll Monthly, 218 (n18)

gangues, 107, 109, 113, 114, 230, 407, 421

Ganley, Gladys G., 489 (n99), 550

Ghannouchi, Rached, 61, 117 (n22)

Ganong, Lawrence H., 348, 366 (n121, n132, n134), 545

Gans, Herbert J., 103, 120 (n136), 550

Garaudy, Roger, 118 (n25), 550

Garber, Doris A., 486 (n 13), 487 (n25), 550

Garcia Cotarelo, Ramon, 488 (n60), 489 (n80-n82), 550

Garcia de Leon, Antonio, 217 (n6), 550

Garcia-Ramon, Maria Dolors, 120 (n118), 550

Garment, Suzanne, 488 (n60), 489 (n80), 550

Garramone, Gina M., 550

Gates, Henry Louis Jr., 107, 120 (n133, n136, n120), 121 (n144, n121, n149, n151), 538, 550

Gelb, Joyce, 362, 363 (n71), 550

Gellner, Ernest, 77, 78, 80, 117 (n7), 119 (n81, n82), 433, 550

Geórgia, 18, 85-89, 91, 143

Gerami, Shahin, 118 (n31), 550

Gerbner, George, 432 (n23)

Gana: dissolução do casamento, *257*; lares encabeçados por mulheres, *265*; mulheres que nunca se casaram, *261*

geração *beatnik*, 334

Gibbs, Lois, 228

Giddens, Anthony, 42, 58, 59, 117 (n4, n15, n16), 342, 354, 356, 358, 367 (n155, n160, n161), 422, 430 (n2, n3), 431 (n8), 433 (n70), 434 (n97), 551, 554

Giele, Janet Z., 362 (n26, 28, 34), 363 (n74), 555

Gil, Jorge, 551

Gingrich, Newt, 447

Ginsborg, Paul, 489 (n84), 551

Giroux, Henry A., 121 (n146), 551

Gitlin, Todd, 448, 487 (n28), 551

Gleason, Nancy, 434 (n95), 551

Global South, 243

globalização,; ambientalismo, 199, 224, 231, 241, 243, 428; ameaça aos EUA, 210; comunicação, 382; crime, 390, 464; desafio à, 37, 50, 54, 74, 115, 194, 209, 215, 216; difusão de ideias, 23, 197, 198; economia, 149, 195, 280, 372, 483; Estado, 18, 147, 192, 208, 370, 388, 390, 420, 425, 427; Estado do bem-estar social, 378-381; feminismo, 250, 252, 289, 297, 306, 307, 322, 352; força de trabalho, 151, 289, 314; identidade, 240, 495; informação, 103, 109, 123,; Islã, 173; mídia, 194, 384-386; nacionalismo, 23, 65, 67, 76; raça, 109;

globopolitanos, 123

Gohn, Maria da Gloria, 121 (n158), 309, 363, 551

Golden, Tim, 432 (n36), 551

Goldsmith, M., 103, 120 (n136), 433 (n82, n88)

Gole, Nilufer, 118 (n35, n50), 551

Gomariz, Enrique, 361 (n8), 571

Gonsioreck, J. C., 346, 366 (n124, n128), 551

González, Felipe, 312, 443, 454, 467, 468

Goode, William J., 362 (n12), 551

Gorbachev, Mikhail, 86, 145, 148

Gordenker, Leon, 433 (n60), 539

Gorki, Máximo, 82

Gottlieb, Robert, 247 (n2, n3, n5, n18, n19, n25, n29), 551

Graf, James E., 432 (n19), 551

Graham, Stephen, 433 (n82), 489 (n98), 551

Gramsci, Antonio, 56, 57, 423, 434 (n115), 551

Granberg, A., 120 (n104), 551

Grã-Bretanha: *ver* Bretanha; Inglaterra e País de Gales

Grécia: autônomos, *294*; divórcio, *255*; emprego de meio expediente, *292*; índice de emprego, *276*; lares, *267, 268*; mão de obra, *287*; participação de homens e mulheres na força de trabalho, *274*; participação feminina no setor de serviços, *281*; passivos financeiros do governo, *377*; primeiros casamentos, *258*; ocupações exercidas pela mulher, *287*; taxas de fertilidade, *270*;

Greenberg, Stanley B., 552

Greene, Beverly, 365 (n113), 553

Greenpeace, 197, *226*, 231, 232, 240–243, 247 (n14), 395, 485, 548, 554, 562

Gremion, Pierre, 433 (n74), 552

Grier, Peter, 432 (n48), 552

Griffin, Gabriele, 307, 363 (n68, n69), 364 (n99), 552

Grosz, Elizabeth, 367 (n162), 552

Grubbe, Peter, 488 (n60, n61), 552

Grupo dos Dez, 226, 243

Grupo Feminista Caipora, 363 (n74), 542

grupo MAM da Usenet, 145

grupos antiaborto (*Right to Life*), 73, 118 (n35), 139, 149

grupos de interesses, 340, 407, 427, 468, 494

grupos de mulheres, 256, 281, 299, 313, 328, 330

Guehenno, Jean Marie, 422, 430 (n2), 431 (n10), 432 (n42), 433 (n64), 436, 464, 486 (n1), 487 (n37), 489 (n75), 489 (n84, n104), 552

"guerras informacionais", 127, 135

Guibert-Lantoine, Catherine de, *255*, *560*

Gumbel, Andrew, 488 (n60, n61), 552

Gunlicks, Arthur B., 486 (n13), 552

Gustafson, Lowell S., 118 (n37), 560

Habermas, Jürgen, 64, 380, 393, 399, 422, 427, 430, 431 (n14), 433 (n75), 434 (n119), 552

Hacker, Kenneth L., 487 (n25), 552

Hage, Jerald, 358, 359, 367 (n163, n164), 552

Halperin, David M., 365 (n106), 537, 552

Halperin Donghi, Tulio, 433 (n70), 552

Hamilton, Alexander, 147

Hamilton, Alice, 235

Handelman, Stephen, 432 (n36), 552

Harris, Peter J., 102

Harter, Peter, 446

Hay, Colin, 393, 433 (n46), 552

Hayes, Bradd, 432 (n51), 546

Heard, Alex, 218 (n18), 552

Hégira, 61, 183

Heidenheimer, Arnold J., 488 (n60, n61), 552

Held, David, 420, 422, 430 (n2), 434 (n108, n109, n114), 552

Heller, Karen S., 365 (n113), 553

Helvarg, David, 218 (n18), 219 (n31), 553

Hempel, Lamont C., 432 (n52), 553

Herek, Gregory M., 365 (n113), 553

Hernandez Navarro, Luis, 217 (n6), 553

Herrnstein, Richard, 561

Hess, Beth B., 363 (n55, n61), 549

Hester, Marianne, 363 (n68), 553

heterossexualidade: amor da mulher, 350, 351; amor do homem, 350; casamento, 346, 354, 355, 358, 361; complexo de Édipo, 349, 350; e o patriarcalismo, 320, 324, 332, 341, 351, 352; sistema social, 252, 366 (n138)

Hicks, L. Edward, 118 (n60), 119 (n68), 553

High Level Experts Group, 489 (n101), 553

Himmelfarb, Gertrude, 553,

Hiro, Dilip, 117 (n23), 118 (n27, n30, n31, n39–n41, n43), 553

Hirst, Paul, 420, 428, 431, 434 (n112, n121), 553

Hobsbawm, Eric J., 77, 80, 119 (n83, n84), 120 (n113), 433 (n71), 553

Hochschild, Jennifer L., 106, 120 (n136), 121 (n141, n144, n147), 553

Holanda: autônomos, *295*; divórcio, *255*; emprego de meio expediente, *292*; índice de emprego, *276*; lares, *267, 268*; mão de obra, *379*; participação de homens e mulheres na força de trabalho, *274*; participação feminina no setor de serviços, *281*; primeiros casamentos, *258*; taxas de fertilidade, *270*

Holliman, Jonathan, 247 (n2), 553

Holtz-Bacha, Christina, 487 (n35, n37), 555, 556

homens: amor romântico, 350; aspectos da sexualidade voltados para o mesmo sexo, *327*; autônomos, *294*; como agentes de opressão, 297, 300, 320, 325; como pais, 352, 353; contestação das fundações do patriarcalismo, 300; cuidados com os filhos, 349, 351, 352; e a *Aum Shinrikyo*, 152; emprego de meio expediente, *292*; e o Islã, 64; machismo, 151, 312; não casados, 346; narcisismo, 358; níveis de qualificação, 272; papel na família, 351, 352; relações de poder, 303; salários, 290, 291; vínculos masculinos, 324

homofobia, 22, 252, 306, 333, 337

homossexualidade: assumindo, 330, 332–334; atividades culturais 331; *beatniks*, 334; e a norma social, 326; homens, 324; taxas em relação ao total da população, 366 (n124); *ver também* movimento gay; lesbianismo

Hong Kong, lares encabeçados por mulheres em, *265*

Hong Xiuquan, 53

hooks, bell, 321, 364 (n101), 553

Hooson, David, 42, 77, 89, 119 (n85, n87), 120 (n108, n112, n114), 554

Horsman, 430 (n2), 554

Horton, Tom, 247 (n13, n25), 554

Hsia, Chu-joe, 42, 121 (n157), 365

Hsing, You-tien, 38, 42, 365 (n104), 433 (n84), 554

Hsu, Mei-Ling, 365 (n113), 564

Hughes, James, 487 (n46), 554

Hulsberg, Werner, 247 (n15), 554

Hungria: divórcio, *255*; taxas de fertilidade, *270*

Hunt, Mark, *573*

Hunter, Brian, *532*

Hunter, Robert, 247 (n 13), 554

identidade corporal, 354–358

identidade de projeto, 20–23, 32, 56, 57, 59, 116, 117, 163, 493, 494, 496, 497

identidade de resistência, 13, 15, 20, 32, 56, 116, 163, 192, 200, 215, 492–496

identidade gay, 331

identidade nacional, 35, 77, 78, 80–82, 84, 86–91, 101, 135, 369, 399, 401

identidade sociobiológica, 239, 240, 495

identidade territorial, 12, 14, 17, 60, 109–113, 400, 401, 494

Igreja Católica, 14, 112, 130, 134, 314, 324, 334, 404, 467, 468

ILO *Yearbook of Labor Statistics*, 279, 280, 288

imigração, EUA, 103, 333, 381, 417

Índia: atividade econômica, *279*; atividade econômica da mulher, *280*; eleições, 460; escândalo político, 460; governo e economia, *373, 376, 507*; internacionalização da economia, *506*

índice de criminalidade, EUA, 104

índices de atividade econômica, 273, *279–280*

individualismo, 55, 76, 106, 112, 114, 149, 479, 493

Indonésia: atividade econômica, *279*; dissolução do casamento, *257*; índices de casamento, *259*; Islã; lares encabeçados por mulheres, *265*; mulheres que nunca se casaram, *260*; *ver também* países considerados separadamente

indústria eletrônica, *289*

informação: como forma de poder, 497; do corpo, 116; globalizada, 20; utilizada pelas guerrilhas, 127, 133, 135, 141, 145; vazamento de, 26, 442, 451, 465, 466, 468, 471

Inglaterra e País de Gales: divórcio, *255*; mudanças na família e formação dos lares, *267*; participação de homens e mulheres na força de trabalho, *275*; primeiros casamentos, *258*; taxas de crescimento do nível de emprego — homens e mulheres, *277*; *ver também* Bretanha

Instituto Gallup, *71, 218 (n18), 473, 477, 478, 489 (n91, n92), 550*

Instituto de Comunicação Global, 134

instituições, 13, 21, 23–25, 27, 28, 32, 35–38, 41, 49–51, 54–57, 59, 61–64,

69-73, 76, 80, 83-88, 90, 91, 93-95, 97-100, 102, 107, 113, 115, 116, 123, 126, 141, 147, 148, 160, 167, 178, 179, 188, 190, 193, 195-197, 199, 203-206, 208, 210-212, 214-216, 221 (n68), 223, 224, 227, 229, 231, 234, 239, 241, 243, 244, 246, 249, 250, 300-304, 307, 308, 310, 312, 314, 316, 317, 318, 320, 323-325, 332, 333, 338, 340, 342, 354, 358, 361, 364 (n104), 366 (n138), 369, 370, 381, 388, 393-400, 402-407, 409, 416, 419, 421-426, 428, 431, 436, 438, 439, 455, 458, *459*, 462-464, 470, 471, 473, *478*, 481, 484-486, 491-499

insubordinação civil, 147, 230

interdependência, 25, 29, 37, 314, 370, 389, 394, 409

Internet; ambientalismo, 242, 243, 483; e os zapatistas, 133-135; movimentos gay e lesbiano, 330, 332; movimento das milícias, 138, 142, 145, 150; política, 27, 384-386, 439, 447, 448, 470, 484; teoria da conspiração, 145, 146; União Europeia, 385; vínculos entre grupos, 145, 187, 205

Irã, 16, 22, 62, 65, 66, 68, 69, 87, 116, 182, 403, 411, 413-415, 418

Irigaray, Luce, 315, 317, 318, 364 (n85, n87-n89), 554

Irlanda; autônomos, *295*; emprego de meio expediente, *292*; índice de emprego, *276*; lares, *267, 268*; participação de homens e mulheres na força de trabalho, *274*; participação feminina no setor de serviços, *281*; passivos financeiros do governo, *377*; taxas de fertilidade, *270*

Irving, Larry, 432 (n21), 554

Islã; autores, 160, 175; divórcio, 254; globalização, 126, 160, 170; *Hégira*, 61, 183; identidade, 63-65, 67, 68, 70; *Jahiliya*, 61-63; nos EUA, 108; *shari'a*, 61, 62, 64, 65, 162, 176, *212*; tradição xiita, 16, 62, 63, 169, 170, 179, 180, 415; tradição sunita, 62, 69, 89, 170, 415; *umma*, 61, 63, 64, 70, 159, 160, 162, 163, 211, *212*, 404

Islândia: emprego de meio expediente, *293*; lares, *266*; taxas de fertilidade, *270*

Itália: atividade econômica, *278*; atividade econômica da mulher, *280*; autônomos, *295*; Berlusconi, 315, 423, 437, 443, 455, 469-471, 480; casamento, *256, 258, 259*; crime, 387, 388; divórcio, *255*; eleições, *479, 482, 527*; emprego de meio expediente, *293*; feminismo, 311, 313, 314, 319; índice de emprego, *276*; lares, *267, 268*; mão de obra, *284, 379*; ocupações exercidas por mulheres, *284*; participação feminina no setor de serviços, *281*; participação de homens e mulheres na força de trabalho, *274*; passivos financeiros do governo, *377*; política e mídia, 437, 442, 443, 455, 464, 469, 470, *479*, 480, *527, 528*; taxa de natalidade, 266; taxa de fertilidade, *270*

Ivins, Molly, 218 (n18), 554

Iugoslávia, taxas de fertilidade na, *270*

Iyengar, Shanto, 487 (n33), 538

Jackson, Jesse, 108

Jacobs, Lawrence R., 486 (n14), 554

Jahiliya, 61, 63

Jamison, Andrew, 247 (n13, n14)

Janowitz, Morris, 431 (n11), 555

Japão: atividade econômica, *278*; atividade econômica da mulher, *280*; *Aum Shinrikyo*, 13, 124, 152-154, 210-212, 214; autônomos, *295*; crime, 388; divórcio, *255*; economia, 158, 371, 372, 376; emprego de meio expediente, *293*; eleições, *479, 482, 529*; governo e economia, *508, 510*; índices de casamento, *259*; índice de emprego, *277*; lares, *264, 268*; lares encabeçados por mulheres, *265*; mão de obra, *288, 379*; mulher na sociedade patriarcal, 273, 309, 321; nacionalismo, 18, 78, 80, 100, 416; nascimentos fora do casamento, *262*; ocupações exercida por mulheres, *283*; participação de homens e mulheres na força de trabalho, *275*; participação feminina no setor

588 | MANUEL CASTELLS

de serviços, *281*; patriarcalismo, 272, 273, 308, 309; política, 395, 462, 464, *479*, 480, *529*; taxas de fertilidade, 269

Jaquette, Jane S., 363 (n74), 555

Jarrett-Macauley, Delia, 364 (n100), 555

Jelen, Ted, 118 (n60), 119 (n75), 555

Jensen, An-Magritt, 361 (n8), 362 (n26, n29)

Johansen, Elaine R., 488 (n60), 555

Johnson, Chalmers, 432 (n36), 488 (n60), 489 (n72, n74), 555

Johnston, R.J., 119 (n87), 555

Jordan, June, 218 (n18), 555

jornal, consórcios, 383

Judge, David, 121 (n 157), 555

Juergensmayer, Mark, 117 (n23), 118 (n37), 555

justiça social, 102, 108, 137, 211

Jutglar, Antoni, 120 (n118, n126), 555

Kahn, Robert E., 432 (n31), 555

Kahne, Hilda, 362 (n26, n28, n34), 363 (n74), 555

Kaid, Linda Lee, 487 (n36, n37), 487 (n52), 555

Kaminiecki, Sheldon, 247 (n2), 555

Kanagy, Conrad L., 247 (n25), 555

Katznelson, Ira, 42, 489 (n84, n97), 555

Kazin, Michael, 556

Keating, Michael, 119 (n88), 120 (n 116, n118, n121, n129), 556

Keen, Sam, 367 (n150), 556

Kelly, Petra, 223, 233, 234, 240, 247 (n1, n16, n24), 556

Kemeny, Pietro, 433 (n74), 549

Kennedy, John, 299, 445

Kepel, Gilles, 66, 69, 118 (n44, n48, n52), 220 (n51), 556

Kern, Anne B., 432 (n52), 561

Khazanov, Anatoly M., 120 (n108, n109), 433 (n86), 556

Khomeini, aiatolá Ruhollah, 62, 65

Khosrokhavar, Farhad, 69, 117 (n24), 118 (n39, n53), 556

Kim, Marlene, 362 (n38), 366 (n126), 556

King, Anthony, 462, 488 (n60), 488 (n67), 556

King, Martin Luther Jr., 105

Kiselyova, Emma, 39, 41, 217 (n5), 433 (n85), 544, 556

Klanwatch/Militia Task Force (KMTF), 39, 141–*143*, 145, 218 (n 18), 219 (n19, n21, n22, n23, n30, n32, n33), 556

Klinenberg, Eric, 484, 487 (n26), 489 (n102), 556

Kling, Joseph, 121 (n 157), 549

Knight, A., 433 (n60), 556

Koernke, Mark, 146

Kolodny, Annette, 362 (n44), 556

Koresh, David, 140

Kovalov, Sergei, 499

Kozlov, Viktor, 120 (n103), 556

Kraus, K., 433 (n60), 556

Kropotkin, Peter, 235

Kuechler, Manfred, 217 (n3), 546

Kuppers, Gary, 363 (n74), 556

Kuselewickz, J., 365 (n113), 558

Kuttner, Robert, 432 (n31), 556

l'action exemplaire, 212, 242

La Haye, Tim e Beverly, 72, 73, 119 (n63, n66)

Lamberts-Bendroth, Margaret, 119 (n78), 556

Langguth, Gerd, 247 (n15), 557

língua: autorreconhecimento, 101; como código, 81, 98; e identidade, 92, 93, 95, 97–100

Lasch, Christopher, 55, 114, 117 (n5), 557

Laserna, Roberto, 42, 433 (n83), 487 (n54), 557

Lash, Scott, 238, 247 (n21), 557

lares: com apenas um dos pais, 253, 256, 263, *264*, 266, *268*, 345; composição, 347, 38; de pessoas do mesmo sexo, 335, 346; diversidade, 339, 341–343; habitados por apenas uma pessoa, 253, 266, 272; homem como provedor da família, 76, 250, 297; lares encabeçados por mulheres, 263, *264*, 348; mudanças estruturais em, *266*; não constituídos por famílias, 343, 346; poder de bar-

O PODER DA IDENTIDADE | 589

ganha, 250, 291, 297, 352; sustento da família, 297, 346; *ver também* família

lavagem de dinheiro, 180, 387

L'Avenc: Revista d'Historia, 120 (n118), 557, 589

Laumann, Edward O., *327*, 356, *357*, 366 (n124), 367 (n157–n159), 557

Lawton, Kim A., 118 (n57), 557

Leal, Jesus, 362 (n 18, n23), 557

Lechner, Frank J., 75, 119 (n77)

legitimidade: ambientalismo, 241, 242, 246; cidadania, 417; crise, 17, 27, 36, 67, 113, 471, 472, 491; Estado do bem--estar social, 378;

Lei dos Direitos Civis (*1964*), 299

Lei Brady, 140, 149

Lenin, 83, 84, 87, 90

lesbianismo: como um *continuum*, 320, 352, 366 (n138); e a Internet,; e feminismo, 301, 302, 305, 307, 311, 312, 316, 320–323, 332; em Taipé, 326–332; e os gays, 305, 325; famílias constituídas por pessoas do mesmo sexo, 339; liberação sexual, 311, 323, 325, 326; lugares públicos, 331; maternidade, 352; patriarcalismo, 21, 252, 326

Lesthaeghe, R. *266, 267, 557*

Levin, Murray B., 432 (n29), 557

Levine, Martin, 333, 365 (n112)

Lewis, Bernard, 432 (n33, n34), 557

Leys, Colin, 488 (n63), 557

Li, Zhilan, 433 (n84), 557

libertação, *Aum Shinrikyo* e a, 13, 124, 152, 154, *212*

Liddy, Gordon, 141, 146

Lief-Palley, Marian, 362 (n25), 363 (n71), 550

Lienesch, Michael, 72, 74, 118 (n58, n60–n62), 119 (n63–n67, n69, n70, n72, n73), 557

Limbaugh, Rush, 146

Liga antidifamatória, 218 (n18)

Lin, Tse-Min, 462–463, 488 (n60, n66)

Lipschutz, Ronnie D., 392, 432 (n53), 557

Lipset, Seymour M., 219 (n37), 489 (n94), 557

Llorens, Montserrat, 120 (n118), 571

Lloyd, Cynthia B., *265, 541*

Lloyd, Gary A., 365 (n113), 558

Llull, Ramon, 97

Lodato, Saverio, 432 (n36), 558

Longman's International Reference Compendium, 462, 488 (n60, n61), 489 (n70), 558

Lowery Quaratiello, Elizabeth, 217 (n6), 545

Lowi, Theodore J., 489 (n71), 558

Lu, Hsiu-lien, 327, 328

Luecke, Hanna, 118 (n48), 558

Luna, Matilde, 570

Luxemburgo: autônomos, *295*; emprego de meio expediente, *293*; índice de emprego, *277*; participação de homens e mulheres na força de trabalho, *275*; participação feminina no setor de serviços, *281*; primeiros casamentos, *258*; lares, *267, 268*; taxas de fertilidade, *270*;

Lyday, Corbin, 120 (n108), 558

Lyon, David, 407, 434 (n94, n96), 558

Lyon, Phyllis, 336

Lyons, Matthew N., 141, 218 (n 18), 219 (n23, n25, n27), 540

McCloskey, Michael, 227

McCombs, Maxwell, 486 (n9), 564

MacDonald, Greg, *432* (n22, n25), 486 (n7), *558*

McDonogh, Gary W., 120 (n118), 558

McGrew, Anthony G., 432 (n39–n41, n45, n49, n50), 558

machismo, 151, 312

McInnes, Colin, 558

Mackie, Thomas T., *479*

McLaughlin, Andrew, 247 (n22), 558

McTaggart, David, 231, 240

McVeigh, Timothy, 138, 139

Macy, Joanna, 247 (n1), 558

Magleby, David B., 486 (n12), 558

Maheu, Louis, 217 (n2), 558

Mainichi Shinbun, 219 (n40, n45), 558

Malásia, Islã na, 13, 67, 185

Mali, lares encabeçados por mulheres em, *265*

Malta, lares em, *267*

Manes, Christopher, 247 (n7), 558

Mansbridge, Jane, 298, 362 (n45, n47), 363 (n55), 559

mão de obra, *32, 49, 85, 178, 280, 283, 285, 286, 289, 290, 294, 295, 378-381, 422*

Marcos, subcomandante, 128, 130-134, 136, 216 (n1), 217 (n7), 218 (13), 498, 548

Markovits, Andrei S., 488 (n60, n64), 559

Marquez, Enrique, 559

Marsden, George M., 118 (n56), 559

Marshall, A., 430 (n2), 554

Marshall, Robert, 235

Martin, Del, 336

Martin, Patrícia Yancey, 362 (n48), 363 (n55, n61)

Martinez Torres, Maria Elena, 135, 217 (n6), 218 (n10, n15), 559

Marty, Martin E., 61, 117(n17-n20), 559

marxismo e feminismo, 301

Masnick, George S., 366 (n126), 559

Mason, Karen O., 361 (n8), 362 (n19, n24, n26, n29), 559, 570

Mass, Lawrence, 121 (n157), 559

Massolo, Alejandra, 309, 310, 362 (n44), 363 (n74-n76), 365 (n113), 559

masturbação, 358

Mattelart, Armand, 431 (n18), 559

Matthews, Nancy A., 363 (n65), 559

Maxwell, Joe, 218 (n18), 219 (n36), 559

Mayer, William G., 487 (n22), 559

Mayorga, Fernando, 487 (n54), 559

mercados financeiros, 28, 50, 177, 183, 193, 199, 201, 370, 371, 377, 387, 388, 384, 409, 426, 468, 471

mídia: ambientalismo, 21, 231, 235, 241, 242; autorregulamentação, 442; cobertura 24 horas por dia, 442, 443, 447; credibilidade, 383, 384, 439 - 442, 448, 470; e política, 22, 26, 27, 437, 438, 439, 441-455, 458, 459, 460, 465, 466, 469, 470, 471 487 (n54); Estado, 50, 192, 382, 383, 385, 407; estrutura empresarial, 423; Europa, 450, 451, 454, 455, 461; feminista, 300, 499; globalização, 167,

194, 200, 370, 383, 384; independência, 207, 383, 384; local, 188, 384; destruição da personagem, 449, 452; movimentos sociais, 212, 499; na Espanha, 468, 469; no México, 128, 130, 133-136; nos EUA, 22, 75, 145, 146, 148, 382, 414, 437, 439, 443, 445-447, 451

Mejia Barquera, Fernando, 559

Melchett, Peter, 247 (n13), 559

Melucci, Alberto, 217 (n3), 560

Meny, Yves, 488 (n60, n61), 489 (n78), 560

Merchant, Carolyn, 231, 247 (n11), 252, 364 (n92), 560

Mercosul, 394

Mesa, Carlos D., 487 (n54), 560

México: assassinatos, 133; atividade econômica, *279*; atividade econômica da mulher, *280*; casamento, *257*; corrupção, 126, 135, 137; crime, 387; democratização, 132; dependência econômica, 129, 137, 388; dívida, 135; divórcio, *255*; drogas, 388; elites, 138; emprego de meio expediente, *293*; Estado do PRI, 129, 130, 132, 133, 136, 137; grupos feministas, 321; identidade, 131, 132, 135, 137; índice de casamento, *259*; lavagem de dinheiro, 387; lares encabeçados por mulheres, *264*; mídia, 128, 130, 133-136; mulheres que nunca se casaram, *260*; NAFTA, 127, 129, 131, 137, 140, 148, 210, 212, 242, 378, 394; população indígena, 128-134, 137; sindicatos, 130; tecnologia das comunicações, 133, 134; zapatistas, 19, 36, 50, 124-128, 131-137, 194, 198, 199, 201, 204, 206, 210, *212*-214, 216 (n1) 217 (n6, n7), 218 (n10-n12), 498

Michelson, William, 362 (n42), 560

Mikulsky, D. V., 118 (n49), 560

Milk, Harvey, 336, 337, 340

Marcha de Um Milhão de Homens, 108

Milícias, 50, 124-126, 138-142, 145-147, 149-151, 210, *212*-214, 218, 219 (n20), 413, 485

Minc, Alain, 489 (n84), 560

Misztal, Bronislaw, 75, 117 (n21), 118 (n55), 119 (n76), 560

Mitchell, Juliet, 361 (n4), 560

Mitterrand, François, 385, 451, *525*

Miyadai, Shinji, 158, 219 (n40, n48), 560

"modernidade tardia", 58, 59, modernização e fundamentalismo, 62

Moen, Matthew C., 118 (n37, n57)

Mokhtari, Fariborz, 432 (n41), 560

Moldávia, 87, 91

Monnier, Alain, *255, 560*

Moog, Sandra, 41, 247 (n7, n11, n19), 372–*374*, 449, *479, 480*, 487 (n31, n38), 560

Moore, David, 487 (n21), 560

Moreau Deffarges, Philippe, 431 (n5), 561

Moreno Toscano, Alejandra, 42, 127, 128, 217 (n6, n8), 218 (n11, n13), 561

Morgen, Sandra, 363 (n65), 561

Morin, Edgar, 432 (n52), 561

Marrocos: dissolução do casamento, *257*; lares encabeçados por mulheres, *265*; mulheres que nunca se casaram, *261*

Morris, Stephen D., 488 (n60), 561

Moscone, George, 336, 337

Moscow Times, 487 (n47), 561

Moser, Leo, 119 (n87), 561

mães: e filhas, 349–351, 366 (n138); e filhos, 349, 350; lésbicas, 346; que nunca se casaram, 345; solteiras, 263, 272, 348;

Mouffe, Chantal, 489 (n86), 561

movimento de libertação dos animais, 229, 230

movimento gay: assumindo, 330, 332, 333; comunidade de São Francisco, 326, 332, 335–340, 365 (n104); comunidades, 336, 337, 340, 341, 365 (n104, n111), 341; e a internet, 330, 332; em Taipé, 331; e o lesbianismo, 320, 330; lugares públicos, 331;

movimento trabalhista, 59, 110, 204, 215, 243, 252, 310, 314, 471, 491, 497, 498

Movimentos em Defesa dos Direitos dos Condados, 139, 144, 400

movimentos sociais,; categorias, 32, 33, 36, 196, 225, 321; contextos culturais, 156, 160, 223, 251, 313; esferas

pessoais/ políticas, 251, 342, 354, 359, 436 498; e política, 204, 216, 304, 493; globalização, 124, 125, 197, 200, 207, 215, 217 (n3), 221 (n68); nos EUA, 299; proativos/reativos, 20, 50, 74, 110, 112, 113, 117, 124, 211, 216, 485; urbanos, 110, 111, 113, 310, 332;

Mueller, Magda, 363 (n70), 550

mulheres: amor, 332, 349, 350, 352, 353; autônomas, 22, 253, 290, *294*, 300, 301, 313, 315, *316*, 318, 320, 333; como mães, 105, 250, 354; crescimento da atividade econômica, 273, *278, 279*, 291; crianças, 254, 269, 272, 352, 360; determinismo biológico, 73, 319, 326; discriminação contra, 250, 251, 281, 299, 308, 309, 328; e a *Aum Shinrikyo*, 156; em lares habitados por apenas uma pessoa, *266*, 272; emprego de meio expediente, 291, *292, 296*; formação de redes, 134, 303, 326, 347, 348, 351–353; identidade, 58, 73, 108, 252, 298, 306, 319, 323, 351; Islã, 64, 193; mercado de trabalho por setor, *283*; na força de trabalho, 22, 249, 251; não casadas, 260, 263, 272, 324, 346, 348; nos EUA, 300, 302; ocupações, *286–288*, 290; qualificações, 250, 281, 289, 290; que nunca se casaram, *260*, 345; relações de poder, 230, 250, 252, 253, 272, 297–299, 353; salários, 281, 289–291, 300, 303, 310; sexualidade voltada para pessoas do mesmo sexo, *327, 339 ver também* lesbianismo

muçulmanos: *ver* Islã

Mundy, Alicia, 487 (n24), 561

Murphy, Karen, 365 (n104), 544

Murray, Charles, 235, 561

nacionalismo; alienação, 57; árabe, 14, 65, 68, 116; autonomia ameaçada, 67, 76, 77; boliviano, 455; catalão, 60, 94– 99, 498; cidadania, 472; cultura, 80, 115; elites, 77, 79; e Estados-Nação, 64, 65, 67, 77–79, 81, 369; era da informação, 100–102, 494; e religião, 36, 64; globalização, 67, 76, 498; identidade, 57, 240;

sob a União Soviética, 18, 82–84, 86, 87, 89–91; teorias sociais, 55, 76, 78, 79;
Nações Unidas, 21, 25, 38, 75, 138, 140, 147, 148, 164, 208, 210, *255, 257, 259, 261, 262, 265, 267, 271,* 273, *282,* 322, 361 (n8), 362 (n15, n27, n29, n30, n36, n39), 389, 394, 412, 415, 419, 433 (n61), 473; Assembleia do Milênio, 473; Comissão sobre o Governo em Nível Mundial, 433 (n61); Conferência sobre a Economia do Crime em Escala Global, 387; Conselho Social e Econômico, 432 (n37); Fórum da Mulher, Pequim, 322
Nação, como conceito, 79, 84
Naess, Arne, 229, 247 (n8)
NAFTA: 127, ambientalistas, 242; como força de integração, 394; Patriotas, 140, 148; políticas de liberação do comércio adotadas pelo México, 129; zapatistas, 127, 131, 210, *212;*
Nair, Sami, 118 (n47), 561
Nakazawa, Shinichi, 219 (n40), 561
narcisismo, 55, 114, 353, 358
Nash, June, 217 (n6), 561
Nation, 218 (n18), 219(n19, n20)
National Rifle Association, 139, 149
National Vanguard, 138, 219 (n19)
Navarro, Vicente, 431 (n11, n13), 489 (n85, n86, n88), 561
Neckel, Sighard, 488 (n60), 547
Negroponte, Nicholas, 432 (n21), 561
Nelson, Candice J., 486 (n12), 558
neoclassicismo, 123
neoliberalismo, 123, 201, 397
níveis de qualificação, homens/mulheres, 272, 289
nova ordem global (nova ordem mundial), 75, 123, 124, 126, 131, 132, 135, 137, 138, 140–142, 144, 145, 148, 152, 209, 210, *212,* 214
New York Sunday Times, 218 (n18), *New York Times,* 219 (n38), 221 (n65), 445; notícias, 206, 207, 384, *439–441,* 447–449, 451, 453, 467

Nova Zelândia: autônomos, *295;* emprego de meio expediente, *293;* índice de emprego, *277;* lares, *267;* participação de homens e mulheres na força de trabalho, *275;* participação feminina no setor de serviços, *281*
Nichols, Terry, 139
Niemi, Richard G., 568
Nigéria, atividade econômica na, *279*
Nixon, Richard, 445, 449, 462
Nogue-Font, Joan, 120 (n118), 550
Norman, E. Herbert, 433 (n70), 562
Noruega: autônomos, *295;* emprego de meio expediente, *293;* índice de emprego, *277;* lares, *266;* mão de obra, *288;* participação de homens e mulheres na força de trabalho, *275;* participação feminina no setor de serviços, *281;* ocupações exercidas por mulheres, *288;* taxas de fertilidade, *270;*
Núcleo de Defesa dos Direitos Humanos "Bartolomé de las Casas", 134
Nunnenkamp, Peter, 431 (n7), 562
Nyblade, Laura, *261*

Oceania: lares, *267;* nascimentos fora do casamento, *262;* taxas de fertilidade, *271; ver também* países considerados separadamente
OCDE: 266, 273, *275, 277, 278,* 281, *284, 293, 295,* 362 (n29, n34), *373, 374,* 378, 501, 562; *Employment Outlook, 275, 277, 293, 295,* 562; *Labour Force Statistics, 284,* 562; *Women and Structural Change,* 562
Offen, Karen, 364 (n102), 562
Ohama, Itsuro, 219 (n40), 562
Olivares, grão-duque de, 397
Ono-Osaku, Keiko, *265*
opressão, comunidades contra a, 15, 19, 57, 103, 107, 131, 164, 192, 197, 209, 250, 252, 300, 306, 319, 320, 322, 325, 330, 360, 364 (n84), 426, 494Orenstein, Gloria, 247 (n22), 547
Organização da Unidade Africana, 385

O PODER DA IDENTIDADE | 593

Organização Mundial de Comércio, 75, 133, 140, 148, 379, 394

Organização Nacional em Defesa da Mulher, 300

organizações de tema único, 307, 485

organizações não governamentais, 24, 37, 112, 127, 134, 178, 179, 198, 199, 208, 246, 395, 421, 428, 462, 473, 485

orgasmo, 329, 355

Orr, Robert M., 218 (n 18)

Orstrom Moller, J., 431 (n5), 432 (n39, n59, n62, n81), 562

Osawa, Masachi, 152, 155, 219 (n40, n44, n47), 562

Ostertag, Bob, 247 (n13, n23, n25), 562

OTAN, 389, 394, 454

Oumlil, Ali, 118 (n28), 562

pais, 66, 72, 253, 266, 290, 344, 347, 352, 353

países do G-7, 372, 394

países em desenvolvimento: 194, 242, 256, 263, 272, 370; feminismo, 309, 321, 322; lares com apenas um dos pais, 264; mulheres com trabalho remunerado, 289; setor informal, 289;

Perspectivas do FMI/Banco Mundial, 360 (n50)

Pagano, Michel A., 562

Page, Benjamin I., 437, 486 (n4), 562

Palenque, Carlos, 456–459, 488 (n56), 498

Palenque, Monica Medina de, 457

Panamá, lares encabeçados por mulheres no, 265

Panarin, Alexander S., 79, 119 (n91), 120 (n109), 500 (n1), 563

Paquistão, mulheres que nunca se casaram, 260

Pardo, Mary, 363 (n65), 563

pares não casados, 254

partidos verdes, 204, 243, 244

paternidade e maternidade: apenas um dos pais, 253, 263, 264, 266–268, 344; autoridade, 253; compartilhada, 353, 360; cuidados com os filhos, 105, 250, 349, 351, 352, 354;

Partido Nacionalista Catalão, 96

Partido Revolucionário Institucional, 129, 130, 132, 133, 136, 137, 563

patriarcalismo: afirmação, 72, 148, 251, 272; contestação, 21, 22, 36, 56, 297, 313, 321, 339, 342, 351, 360, 361, 491, 493, 500; em Taiwan, 327–329; família, 22, 73, 115, 151, 249, 251, 253, 254, 266, 269, 342–344, 351, 352, 354, 359, 360; feminismo, 23, 298, 302, 303, 309, 317, 318, 321, 323, 325, 495, 496; fundamentalismo, 75, 251; heterossexualidade, 324, 351; movimentos gay e lesbiano, 76, 252, 326, 331, 333, 340, 341, 353, 364 (n104); na Ásia, 156, 273, 289, 309, 332; nos EUA, 254, 272; violência, 301

Patriotas,; ao governo federal, 139, 140, 147; armamentos, 139, 140; distribuição geográfica, *143*; identidade, 78142, 148–150; impacto, 126, 139; NAFTA, 140; objetivos, 145, 148, 195, 213; rede de informação, 141, 145, 146, 213, 218 (n18); sentimento contrário, 148

Patterson, T.E., 486 (n9, n10), 487 (n27, n29), 489 (n84), 563

Pattie, Charles, 489 (n77), 563

"Paul Revere Net", 145

Pedrazzini, Yves, 113, 121 (n162), 566

Pena, J.F. de la, 433 (n68), 548

Perez-Argote, Alfonso, 119 (n87), 563

Perez Fernandez del Castillo, German, 563

Perez Iribarne, Eduardo, 488 (n54), 563

Perez-Tabernero, Alfonso, 432 (n25, n26), 486 (n6), 563

Perrin, Andrew, 484, 487 (n26), 489 (n102), 556

personalidade, 22, 26, 56, 72, 115, 182, 249, 251, 252, 319, 323, 341, 342, 349, 351, 358–360, 442, 449, 454, 468, 498, 499

Peru: dissolução do casamento, *257*; lares encabeçados por mulheres, *265*; mulheres que nunca se casaram, *260*

perversão, 360

Phillips, Andrew, 488 (n60), 563

Philo, Greg, 487 (n42, n43), 563

Pi, Ramon, 120 (n117, n123, n129)
Pierce, William, 138, 139, 219
Pinelli, Antonella, *272, 362 (n22), 563*
Pipes, Richard, 119 (n100), 563
Piscatori, James, 118 (n37), 563
Plant, Judith, 230, 247 (n10), 563
pobreza: armadilha do seguro social, 346; degradação ambiental, 245; estrutura familiar, 104, 346, 352; EUA, 103, 104, 272; sobrevivência coletiva, 112, 113; poder, 297
Po, Lan-chih, 363 (n72, n73), 365 (n104, n109, n110)
Poguntke, Thomas, 247 (n15, n27), 563
polícia, tecnologias, 349–350, 351
política: alienação, 479; captação de recursos, 395, 445, 465; candidato gay, 336; cidadania, 399; corrida política, 448, 449; de escândalo, 26, 27, 36, 233, 388, 454, 460–469, 471, 472, 488 (n60); do corpo, 319, 329, 358, 496; e ambientalismo, 24, 227, 388, 390, 393; e a mídia, 442–444, 447, 459, 460, 465, 487 (n54); e a Internet, 27, 384–386, 439, 447, 448, 470, 484; e instituições, 13, 27, 37, 76, 80, 94, 98, 116, 136, 195, 204, 205, 208, 303, 369, 393, 395, 399, 408, 423, 431, 455, 481, 494; informacional, 25, 26, 159, 435, 436, 438, 450, 451, 453–456, 459, 460, 465, 470, 483, 485, 498; líderes, 26, 27, 95, 180, 333, 412, 423, 443, 451, 460, 466; movimentos sociais, 204, 216, 304, 493; simplificação, 450, 451; simbólica, 125, 213, 383, 485; personalização, 26, 449, 451–454, 459, 464; vazamentos de informações, 26, 442, 451, 465, 466, 468, 471
política de identidade, 56, 58, 59, 64, 329, 496
política verde, *223, 226, 232, 234, 240, 244*
Pollith, Katha, 218 (n 18), 564
Polônia, taxas de fertilidade na, *270*
população: envelhecimento, 253, 266; reposição, 253, 266, 269; taxas de homossexualidade, 346; taxa de natalidade, 97, 269, 361 (n6), 402;

população carcerária, 104, 105
Population Council, 254
Porrit, Jonathan, 247 (n19), 564
Portes, Alejandro, 362 (n33), 564
Portugal, autônomos, *295*; emprego de meio expediente, *293*; índice de emprego, *277*; lares, *267, 268*; participação de homens e mulheres na força de trabalho, *275*; participação feminina no setor de serviços, *281*; primeiros casamentos, *258*; taxas de fertilidade, *270*
Poulantzas, Nicos, 369, 430 (n1), 564
Powers, Charles, 358, 359, 367 (n163, n164), 552
Prat de la Riba, Enric, 92, 94, 97, 99, 120 (n122, n128), 564
práticas de ioga, 153, 157
preservação da natureza, *112, 226, 227, 234, 500*
Preston, Rohan B., 120 (n131), 121 (n146), 572
Price, Vincent, 365 (n113), 564
programas de rádio, 146, 442, 456, 467
privacidade ameaçada, 140, 404, 406, 449, 451
produtividade, 73, 223, 280, 378–381, 424, 428, 429
produção industrial, *233*
profetas, 53, 63, 162, 163, 498, 499
profissionais de informática, 150
protecionismo, 19, 129, 202, 378, 379, 411, 426
Puiggene i Riera, Ariadna, 120 (n125), 564
Pujol, Jordi, 92, 96, 97, 120 (n123), 498
Pupo, Norene, 362 (n41), 547
Putnam, Robert, 109, 121 (n154), 489 (n84), 563

quase Estados, 81
quase Estados-Nação, 101
Quênia: dissolução do casamento, *257*; mulheres que nunca se casaram, *261*

raça: educação, 104, 106; globalização, 109; identidade, 108; nos EUA, 103, 105–107; *ver também* etnia

O PODER DA IDENTIDADE | 595

racismo, 103, 106, 107, 142, 300

Rainforest Action Network, 197, 199, 242

Rand Corporation, 127, 135

reação antifeminista, 301

Rebelião Taiping, 17, 53, 54

recursos financeiros para campanha política, 423, 453, 455

redes: apoio, 112, 135, 199, 326, 347; comunicação global, 12, 27, 28, 141, 146, 184, 200, 203, 239, 386, 413, 456; etnia, 18, 109; Estado, 18, 24, 91, 100, 423, 427, 447, 451, 469, 470, 495; gays/lésbicas, 334, 338, 353; movimentos sociais, 16, 37, 144, 178, 205, 214; mulheres, 303, 308, 311, 318, 348, 351, 352, 500; poder, 369, 392, 407, 421; social, 109, 297, 367 (n152);

Reed, Ralph, 71

Reigot, Betty Polisar, 347, 348, 366 (n119, n120, n125, n128, n130, n132), 564

relações de poder: homens/mulheres, 230, 250, 252, 253, 272, 297–299, 303, 353; identidade, 50, 184, 189, 252, 341, 500

relações marcadas pelo gênero, 22, 495

Reino Unido: *ver* Bretanha; Inglaterra e País de Gales

religião: como forma de resistência, 13, 15, 35; e nacionalidade, 109, 115, 141, 182, 403; fundamentalismo, 11, 13–17, 22, 35–37, 53, 57, 60–76, 87, 93, 115–118 (n55), 142, 148, 149, 151, 160–163, 166, 167, 170, 177–179, 182, 183, 189, 191–194, 208, 210, 220, 230, 240, 251, 360, 361, 383, 403, 404, 415, 494, 498–500; identidade, 14, 35, 36, 160, 162, 163, 171; teologia da libertação, 130; *ver também* Igreja Católica; cristianismo; Islã

Rengger, N.J., 432 (n39), 540

resistência, 13, 15, 17, 19, 20, 29, 32, 35, 36, 50, 56, 57, 59, 60, 64, 83, 86, 88, 95, 102, 110, 115, 116, 117, 124–126, 137, 139, 141, 144, 149, 151, 154, 159, 163, 165, 177, 183, 192, 194, 196, 198, 200, 205, 212, 214–216, 246, 266, 297, 315, 318, 320, 324, 325, 413, 415, 455, 464, 492–498, 500

República Dominicana: dissolução do casamento, *257*; lares encabeçados por mulheres, *264*; mulheres que nunca se casaram, *260*;

Repúblicas do Báltico, 87

Revista Mexicana de Sociologia, 551, 569, 570

Rich, Adrienne, 315, 320, 323, 324, 329, 364 (n96), 365 (n107), 366 (n138), 564

Richardson, Dick, 247 (n27, n28), 564

Riechmann, Jorge, 217 (n3), 247 (n19), 564

Riesebrodt, Martin, 118 (n60), 564

Riney, Rose, 362 (n28), 366 (n128), 565

Roberts, Marilyn, 486 (n9), 564

Robertson, Pat, 70, 71, 73, 119 (n69), 141, 148

Rochester, J. Martin, 433 (n60), 564

Rockman, Bert A., 543

Rodgers, Gerry, R., 431 (n12), 564

Rojas, Rosa, 217 (n6), 564

Rokkan, Stein, 433 (n74)

Roman, Joel, 488 (n60, n61), 565

Romênia, taxas de fertilidade na, *270*

Romero, Carmen, 312, 363

Rondfeldt, David, 127, 217 (n6), 218 (n16, n17), 220 (n49), 432 (n48), 538, 565

Rootes, Chris, 247 (n27, n28), 564

Roper Center of Public Opinion and Polling, 433 (n79), 565

Roper Organization Surveys, *440*

Rose, Richard, *479*

Rosenau, J., 432 (n42), 565

Ross, Loretta J., 218 (n18), 565

Ross, Shelley, 488 (n60), 565

Roth, Jurgen, 432 (n36), 565

Rovira i Virgili, 94, 120 (n118), 565

Rowbotham, Sheila, 310, 361 (n2), 362 (n44), 363 (n77, n78), 565

Rowlands, Ian H., 432 (n52), 565

Rubert de Ventos, Xavier, 76, 80, 119 (n79, n87, n94, n95), 433 (n64, n70), 565

Rubin, Rose M., 362 (n28), 366 (n128), 565

Ruiz, Samuel, 128, 130

Rupp, Leila J., 363 (n49), 565

Rússia; atividade econômica, *278*; atividade econômica da mulher, *280*;

crime, 387, 388; nacionalismo, 83, 90, 91, 186; Partido Feminista, 308; política e mídia, 438, 442, 443, 453, 454; poderes regionais, 85, 91, 172, 186; ameaça da,; segurança coletiva, 389, 392; taxa de natalidade, 361 (n6) *ver também* Comunidade de Estados Independentes; União Soviética (ex-)

Sabato, Larry J., 488 (n60), 565
Saboulin, Michel, 361 (n8), 565
sadomasoquismo, 305, 321, 326, 339, 340
Saint-Exupéry, Antoine de, 429
Sakharov, Andrei Dimitrievich, 499
Salaff, Janet, 362 (n31, n35), 565
salários, homens/mulheres, 281, 289–291, 300, 303, 310
Sale, Kirkpatrick, 236
Salinas, Carlos de Gortari, 128, 129, 131, 133, 135, 542
Salmin, A, M., 84, 119 (n102), 566
Salrach, Josep M., 120 (n118, n124), 566
Saltzman-Chafetz, Janet, 361 (n5), 566
Salvati, Michele, 489 (n86), 566
São Francisco: áreas residenciais de gays, *335*; comunidade gay, 326, 331, 332, 335–341, 365 (n104); homofobia, 333, 337
Sanchez, Magaly, 38, 113, 566
Sanchez-Jankowski, Martin, 113, 121 (n145, n121, n162), 433 (n91), 566
Sandoval, Godofredo, 487 (n54), 566
Santoni Rugiu, Antonio, 487 (n51), 566
Saravia, Joaquin, 487 (n54), 566
Savigear, Peter, 566
Scammell, Margaret, 487 (n40, n41, n44), 566
Scarce, Rik, 247 (n3, n4, n7, n19), 566
Schaeffer, Francis, 70, 118 (n55), 566
Scharf, Thomas, 247 (n15), 566
Scheer, Leo, 432 (n29, n50)
Scheff, Thomas, 57, 117 (n11), 566
Schlafly, Phyllis, 73
Schmitter, Philippe C., 393, 433 (n58), 568
Schneir, Miriam, 363 (n48, n52, n53, n62), 364 (n97), 566

Schreiber, Ronnee, 302, 303, 363 (n55, n58, n59), 568
Schwartz, Pepper, 362 (n29), 541
Scott, Allen, 432 (n21), 566
Sechi, Salvatore, 488 (n60), 567
segurança, 16, 24, 25, 71, 84, 115, 144, 151, 167, 187, 190–192, 208, 239, 251, 281, 371, 380, 389, 392, 394, 395, 408–412, 414–418, 482, 491
segurança coletiva, 389, 392
Semetko, Holli A., 487 (n40, n41, n44), 566
Senegal: dissolução do casamento, *257*; mulheres que nunca se casaram, *261*
Sengenberger, Werner, 431 (n13), 567
Sennett. Richard, 55, 57, 117 (n6), 399, 433 (n76), 567
Servon, Lisa, 362 (n43), 567
Sessions, George, 229, 247 (n8)
setor de serviços, *74, 151, 280, 281*
sexo oral, 356, 357
sexualidade: bissexualidade, 302, 305, 350; comportamento, 355, 358, 461; consumista, 356; e civilização, 324, 341; e liberação, 252, 302, 306, 322, 325–327, 329, 330, 339–341, 354, 355, 356, 364 (n104), 493; expressões culturais de, 308, 332, 340; feminismo, 252, 298, 302, 305, 311–313; idade quando da primeira relação, 356; identidade, 340–342, 351, 359, 361, 495, 496; individual, 358, 359; na Espanha, 311, 312; no casamento, 355, 356; nos EUA, 325, 334, 346, 355, 356; patriarcalismo, 249, 298, 301, 305; plástica, 355, 356; pobreza do, 355; reconstrução, 341; relação mãe-filha, 349, 350; voltada para pessoas do mesmo sexo, 324, *327,*; *ver também* heterossexualidade; lesbianismo
Shabecoff, Philip, 247 (n2, n3, n19), 567
Shaiken, Harley, 38, 379, 431 (n12)
Shapiro, Jerrold L., 367 (n153), 437, 486 (n4, n14), 554, 562, 567
Sheffield, G. D., 432 (n48), 558
Sheps, Sheldon, 218 (n18), 567
Shimazono, Susumu, 219 (n40), 567

Shupe, Anson, 75, 117 (n21), 118 (n56, n60), 119 (n76), 539, 552, 560

Sierra Club, 197, 226, 227, 242

Silverstein, Mark, 488 (n60, n64), 559

Simpson, John H., 71, 118 (n59), 567

sindicatos, 56, 95, 108, 130, 139, 197–199, 246, 290, 301, 306, 310, 311, 313, 314, 380, 455, *459*, 497, 498

Singh, Tejpal, 119 (n101), 567

Sisk, Timothy D., 117 (n23), 118 (n46), 567

Siune, Karen, 487 (n35), 567

Sklair, Lesley, 430 (n2), 567

Slezkine, Yuri, 119 (n98, n100), 120 (n103), 567

Smith, Anthony D., 79, 119 (n87, n92), 567

Smith, Michael P, 433 (n89), 567

Smith, Peter, H., 432 (n36), 567

soberania: compartilhada, 81, 395, 420, 494; Estados-Nação, 79, 101, 369, 394, 395, 397, 411, 420, 421, 427, 429, 471, 491; nacional,79, 427;

sociedade: ambientalismo, 224, 226, 228, 229, 235, 239, 241, 246; instituições destituídas da marca de gênero, 323; institucionalizada, 75, 80; personalidade, 72, 252, 358–360; política da, 435; tribalização da, 77, 403, 408;

sociedade civil, 24, 37, 56, 57, 59, 92, 109, 116, 123, 135, 208, 221, 398, 399, 422, 470, 485, 492–495

Sociedade em Defesa dos Direitos Individuais, 334

sociedade em rede, 11, 25, 26, 28, 31–33, 35–37, 39, 49, 50, 53, 55, 58–60, 102, 109, 114, 116, 117, 160, 209, 216, 235–238, 240, 241, 252, 364 (n84), 399, 404, 411, 425, 428, 436, 438, 455, 471, 483, 485, 491, 493–496, 498

sociedade pós-patriarcal, 58, 358

sociedades defensoras do uso de armas, 139

Sole-Tura, Jordi, 120 (n118, n120, n122, n127), 567

Southern Poverty Law Center. ver Klanwatch/Militia Task Force

Spalter-Roth, Roberta, 302, 303, 363 (n55, n58, n59), 568

Spehl, H., 120 (n104)

Spence, Jonathan D., 117 (n1, n2), 568

Spina, Rita K., 347, 348, 366 (n119, n120, n125, n128, n130, n132), 564

Spitz, Glenna, 362 (n34), 568

Spivak, Gayatri Chakravorty, 362 (n44), 568

Spragen, William C., 432 (n29)

Spretnak, Charlene, 247 (n7, n11), 364 (n93), 568

Spruyt, Hendrik, 420, 434 (n111)

Sri Lanka: dissolução do casamento, *257*; lares encabeçados por mulheres, *264*; mulheres que nunca se casaram, *260*

Stacey, Judith, 343, 347, 348, 361 (n7), 363 (n66), 365 (n116), 366 (n128, n129, n131, n133), 568

Staggenborg, Susan, 363 (n61), 568

Stalin, Joseph, 83–86, 88, 89

Stallings, Barbara, 370, 431 (n6), 568

Standing, Guy, 362 (n32), 568

Stanley, Harold W., 568

Starovoytova, Galina, 120 (n107), 568

Stebelsky, Igor, 120 (n108), 568

Sterling, Claire, 432 (n36), 568

Stern, Kenneth, 138, 145, 218 (n18), 219 (n22, n24, n32, n34), 568

Stevens, Mark, 219 (n39), 568

Sting, 499

Streeck, Wolfgang, 393, 433, 568

Strobel, Margaret, 363 (n54), 568

subjetividade, 64, 78, 310

sucesso nos negócios, cristianismo e, 73

Sudão: dissolução do casamento, *257*; lares encabeçados por mulheres, *265*

Suécia: autônomos, *295*; divórcio, *255*; emprego de meio expediente, *293*; índice de emprego, *277*; lares, *264*, *266*, *268*; mão de obra, *288*; participação de homens e mulheres na força de trabalho, *275*; participação feminina no setor de serviços, *281*; passivos financeiros do governo, *377*; ocupações exercidas por mulheres, *288*; sobrevivência do casamento, *256*; taxas de fertilidade, *270*;

Summers, Lawrence, 568

Sun Tzu, 428, 429, 434 (n122), 569

Suny, Ronald Grigor, 78, 82, 83, 89, 119 (n86, n87, n97, n99, n100), 120 (n103, n111), 548, 569

supremacistas brancos, 139, 140, 142, 146, 148

Susser, Ida, 42, 347, 348, 362 (n40), 366 (n123, n128, n132), 367 (n154), 569

sustentabilidade, 124, *226*, 232

Swan, Jon, 487 (n35), 488 (n60), 569

Suíça: emprego de meio expediente, *293*; índice de emprego, *277*; lares, *267*; mão de obra, *379*; participação de homens e mulheres na força de trabalho, *275*; participação feminina no setor de serviços, *281*; taxas de fertilidade, *270*;

Szasz, Andrew, 247 (n5, n29), 569

Szmukler, Monica, 488 (n54), 569

Tadjiquistão, 87, 91

Taipé: Fundação Despertar, 328, 332; movimento lesbiano, 327–332; movimentos de liberação sexual, 329, 330; parada contra o assédio sexual, 329; redes de mulheres, 328, 330

Taiwan: AIDS, 330–332; cinema gay, 331; feminismo, 309, 328–332; homossexuais, 330–332; "lei familiar", 329, 331; lesbianismo, 322, 327– 332; patriarcalismo, 329, 331, 332

Tailândia: dissolução do casamento, *257*; lares encabeçados por mulheres, *264*; mulheres que nunca se casaram, *260*

Tanaka, Martin, 121 (n 157), 569

Tapia, Andres, 218 (n18), 219 (n36), 559

Tarrow, Sydney, 433 (n73), 569

taxas de fertilidade, 266, 269–271

Taylor, Verta, 363 (n49), 565

Tchecoslováquia: divórcio *255*; mulheres que nunca se casaram, *261*; taxas de fertilidade, *270*

tecnologia: compartilhada, 391, 437; de armamentos, 115, 158, 191, 192, 389–391, 411, 413, 418; eleições, 438, 441, 446, 454; reprodução, 341; *ver também* tecnologia das comunicações;

tecnologia da informação, 23, 32, 49, 212, 236, 378, 404, 405, 408, 436, 447, 495; cultural, 28, 29, 31, 49, 100, 102, 115, 116, 252, 385, 460, 495, 497; em relação às mulheres, 496; identidade, 495; imaginadas, 77, 80, 96; locais, 405; virtuais, 32, 49, 235, 240, 241, 450, 495, 498;

tecnologia das comunicações; global, 32, 192, 194, 384; insurreição e, 187, 212, 213, 499; mediadas por computador, 483, 484; opinião pública, 26, 135, 242, 382–385, 414, 437, 445, 447; participação política, 405, 436, 446, 459, 481, 483, 495; regulamentação, 382, 386, 442, 451, 455

tecnologia militar, 191, 390, 391, 413, 418

televisão a cabo local, 447

Tello Diaz, Carlos, 217 (n6), 569

Temas, 489 (n82)

tempo: alienação, 496; ecologia, 238, 239; tempo cronológico, 238, 239, 241; espaço, 238; intemporal, 32, 49, 114, 238, 495, 496; tempo glacial, 238, 239, 241, 495;

teoria sociológica, 51

terrorismo, 139, 176, 177, 184, 190, 191, 220, 370, 397, 407, 409–411, 413–415, 426

taxa de natalidade, 97, 269, 361 (n6), 402; fora do casamento, 75, 253, 260, *262, 266, 267*, 272

Thave, Suzanne, 361 (n8), 565

Themme, A. R., *265*

The New Republic, 218 (n18), 561

The Progressive, 218 (n18), 564

The World Almanac and Book of Facts, *365 (n115)*, 572

Thompson, Dennis F., 26, 420, 428, 431 (n4), 434 (n112, n121), 464, 488 (n60, n61), 489 (n76), 489 (n80), 569

Thurman, Joseph E., 362 (n41), 569

Thurow, Lester, 569

Tibi, Bassam, 64, 65, 117 (n24), 118 (n32, n33, n37, n38, n50), 569

Tilly, Charles, 430 (n2), 433 (n70), 434 (n98, n110), 569

Time, 218 (n18)

Times Mirror Center, 472

Tirado, Ricardo, 570

Toner, Robin, 570

Tonry, Michael, 120 (n137), 570

Touraine, Alain, 38, 41, 42, 57, 117(n12, n13), 119(n87), 125, 209, 216, 217 (n3, n4), 221 (n75), 225, 315, 430 (n2), 435, 489 (n84), 570

trabalho de conscientização, 300

trabalho remunerado: de meio expediente, 291–293, 296; discriminação, 281, 308; e casamento, 253, 297; flexibilidade, 291; mulheres, 272, 273, 280–283, 289, 290; setores, 104, 280, 281, 289, 309

trabalhos voluntários 110

Trah, Gabriele, 362 (n41), 569

tráfico de drogas, 54, 386, 456

Tranfaglia, Nicola, 488 (n60), 489 (n73), 570

transformação: patriarcalismo, 22, 249, 251, 252, 254, 342; política, 27, 36 389, 390, 436, 444, 456; tempo/espaço, 32, 49, 235;

Trejo Delarbre, Raul, 217 (n6), 570

Trend, David, 434 (n92), 570

Trias, Eugênio, 120 (n129), 570

tribunais de "Justiça Comum", 139, 144, 147

Trinidad e Tobago, lares encabeçados por mulheres em, 264

Truetzschler, Wolfgang, 487 (n35), 567

Tsuya, Noriko O., 362 (n19, n24), 570

Tunísia: dissolução do casamento, 257; mulheres que nunca se casaram, 261; Islã, 66, 117 (n22), 169;

Turquia: emprego de meio expediente, 293; Islã, 13, 68, 415; participação feminina no setor de serviços, 281

Twinning, David T., 120 (n109, n114), 570

Ubois, Jeff, 432 (n31), 570

Ujifusa, Grant, 539

Ucrânia, 83–87, 91, 101

umma, 61, 63, 64, 70, 159, 160, 162, 163, 211, 212, 404

União Europeia: e a internet, 385; integração, 24, 393, 400; interdependência, 81, 371, 394, 400; governo local/regional, 68, 99; primeiros casamentos, 257, 258, 291; taxa de natalidade, 361 (n6);

União Soviética (ex): administração, 84, 86; colapso da, 28, 60, 68, 75, 81, 82, 85, 87, 88; divórcio, 255; dupla identidade, 84; etnia,; federalismo e nacionalistas, 60, 82–84, 86–91; feminismo, 308; geopolítica, 84, 85; índices de casamento, 259; lares, 264; nacionalidades e grupos étnicos, 85; nascimentos fora do casamento, 262; nativização, 83, 88; repúblicas bálticas, 86, 87; repúblicas muçulmanas, 87, 88; taxas de fertilidade, 271; *ver também* Comunidade de Estados Independentes; Rússia "subclasse",

Urry, John, 238, 247 (n21), 557

URSS: *ver* União Soviética (ex)

Uruguai, lares encabeçados por mulheres no, 265

Urwin, Derek W., 433 (n74), 565

Useche, Helena, 121(n159), 309, 322, 363 (n75), 364 (n103), 548

utilização do solo, 144

Vajrayana Sacca, 219 (n40), 571

Valdes, Teresa, 361 (n8), 571

Vangelisti, Anita L., 366 (n128), 549

Vedel, Thierry, 432 (n24), 571

Venezuela, lares encabeçados por mulheres na, 265

Verdesoto, Luis, 488 (n54, n58), 538

Vicens Vives, Jaume, 120 (n118), 571

vigilância, 104, 105, 140, 173, 242, 389, 394, 405–408, 410, 417, 418

Vilar, Pierre, 97, 120 (n118), 571

violência: do Estado, 25, 38, 68, 391, 404–408, 413, 416, 419, 430 (n3); patriarcalismo, 249–251, 301, 303, 360; social, 325, 360

Vogler, John, 432 (n52), 571

votação, 244, 336, 361, 419, 446, 447, 454, 479, 480, *525–527, 529, 531, 533, 534*; *ver também* eleições

voto de protesto, 480, 481

Wacquant, Loic J. D., 120 (n136), 434 (n92), 571

Walter, David, 487 (n51), 488 (n60, n61), 489 (n83), 571

Wapner, Paul, 247 (n2, n13), 432 (n52), 571

Washington Post, 445

Weaver, Randy, 140

Weinberg, Steve, 489 (n77), 572

Weinrich, J. D., 346, 366 (n124, n128), 551

Weisberg, Jacob, 489 (n84), 572

Weitzner, Daniel J., 432 (n33), 540

Wellman, Barry, 109, 121 (n153), 572

WEPIN Store, 218 (n 18), 572

West, Cornel, 103, 105, 107, 109, 120 (n132, n134, n140), 121 (n143, n148, n150–n152), 550, 572

West, Darrell M., 487 (n20), 489 (n86), 572

Westoff, Charles F., *261*

Whisker, James B., 219 (n26), 572

White, William, 113, 114, 486 (n5), 487 (n46)

Whittier, Nancy, 42, 302, 304–306, 362 (n46, n48), 363 (n55, n57, n60, n63, n64, n66, n67), 364 (n100), 560, 572

Wideman, Daniel J., 120 (n131), 121 (n146), 572

Wiesenthal, Helmut, 247 (n15), 572

Wieviorka, Michel, 120 (n134), 217 (n3), 433 (n91), 434(n100), 572

Wilcox, Clyde, 74, 118 (n56, n57), 119 (n71, n74), 572

Wilderness Society, 226

Wilensky, Harold, 431 (n 11), 572

Wilson, William Julius, 103, 120 (n135, n136), 572

Winerip, Michael, 218 (n18), 219 (n23, n28), 572

Wittig, Monique, 319, 320, 364 (n95, n98), 573

Woldenberg, Jose, 217 (n6), 572

Women's Liberation, 363 (n54)

Woodward, Bob, 572

World Wide Web, 140, 242

WuDunn, Sheryl, 432 (n36, n38), 573

Yada, Moto, 361 (n8), 544

Yazawa, Shujiro, 42, 121 (n157), 156, 157, 217 (n3, n5), 219 (n40, n41, n46), 573

Yeltsin, Boris, 86, 454

Yoshino, Kosaku, 80, 119 (n93), 573

Zaller, John, *573*

Zapata, Emiliano, 131, 136

zapatistas, 19, 36, 50, 124–128, 131–137, 199, 201, 206, 210, 213, 214; comunicações, 133, 134, 206, 213; e a internet, 50, 133, 135, 204, 213; e *La Neta*,; estrutura de valores, 131; identidade/adversário/objetivo, 128, 132, 133, 201, 210, *212*; instituições políticas, 136; legitimidade, 136; levante (*1994*), 127, 128; Marcos, 127, 128, 130–134, 136, 216 (n1), 217 (n7), 218 (n13), 498; NAFTA, 210

Zaretsky, Eli, 58, 117 (n14), 573

Zedillo, Ernesto, 136

Zeskind, Leonard, 118 (n60), 573

Ziccardi, Alicia, 433 (n74, n83), 489 (n98), 573

Zisk, Betty H., 247 (n19), 573

Zook, Matthew, 142, 218 (n18), 219 (n29, n32), 485, 489 (n103), 573

O PODER DA IDENTIDADE | 601

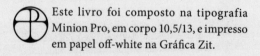
Este livro foi composto na tipografia
Minion Pro, em corpo 10,5/13, e impresso
em papel off-white na Gráfica Zit.